JN233582

朝倉物理学大系
荒船次郎|江沢 洋|中村孔一|米沢富美子＝編集

18

原子核構造論

高田健次郎
池田清美
［著］

朝倉書店

編集

荒船次郎
東京大学名誉教授

江沢　洋
学習院大学名誉教授

中村孔一
明治大学名誉教授

米沢富美子
慶應義塾大学名誉教授

序

　原子核の存在が最初に認識されたのは，Rutherfordが提唱した有核原子模型においてであった．それ以来1世紀弱が経過した．この間に，原子核に関するさまざまな実験データが収集され，原子核の構造と反応に関する膨大な情報が蓄積されてきた．20世紀の早い時期に，原子核が陽子と中性子(核子)からなる量子力学的多体系であることがわかり，Yukawaの中間子論を出発点にして核子間相互作用が強い短距離力であることも明らかとなった．これらの事実に立脚して，紆余曲折を経ながらも，原子核構造に関するさまざまな側面が明らかになってきた．

　自然界の中で原子核はある意味では極めて特異な量子力学系である．原子核を構成する核子間に働く核力は，強い相互作用であるにもかかわらず，原子核の密度はそれほど高くはない．むしろ低密度であり，核力の作用半径と平均核子間距離とがほぼ同程度である．また核子数は数個からたかだか300個程度で，いわば少数粒子の有限多体系である．20世紀の約4分の3を通じて行われた研究により，一見簡単そうに見えるこの原子核が，驚くべく豊かであり，極めて多様な側面を見せてくれる魅力にあふれる系であることがわかってきた．

　それでは，原子核という有限量子多体系が，現在，どの程度理解できたといえるであろうか．確かに原子核のさまざまな側面 —— "顔" —— がずいぶん理解できるようになったことは間違いない．しかし，まだまだわからない側面が数多く残っているように思われる．このように原子核がさまざまな異なった "顔" を見せる理由の一つは，その多体系の有限性にあると思われる．この有限性の故に，原子核はときには液滴模型が示すような "強結合的" な顔を見せることがあり，ときには殻模型が描くような "弱結合的" な性質を示すこともある．このように，多くの研究者たちは，原子核のさまざまな側面を端的に表現する "模型" を作り，それらを発展させ，互いに矛盾すると思われるさまざまな模型の間の関連を量子力学に立脚して理解することに腐心してきた．

有限核子多体系としての原子核の構造を記述するさまざまな模型のうち，最も基本的でかつ最重要のものは，殻模型，集団模型，およびクラスター模型であると筆者らは考える．本書ではこれら3つの模型を中心として，それらの基本的考え方や理論的構造，それらから導かれるさまざまな性質や結果をできるだけ簡潔に記述し，さらにこれらの模型が成り立つ理由や背景，模型の間の相互関係などについても述べ，原子核構造の統一的理解が得られることを目標にした．

　いうまでもないことであるが，原子核の構造に対する，あるいは原子核構造の模型に対する上述の考え方は，筆者らの偏った観点に基づくものであり，これがすべてであるとか，最善であると主張するものではない．奥行きの深い原子核に対して，さまざまな観点や考え方があるのは当然であり，そのような多様性があってはじめて正しい原子核の姿が理解できるものと信じる．

　原子核物理学は，しばしば原子核構造論と原子核反応論の2つの研究分野に分けられることがある．前者は1つの原子核の構造を理解しようとするものであり，後者は2つ以上の原子核の間にどのような相互作用が働き，どのような反応が起きるかを明らかにしようとするものである．これら2つの分野は必ずしも独立なものではなく，いわば車の両輪のように，一方の研究が他方の研究に密接に影響を及ぼし全体の進展を促すわけである．また，ある研究がどちらの分野に分類されるか，必ずしも常に明確であるわけではない．本書では，もっぱらその一方の分野である原子核構造論に関する最も基本的なテーマを論じた．読者は，他方の原子核反応論についても，あわせ学ばれることをお勧めしたい．

　最近の原子核物理学は，従来に比べてその研究対象を著しく拡大し，極めて短寿命の不安定核や超高エネルギーの領域などを含む極限条件下にまで広がってきた．本書においては原子核を核子多体系として取り扱い，核子の自由度のみを取り上げた．しかし，これで十分であると主張しているわけではない．突き詰めて言えば，原子核はグルーオンを媒介として相互作用するクォーク多体系であると考えられる．したがって，上のように広がった領域の研究対象に対する原子核物理学では，クォークとグルーオンの自由度まで考慮しなくてはならないであろう．そのような研究が進展した暁には，原子核物理学のさらに発展した姿が見られるであろう．たいへん興味深く，期待されるところである．

　本書を執筆するに当たって，多くの方々に一方ならぬお世話になった．特に，本書の発案から執筆の過程において，常に相談にのっていただいた九州大学名

誉教授 河合光路 氏には，特記して感謝申し上げなければならない．また原稿の段階から数多くの貴重な意見をいただき，種々の事項に関してご教示いただいた九州大学の 清水良文 氏，京都大学の 堀内 昶 氏にも深甚の謝意を表したい．その他，九州工業大学の 岡本良治 氏，北海道大学の 加藤幾芳 氏，信州大学の 東崎 (鈴木) 昭弘 氏，福岡大学の 田崎 茂 氏，理化学研究所の 間所秀樹 氏にも多大の協力を願った．感謝申し上げたい．さらに，筆者の1人 (K.T.) の恩師であり，かつての共同研究者であった筑波大学名誉教授 丸森寿夫 氏には，長年にわたり原子核多体問題についてご指導いただいたことに対し，特別に感謝の意を表したい．最後に，朝倉書店編集部の方々には，遅々として進まない筆者らの執筆を，辛抱強く見守り激励していただき，出版までこぎつけて下さったことに，心から感謝申し上げたい．

　なお，本書の第1章：殻模型，第2章：核力から有効相互作用へ，第3章：集団運動，の3つの章および付録は 高田健次郎 が責任分担し，第4章：クラスター模型は 池田清美 が責任分担して執筆した．また本書全体を通じて，記述内容のバランスや統一などの調整は 高田 が行った．

　本書が読者諸氏の核構造への関心を引くきっかけともなれば，筆者らの喜びこれに過ぎるものはない．また，筆者らの浅学非才の故に，思わざる誤りを犯しているやも知れない．読者諸氏のご叱正をお願いする次第である．

　2001年12月

高田健次郎
池田清美

目　　次

- 0 原子核構造論への導入 1
  - 0.1 原子核構造論のはじまり 1
  - 0.2 有限量子多体系としての原子核 4
  - 0.3 原子核構造論の特質 6

- 1 殻　模　型 7
  - 1.1 jj 結合殻模型の提唱 7
    - 1.1.1 調和振動子波動関数 8
    - 1.1.2 スピン軌道スプリッティング 9
    - 1.1.3 1体ポテンシャルとエネルギー準位 10
    - 1.1.4 対相関 14
  - 1.2 配位混合 16
    - 1.2.1 第2量子化 17
    - 1.2.2 有効相互作用の全角運動量展開 21
    - 1.2.3 対相関力 22
    - 1.2.4 準スピンとセニョリティ 23
    - 1.2.5 対相関ハミルトニアンの固有値 26
    - 1.2.6 単一準位の cfp 27
      - (a) 1粒子 cfp の定義 27
      - (b) 1粒子 cfp の計算法 28
      - (c) 2粒子 cfp 30
    - 1.2.7 単一準位のセニョリティ・スキームの cfp 31
      - (a) 最高セニョリティの cfp — cfp (hs) 32
      - (b) cfp (hs) の計算法 34
      - (c) 低いセニョリティの cfp — cfp (ls) 35
      - (d) まとめ 36

	1.2.8	多準位系の基底ベクトル	36
		(a) 新型 CFP の定義	37
		(b) 新型 CFP の計算法	38
		(c) 新型 CFP に関する有用な公式	39
		(d) 新型 CFP の具体的表式	40
		(e) まとめ	41
1.3		配位混合の実例と原子核の電磁気的性質	43
	1.3.1	有効相互作用の選択	43
	1.3.2	配位混合計算のいくつかの実例	45
		(a) sd 殻核の例	45
		(b) pf 殻核の例	46
	1.3.3	原子核の電磁気的性質と配位混合	50
		(a) 磁気双極モーメント	51
		(b) 磁気モーメントの実例	53
		(c) 電気 4 重極モーメント	56
		(d) 電磁気遷移とモーメントに関する定式化	58
1.4		殻模型に関する結語	61

2 核力から有効相互作用へ   63

2.1		核力の概観	63
2.2		原子核の飽和性と Brueckner 理論	67
	2.2.1	密度と結合エネルギーの飽和性	67
	2.2.2	核物質と Fermi ガス模型	69
	2.2.3	Brueckner 理論	71
		(a) 連結クラスター展開	71
		(b) 平均ポテンシャルの導入	76
		(c) 反応行列 (G 行列)	78
		(d) まとめ	81
	2.2.4	独立粒子描像はなぜ成立するか	82
		(a) Bethe-Goldstone 方程式	83
		(b) Pauli 原理と回復距離	86
2.3		有効相互作用	88

	2.3.1	模型空間と有効ハミルトニアン	88
	2.3.2	エネルギーに依存する有効相互作用	90
	2.3.3	エネルギーに依存しない有効相互作用	91
		(a) 有効相互作用の摂動展開と $\widehat{Q}$ ボックス	93
		(b) Brueckner 理論との関連	94

3 集 団 運 動 99

3.1		球形液滴の表面振動	99
	3.1.1	表面振動の古典論	100
		(a) 質量パラメーター	101
		(b) ポテンシャル・エネルギー	103
		(c) 角運動量	105
	3.1.2	表面振動の量子化 — フォノン	107
	3.1.3	多フォノン状態間の電磁遷移	110
	3.1.4	実験との比較	112
3.2		4重極変形核の集団運動	116
	3.2.1	変形核の集団運動の古典論	117
		(a) 物体固定座標系	117
		(b) 運動エネルギーとポテンシャル・エネルギー	121
	3.2.2	変形核の集団運動の量子化	124
	3.2.3	集団運動の波動関数とその対称性	128
	3.2.4	回転・振動模型	133
		(a) エネルギー・スペクトル	133
		(b) 電気4重極遷移	136
	3.2.5	実験との比較	139
3.3		統一模型 (集団模型)	143
	3.3.1	弱結合模型	145
	3.3.2	強結合模型	146
		(a) Bohr-Mottelson の強結合ハミルトニアン	148
		(b) 強結合模型の波動関数とその対称性	150
		(c) 変形殻模型 — Nilsson 模型	153
		(d) 強結合模型によるエネルギー・スペクトル	158

	(e) Coriolis 力 159
	(f) 電磁モーメント，電磁遷移 161
3.4	集団運動の微視的理論 164
3.4.1	Hartree-Fock 法 164
	(a) 通常の Hartree-Fock 法 164
	(b) 密度行列と Hartree-Fock 法 168
	(c) 時間依存 Hartree-Fock 法と微小振動解 170
3.4.2	乱雑位相近似 (RPA) 174
	(a) RPA 励起モード 176
	(b) 簡単な場合の RPA 方程式の解 178
	(c) RPA 方程式の性質 179
	(d) Tamm-Dancoff 近似, new-Tamm-Dancoff 近似 181
	(e) Hartree-Fock 基底状態の安定性 185
3.4.3	準粒子 186
	(a) 準粒子と Bogoliubov 変換 188
	(b) ギャップ方程式 191
	(c) Bogoliubov 変換後のハミルトニアン 194
	(d) BCS 基底状態の構造 195
	(e) セニョリティと準粒子，ギャップと偶奇質量差 196
3.4.4	Hartree-Fock-Bogoliubov 法 197
	(a) 一般化された準粒子 198
	(b) Hartree-Fock-Bogoliubov (HFB) 方程式 201
3.4.5	準粒子 RPA 205
	(a) 準粒子 RPA 方程式 205
	(b) (対相関力+4 重極相関力) 模型 210
3.4.6	集団運動パラメーター 214
	(a) 球形核フォノンの弾性パラメーター 215
	(b) 球形核フォノンの質量パラメーター 218
	(c) 変形核の集団運動パラメーター 220
	(d) 角運動量射影法による慣性モーメント 224
3.4.7	遷移領域核と非調和効果 226
3.4.8	ボソン写像法 230

		(a) SU(2) 模型とそのボソン写像	230
		(b) 全殻模型空間に対するボソン写像	236
		(c) 集団的部分空間に対するボソン写像	238
		(d) Dyson 型ボソン写像法の応用	241
		(e) まとめ	245
	3.4.9	相互作用するボソン模型	246
		(a) IBM の構成要素とハミルトニアン	246
		(b) IBM の対称性	247
3.5	高スピン回転運動		252
	3.5.1	液滴模型と殻効果 — Strutinsky 法	252
	3.5.2	高スピン回転運動の概観	257
		(a) 慣性モーメントの角速度依存性，バンド交差	260
		(b) 変形の型と回転スキーム	263
	3.5.3	回転座標系における粒子運動	266
		(a) クランクした殻模型	266
		(b) 非集団的回転スキームの場合，その他	269
3.6	巨大共鳴		269
	3.6.1	和　則	271
		(a) 双極共鳴の場合の和則	273
		(b) アイソスカラー型の場合の和則 S_1, S_3	278
	3.6.2	さまざまな巨大共鳴	281

4 クラスター模型　287

4.1	しきい値則と Ikeda ダイアグラム		288
4.2	クラスター構造の概観		291
	4.2.1	p 殻のはじめの領域でのクラスター構造	291
	4.2.2	^{8}Be の 2α クラスター構造	293
	4.2.3	sd 殻のはじめの領域でのクラスター構造	295
	4.2.4	^{12}C の 3α クラスター構造など	297
4.3	多中心模型		298
	4.3.1	2 中心 α クラスター模型	300
		(a) 2α クラスター系の 2 中心調和振動子模型	300

		(b) 2α 系の 2 中心模型と 1 中心殻模型の関係	303

- (b) 2α 系の 2 中心模型と 1 中心殻模型の関係 303
- (c) 2α 系 2 中心模型の重心座標の分離 306

4.3.2 2 中心調和振動子殻模型 307
- (a) 1 中心調和振動子殻模型 307
- (b) 1 中心殻模型の重心座標の分離 309
- (c) 2 中心模型の Slater 行列式 312
- (d) 2 中心模型の重心座標の分離 312
- (e) 多中心模型への拡張 314
- (f) 2 中心模型の 1 体および 2 体演算子の行列要素 315
- (g) 荷電・スピン飽和配位の場合の行列要素 318
- (h) 近接した極限における 2 中心模型波動関数 321

4.3.3 パリティ射影と角運動量射影 323
- (a) パリティ射影 324
- (b) 角運動量射影 324
- (c) 内部状態の対称性とパリティ・角運動量射影 325
- (d) $\alpha + {}^{16}\text{O}$ 模型による ${}^{20}\text{Ne}$ の回転バンド 330

4.4 クラスター間の相対運動 331

4.4.1 生成座標法によるクラスター間相対運動 331
- (a) GCM 方程式 332
- (b) 2 体クラスター系への応用 333

4.4.2 共鳴群法によるクラスター間相対運動 334
- (a) RGM 方程式 334

4.4.3 共鳴群法と生成座標法の関係 338
- (a) RGM と GCM の同等性 338
- (b) RGM と GCM の意義 339

4.5 クラスター模型空間と Pauli 禁止状態 340

4.5.1 重なり積分核の固有値問題と RGM 基底関数 340

4.5.2 重なり積分核の固有値問題の解 341
- (a) 単一チャンネル系 341
- (b) 多チャンネル 2 体クラスター系 345

4.5.3 クラスター模型状態と殻模型状態の関係 345
- (a) ${}^{16}\text{O} + \alpha$ 系 346

         (b) ^{12}C+α 系 347
  4.5.4 直交条件模型 349
         (a) クラスター間相対波動関数と Pauli 禁止状態 349
         (b) OCM 方程式 350
         (c) RGM 方程式と OCM 方程式の関係 351
4.6 微視的クラスター模型の適用例 353
  4.6.1 ^{20}Ne 系の $\alpha+{}^{16}$O 模型 353
  4.6.2 ^{16}O 系の $\alpha+{}^{12}$C 模型 355
  4.6.3 ^{12}C 系の 3α 模型 358
4.7 クラスター模型に関するまとめ 360

付 録

  A 回転体の理論 363

  B 回転・振動模型のエネルギー固有値 377

  C ボソン写像法の一般論 383

参考図書 395

索 引 397

0

原子核構造論への導入

本章では，原子核の発見から，その後の原子核構造論の発展の簡単な歴史と，原子核とはいかなる存在であるのかについて概観し，第1章以下で述べる原子核構造論がどのような観点で展開されるかについて説明し，本書の導入部とする．

0.1 原子核構造論のはじまり

人類が原子核の存在をはじめて認識したのは，Rutherford による有核原子模型の提唱 (1911) においてであった．当時，原子の大きさがほぼ 10^{-8} cm の程度であることは，すでにわかっていた．Rutherford は，原子による α 粒子の散乱の実験結果を合理的に説明するために，原子の中心に，原子の質量のほとんどすべてを荷い，電子の電荷の大きさ (e) の原子番号 (Z) 倍の荷電 (Ze) を持つ**原子核** (atomic nucleus) が存在し，その周辺を軽い電子が取り巻いていると考えた．原子核の半径は原子の大きさに比べて極めて小さく，種々の考察から 10^{-12} cm 程度であると推定された．これが Rutherford の有核原子模型である．

当初は，原子核は電子と陽子から構成されていると考えられたが，上記の小さい核半径内に電子を閉じ込めておくことは不確定性関係と相対論の観点から困難であること，ならびに，原子核のスピンと統計性の観点からも矛盾が生じることがわかり，この考えは成立しないことが明らかであった．それでは原子核は何によって構成されているのだろうか．

この謎は Chadwick による中性子の発見 (1932) によって解決されることになった．中性子の質量は陽子の質量とほとんど同じであり，陽子が電子と同じ大きさで反対符号の電荷 ($+e$) を持つのに対し，中性子の電荷は 0 である (**表 0.1** 参照)．現在では，これらの 2 種類の粒子は同一粒子の異なる状態であると考えられ，総称してしばしば**核子** (nucleon) と呼ばれている．中性子が発見されるや，Iwanenko や Heisenberg は，直ちに，原子核が陽子と中性子によって

表 0.1　核子の性質

性質	陽子	中性子
電荷 (e)	$+1$	0
質量 (MeV/c^2)	938.2723	939.5656
スピン ($\hbar$)	1/2	1/2
磁気モーメント (μ_N)	2.7928	-1.9128
寿命	$> 10^{31}$ 年	887 秒

μ_N は核磁子. 詳しくは 1.3.3 (p. 51) 参照.

構成されるという考え方を提唱した．これが "原子核構造論" の第 1 歩であり，これ以後，原子核は有限個の核子 (Z 個の陽子と，N 個の中性子) からなる量子力学的多体系であるという考え方が定着した．

　この考え方に基づけば，原子核の荷電は Ze であり，質量は大雑把に質量数 $A = Z + N$ できまることになる．実験結果もこの考えを支持している．Weizsäcker は原子核をあたかも水滴のようにみなす**液滴模型** (liquid-drop model) を考え，原子核の結合エネルギーを表す質量公式を提案し成功をおさめた (質量公式に関する詳細については第 2 章参照)．N. Bohr らは液滴模型の考えを核分裂 (nuclear fission) に適用して成功をおさめ，さらに核反応論における輝かしい成果といえる**複合核模型** (compound-nucleus model) へ発展させた．液滴模型の基本思想は，核を構成する核子間の相互作用が強いという "強結合" の考え方であるといえる．この考え方は，Yukawa の中間子論を出発点にして研究が進んだ核力が，強い短距離力であることとも整合しているように見えた．

　一方，原子の構造における平均場近似と同様に，原子核においても何らかの平均場が成り立つのではないかというアイデアは，割合早い時期から考えられていた．しかし，平均場の中を核子が比較的独立に運動するというイメージの平均場近似は，いわば "弱結合" の考え方に立脚するものであり，液滴模型や複合核模型の強結合的な描像に真っ向から対置されるものとして，直ちには受け入れられるものではなかった．ところが 1940 年代の終わりに，Mayer, Jensen らによって，原子における周期律に相当するマジックナンバー (N または $Z = 2, 8, 20, 28, 50, 82, 126$) が，スピン・軌道力を含む平均場の中の単一粒子運動によって見事に説明できることが示され，弱結合的な描像に基づく**殻模型** (shell model) を認めないわけにはいかなくなった (殻模型の詳細については第 1 章参照)．さらにこの考え方は，原子核反応論における**光学模型** (optical model) の成功により，確固たるものとなった．

さらに他方，特に軽い原子核に対して，上述の強結合的描像と弱結合的描像との中間的な描像ともいえる **α粒子模型** (alpha-particle model) も主張された．原子核は，2個の陽子と2個の中性子が強く結合したα粒子によって構成され，それぞれのα粒子の間の相互作用は比較的弱いとする模型である．

このように，互いに矛盾するかのように見える異なった描像が，描き出そうとする原子核の側面に応じて成立することが明らかになり，原子核の奥行きの深さを示すことになった．それでは，原子核の真の描像はどのように理解できるのか．これらの互いに対立するように見える種々の模型はいかにして統一できるのか．これが1950年代の原子核構造論の最大の問題であった．それと同時に，原子核研究者の前に立ちはだかる難問は，原子核内において強い相互作用による強い相関がありながら，なぜ殻模型のような独立粒子的描像が成り立つのか，ということであった．これもまた1950年代以降の基本的問題の1つであった．

液滴模型が描く強結合的描像と，殻模型が記述する弱結合的描像の統一の手掛かりは，原子核における集団運動の研究から得られた．単純な殻模型では到底理解できないような励起状態や，極端に大きい4重極モーメントの実験値を理解するために，核内の多数の核子が集団的に運動するという運動形態を考えなければならなくなった．すなわち集団運動 (collective motion) である．その理論的定式化の最初は，液滴模型から出発したけれども，A. Bohr と Mottelson は集団運動と単一粒子運動の双方を考慮し，それらを統一的に考えなければならないことに想到し，いわゆる**集団模型** (collective model) を提案した．これによって，ついに原子核に対する相反する2つの描像が統一されたことになる．したがって，Bohr-Mottelson の集団模型はしばしば統一模型とも呼ばれている (集団模型の詳細については第3章参照)．

1960年代以降の原子核構造論の中心テーマは，これらの模型の微視的理論を構築し，それによって模型の基礎づけと改良・発展を図ることにあった．その内容が，まさに本書全体で説明しようとするものである．詳しくは次章以下を参照していただきたい．

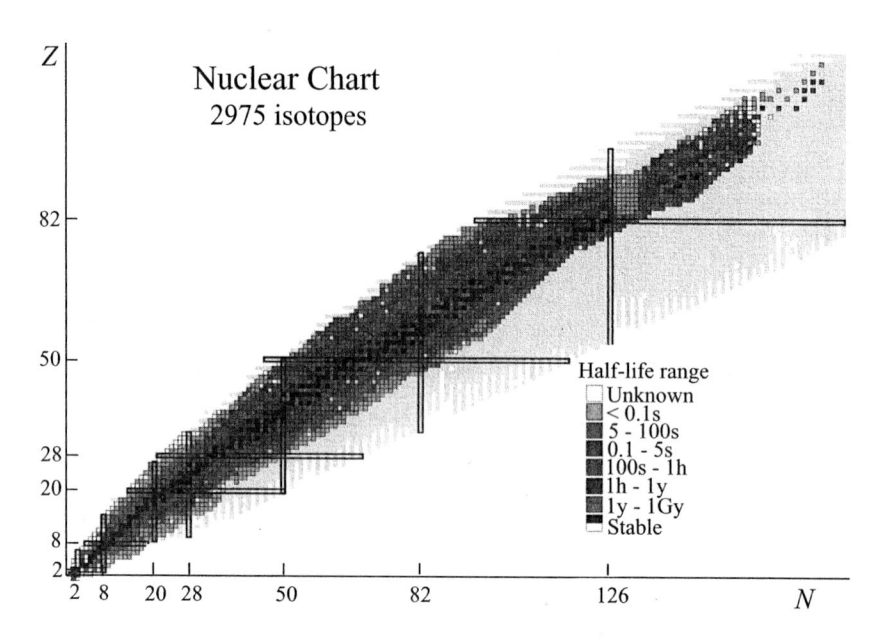

図 0.1 現在までに存在が確認されている核種の核図表

横軸は中性子数 N, 縦軸は陽子数 Z を表す網目グラフとなっている．1 つの微小な網目が 1 つの核種を表し，影の濃い網目が存在が確認されている核種．影が濃いほど半減期が長い．影が最も薄い部分は，未確認であるが理論的に存在し得ると考えられる範囲．軸上の目盛数字はマジックナンバーを示す．
LBNL Isotopes Project, Nuclear Structure Systematics Home Page (http://ie.lbl.gov/systematics.html) より．

0.2 有限量子多体系としての原子核

前述のように，原子核は有限個の核子からなる量子力学的多体系である．自然界の中で原子核はある意味では極めて特異な系である．すなわち，核子間に働く核力は強い相互作用であるにもかかわらず，原子核の密度はそれほど高くはない．むしろ低密度であり，核力の作用半径と平均核子間距離とがほぼ同程度である．また核子数 A は数個からたかだか 300 個程度で，いわば少数粒子の多体系である．原子核のごく基本的なこれらの性質について，ここで簡単にデータを示しておこう．

現在 (2000 年) までに存在が確認されている約 3,000 種の核種 (nuclide) が，図 **0.1** の横軸を中性子数 N，縦軸を陽子数 Z とする網目グラフ (地図) 上に表されている．(大幅に縮尺されているので，網目がたいへん細かく，見づらいのが残念である.) これを核図表 (nuclear chart) と呼んでいる．

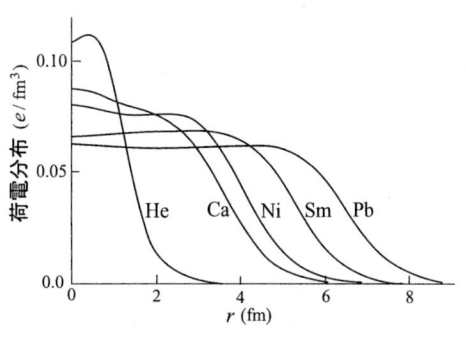

図 **0.2** 電子散乱による原子核の荷電分布の測定結果

濃い影をつけた 1 つの網目の小正方形が 1 個の核種を表し，その影が濃いほどその核種の半減期が長い．したがって，小正方形の影が濃いほど安定な原子核である．影が最も薄い部分は，まだ確認されていないけれども理論的に存在し得ると考えられる範囲である．縦横の軸上の目盛数字はマジックナンバーを示す．

原子核による陽子や電子の散乱を調べることによって，原子核の荷電分布を測定することができる．その実験データの例を図 **0.2** に示す．これらの実験結果や，その他の核反応の分析から，比較的安定な原子核の半径 R_0 は

$$R_0 = r_0 A^{1/3}, \quad r_0 \approx 1.2\,\mathrm{fm}, \quad 1\,\mathrm{fm} = 10^{-13}\,\mathrm{cm}$$

と表されることがわかっている．つまり，原子核の体積は質量数 A におおよそ比例し，粒子密度 ρ や平均核子間距離 d は原子核によらずほぼ一定であり，

$$\rho = \frac{A}{(4\pi/3)R_0^3} \approx 0.138\,\mathrm{fm}^{-3}, \quad d = \rho^{-1/3} \approx 1.93\,\mathrm{fm}$$

となる．このように密度が原子核によらず一定であるという性質は，密度の飽和性と呼ばれる．

核子間の相互作用 (核力) の作用半径は大雑把にいって $\sim 1.5\,\mathrm{fm}$ 程度であると考えてよい．(核力の詳しい性質は第 2 章で述べる.) この作用半径と前述の平均核子間距離とを比べると，ほぼ同程度である．このことから，原子核は通常の液体よりも低密度であると考えられる．この事実と，液滴模型の成功とは，どのように整合させて理解できるのであろうか．

また，寿命が長く比較的安定な領域の原子核の結合エネルギーの実験値は，原子核によらず，体積に (したがって質量数 A に) ほぼ比例し，1 核子当たりの

結合エネルギーは約 8 MeV である．この性質は結合エネルギーの飽和性と呼ばれている．

これらの 2 つの**飽和性** (saturation) は安定な原子核の著しい特徴であり，これらの性質を，原子核が核力という強い相互作用によって結合している有限個の核子の量子多体系であるという観点からいかに説明するかということが，原子核構造論の基本課題の 1 つであり，本書で取り上げなければならない重要なテーマである．

0.3 原子核構造論の特質

上に述べたように，原子核は自然界の中でかなり特異な存在である．構成粒子の数が比較的少数であること，平均核子間距離が核力の作用半径と同程度の比較的低密度であること，核力の強さに比べて結合エネルギーがそれほど大きくないこと，等々，いろいろな意味で中くらいの性質を持っている．それだけに原子核は，質量数やエネルギーやその他の状況の変化に応じて，さまざまな側面 — "顔" — を見せる．一見簡単そうに見える原子核が，驚くべく奥行きの深い，豊かな存在であり，多くの研究者を魅了するゆえんである．

原子核構造の研究は，核のさまざまな側面 (顔) を端的に記述する "模型" を作り，改良し，精密化することの繰り返しであった．そこではしばしば互いに相矛盾するような模型が提唱され，これらを統一する新たな模型が考案された．また，それらの模型を量子力学的多体問題として基礎付けることも重要な研究であった．

研究対象が極めて短寿命の不安定核や超高エネルギーの領域などへ拡大しつつある原子核物理学の今後の研究においても，このような原子核構造論の研究の特質は継承されるに違いない．それゆえに，本書においては，原子核構造論のこの特質の最も典型的な部分を取り上げて，読者の原子核構造の理解に資することにする．

1

殻 模 型

1.1 jj 結合殻模型の提唱

　原子においては，プラス電荷を持つ重い原子核の周囲に，マイナス電荷を持つ軽い電子が原子核との間の Coulomb 引力で結合され，それらの電子が殻構造をなしていて，これによって元素の周期律が説明できるということがよく知られている．

　多数の陽子や中性子が集まって構成されている原子核においても，同じような殻構造が存在するのではないかというアイデアは，ずいぶん早い時期から考えられていた．実際，陽子数 (Z) や中性子数 (N) が 2, 8, 20, 28, 50, 82, 126 などの原子核は，特に結合エネルギーが大きく安定であり，元素の周期律表における希ガスに相当するように見える．これらの数を原子核における**マジックナンバー** (magic numbers) と呼ぶが，このマジックナンバーを合理的に説明する模型を考案することはなかなか困難であった．

　原子における殻構造は，電子が原子核から受ける Coulomb 力による 1 体ポテンシャル (正確には Hartree-Fock ポテンシャル) の中の独立粒子運動で記述できる．これと同様に原子核においても，全核子 (陽子や中性子) が平均的な 1 体ポテンシャルを構成し，その中の各々の核子の独立粒子運動で原子核の殻構造を説明しようというアイデアに基づき，さまざまな形の 1 体ポテンシャルを仮定して上記のマジックナンバーを説明する試みがなされたが，なかなかうまく行かなかった．これを解決したのが 1949 年に Mayer および Jensen らによって提案された jj **結合殻模型** (jj-coupling shell model) であった．[*1]

[*1] M. G. Mayer, Phys. Rev. **75**(1949) 1969; **78**(1950) 16.
O. Haxel, J. H. D. Jensen and H. E. Suess, Phys. Rev. **75**(1949) 1766; Z. Physik **128**(1950) 295.

Mayer-Jensen の jj 結合殻模型における単一核子の従う Schrödinger 方程式は

$$\left\{-\frac{\hbar^2}{2M}\nabla^2 + U(r) + U_{ls}(r)(\boldsymbol{l}\cdot\boldsymbol{s})\right\}\psi(r,\theta,\varphi) = E\psi(r,\theta,\varphi) \qquad (1.1)$$

である．ここで ∇^2 はラプラシアンであり，M は核子の質量，$U(r)$ は核子に働く 1 体ポテンシャルである．$\boldsymbol{l}$ および $\boldsymbol{s}$ はそれぞれ核子の軌道角運動量およびスピン角運動量を表す演算子である．$U_{ls}(r)(\boldsymbol{l}\cdot\boldsymbol{s})$ は Mayer および Jensen らによってはじめてその重要性が見出されたスピン軌道力 (spin-orbit force) のポテンシャルであり，これによってはじめて上記のマジックナンバーが説明されたすばらしい発見であった．

1.1.1 調和振動子波動関数

Schrödinger 方程式 (1.1) の解を調べるため，1 体ポテンシャル $U(r)$ が 3 次元等方調和振動子ポテンシャル $(1/2)M\omega^2(x^2+y^2+z^2)$ であり，$U_{ls}(r)=0$ である場合を考えよう．このとき，(1.1) 式は

$$\left(-\frac{\hbar^2}{2M}\nabla^2 + \frac{1}{2}M\omega^2 r^2\right)\psi_{nlm_l}(r,\theta,\varphi) = E_{nl}\,\psi_{nlm_l}(r,\theta,\varphi) \qquad (1.2)$$

と書くことができる．エネルギー固有値，固有関数は

$$E_{nl} = \left(2n + l + \frac{3}{2}\right)\hbar\omega, \qquad (1.3\text{a})$$

$$\psi_{nlm_l}(r,\theta,\varphi) = R_{nl}(r)Y_{lm_l}(\theta,\varphi) \qquad (1.3\text{b})$$

と表され，主量子数は $n=0,1,2,\ldots$ である．$Y_{lm_l}(\theta,\varphi)$ は球面調和関数であり，$\nu = \sqrt{M\omega/\hbar}$ とすれば，動径波動関数 $R_{nl}(r)$ は

$$R_{nl}(r) = \sqrt{\frac{2\nu^{2l+3}\,n!}{[\Gamma(n+l+3/2)]^3}}\; r^l \exp\left(-\frac{1}{2}\nu^2 r^2\right) L_n^{l+1/2}(\nu^2 r^2) \qquad (1.4)$$

と表される．ここで $L_n^\alpha(x)$ は Laguerre 多項式で，

$$L_n^\alpha(x) = \Gamma(\alpha+n+1)\frac{e^x x^{-\alpha}}{n!}\frac{d^n}{dx^n}(e^{-x}x^{n+\alpha}) \qquad (1.5\text{a})$$

$$= \frac{(-1)^n}{n!}\Gamma(\alpha+n+1)\Big[x^n - \frac{n(\alpha+n)}{1!}x^{n-1}$$

$$\qquad + \frac{n(n-1)(\alpha+n)(\alpha+n-1)}{2!}x^{n-2} - \cdots\Big] \qquad (1.5\text{b})$$

である.*2

ここでは1体ポテンシャルとして調和振動子ポテンシャルを採用してそのエネルギー固有値,固有関数を求めた.定性的,あるいは半定量的な議論を行うにはこれで十分であるが,実際の原子核において厳密な分析を行う場合,後で説明するようなもっと工夫された現実的な1体ポテンシャルを考えなくてはならない.

1.1.2 スピン軌道スプリッティング

次に,スピン軌道力を考慮しよう.Schrödinger方程式 (1.1) においては,軌道角運動量とスピン角運動量を合成した全角運動量 $j = l + s$ の大きさ j とその z 成分 m が良い量子数となり,$U_{ls}(r)$ が r によらず一定ならば,

$$\psi_{nljm}(\boldsymbol{r}, \sigma) = R_{nl}(r) \mathcal{Y}_{ljm}(\theta, \varphi, \sigma), \tag{1.6a}$$

$$\mathcal{Y}_{ljm}(\theta, \varphi, \sigma) = \sum_{m_l m_s} \langle l m_l 1/2 \, m_s | j m \rangle Y_{l m_l}(\theta, \varphi) \chi_{1/2 \, m_s}(\sigma) \tag{1.6b}$$

が固有関数となる.ここで,$\langle l m_l 1/2 m_s | j m \rangle$ は角運動量の合成を行うためのClebsch-Gordan係数であり,$\chi_{1/2 \, m_s}(\sigma)$ は核子のスピン固有関数,σ はスピン座標である.スピン軌道力が比較的小さい場合にも,上の $\psi_{nljm}(\boldsymbol{r}, \sigma)$ が近似的な固有関数と考えてよい.このとき,エネルギー固有値 E_{nlj} は

$$E_{nlj} = E_{nl} + \Delta E_{ls} \tag{1.7}$$

と書くことができ,ΔE_{ls} はスピン軌道力ポテンシャル $U_{ls}(r) (\boldsymbol{l} \cdot \boldsymbol{s})$ の $\psi_{nljm}(\boldsymbol{r}, \sigma)$ による期待値となる.すなわち

$$\Delta E_{ls} = \iint \psi_{nljm}^* U_{ls}(r) (\boldsymbol{l} \cdot \boldsymbol{s}) \psi_{nljm} \, d\boldsymbol{r} d\sigma \tag{1.8}$$

である.さて

$$(\boldsymbol{l} \cdot \boldsymbol{s}) = \frac{1}{2}[(\boldsymbol{l} + \boldsymbol{s})^2 - \boldsymbol{l}^2 - \boldsymbol{s}^2] = \frac{1}{2}[\boldsymbol{j}^2 - \boldsymbol{l}^2 - \boldsymbol{s}^2]$$

であるから,ψ_{nljm} は $(\boldsymbol{l} \cdot \boldsymbol{s})$ の固有状態であり,

$$(\boldsymbol{l} \cdot \boldsymbol{s})\psi_{nljm} = \frac{1}{2}\left[j(j+1) - l(l+1) - \frac{3}{4}\right]\hbar^2 \psi_{nljm} \tag{1.9}$$

---

*2 Laguerre多項式の表記法は,本によって異なることがあるので注意を要する.本書の定義による $(-1)^p L_{q-p}^p$ を L_q^p と表す本も多い.(たとえば,A. de-Shalit and I. Talmi: *Nuclear Shell Theory*, Academic Press (1963)).

となる．したがって，

$$\Delta E_{ls} = \frac{1}{2}\Big[j(j+1) - l(l+1) - \frac{3}{4}\Big]\hbar^2 \langle U_{ls}\rangle, \qquad (1.10\text{a})$$

$$\langle U_{ls}\rangle = \iint \psi_{nljm}^* U_{ls}(r)\psi_{nljm}\,d\boldsymbol{r}d\sigma. \qquad (1.10\text{b})$$

$U_{ls}(r)$ がスピンによらないならば，$\langle U_{ls}\rangle$ は j, m によらず，n, l のみで定まる．

核子のスピンは $1/2$ であるから，同一の軌道角運動量の量子数 l を持ち，全角運動量の固有値が $j = l + 1/2$ と $j = l - 1/2$ の 2 つの異なる状態がある．これらの 2 つの状態のエネルギー固有値に対するスピン軌道力からの寄与 ΔE_{ls} は，(1.10a) 式に $j = l \pm 1/2$ を代入して，

$$\Delta E_{ls} = \begin{cases} \dfrac{1}{2}l\,\hbar^2\langle U_{ls}\rangle, & (j = l + 1/2) \\[6pt] -\dfrac{1}{2}(l+1)\,\hbar^2\langle U_{ls}\rangle, & (j = l - 1/2) \end{cases} \qquad (1.11)$$

が容易に得られる．もし $\langle U_{ls}\rangle < 0$（引力）ならば，$j = l + 1/2$ の準位が下に押し下げられ，$j = l - 1/2$ の準位が上に押し上げられることに注目したい．

スピン軌道力がない場合には，もともと E_{nl} に 2 重縮退していた $j = l \pm 1/2$ の 2 つの状態が，スピン軌道力によって上下に分離したわけである．これが**スピン軌道スプリッティング** (spin-orbit splitting) である．その分離の大きさは

$$\delta E = \Big(l + \frac{1}{2}\Big)\hbar^2|\langle U_{ls}\rangle| \qquad (1.12)$$

となり，スピン軌道力が一定 ($U_{ls}(r) = $ 定数) ならば，大きい l ほど大きくなる．このスピン軌道スプリッティングによって，原子核におけるマジックナンバーがみごとに説明されたのである．

1.1.3　1 体ポテンシャルとエネルギー準位

前項では，簡単のため 1 体ポテンシャル $U(r)$ として 3 次元調和振動子ポテンシャルをとった．このとき，エネルギー固有値は (1.3a) 式で表され，$N = 2n + l$ とすると，ゼロ点エネルギー $(3/2)\hbar\omega$ を除けば "励起子" $\hbar\omega$ の N 倍となり，エネルギー固有値は N だけできまる．すなわち 3 次元調和振動子のエネルギー固有値は $E_N = (N + 3/2)\hbar\omega$ である．$N = $ 偶数の状態は $+$ パリティ，奇数の状態は $-$ パリティである．つまり 3 次元調和振動子においては，同一の N で異なる軌道角運動量 l の状態が縮退している．

3次元調和振動子ポテンシャルを原子核の1体ポテンシャルと考えると，$\hbar\omega$ はどのような値になるであろうか．質量数を A とすれば，核半径は $R_0 = r_0 A^{1/3}$, $r_0 = 1.2$ fm $(1\,\mathrm{fm} = 10^{-13}\,\mathrm{cm})$ で与えられると考えられる．原子核を半径が R_0 の一様な密度の球とすると，この密度分布に関する距離の2乗の平均は

$$\langle r^2 \rangle = \frac{3}{5} r_0^2 A^{2/3} \tag{1.13}$$

となる．また，エネルギー固有値 E_N は $(1/2)(N+1)(N+2)$ 重に縮退しているから，3次元調和振動子ポテンシャルに $N=0$ から $N=\bar{N}$ の準位まで同数の陽子と中性子 $(Z=N=A/2)$ を詰めるとすれば，核子の総数 A は

$$A = 2 \sum_{N=0}^{\bar{N}} (N+1)(N+2) = \frac{2}{3}(\bar{N}+1)(\bar{N}+2)(\bar{N}+3)$$

となる．ただし，2の因子はスピンの上向き，下向きを考慮したためである．このときの全核子のエネルギーの総和 W は

$$W = 2\hbar\omega \sum_{N=0}^{\bar{N}} (N+1)(N+2)\left(N+\frac{3}{2}\right) = \frac{1}{2}\hbar\omega(\bar{N}+1)(\bar{N}+2)^2(\bar{N}+3)$$

である．$\bar{N}$ が大きい場合には，これらの式から

$$W \simeq \frac{1}{2}\left(\frac{3}{2}A\right)^{4/3} \hbar\omega \tag{1.14}$$

が得られる．一方，調和振動子の平均エネルギーはポテンシャル・エネルギーの平均の2倍に等しいから，エネルギーの総和の平均は

$$W \simeq A M \omega^2 \langle r^2 \rangle \tag{1.15}$$

である．(1.13), (1.14), (1.15) の3式から W と $\langle r^2 \rangle$ を消去して

$$\hbar\omega \simeq \frac{5}{4}\left(\frac{3}{2}\right)^{1/3} \frac{\hbar^2}{M r_0^2} A^{-1/3} = 41 \times A^{-1/3} \mathrm{MeV} \tag{1.16}$$

が得られる．ついでながら，このときの調和振動子波動関数の広がりを表す調和振動子パラメーターは $1/\nu = \sqrt{\hbar/M\omega} = 1.0057 A^{1/6}$ fm となる．

さて，井戸型ポテンシャルの場合には，調和振動子において縮退している同一 N に対応する状態は縮退が解け，l が大きい状態ほどエネルギー固有値が下がる傾向がある．現実の原子核における平均ポテンシャルは，井戸型ポテンシャルと調和振動子ポテンシャルとの中間的なものであると考えられ，Woods-Saxon 型ポテンシャル

$$U(r) = \frac{U_0}{1 + e^{(r-R_0)/a}} \tag{1.17}$$

がよく用いられる．ここで，U_0 はポテンシャルの深さ，R_0 は核半径，a は核表面でポテンシャルが井戸型と異なって滑らかに変化する "滑らかさ" (diffuseness) を表している．上に述べたように $R_0 = 1.2A^{1/3}$ fm (1 fm $= 10^{-13}$ cm) がとられる．パラメーター a は 0.6 fm 程度である．図 **1.1** に Woods-Saxon 型ポテンシャルと調和振動子ポテンシャルの比較が示されている．

上記のように，調和振動子においては縮退しているけれども，井戸型では縮退が解け，大きい l の状態のエネルギー固有値が下がるという傾向は，もちろん Woods-Saxon 型ポテンシャルでも見られる．調和振動子ポテンシャルにこの性質だけを付加するには，Dl^2 ($D=$ 適当な定数 < 0) を加えればよい．したがって，このときの 1 体ポテンシャルは

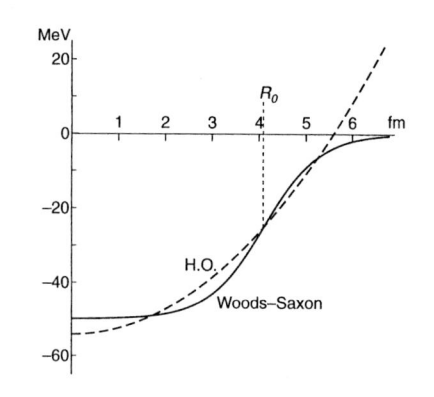

図 **1.1** Woods-Saxon 型ポテンシャル (実線) と調和振動子ポテンシャル (破線) の比較

$A = 40$, $U_0 = -50$ MeV, $a = 0.6 \times 10^{-13}$ cm $= 0.6$ fm ととられている．この場合，核半径は $R_0 = 1.2A^{1/3}$ fm $= 4.10$ fm, $\hbar\omega = 12.0$ MeV となる．調和振動子ポテンシャルは $V_0 + (1/2)M\omega^2 r^2$, $V_0 = -54.2$ MeV である．これは $r = R_0$ の点での値が Woods-Saxon 型ポテンシャルと一致するようにきめられたものである．

$$U(r) = \frac{1}{2}M\omega^2 r^2 + Dl^2 + C(l \cdot s), \quad D, C < 0 \text{ の定数} \quad (1.18)$$

と表される．この場合の 1 粒子エネルギー準位 (レベル) が図 **1.2** に描かれている．

図 **1.2** において，左端の準位 (レベル) は純粋な 3 次元調和振動子のものであり，これに Dl^2 のポテンシャルが加わることによって中央の準位のように l により縮退が解ける．さらにスピン軌道力ポテンシャル $C(l \cdot s)$ が加わることにより，右端のような準位が得られる．量子数 (n, l, j) によって示される各レベルには，陽子，中性子をそれぞれ $2j+1$ 個ずつ入れることができるので，エネルギーの低い方から許される個数の粒子を詰めていくと，粒子数 (陽子数または中性子数) が 2, 8, 20, 28, 50, 82, 126 のとき，エネルギー準位に大きなギャップが現れ，これが実験事実に合致するマジックナンバーである．このようにエネルギー準位にギャップが現れるのは，前に説明したように，スピン

図 1.2 1 体ポテンシャル (1.18) の場合の 1 粒子エネルギー準位 ($\hbar\omega$ を単位としている)
左端のレベルは 3 次元調和振動子の準位，N は励起子 $\hbar\omega$ の数．$N =$ 偶数は ＋パリティ，奇数は − パリティ状態．中央のレベルは Dl^2 を加えたもの．準位の側の記号 s, p, d, f, g, h, i はそれぞれ $l = 0, 1, 2, 3, 4, 5, 6$ を表す分光学の記号である．右端のレベルは 3 次元調和振動子に Dl^2 とスピン軌道力ポテンシャル $C(\boldsymbol{l}\cdot\boldsymbol{s})$ を加えた場合の 1 粒子準位である．最右端の記号は各準位の (n, l, j) を表す．また，矢印で示した準位が "侵入者" または "特異パリティ" 準位である．C と D の値は S. G. Nilsson, Mat. Fis. Medd. Dan. Vid. Selsk., **29**(1955) No. 16 による．$C = -0.11\omega/\hbar$. D の値は N によって若干変化させ，調節されている．マジックナンバー 2, 8, 20, 28, 50, 82, 126 の出現が一目瞭然である．

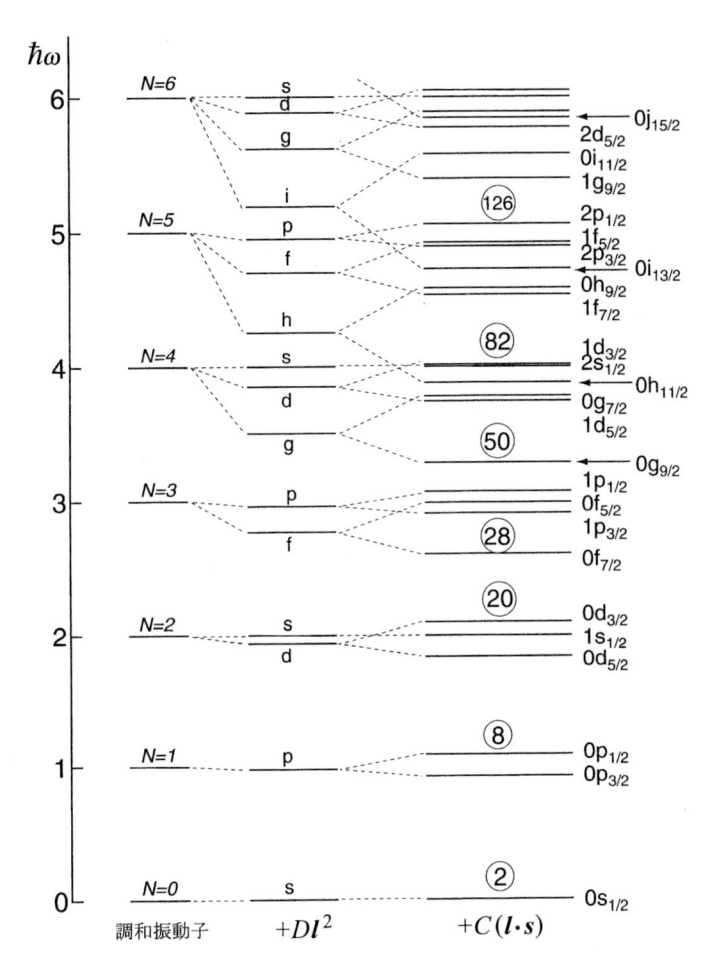

軌道力によるスピン軌道スプリッティングの効果であり，N が 1 だけ大きい準位の中から大きな l を持つ準位が下がってくることによる．N が 1 だけ違うとパリティが異なる．したがってこのように大きく下がってくる準位は周囲の準位と反対のパリティを持つので，しばしば "特異パリティ準位" (unique parity level) とか，"侵入者準位" (intruder level) と呼ばれ，この付近の原子核の構造に大事な役割を果たすことがある．図 **1.2** においては，これらは右端の矢印で示されている．

図 **1.2** は，スピン軌道力によって 1 粒子準位がどのようにグループを作り，マジックナンバーがどのようにして出現するかを説明するためのものであって，各グループ内の個々の 1 粒子準位の位置や順番などは，おおよその目安であると理解すべきである．

1.1.4 対相関

1 つの準位 (n,l,j) には $m=-j,-j+1,\ldots,j-1,j$ の状態が縮退しているから $(2j+1)$ 個の粒子を入れることができる．このとき $(2j+1)$ 粒子系の状態の全角運動量 (全スピン) $\boldsymbol{I}=\boldsymbol{j}_1+\boldsymbol{j}_2+\cdots+\boldsymbol{j}_{2j+1}$ の大きさは $I=0$ である．なぜならば I_z の固有値が $K=m_1+m_2+\cdots+m_{2j+1}=0$ だからである．

上に述べた jj 結合殻模型の 1 粒子準位 (n,l,j) にエネルギーの低い方から，陽子または中性子を順に $(2j+1)$ 個ずつ詰めていくと，図 **1.2** でわかるようにマジックナンバーに相当する粒子数まで詰めたとき，大きなエネルギーギャップが現れ，安定な原子核となる．これが**閉殻** (closed shell) 核である．たとえば，陽子数 Z，中性子数 N が，$Z=N=2$ の原子核は ^{4}He (α 粒子)，$Z=N=8$ は ^{16}O，$Z=N=20$ は ^{40}Ca，$Z=82$，$N=126$ は ^{208}Pb であり，いずれも陽子，中性子ともに閉殻でたいへん安定である．このように陽子，中性子ともに閉殻であるようなものは **2 重閉殻** (doubly-closed shell) 核と呼び，特に安定である．もちろん，このような閉殻核の基底状態の全スピンは $I=0$ であり，実験結果と一致している．

次に，閉殻核の上に 1 粒子加わった核，たとえば ^{17}O や ^{17}F，においては，最後の 1 粒子は閉殻の次の 1 粒子準位に入ることになり，それらの基底状態のスピンはその 1 粒子準位の j に一致するはずである．これも実験結果と一致している．ただし，$N>28$ または $Z>28$ のような少し重い原子核では，図 **1.2** の 1 粒子準位が必ずしも正しい位置や順番を示していないので，実験結果とは

必ずしも一致しない．逆にこのような原子核に対しては，実験結果から本当の1粒子準位の順番などを推定することができる．

それでは，閉殻核の上に2粒子加わった核の全スピンはどうなるか．実験によれば N および Z がともに偶数の核 (これを**偶々核** (even-even nucleus) という) の基底状態の全スピンはほとんど例外なしに0である．ところがスピン j の1粒子準位に2個の同種粒子が入ると，この2個の粒子の合成されたスピンは $J = 0, 2, \ldots, 2j-1$ が許されることがわかっている．(波動関数の対称性から $J = 1, 3, \ldots$ は許されない．) これらの $(j + 1/2)$ 個の可能性の中で，特に $J = 0$ の状態のエネルギーが低くなって，その結果，偶々核の基底状態の全スピンが例外なく0となるのである．すなわち，同一の1粒子準位にある2個の同種粒子の間には，合成スピンを $J = 0$ に組ませるような特別な相関 (相互作用) が働くと考えられる．これを**対相関** (pairing correlation) とか，**対相関力** (pairing force) と呼んでいる．

われわれは閉殻でない不完全な殻を**オープン殻** (open shell) と呼ぶことにしよう．オープン殻の2個の同種粒子はスピンが0のペアー (対) を組むが，さらに1粒子加わるとどうなるか．このときは多くの場合，基底状態のスピンは当該の1粒子準位の j に一致する．

以上述べたことを総合して考えると，偶々核では対相関の効果によってオープン殻に入っている同種粒子すべてがスピン0のペアー (対) を作って基底状態の全スピンが $I = 0$ となり，質量数 A が奇数の核 (**奇核** (odd nucleus) という) では，多くの場合，最後の粒子が入る1粒子準位のスピン j が基底状態の全スピンに等しくなる．

それでは，対相関力はどこから来るか．原子核はもともと多数の核子が**核力** (nuclear force) という短距離相互作用によって結合した核子多体系である．第0近似において，これらの核力は平均ポテンシャルを作り，その中で核子は近似的に独立粒子運動を行うという描像が殻模型のアイデアであり，この描像がかなりよく成り立つことがわかってきた．しかしながら，核力の効果がすべて完全に平均ポテンシャルになるわけではなく，当然のことながら平均ポテンシャルに吸収されない相互作用も少しは残るものと考えられる．これを**残留相互作用** (residual interaction) と呼ぶ．もともとの核力が短距離相互作用であることを考えると，残留相互作用も同様に短距離相互作用となるだろう．後で詳しく述べるが，同一準位にある同種2粒子間に短距離相互作用が働く場合，$J = 0$ の

行列要素が特別に大きいことがわかる．これが対相関力の源である．なお，対相関力は第 2 章の 2.2.1 で述べる Weizsäcker-Bethe の質量公式 (2.7) に現れるペアリング・エネルギー $\delta(A)$ と同根であると考えられるので，その強さは $\delta(A)$ の値から推定できる．

以上述べたように，jj 結合殻模型の最も重要な要素は，
 (1) 1 体ポテンシャルと，その中に含まれる**スピン軌道力**ポテンシャル，
 (2) オープン殻の中の核子間に働く**対相関力**，
であり，これらによって原子核のマジックナンバーが見事に説明され，多くの原子核の基底状態のスピンやその他の性質が理解できるようになり，jj 結合殻模型が原子核構造論の基礎となり，出発点となるに至った．

1.2 配位混合

殻模型においては，原子核の基底状態は，閉殻 (芯) の外のオープン殻の 1 粒子準位に，エネルギーが低い方から順番に陽子や中性子が入ることによって作られる．たとえば**図 1.3** のように，影のつけてある下部の閉殻 (芯) の準位は完全に粒子が詰まっているとし，左図のように閉殻 (芯) の上の最も低い準位に 5 個の粒子 (陽子または中性子) が詰まって基底状態ができているものとしよう．この 5 個の核子のうち何個かが，右図のように，より高い準位に励起することによって全体としての励起状態ができる．

量子数 (n, l, j) で指定される 1 つの準位には，$2j+1$ 個の異なる m の状態が縮退しているので，図 **1.3** の左図のような状態といえども，一般には多重縮退している．しかし前節で述べたように，オープン殻の核子の間には残留相互作用が働いているので，これらの多重縮退している状態の中で，相互作用エネルギーが最も低くなる状態が真の基底状態となる．

また，図 **1.3** の右図で示される励起状態の場合も，核子の励起の仕方には極めて多数の可能性がある．これらの多数の状態の間に残留相互作用が働いているはずである．したがって，真

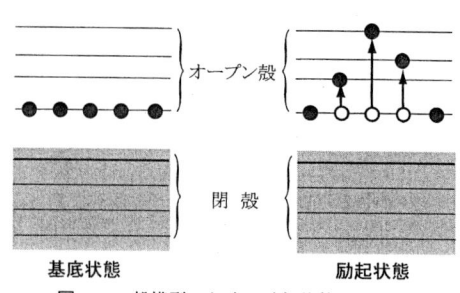

図 1.3 殻模型における励起状態の概念図

の基底状態や励起状態は，オープン殻に与えられた個数の核子が配置されるすべての可能な状態 (これを**配位** (configuration) という) の間に働く残留相互作用を考慮してきまる．つまり，真の基底状態や励起状態は，すべての可能な状態ベクトルで作られる Hilbert 空間の中で，全ハミルトニアン

$$H = H_0 + H_{\text{int}} \tag{1.19}$$

を対角化することによって得られる．ここでオープン殻の粒子数を N とし，i 番目の粒子の 1 粒子ハミルトニアンを h_i とすれば，

$$H_0 = \sum_{i=1}^{N} h_i, \quad h_i = -\frac{\hbar^2}{2M}\nabla_i^2 + U(r_i) + U_{ls}(r_i)(\boldsymbol{l}_i \cdot \boldsymbol{s}_i) \tag{1.20}$$

と表される．∇_i^2 は i 番目の粒子の座標に関するラプラシアンである．残留相互作用は通常**有効相互作用** (effective interaction) と呼ばれる 2 体力で表されると考えられるので，そのハミルトニアン H_{int} は

$$H_{\text{int}} = \sum_{i<j}^{N} v_{ij} \tag{1.21}$$

と書かれる．有効相互作用については後で詳述する．

このような殻模型のさまざまな配位でできる Hilbert 空間の中で，H を対角化して得られる真の基底状態や励起状態は，一般に殻模型のさまざまな配位を線形結合した混合した状態となるので，この方法を**配位混合** (configuration mixing) と呼ぶ．これによって原子核の真の基底状態や種々の励起状態を解析することが可能である．しかしオープン殻に多数の核子が入っているような中重核においては，上記の Hilbert 空間の次元数が巨大となり，ハミルトニアンを厳密に対角化することはきわめて困難である．実際に配位混合の厳密な計算が可能なのは，粒子数の少ない比較的軽い原子核や，閉殻核に近い原子核のみである．少し重い原子核や閉殻から離れた原子核においては，この困難を解決するためのいろいろな近似法や模型が提案されてきた．これらが原子核構造論の中心的テーマであるといっても過言ではないだろう．

1.2.1　第 2 量子化

ここでは上記の配位混合の定式化を行うための準備をしよう．

粒子数 N の同種多粒子系を考える．系の状態を表す波動関数 $\Psi(q_1,q_2,\ldots,q_N)$ は，独立粒子の波動関数，すなわち殻模型の波動関数 ((1.1) 式のような 1 粒子 Schrödinger 方程式の解) の積

$$\psi(q_1,q_2,\ldots,q_N) = u_{\alpha_1}(q_1)u_{\alpha_2}(q_2)\cdots u_{\alpha_N}(q_N) \tag{1.22}$$

で展開することができる．ここで i 番目の粒子の空間座標 $\boldsymbol{r}_i$ とスピン座標 σ_i をまとめて $q_i\,(i=1,2,\ldots,N)$ で表している．波動関数 (1.22) は，第 1 番目，第 2 番目，$\cdots$，第 N 番目の粒子が，それぞれ，$\alpha_1,\alpha_2,\ldots,\alpha_N$ の 1 粒子状態にあることを意味する．

波動関数 (1.22) は粒子の入れ換えに対して非対称であるから，このままでは同種多粒子系の波動関数にはならない．これをもとにして，もし系が**ボソン** (boson) 系ならば完全対称関数

$$\psi_{\rm B} = \frac{1}{\sqrt{N!}}\sum_P P u_{\alpha_1}(q_1)u_{\alpha_2}(q_2)\cdots u_{\alpha_N}(q_N) \tag{1.23}$$

を作り，もし**フェルミオン** (fermion) 系ならば完全反対称関数

$$\psi_{\rm F} = \frac{1}{\sqrt{N!}}\sum_P (-1)^P P u_{\alpha_1}(q_1)u_{\alpha_2}(q_2)\cdots u_{\alpha_N}(q_N) \tag{1.24}$$

を作って，同種多粒子系として正しい波動関数にしなければならない．ここで P は添字 $(\alpha_1,\alpha_2,\ldots,\alpha_N)$ についての置換を意味し，符号因子 $(-1)^P$ は

$$(-1)^P = \begin{cases} 1, & \text{偶置換に対し} \\ -1, & \text{奇置換に対し} \end{cases} \tag{1.25}$$

である．なお，$\psi_{\rm F}$ は行列式の形に書くことができ，これを **Slater 行列式** (Slater determinant) と呼ぶ．このようにして作られた対称波動関数 $\psi_{\rm B}$ または反対称波動関数 $\psi_{\rm F}$ は取り扱いが結構面倒で，便利であるとはいい難い．そこで本書においては，第 4 章を除くすべての章で 一貫して，これらとまったく同等な**第 2 量子化** (second quantization) の方法を用いることにする．

Hilbert 空間における線形演算子 $c_\alpha^\dagger$ を 1 粒子状態 α に粒子を 1 個作る**生成演算子** (creation operator) とし，c_α を粒子を 1 個消す**消滅演算子** (annihilation operator) とする．すべての α に対し，$c_\alpha|0\rangle = 0$ をみたす状態ベクトル $|0\rangle$ は粒子がまったくない状態，すなわち**真空** (vacuum) である．$|0\rangle$ は規格化されているものとする．すなわち $\langle 0|0\rangle = 1$ である．

N 個の粒子がそれぞれ 1 粒子状態 $\alpha_1, \alpha_2, \ldots, \alpha_N$ に存在する場合の状態ベクトルは

$$|\alpha_1, \alpha_2, \ldots, \alpha_N\rangle = \frac{1}{\sqrt{N!}} c^{\dagger}_{\alpha_1} c^{\dagger}_{\alpha_2} \cdots c^{\dagger}_{\alpha_N} |0\rangle \qquad (1.26)$$

で表される．また $\hat{n}_\alpha = c^{\dagger}_\alpha c_\alpha$ は状態 α にある粒子の個数を表す演算子であり，すべての状態について和をとったもの $\hat{n} = \sum_\alpha c^{\dagger}_\alpha c_\alpha$ は系全体の粒子数を表す**個数演算子** (number operator) である．

生成・消滅演算子が**交換関係** (commutation relations)

$$[c_\alpha, c^{\dagger}_{\alpha'}] = \delta_{\alpha\alpha'}, \quad [c_\alpha, c_{\alpha'}] = [c^{\dagger}_\alpha, c^{\dagger}_{\alpha'}] = 0 \qquad (1.27)$$

をみたすならば，状態ベクトル (1.26) はボソンの N 粒子系である．また，それらが**反交換関係** (anti-commutation relations)

$$\{c_\alpha, c^{\dagger}_{\alpha'}\} = \delta_{\alpha\alpha'}, \quad \{c_\alpha, c_{\alpha'}\} = \{c^{\dagger}_\alpha, c^{\dagger}_{\alpha'}\} = 0 \qquad (1.28)$$

をみたすならば，状態ベクトル (1.26) はフェルミオンの N 粒子系である．特にフェルミオン系の場合，反交換関係 (1.28) から $c^{\dagger}_\alpha c^{\dagger}_\alpha = 0$ となるので，同一状態に 2 個以上の粒子が存在することは許されないことになって，状態ベクトル (1.26) は自動的に **Pauli 原理** (Pauli principle) をみたしている．

われわれの当面の目標は，殻模型の配位混合を第 2 量子化の方法を用いて定式化することである．したがって，扱う系は多核子系であり，フェルミオン系である．にもかかわらずボソン系にも言及した理由は，後の章でボソン系が重要な働きをすることになるからである．

さて，(1.19), (1.20), (1.21) 式のように普通の表示法で表した多核子系のハミルトニアン

$$H = H_0 + H_{\text{int}}, \quad H_0 = \sum_i^N h(q_i), \quad H_{\text{int}} = \sum_{i<j}^N v(q_i, q_j) \qquad (1.29)$$

を，第 2 量子化の表示で表せばどのようになるか．

独立粒子状態のエネルギー固有値 ε_α，固有関数 ψ_α は固有値方程式

$$h\psi_\alpha = \varepsilon_\alpha \psi_\alpha \qquad (1.30)$$

できまる．今後，1 粒子状態 (殻模型状態) を詳しく表さなければならないと

きには，量子数 $\alpha = (n_a, l_a, j_a, m_\alpha)$ で表すことにする．*3 この中で (n_a, l_a, j_a) は準位（レベル）を表す量子数であるから，これらをまとめて $a = (n_a, l_a, j_a)$ と表すこともある．したがって，状態 α における1粒子の生成演算子は $c_\alpha^\dagger = c_{n_a l_a j_a m_\alpha}^\dagger = c_{am_\alpha}^\dagger$ のように表すことができる．また通常，1粒子エネルギー固有値 ε_α は m_α によらないから ε_a と書くことにする．

第2量子化の表示で表したハミルトニアンは

$$H_0 = \sum_\alpha \varepsilon_a c_\alpha^\dagger c_\alpha, \quad H_{\text{int}} = \frac{1}{2} \sum_{\alpha\beta\gamma\delta} \langle \alpha\beta|v|\gamma\delta \rangle c_\alpha^\dagger c_\beta^\dagger c_\delta c_\gamma \quad (1.31)$$

である．ここで行列要素 $\langle \alpha\beta|v|\gamma\delta \rangle$ は

$$\langle \alpha\beta|v|\gamma\delta \rangle = \iint \psi_\alpha^*(q_1) \psi_\beta^*(q_2) v(q_1, q_2) \psi_\gamma(q_1) \psi_\delta(q_2) \, dq_1 dq_2 \quad (1.32)$$

で与えられる．H_{int} は反対称化された行列要素

$$\mathcal{V}_{\alpha\beta\gamma\delta} = \frac{1}{4} \{ \langle \alpha\beta|v|\gamma\delta \rangle - \langle \beta\alpha|v|\gamma\delta \rangle - \langle \alpha\beta|v|\delta\gamma \rangle + \langle \beta\alpha|v|\delta\gamma \rangle \} \quad (1.33)$$

を用いて，

$$H_{\text{int}} = \frac{1}{2} \sum_{\alpha\beta\gamma\delta} \mathcal{V}_{\alpha\beta\gamma\delta} c_\alpha^\dagger c_\beta^\dagger c_\delta c_\gamma \quad (1.34)$$

と書く方が便利である．反対称化された行列要素は $\mathcal{V}_{\alpha\beta\gamma\delta} = -\mathcal{V}_{\alpha\beta\delta\gamma} = -\mathcal{V}_{\beta\alpha\gamma\delta} = \mathcal{V}_{\beta\alpha\delta\gamma}$ の反対称性をみたす．

(1.29) 式はきまった粒子数 N に対するハミルトニアンであるが，第2量子化の表示をとった (1.31) 式のハミルトニアンは特定の粒子数を指定していない．(1.26) 式の状態ベクトルのように粒子数がきまったベクトル空間内で扱えば，これら2種類の表示によるハミルトニアン (1.29) と (1.31) とは完全に同等である．何よりも第2量子化の有利な点は，(1.26) 式のようにして作った状態ベクトルが自動的に反対称化されていて，自動的に Pauli 原理をみたしている点である．このような有利な点を利用するため，第4章を除く本書全体を通して第2量子化の方法が用いられる．

[*3] 陽子または中性子の状態であることを明示しなければならない場合には，これらの量子数にアイソスピン (isospin) の z 成分 $-1/2$ (陽子) または $1/2$ (中性子) をつけ加える．

1.2.2 有効相互作用の全角運動量展開

核子の**対演算子** (pair operators) を次のように定義しよう．

$$A^\dagger_{JM}(ab) = \frac{1}{\sqrt{2}} \sum_{m_\alpha m_\beta} \langle j_a m_\alpha j_b m_\beta | JM \rangle c^\dagger_\alpha c^\dagger_\beta, \qquad (1.35\text{a})$$

$$B^\dagger_{JM}(ab) = -\sum_{m_\alpha m_\beta} \langle j_a m_\alpha j_b m_\beta | JM \rangle c^\dagger_\alpha \tilde{c}_\beta. \qquad (1.35\text{b})$$

ここで $\tilde{c}_\beta = (-1)^{j_b-m_\beta} c_{-\beta}$ である．$-\beta$ は 1 核子状態 $\beta = (n_b, l_b, j_b, m_\beta)$ において，m_β だけを $-m_\beta$ とした状態，すなわち $-\beta = (n_b, l_b, j_b, -m_\beta)$ である．これらの対演算子が次の性質を持つことは容易にわかる：

$$A^\dagger_{JM}(ab) = -(-1)^{j_a+j_b-J} A^\dagger_{JM}(ba), \qquad (1.36\text{a})$$

$$B_{JM}(ab) = -(-1)^{j_a+j_b-M} B^\dagger_{J-M}(ba). \qquad (1.36\text{b})$$

有効相互作用 H_{int} がエルミート (Hermitian) 演算子で，空間回転と反転，および時間反転に対して不変であると仮定すると，

$$H_{\text{int}} = \sum_{abcd} \sum_{JM} G_J(abcd) A^\dagger_{JM}(ab) A_{JM}(cd) \qquad (1.37)$$

と書くことがでる．これが今後しばしば使われる有効相互作用の 2 粒子の全角運動量 J による展開式である．展開係数 $G_J(abcd)$ は実数となり，[*4] 次の関係式をみたす：

$$G_J(abcd) = G_J(cdab), \qquad (1.38\text{a})$$

$$G_J(abcd) = -(-1)^{j_a+j_b-J} G_J(bacd) = -(-1)^{j_c+j_d-J} G_J(abdc)$$

$$= (-1)^{j_a+j_b+j_c+j_d} G_J(badc). \qquad (1.38\text{b})$$

また $(-1)^{l_a+l_b} = (-1)^{l_c+l_d}$ でなければならない．

ついでながら，オープン殻に 2 核子が存在するときの 2 核子系の波動関数 (状態ベクトル) による有効相互作用 H_{int} の行列要素と，上記の $G_J(abcd)$ との関係について述べておこう．2 核子系の規格直交化された状態ベクトルを

$$|ab; JM\rangle = \frac{1}{\sqrt{1+\delta_{ab}}} [c^\dagger_a c^\dagger_b]_{JM} |0\rangle = \sqrt{\frac{2}{1+\delta_{ab}}} A^\dagger_{JM}(ab) |0\rangle \qquad (1.39)$$

[*4] すべての行列要素が実数となるように状態の位相をとることが可能である．以後そのような位相がとられているものとする．

と表す．記号 $[\cdots]_{JM}$ は全角運動量の大きさを J, z 成分を M に合成することを意味する．角運動量合成を表すために，今後この記号がしばしば使われる．状態ベクトル (1.39) による有効相互作用 H_int の行列要素は

$$\langle ab; JM | H_\text{int} | cd; J'M' \rangle = \delta_{JJ'}\delta_{MM'} \frac{2}{\sqrt{(1+\delta_{ab})(1+\delta_{cd})}} G_J(abcd) \tag{1.40}$$

となる．

1.2.3 対相関力

1.1.4 において，オープン殻にある同種粒子間には粒子対の全スピンを $J=0$ に組ませるような対相関力が働くということ，近距離力である有効相互作用がその源であるということを述べた．有効相互作用として，短距離相互作用の極限であるところの δ 関数型のポテンシャル

$$\begin{aligned} v_{12} &= -V_0\,\delta(\boldsymbol{r}_1 - \boldsymbol{r}_2) \\ &= -\frac{V_0}{r_1 r_2}\delta(r_1 - r_2)\,\delta(\cos\theta_1 - \cos\theta_2)\,\delta(\varphi_1 - \varphi_2) \end{aligned} \tag{1.41}$$

をとり，同種粒子間の行列要素を計算すると，少し面倒な計算になるが

$$\begin{aligned} G_J(abcd) = F_0\,(-1)^{j_a+j_c+l_b+l_d}\widehat{j_a}\widehat{j_b}\widehat{j_c}\widehat{j_d}\frac{1}{2J+1} \\ \times \langle j_a\,1/2\,j_b\,-1/2 | J0 \rangle \langle j_c\,1/2\,j_d\,-1/2 | J0 \rangle \end{aligned} \tag{1.42}$$

が得られる．ただし $\widehat{j} = \sqrt{2j+1}$ である．$G_J(abcd)$ は $l_a + l_b + J \neq$ 偶数，または $l_c + l_d + J \neq$ 偶数のときは 0 である．(1.42) 式の中の F_0 は 1 粒子の動径波動関数 $R_{nl}(r)$ を用いて

$$F_0 = \frac{V_0}{8\pi}\int_0^\infty r^2 dr R_{n_a l_a}(r) R_{n_b l_b}(r) R_{n_c l_c}(r) R_{n_d l_d}(r) \tag{1.43}$$

と表される．

単一の準位 $a = (n, l, j)$ にある 2 個の粒子が δ 関数型ポテンシャルで相互作用する場合に (1.42) 式を適用して行列要素を求めると，

$$G_J(aaaa) = -F_0\frac{(2j+1)^2}{2J+1}\langle j\,1/2\,j\,-1/2 | J0 \rangle^2, \\ (J = \text{偶数}) \tag{1.44}$$

となる．たとえば，準位のスピンを $j=9/2$ とすれば，この 2 粒子系の固有状態は $J=0,2,4,6,8$ の 5 通りであり，エネルギー・レベルは図 1.4 のようになる．この結果から $J=0$ のレベルが特別に下がることがわかり，対相関力が短距離力から由来することがうなずけるであろう．

このような $J=0$ の核子対が特別に強く結合するという短距離力の特徴を強調した相互作用が**対相関力** (pairing force) で，その行列要素は通常

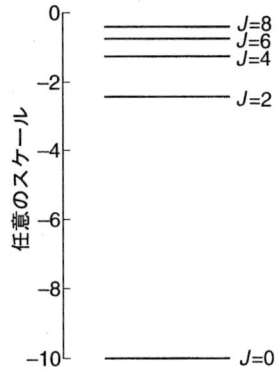

図 1.4 δ 関数型相互作用による 2 粒子系のエネルギー固有値
1 粒子準位のスピンは $j=9/2$.

$$G_J^{(\text{pair})}(abcd) = -\frac{1}{2}G_0\,\delta_{J0}\delta_{ab}\delta_{cd}\sqrt{2j_a+1}\sqrt{2j_c+1} \tag{1.45}$$

と定義される．G_0 は対相関力の強さを表す正の定数である．(1.45) 式の行列要素に $\sqrt{2j+1}$ の形の j 依存性が付加されている理由は，(1.42) 式で $J=0$ と置いてみれば直ちにわかるであろう．(1.45) 式を (1.37) 式に代入すると，**対相関ハミルトニアン** (pairing Hamiltonian) は

$$H_{\text{int}}^{(\text{pair})} = -\frac{1}{2}G_0\sum_{a,c}\sqrt{2j_a+1}\sqrt{2j_c+1}\,A_{00}^\dagger(aa)A_{00}(cc) \tag{1.46a}$$

$$= -\frac{1}{4}G_0\Big(\sum_\alpha s_\alpha c_\alpha^\dagger c_{-\alpha}^\dagger\Big)\Big(\sum_\gamma s_\gamma c_{-\gamma}c_\gamma\Big) \tag{1.46b}$$

と書かれる．ただし，$s_\alpha = (-1)^{j_a-m_a}$, $-\alpha = (n_a, l_a, j_a, -m_\alpha)$ である．

1.2.4 準スピンとセニョリティ

ここではオープン殻にスピン j を持った単一の準位 (single-j level) が存在する場合を考える．

以下で**準スピン** (quasi-spin) の理論[*5] を使うことにする．準スピン演算子 $\widehat{\boldsymbol{S}} = (\widehat{S}_x, \widehat{S}_y, \widehat{S}_z)$ は

$$\widehat{S}_x = \frac{1}{2}(\widehat{S}_+ + \widehat{S}_-),\quad \widehat{S}_y = \frac{1}{2i}(\widehat{S}_+ - \widehat{S}_-),\quad \widehat{S}_z = \frac{1}{2}(\widehat{n} - \Omega),$$

$$\widehat{S}_+ = \sqrt{\Omega}A_{00}^\dagger,\quad \widehat{S}_- = \sqrt{\Omega}A_{00},\quad A_{00}^\dagger = A_{00}^\dagger(jj) \tag{1.47}$$

[*5] A. K. Kerman, Ann. of Phys. **12**(1961) 300.
R. D. Lawson and M. H. Macfarlane, Nucl. Phys. **66**(1965) 80.

で定義される. ただし $\hat{n}$ は準位 j における粒子数演算子であり, $\hat{n} = \sum_m c_{jm}^\dagger c_{jm}$ である. また $\Omega = j + 1/2$ である. これらの演算子は交換関係

$$[\hat{S}_+, \hat{S}_-] = 2\hat{S}_z, \quad [\hat{S}_z, \hat{S}_\pm] = \pm\hat{S}_\pm \tag{1.48}$$

をみたす. この交換関係は角運動量の交換関係と同形であるので, 準スピンの性質は角運動量のそれとまったく同様である. すなわち, $\hat{\boldsymbol{S}}^2 = \hat{S}_x^2 + \hat{S}_y^2 + \hat{S}_z^2$ の固有値を $S(S+1)$ とし, $\hat{S}_z$ の固有値を S_0 とすれば, 準スピンの固有状態は量子数 (S, S_0) で指定できる. S は 0 または正の整数あるいは半整数である. きまった S に対し, $S_0 = -S, -S+1, \cdots, S-1, S$ の $2S+1$ 個が許される.

準位 j に n 個の同種核子がある場合, すなわち j^n の配位を考える. 準スピン演算子 $\hat{\boldsymbol{S}}$ はすべて $J = 0$ 対の演算子で構成されているから, 全角運動量演算子 $\boldsymbol{J}$ と交換可能である. すなわち $[\hat{\boldsymbol{S}}, \boldsymbol{J}] = 0$ である. したがって, $\hat{\boldsymbol{S}}^2, \hat{S}_z, \boldsymbol{J}^2, J_z$ の同時固有状態 $|SS_0, \alpha JM\rangle$ を系の基底ベクトルとすることができる. $\hat{S}_z$ の定義から明らかなように

$$S_0 = \frac{1}{2}(n - \Omega) \tag{1.49}$$

である. すなわち, S_0 は系の粒子数を定める量子数である. α は**付加量子数**(additional quantum number) と呼ばれ, 基底ベクトルを完全に指定するために必要な残りの量子数を意味する.

演算子 $\hat{S}_-$ をベクトル $|SS_0, \alpha JM\rangle$ に作用させると, S を変えないで S_0 を 1 だけ減少させる. ある S の値に対して, 最小の S_0 は $-S$ であるから,

$$\hat{S}_-|S, S_0 = -S, \alpha JM\rangle = 0 \tag{1.50}$$

である. このときの粒子数を Racah 代数の創始者 Racah にならって v と書き, **セニョリティ**(seniority) または**セニョリティ数**と呼ぶ. 演算子 $\hat{S}_-$ は $J = 0$ の粒子対の消滅演算子であるから, (1.50) 式はベクトル $|S, S_0 = -S, \alpha JM\rangle$ に $J = 0$ 対がまったく含まれていないことを示している. (1.50) 式を用いると,

$$\begin{aligned}\hat{\boldsymbol{S}}^2|S, S_0 = -S, \alpha JM\rangle &= \{\hat{S}_+\hat{S}_- + \hat{S}_z(\hat{S}_z - 1)\}|S, S_0 = -S, \alpha JM\rangle \\ &= \hat{S}_z(\hat{S}_z - 1)|S, S_0 = -S, \alpha JM\rangle \\ &= \left(\frac{\Omega - v}{2}\right)\left(\frac{\Omega - v}{2} + 1\right)|S, S_0 = -S, \alpha JM\rangle\end{aligned} \tag{1.51}$$

となるから，準スピンの大きさ S とセニョリティ数 v との関係は

$$S = \frac{1}{2}(\Omega - v) \qquad (1.52)$$

である．

上に述べたように，j^n の配位の基底ベクトルは一般に $|SS_0, \alpha JM\rangle$ と表される．量子数 S はセニョリティ v を定め，量子数 S_0 は粒子数 n を定めることがわかったので，基底ベクトルは

$$|SS_0, \alpha JM\rangle = |j^n \, \alpha v JM\rangle \qquad (1.53)$$

と書くことができる．

(1.50) 式をみたすような状態は，セニョリティ数 v が粒子数 n に等しいような特別な状態 $|j^v \, \alpha v JM\rangle$ であり，**最高セニョリティ状態** (highest-seniority state) と呼ばれる．このような状態ベクトルを具体的に求める方法は後で述べる．

粒子数が n，セニョリティ数が v の一般の状態は，上記の最高セニョリティ状態に $J=0$ 対の生成演算子 $\widehat{S}_+$ を必要な数だけ作用させることによって得られる．すなわち

$$|j^n \, \alpha v JM\rangle = \mathcal{N}_{pv} (\widehat{S}_+)^p |j^v \, \alpha v JM\rangle, \quad p = (n-v)/2 \qquad (1.54)$$

である．規格化定数は

$$\mathcal{N}_{pv} = \left[\frac{(\Omega - v - p)!}{(\Omega - v)! \, p!}\right]^{1/2} \qquad (1.55)$$

で与えられる．つまりセニョリティ数は，<u>$J=0$ 対に組んでいない粒子数</u>である．n が偶数なら v は偶数，n が奇数なら v も奇数である．

いうまでもなく，異なるセニョリティを持つ状態は互いに直交する．

真空 $|0\rangle$ は $n=0$ であるから $v=0$ である．簡単な最高セニョリティ状態 $n=v=1$，および $n=v=2$ は，

$$|j^1 v=1, jm\rangle = c^\dagger_{jm} |0\rangle, \qquad (1.56\text{a})$$
$$|j^2 v=2, JM\rangle = A^\dagger_{JM}(jj) |0\rangle, \quad J=偶数 \neq 0 \qquad (1.56\text{b})$$

によって与えられる．Clebsch-Gordan 係数の対称性により，$J=$奇数の場合 $A^\dagger_{JM}(jj) = 0$ となることに注意せよ．

一般に,粒子数 n の $v=1$ や $v=2$ の状態は,それぞれ (1.56a) 式や (1.56b) 式に $\hat{S}_+$ を必要な数だけ作用させればよい.たとえば,$v=2$ の状態は

$$|j^n v=2, JM\rangle = \mathcal{N}_{p2} (\hat{S}_+)^p A^\dagger_{JM}(jj)|0\rangle, \quad p=(n-2)/2 \quad (1.57)$$

である.(ただし,$J=$ 偶数 $\neq 0$.)

1.2.5 対相関ハミルトニアンの固有値

単一準位 j にある n 個の同種核子が,(1.46) 式で定義した対相関ハミルトニアンで相互作用をしているものとする.この場合の系の全ハミルトニアンは

$$\begin{aligned} H &= H_0 + H_{\text{int}}^{(\text{pair})} = \varepsilon \hat{n} - G_0 \Omega A^\dagger_{00} A_{00} \\ &= \varepsilon(2\hat{S}_z + \Omega) - G_0 \hat{S}_+ \hat{S}_- \end{aligned} \quad (1.58)$$

である.ただし,ε は準位 j の 1 粒子エネルギーである.この H を状態 $|SS_0, \alpha JM\rangle$ に作用させ,$\hat{S}_+ \hat{S}_- = \hat{\boldsymbol{S}}^2 - \hat{S}_z(\hat{S}_z+1)$ を考慮すると,

$$H|SS_0, \alpha JM\rangle = \left[\varepsilon n - G_0\{S(S+1) - S_0(S_0+1)\}\right]|SS_0, \alpha JM\rangle. \quad (1.59)$$

したがって,

$$H|j^n \alpha v JM\rangle = \left[\varepsilon n - \frac{1}{4}G_0(n-v)(2\Omega - n - v + 2)\right]|j^n \alpha v JM\rangle \quad (1.60)$$

を得る.すなわち,対相関ハミルトニアンの固有値は

$$E(n,v) = \varepsilon n - \frac{1}{4}G_0(n-v)(2\Omega - n - v + 2) \quad (1.61)$$

で与えられる.

偶数核子系の基底状態は $v=0$ となり,すべての核子が $J=0$ 対を組んでいる.励起エネルギー (excitation energy) は

$$E(n,v) - E(n,0) = \frac{1}{4}G_0 v(2\Omega - v + 2), \quad n=\text{偶数} \quad (1.62)$$

である.奇数核子系の基底状態は $v=1$ である.この場合の励起エネルギーは

$$E(n,v) - E(n,1) = \frac{1}{4}G_0(v-1)(2\Omega - v + 1), \quad n=\text{奇数} \quad (1.63)$$

である.いずれにせよ,励起エネルギーが核子数 n によらないことは注目すべきである.準位のスピン j (したがって Ω) が十分大きい場合には,隣り合う

固有状態間のエネルギー差は $E(n,v) - E(n,v-2) \approx G_0 \Omega$ であり，これは $J=0$ 対を 1 個壊すエネルギーが $\sim G_0 \Omega$ であることを示している．図 **1.5** に偶数核子系の励起エネルギーのようすが示されている．

1.2.6　単一準位の cfp

前に述べたように，原子核における有効相互作用の最も重要な部分は対相関力であり，1.2.2 において議論した行列要素 $G_J(abcd)$ における，$J=0$ の部分である．しかし対相関力だけでは原子核の構

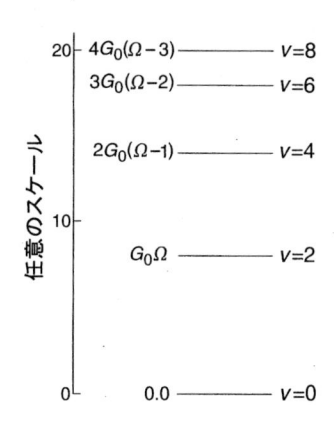

図 **1.5**　j^n 配位 ($n=$ 偶数) における対相関ハミルトニアンによる励起エネルギー・スペクトル

造を理解することはできない．われわれは有効相互作用における $J \neq 0$ の部分も考慮に入れた配位混合の計算をしなければならない．そのためには，与えられた核子数の系の規格直交化された基底ベクトルを求めなければならない．ここではスピン j の単一準位の場合を考えよう．

(a) 1 粒子 cfp の定義

j^n 配位の規格直交化された基底ベクトルを $|j^n \alpha JM\rangle$ とする．量子数 α は状態を指定するために必要な n, J, M 以外のすべての量子数をひっくるめた**付加量子数** (additional quantum number) である．規格直交性は

$$\langle j^n \alpha JM | j^{n'} \alpha' J'M' \rangle = \delta_{nn'} \delta_{\alpha\alpha'} \delta_{JJ'} \delta_{MM'} \qquad (1.64)$$

である．

任意の $(n-1)$ 粒子系の基底ベクトル $|j^{n-1} \alpha_1 J_1 M_1\rangle$ に 1 粒子の生成演算子 $c_{jm}^\dagger$ を作用させると n 粒子系の状態ベクトルとなるから，これを n 粒子系の基底ベクトル $|j^n \alpha JM\rangle$ で展開すると

$$c_{jm}^\dagger |j^{n-1} \alpha_1 J_1 M_1\rangle = \sqrt{n} \sum_{\alpha J} (j^{n-1}(\alpha_1 J_1) j |\} j^n \alpha J)$$
$$\times \langle J_1 M_1 jm | JM \rangle |j^n \alpha JM\rangle \qquad (1.65)$$

と書くことができる．展開係数 $(j^{n-1}(\alpha_1 J_1) j |\} j^n \alpha J)$ を 1 粒子 **cfp** (coefficient of fractional parentage) と呼ぶ．あるいはこれを **cfp($n \to n-1$)** と表すこともある．(1.65) 式から 1 粒子の生成演算子 $c_{jm}^\dagger$ の行列要素は

$$\langle j^n \alpha JM | c_{jm}^\dagger | j^{n-1} \alpha_1 J_1 M_1 \rangle$$
$$= \sqrt{n}\, (j^{n-1}(\alpha_1 J_1)j|\}j^n \alpha J) \langle J_1 M_1 jm | JM \rangle \qquad (1.66)$$

となる．あるいは，cfp ($n \to n-1$) は

$$(j^{n-1}(\alpha_1 J_1)j|\}j^n \alpha J)$$
$$= \frac{1}{\sqrt{n}} \sum_{M_1 m} \langle J_1 M_1 jm | JM \rangle \langle j^n \alpha JM | c_{jm}^\dagger | j^{n-1} \alpha_1 J_1 M_1 \rangle \qquad (1.67)$$

と書くことができる．

粒子数演算子 $\hat{n} = \sum_m c_{jm}^\dagger c_{jm}$ の行列要素を計算することによって，cfp の規格直交性

$$\sum_{\alpha_1 J_1} (j^{n-1}(\alpha_1 J_1)j|\}j^n \alpha J)(j^{n-1}(\alpha_1 J_1)j|\}j^n \alpha' J) = \delta_{\alpha \alpha'} \qquad (1.68)$$

が容易に得られる．この規格直交性を用いれば，(1.65) 式の逆の関係式

$$|j^n \alpha JM\rangle = \frac{1}{\sqrt{n}} \sum_{\alpha_1 J_1} (j^{n-1}(\alpha_1 J_1)j|\}j^n \alpha J)$$
$$\times \sum_{M_1 m} \langle J_1 M_1 jm | JM \rangle c_{jm}^\dagger | j^{n-1} \alpha_1 J_1 M_1 \rangle \qquad (1.69)$$

が得られる．(1.69) 式は，$(n-1)$ 粒子系の基底ベクトルから n 粒子系の基底ベクトルを作る手続きを示している．したがって，cfp が与えられるならば，この式によって任意の粒子数の系の基底ベクトルをより少ない粒子数の基底ベクトルから逐次作ることができる．

(b) 1 粒子 cfp の計算法

さて，問題はいかにして cfp ($n \to n-1$) を求めるかである．(1.69) 式とフェルミオンの反交換関係を使うと，1 粒子演算子 $c_{jm}^\dagger$ の行列要素は

$$\langle j^n \alpha JM | c_{jm}^\dagger | j^{n-1} \alpha_1 J_1 M_1 \rangle$$
$$= \frac{1}{\sqrt{n}} \sum_{\alpha_1' J_1'} (j^{n-1}(\alpha_1' J_1')j|\}j^n \alpha J) \Big[\langle J_1 M_1 jm | JM \rangle \delta_{\alpha_1 \alpha_1'} \delta_{J_1 J_1'}$$
$$- \sum_{M_1' m_1} \langle J_1' M_1' jm_1 | JM \rangle \langle j^{n-1} \alpha_1' J_1' M_1' | c_{jm}^\dagger c_{jm_1} | j^{n-1} \alpha_1 J_1 M_1 \rangle \Big] \qquad (1.70)$$

1.2 配位混合

となる．右辺の第 2 項に (1.69) 式と (1.66) 式を用いれば，(1.70) 式は

$$(j^{n-1}(\alpha_1 J_1)j|\}j^n \alpha J) = \sum_{\alpha_1' J_1'} \langle \alpha_1 J_1 | P(j^n J) | \alpha_1' J_1' \rangle (j^{n-1}(\alpha_1' J_1')j|\}j^n \alpha J) \tag{1.71}$$

と書き直すことができる．ただし，

$$\langle \alpha_1 J_1 | P(j^n J) | \alpha_1' J_1' \rangle$$
$$= \frac{1}{n} \Bigg[\delta_{\alpha_1 \alpha_1'} \delta_{J_1 J_1'} - (n-1)(-1)^{2j+J_1+J_1'} \widehat{J}_1 \widehat{J}_1' \sum_{\alpha_2 J_2} \begin{Bmatrix} j & J_1 & J_2 \\ j & J_1' & J \end{Bmatrix}$$
$$\times (j^{n-2}(\alpha_2 J_2)j|\}j^{n-1}\alpha_1 J_1)(j^{n-2}(\alpha_2 J_2)j|\}j^{n-1}\alpha_1' J_1') \Bigg] \tag{1.72}$$

である．[*6] ここで $\widehat{J} = \sqrt{2J+1}$ である．

その行列要素が (1.72) 式で定義されるような演算子 $P(j^n J)$ は，エルミートで，$P^2 = P$ をみたす一種の射影演算子であることは容易に確かめられる．したがって，行列 $P(j^n J)$ の固有値は 0 または 1 である．一方 (1.71) 式は，行列 $P(j^n J)$ の固有値が 1 に属する固有値方程式になっている．つまり，行列 $P(j^n J)$ の固有値が 1 に属する規格直交化された異なる固有ベクトルを量子数 α で指定 (ラベル) すれば，その成分が $(j^{n-1}(\alpha_1 J_1)j|\}j^n \alpha J)$ である．したがって cfp ($n \to n-1$) を計算するには，行列 $P(j^n J)$ の固有値方程式を解いて，固有値が 1 の固有ベクトルを求めればよい．しかし，上に述べたように $P^2 = P$ であり，行列 $P(j^n J)$ の各々の列ベクトルそのものが固有値が 1 に属する固有ベクトルになっているから，それらを Gram-Schmidt の直交化法で規格直交化する方が数値計算上は高速で容易である．

行列 $P(j^n J)$ の行列要素 (1.72) は，$(n-1)$ 粒子系の cfp を用いて与えられるので，上の方法で粒子数を順次増して cfp を求めることができる．たとえば，$n=1$ および $n=2$ の系の cfp はその定義から直接計算することができて，

$$(j^{n-1}(\alpha_1 J_1)j|\}j^n \alpha J) = \begin{cases} 1, & n=1, \ J=j, \\ 0, & n=1, \ J \neq j, \\ 1, & n=2, \ J=偶数, \\ 0, & n=2, \ J=奇数 \end{cases} \tag{1.73}$$

であるから，これらを (1.72) 式に代入すれば $n=3$ 粒子系の cfp が求まり，

$$(j^2(J_1)j|\}j^3 \alpha J) = \left[\delta_{J_1 J_1'} + 2\widehat{J}_1 \widehat{J}_1' \begin{Bmatrix} j & j & J_1 \\ j & J & J_1' \end{Bmatrix} \right]$$

[*6] $\begin{Bmatrix} a & b & e \\ d & c & f \end{Bmatrix}$ は **6j**-記号と呼ばれる量であり，Racah 係数 $W(abcd;ef)$ に符号因子をかけた $(-1)^{a+b+c+d} W(abcd;ef)$ に等しい．詳しくは，角運動量 (Racah 代数) に関する専門書を参照されたい．たとえば，A. R. Edmonds, *Angular Momentum in Quantum Mechanics*, Princeton Univ. Press (1957). D. M. Brink and G. R. Satchler, *Angular Momentum, 2nd ed.*, Oxford Univ. Press (1968).

$$\times \left[3 + 6(2J_1' + 1) \begin{Bmatrix} j & j & J_1' \\ j & J & J_1' \end{Bmatrix} \right]^{-1/2}, \quad (\alpha = J_1') \quad (1.74)$$

となる. 3粒子系 $(n=3)$ の場合, 独立な状態を指定する付加的量子数 α は, $J_1' \leq 2j-1$, $|J-j| \leq J_1' \leq j+J$ をみたす偶数スピン J_1' となる.

(c) 2粒子 cfp

前々項において cfp $(n \to n-1)$ を説明したが, 場合によっては2粒子 cfp がたいへん有用である.

任意の $(n-2)$ 粒子系の基底ベクトル $|j^{n-2}\,\alpha_1 J_1 M_1\rangle$ に2粒子対の生成演算子 $A^\dagger_{JM}(jj)$ を作用させると n 粒子系の状態ベクトルとなるから, これを n 粒子系の基底ベクトル $|j^n\,\alpha JM\rangle$ で展開すると

$$A^\dagger_{J_2 M_2}(jj)|j^{n-2}\,\alpha_1 J_1 M_1\rangle = \sqrt{\frac{n(n-1)}{2}} \sum_{\alpha J} (j^{n-2}(\alpha_1 J_1)j^2(J_2)|\}j^n\alpha J)$$
$$\times \langle J_1 M_1 J_2 M_2 | JM \rangle |j^n\,\alpha JM\rangle \quad (1.75)$$

と書くことができる. このときの展開係数 $(j^{n-2}(\alpha_1 J_1)j^2(J_2)|\}j^n\alpha J)$ が2粒子 cfp $(n \to n-2)$ である. したがって対演算子 $A^\dagger_{JM}(jj)$ の行列要素は

$$\langle j^n\,\alpha JM | A^\dagger_{J_2 M_2}(jj) | j^{n-2}\,\alpha_1 J_1 M_1 \rangle$$
$$= \sqrt{\frac{n(n-1)}{2}} (j^{n-2}(\alpha_1 J_1)j^2(J_2)|\}j^n\alpha J) \langle J_1 M_1 J_2 M_2 | JM \rangle \quad (1.76)$$

となる. あるいは, cfp $(n \to n-2)$ は

$$(j^{n-2}(\alpha_1 J_1)j^2(J_2)|\}j^n\alpha J)$$
$$= \sqrt{\frac{2}{n(n-1)}} \sum_{M_1 M_2} \langle J_1 M_1 J_2 M_2 | JM \rangle \langle j^n\,\alpha JM | A^\dagger_{J_2 M_2}(jj) | j^{n-2}\,\alpha_1 J_1 M_1 \rangle$$
$$\quad (1.77)$$

と書くことができる. また, 関係式

$$\widehat{n}(\widehat{n}-1) = 2 \sum_{JM} A^\dagger_{JM}(jj)\, A_{JM}(jj) \quad (1.78)$$

の両辺の行列要素を計算し, (1.76) 式を使えば, cfp $(n \to n-2)$ の規格直交性

$$\sum_{\alpha_1 J_1} \sum_{J_2} (j^{n-2}(\alpha_1 J_1)j^2(J_2)|\}j^n\alpha J)\,(j^{n-2}(\alpha_1 J_1)j^2(J_2)|\}j^n\alpha' J) = \delta_{\alpha\alpha'}$$
$$\quad (1.79)$$

が容易に得られる．この規格直交性を用いれば，(1.75) 式の逆の関係式

$$|j^n \alpha JM\rangle = \sqrt{\frac{2}{n(n-1)}} \sum_{\alpha_1 J_1} \sum_{J_2} (j^{n-2}(\alpha_1 J_1)j^2(J_2)|\}j^n\alpha J)$$
$$\times \sum_{M_1 M_2} \langle J_1 M_1 J_2 M_2 | JM\rangle A^\dagger_{J_2 M_2}(jj) |j^{n-2}\alpha_1 J_1 M_1\rangle \quad (1.80)$$

が得られる．

2粒子cfpを1粒子cfpで表すことは容易である．なぜならば対演算子 $A^\dagger_{JM}(jj)$ の行列要素を1粒子演算子 $c^\dagger_{jm}$ の行列要素に分解すればよいからである．その結果は，

$$(j^{n-2}(\alpha_1 J_1)j^2(J_2)|\}j^n\alpha J) = (-1)^{J_1+J} \sum_{\alpha' J'} \widehat{J_2}\widehat{J'} \begin{Bmatrix} J_1 & J_2 & J \\ j & J' & j \end{Bmatrix}$$
$$\times (j^{n-2}(\alpha_1 J_1)j|\}j^{n-1}\alpha' J')(j^{n-1}(\alpha' J')j|\}j^n\alpha J). \quad (1.81)$$

これらの2粒子cfp $(n \to n-2)$ を用いれば，2体力のハミルトニアン

$$H_{\text{int}} = \sum_{JM} G_J(jjjj) A^\dagger_{JM}(jj) A_{JM}(jj) \quad (1.82)$$

の行列要素は簡単に表示することができて，

$$\langle j^n \alpha JM | H_{\text{int}} | j^n \alpha' J' M'\rangle = \delta_{JJ'} \delta_{MM'} \frac{n(n-1)}{2} \sum_{\alpha_1 J_1} \sum_{J_2} G_{J_2}(jjjj)$$
$$\times (j^{n-2}(\alpha_1 J_1)j^2(J_2)|\}j^n\alpha J)(j^{n-2}(\alpha_1 J_1)j^2(J_2)|\}j^n\alpha' J') \quad (1.83)$$

と表される．

1.2.7 単一準位のセニョリティ・スキームのcfp

1.2.6では，議論を簡単にするため，あえてセニョリティを指定しないで基底ベクトルを作った．一方，殻模型における最も重要な残留相互作用は対相関力である．1.2.5で述べたように，単一準位で相互作用が対相関力だけであればセニョリティが良い量子数である．しかし，一般には系の固有状態は異なるセニョリティ数の混合した状態となる．にもかかわらず対相関力の強い殻模型においては，配位混合の基底ベクトルとしてはセニョリティ数で指定した $|j^n \alpha v JM\rangle$ の形をとるのが便利である．このような方式(形式)をセニョリティ・スキーム

(seniority scheme) と呼ぶ．以下でセニョリティ・スキームにおける規格直交化された基底ベクトルの作り方について述べよう．

セニョリティ・スキームの状態ベクトルを作るには，1.2.4 で述べたように，まず**最高セニョリティ**(highest-seniority) の基底ベクトルを作り，これに必要な個数の 0 対演算子 $\hat{S}_+$ を作用させて一般の基底ベクトルを作る．

(a) 最高セニョリティの cfp — cfp (hs)

単一準位におけるセニョリティ・スキームの規格直交化された基底ベクトルを $|j^n \alpha v J M\rangle$ とする．規格直交性は

$$\langle j^n \alpha v J M | j^{n'} \alpha' v' J' M'\rangle = \delta_{nn'}\delta_{\alpha\alpha'}\delta_{vv'}\delta_{JJ'}\delta_{MM'} \tag{1.84}$$

である．これらの基底状態のうち，最高セニョリティ状態を特別に

$$|j^n \alpha J M\rangle\!\rangle = |j^n \alpha, v=n, J M\rangle \tag{1.85}$$

と表すことにする．

1 粒子 cfp $(j^{n-1}(\alpha_1 v_1 J_1)j|\}j^n\alpha J)$ は，1.2.6 の場合とまったく同様に，

$$\langle j^n \alpha v J M | c^\dagger_{jm} | j^{n-1} \alpha_1 v_1 J_1 M_1 \rangle$$
$$= \sqrt{n}\,(j^{n-1}(\alpha_1 v_1 J_1)j|\}j^n\alpha v J)\,\langle J_1 M_1 j m | J M\rangle \tag{1.86}$$

で定義される．これらの cfp の中で**最高セニョリティの cfp**（以後 **cfp (hs)** と略す：hs は highest-seniority の略）を特に $[j^{n-1}(\alpha_1 J_1)j|\}j^n\alpha J]$ と表す．すなわち，

$$[j^{n-1}(\alpha_1 J_1)j|\}j^n\alpha J] = (j^{n-1}(\alpha_1, v_1=n-1, J_1)j|\}j^n\alpha, v=n, J) \tag{1.87}$$

である．これらの cfp の規格直交性は

$$\sum_{\alpha_1 v_1 J_1}(j^{n-1}(\alpha_1 v_1 J_1)j|\}j^n\alpha v J)\,(j^{n-1}(\alpha_1 v_1 J_1)j|\}j^n\alpha' v' J) = \delta_{\alpha\alpha'}\delta_{vv'}, \tag{1.88a}$$

$$\sum_{\alpha_1 J_1}[j^{n-1}(\alpha_1 J_1)j|\}j^n\alpha J]\,[j^{n-1}(\alpha_1 J_1)j|\}j^n\alpha' J] = \delta_{\alpha\alpha'} \tag{1.88b}$$

と書かれる．(1.69) 式とまったく同様に，

$$|j^n \alpha vJM\rangle = \frac{1}{\sqrt{n}} \sum_{\alpha_1 v_1 J_1} (j^{n-1}(\alpha_1 v_1 J_1)j|\}j^n \alpha vJ)$$
$$\times \sum_{M_1 m} \langle J_1 M_1 jm|JM\rangle c^\dagger_{jm}|j^{n-1}\alpha_1 v_1 J_1 M_1\rangle \quad (1.89)$$

である．さて，最高セニョリティ状態の場合には (1.89) 式に対応する関係式はどうなるであろうか．

ここで，セニョリティ・スキームでの基底ベクトルを，1.2.4 で議論した準スピンの表記法を用いて (1.53) 式で表す．以下の議論はセニョリティに関する事柄のみに限られるので，簡単のため量子数 (αJM) は省略する．すなわち $|j^n \alpha vJM\rangle$ を単に $|SS_0\rangle$ と表すことにする．状態ベクトル $|SS_0\rangle$ に 1 粒子の生成演算子 $c^\dagger$ を作用させると，粒子数が 1 増えるので $S_0 \to S_0 + 1/2$ となり，S は $S \to S \pm 1/2$ の 2 種類の成分ができる．つまりセニョリティが ± 1 だけ変化する．したがって，最高セニョリティ状態 $|S, S_0 = -S\rangle$ に $c^\dagger$ を作用させると，

$$c^\dagger|S, -S\rangle = A|S-1/2, -S+1/2\rangle + B|S+1/2, -S+1/2\rangle \quad (1.90)$$

となり，右辺の第 1 項がセニョリティが 1 だけ増加した成分，第 2 項が 1 減少した成分である．したがって，第 1 項は最高セニョリティ状態である．次に準スピン演算子を用いて，演算子

$$\widehat{p} = \frac{1}{2\widehat{S}_z - 2}[\widehat{\boldsymbol{S}}^2 - (\widehat{S}_z - 1)(\widehat{S}_z - 2)] = 1 + \frac{1}{2\widehat{S}_z - 2}\widehat{S}_+\widehat{S}_- \quad (1.91)$$

を導入する．演算子 $\widehat{p}$ を (1.90) 式の両辺に作用させると，

$$\widehat{p}c^\dagger|S, -S\rangle = A|S-1/2, -S+1/2\rangle$$

が得られるから，演算子 $\widehat{p}$ は状態ベクトル $c^\dagger|S, -S\rangle$ の中から最高セニョリティの成分を選び出す働きをする．したがって最高セニョリティ状態に対しては，

$$|j^n \alpha JM\rangle\!\rangle = \frac{1}{\sqrt{n}} \sum_{\alpha_1 J_1} [j^{n-1}(\alpha_1 J_1)j|\}j^n \alpha J]$$
$$\times \sum_{M_1 m} \langle J_1 M_1 jm|JM\rangle \widehat{p}\, c^\dagger_{jm}|j^{n-1}\alpha_1 J_1 M_1\rangle\!\rangle \quad (1.92)$$

となる. (1.92) 式は, $(n-1)$ 粒子系の最高セニョリティの基底ベクトルから n 粒子系の最高セニョリティの基底ベクトルを作る手続きを示している. したがって, cfp (hs) が与えられるならば, この式によって任意の粒子数の系の最高セニョリティの基底ベクトルをより少ない粒子数の基底ベクトルから逐次作ることができる.

(b) cfp (hs) の計算法

最高セニョリティの cfp の計算は 1.2.6 の (b) 項と同様に行うことができる. 最高セニョリティの状態による 1 粒子演算子の行列要素は, (1.92) 式を用いて

$$\langle\!\langle j^n \alpha JM | c_{jm}^\dagger | j^{n-1} \alpha_1 J_1 M_1 \rangle\!\rangle = \frac{1}{\sqrt{n}} \sum_{\alpha'_1 J'_1} [j^{n-1}(\alpha'_1 J'_1)j|\}j^n \alpha J]$$

$$\times \sum_{M'_1 m_1} \langle J'_1 M'_1 jm_1 | JM \rangle \langle\!\langle j^{n-1} \alpha'_1 J'_1 M'_1 | c_{jm_1} \widehat{p} c_{jm}^\dagger | j^{n-1} \alpha_1 J_1 M_1 \rangle\!\rangle \quad (1.93)$$

と書かれる. 演算子 $\widehat{p}$ の定義式 (1.91) と, 関係式

$$[\widehat{S}_-, c_{jm}^\dagger] = (-1)^{j-m} c_{j-m} \quad (1.94)$$

とを使って (1.93) 式を書きなおすと,

$$\langle\!\langle j^n \alpha JM | c_{jm}^\dagger | j^{n-1} \alpha_1 J_1 M_1 \rangle\!\rangle = \frac{1}{\sqrt{n}} \sum_{\alpha'_1 J'_1} [j^{n-1}(\alpha'_1 J'_1)j|\}j^n \alpha J]$$

$$\times \Bigg[\langle J_1 M_1 jm | JM \rangle \delta_{\alpha_1 \alpha'_1} \delta_{J_1 J'_1}$$

$$- \sum_{M'_1 m_1} \langle J'_1 M'_1 jm_1 | JM \rangle \langle\!\langle j^{n-1} \alpha'_1 J'_1 M'_1 | c_{jm}^\dagger c_{jm_1} | j^{n-1} \alpha_1 J_1 M_1 \rangle\!\rangle$$

$$+ \frac{1}{n - \Omega - 2} \sum_{M'_1 m_1} (-1)^{2j-m-m_1} \langle J'_1 M'_1 jm | JM \rangle$$

$$\times \langle\!\langle j^{n-1} \alpha'_1 J'_1 M'_1 | c_{j-m_1}^\dagger c_{j-m} | j^{n-1} \alpha_1 J_1 M_1 \rangle\!\rangle \Bigg] \quad (1.95)$$

が得られる. この後, 少しばかり Racah 代数に関する計算を行った後 cfp (hs) のみたすべき連立同次 1 次方程式

$$[j^{n-1}(\alpha_1 J_1)j|\}j^n \alpha J] = \sum_{\alpha'_1 J'_1} \langle \alpha_1 J_1 | Q(j^n J) | \alpha'_1 J'_1 \rangle [j^{n-1}(\alpha'_1 J'_1)j|\}j^n \alpha J] \quad (1.96)$$

が得られる. ただし,

$$\langle \alpha_1 J_1 | Q(j^n J) | \alpha'_1 J'_1 \rangle = \frac{1}{n} \Bigg[\delta_{\alpha_1 \alpha'_1} \delta_{J_1 J'_1} - (-1)^{2j + J_1 + J'_1} (n-1) \widehat{J}_1 \widehat{J}'_1$$

$$\times \sum_{\alpha_2 J_2} \left(\left\{ \begin{matrix} j & J_1 & J_2 \\ j & J_1' & J \end{matrix} \right\} - \frac{(-1)^{2j+2J_1}}{(n-\Omega-2)(2J+1)} \delta_{J_2 J} \right)$$

$$\times [j^{n-2}(\alpha_2 J_2)j|\}j^{n-1}\alpha_1 J_1][j^{n-2}(\alpha_2 J_2)j|\}j^{n-1}\alpha_1' J_1'] \Big] \quad (1.97)$$

である.

(1.71) 式における行列 $P(j^n J)$ の場合と同様に,行列 $Q(j^n J)$ はエルミートで $Q^2 = Q$ をみたすので,行列 $Q(j^n J)$ の各々の列ベクトルそのものが連立 1 次方程式 (1.96) の 1 組の解になっている.したがってこれらを,たとえば Gram-Schmidt の直交化法で規格直交化すれば,付加的量子数 α でラベル付けされた独立な組の cfp (hs) が得られる.

行列 $Q(j^n J)$ の行列要素 (1.97) は,$(n-1)$ 粒子系の cfp (hs) を用いて与えられるので,上の方法で粒子数を順次増して cfp (hs) を求めることができる.

(c) 低いセニョリティの cfp — cfp (ls)

低いセニョリティ状態 (lower-seniority state) は最高セニョリティ状態に 0 対の生成演算子 $\widehat{S}_+$ を必要な個数だけ作用させることによって得られる.すなわち

$$|j^n \alpha v JM\rangle = \mathcal{N}_{pv} (\widehat{S}_+)^p |j^v \alpha JM\rangle\!\rangle, \quad p = (n-v)/2 \quad (1.98)$$

である.規格化定数 $\mathcal{N}_{pv}$ は (1.55) で与えられる.この状態ベクトルによる 1 粒子演算子 $c_{jm}^\dagger$ の行列要素 $\langle j^n \alpha v JM | c_{jm}^\dagger | j^{n-1} \alpha_1 v_1 J_1 M_1 \rangle$ は準スピンの性質や交換関係 (1.94) を使って容易に計算することができる.いうまでもないが,この行列要素は $v_1 = v \pm 1$ のときだけ 0 でない値を持つ.その結果から低いセニョリティの **cfp** (以後 **cfp (ls)** と略す:ls は lower-seniority の略) が求められる.結果は

$(j^{n-1}(\alpha_1 v_1 J_1)j|\}j^n \alpha v J)$

$$= \begin{cases} \sqrt{\dfrac{v(2\Omega - n - v + 2)}{n(2\Omega - 2v + 2)}} \, [j^{v-1}(\alpha_1 J_1)j|\}j^v \alpha J], & (v_1 = v - 1) \\[2ex] (-1)^{J_1 + j - J} \sqrt{\dfrac{2J_1 + 1}{2J + 1}} \sqrt{\dfrac{(n-v)(v+1)}{n(2\Omega - 2v)}} [j^v(\alpha J)j|\}j^{v+1}\alpha_1 J_1], \\ \hfill (v_1 = v + 1) \end{cases}$$
$$\quad (1.99)$$

である.

(d) まとめ

以上で cfp (hs) と cfp (ls) を含めたセニョリティ・スキームの cfp のすべてに関する定式化ができた．これによって単一準位の場合の与えられた粒子数のすべての基底状態を作ることができ，また配位混合の計算に必要な種々の演算子の行列要素をこれらの cfp を用いて表すことができる．実際の計算においては，これらの cfp は数値データとして計算機の中に保存され，必要に応じて呼び出されるのが通例である．

1.2.8 多準位系の基底ベクトル

オープン殻に単一の準位 (single-j level) しか存在しない場合の基底ベクトル $\{|j^n\alpha JM\rangle\}$ の構成の方法は上に述べた通りである．しかし一般にはオープン殻に複数の準位がある**多準位** (many-level または multilevel) 系が通例である．準位の数を N とし，各準位のスピンを $j_1, j_2, \ldots, j_N$ とする．

各準位内を記述する基底ベクトル $\{|j_k^{n_k}\alpha_k J_k M_k\rangle\}; k = 1, 2, \cdots, N\}$ は前述のように構成するとして，これらの各準位の基底ベクトルの積を作り，全体の全角運動量を合成した基底ベクトル

$$\left[(c^\dagger_{j_{k_1}})^{n_{k_1}}_{\alpha_{k_1} J_{k_1} M_{k_1}} (c^\dagger_{j_{k_2}})^{n_{k_2}}_{\alpha_{k_2} J_{k_2} M_{k_2}} \cdots (c^\dagger_{j_{k_n}})^{n_{k_n}}_{\alpha_{k_n} J_{k_n} M_{k_n}}\right]_{\alpha IK} |0\rangle, \quad (1.100)$$

を構成するにはもう1段の工夫が必要である．ただし，$\{k_1, k_2, \cdots, k_n\}$ ($k_1 < k_2 < \cdots < k_n$) は $\{1, 2, \cdots, N\}$ の中の特定の組であり，これによってこの基底ベクトルを構成する準位が示される．I は全角運動量の大きさ，K はその z 成分，α は一次独立な基底状態を指定する付加量子数である．$(c^\dagger_{j_{k_1}})^{n_{k_1}}_{\alpha_{k_1} J_{k_1} M_{k_1}}$ は，スピン j_{k_1} の準位 k_1 に n_{k_1} 個の粒子が入って，全角運動量および z 成分が (J_{k_1}, M_{k_1}) に合成されていて，付加量子数 α_{k_1} で指定される状態にあることを表している．このような状態は 1.2.6 などの項で説明した単一準位の cfp によって構築される．

問題は，(1.100) 式のように各準位の基底ベクトルの積ベクトルから，いかにして全系の規格直交化された基底ベクトルを作るか，ということである．この目的のために，従来の cfp とはまったく概念を異にする**新型の CFP** を導入する．[7]

---

[7] 従来の cfp とは異なる概念であることを強調するために，わざと大文字で "CFP" と表す．
K. Takada, M. Sato and S. Yasumoto, Prog. Theor. Phys. **104**(2000) 173.

(a) 新型 CFP の定義

N 種類の "粒子" $b_{J_k M_k}^{(k)\dagger}$ $(k=1,2,\cdots,N)$ を導入する. これらの "粒子" はそのスピン J_k が半整数ならフェルミオン，整数ならボソンとし，(反) 交換関係

$$b_{J_i M_i}^{(i)} b_{J_j M_j}^{(j)\dagger} - (-1)^{4J_i J_j} b_{J_j M_j}^{(j)\dagger} b_{J_i M_i}^{(i)} = \delta_{ij}\delta_{J_i J_j}\delta_{M_i M_j}, \quad (1.101\text{a})$$

$$b_{J_i M_i}^{(i)\dagger} b_{J_j M_j}^{(j)\dagger} - (-1)^{4J_i J_j} b_{J_j M_j}^{(j)\dagger} b_{J_i M_i}^{(i)\dagger} = 0. \quad (1.101\text{b})$$

をみたすものとする.

$|0\rangle\rangle$ をこの "粒子" の真空とする. 以後, "粒子" が 0 個または 1 個のみ存在する状態ベクトルだけを考え，規格直交化された多 "粒子" 状態を

$$|n(k_1,k_2,\ldots,k_n)\alpha IK\rangle\rangle = \left[b_{J_{k_1} M_{k_1}}^{(k_1)\dagger} b_{J_{k_2} M_{k_2}}^{(k_2)\dagger} \cdots b_{J_{k_n} M_{k_n}}^{(k_n)\dagger}\right]_{\alpha IK} |0\rangle\rangle, \quad (1.102)$$

とする. ただし, $\{k_1, k_2, \cdots, k_n\}$ $(k_1 < k_2 < \cdots < k_n)$ は $\{1, 2, \cdots, N\}$ の中の特定の組である.

要するに多 "粒子" 状態 (1.102) は，多準位の多粒子状態 (1.100) における異なる準位の状態を表す多粒子演算子 $(c_{j_k}^\dagger)_{\alpha_k J_k M_k}^{n_k}$ の置換に関する対称性 — 入れ換えに対して符号が反転するか否か — の性質のみを表すための仮想的な "粒子" である.

さてここで，新型の CFP $(n-1(i^{-1};\alpha_1 I_1)i|\}n(k_1,k_2,\ldots,k_n)\alpha I)$ を次式で定義する:

$$b_{J_i M_i}^{(i)\dagger}|n-1(k_1,k_2,\ldots,k_n;i^{-1})\alpha_1 I_1 K_1\rangle\rangle$$
$$= \sqrt{n}\sum_{\alpha I}(n-1(i^{-1};\alpha_1 I_1)i|\}n(k_1,k_2,\ldots,k_n)\alpha I)$$
$$\times \langle I_1 K_1 J_i M_i|IK\rangle |n(k_1,k_2,\ldots,k_n)\alpha IK\rangle\rangle. \quad (1.103)$$

書き直すと

$$(\langle n(k_1,k_2,\ldots,k_n)\alpha IK|b_{J_i M_i}^{(i)\dagger}|n-1(k_1,k_2,\ldots,k_n;i^{-1})\alpha_1 I_1 K_1\rangle\rangle$$
$$= \sqrt{n}\,(n-1(i^{-1};\alpha_1 I_1)i|\}n(k_1,k_2,\ldots,k_n)\alpha I)\langle I_1 K_1 J_i M_i|IK\rangle$$
$$(1.104)$$

が得られる. i が $\{k_1, k_2, \ldots, k_n\}$ の中にないならば，この CFP は 0 である. 記号 $(k_1, k_2, \ldots, k_n; i^{-1})$ は, $(k_1, k_2, \ldots, k_n)$ の中から i が抜け落ちている (消されている) ことを意味する.

"粒子" の個数演算子は

$$\sum_{i=1}^{N} \sum_{M_i} b_{J_i M_i}^{(i)\dagger} b_{J_i M_i}^{(i)} = \boldsymbol{n}. \tag{1.105}$$

である．両辺の行列要素を計算し，(1.104) 式を使えば，CFP の規格直交性は

$$\sum_{i=k_1}^{k_n} \sum_{\alpha_1 I_1} (n-1(i^{-1};\alpha_1 I_1)i|\}n(k_1,k_2,\ldots,k_n)\alpha I)$$
$$\times (n-1(i^{-1};\alpha_1 I_1)i|\}n(k_1,k_2,\ldots,k_n)\alpha' I) = \delta_{\alpha\alpha'}. \tag{1.106}$$

となる．CFP の定義式 (1.103) と規格直交性 (1.106) とを使って

$$|n(k_1,k_2,\ldots,k_n)\alpha IK))$$
$$= \frac{1}{\sqrt{n}} \sum_{i=k_1}^{k_n} \sum_{\alpha_1 I_1} (n-1(i^{-1};\alpha_1 I_1)i|\}n(k_1,k_2,\ldots,k_n)\alpha I)$$
$$\times \sum_{M_i K_1} \langle I_1 K_1 J_i M_i | IK \rangle b_{J_i M_i}^{(i)\dagger} |n-1(k_1,k_2,\ldots,k_n;i^{-1})\alpha_1 I_1 K_1)) \tag{1.107}$$

が得られる．

(b) 新型 CFP の計算法

(1.107) 式と (反) 交換関係 (1.101) 式とを用いて，"粒子" の生成演算子の行列要素は

$$((n(k_1,k_2,\ldots,k_n)\alpha IK|b_{J_i M_i}^{(i)\dagger}|n-1(k_1,k_2,\ldots,k_n;i^{-1})\alpha_1 I_1 K_1))$$
$$= \frac{1}{\sqrt{n}} \sum_{j=k_1}^{k_n} \sum_{\alpha'_1 I'_1} (n-1(j^{-1};\alpha'_1 I'_1)j|\}n(k_1,k_2,\ldots,k_n)\alpha I)$$
$$\times \bigg\{ \langle I_1 K_1 J_i M_i | IK \rangle \delta_{ij}\delta_{J_i J_j}\delta_{\alpha_1\alpha'_1}\delta_{I_1 I'_1} + (-1)^{4J_i J_j} \sum_{M_j K'_1} \langle I'_1 K'_1 J_j M_j | IK \rangle$$
$$\times ((n-1(k_1,\ldots,k_n;j^{-1})\alpha'_1 I'_1 K'_1 | b_{J_i M_i}^{(i)\dagger} b_{J_j M_j}^{(j)} |n-1(k_1,\ldots,k_n;i^{-1})\alpha_1 I_1 K_1)) \bigg\} \tag{1.108}$$

と書くことができる．右辺の { } の中の第 2 項を (1.107) と (1.104) 式を使って書き直せば，CFP がみたすべき連立同次 1 次方程式

$$(n-1(i^{-1};\alpha_1 I_1)i|\}n(k_1,k_2,\ldots,k_n)\alpha I)$$
$$= \sum_{j=k_1}^{k_n} \sum_{\alpha'_1 I'_1} ((i^{-1}\alpha_1 I_1 | R(k_1,k_2,\ldots,k_n;I)|j^{-1}\alpha'_1 I'_1))$$
$$\times (n-1(j^{-1};\alpha'_1 I'_1)j|\}n(k_1,k_2,\ldots,k_n)\alpha I) \tag{1.109}$$

が得られる．ただし，

$$((i^{-1}\alpha_1 I_1 | R(k_1, k_2, \ldots, k_n; I) | j^{-1}\alpha_1' I_1')) = \frac{1}{n}\Bigg[\delta_{ij}\delta_{\alpha_1\alpha_1'}\delta_{I_1 I_1'}$$
$$+ (1-\delta_{ij})(n-1)\sum_{\alpha_2 I_2}(-1)^{4J_i J_j}(-1)^{J_i+J_j+I_1+I_1'}\widehat{I_1}\widehat{I_1'}\left\{\begin{array}{ccc}I_1' & I_2 & J_i \\ I_1 & I & J_j\end{array}\right\}$$
$$\times (n-2(i^{-1}j^{-1}; \alpha_2 I_2)i|\}n-1(k_1, \ldots, k_n; j^{-1})\alpha_1' I_1')$$
$$\times (n-2(i^{-1}j^{-1}; \alpha_2 I_2)j|\}n-1(k_1, \ldots, k_n; i^{-1})\alpha_1 I_1)\Bigg] \quad (1.110)$$

である．

行列 $R(k_1, k_2, \ldots, k_n; I)$ はエルミートで $R^2 = R$ をみたすので，R の各々の列ベクトルそのものが連立 1 次方程式 (1.109) の解になっている．したがってこれらを，たとえば Gram-Schmidt の直交化法を使って規格直交化すれば，付加的量子数 (additional quantum number) α でラベル付けされた独立な組の新型 CFP が求められる．数値計算上はこれでもよいが，普通は割合小さい n の場合のみが必要とされるので，後で示すように解析的に求めた CFP の方が有用であるだろう．

(c) 新型 CFP に関する有用な公式

いま考えている状態においては，"粒子"数は 1 または 0 であるから，

$$\sum_{M_i} b^{(i)\dagger}_{J_i M_i} b^{(i)}_{J_i M_i} = 1 \text{ または } 0 \quad (1.111)$$

である．両辺の行列要素を計算し，(1.104) 式を使えば，$\{k_1, k_2, \ldots, k_n\}$ の中の任意の i に対する CFP のもう 1 つの規格直交性

$$\sum_{\alpha_1 I_1}(n-1(i^{-1};\alpha_1 I_1)i|\}n(k_1, k_2, \ldots, k_n)\alpha I)$$
$$\times (n-1(i^{-1};\alpha_1 I_1)i|\}n(k_1, k_2, \ldots, k_n)\alpha' I) = \frac{1}{n}\delta_{\alpha\alpha'} \quad (1.112)$$

が得られる．この規格直交性を (1.103) 式に適用すれば，任意の i に対して

$$|n(k_1, k_2, \ldots, k_n)\alpha I K))$$
$$= \sqrt{n}\sum_{\alpha_1 I_1}(n-1(i^{-1};\alpha_1 I_1)i|\}n(k_1, k_2, \ldots, k_n)\alpha I)$$
$$\times \sum_{M_i K_1}\langle I_1 K_1 J_i M_i | I K\rangle b^{(i)\dagger}_{J_i M_i}|n-1(k_1, k_2, \ldots, k_n; i^{-1})\alpha_1 I_1 K_1))$$
$$(1.113)$$

が得られる．したがって新型 CFP が与えられたならば，この関係式を使って低い"粒子"数の状態から高い"粒子"数の規格直交化された状態を順次作ることができる．

(d) 新型 CFP の具体的表式

もちろん，CFP の表現は唯一ではない．行列要素が (1.110) で与えられる行列 R の 1 つの列ベクトルが 1 組の解を与えるので，最も簡単な $n=1$ の場合からスタートして順次 n の大きい場合の具体的な解を求めることができる．以下に $n=4$ までの 1 組の解を示す．

記号 i, j, k および l がそれぞれ，第 1，第 2，第 3 および第 4 番目の"粒子"を表すものとする．したがって，たとえば $n=1$ の場合には i の"粒子"しかなく，$n=2$ の場合には i と j の 2 種類の"粒子"がある．

CFP の具体例は以下の通りである．

$\underline{n=1}$ の場合，
$$(0(0;0)i|\}1(i)I) = \delta_{IJ_i}. \tag{1.114}$$

$\underline{n=2}$ の場合，
$$(1(i;J_i)j|\}2(ij)I) = (-1)^{4J_iJ_j}\frac{1}{\sqrt{2}}, \tag{1.115a}$$

$$(1(j;J_j)i|\}2(ij)I) = \frac{1}{\sqrt{2}}(-1)^{J_i+J_j-I}. \tag{1.115b}$$

ただし I は $|J_i - J_j| \leq I \leq J_i + J_j$ をみたさなければならない．

$\underline{n=3}$ の場合，
$$(2(i^{-1};I_1)i|\}3(ijk)\alpha I) = \frac{1}{\sqrt{3}}(-1)^{-J_j-J_k+2I+I_1}\widehat{I_1}\widehat{I_1'}\begin{Bmatrix} I_1 & J_i & I \\ I_1' & J_k & J_j \end{Bmatrix},$$
$$(\alpha = I_1') \quad (1.116a)$$

$$(2(j^{-1};I_1)j|\}3(ijk)\alpha I) = \frac{1}{\sqrt{3}}(-1)^{4J_iJ_j+J_j+J_k+I_1+I_1'}\widehat{I_1}\widehat{I_1'}\begin{Bmatrix} I_1 & J_j & I \\ I_1' & J_k & J_i \end{Bmatrix},$$
$$(\alpha = I_1') \quad (1.116b)$$

$$(2(k^{-1};I_1)k|\}3(ijk)\alpha I) = \frac{1}{\sqrt{3}}(-1)^{4J_iJ_k+4J_jJ_k}\delta_{I_1I_1'}, \quad (\alpha = I_1') \quad (1.116c)$$

ただし，この場合，付加的量子数 α はスピン I_1' で表される．

$\underline{n=4}$ の場合,

$$(3(i^{-1};\alpha_1 I_1)i|\}4(ijkl)\alpha I)$$
$$= \frac{1}{\sqrt{4}}(-1)^{-J_i-J_j-I_1+I_1'+I'}\widehat{I_1}\widehat{I_1'}\widehat{I'}\widehat{I''}\begin{Bmatrix} I & J_k & I' \\ J_i & J_j & I'' \\ I_1 & I_1' & J_l \end{Bmatrix},$$
$$(\alpha_1 = I_1',\ \alpha = (I', I'')) \quad (1.117\text{a})$$

$$(3(j^{-1};\alpha_1 I_1)j|\}4(ijkl)\alpha I)$$
$$= \frac{1}{\sqrt{4}}(-1)^{4J_iJ_j-I_1+I_1'+I'-I''}\widehat{I_1}\widehat{I_1'}\widehat{I'}\widehat{I''}\begin{Bmatrix} I & J_k & I' \\ J_j & J_i & I'' \\ I_1 & I_1' & J_l \end{Bmatrix},$$
$$(\alpha_1 = I_1',\ \alpha = (I', I'')) \quad (1.117\text{b})$$

$$(3(k^{-1};\alpha_1 I_1)k|\}4(ijkl)\alpha I) = \frac{1}{\sqrt{4}}(-1)^{4J_iJ_k+4J_jJ_k}\delta_{I_1 I'}\delta_{I_1' I''},$$
$$(\alpha_1 = I_1',\ \alpha = (I', I'')) \quad (1.117\text{c})$$

$$(3(l^{-1};\alpha_1 I_1)l|\}4(ijkl)\alpha I)$$
$$= \frac{1}{\sqrt{4}}(-1)^{4J_iJ_l+4J_jJ_l+4J_kJ_l+J_k+J_l+I_1+I'}\widehat{I_1}\widehat{I'}\begin{Bmatrix} I_1 & I_1' & J_k \\ I' & I & J_l \end{Bmatrix}\delta_{I_1' I''}.$$
$$(\alpha_1 = I_1',\ \alpha = (I', I'')) \quad (1.117\text{d})$$

ただしこの場合, 付加的量子数 α_1 はスピン I_1' で表され, α はスピン I' と I'' の組で表される.[*8]

(e) まとめ

準位の数が N, 各準位のスピンが $j_1, j_2,\ldots,j_N$ であるような多準位系を考える. 系の基底ベクトルは, 各準位の1準位系基底ベクトルの直積で構成されるから, 結局

$$|\Gamma\alpha IK\rangle = |j_1^{n_1}\alpha_1 J_1, j_2^{n_2}\alpha_2 J_2, \cdots j_N^{n_N}\alpha_N J_N;\alpha IK\rangle$$
$$= \left[(c_{j_1}^\dagger)_{\alpha_1 J_1 M_1}^{n_1}(c_{j_2}^\dagger)_{\alpha_2 J_2 M_2}^{n_2}\cdots(c_{j_N}^\dagger)_{\alpha_N J_N M_N}^{n_N}\right]_{\alpha IK}|0\rangle$$
(1.118)

[*8] $\begin{Bmatrix} a & b & c \\ d & e & f \\ g & h & i \end{Bmatrix}$ は **9j-記号** と呼ばれる量である. 詳しくは, 角運動量 (Racah 代数) に関する専門書を参照されたい. [*6]

と表される．したがって，系の基底ベクトルを指定する量子数を整理すると
 (1) 各準位の粒子数：$n_1, n_2, \ldots, n_N$.
 (2) 各準位の付加的量子数：$\alpha_1, \alpha_2, \ldots, \alpha_N$. (これらの中には各準位のセニョリティも含まれる．)
 (3) 各準位の多粒子の全スピン：$J_1, J_2, \ldots, J_N$.
 (4) 多準位系の合成に関係する付加的量子数：α.
 (5) 全角運動量の大きさと z 成分：I, K.
となる．(1.118) 式の左辺においては，量子数 (1) – (3) をまとめて，

$$\Gamma = (j_1^{n_1}\alpha_1 J_1, j_2^{n_2}\alpha_2 J_2, \ldots, j_N^{n_N}\alpha_N J_N) \tag{1.119}$$

と表示されている．

このようにして，各々の準位の cfp や，これらの多準位の状態ベクトルを合成するための新型 CFP を用いて，多準位系の完全な基底ベクトルが完成し，配位混合の計算が原理的には可能になる．しかしながら，準位数 N や粒子数 $n = n_1 + n_2 + \cdots + n_N$ が大きくなると，基底状態の数 (したがって解くべき固有値問題の次元数) はたちまち膨大となって，現実的には計算不可能となるであろうことは容易に推測できる．

一般には，2 種類の核子 (陽子と中性子) の各々の系を合成して全体の系の状態ベクトルを作らなければならない．そのために次元数はさらに増加する．たとえば，$1s^{1/2}$，$0d^{3/2}$ および $0d^{5/2}$ で構成されるいわゆる sd 殻において，最大の次元数は陽子または中性子だけなら 33 次元 (陽子数 $Z=6$, 中性子数 $N=0$, または $Z=0, N=6$ で全角運動量 $I=2$ のとき)，陽子，中性子がともにある場合は 15,386 次元 ($Z=6, N=6, I=3$ のとき) である．$1p^{1/2}$, $1p^{3/2}$, $0f^{5/2}$ および $0f^{7/2}$ で構成されるいわゆる pf 殻において，最大の次元数は陽子または中性子だけなら 2,468 次元 ($Z=10, N=0$, または $Z=0, N=10$ で全角運動量 $I=4$ のとき)，陽子，中性子がともにある場合は 232,623,876 次元 ($Z=10, N=10, I=6$ のとき) である．比較的軽い sd 殻や pf 殻ですらこの次元数であるから，中重核になると配位混合の計算を正直に実行することは不可能である．何らかの模型や空間の切断や近似が必要になってくる．これこそが核構造論の最重要問題の 1 つであるだろう．

1.3 配位混合の実例と原子核の電磁気的性質

前節において，多準位多粒子系の基底ベクトルを作り**配位混合**を行う方法について詳しく述べた．我々はしばしば配位混合の計算を**殻模型計算** (shell-model calculation) と呼んでいる．実際の殻模型計算を行って，どのように原子核の構造が理解できるか，以下でその実例を示そう．また，原子核の性質を特徴付けるいくつかの物理量が考えられるが，中でもその基底状態 (および低い励起状態) の電磁気的性質は重要である．原子核の**電磁気モーメント** (electromagnetic moment) が殻模型によってどのように理解できるか検討しよう．

1.3.1 有効相互作用の選択

原子核は多数の核子が核力という短距離相互作用によって結合した核子多体系であり，核力は平均化され第 0 近似において平均ポテンシャルとなるが，この平均ポテンシャルに吸収されない残留相互作用が残り，これが有効相互作用として殻模型における配位混合を引き起こす原因と考えられる．核力から有効相互作用へ導く理論的プロセスについては第 2 章で議論することにして，ここでは当面，有効相互作用が短距離 2 体力であるとしよう．

殻模型計算における 2 核子 i,j 間の有効相互作用は，通常

$$v_{ij} = \sum_{T=0,1} \sum_{S=0,1} V_{TS}\, P^{TS} f(r_{ij}), \quad r_{ij} = |\boldsymbol{r}_i - \boldsymbol{r}_j| \qquad (1.120)$$

と書かれる．ここで T, S は，それぞれ，2 核子の**アイソスピン** (isospin) およびスピン状態を表す．V_{TS} は有効相互作用の**強さ** (strength)，P^{TS} は 2 核子のアイソスピンおよびスピンがそれぞれ T および S である状態への射影演算子である．

有効相互作用の**荷電独立性** (charge independence) を仮定するのが普通であるので，当該の核子が陽子 (p) であるか中性子 (n) であるかを区別する代わりに，アイソスピンの z 成分が $-1/2$ か $1/2$ かで表し，2 核子の荷電の状態を表すために合成したアイソスピン T を用いるのが便利である．2 核子が同種核子 (pp または nn) ならば $T = 1$ のみ，異種核子 (pn または np) ならば $T = 1$ の場合と $T = 0$ の場合がある．いうまでもなく，2 核子のアイソスピン波動関数

は $T=1$ のとき対称, $T=0$ のとき反対称である.

有効相互作用 (1.120) の中の $f(r)$ として, 普通は2核子間の距離だけに依存する関数がとられる. 殻模型計算においてよく用いられる関数形には, Gauss 型や Yukawa 型がある. Gauss 型は

$$f(r) = e^{-\mu^2 r^2}, \qquad (1.121)$$

Yukawa 型は

$$f(r) = \frac{e^{-\mu r}}{\mu r} \qquad (1.122)$$

である. これらの関数の中の μ は相互作用の**到達距離** (range; **作用半径**) の逆数を表すパラメーターである. また場合によっては, $f(r)$ として2核子が原子核の表面にあるとき (すなわち $r_i = r_j = R_0$ のとき) にのみ作用するようなデルタ関数型の力 (SDI: surface-delta interaction) を仮定することもある.

したがって, 有効相互作用 (1.120) の中には, 相互作用の強さを表す V_{TS} と到達距離の逆数を表す μ との計5個がパラメーターとして含まれていることになるが, これらのパラメーターの値は, 殻模型計算の問題ごとに計算の結果が実験データをできるだけよく再現するようにきめればよい.

有効相互作用が与えられたならば, 1.2.2 において議論した行列要素 $G_J(abcd)$ が求められ, 有効相互作用のハミルトニアン H_{int} がきまる. これによって配位混合の計算が可能になる.

上に述べた有効相互作用の中のパラメーターは5個であったが, もっと複雑な関数形を導入し, もっと多数のパラメーターを扱うことも可能である. パラメーターの数が増えれば, それだけ計算結果がより多くの実験データをよりよく再現できるであろう. 極論すれば可能なすべての行列要素 $G_J(abcd)$ をすべて独立なパラメーターとして取り扱い, 配位混合の計算結果がより多くの実験データを再現するようにきめることもできる. 一般にはある領域の原子核を対象にした場合, 行列要素 $G_J(abcd)$ の数より再現すべき実験データの数の方が多いので, 完全にそれらを再現することはできないが, 全体としてできるだけよく再現するように行列要素をきめる. またオープン殻内の配位混合ではどうしても理解できないような実験データも存在するので, そのようなデータは再現の対象から除外する. このような分析を積み重ねることによって, 対象とする領域の原子核の構造や有効相互作用の性質についての理解を深めることができる. このような考えに基づく分析は, 最初に Cohen と Kurath によって p

殻の領域 (2 と 8 のマジックナンバーの間の領域：オープン殻が $0p^{1/2}$, $0p^{3/2}$ の準位で構成される) において行われた．[*9] その後 sd 殻や pf 殻においても同様な試みがなされている．[*10] このような方法を用いた計算結果については後述する．

原子核を構成する核子間に働く力は核力であるから，有効相互作用も核力から導かれるはずである．有効相互作用を第 1 原理から (すなわち核力から) 導くのが最も望ましいことはいうまでもない．しかし，その理論に関してはさまざまな検討が必要であり，詳しくは第 2 章で述べることにする．Kuo と Brown はそのような理論を用いて，有効相互作用の行列要素を数値的に求めた．[*11] その結果を用いた殻模型計算についても後述する．

1.3.2 配位混合計算のいくつかの実例

上に述べたように種々の有効相互作用の選択を行い，配位混合の計算を割合簡単に行うことのできる sd 殻や pf 殻のいくつかの原子核を例にとって，エネルギー準位の計算結果を実験値と比較してみよう．なお，最近コンピューターに関する環境が整ってきたので，配位混合計算を取り扱う汎用プログラムがいくつか開発され，公開されてきた．著者 (Takada) も Sato, Yasumoto と協力して，本章で説明した配位混合の定式を用いた汎用プログラム jjSMQ を作成・公開した．[*12] 以下の計算例においては，他の多くの研究において提案された有効相互作用のパラメーターや行列要素をこの jjSMQ に入力して求めた結果が，基底状態のエネルギーを基準にして，励起状態の励起エネルギー準位の形で示されている．

(a) sd 殻核の例

いわゆる sd 殻核は，マジックナンバー 8 と 20 の間の領域の核で，オープン殻の 1 粒子準位が $1s^{1/2}$, $0d^{3/2}$ および $0d^{5/2}$ で構成される領域の核である．

この領域の殻模型計算は Arima らによって早い時期から精力的に行われ

[*9] S. Cohen and D. Kurath, Nucl. Phys. **73**(1965) 1.
[*10] B. H. Wildenthal, Prog. Part. Nucl. Phys. **11**(1984) 5.
    J. B. McGrory, Phys. Rev. **C8**(1973) 693.
    B. A. Brown and B. H. Wildenthal, Ann. Rev. Nucl. Part. Science **38**(1988) 29.
[*11] T. T. S. Kuo and G. E. Brown, Nucl. Phys. **85**(1966) 40.
[*12] このパッケージは九州大学原子核実験室の FTP サイトから anonymous ftp で取得できる．ftp://kutl.kyushu-u.ac.jp/pub/takada/jjSMQ/

た.*13 以下の図 **1.6**– 図 **1.11** において "Yukawa" または "Gauss" という表示は，彼らが選んだ Yukawa 型および Gauss 型の有効相互作用とまったく同一のパラメーターを採用したものである．以下の図における "USD" という表示は，有効相互作用の行列要素 $G_J(abcd)$ を独立なパラメーターとして変化させ，殻模型計算の結果が sd 殻核の実験データを全体的にできるだけよく再現するように Wildenthal らによってきめられた行列要素を使って配位混合を行ったものである．行列要素の値は *10 の論文で与えられている．また以下の図における "Kuo" という表示は，Kuo と Brown が議論した核力から有効相互作用を導く理論を用いて数値的に求めた行列要素*14 を用いたものである．実際の配位混合の計算は Halbert らによって報告されている．*15

これらの結果を見ると，さすがに多数のパラメーターを探索して合わせた "USD" が実験値を最もよく再現している．一方，Yukawa 型および Gauss 型の有効相互作用では実験値の大まかな傾向は求められるが，詳細にわたっては必ずしもうまくいくとはいえない．核力から導いた Kuo の行列要素の方が，むしろよい結果を出していることは注目すべきであろう．

(b) pf 殻核の例

いわゆる pf 殻は，マジックナンバー 20 の閉殻の上の 4 つの 1 粒子準位，$1p^{1/2}$, $1p^{3/2}$, $0f^{5/2}$ および $0f^{7/2}$ で構成されるオープン殻である．この領域においても，陽子・中性子数が比較的少ない核は，殻模型計算が容易である．その例が図 **1.12** および図 **1.13** に示されている．

これらの図において "Yukawa" という表示は，上の sd 殻核において用いられたものとまったく同一のパラメーターをもつ Yukawa 型の有効相互作用を使って計算されている．また，"FPD6" という表示は，sd 殻核における "USD" と同様に，有効相互作用の行列要素 $G_J(abcd)$ を独立なパラメーターとして，殻模型計算の結果が実験データを全体的にできるだけよく再現するように B. A. Brown ら*16 によって決められた行列要素を使ったものである．ただし，"Yukawa"

---

*13 T. Inoue, T. Sebe, H. Hagiwara and A. Arima, Nucl. Phys. **59**(1964) 1.
    Y. Akiyama, A. Arima and T. Sebe, Nucl. Phys. **A138**(1969) 273.
*14 T. T. S. Kuo, Nucl. Phys. **A103**(1967) 71.
*15 E. C. Halbert, J. B. McGrory, B. H. Wildenthal and P. Pandya, Advances in Nucl. Phys. **4**(1971) Chap. 6, 315.
*16 W. A. Richter, M. G. Van der Merwe, R. E. Julies and B. A. Brown, Nucl. Phys. **A523**(1991) 325.

1.3 配位混合の実例と原子核の電磁気的性質　　47

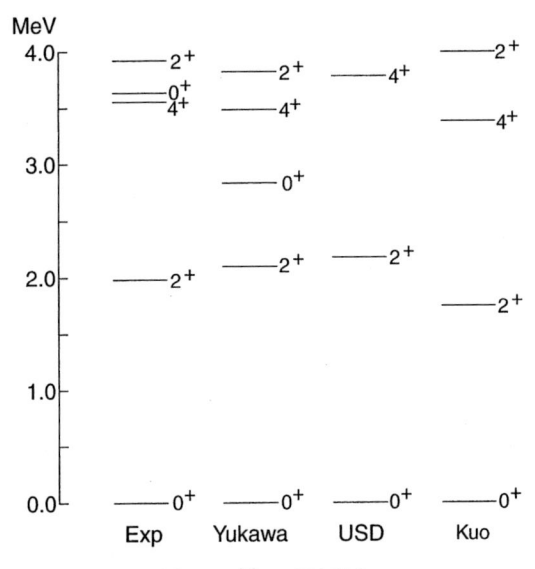

図 1.6 ^{18}O の励起準位

"Exp" は実験値を示す．"Yukawa" は Yukawa 型相互作用 (パラメーターは Arima ら [13] による) を，"USD" は Wildenthal ら [10] の行列要素を，"Kuo" は Kuo [14] の行列要素を用いた計算値を示す．

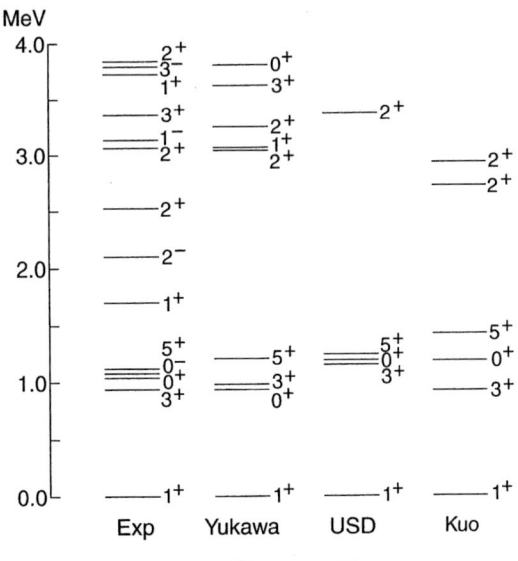

図 1.7 ^{18}F の励起準位

記号の説明などは図 1.6 参照．

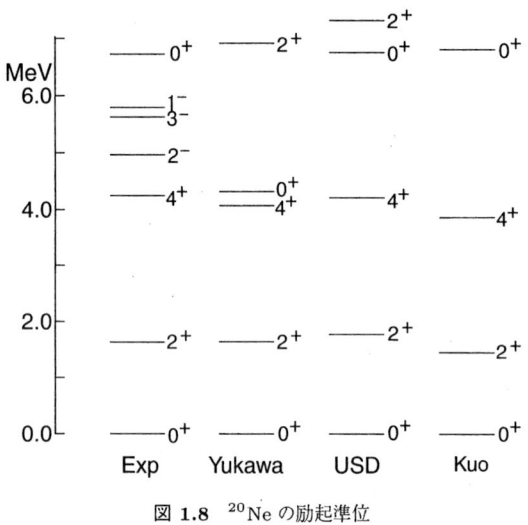

図 1.8　^{20}Ne の励起準位
記号の説明などは図 1.6 参照．

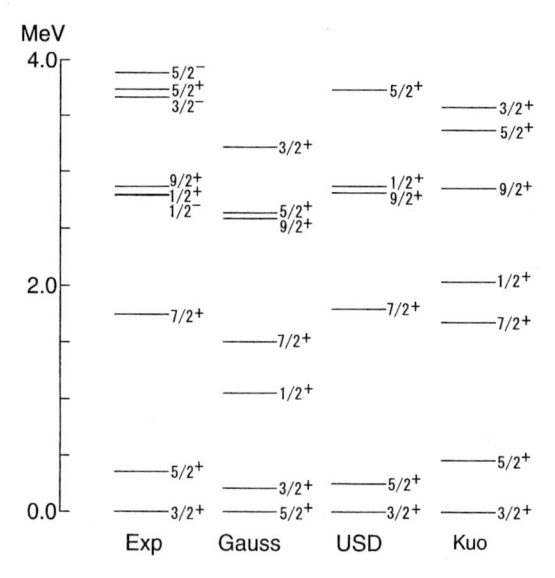

図 1.9　^{21}Ne の励起準位
"Gauss" は Gauss 型相互作用 (パラメーターは Arima ら [*13] による) を用いた計算値を示す．その他の説明は図 1.6 参照．

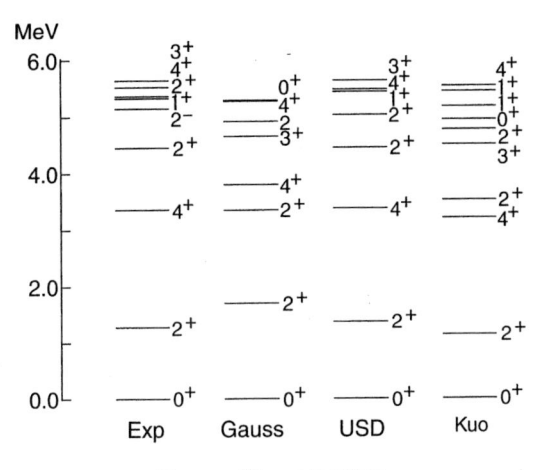

図 1.10　^{22}Ne の励起準位
記号の説明などは図 1.9 参照.

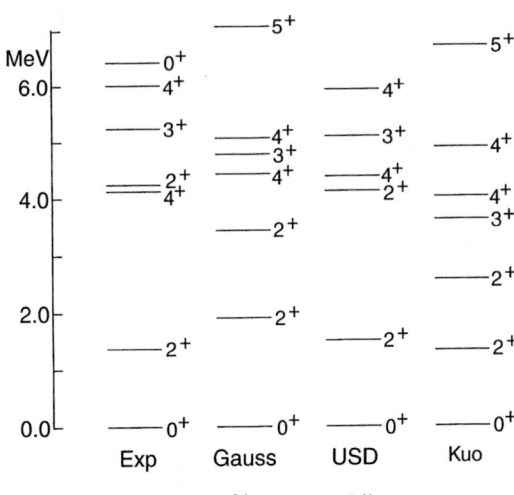

図 1.11　^{24}Mg の励起準位
記号の説明などは図 1.9 参照.

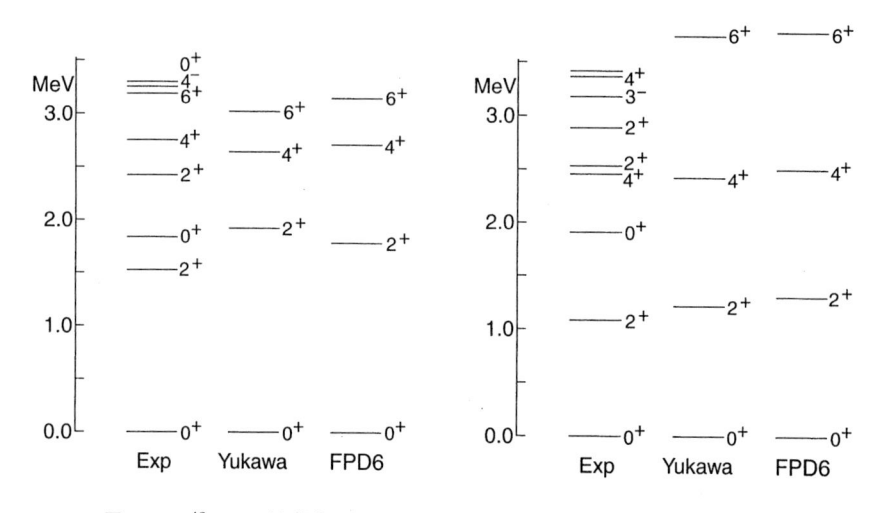

図 1.12 ^{42}Ca の励起準位
"Exp" は実験値を示す．"Yukawa" は Yukawa 型相互作用（パラメーターは図 1.6 と同じ）を用い，"FPD6" は B. A. Brown らの行列要素を用いた計算値を示す．

図 1.13 ^{44}Ti の励起準位
記号の説明などは図 1.12 参照．

と "FPD6" において 1 粒子準位エネルギーは同一にとられている．

これらの図からわかるように，^{42}Ca や ^{44}Ti の実験データに見られる割合低い 0^+ 励起状態は，考えているような簡単な配位混合では説明できない．この計算では閉殻（芯）と仮定されている sd 殻の励起を考えなければ理解できないような，やや特異な構造を持った状態であると考えられている．

1.3.3 原子核の電磁気的性質と配位混合

原子核の基底状態および励起状態の波動関数の構造を調べるには，その電磁気的性質がたいへん重要である．特に，**磁気双極モーメント** (magnetic-dipole moment) や **電気 4 重極モーメント** (electric-quadrupole moment) が最も重要な物理量である．さらに，原子核が基底状態や励起状態間を遷移するときに，γ 線を放出・吸収するが，この γ 線の性質や遷移確率を測定することによって，原子核の構造を調べることができる．

ここでは，磁気双極モーメントおよび電気 4 重極モーメントと配位混合との

関連について述べ，電磁気遷移確率に関する定式化と実例を示す．

(a) 磁気双極モーメント

原子核の全スピン I が 0 でないならば，原子核は磁気双極モーメント $\boldsymbol{\mu}$ を持つ．以下，慣習にしたがって，単に**磁気モーメント** (magnetic moment) と呼ぶことにする．

原子の中で原子核を取り巻く電子が作る磁場と，原子核の磁気モーメントの間には弱いながら相互作用が働き，原子のエネルギー準位における縮退が解け，これが原子のスペクトルにおける**超微細構造** (hyperfine structure) として観測される．これを調べることによって原子核のスピン I を決定することができる．

核子はそれ自身でスピン角運動量 $\boldsymbol{s}$ に比例する磁気モーメントを持っている．また，核子が軌道角運動量 $\boldsymbol{l}$ で運動すれば，$\boldsymbol{l}$ に比例する磁気モーメントを持つ．ただし中性子は電荷を持たないので，軌道角運動量による磁気モーメントは 0 である．したがって，核子の磁気モーメントは

$$\boldsymbol{\mu} = (g_s \boldsymbol{s} + g_l \boldsymbol{l})/\hbar \tag{1.123}$$

と書くことができる．g_s および g_l はそれぞれ**スピン g 因子** (spin g-factor) および**軌道 g 因子** (orbital g-factor) と呼ばれ，それらの値は**核磁子** (nuclear magneton) $\mu_{\rm N} = e\hbar/(2Mc)$ を単位として

$$g_s = 5.5855, \quad g_l = 1, \quad \text{(陽子に対し)} \tag{1.124a}$$
$$g_s = -3.8256, \quad g_l = 0, \quad \text{(中性子に対し)} \tag{1.124b}$$

である．ただし M は核子の質量である．

いま核子が 1 粒子状態 $|nljm\rangle$ にあるとしよう．この状態での $\boldsymbol{\mu}$ の期待値を

$$\langle\boldsymbol{\mu}\rangle = \langle g_s \boldsymbol{s} + g_l \boldsymbol{l}\rangle/\hbar = g\langle\boldsymbol{j}\rangle/\hbar \tag{1.125}$$

と書くことが可能であり，そのような g を求めることが可能であることが以下に示される．(1.125) 式は x, y および z 成分の 3 成分に関する式であるが，$\langle j_x \rangle = \langle j_y \rangle = 0$ であるから，実際に意味があるのは z 成分だけである．そこで $|nlj, m=j\rangle$ の状態での $\boldsymbol{\mu}$ の期待値

$$\mu = gj \tag{1.126}$$

でもって状態 $|nljm\rangle$ の磁気モーメントと定義する. 因子 g を状態 $|nljm\rangle$ の **g 因子** (g-factor) と呼ぶ.

さて1粒子状態 $|nljm\rangle$ に対して, (1.125) 式が成り立つことを示し, そのときの因子 g を求めることにする. まず, $\boldsymbol{j}$ と $\boldsymbol{l}$ は交換関係

$$[j_x, l_y] = i\hbar l_z, \quad [j_y, l_z] = i\hbar l_x, \quad [j_z, l_x] = i\hbar l_y,$$
$$[j_x, l_x] = [j_y, l_y] = [j_z, l_z] = 0 \tag{1.127}$$

をみたす. これらを使って

$$[\boldsymbol{j}^2, \boldsymbol{l}] = -2i\hbar(\boldsymbol{j} \times \boldsymbol{l}) - 2\hbar^2 \boldsymbol{l} \tag{1.128}$$

および

$$[\boldsymbol{j}^2, [\boldsymbol{j}^2, \boldsymbol{l}]] = \boldsymbol{j}^4 \boldsymbol{l} - 2\boldsymbol{j}^2 \boldsymbol{l} \boldsymbol{j}^2 + \boldsymbol{l}\boldsymbol{j}^4 = 2\hbar^2(\boldsymbol{j}^2 \boldsymbol{l} + \boldsymbol{l}\boldsymbol{j}^2) - 4\hbar^2 \boldsymbol{j}(\boldsymbol{j} \cdot \boldsymbol{l}) \tag{1.129}$$

が得られる. 状態 $|nljm\rangle$ による (1.129) 式の両辺の期待値をとると, 左辺は 0 となるから, 結局

$$\hbar^2 j(j+1) \langle nljm|\boldsymbol{l}|nljm\rangle = \langle nljm|\boldsymbol{j}|nljm\rangle \langle nljm|(\boldsymbol{j} \cdot \boldsymbol{l})|nljm\rangle \tag{1.130}$$

が得られる. 同様にして, $\boldsymbol{l}$ の代わりに $\boldsymbol{s}$ をとると

$$\hbar^2 j(j+1) \langle nljm|\boldsymbol{s}|nljm\rangle = \langle nljm|\boldsymbol{j}|nljm\rangle \langle nljm|(\boldsymbol{j} \cdot \boldsymbol{s})|nljm\rangle \tag{1.131}$$

が得られる. したがって, 1粒子状態 $|nljm\rangle$ に対して (1.125) 式が成り立ち, g 因子は

$$g = \frac{1}{\hbar^2 j(j+1)} \langle nljm| g_l(\boldsymbol{j} \cdot \boldsymbol{l}) + g_s(\boldsymbol{j} \cdot \boldsymbol{s}) |nljm\rangle, \quad j \neq 0 \tag{1.132}$$

と書かれる. $\boldsymbol{j} = \boldsymbol{l} + \boldsymbol{s}$ から $(\boldsymbol{j} \cdot \boldsymbol{l}) = \frac{1}{2}(\boldsymbol{j}^2 + \boldsymbol{l}^2 - \boldsymbol{s}^2)$, $(\boldsymbol{j} \cdot \boldsymbol{s}) = \frac{1}{2}(\boldsymbol{j}^2 + \boldsymbol{s}^2 - \boldsymbol{l}^2)$ が得られるので, これらを (1.132) 式に代入すると, 磁気モーメント μ は

$$\mu = gj = \frac{1}{2(j+1)} \left\{ g_l \left[j(j+1) + l(l+1) - \frac{1}{2}\left(\frac{1}{2}+1\right) \right] \right.$$
$$\left. + g_s \left[j(j+1) + \frac{1}{2}\left(\frac{1}{2}+1\right) - l(l+1) \right] \right\} \tag{1.133}$$

となる．$j = l \pm \frac{1}{2}$ であるから，最終的には

$$\mu = \begin{cases} lg_l + \frac{1}{2}g_s, & (j = l + 1/2) \\ \dfrac{j}{j+1}\left[(l+1)g_l - \frac{1}{2}g_s\right], & (j = l - 1/2) \end{cases} \quad (1.134)$$

が得られる．この結果は 1 核子が (nlj) という 1 粒子状態にあるときの磁気モーメントの値を与えるもので，**Schmidt 値** (Schmidt values) と呼ばれ，これを j の関数として描いた図を **Schmidt 線** (Schmidt lines) と呼んでいる (図 **1.14, 1.15** 参照).

多核子がある場合には，磁気モーメントの演算子はそれぞれの核子の磁気モーメント (1.123) の和で表される．いま i 番目の核子の磁気モーメントの演算子を $\boldsymbol{\mu}_i$ とすると，全体の磁気モーメントの演算子 $\boldsymbol{\mu}$ は

$$\boldsymbol{\mu} = \sum_i \boldsymbol{\mu}_i = \frac{1}{\hbar}\sum_i (g_s^{(i)} \boldsymbol{s}_i + g_l^{(i)} \boldsymbol{l}_i) \quad (1.135)$$

であるから，ある多核子状態 $(\Gamma\alpha I)$ の磁気モーメントは

$$\mu = \langle \Gamma\alpha I, K=I | \frac{1}{\hbar}\sum_i (g_s^{(i)} s_{i,z} + g_l^{(i)} l_{i,z}) | \Gamma\alpha I, K=I \rangle \quad (1.136)$$

を計算すればよい．ここで $s_{i,z}$ および $l_{i,z}$ はそれぞれ核子 i のスピン演算子および軌道角運動量演算子の z 成分を表す．磁気モーメントの演算子 (1.135) の第 2 量子化の表示および，磁気モーメント (1.136) の具体的表式については後述する．

(b) 磁気モーメントの実例

偶々核の基底状態の全スピン I は 0 であるから，磁気モーメントは 0 である．奇核はこれに 1 核子を加えたものであるから，最後の 1 核子が持つスピン，したがって最後の 1 核子が入る準位 (nlj)，によって磁気モーメントがきまると考えるのが最も単純な考え方である．要するにこのときは，(1.134) 式の Schmidt 値で核の磁気モーメントがきまるということである．閉殻 ±1 の原子核ではこの考えがかなりよく成り立つことが実験データからわかる．たとえば ^{15}N の基底状態は $I = 1/2$ で，関与する陽子準位は $0p_{1/2}$ であるから μ(Schmidt 値) $= -0.2642\,\mu_N$ であり，μ(実験値) $= -0.28312\,\mu_N$ である．また ^{17}O の基底状

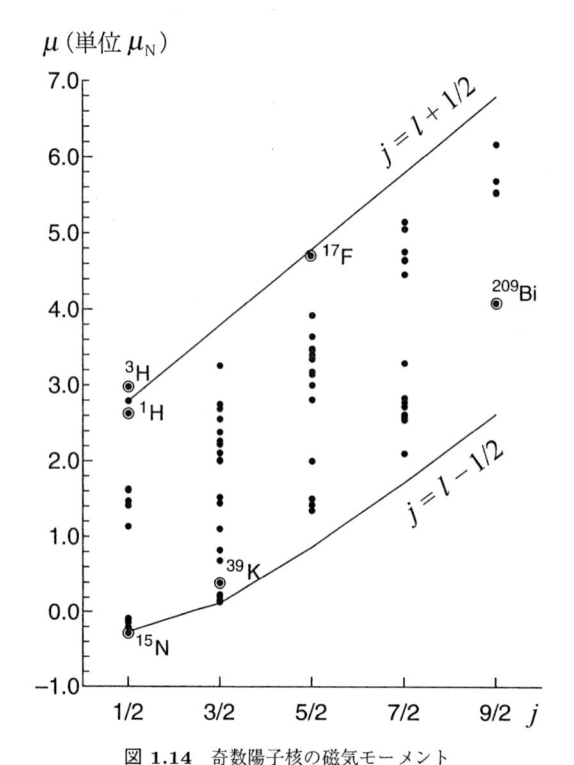

図 1.14 奇数陽子核の磁気モーメント
奇数陽子核 (中性子数は偶数) の主として基底状態の磁気モーメントの測定値が，核磁子 μ_N を単位とし，スピン j の関数として描かれている．各黒点が 1 個の原子核を示す．2 本の実線は Schmidt 線を表す．

態は $I=5/2$ で，関与する中性子準位は $0d_{5/2}$, μ(Schmidt 値) $=-1.9128\,\mu_N$, μ(実験値) $=-1.8928\,\mu_N$ である (μ_N は核磁子).

図 **1.14** および **1.15** でわかるように，ほとんどの奇核において磁気モーメントの実験値は Schmidt 値から大きく異なっている．これは奇核の磁気モーメントが最後の 1 核子のみからの寄与では説明できないことを意味し，原子核の磁気モーメントはオープン殻における多核子の配位混合の影響を強く受けていることを示している．このことを確かめるために，2, 3 の原子核における配位混合計算による磁気モーメントの計算値と Schmidt 値，および実験値が**表 1.1** に示されている．ここに例示した核の磁気モーメントは配位混合によってほぼ説明できることがわかる．磁気モーメントを計算するための定式化については磁気遷移や電気遷移の定式化とまとめて後述する．また，図 **1.14** および図 **1.15**

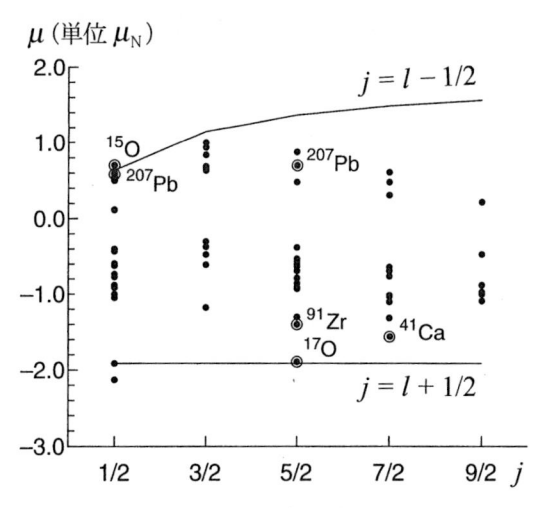

図 1.15 奇数中性子核の磁気モーメント

奇数中性子核 (陽子数は偶数) の主として基底状態の磁気モーメントの測定値が，核磁子 μ_N を単位とし，スピン j の関数として描かれている．各黒点が 1 個の原子核を示す．2 本の実線は Schmidt 線を表す．

表 1.1 配位混合による磁気モーメントの計算 (単位は μ_N)

核	I^π	μ(計算値)	μ(Schmidt 値)	μ(実験値)
^{19}F	$1/2^+$	2.63	4.79	2.86
^{19}F	$5/2^+$	3.55	4.79	3.59
^{21}Ne	$3/2^+$	−0.90	−1.91	−0.66
^{43}Ca	$7/2^+$	−1.75	−1.91	−1.59
^{43}Sc	$7/2^+$	4.55	5.79	4.62
^{45}Ca	$7/2^+$	−1.66	−1.91	−1.33

^{19}F と ^{21}Ne の計算は Kuo の相互作用を使って配位混合を行ったもので，前出の Halbert らの論文による．(E. C. Halbert, J. B. McGrory, B. H. Wildenthal and P. Pandya, Advances in Nucl. Phys. **4**(1971) Chap. 6, 315.) ^{43,45}Ca および ^{43}Sc の計算は "FPD6" の相互作用を用いたもので，前出の B. A. Brown らの計算による．(W. A. Richter, M. G. Van der Merwe, R. E. Julies and B. A. Brown, Nucl. Phys. **A523**(1991) 325.) いずれの計算も自由核子の g 因子を使っている．

で見られるように，ほとんどの実験値が 2 つの Schmidt 線の間に分布し，外側に分布しないことは注目すべきであるが，これも配位混合によって理解可能である．このような磁気モーメントへの配位混合の効果については，かなり早い時期に Arima, Horie らによって詳しい分析がなされた．[*17]

[*17] A. Arima and H. Horie, Prog. Theor. Phys. **11**(1954) 509; **12**(1954) 623.
H. Noya, A. Arima and H. Horie, Prog. Theor. Phys. Suppl. **8**(1958) 33.

すべての原子核の磁気モーメントがオープン殻の配位混合だけで説明できるわけではなく，オープン殻以下の閉殻(芯)の励起や，さらに核内においては核子のg因子の値そのものが自由な核子のそれとは異なるという効果も考えられる．

(c) 電気4重極モーメント

核の荷電分布が球対称からどのくらいずれているかを表す指標となるのが**電気4重極モーメント** (electric quadrupole moment) で，演算子

$$\widehat{Q} = \sum_{i=1}^{Z} e\,(3z_i^2 - r_i^2) = \sqrt{\frac{16\pi}{5}} \sum_{i=1}^{Z} e\, r_i^2 Y_{20}(\theta_i, \varphi_i) \tag{1.137}$$

の期待値である．ただし，eは荷電単位で，和は陽子に関してのみとるものとする．核の荷電分布，あるいは陽子の波動関数が完全に球対称ならば電気4重極モーメントは0である．

いまオープン殻に1個の陽子が存在し，その陽子が(nlj)という1粒子状態にあるとすると，この陽子による電気4重極モーメントは

$$\begin{aligned}
Q_{\mathrm{sp}} &= \sqrt{\frac{16\pi}{5}}\,e\,\langle nlj, m=j | r^2 Y_{20}(\theta,\varphi) | nlj, m=j \rangle \\
&= -e\,\frac{2j-1}{2j+2}\,\langle nl | r^2 | nl \rangle
\end{aligned} \tag{1.138}$$

となる．Q_{sp}の添字 "sp" は "1粒子 (single-particle)" を意味する．$\langle nl|r^2|nl\rangle$を核半径$R_0 = 1.2 A^{1/3}\,\mathrm{fm}\,(1\,\mathrm{fm} = 10^{-13}\,\mathrm{cm})$を使って $\sim (3/5)R_0^2$ と見積もれば，

$$Q_{\mathrm{sp}} = -0.864\,\frac{2j-1}{2j+2}\,A^{2/3}\,e\,[\mathrm{fm}^2] \tag{1.139}$$

となる．このQ_{sp}が核内陽子の4重極モーメントの "1粒子見積もり" である．

オープン殻の1粒子準位(nlj)にn(奇数)個の陽子があるときの殻模型の波動関数は，対相関によってセニオリティ$v=1$の状態であると考えられる．この状態ベクトルは(1.54)式において$v=1$としたものである．$v=1$であるから当然$J=j$である．この状態において，$M=j$として4重極モーメント$\widehat{Q}$の期待値を計算すると，結果の4重極モーメントQは

$$Q = \left(\frac{2j+1-2n}{2j-1}\right) Q_{\mathrm{sp}} \tag{1.140}$$

となる．$n = 1, 3, \cdots, 2j$ であり，$n = 1$ から順次陽子数を増して行くと，$n = (2j+1)/2$ においてこの準位に入りうる最大粒子数の半分となる．このとき $Q = 0$ となり，それ以後の Q はそれ以前のものの符号を対称的に逆転したものになる．(1.139) 式から明らかなように $Q_{\rm sp}$ の値は負であり，したがって殻の前半の Q はマイナス，後半はプラスとなる．実験結果もこの傾向を示している．

閉殻の荷電分布は球対称であるから4重極モーメントは0である．したがって，閉殻 ±1 個の陽子があるような原子核の4重極モーメントの実験値は $Q_{\rm sp}$ にほぼ等しくなるはずである．実際 ^{209}Bi の Q(実験値)$= -0.37 e \times 10^{-24} {\rm cm}^2$ であるのに対し，(1.139) 式で計算したものは Q(計算値)$= -0.22 e \times 10^{-24} {\rm cm}^2$ である．また，^{39}K の場合 Q(実験値)$= 0.054 e \times 10^{-24} {\rm cm}^2$ であるのに対し，Q(計算値)$= 0.04 e \times 10^{-24} {\rm cm}^2$ である．^{39}K の場合は閉殻から陽子が1個少ない状態であるから $Q_{\rm sp}$ の符号を逆転したものに相当するわけである．

オープン殻に多数の核子がある場合の核全体の4重極モーメントは，複数の準位にまたがる配位混合の効果を反映して1陽子の $Q_{\rm sp}$ とはかなり異なった値を示す．その場合の電気4重極モーメントを求めるための一般的な定式化は，次項で電磁気遷移の定式化とともに与えられる．

奇核の基底状態の4重極モーメントの実験値と $Q_{\rm sp}$ との比が，奇数の Z または N の関数として図 **1.16** に描かれている．この図から隣り合うマジックナンバーの中間の領域の原子核の4重極モーメントは極めて大きい値を示し，場合によっては $Q_{\rm sp}$ の 20〜30 倍にもなることがある．これを説明するためにはオープン殻における単純な配位混合とは異なる別の考え方が必要になるであろう．

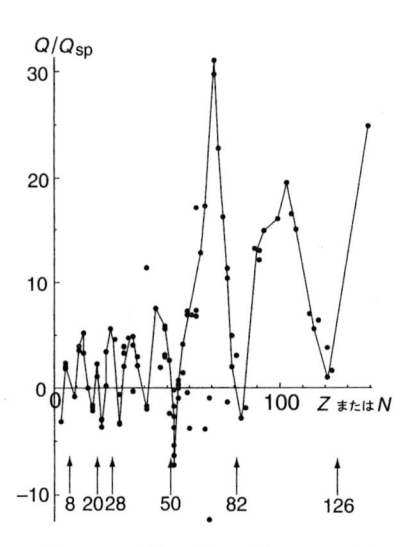

図 1.16 奇核の電気4重極モーメントの実験値と $Q_{\rm sp}$ との比

横軸は奇数の陽子数 Z または 中性子数 N を表す．各黒点が1個の原子核を表す．データは「理科年表 (平成 11 年度版)」国立天文台編 (丸善) より．

表 1.2 に配位混合による電気4重極モーメントの計算値が例示されている．この結果の Q(計算値1)を見ると，4重極モーメントの値は1粒子見積もり $|Q_{\rm sp}|$

表 1.2 配位混合による電気 4 重極モーメントの計算 (単位は $e \times \mathrm{fm}^2$)

核	I^π	Q(計算値 1)	Q(計算値 2)	$|Q_\mathrm{sp}|$	Q(実験値)
^{19}F	$5/2^+$	-3.9	-9.2	1.3	± 11.0
^{21}Ne	$3/2^+$	4.9	10.3	1.3	9.3
^{43}Sc	$7/2^+$	-8.2	-18.8	2.0	-26
^{45}Sc	$7/2^+$	-9.1	-23.6	2.0	-22

Q(計算値 1) は陽子の電荷を $e_\mathrm{p} = 1.0\,e$, 中性子の電荷を $e_\mathrm{n} = 0$ として計算されているのに対し, Q(計算値 2) では有効電荷が使われている. すなわち, ^{19}F と ^{21}Ne に対し $e_\mathrm{p} = 1.5\,e$, $e_\mathrm{n} = 0.5\,e$ とし, ^{43,45}Sc に対し $e_\mathrm{p} = 1.33\,e$, $e_\mathrm{n} = 0.64\,e$ として計算されている. ^{19}F と ^{21}Ne の計算は Kuo の相互作用を使って配位混合を行ったもので, 表 1.1 で引用した Halbert らの論文による.

に比べ配位混合によって大幅に増加することがわかる. しかしまだ実験値と比べ半分以下である. そこで Q(計算値 2) の計算のように, **有効電荷** (effective charge) という考え方を導入することによって, 通常の殻模型計算で採られる Hilbert 空間の狭さを実効的に補う効果を果たさせるのが普通である.

(d) 電磁気遷移とモーメントに関する定式化

原子核の基底状態や励起状態の性質や構造を調べるために, それらの状態間の単位時間当たりの電磁気遷移確率を計算し, 実験と比較することが重要である. 本項ではそのための定式化を示そう.

いま**電気 (磁気) 多重極遷移演算子** (electromagnetic multipole transition operator) を $\mathcal{M}(\mathrm{E}(\mathrm{M})\lambda\mu)$ とする. たとえば**電気 4 重極** (electric quadrupole) 遷移なら $\mathcal{M}(\mathrm{E}2\mu)$ であり, **磁気 2 重極** (双極)(magnetic dipole) 遷移なら $\mathcal{M}(\mathrm{M}1\mu)$ である. 単位時間当たりの遷移確率は

$$T(\mathrm{E}(\mathrm{M})\lambda; I_i \to I_f) = \frac{8\pi(\lambda+1)}{\lambda[(2\lambda+1)!!]^2} \frac{1}{\hbar} \left(\frac{\omega}{c}\right)^{2\lambda+1} B(\mathrm{E}(\mathrm{M})\lambda; I_i \to I_f) \tag{1.141}$$

と表される. I_i および I_f はそれぞれ遷移の前後の "始状態" および "終状態" のスピンである. ω は放出 (吸収) される光の角振動数である. B は**換算遷移確率** (reduced transition probability) と呼ばれ,

$$B(\mathrm{E}(\mathrm{M})\lambda; I_i \to I_f) = \frac{1}{2I_i+1} \sum_{\mu M_i M_f} |\langle I_f M_f | \mathcal{M}(\mathrm{E}(\mathrm{M})\lambda\mu) | I_i M_i \rangle|^2 \tag{1.142}$$

で与えられる．右辺の行列要素は Wigner-Eckart の定理を使って，

$$\langle I_f M_f|\mathcal{M}(\mathrm{E}(\mathrm{M})\lambda\mu)|I_i M_i\rangle$$
$$= \frac{1}{\sqrt{2I_f+1}}\langle I_i M_i \lambda\mu|I_f M_f\rangle \langle I_f||\mathcal{M}(\mathrm{E}(\mathrm{M})\lambda)||I_i\rangle \quad (1.143)$$

と書くことができるから，換算遷移確率は

$$B(\mathrm{E}(\mathrm{M})\lambda; I_i \to I_f) = \frac{1}{2I_i+1}|\langle I_f||\mathcal{M}(\mathrm{E}(\mathrm{M})\lambda)||I_i\rangle|^2 \quad (1.144)$$

と表される．$\langle I_f||\mathcal{M}(\mathrm{E}(\mathrm{M})\lambda)||I_i\rangle$ はスピン (角運動量) の z 成分によらない量で，**換算行列要素** (reduced matrix element) と呼ばれる．したがって電磁気遷移確率を求めるためには，この換算行列要素を求めればよいことになる．

演算子 $\mathcal{M}(\mathrm{E}(\mathrm{M})\lambda\mu)$ を第 2 量子化の表示で表せば，

$$\mathcal{M}(\mathrm{E}(\mathrm{M})\lambda\mu) = \frac{1}{\sqrt{2\lambda+1}}\sum_{ab}\langle a||M(\mathrm{E}(\mathrm{M})\lambda)||b\rangle\, B^\dagger_{\lambda\mu}(ab) \quad (1.145)$$

と書かれる．ここで a,b は核子の 1 粒子状態を表す．また演算子 $B^\dagger_{\lambda\mu}(ab)$ は (1.35b) 式で定義される対演算子である．

1 粒子遷移演算子 $M(\mathrm{E}(\mathrm{M})\lambda\mu)$ は**電気遷移**の場合は

$$M(\mathrm{E}\lambda\mu) = e_{\mathrm{eff}}\, r^\lambda Y_{\lambda\mu}(\theta,\varphi) \quad (1.146\mathrm{a})$$

であり，**磁気遷移**の場合は

$$M(\mathrm{M}\lambda\mu) = \frac{\mu_\mathrm{N}}{\hbar}\left(\boldsymbol{\nabla} r^\lambda Y_{\lambda\mu}(\theta,\varphi)\right)\cdot\left(\frac{2g_l}{\lambda+1}\boldsymbol{l}+g_s\boldsymbol{s}\right) \quad (1.146\mathrm{b})$$

である．(1.146a) 式の e_{eff} は**有効電荷**であり，陽子に対し $e_{\mathrm{eff}} = e$，中性子に対し $e_{\mathrm{eff}} = 0$ とするのが最も単純であるが，多くの場合，陽子に対し $e_{\mathrm{eff}} = e+\delta e$，中性子に対し $e_{\mathrm{eff}} = \delta e$ と置き，δe は適当な調節可能なパラメーターとして計算結果の遷移確率が実験値にほぼ合うように選ぶのが通例である．同様に (1.146b) 式の g_l や g_s も**有効 g 因子**と考え，調節可能なパラメーターとして取り扱うことも多い．

さて，(1.145) 式に現れた遷移演算子 $M(\mathrm{E}(\mathrm{M})\lambda\mu)$ の換算行列要素の具体的表式は，少し面倒な計算を経て，電気遷移の場合は

$$\langle a||M(\mathrm{E}\lambda)||b\rangle = e_{\mathrm{eff}}\frac{1}{\sqrt{4\pi}}(-1)^{j_a-j_b+l_a}\widehat{\lambda}\widehat{j_b}/\widehat{l_a}$$
$$\times \langle j_b\,1/2\,\lambda\,0|j_a\,1/2\rangle\,\langle n_a l_a|r^\lambda|n_b l_b\rangle \quad (1.147)$$

となる．ただし，$\widehat{j} = \sqrt{2j+1}$ である．1粒子状態の動径波動関数を $R_{nl}(r)$ とすれば

$$\langle n_a l_a | r^\lambda | n_b l_b \rangle = \int_0^\infty R_{n_a l_a}(r) r^\lambda R_{n_b l_b}(r) r^2 dr \tag{1.148}$$

である．磁気遷移の場合は

$$\langle a || M(M\lambda) || b \rangle$$
$$= \mu_N \Bigg[(-1)^{j_a + l_a + 1/2} \frac{2g_l}{\lambda + 1} \sqrt{\lambda j_b(j_b+1)} \widehat{\lambda}^2 \widehat{j}_a \widehat{j}_b^2$$
$$\times \begin{Bmatrix} l_a & j_a & 1/2 \\ j_b & l_b & \lambda - 1 \end{Bmatrix} \begin{Bmatrix} j_a & \lambda & j_b \\ 1 & j_b & \lambda - 1 \end{Bmatrix}$$
$$+ \sqrt{\frac{3\lambda}{2}} \widehat{j}_a \widehat{j}_b \Big(g_s - \frac{2g_l}{\lambda + 1} \Big) \begin{Bmatrix} l_a & 1/2 & j_a \\ l_b & 1/2 & j_b \\ \lambda - 1 & 1 & \lambda \end{Bmatrix} \Bigg]$$
$$\times \langle l_a || Y_{\lambda - 1} || l_b \rangle \langle n_a l_a | r^{\lambda - 1} | n_b l_b \rangle, \tag{1.149}$$

$$\langle l_a || Y_{\lambda - 1} || l_b \rangle = \sqrt{\frac{2\lambda - 1}{4\pi}} \widehat{l}_b \langle l_b 0 \, \lambda - 1 \, 0 | l_a 0 \rangle \tag{1.150}$$

である．

以上で多重極遷移演算子を具体的に書き下すことができたので，遷移の始状態 $|I_i M_i\rangle$ および終状態 $\langle I_f M_f|$ を使って行列要素を計算すれば (1.144) 式で換算遷移確率が計算できる．

特別な場合として電磁気モーメントの具体的表式を与えておこう．多粒子状態 $|\Gamma \alpha I K\rangle$ における λ 次の**電気モーメント**は

$$Q_\lambda = \sqrt{\frac{16\pi}{2\lambda + 1}} \langle \Gamma \alpha I, K = I | \mathcal{M}(E\lambda 0) | \Gamma \alpha I, K = I \rangle$$
$$= \frac{\sqrt{16\pi}}{\widehat{I} \widehat{\lambda}} \langle II\lambda 0 | II \rangle \sum_{ab} \langle a || M(E\lambda) || b \rangle \langle \Gamma \alpha I || B_\lambda^\dagger(ab) || \Gamma \alpha I \rangle \tag{1.151a}$$

となり，まったく同様に λ 次の**磁気モーメント**は

$$M_\lambda = \frac{\sqrt{4\pi}}{\widehat{I} \widehat{\lambda}} \langle II\lambda 0 | II \rangle \sum_{ab} \langle a || M(M\lambda) || b \rangle \langle \Gamma \alpha I || B_\lambda^\dagger(ab) || \Gamma \alpha I \rangle \tag{1.151b}$$

表 1.3 電気4重極換算遷移確率 $B(\mathrm{E}2; I_i^\pi \to I_f^\pi)$ の計算 (単位は $e^2 \times \mathrm{fm}^4$)

核	I_i^π	I_f^π	計算値1	計算値2	実験値
^{20}Ne	2^+	0^+	12.0	48.1	57 ± 8
	4^+	2^+	14.9	59.7	49.7 ± 4.5
	6^+	4^+	12.2	48.8	89.8 ± 19.2

"計算値1" は陽子の電荷を $e_\mathrm{p} = e$, 中性子の電荷を $e_\mathrm{n} = 0$ として計算されているのに対し, "計算値2" では有効電荷 $e_\mathrm{p} = 1.5\,e, e_\mathrm{n} = 0.5\,e$ が使われている. これらの計算は Kuo の相互作用を使って配位混合を行ったもので, 表1.1で引用した Halbert らの論文による. (E. C. Halbert, J. B. McGrory, B. H. Wildenthal and P. Pandya, Advances in Nucl. Phys. **4**(1971) Chap. 6, 315.)

である. これらの式の中で, 遷移演算子の1粒子行列要素 $\langle a||M(\mathrm{E}\lambda)||b\rangle$ や $\langle a||M(\mathrm{M}\lambda)||b\rangle$ は, それぞれ (1.147) 式および (1.149) 式で与えられ, 多粒子行列要素 $\langle \Gamma\alpha I||B_\lambda^\dagger(ab)||\Gamma\alpha I\rangle$ は配位混合計算で得られる. 同様にして, 配位混合計算の結果得られる特定の固有状態間の電磁気的遷移確率も, それらの固有状態間での (1.145) 式で与えられる多重極遷移演算子 $\mathcal{M}(\mathrm{E}(\mathrm{M})\lambda\mu)$ の換算行列要素を計算し, (1.144) 式に代入することによって求められる.

以上の表式を用いて, 配位混合計算による電気4重極遷移の一例を**表1.3**に示す. "計算値1" は有効電荷を用いない場合, すなわち $e_\mathrm{p} = e, e_\mathrm{n} = 0$ の場合で, 計算値が実験値に比べて小さ過ぎ, 有効電荷なしには到底実験値を再現できないことがわかる. "計算値2" では有効電荷として $e_\mathrm{p} = 1.5\,e, e_\mathrm{n} = 0.5\,e$ がとられている.

1.4 殻模型に関する結語

この章で見て来たとおり, jj 結合殻模型は原子核の構造を理解するための基礎であり, 出発点であった. それは核力という短距離力で相互作用している核子多体系であるところの原子核において, 第0近似として平均ポテンシャルが形成され, そのポテンシャルの中を核子が独立粒子運動を行い, その核子間に残留相互作用が働いて配位混合が生じ, それによって原子核の基底状態付近のさまざまな性質が説明できる, という考え方である. この考え方が確実に成立していることが明らかになってきた.

しかしながら, オープン殻に多数の核子が存在するような中重核になると,

配位混合の計算のためには巨大な固有値問題を解かなくてはならなくなり，極めて困難となる．近年，そのような巨大次元問題にアプローチするさまざまな試みもなされてきた．[*18]

一方，原子核の基底状態付近の構造を決定するのに，オープン殻のすべての自由度が関与しているわけではなく，よく組織化されたわりあい少数の自由度のみが寄与しているのではないかという考えがある．すなわち，わりあい少ない自由度を持つ空間で記述できるという考えである．このことを確かめること自体が真の原子核構造の姿を理解することになると思われる．そのためには，殻模型空間をうまく切りつめて縮小する方法を見出すことが大切である．

また，たとえば図 **1.16** のように，原子核の電気的 4 重極モーメントの実験値が，殻模型で簡単には理解できないような大きな値をもつ領域が広く存在するという事実は，殻模型を基礎にしながらも，さらに拡張された新しい模型を考えなければならないことを示唆している．これが以後の章で議論することになる**集団模型** (collective model) や**クラスター模型** (cluster model) につながっていくのである．

[*18] 大塚孝治, 科学, **69**(1999) 945.

2

核力から有効相互作用へ

2.1 核力の概観

　原子核は**核力** (nuclear force) という短距離力で相互作用している核子多体系であり，核子間に働くこれらの核力が第 0 近似で平均化されて平均ポテンシャルを作るということは第 1 章で述べた．原子における原子核と電子の間や，電子間に働く Coulomb 力に比べて，核力は短距離力でかつ極めて**強い相互作用** (strong interaction) である．このような核力がなぜ平均ポテンシャルを構成し，核内核子がなぜ独立粒子運動を行うかということは，たいへん考えにくく難しいことのように思われた．このことを明らかにするのが本章の第 1 の目的である．まず核力を概観することにしよう．

　Coulomb 力と違って，核力はその概括的性質はわかってきたが，現在でも完全に解明されたわけではない．通常，核力は中間子理論に基礎をおきながら，自由空間における核子-核子散乱や重陽子 (陽子と中性子の束縛状態) に関する実験データを再現するようにきめられている．したがって，いくつかの異なる核力が提案され，実際の研究に引用されている．

　大雑把にいえば，核力の到達距離 (range; 作用半径) は π 中間子の Compton 波長 (Compton wave length) の $1/(2\pi)$

$$\lambda_\pi = \frac{\hbar}{m_\pi c} \sim 1.415 \,\mathrm{fm}, \quad (m_\pi \text{ は } \pi \text{ 中間子の質量},\ 1\,\mathrm{fm} = 10^{-13}\,\mathrm{cm})$$

の程度であり，$r > \lambda_\pi$ の領域では π 中間子交換力，すなわち単純な Yukawa 型ポテンシャルで表され，もっと近距離では重い中間子の交換力など状態に強く依存した複雑なポテンシャルとなり，さらに近距離の $r \lesssim 0.5\,\mathrm{fm}$ の領域では**芯** (core) と呼ばれる強い斥力が働くものと考えられる．

　核力のより詳細に関しては，提案されているいくつかの種類によって若干の

差異がある．最近わりあいよく引用されるものに，パリ・ポテンシャル (Paris potential)*1 とボン・ポテンシャル (Bonn potential)*2 がある．ここでは少し古いけれども見やすい例として，Hamada-Johnston ポテンシャル*3 を例示することにする．

核力は 2 核子の状態に強く依存する．2 核子のスピン演算子をそれぞれ s_1, s_2 とし，アイソスピン (isospin) 演算子を t_1, t_2 とする．これらスピンおよびアイソスピン演算子を，対応する Pauli スピン行列 $\sigma_1, \sigma_2, \tau_1, \tau_2$ で表せば，それぞれ $s_1 = (1/2)\hbar\sigma_1$, $s_2 = (1/2)\hbar\sigma_2$ および $t_1 = (1/2)\hbar\tau_1$, $t_2 = (1/2)\hbar\tau_2$ である．またそれらの合成を $S = s_1 + s_2$, $T = t_1 + t_2$ とする．2 核子の波動関数はスピン部分，アイソスピン部分および空間部分の積で構成される．空間部分は重心座標 $R = (r_1 + r_2)/2$ の部分と相対座標 $r = r_1 - r_2$ の部分に分離できる．核子はフェルミオンであるから，2 核子の波動関数は核子の交換に対して反対称でなければならない．重心部分は核子の交換に対して不変であるから，スピン波動関数，アイソスピン波動関数および相対波動関数の積が核子の交換に対して反対称でなければならない．S^2 の固有値を $S(S+1)\hbar^2$ とすれば，$S = 0$ および $S = 1$ の状態はそれぞれスピン 1 重状態 (singlet state) およびスピン 3 重状態 (triplet state) と呼ばれ，それぞれの状態のスピン波動関数は $S = 0$ が反対称，$S = 1$ が対称であることはいうまでもない．アイソスピンについても同様である．すなわち，T^2 の固有値を $T(T+1)\hbar^2$ とすれば，$T = 0$ が反対称，$T = 1$ が対称である．2 核子の相対運動の角運動量を L とし，L^2 の固有値を $L(L+1)\hbar^2$ とすれば，相対波動関数の偶奇性 (parity) は角運動量の大きさ L の偶奇性に等しい．したがって，許される 2 核子の状態は $S + T + L = $ 奇数の場合のみである．これらを慣習的に，

^{1}E: 1 重偶 (singlet-even) 状態... $S = 0, T = 1, L = $ even
^{1}O: 1 重奇 (singlet-odd) 状態... $S = 0, T = 0, L = $ odd
^{3}E: 3 重偶 (triplet-even) 状態... $S = 1, T = 0, L = $ even
^{3}O: 3 重奇 (triplet-odd) 状態... $S = 1, T = 1, L = $ odd

と表す．

---

*1 M. Lacombe, B. Loiseau, J. M. Richard, R. Vinh Mau, J. Côté, P. Pirès and R. de Tourreil, Phys. Rev. **C21**(1980) 861.
*2 R. Machleidt, K. Holinde and C. Elster, Phys. Reports, **149**(1987) 1.
  R. Machleidt, Adv. Nucl. Phys. **19**(1989) 189.
*3 T. Hamada and I. D. Johnston, Nucl. Phys. **34**(1962) 382.

Hamada-Johnston(HJ) ポテンシャルは，$r \leq r_c = 0.485\,\mathrm{fm}$ $(1\,\mathrm{fm} = 10^{-13}\,\mathrm{cm})$ の近距離の部分においてポテンシャルが $+\infty$ となる．すなわち，2核子が r_c まで近づくと無限大の斥力が働く．このような力を**固い芯** (hard core) と呼び，r_c を**芯半径** (core radius) という．実際には極めて強い斥力ではあるが，もう少し柔らかい芯がより現実的であろう．そのような芯を**柔らかい芯** (soft core) と呼んでいる．近年よく引用されるパリ・ポテンシャルやボン・ポテンシャルは柔らかい芯を持つ．

Hamada-Johnston ポテンシャルは以下に示すように中心力，LS 力，テンソル力および L^2 力の 4 種類のポテンシャルの和によって構成される．すなわち，

$$V(r) = \begin{cases} V_C(r) + V_{LS}(r)\dfrac{(\boldsymbol{L}\cdot\boldsymbol{S})}{\hbar^2} + V_T(r)S_{12} + V_{L^2}(r)\dfrac{L_{12}}{\hbar^2}, & r > r_c \\ +\infty, & r \leq r_c \end{cases} \qquad (2.1)$$

である．ただし $r_c = 0.485\,\mathrm{fm}$ である．また

$$S_{12} = 3\frac{(\boldsymbol{\sigma}_1\cdot\boldsymbol{r})(\boldsymbol{\sigma}_2\cdot\boldsymbol{r})}{r^2} - (\boldsymbol{\sigma}_1\cdot\boldsymbol{\sigma}_2), \qquad (2.2\mathrm{a})$$

$$L_{12} = (\boldsymbol{\sigma}_1\cdot\boldsymbol{\sigma}_2)\boldsymbol{L}^2 - \frac{1}{2}\{(\boldsymbol{\sigma}_1\cdot\boldsymbol{L})(\boldsymbol{\sigma}_2\cdot\boldsymbol{L}) + (\boldsymbol{\sigma}_2\cdot\boldsymbol{L})(\boldsymbol{\sigma}_1\cdot\boldsymbol{L})\} \quad (2.2\mathrm{b})$$

である．各ポテンシャルの関数形は

$$V_C(r) = \frac{f^2}{\hbar c}m_\pi c^2 \frac{(\boldsymbol{\sigma}_1\cdot\boldsymbol{\sigma}_2)(\boldsymbol{\tau}_1\cdot\boldsymbol{\tau}_2)}{3}Y(x)\{1 + a_C Y(x) + b_C Y^2(x)\}, \qquad (2.3\mathrm{a})$$

$$V_{LS}(r) = m_\pi c^2 G_{LS} Y^2(x)\{1 + b_{LS} Y(x)\}, \qquad (2.3\mathrm{b})$$

$$V_T(r) = \frac{f^2}{\hbar c}m_\pi c^2 \frac{(\boldsymbol{\tau}_1\cdot\boldsymbol{\tau}_2)}{3}Z(x)\{1 + a_T Y(x) + b_T Y^2(x)\}, \qquad (2.3\mathrm{c})$$

$$V_{L^2}(r) = m_\pi c^2 G_{L^2} Y(x)\{1 + a_{L^2} Y(x) + b_{L^2} Y^2(x)\} \qquad (2.3\mathrm{d})$$

で与えられる．ここで，π 中間子-核子の結合定数は $f^2/\hbar c = 0.08$，π 中間子の質量は $m_\pi c^2 = 139.4\,\mathrm{MeV}$，である．また，$r$ は $1\,\mathrm{fm} = 10^{-13}\,\mathrm{cm}$ を単位として表し，

$$x = \frac{r}{\lambda_\pi}, \quad \lambda_\pi = 1.42\,\mathrm{fm} \qquad (2.4\mathrm{a})$$

$$Y(x) = \frac{e^{-x}}{x}, \qquad (2.4\mathrm{b})$$

$$Z(x) = \left(1 + \frac{3}{x} + \frac{3}{x^2}\right)Y(x) \qquad (2.4\mathrm{c})$$

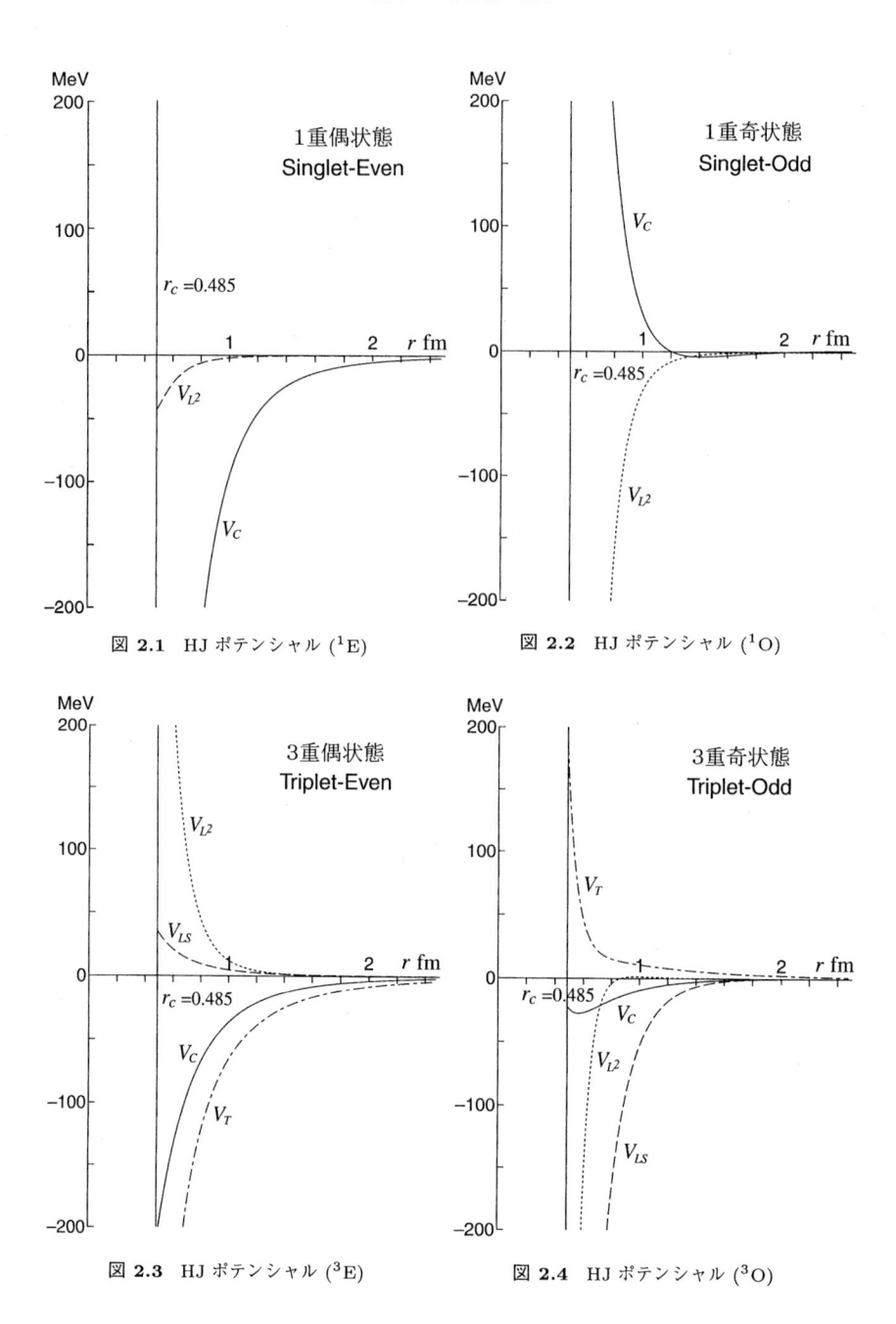

図 2.1 HJ ポテンシャル (^{1}E)

図 2.2 HJ ポテンシャル (^{1}O)

図 2.3 HJ ポテンシャル (^{3}E)

図 2.4 HJ ポテンシャル (^{3}O)

表 2.1 Hamada-Johnston ポテンシャルのパラメーター

	a_C	b_C	b_{LS}	G_{LS}	a_T	b_T	a_{L^2}	b_{L^2}	G_{L^2}
^{1}E	8.7	10.6					0.2	-0.2	-0.000891
^{1}O	-8.0	12.0					2.0	6.0	-0.00267
^{3}E	6.0	-1.0	-0.1	0.0743	-0.5	0.2	1.8	-0.4	0.00267
^{3}O	-9.07	3.48	-7.12	0.1961	-1.29	0.55	-7.26	6.92	-0.000891

芯半径は $r_c = 0.485\,\mathrm{fm}$.

である. (2.3) 式のポテンシャル中のパラメーターの値は表 **2.1** に示されている. また, 各状態における Hamada-Johnston (HJ) ポテンシャルの概観が図 **2.1 – 2.4** に図示されている.

2.2　原子核の飽和性と Brueckner 理論

2.2.1　密度と結合エネルギーの飽和性

陽子数 Z, 中性子数 N の安定な原子核を球と考えたときの体積は, ほぼ質量数 $A = Z + N$ に比例し, したがって半径は, おおよそ A の 1/3 乗に比例することが実験的にわかっている. 半径 R_0 は

$$R_0 = r_0 A^{1/3}, \quad r_0 \approx 1.2\,\mathrm{fm}, \quad (1\,\mathrm{fm} = 10^{-13}\,\mathrm{cm}) \tag{2.5}$$

と表される.

また, 原子核の質量を $M(Z, N)$ とすれば, 結合エネルギー $B(Z, N)$ は

$$B(Z, N) = \{ZM_p + NM_n - M(Z, N)\}c^2 \tag{2.6}$$

である. ここで, M_p および M_n はそれぞれ陽子, 中性子の質量で, $M_p c^2 = 938.3$ MeV, $M_n c^2 = 939.6$ MeV である. $B(Z, N)$ は半経験公式であるところの **Weizsäcker-Bethe の質量公式** (mass formula)

$$B(Z, N) = C_V A - C_S A^{2/3} - C_C Z^2 A^{-1/3} - C_{\mathrm{sym}} \frac{(N-Z)^2}{A} + \delta(A) \tag{2.7}$$

でかなりうまく表現できることが知られている. この質量公式は原子核を液滴になぞらえた **液滴模型** (liquid-drop model) に基づいて考案されたものである.

(2.7) 式の右辺第 1 項は体積に比例する体積エネルギー (volume energy) で質量公式の主要部分である．第 2 項は表面張力による表面エネルギー (surface energy)，第 3 項は陽子間に働く Coulomb 斥力による Coulomb エネルギー (Coulomb energy) である．同じ質量数なら Z が大きいほど Coulomb エネルギーで損をするので，質量数が大きい原子核では一般に Z に比べて N が大きい．しかし核力の対称性から，逆に Z と N の差が小さいほどエネルギーの得をする．この効果が第 4 項の対称エネルギー (symmetry energy) の項である．さらに第 1 章で議論したように，核内においては同種核子はペアーを作りやすくする対相関力が働き，偶数の Z または N は奇数の場合に比べてエネルギーの得をする．第 5 項はこの対相関力による偶奇質量差 (even-odd mass difference) である．各項の定数は実験値に合うようにきめられ，

$$C_V = 15.6\,\text{MeV}, \qquad C_S = 17.2\,\text{MeV},$$
$$C_C = 0.60\,\text{MeV}, \qquad C_\text{sym} = 23.3\,\text{MeV} \qquad (2.8\text{a})$$

となる．また偶奇質量差の項は

$$\delta(A) = \begin{cases} \dfrac{12}{\sqrt{A}}\,\text{MeV}, & (Z = \text{偶数}, N = \text{偶数}), \\ 0, & (A = Z + N = \text{奇数}), \\ -\dfrac{12}{\sqrt{A}}\,\text{MeV}, & (Z = \text{奇数}, N = \text{奇数}) \end{cases} \qquad (2.8\text{b})$$

である．図 2.5 に，1 核子当たりの結合エネルギーの実験値と Weizsäcker-Bethe の質量公式 (2.7) において $\delta(A)$ を除いた値とが比較されている．

上に述べたように核半径が質量数 A に比例するということは，核の種類によらず密度が一定であることを意味する．これを原子核の**密度の飽和性** (saturation of density) と呼ぶ．核の粒子密度 ρ は

$$\rho = \frac{A}{V} = 0.138\,\text{fm}^{-3} \qquad (2.9)$$

であるから，平均核子間距離 d は

$$d = \rho^{-1/3} = 1.93\,\text{fm} \qquad (2.10)$$

と考えられる．

一方 Weizsäcker-Bethe の質量公式によれば，原子核の結合エネルギーの主要部分である体積エネルギーもまた質量数 A に比例する．すなわち核の大きさによらず，核子1個当たりの結合エネルギーが一定であることを意味する．これが**結合エネルギーの飽和性** (saturation of binding energy) である．これら2種類の，密度と結合エネルギーの飽和性は，安定な原子核の著しい特徴である．

Weizsäcker-Bethe の質量公式は原子核を液滴に見立てた**液滴模型**に基礎を置いている．液滴はそれを構成する粒子が互いに強く結合しているという**強結合** (strong coupling) の考えに

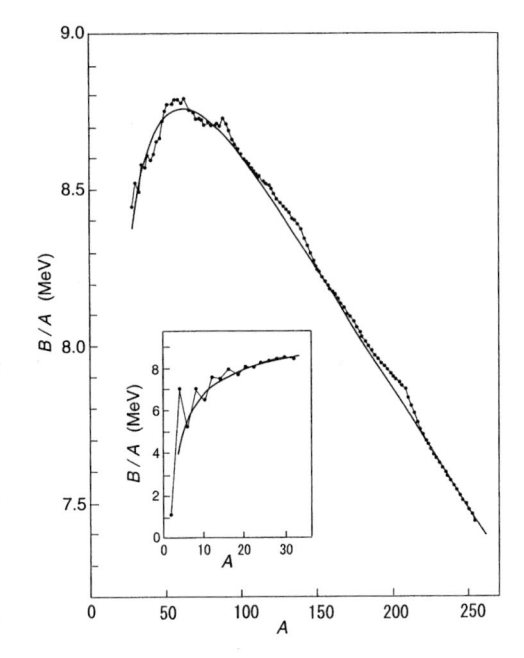

図 2.5 核子当たりの結合エネルギー
点は実験値．実線は Weizsäcker-Bethe の質量公式 (2.7) において $\delta(A)$ を除いた値．A. Bohr and B. R. Mottelson, *Nuclear Structure*, Benjamin, Vol. I (1969), Chap. 2 より．

立脚している．一方，第1章で見たように，原子核では殻模型という**独立粒子模型** (independent-particle model) がよく成り立つ．これは構成粒子間の結合が弱いという**弱結合** (weak coupling) の考え方である．したがって，この2つの模型 (描像) は概念的に極めて矛盾しているように思われる．この矛盾はどのようにして解決でき，そして上述の原子核の飽和性はどのように説明できるのであろうか．これが本節で解くべき問題である．

2.2.2 核物質と Fermi ガス模型

上記の問題を検討するにあたって，原子核の体積の有限性と表面効果を扱うことを避けて問題を簡単化するために，無限に広がった**核物質** (nuclear matter) を議論の対象としよう．核物質は同数の陽子と中性子からなる密度が一定の無限に広がった理想化された物質であり，陽子間の Coulomb 力は無視することにする．つまり核物質とは，原子核の中心部分の性質を持った無限に広がった物質で

ある．したがって核物質は粒子密度が (2.9) 式であり，1 粒子当たりの結合エネルギーが Weizsäcker-Bethe の質量公式における体積エネルギー $C_V = 15.6\,\text{MeV}$ であるような抽象化された物質であると考える．

この核物質を扱うための準備として，**Fermi ガス模型** (Fermi gas model) について述べよう．

$Z = N = A/2$ 個の核子が，1 辺が L の立方体のポテンシャルの壁の中に閉じ込められているものとする．壁の内部のポテンシャルの値を $-U_0$ とする．また，いま想定しているのは核物質であるから，L はほとんど無限大に近いものとする．1 核子の波動関数は平面波

$$\phi_{\bm{k}}(\bm{r}) = \frac{1}{\sqrt{L^3}} e^{i\bm{k}\cdot\bm{r}} \tag{2.11}$$

で表され，系の基底状態は

$$|\Phi_0\rangle = c^\dagger_{\bm{k}_1} c^\dagger_{\bm{k}_2} \cdots c^\dagger_{\bm{k}_A} |0\rangle = \prod_{|\bm{k}|\leq k_F} c^\dagger_{\bm{k}} |0\rangle \tag{2.12}$$

と書かれる．$\bm{k}$ は平面波の波数ベクトルで，$\hbar\bm{k}$ が核子の運動量である．系の基底状態は，これらの平面波の状態に運動量の小さいほうから最大の運動量 $\hbar k_\text{F}$ まで核子を詰めた状態である．これを Fermi ガス模型と呼ぶ．$\hbar k_\text{F}$ は **Fermi 運動量** (Fermi momentum) と呼ばれる．ただし，核子は陽子と中性子の 2 種類あり，1 つの核子は上向きと下向きの 2 つのスピン状態があるので，平面波の 1 つの状態には 4 個の核子が入ることができる．波数ベクトル空間における状態密度は $(L/2\pi)^3$ であるから，

$$A = 4 \times \left(\frac{L}{2\pi}\right)^3 \int_{|\bm{k}|\leq k_\text{F}} dk_x dk_y dk_z = \frac{2}{3\pi^2} L^3 k_\text{F}^3 \tag{2.13}$$

となる．したがって，Fermi ガスの粒子密度を $\rho = A/L^3$ とすれば

$$k_\text{F} = \left(\frac{3\pi^2}{2}\rho\right)^{1/3} \tag{2.14}$$

が得られる．原子核の密度は (2.9) 式で与えられるから，核物質の密度がこれと同じであるとすれば

$$k_\text{F} = 1.27\,\text{fm}^{-1} \tag{2.15}$$

となる．

ついでながら，核物質中の 1 核子当たりの平均の運動エネルギー $\overline{T}$ とポテンシャルの深さ U_0 を見積もっておこう．核物質中の最高の運動エネルギーは Fermi 運動量に対応するエネルギーであるから

$$T_F = \frac{\hbar^2}{2M} k_F^2 \approx 33 \text{ MeV} \quad (2.16\text{a})$$

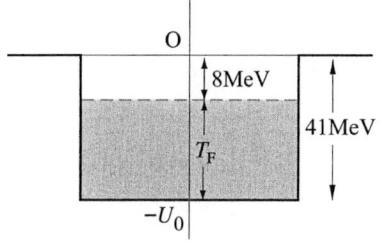

図 2.6 Fermi ガス模型の概念図

である．ここで M は核子の質量である．平均の運動エネルギーは

$$\overline{T} = \frac{16\pi}{A} \left(\frac{L}{2\pi}\right)^3 \int_0^{k_F} \left(\frac{\hbar^2}{2M} k^2\right) k^2 dk = \frac{3}{5} \left(\frac{\hbar^2}{2M} k_F^2\right) \quad (2.16\text{b})$$

$$\approx 20 \text{MeV} \quad (2.16\text{c})$$

となる．原子核から 1 核子をはぎ取るのに必要な平均のエネルギーは約 8 MeV である．したがって，核物質中の最高の運動エネルギー T_F にこの 8 MeV を加えたものがポテンシャルの深さ U_0 になるはずで，

$$U_0 = T_F + 8 \text{ MeV} \approx 41 \text{ MeV} \quad (2.16\text{d})$$

である (図 2.6 参照)．

2.2.3 Brueckner 理論

核物質の密度や結合エネルギーを第一原理から，すなわち核力から導き出す試みが Brueckner [*4] によって提唱された **Brueckner 理論** (Brueckner theory) である．後に Bethe や Goldstone によって補強されたので，[*5] **Brueckner-Bethe-Goldstone 理論**とも呼ばれる．この理論は原子核構造論の中でも特筆すべき重要な理論の 1 つといえるであろう．

(a) 連結クラスター展開

粒子数 A の核物質を考える．核物質であるから A はほとんど無限大に近く大きいものとする．この核物質の基底状態の波動関数を Ψ_0, エネルギーを E と

[*4] K. A. Brueckner and C. A. Levinson, Phys. Rev. **97**(1955) 1344.
K. A. Brueckner, Phys. Rev. **100**(1955) 36.
K. A. Brueckner and J. L. Gammel, Phys. Rev. **109**(1958) 1023.
[*5] H. A. Bethe, Phys. Rev. **103**(1956) 1353.
H. A. Bethe and J. Goldstone, Proc. Roy. Soc. **A238**(1957) 551.
J. Goldstone, Proc. Roy. Soc. **A239**(1957) 267.

すれば，系の Schrödinger 方程式は

$$H\Psi_0 = E\Psi_0 \tag{2.17}$$

である．ここで，$H = T + H'$ は系の全ハミルトニアンで，

$$H = T + H', \quad T = \sum_{i=1}^{A} \frac{\bm{p}_i^2}{2M}, \quad H' = \frac{1}{2}\sum_{i \neq j} v(ij) \tag{2.18}$$

である．T は運動エネルギー，H' は相互作用のハミルトニアン，$v(ij)$ は粒子 i と粒子 j の間に働く核力である．

Schrödinger 方程式 (2.17) を通常の摂動展開[*6] で取り扱うことにする．摂動展開の次数を明確にするために，パラメーター η を導入し，$H' = \eta h$ とおく．無摂動系の基底状態を

$$T\Phi_0 = E_0 \Phi_0 \tag{2.19}$$

とし，演算子 F を導入して $\Psi_0 = F\Phi_0$ とする．Ψ_0 と E の摂動展開を

$$\Psi_0 = F\Phi_0 = (1 + \eta F_1 + \eta^2 F_2 + \cdots)\Phi_0, \tag{2.20a}$$

$$E = E_0 + \eta E_1 + \eta^2 E_2 + \cdots \tag{2.20b}$$

と書く．Φ_0 および Ψ_0 の規格化を

$$(\Phi_0|\Phi_0) = 1, \quad (\Phi_0|\Psi_0) = 1 \tag{2.21}$$

とする．いうまでもなく，無摂動系の基底状態 Φ_0 は Fermi ガス模型の波動関数と同等である．

無摂動系の基底状態のエネルギーは E_0 であるが，これに相互作用が加わったために基底状態のエネルギーが E となったわけであるから，$\Delta E = E - E_0$ だけのエネルギー・シフト (energy shift) が生じる．ΔE が核物質の相互作用エネルギーであり，これが粒子数 A に比例することがわかれば結合エネルギーの飽和性が示されたことになる．

Schrödinger 方程式 (2.17) を

$$(T + \eta h)F\Phi_0 = (E_0 + \Delta E)F\Phi_0 \tag{2.22}$$

[*6] Rayleigh-Schrödinger の摂動展開である．Brillouin-Wigner の摂動展開はこの場合収束性が悪いので使えない．

と書き直し，(2.17) 式と (2.21) 式とを考慮すれば，エネルギー・シフトは

$$\Delta E = \eta (\Phi_0|h|\Psi_0) = \eta (\Phi_0|hF|\Phi_0) \tag{2.23}$$

と書かれる．

(2.20) 式の摂動展開を (2.17) 式に代入し，両辺の η の同一べきの項を比べて次の各式を得る．

$$E_0 = (\Phi_0|T|\Phi_0), \tag{2.24a}$$

$$E_1 = (\Phi_0|h|\Phi_0), \tag{2.24b}$$

$$\cdots\cdots$$

$$E_n = (\Phi_0|hF_{n-1}|\Phi_0), \quad n = 2, 3, \ldots \tag{2.24c}$$

ただし

$$F_1 = \frac{Q}{b}h, \qquad F_n = \frac{Q}{b}hF_{n-1} - \frac{Q}{b}\sum_{m=1}^{n-1} E_n F_{n-m}, \quad n = 2, 3, \ldots \tag{2.25}$$

である．また演算子 Q/b はプロパゲータ (propagator) と呼ばれ

$$\frac{Q}{b} = \frac{Q}{E_0 - T}, \qquad Q = 1 - P, \quad P = |\Phi_0)(\Phi_0| \tag{2.26}$$

で定義される．演算子 P は無摂動系の基底状態への射影演算子であり，Q はそれ以外 (励起状態のすべて) への射影演算子である．

これらの摂動展開係数 E_n や F_n は，原理的には $n = 1, 2, \ldots$ と順次求めることができるがたいへん複雑である．T と h を第 2 量子化の表示で書くと，

$$T = \sum_\alpha \varepsilon_\alpha c_\alpha^\dagger c_\alpha, \qquad \varepsilon_\alpha = \frac{\hbar^2}{2M}k_\alpha^2 \tag{2.27a}$$

$$h = \frac{1}{2}\sum_{\alpha\beta\gamma\delta} \mathcal{V}_{\alpha\beta\gamma\delta} c_\alpha^\dagger c_\beta^\dagger c_\delta c_\gamma \tag{2.27b}$$

と表される．ただし $\hbar \boldsymbol{k}_\alpha$ は 1 粒子状態 α の運動量，ε_α が 1 粒子エネルギーである．また $\mathcal{V}_{\alpha\beta\gamma\delta}$ は 2 体力の反対称化された行列要素である．(2.27) 式を (2.24a), (2.24b) 式へ代入する．$|\Phi_0)$ は Fermi ガス模型の波動関数 (2.12) 式と同等である．Fermi ガス模型における最高準位 (Fermi 運動量 $\hbar k_{\text{F}}$ の準位) を

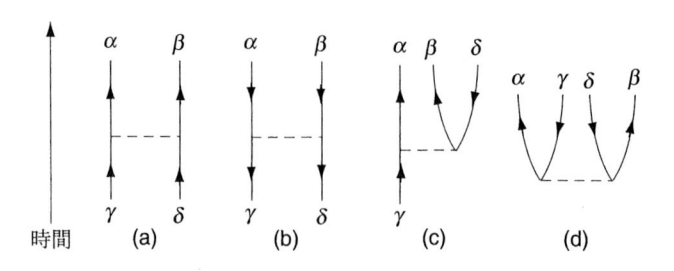

図 2.7 Feynman 図の説明

Fermi 面 (Fermi surface) と呼び，記号 F で表す．したがって，

$$E_0 = (\Phi_0|T|\Phi_0) = \sum_{\alpha \leq F} \varepsilon_\alpha, \qquad (2.28)$$

$$E_1 = (\Phi_0|h|\Phi_0) = \sum_{\alpha\beta \leq F} \mathcal{V}_{\alpha\beta\alpha\beta} \qquad (2.29)$$

である．同様に E_2 は

$$\begin{aligned} E_2 &= (\Phi_0|h\frac{Q}{b}h|\Phi_0) \\ &= \sum_{\alpha\beta \leq F}\sum_{\alpha'\beta'} \mathcal{V}_{\alpha\beta\alpha'\beta'} \frac{Q(\alpha'\beta')}{\varepsilon_\alpha + \varepsilon_\beta - \varepsilon_{\alpha'} - \varepsilon_{\beta'}} \mathcal{V}_{\alpha'\beta'\alpha\beta} \end{aligned} \qquad (2.30)$$

となる．ただし

$$Q(\alpha'\beta') = \begin{cases} 1, & \alpha' > F,\ \beta' > F \\ 0, & \text{それ以外} \end{cases} \qquad (2.31)$$

である．これは摂動展開 (2.30) の中間状態 α', β' が，Pauli 原理により Fermi 面より高く励起しなければならないことを意味する．

以上のような議論を高次の項まで続けるのはたいへん面倒なので，**Feynman 図** (Feynman diagram) を用いて少しわかりやすくしよう．

ある状態 α が Fermi 面より上にある場合 ($\alpha > F$ の場合)，これを粒子状態 (particle state) と呼んで上向きの矢印線で表し，$\alpha \leq F$ の場合は空孔状態 (hole state) と呼んで下向きの矢印線で表すことにする (図 **2.7** 参照)．

演算子 $\mathcal{V}_{\alpha\beta\gamma\delta} c_\alpha^\dagger c_\beta^\dagger c_\delta c_\gamma$ は，状態 γ, δ にある 2 粒子が相互作用後，状態 α, β に移ることを意味する．状態 α, β, γ, δ すべてが粒子状態ならば，これを図 **2.7** の **(a)** で表す．水平の破線は相互作用を意味する．粒子の演算子 $c_\alpha^\dagger$ などの並び

2.2 原子核の飽和性と Brueckner 理論

は，右から左へ時間が進行するものと考え，図の上では時間は下部から上部へ進行するものとする．状態 α, β が粒子状態，γ, δ が空孔状態ならば図 **2.7** の **(d)** である．その他は自明であろう．

1 次の摂動展開 E_1，すなわち (2.29) 式，における $\mathcal{V}_{\alpha\beta\alpha\beta}\,(\alpha, \beta \leq k_\mathrm{F})$ は空孔状態 α, β にある 2 粒子が相互作用して，その後も同じ状態に留まることを意味する．(相互作用後に元の状態に戻るのは，$|\varPhi_0\rangle$ で期待値を計算するのであるから当然である．)　したがって，この相互作用は図 **2.8** で表される．

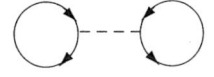

図 **2.8**　1 次の摂動展開 E_1

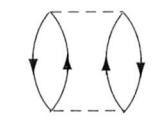

2 次の摂動展開 E_2 は図 **2.9** で表される．3 次の摂動展開 E_3 は図 **2.10** のように本質的に異なる 4 種類のダイアグラムで表され，4 次の摂動展開になるともっと多数の種類の図が現れる．

図 **2.9**　2 次の摂動展開 E_2

さて，図 **2.10** における 4 種類のダイアグラムを眺めると，**(a)**, **(b)**, **(c)** はいずれも図全体が相互作用の破線でつながっている．このような図を **連結クラスター図** (linked-cluster diagram) と呼ぶ．一方，**(d)** は図が左右 2 つの部分 (クラスター) に分離している．このような図を **非連結クラスター図** (unlinked-cluster diagram) と呼ぶ．

Brueckner は具体的に 4 次の摂動展開まで計算し，非連結クラスター図から

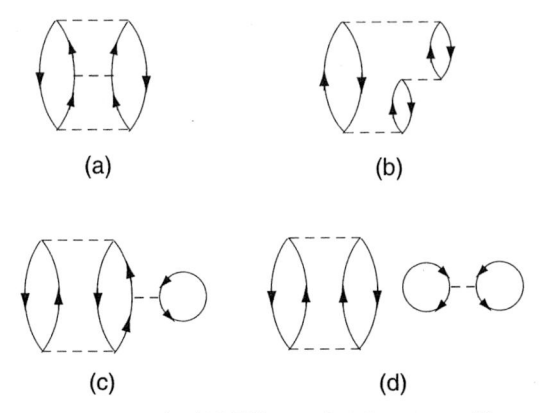

(a)

(b)

(c)

(d)

図 **2.10**　3 次の摂動展開 E_3 における Feynman 図
(a), (b), (c) は連結クラスター．(d) は非連結クラスター．

の寄与はその次数内とそれ以下の項で完全に相殺され，その結果，連結ダイアグラムのみを考慮すればよいということを見出した．[*7] これが摂動の無限次まで一般的に正しいことは Goldstone によって証明され，この摂動展開は**連結クラスター展開** (linked-cluster expansion) と呼ばれている．[*8]

Goldstone によれば基底状態の波動関数 Ψ_0，およびエネルギー・シフト ΔE は，それぞれ

$$\Psi_0 = \sum_n^{(\text{linked})} \left(\frac{Q}{E_0-T}h\right)^n \Phi_0, \tag{2.32}$$

および

$$\Delta E = \sum_n^{(\text{linked})} (\Phi_0| h\left(\frac{Q}{E_0-T}h\right)^n |\Phi_0) \tag{2.33}$$

と書かれる．ただし $\sum_n^{(\text{linked})}$ はすべての次数 n において連結クラスター図のみの和をとることを意味する．

(b) 平均ポテンシャルの導入

上述の連結クラスター展開によって核物質の基底状態に対する摂動展開法がかなり見やすくなったけれども，実際の計算に適用することはできない．なぜならば，核力はその短距離部分において強い斥力芯を持ち，相互作用の行列要素 $\mathcal{V}_{\alpha\beta\gamma\delta}$ は極めて大きな値となるからである．特に固い芯 (hard core) の場合には行列要素は無限大となる．したがって，低次の摂動展開ですら発散してしまうのである．この困難を解決するために，特別に重要な連結ダイアグラムをまとめて無限次まで和をとるように工夫する．これが Brueckner 理論の真髄である．

2体力の行列要素の対角成分の和をとって，1体ポテンシャルを次のように定義する：

$$u = U' - U'_0, \quad U' = \sum_\alpha \left(\sum_{\beta \leq F} \mathcal{V}_{\alpha\beta\alpha\beta}\right) c_\alpha^\dagger c_\alpha, \quad U'_0 = \sum_{\alpha\beta \leq F} \mathcal{V}_{\alpha\beta\alpha\beta}. \tag{2.34}$$

連結クラスター展開 (2.33) の中間状態における相互作用が h ではなく u であったならば，そのような項はいかなるダイアグラムで表されるだろうか．たとえ

[*7] K. A. Brueckner and C. A. Levinson, Phys. Rev. **97**(1955) 1344.
K. A. Brueckner, Phys. Rev. **100**(1955) 36.
[*8] J. Goldstone, Proc. Roy. Soc. **A239**(1957) 267.

2.2 原子核の飽和性と Brueckner 理論

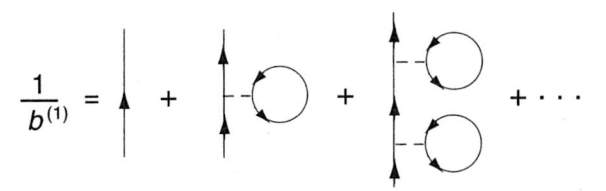

図 2.11 1体ポテンシャル u にくり込まれる Feynman 図

ば最も簡単な3次の場合は

$$(\Phi_0| h \frac{Q}{b} u \frac{Q}{b} h |\Phi_0)_{\text{linked}}, \qquad \frac{Q}{b} = \frac{Q}{E_0 - T} \qquad (2.35)$$

である．(2.34) 式の u の定義を考慮すると (2.35) 式の連結ダイアグラムは図 **2.10(c)** に等しい．すなわち中間状態に u が挿入された項は，粒子の線にリング (環) 状のグラフが連結されたダイアグラムになる．

さて2つの演算子 x, y に対して，公式

$$\frac{1}{x-y} = \frac{1}{x} + \frac{1}{x}y\frac{1}{x} + \frac{1}{x}y\frac{1}{x}y\frac{1}{x} + \cdots \qquad (2.36)$$

が成り立つ．この公式を用いると，

$$\frac{Q}{b} + \frac{Q}{b}u\frac{Q}{b} + \frac{Q}{b}u\frac{Q}{b}u\frac{Q}{b} + \cdots = \frac{Q}{E_0' - H_0'}, \qquad (2.37a)$$

$$E_0' = E_0 + U_0', \quad H_0' = T + U' \qquad (2.37b)$$

となる．以後，1粒子ポテンシャル U', U_0' を導入し $T \to H_0'$ とした新しいプロパゲータを

$$\frac{Q}{b^{(1)}} = \frac{Q}{E_0' - H_0'} \qquad (2.38)$$

と表すことにする．この新しいプロパゲータは粒子の線にリング (環) 状のグラフが繰り返し連結されたダイアグラムを無限次まで加えたものになり，図 **2.11** を計算したことになる．したがって，連結クラスター展開 (2.33) において，図 **2.11** のようなダイアグラムの部分は，プロパゲータを $Q/b \to Q/b^{(1)}$ と置き換えることによってすべて取り入れることができる．

以上の結果をまとめると，(2.34) 式で定義される平均ポテンシャル U' を導入し，新しい1粒子ハミルトニアン $H_0' = T + U'$ を使ってプロパゲータを

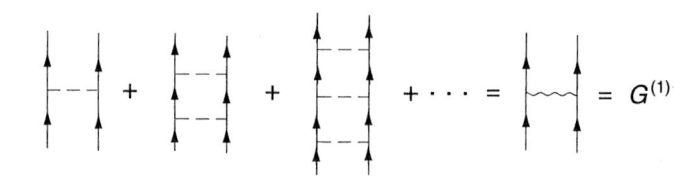

図 2.12 はしご型ダイアグラム

無限次まで加えて 2 粒子演算子 $G^{(1)}$ にくり込まれる．これを新しい相互作用と考えて波線で表す．

$Q/b \to Q/b^{(1)}$ とすることによって，図 2.11 のような粒子の線にリング (環) 状のグラフが繰り返し連結されたダイアグラムを無限次までくり込むことができた．これは，Q/b のプロパゲータが自由粒子の進行 (伝播) を意味するのに対し，新しいプロパゲータ $Q/b^{(1)}$ は多体系の中に埋もれた粒子が平均ポテンシャル U' によって力を受けながら進行することを意味する．

Feynman 図における "実線" はプロパゲータを意味するので，プロパゲータが Q/b であるか $Q/b^{(1)}$ であるかによって "実線" の意味が異なる．以後，特に断らない限り $Q/b^{(1)}$ であるとする．

(c) 反応行列 (G 行列)

次に図 2.12 のようなはしご型ダイアグラム (ladder diagram) を考える．この第 1 項は図 2.10(a) に現れている．これらを無限次まで加えたものは，2 粒子演算子

$$G^{(1)} = v + v\frac{Q}{b^{(1)}}v + v\frac{Q}{b^{(1)}}v\frac{Q}{b^{(1)}}v + \cdots \quad (2.39)$$

の行列要素 $\langle\alpha\beta|G^{(1)}|\gamma\delta\rangle$ に等しい．ただし，v はいま対象にしている 2 粒子間に働く核力である．この $G^{(1)}$ は 2 粒子方程式

$$G^{(1)} = v + v\frac{Q}{b^{(1)}}G^{(1)} \quad (2.40)$$

と書くことができる．この $G^{(1)}$ のような 2 体演算子は**反応行列** (reaction matrix) とか **G 行列** (G-matrix) と呼ばれている．

したがって 2 粒子間に核力が繰り返し働く "はしご型ダイアグラム" を 1 次から無限次まで加えて，2 粒子演算子 $G^{(1)}$ にくり込むことができる．つまり 2 粒子間の相互作用が $v \to G^{(1)}$ と置き換わるわけである．

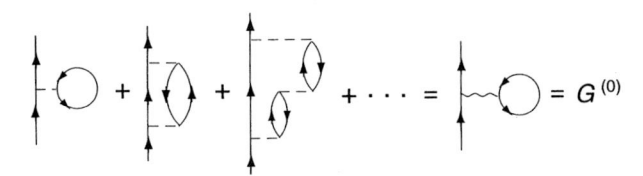

2.2 原子核の飽和性と Brueckner 理論

図 2.13 バブル型ダイアグラム

ここでプロパゲータ (実線) は $Q/b = Q/b^{(0)}$ とする. 無限次まで加えて 2 粒子演算子 $G^{(0)}$ にくり込まれる. これを新しい相互作用と考えて波線で表す.

2 粒子方程式 (2.40) の中のプロパゲータ $Q/b^{(1)}$ は (2.38) 式で与えられる. ここには 2 粒子の中間状態に働く Pauli 原理を表す演算子 Q があるが, これを無視すればこの方程式は平均ポテンシャル U' の中での 2 体散乱問題と等価である. 2 体散乱ではたとえ相互作用に強い斥力芯があったとしても, 反応行列が発散することはない, したがって図 2.12 のような "はしご型ダイアグラム" の各項は発散しても, 無限次まで加えると結果は有限な反応行列を与えるのである.

さらに, 中間状態で励起した粒子が, Fermi 面以下の励起していないすべての粒子と繰り返し相互作用するダイアグラムの寄与を考えよう. 図 2.13 のようなバブル型ダイアグラム (bubble diagram) である. ここでいましばらくプロパゲータは $Q/b^{(1)}$ ではなく, 元の Q/b としておく. このことをはっきりさせるため $Q/b = Q/b^{(0)}$ と書いておく. この寄与は 2 粒子演算子

$$G^{(0)} = v + v\frac{Q}{b^{(0)}}v + v\frac{Q}{b^{(0)}}v\frac{Q}{b^{(0)}}v + \cdots$$
$$= v + v\frac{Q}{b^{(0)}}G^{(0)} \tag{2.41}$$

の行列要素の和 $\sum_{\gamma \leq F}\langle\alpha\gamma|G^{(0)}|\beta\gamma\rangle$ となるから, 結局相互作用が $v \to G^{(0)}$ と置き換えられたことに等しい,

前項で議論したプロパゲータへのくり込み $Q/b \to Q/b^{(1)}$ と, ここで検討したところの励起した粒子と Fermi 面以下の粒子との相互作用 $G^{(0)}$ へのくり込みとを同時に考慮するには, プロパゲータ $Q/b^{(1)}$ の中に現れた 1 粒子ポテンシャル U', U'_0 を構成する際, 相互作用として元の核力 v の代わりに新たな相互作用 $G^{(0)}$ で置き換えればよい. すなわち, $G^{(0)}$ の反対称化された行列要素

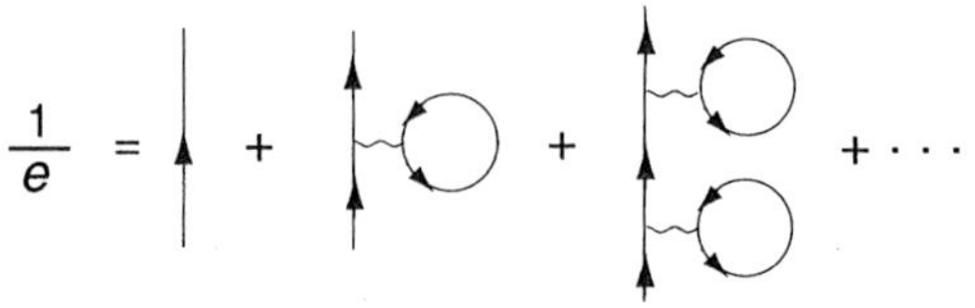

図 2.14 最終的プロパゲータ Q/e にくり込まれるダイアグラム. 波線は $G^{(0)}$ による相互作用.

を $\mathcal{G}^{(0)}_{\alpha\beta\gamma\delta}$ として,

$$U = \sum_\alpha \Big(\sum_{\beta \leq F} \mathcal{G}^{(0)}_{\alpha\beta\alpha\beta}\Big) c_\alpha^\dagger c_\alpha, \quad U_0 = \sum_{\alpha\beta \leq F} \mathcal{G}^{(0)}_{\alpha\beta\alpha\beta}, \qquad (2.42\text{a})$$

$$\mathcal{G}^{(0)}_{\alpha\beta\alpha\beta} = \frac{1}{2}\Big\{\langle\alpha\beta|G^{(0)}|\alpha\beta\rangle - \langle\alpha\beta|G^{(0)}|\beta\alpha\rangle\Big\} \qquad (2.42\text{b})$$

によって新しい平均ポテンシャル U, U_0 を定義し,プロパゲータを

$$\frac{Q}{b} = \frac{Q}{b^{(0)}} \to \frac{Q}{b^{(1)}} \to \frac{Q}{e} = \frac{Q}{E_0 + U_0 - (T + U)} \qquad (2.43)$$

と 2 段階の置き換えをやればよい.この結果の最終的なプロパゲータ Q/e は図 2.14 のようなダイアグラムを加え上げたものになる.

最終的にプロパゲータは Q/e となり,1 粒子ポテンシャルは U, U_0 となったので,核物質内の 1 粒子エネルギーは

$$\varepsilon_\alpha = \frac{\hbar^2}{2M}k_\alpha^2 + \frac{1}{2}\sum_{\beta \leq F}\Big\{\langle\alpha\beta|G^{(0)}|\alpha\beta\rangle - \langle\alpha\beta|G^{(0)}|\beta\alpha\rangle\Big\} \qquad (2.44)$$

と書かれる.

この最終的プロパゲータ Q/e を使って図 2.12 における "はしご型" ダイアグラムを計算するということは,2 粒子方程式

$$G = v + v\frac{Q}{e}G \qquad (2.45)$$

を解いて G を求めることと同等である.ここで v は核力であり,この G が Brueckner の**反応行列** (reaction matrix) または **G 行列**である.

プロパゲータ Q/e の中の 1 粒子ポテンシャル U, U_0 をきめる反応行列 $G^{(0)}$ と,このプロパゲータを用いて (2.45) 式から求めた G 行列とは同一演算子ではない.しかしこれらが等しくなるまで繰り返し計算することによってよりよ

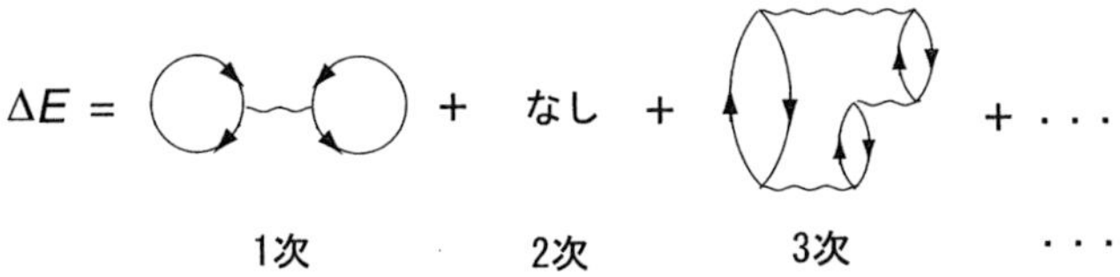

図 2.15 最終的にエネルギー・シフト ΔE を構成するダイアグラム
波線は G 行列による相互作用. 2 次の項は存在しない.

い G 行列, ひいてはよりよい平均ポテンシャルが得られるはずである. つまり Hartree-Fock 法と同様な自己無撞着法 (self-consistent method) の考え方である. したがって, (2.42) 式と (2.45) 式とを連立させた方程式を自己無撞着的に解くことを **Brueckner-Hartree-Fock 法** (Brueckner-Hartree-Fock method) と呼ぶ.

(d) まとめ

強い斥力芯のある核力によって相互作用している核子多体系では, 摂動展開は発散してそのままでは取り扱い不可能である. この問題を解決しながら, 核物質における連結クラスター展開 (2.33) をいかにして計算するかについて議論してきた. その結果は次の 2 つのステップにまとめることができる:
(1) プロパゲータのエネルギー分母に 1 粒子ポテンシャルを導入し, くり込み可能なダイアグラムを無限次まですべてこのポテンシャルの中に取りこむ.
(2) 相互作用の繰り返しの無限次までの和をとり, 発散しない G 行列にくり込む.

この 2 つのステップは連動している. すなわち, 1 粒子ポテンシャルは G 行列の行列要素を用いて計算され, その G 行列は計算された 1 粒子ポテンシャルを使ったプロパゲータの下で計算されるという仕組みであり, これが **Brueckner 理論**の論理構成である. このようにして核物質に対する摂動展開を発散しないような量で書き表すことができた. その結果, (2.33) 式のエネルギー・シフトは図 **2.15** に表されるような連結ダイアグラムの和となる. これらの各ダイアグラムに現れる相互作用 (波線) はもはや裸の核力ではなく, 発散することのない G 行列であることに注意すべきである.

図 **2.15** の第 1 項 (1 次の項) が核物質のエネルギー・シフト ΔE の主要部分であり，したがって核物質の結合エネルギー B.E. の主要部分は

$$-\text{B.E.} = \sum_{\alpha \leq F} \frac{\hbar^2}{2M} k_\alpha^2 + \frac{1}{2} \sum_{\alpha\beta \leq F} \left\{ \langle \alpha\beta | G | \alpha\beta \rangle - \langle \alpha\beta | G | \beta\alpha \rangle \right\} \qquad (2.46)$$

である．

核物質はほとんど無限に広がった多体系であるから，**並進不変性** (translation invariance) から 1 粒子波動関数は平面波であり，Fermi ガス模型のそれ (2.11) 式に等しく，G 行列の行列要素は $1/L^3$ に比例する．ただし L^3 は系の全体積である．したがって図 **2.15** における 3 次以上の項を無視すれば，核物質の結合エネルギーは粒子数 A に比例する．また，さまざまな検討の結果，3 次以上の項から結合エネルギーへの寄与はあまり大きなものではないとされている．以上の議論から，Brueckner 理論によって結合エネルギーの飽和性が説明できたと結論してよい．

では，2.1 で見たような現実的な核力から出発し，Brueckner 理論を用いて 1 核子当たりの結合エネルギーの計算値はどのような値になるであろうか．図 **2.16** に種々の現実的な核力を用いた結合エネルギーの計算値が示されている．ここで用いられた核力は，いずれも重陽子や低エネルギーの核子-核子散乱の実験データをよく再現するようにきめられている．核物質の結合エネルギーの計算値は密度 (したがって k_F) によって変わる．図 **2.16** の値は結合エネルギーが最も大きい k_F の点を示している．

これらの結果から，現実的な核力から出発して Brueckner 理論を用いれば，1 核子当たりの結合エネルギーの計算値が Weizsäcker-Bethe の質量公式から推定される "実験値" の約 16 MeV をほぼ再現することが明らかになった．また安定な核子密度も "実験値" よりやや高いとはいうものの，近い値が得られることがわかり，密度の飽和性もほぼ説明できることが明らかとなった．

2.2.4　独立粒子描像はなぜ成立するか

上述のように，原子核の飽和性は Brueckner 理論によって説明することができた．一方，第 1 章で述べたように，原子核では殻模型という**独立粒子描像** (independent-particle picture) が成り立つ．このことは Brueckner 理論の観点からどのように理解できるであろうか．核物質中の 2 粒子の相対運動の波動

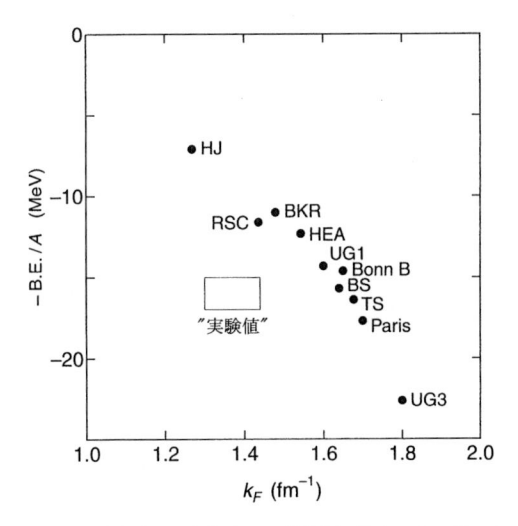

図 2.16 種々の現実的な核力を用いた場合の，核物質の結合エネルギー (B.E.) の計算値 4角形は質量公式から推定される "実験値". 粒子密度は $\rho = (0.407k_F)^3$ であるから，k_F が大きいほど密度が高いことに注意. たとえば "HJ" は 2.1 で示した Hamada-Johnston ポテンシャルを意味する．その他の核力の詳細については，下の原論文を参照されたい．これらのデータは主として B. D. Day, Rev. Mod. Phys. **50**(1978) 495; B. D. Day and R. B. Wiringa, Phys. Rev. **C32**(1985) 1057 からとり，最も新しい計算結果 "Bonn B" は K. Suzuki, R. Okamoto, M Kohno and S. Nagata, Nucl. Phys. **A665**(2000) 92 からとられている．

関数の振る舞いから，独立粒子描像の成立のゆえんを議論しよう．[*9]

(a) Bethe-Goldstone 方程式

2.2.3 における Brueckner 理論から明らかなように，核物質中の 2 粒子の相関をきめる方程式は (2.45) 式である．この方程式は平均ポテンシャル U の中を運動しながら核力 v で相互作用する 2 粒子の "散乱問題" を記述している．通常の散乱と異なる点はプロパゲータ Q/e にある．すなわち，(2.43) 式で定義されている Q/e は演算子 Q を含んでいる．この演算子は，核物質中で 2 粒子が散乱するとき，Fermi 面以下のすべての状態は他の粒子によって占められてい

[*9] ここでの議論の内容は次の論文に負っている．
H. A. Bethe and J. Goldstone, Proc. Roy. Soc. **A238**(1957) 551.
K. A. Brueckner and J. L. Gammel, Phys. Rev. **109**(1958) 1023.
L. C. Gomes, J. D. Walecka and V. F. Weisskopf, Ann. Phys. **3**(1958) 241.

るので，中間状態において2粒子は必ずFermi面より上の状態に励起しなければならないというPauli原理によるものである．独立粒子描像の成立にとって，この演算子Qがたいへん重要な働きをすることが後で明らかになる．

いま核物質中で相互作用する2個の粒子(粒子1と粒子2)に注目し，他の粒子の励起はすべて無視することにする．この2粒子のG行列をきめる方程式は，(2.45)式から

$$G_{12} = v_{12} + v_{12} \frac{Q_{12}}{E - (t_1 + t_2 + U_1 + U_2)} G_{12} \qquad (2.47)$$

と書くことができる．ここでv_{12}は2粒子間の核力，t_1, t_2は2粒子の運動エネルギー演算子，U_1, U_2は2粒子に働く平均ポテンシャルである．この方程式を通常のSchrödinger方程式の形で表示すると，

$$\{E - (t_1 + t_2 + U_1 + U_2)\}\psi_{12} = Q_{12}v_{12}\psi_{12} \qquad (2.48)$$

と表される．この形の方程式を **Bethe-Goldstone 方程式**と呼ぶ．[*10] 要するに平均ポテンシャル中の2粒子が核力によって散乱する状態を記述する方程式であるが，通常の散乱と異なるのはPauli原理に起因する演算子Q_{12}が介在するという点である．

核物質中の1粒子状態αは運動量$\hbar k_\alpha$で示される．平均ポテンシャルUの行列要素U_αは波数k_αの関数であるが，核力に強い斥力芯があるので，k_αが大きいほど(すなわち近距離になるほど)斥力的になるであろう．これを単純に

$$U_\alpha = W_0 + \frac{\hbar^2}{2} W_1 k_\alpha^2, \quad W_1 > 0 \qquad (2.49)$$

と近似しておく．したがって核物質中の1粒子エネルギーは

$$\varepsilon_\alpha = W_0 + \frac{\hbar^2}{2}\left(\frac{1}{M} + W_1\right)k_\alpha^2 = W_0 + \frac{\hbar^2}{2M^*}k_\alpha^2 \qquad (2.50)$$

と書かれる．ただし

$$\frac{1}{M^*} = \frac{1}{M} + W_1, \quad W_1 > 0 \qquad (2.51)$$

である．この結果は，核物質中の核子の質量が裸の核子の質量Mではなく，M^*であると見なされることを意味する．M^*を**有効質量** (effective mass) と呼び，実際の核物質の計算結果から$\sim 0.6M$の程度であると考えられる．

[*10] H. A. Bethe and J. Goldstone, Proc. Roy. Soc. **A238**(1957) 551.

1粒子ポテンシャル (2.49) および有効質量を用いると，Bethe-Goldstone 方程式 (2.48) は

$$\frac{\hbar^2}{2M^*}(k_1^2 + k_2^2 + \boldsymbol{\nabla}_1^2 + \boldsymbol{\nabla}_2^2)\psi_{12} = Q_{12}v_{12}\psi_{12} \tag{2.52}$$

となる．$\boldsymbol{\nabla}_1^2, \boldsymbol{\nabla}_2^2$ はそれぞれ粒子 1, 粒子 2 の座標に関するラプラシアンである．この方程式の解 ψ_{12} の性質を定性的に調べるため，以後 2 粒子のスピンやアイソスピンの自由度はすべて無視する．2 粒子の相対座標を $\boldsymbol{r} = \boldsymbol{r}_1 - \boldsymbol{r}_2$, 相対運動量を $\hbar\boldsymbol{k} = \hbar(\boldsymbol{k}_1 - \boldsymbol{k}_2)/2$, 全運動量を $\boldsymbol{P} = \hbar(\boldsymbol{k}_1 + \boldsymbol{k}_2)$ とし，核力 $v_{12} = v(r)$ は相対距離 $r = |\boldsymbol{r}|$ のみの関数とする．

Bethe-Goldstone 方程式 (2.52) は積分方程式

$$\psi_{\boldsymbol{P},\boldsymbol{k}}(\boldsymbol{r}) = \phi_{\boldsymbol{k}}(\boldsymbol{r}) + \int d\boldsymbol{r}'\, G_{\boldsymbol{P}}(\boldsymbol{r},\boldsymbol{r}')\, v(r')\, \psi_{\boldsymbol{P},\boldsymbol{k}}(\boldsymbol{r}') \tag{2.53}$$

と書くことができる．ここで $\phi_{\boldsymbol{k}}(\boldsymbol{r})$ は平面波で

$$\phi_{\boldsymbol{k}}(\boldsymbol{r}) = \frac{1}{\sqrt{(2\pi)^3}}\, e^{i\boldsymbol{k}\cdot\boldsymbol{r}} \tag{2.54}$$

であり，Green 関数 $G_{\boldsymbol{P}}(\boldsymbol{r},\boldsymbol{r}')$ は

$$G_{\boldsymbol{P}}(\boldsymbol{r},\boldsymbol{r}') = \frac{2M^*}{\hbar^2} \int d\boldsymbol{k}'\, \frac{\phi_{\boldsymbol{k}'}(\boldsymbol{r})\phi_{\boldsymbol{k}'}^*(\boldsymbol{r}')\, f(\boldsymbol{k}',\boldsymbol{P})}{k_1^2 + k_2^2 - k_1'^2 - k_2'^2} \tag{2.55}$$

で定義される．ただし $\boldsymbol{P} = \hbar(\boldsymbol{k}_1 + \boldsymbol{k}_2) = \hbar(\boldsymbol{k}_1' + \boldsymbol{k}_2')$, $\boldsymbol{k} = (\boldsymbol{k}_1 - \boldsymbol{k}_2)/2$, $\boldsymbol{k}' = (\boldsymbol{k}_1' - \boldsymbol{k}_2')/2$ である．また $f(\boldsymbol{k}',\boldsymbol{P})$ は演算子 Q_{12} の運動量表示で，

$$f(\boldsymbol{k}',\boldsymbol{P}) = \begin{cases} 1, & |\boldsymbol{k}_1|, |\boldsymbol{k}_2| > k_{\mathrm{F}} \\ 0, & \text{その他} \end{cases} \tag{2.56}$$

である．

当面の目標は，2 粒子の相対運動の波動関数 $\psi_{\boldsymbol{P},\boldsymbol{k}}(\boldsymbol{r})$ の定性的性質を調べることであるから，簡単のため 2 粒子の重心が静止している場合を考え，$\underline{\boldsymbol{P} = 0}$ とする．さらに相対運動の角運動量は $\underline{L = 0}$ とし，S 波のみを考えることにする．波動関数の動径部分を $u(r)$ とするならば，この場合の Bethe-Goldstone 方程式は

$$u(r) = j_0(kr) + 4\pi \int r'^2 dr'\, G_0(r,r')\, v(r')\, u(r') \tag{2.57}$$

となる．ここで $j_l(x)$ は l 次の球 Bessel 関数 (spherical Bessel's function) で，$j_0(kr) = \sin(kr)/(kr)$ である．また Green 関数は次の通りである：

$$G_0(r,r') = \frac{1}{2\pi^2}\frac{M^*}{\hbar^2}\int_{k_F}^{\infty} k'^2 dk' \frac{j_0(k'r)j_0(k'r')}{k^2-k'^2}. \tag{2.58}$$

Bethe-Goldstone 方程式を解くに当たって，核力 $v(r)$ が固い芯 (hard core) を持つ場合には少し工夫が必要である．いま芯半径 (core radius) を r_c とする．核力 $v(r)$ が固い芯だけの場合を考える．すなわち $r \leq r_c$ に対し $v(r) = \infty$, $r > r_c$ に対し $v(r) = 0$ の場合である．この場合の 2 体散乱の問題は，Schrödinger 方程式において

$$v(r)u(r) = \lambda\delta(r-r_c) \tag{2.59}$$

と置き，境界条件 $u(r_c) = 0$ によって定数 λ をきめることと同等であることが証明できる．証明は，有限の高さ V_0 の箱型ポテンシャルによる散乱問題を解き，$V_0 \to \infty$ の極限をとればよい．したがって固い芯の外側 $(r > r_c)$ にポテンシャル $v_a(r)$ がある場合には，Schrödinger 方程式 (いまの場合は Bethe-Goldstone 方程式 (2.58)) において $v(r)u(r)$ の代わりに

$$v(r)u(r) \to v_a(r)u(r) + \lambda\delta(r-r_c) \tag{2.60}$$

と置き，境界条件 $u(r_c) = 0$ によって定数 λ をきめる．その結果，Bethe-Goldstone 方程式は以下のようになる：

$$u(r) = s_0(r) + 4\pi \int_{r_c}^{\infty} r'^2 dr' F_0(r,r')\, v_a(r')\, u(r'), \tag{2.61}$$

$$s_0(r) = j_0(kr) - j_0(kr_c)\frac{G_0(r,r_c)}{G_0(r_c,r_c)}, \tag{2.62a}$$

$$F_0(r,r') = G_0(r,r') - \frac{G_0(r,r_c)\,G_0(r_c,r')}{G_0(r_c,r_c)}. \tag{2.62b}$$

(b) Pauli 原理と回復距離

簡単のため 2 粒子相互作用 $v(r)$ として固い芯の外に井戸型ポテンシャルが加わった形のポテンシャルをとり，2 粒子の相対運動量が $0 \leq \hbar k \leq \hbar k_F$ の範囲の種々の値に対して，Bethe-Goldstone 方程式 (2.61) の解を求める．**図 2.17** に $k = 0.6k_F$ の場合の結果が示されている．ただし Fermi 運動量は (2.15) 式と同

じく $k_F = 1.27\,\mathrm{fm}^{-1}$ とし, 芯半径は $k_F r_c = 0.62$, 井戸型ポテンシャルの半径は $k_F r_a = 3.0$, また核子の有効質量は $M^* = 0.6M$ とした. 図 2.17 において, **実線**はBethe-Goldstone 方程式による核物質中の 2 粒子散乱の相対波動関数であり, **破線**は同じ相互作用による自由空間中の 2 核子散乱の相対波動関数である. また, **点線**は自由粒子 (相互作用がないとき) の相対波動関数である. これらを比較すると, 2 粒子間の距離が相互作用の到達距離 (相互作用半径) 程度になると実線と点線がほぼ重なっ

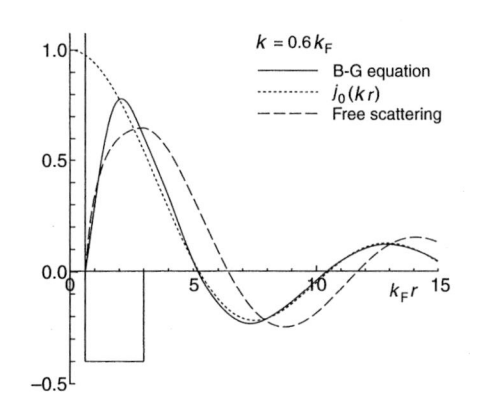

図 2.17 $k = 0.6\,k_F$ の場合の Bethe-Goldstone 方程式の解 (**実線**) と, 自由空間内の 2 粒子散乱 (**破線**) および自由粒子の相対波動関数 (**点線**) の比較

$k_F = 1.27\,\mathrm{fm}^{-1}$, 芯半径は $k_F r_c = 0.62$, 井戸型ポテンシャルの半径は $k_F r_a = 3.0$, 有効質量は $M^*/M = 0.6$ ととられている.

てしまうことがわかる. ところが破線と点線とは遠方まで重ならない. すなわちBethe-Goldstone 方程式の解は, 相互作用半径を越えるとたちまち自由粒子の相対波動関数に**回復** (heal) してしまう. この距離を**回復距離** (healing distance) と呼ぶ. 核物質中の 2 粒子散乱の相対波動関数の回復距離は相互作用半径の程度であるのに対し, 自由空間中の 2 粒子散乱の回復距離は無限大である. すなわちどこまでも回復しない. これらの性質は相対運動量 $\hbar k$ の大きさにはよらないことが確かめられている.

　自由空間内の 2 核子散乱と Bethe-Goldstone 方程式の場合とでは何が違うか. 核物質中では 2 粒子が散乱するとき, Fermi 面以下のすべての状態は他の粒子によって占められているので, 2 粒子の中間状態は Pauli 原理により必ずFermi 面より上に励起しなければならない. これが Bethe-Goldstone 方程式 (2.48) における演算子 Q_{12} の出現であり, その結果 Green 関数 (2.58) における k' についての積分範囲が $[k_F, \infty]$ となる. 自由空間内の 2 核子散乱の場合の Green 関数は, いまの場合 (2.58) 式における積分範囲を $[0, \infty]$ とすればよい. このときの Green 関数の解析的表現は容易に求めることができ, それを用いて計算したのが図 2.17 の破線である.

以上の結果をまとめると，核物質中においては2核子の相対波動関数は相互作用半径の程度の回復距離でたちまち自由粒子のそれに回復する．したがって，(2.10) 式で与えられる平均核子間距離くらい離れると，波動関数は自由粒子のそれとほとんど変わらないということになる．これがすなわち原子核において独立粒子描像が成り立つメカニズムであり，その最大の原因は Pauli 原理であるといえる．

2.3 有効相互作用

第1章殻模型で述べたように，原子核は多数の核子が核力という強い短距離相互作用によって結合した多体系であり，第0近似において核力は平均ポテンシャルを形成し，その中で核子は"独立粒子運動"を行い，その核子間に"有効相互作用"が働いて配位混合が生じ，それによって基底状態付近のさまざまな性質が説明される．

それでは，この有効相互作用は核力からどのようにして導き出せるであろうか．この道筋を論じる理論を**有効相互作用理論** (theory of effective interaction) と呼ぶ．この理論はずいぶん以前から多くの研究者によって論じられ，さまざまな形の有効相互作用理論が提案されてきた．近年に至り，この分野の研究にかなりの進展が見られ，種々の理論の間の相互関連なども明らかになってきた．しかし，それらの成果の詳細を述べるのは本書の主旨を越えると思われるので，ここでは有効相互作用理論の基本的な考え方と，前節で議論した Brueckner 理論との関連についてのみ議論することにする．[*11]

2.3.1 模型空間と有効ハミルトニアン

核子多体系の全ハミルトニアンを $H = T + V$ とする．ここでの核子多体系は無限に広がった核物質でも，あるいは有限の大きさを持った現実的な原子核でもかまわない．T は運動エネルギー，V は相互作用ハミルトニアン (すなわち核力) である．いま無摂動系として殻模型を考え，適当に選ばれた1粒子ポテンシャル U を導入する．U としては，たとえば調和振動子ポテンシャルが考

[*11]本節の議論の内容は主として次の論文に負っている．

T. T. S. Kuo, *Lecture Notes in Physics*, Vol. **144**(Springer-Verlag, 1981) p. 248.
鈴木賢二，岡本良治，日本物理学会誌，**42**(1987) 263.

えられる．全ハミルトニアン H は

$$H = H_0 + H_1, \quad H_0 = T + U, \quad H_1 = V - U \tag{2.63}$$

と書くことができる．H_0 が無摂動ハミルトニアン，H_1 が摂動ハミルトニアンである．

いま，無摂動系の固有状態 i のエネルギー固有値を ε_i，固有ベクトルを $|\psi_i\rangle$ とする．すなわち

$$H_0|\psi_i\rangle = \varepsilon_i|\psi_i\rangle \tag{2.64}$$

である．

われわれが殻模型計算 (すなわち配位混合計算) を行うのは，多粒子系の全 Hilbert 空間の中のごく限られた部分空間内である．第1章で示したように，たとえば "sd 殻" ならば調和振動子の固有値が $N = 2n + l = 2$ の空間であり，"pf 殻" ならば $N = 3$ の空間である．このような限られた部分空間内で有効相互作用を含む**模型ハミルトニアン** (model Hamiltonian) を対角化するのが配位混合であり，このような部分空間を**模型空間** (model space) と呼ぶ．

いま，ある模型空間を考える．この模型空間を P 空間と呼び，その次元数を d とする．P 空間への射影演算子

$$P = \sum_{i=1}^{d} |\psi_i\rangle\langle\psi_i| \tag{2.65}$$

を導入する．P 空間以外の空間 (補空間) を Q 空間と呼べば，Q 空間への射影演算子 Q は

$$Q = 1 - P \tag{2.66}$$

である．いうまでもなく $P^2 = P, Q^2 = Q, QP = PQ = 0$ が成り立つ．

さて，系の真のエネルギー固有値 E_α，固有ベクトル $|\Psi_\alpha\rangle$ は Schrödinger 方程式

$$H|\Psi_\alpha\rangle = E_\alpha|\Psi_\alpha\rangle \tag{2.67}$$

の解である．P 空間内で定義されるあるハミルトニアン H_eff の P 空間内における d 個のすべての固有値が，もとのハミルトニアン H の真の固有値に等しいならば，H_eff を**有効ハミルトニアン** (effective Hamiltonian) と呼ぶ．すなわち，有効ハミルトニアンとは，模型空間 (P 空間) 内の d 次元の固有値問題

$$H_\text{eff}|\phi_\alpha\rangle = E_\alpha|\phi_\alpha\rangle \tag{2.68}$$

の d 個の固有値が, Schrödinger 方程式 (2.67) の真の固有値 (の中の d 個) を与えるようなハミルトニアンである. このような有効ハミルトニアン H_{eff} が得られるならば, いま目標にしている d 個の真のエネルギー固有値を求めるためには全 Hilbert 空間を考える必要はなく, 狭い d 次元の模型空間で H_{eff} を対角化すればよいことになり, 真に精確かつ有用な "模型" が得られたことになる.

では, どのようにして有効ハミルトニアン H_{eff} が求められるであろうか.

2.3.2 エネルギーに依存する有効相互作用

ここでは有効相互作用に関係してしばしば引用される Feshbach 理論[*12] を紹介する.

もともとの Schrödinger 方程式 (2.67) の両辺に左から射影演算子 P および Q を作用させ, (2.66) 式を考慮すると

$$PHPP|\Psi_\alpha\rangle + PHQQ|\Psi_\alpha\rangle = E_\alpha P|\Psi_\alpha\rangle \tag{2.69a}$$

$$QHPP|\Psi_\alpha\rangle + QHQQ|\Psi_\alpha\rangle = E_\alpha Q|\Psi_\alpha\rangle \tag{2.69b}$$

が得られる. (2.69b) 式から

$$Q|\Psi_\alpha\rangle = \frac{1}{E_\alpha - QHQ}QHPP|\Psi_\alpha\rangle \tag{2.70}$$

が得られるので, これを (2.69a) 式に代入すると

$$\left[PHP + PHQ\frac{1}{E_\alpha - QHQ}QHP\right]P|\Psi_\alpha\rangle = E_\alpha P|\Psi_\alpha\rangle \tag{2.71}$$

となる. 左辺の括弧内の演算子は P 空間内だけで働く演算子であり, これを有効ハミルトニアン $H_{\text{eff}}(E_\alpha)$ とする. すなわち

$$H_{\text{eff}}(E_\alpha) = PHP + PHQ\frac{1}{E_\alpha - QHQ}QHP \tag{2.72}$$

とすると, (2.71) 式は

$$H_{\text{eff}}(E_\alpha)P|\Psi_\alpha\rangle = E_\alpha P|\Psi_\alpha\rangle \tag{2.73}$$

となる. さらに, $H = H_0 + H_1$ であり, 射影演算子 P および Q は H_0 の固有状態で定義されているので, P および Q は H_0 と交換可能である. したがっ

[*12] H. Feshbach, Ann. Phys. **19**(1962) 287.

て，H_eff は次のように書きかえることができる：

$$H_\text{eff}(E_\alpha) = PH_0P + V_\text{eff}(E_\alpha), \tag{2.74a}$$

$$V_\text{eff}(E_\alpha) = PH_1P + PH_1Q\frac{1}{E_\alpha - QHQ}QH_1P. \tag{2.74b}$$

これらの式を一見すると，ここで得られた (2.74a) 式の $H_\text{eff}(E_\alpha)$ が 2.3.1 で提唱した有効ハミルトニアンであり，(2.74b) 式の $V_\text{eff}(E_\alpha)$ がまさに求めるべき有効相互作用であるかのように見える．確かに固有値方程式 (2.73) は P 空間のそれのように見え，その固有値は真の固有値を与えるはずである．しかしこれは外見的にそのように見えるだけで，ここで得られた "有効ハミルトニアン" $H_\text{eff}(E_\alpha)$ は 2.3.1 で提唱された有効ハミルトニアンとは本質的に異なるものである．なぜならば，(2.74) 式の $H_\text{eff}(E_\alpha)$ には最終的に解くべきエネルギー固有値が入っているからである．$H_\text{eff}(E_\alpha)$ がエネルギー固有値 E_α の関数になっているので，P 空間内の固有値方程式のように見える (2.73) 式は，d 次元の固有値方程式 (2.68) とは異なるものある．(2.73) 式はもともとの Schrödinger 方程式 (2.67) を変形しただけで，実際には同等な方程式であり，無限次元の全 Hilbert 空間においてはじめて解くことのできる方程式であり，d 次元の P 空間内のみで解くことはできない．

2.3.3　エネルギーに依存しない有効相互作用

上述のようなエネルギーに依存した有効相互作用でなく，模型空間以外の Q 空間の効果を完全にくり込んだ，真に P 空間内のみでその固有値問題を解くことができるような有効相互作用は，どのように導かれるであろうか．これが本節の主題である．

全ハミルトニアン H の真の固有状態 $|\Psi_\alpha\rangle$ の P 空間成分を $|\phi_\alpha\rangle$ とする．すなわち，$|\phi_\alpha\rangle = P|\Psi_\alpha\rangle$ である．また，$|\Psi_\alpha\rangle$ の Q 空間成分 $Q|\Psi_\alpha\rangle$ は P 空間成分 $|\phi_\alpha\rangle$ に演算子 ω を作用させることにより得られるものとする．すなわち

$$Q|\Psi_\alpha\rangle = \omega|\phi_\alpha\rangle \tag{2.75}$$

とする．d 個の P 空間成分 $\{|\phi_\alpha\rangle;\ \alpha = 1, 2, \ldots, d\}$ は互いに直交するとは限らない．ケット・ベクトルの組 $\{|\phi_\alpha\rangle\}$ に対し，ブラ・ベクトルの組 $\{\langle\widetilde{\phi}_\alpha|;\ \alpha = 1, 2, \ldots, d\}$ を導入し，$\langle\widetilde{\phi}_\alpha|\phi_\beta\rangle = \delta_{\alpha\beta}$ をみたすように**双直交系** (biorthogonal system) を導入することができる．この双直交系を使えば，P 空間への射影演算子 P は

$$P = \sum_{\alpha=1}^{d} |\phi_\alpha\rangle\langle\widetilde{\phi}_\alpha| \qquad (2.76)$$

と表されるので，(2.75) 式における ω は

$$\omega = \sum_{\alpha=1}^{d} Q|\Psi_\alpha\rangle\langle\widetilde{\phi}_\alpha|P \qquad (2.77)$$

と書かれる．ω は P 空間の成分を Q 空間の成分に変換する演算子であるから，

$$\omega = Q\omega P \qquad (2.78)$$

の性質を持つ．$PQ = 0$ であるから，$\omega^2 = 0$ をみたす．

さて ω の従う方程式を求めよう．ω の定義式 (2.75) から容易にわかるように，全空間における固有状態は $|\Psi_\alpha\rangle = (P+\omega)|\phi_\alpha\rangle$ である．したがって，もともとの Schrödinger 方程式 (2.67) は

$$H(P+\omega)|\phi_\alpha\rangle = E_\alpha(P+\omega)|\phi_\alpha\rangle \qquad (2.79)$$

と書くことができる．両辺に左から $(Q-\omega)$ を作用させると，$(Q-\omega)(P+\omega) = 0$ であるから α のいかんにかかわらず右辺は 0 である．ゆえに

$$QHP + QHQ\omega - \omega PHP - \omega PHQ\omega = 0 \qquad (2.80)$$

が得られる．この方程式を解けば ω を決定することができる．

固有値方程式 (2.79) の両辺へ左から P を作用させると，P 空間における固有値方程式

$$PH(P+\omega)|\phi_\alpha\rangle = E_\alpha|\phi_\alpha\rangle \qquad (2.81)$$

が得られる．これこそまさに 2.3.1 で提唱した d 次元の模型空間における固有値方程式 (2.68) であり，したがって

$$H_{\text{eff}} = PH(P+\omega) \qquad (2.82)$$

が有効ハミルトニアンである．[*13]

[*13] 模型空間における固有値方程式 (2.68) に導く有効ハミルトニアンは (2.82) が唯一ではない．演算子 ω を用いて表される有効ハミルトニアンは，一般に

$$H_{\text{eff}}(m) = (P+\omega^\dagger\omega)^{-m} PH(P+\omega)(P+\omega^\dagger\omega)^m \qquad (2.83)$$

と書かれる：K. Suzuki and R. Okamoto, Prog. Theor. Phys. **71**(1984) 1221. 最も簡単な $m = 0$ の場合が (2.82) 式である．

(a) 有効相互作用の摂動展開と $\widehat{Q}$ ボックス

(2.81) 式で示したように，系の全ハミルトニアンが $H = H_0 + H_1$ と表されるものとする．H_0 が無摂動項，H_1 が摂動ハミルトニアンである．P 空間内での H_0 の固有値 $\varepsilon_i \, (i=1,\ldots,d)$ はすべて縮退しているものとし，その値を E_0 とする．たとえば，H_0 が調和振動子ハミルトニアンで，P 空間を構成する固有状態の主量子数が一定の N に限定されている場合はこの条件に当てはまる．しかし一般にはそのようにはならないので，$\varepsilon_i \, (i=1,\ldots,d)$ の平均値を E_0 とし，この平均値からの差は摂動項 H_1 に入れることにする．したがって

$$PH_0P = E_0 P \tag{2.84}$$

と考えてよい．

さて有効ハミルトニアン (2.82) を 2 つの部分に分けて有効相互作用 V_eff を

$$H_\text{eff} = PH_0P + V_\text{eff}, \quad V_\text{eff} = PH_1P + PH_1\omega P \tag{2.85}$$

と定義する．有効相互作用 V_eff の摂動展開を求めるために，演算子

$$\widehat{Q}(\varepsilon) = PH_1P + PH_1Q\frac{1}{\varepsilon - QHQ}QH_1P \tag{2.86}$$

を導入する．この演算子 $\widehat{Q}(\varepsilon)$ はしばしば $\widehat{Q}$ ボックス ($\widehat{Q}$-box) と呼ばれる．(2.36) の公式を用いれば，$\widehat{Q}$ ボックスは

$$\widehat{Q}(\varepsilon) = PH_1P + PH_1\frac{Q}{e}H_1P + PH_1\frac{Q}{e}H_1\frac{Q}{e}H_1P + \cdots \tag{2.87}$$

と摂動展開できる．ただし

$$\frac{Q}{e} = \frac{Q}{\varepsilon - QH_0Q} \tag{2.88}$$

である．(2.80) 式と (2.85) 式とを使って ω を消去すると，有効相互作用 V_eff は $\widehat{Q}$ ボックスを用いて

$$V_\text{eff} = \widehat{Q}(E_0) + \sum_{m=1}^{\infty} \widehat{Q}_m(E_0)(V_\text{eff})^m, \tag{2.89a}$$

$$\widehat{Q}_m(E_0) = \left[\frac{1}{m!}\frac{d^m \widehat{Q}}{d\varepsilon^m}\right]_{\varepsilon = E_0} \tag{2.89b}$$

と書かれる.*14 (2.89a) 式を逐次代入することによって，V_{eff} の展開公式

$$V_{\text{eff}} = \widehat{Q} + \widehat{Q}_1\widehat{Q} + \widehat{Q}_2\widehat{Q}\widehat{Q} + \widehat{Q}_1\widehat{Q}_1\widehat{Q} + \cdots \qquad (2.90)$$

が得られる.

表式 (2.89) から明らかなように，$\widehat{Q}$ ボックスさえ計算できるならば，その微係数を数値的に計算することによって有効相互作用 V_{eff} が求められる．また (2.86) 式と (2.45) 式とを比べると，$\widehat{Q}$ ボックスが Brueckner 理論における G 行列とほとんど同様な構造を持っていることがわかる．したがって，摂動項 H' に固い芯 (hard core) のような特異的な相互作用を含む場合でも，$\widehat{Q}$ ボックスは発散しない量であると考えられる．

(2.90) 式の V_{eff} によりエネルギーに依存しない有効相互作用が得られた．この V_{eff} は模型空間の無摂動エネルギー E_0 に依存するが，これは模型空間の属性であり，模型空間を選べばきまるものであるから，(2.74) 式のような意味でのエネルギー依存ではない．有効相互作用は模型空間をどのようにとるかによるのは当然であり，模型空間の属性であるところの E_0 に依存するのは自然なことである．

殻模型などで用いられる有効相互作用はエルミートであることを仮定するのが通例である．しかし，ここで得られた有効相互作用 (2.89) あるいは (2.90) は厳密にはエルミートではない．しかし，たとえば (2.83) 式において $m = -1/2$ とすれば，$\widehat{Q}$ ボックスおよびその微係数を用いてエルミートな有効相互作用を作ることは可能である．ここではこれ以上の詳細は割愛する．

(b) Brueckner 理論との関連

2.2.3 で述べた Brueckner 理論は，核力という強い斥力芯を持つきわめて特異的な力で相互作用している核物質の基底状態の結合エネルギーを求めることを目的としていた．Brueckner 理論は有限の広がりを持った現実的な原子核，たとえば ^{16}O や ^{40}Ca のような閉殻核に適用することもできる．Brueckner 理論は結合エネルギーのみならず，基底状態および励起状態における 2 核子相関を反応行列 (G 行列) の形で求めることができる．また，核子が基底状態におけ

---

*14 J. des Cloizeaux, Nucl. Phys. **20**(1960) 321.
 B. H. Brandow, Rev. Mod. Phys. **39**(1967) 771.

る他の核子から受ける平均ポテンシャルも同時に求められる．その意味では G 行列はこれらの系における 2 核子間の "有効相互作用" である．

この Brueckner 理論と本節における有効相互作用理論との関連について述べておこう．両者の根本的な違いは，考えている "模型空間" にある．それは模型空間 (P 空間) への射影演算子 P を見れば容易にわかる．Brueckner 理論における射影演算子 P は (2.26) 式で定義されている．したがってこの場合 P 空間は <u>1 次元</u> である．一方，本節の有効相互作用理論では，射影演算子 P は (2.65) 式で定義されていて，P 空間は <u>d 次元</u> である．

いまたとえば ^{16}O を考えよう．無摂動ハミルトニアン H_0 の基底状態 $|\Phi_0\rangle$ は，0s$^{1/2}$, 0p$^{1/2}$, および 0p$^{3/2}$ の準位に 8 個の陽子と 8 個の中性子を完全に詰めた 2 重閉殻状態である．この場合の射影演算子は $P = |\Phi_0\rangle\langle\Phi_0|$ であり，P 空間は 1 次元，すなわち $d = 1$ である．このとき (2.90) 式で与えられる有効相互作用 $V_{\rm eff}$ は，Brueckner 理論で求めたエネルギー・シフト ΔE にほかならない．したがってこのときの $V_{\rm eff}$ は Goldstone の連結クラスター展開 (2.33) で計算することができ，Brueckner 理論と本節の有効相互作用理論とは完全に同一内容となる．

別の例として ^{18}O を考えよう．この系は ^{16}O の 2 重閉殻の外に 2 個の中性子が加わり，これらは 1s$^{1/2}$, 0d$^{3/2}$, および 0d$^{5/2}$ の準位からなるいわゆる sd 殻に入るものと考えられる．これらの 3 つの 1 粒子準位が縮退しているものとする．この場合 2 個の中性子の独立な状態 (すなわち H_0 の固有状態) は 14 個存在する．これらの縮退した 14 の状態からなる空間がこの場合の模型空間 (P 空間) となり，有効相互作用 $V_{\rm eff}$ は 14×14 行列となる．このようにして得られた有効相互作用を用いて配位混合計算を行えば，^{18}O の基底状態および励起状態が計算できるわけである．

2.2.3 で述べたように，Brueckner 理論はすべてを (2.45) 式の G 行列で書き表すことができた．しかし $d > 1$ の場合の有効相互作用の計算では，$d = 1$ の Brueckner 理論には生じない困難が発生する．それは無摂動状態に縮退があることによる．すなわち，(2.90) 式の $V_{\rm eff}$ を評価するとき，その高次の項において，摂動展開の中間状態でプロパゲータのエネルギー分母 $E_0 - QH_0Q$ が 0 になる場合があることによる．そのような項は，図 **2.18** の **(b)** のように粒子の

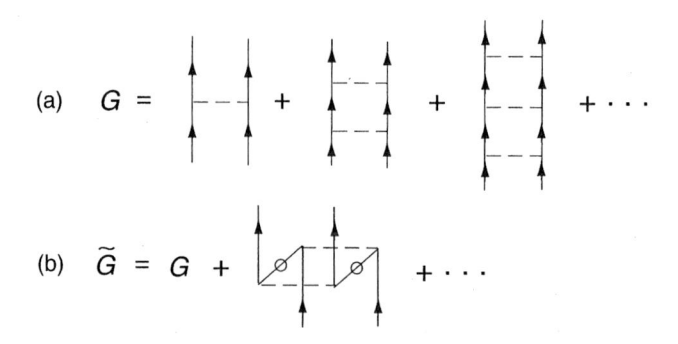

図 2.18 折れ線ダイアグラムを考慮した G 行列
水平な破線は核力を表す.
(a) は Brueckner 理論における G 行列で, はしご型ダイアグラムのみで構成される.
(b) は (a) の G 行列に折れ線ダイアグラムが無限次までくり込まれている. ○印の線は P 空間に属する 1 粒子状態である.

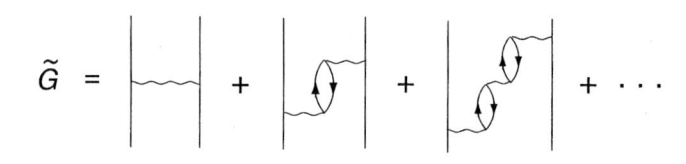

図 2.19 Brueckner 理論における G 行列を核内の 2 核子間の有効相互作用 $\tilde{G}$ の第 1 近似としたとき, 有効相互作用 $\tilde{G}$ を構成するダイアグラム
波線は G を表す. ここでは折れ線ダイアグラムの項はまったく無視されている.

線を折り曲げた**折れ線ダイアグラム** (folded diagram)[*15] で置き換えることによって計算できることが明らかになり, 原理的な問題は解決された. 現在では折れ線ダイアグラムに関する規則も確立され, Brueckner 理論の 1 つの主柱であった Goldstone の連結クラスター展開の定理がここでも同様に成り立つことが明らかになった. これらについての詳細は, あまりにも専門的になるので割愛する.

さて ^{18}O の場合のようにオープン殻に 2 核子がある場合の有効相互作用に

[*15] B. H. Brandow, Rev. Mod. Phys. **39**(1967) 771.
M. B. Johnson and M. Baranger, Ann. Phys. **62**(1971) 172.
T. T. S. Kuo, S. Y. Lee and K. F. Ratcliff, Nucl. Phys. **A176**(1971) 65.

おいて，折れ線ダイアグラムの項を無視すれば，核内2核子間の有効相互作用の第1近似は Brueckner 理論の G 行列で表される．図 **2.15** で示したように，Brueckner 理論における相互作用エネルギー (エネルギー・シフト) ΔE の主要部分は G 行列による1次のダイアグラムであった．ゆえに G 行列が有効相互作用の第1近似であると考えられる．しかし，図 **2.15** における3次以上の効果も無視することはできない．したがって，これら高次の効果を取り入れた核内有効相互作用 $\widetilde{G}$ は，図 **2.19** のようなダイアグラムの和で表されることになる．この $\widetilde{G}$ の行列要素を G について2次まで取り入れて数値計算し，これが sd 殻核に共通した近似的な有効相互作用であると考えて配位混合計算に用いたものが 1.3.2 で示した結果である (図 **1.6**– 図 **1.11** における "Kuo" という表示のあるデータ)．これらの結果を見ると，折れ線ダイアグラムの効果を無視したり，かなり荒っぽい近似をしているにもかかわらず，実験値をわりあいよく再現していることがわかり，有効相互作用理論の信頼性と有効性が確立されつつあることを示している．今後，このような分析がより広い範囲で，より精密に行われることが望まれる．

3
集 団 運 動

原子核には2つの顔がある．

1つは第1章で学んだ**殻模型**の顔である．この模型は，原子核内の核子間の相互作用が第0近似として平均ポテンシャルを作り，このポテンシャルの中を核子が独立に1粒子運動を行うという"独立粒子描像"である．この考えに基づく jj 結合殻模型によって，数多くの原子核の基底状態のスピンや低励起状態の性質を説明することができた．

他の1つは"集団運動的描像"あるいは"強結合的描像"である．第2章でふれた原子核を水滴になぞらえた**液滴模型**はその典型の1つである．この模型は，核内核子が独立粒子運動ではなく，核子間の相関が比較的強く，全体として歩調を合わせた運動を行うという考えに基づいている．液滴模型は原子核の質量(結合エネルギー)を大局的によく説明することができる Weizsäcker-Bethe の質量公式の基礎となっている．また，この考え方は**核分裂** (nuclear fission) を説明するための模型として，jj 結合殻模型の提唱より以前から検討され，成功をおさめている．[*1]

これら2つの顔は，一見互いに矛盾しているように見える．この矛盾を解決し，これらの2つの"描像"をいかに統一して理解し**統一模型** (unified model) に到達するかということ，またその微視的構造ならびにその発展を学ぶことが本章の目標である．

3.1 球形液滴の表面振動

上に述べたように液滴模型が原子核構造の1側面を表しているとするならば，当然その"液滴"の振動運動という**集団運動** (collective motion) が考えられる．この集団運動がどのように定式化され，それが現実の原子核でどのように観測

[*1] N. Bohr and J. A. Wheeler, Phys. Rev. **56**(1939) 426.

されるかが第1に検討されなければならない課題である.*2

3.1.1 表面振動の古典論

原子核を密度が一定のほぼ球形の液滴と考えよう．原子核の中心を座標原点とし，原子核の表面を中心からの距離 $R(\theta,\varphi)$ で表すことにする．$R(\theta,\varphi)$ を球面調和関数で展開すると

$$R(\theta,\varphi) = R_0 \left[1 + \sum_{\lambda,\mu} \alpha^*_{\lambda\mu} Y_{\lambda\mu}(\theta,\varphi)\right] \tag{3.1}$$

と表すことができる．*3 R_0 は原子核が球形の場合の半径であり，右辺の括弧内の第2項が球形からの"ずれ"，すなわち変形を表す．したがって，$\alpha_{\lambda\mu}$ が変形の度合いを表し，これが時間とともに変化し，振動することによって液滴の**表面振動** (surface vibration) を表すことになる．つまり $\alpha_{\lambda\mu}$ が原子核の表面振動という集団運動を記述する**集団座標** (collective coordinates) である．

$R(\theta,\varphi)$ は実数であり，また $Y^*_{\lambda\mu}(\theta,\varphi) = (-1)^\mu Y_{\lambda-\mu}(\theta,\varphi)$ であるから，

$$\alpha^*_{\lambda\mu} = (-1)^\mu \alpha_{\lambda-\mu} \tag{3.2}$$

が得られる．さらに $R(\theta,\varphi)$ は座標系の回転に対してスカラー量でなければならない．したがって，$\alpha_{\lambda\mu}$ は $Y_{\lambda\mu}(\theta,\varphi)$ と同じ変換性を持たなければならない．すなわち $\alpha_{\lambda\mu}$ は λ 階の**既約球面テンソル** (irreducible spherical tensor) である.

原子核の表面を (3.1) 式で表したときの変形 (振動運動) の型が $\lambda = 0, 1, 2, 3$ の場合に分けて図 **3.1** に示されている．$\lambda = 0$ の場合は球形を保ったまま半径が収縮・膨張する変形であるから，密度が一定 (非圧縮性) の条件のもとではこの型の振動は起きない．原子核は厳密には非圧縮性ではないので**呼吸モード** (breathing mode) と呼ばれるこの型の振動運動が考えられるが，励起エネルギーが高いので当面考えなくてもよい．$\lambda = 1$ の場合は球形を保ったままの重心の平行移動を表すので，重心静止の条件下では考えなくてもよい．したがって，実際に問題となる振動運動は $\lambda \geq 2$ のモードである．通常最もエネルギーの低い振動運動は $\lambda = 2$ の **4重極振動** (quadrupole vibration) であり，次に重要なものが $\lambda = 3$ の **8重極振動** (octupole vibration) である.

---

*2 早い時期に，原子核の液滴模型の集団運動は次の論文で検討された：S. Flügge, Ann. Physik, **39**(1941) 373.

*3 以下の集団運動の記述に関し，その多くを原子核理論の分野での最重要論文の1つ A. Bohr, Mat. Fis. Medd. Dan. Vid. Selsk., **26**(1952) No. 14 に負っている．

3.1 球形液滴の表面振動

$\lambda = 0$	$\lambda = 1$	$\lambda = 2$	$\lambda = 3$

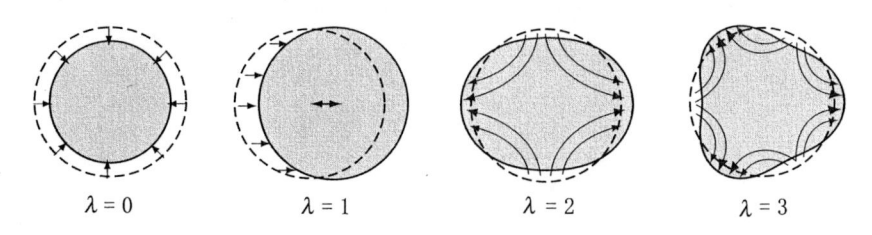

図 3.1 液滴の表面を (3.1) 式で表したときの変形 (振動運動) の型
$\lambda = 0$ は球形を保ったまま半径が収縮・膨張する．$\lambda = 1$ は球形のまま重心が平行移動する．$\lambda = 2$ は楕円体型の変形であり，$\lambda = 3$ は "おむすび" 型の変形である．図中の矢印の細線は，核物質が渦なし流体と考えたときのその移動のようすを示している．

これら液滴の表面振動が微小振動であるとしよう．すなわち $\alpha_{\lambda\mu}$ および $\dot{\alpha}_{\lambda\mu}$ が微小量であるとする．表面振動の運動エネルギー T は核の変形の速度の2次形式で表されるであろう．ゆえに $\dot{\alpha}_{\lambda\mu}$ の2次形式になると考えられる．またポテンシャル・エネルギー V は変形によるエネルギーの変化分で与えられ，これを微小量 $\alpha_{\lambda\mu}$ のべき級数に展開し，2次までとることにする．振動運動の運動エネルギー T, およびポテンシャル・エネルギー V は，座標回転に対してスカラーでなければならないから

$$T = \frac{1}{2}\sum_{\lambda,\mu} B_\lambda |\dot{\alpha}_{\lambda\mu}|^2, \qquad V = \frac{1}{2}\sum_{\lambda,\mu} C_\lambda |\alpha_{\lambda\mu}|^2 \tag{3.3}$$

と表されるはずである．したがって，液滴の表面振動は調和振動子の集まりと同等である．それぞれの振動子の固有振動数 ω_λ は，**質量パラメーター** (mass parameter) B_λ と**弾性パラメーター** (elasticity parameter) C_λ とで与えられ，

$$\omega_\lambda = \sqrt{\frac{C_\lambda}{B_\lambda}} \tag{3.4}$$

となる．

(a) 質量パラメーター

質量パラメーター B_λ は "液滴" を構成する核子群がどのように運動するかに依存してきまる量である．もっとつきつめていえば，最終的には核子間の相互作用によってきまるべき量であるが，この観点から理論的に求めるのは容易ではない．そこで "液滴" を構成する流体が非圧縮性で粘性がないものとし，

"渦なし" (irrotational) の運動を考え，B_λ を見積もることにする．流体の密度を ρ, 流体内のある 1 点 $\boldsymbol{r} = (r, \theta, \varphi)$ における流れの速度を $\boldsymbol{v}$ とすると，連続の方程式

$$\frac{\partial \rho}{\partial t} + \mathrm{div}(\rho \boldsymbol{v}) = 0 \tag{3.5}$$

が成り立つ．$\rho =$ 一定 であるから，

$$\mathrm{div}\, \boldsymbol{v} = 0 \tag{3.6}$$

である．流体力学によれば，$\boldsymbol{v}$ は速度ポテンシャル (velocity potential) と呼ばれるスカラー関数 $\Phi(r, \theta, \varphi)$ によって

$$\boldsymbol{v} = -\boldsymbol{\nabla} \Phi \tag{3.7}$$

と表され，Φ は Laplace 方程式

$$\boldsymbol{\nabla}^2 \Phi = 0 \tag{3.8}$$

をみたす．原点で正則な Laplace 方程式の解は，一般に

$$\Phi(\boldsymbol{r}) = \sum_{\lambda, \mu} \beta^*_{\lambda\mu} r^\lambda Y_{\lambda\mu}(\theta, \varphi) \tag{3.9}$$

と表されるが，液滴が球形になった瞬間の，表面における速度 $\boldsymbol{v}$ の表面に垂直な成分は，$R(\theta, \varphi)$ の時間微分に等しいから，

$$\frac{\partial R(\theta, \varphi)}{\partial t} = [v_r]_{r=R_0} = -\left[\frac{\partial \Phi}{\partial r}\right]_{r=R_0}$$

となり，これに (3.1) 式と (3.9) 式を代入すると，$\beta^*_{\lambda\mu}$ と $\alpha^*_{\lambda\mu}$ の関係式

$$\beta^*_{\lambda\mu} = -\frac{1}{\lambda} R_0^{2-\lambda} \dot{\alpha}^*_{\lambda\mu}$$

が得られる．これを (3.9) 式に代入すると，速度ポテンシャル Φ は

$$\Phi(\boldsymbol{r}) = -R_0^2 \sum_{\lambda, \mu} \frac{1}{\lambda} \dot{\alpha}^*_{\lambda\mu} \left(\frac{r}{R_0}\right)^\lambda Y_{\lambda\mu}(\theta, \varphi) \tag{3.10}$$

となる．

さて，流体全体の運動エネルギー T は

$$T = \frac{1}{2}\rho \int \boldsymbol{v}^2 d\boldsymbol{r} = \frac{1}{2}\rho \int |\boldsymbol{\nabla}\Phi|^2 d\boldsymbol{r}$$
$$= \frac{1}{2}\rho \iiint \left[\left(\frac{\partial \Phi}{\partial r}\right)^2 + \frac{1}{r^2}\left(\frac{\partial \Phi}{\partial \theta}\right)^2 + \frac{1}{r^2 \sin^2\theta}\left(\frac{\partial \Phi}{\partial \varphi}\right)^2 \right] r^2 \sin\theta\, dr d\theta d\varphi \tag{3.11}$$

である．これに (3.10) 式を代入して積分を遂行する．$\dot{\alpha}_{\lambda\mu}$ が微小量であるとすると，結果は

$$T = \frac{1}{2}\sum_{\lambda,\mu} B_\lambda |\dot{\alpha}_{\lambda\mu}|^2, \qquad B_\lambda = \frac{1}{\lambda}\rho R_0^5 \tag{3.12}$$

となり，渦なし流体の場合の質量パラメーターが得られたことになる．

(b) ポテンシャル・エネルギー

次にポテンシャル・エネルギー V における弾性パラメーター C_λ について検討しよう．V は変形によるエネルギーの変化分から導かれ，2つの由来が考えられる．1つは変形により液滴の表面積が変化し，これによる表面エネルギーの変化であり，もう1つは変形による Coulomb エネルギーの変化である．

まず表面エネルギーを考える．一般に $r = R(\theta, \varphi)$ で表される曲面の表面積 S は

$$S = \iint \sqrt{R^2 \sin^2\theta + \sin^2\theta \left(\frac{\partial R}{\partial \theta}\right)^2 + \left(\frac{\partial R}{\partial \varphi}\right)^2}\, R d\theta d\varphi \tag{3.13}$$

で与えられる．$R(\theta, \varphi) = R_0 + \zeta(\theta, \varphi)$ とし，変形分 $\zeta(\theta, \varphi)$ が小さいとして (3.13) 式の中の平方根を展開し，2次の項までとる．さらに体積不変の条件

$$\iint [R_0 + \zeta(\theta, \varphi)]^3 \sin\theta d\theta d\varphi = \iint R_0^3 \sin\theta d\theta d\varphi$$

から，ζ/R_0 の2次までとると，

$$R_0 \iint \zeta(\theta, \varphi) \sin\theta d\theta d\varphi = -\iint \zeta^2(\theta, \varphi) \sin\theta d\theta d\varphi \tag{3.14}$$

が得られる．これらの結果を用いると，球形から変形したことによる表面積の増加分 ΔS は

$$\Delta S = \iint \left[-\zeta^2 + \frac{1}{2}\left(\frac{\partial \zeta}{\partial \theta}\right)^2 + \frac{1}{2\sin^2\theta}\left(\frac{\partial \zeta}{\partial \varphi}\right)^2 \right] \sin\theta\, d\theta d\varphi \tag{3.15}$$

となる.

$$\zeta(\theta,\varphi) = R_0 \sum_{\lambda,\mu} \alpha^*_{\lambda\mu} Y_{\lambda\mu}(\theta,\varphi) \tag{3.16}$$

を (3.15) 式に代入し, θ, φ に関する少し面倒な積分を遂行すると, 結果は

$$\Delta S = \frac{1}{2} R_0^2 \sum_{\lambda,\mu} (\lambda-1)(\lambda+2)|\alpha_{\lambda\mu}|^2 \tag{3.17}$$

となる. 単位面積あたりの表面張力 σ を ΔS に掛けたものが変形による表面エネルギーの増加分 ΔV_S である. 表面張力 σ は Weizsäcker-Bethe の質量公式 (2.7) の中の表面エネルギーの項から求めることができる. すなわち, 半径 R_0 の球面の表面エネルギー $4\pi R_0^2 \sigma$ が質量公式 (2.7) の中の表面エネルギー $C_S A^{2/3}$ に等しいはずであるから, 核半径として (2.5) 式の R_0 を用いれば,

$$\sigma \approx 0.055\, C_S\, \mathrm{fm}^{-2}, \quad C_S \approx 17.2\,\mathrm{MeV} \tag{3.18}$$

となる.

さらに変形による Coulomb エネルギーの変化を検討しよう. 荷電密度を $\rho_e(\boldsymbol{r})$ とし, それによる静電ポテンシャルを $u(\boldsymbol{r})$ とすると, Coulomb エネルギーは

$$V_C = \frac{1}{2}\int \rho_e(\boldsymbol{r})u(\boldsymbol{r})d\boldsymbol{r}, \quad u(\boldsymbol{r}) = \int \frac{\rho_e(\boldsymbol{r}')}{|\boldsymbol{r}-\boldsymbol{r}'|}d\boldsymbol{r}' \tag{3.19}$$

で与えられる. 液滴内部では荷電密度は一定で

$$\rho_0 = \frac{Ze}{(4\pi/3)R_0^3} = \frac{3Ze}{4\pi R_0^3} \tag{3.20}$$

であるとし, 外部では 0 とする. 表面エネルギーの時と同様に, $R(\theta,\varphi) = R_0 + \zeta(\theta,\varphi)$ とすれば, 変形による Coulomb エネルギーの増加分 ΔV_C は

$$\Delta V_C = \frac{1}{2}\rho_0 \iint \sin\theta d\theta d\varphi \int_{R_0}^{R_0+\zeta(\theta,\varphi)} u(r,\theta,\varphi)r^2 dr \tag{3.21}$$

と書かれる. $u(r,\theta,\varphi)$ を球面調和関数で展開し, 体積一定の条件式 (3.14) を併用し, やや面倒な積分計算を行って

$$\Delta V_C = -\frac{3Z^2 e^2}{4\pi R_0}\sum_{\lambda,\mu}\frac{\lambda-1}{2\lambda+1}|\alpha_{\lambda\mu}|^2 \tag{3.22}$$

を得る.

以上をまとめて，変形による表面エネルギーと Coulomb エネルギーの増加分の和 $\Delta V_S + \Delta V_C$ が (3.3) 式のポテンシャル・エネルギーであると考えられるので，弾性パラメーター C_λ は

$$C_\lambda = (\lambda-1)(\lambda+2)R_0^2 \sigma - \frac{3}{2\pi}\frac{\lambda-1}{2\lambda+1}\frac{Z^2 e^2}{R_0} \tag{3.23}$$

となる．

(c) 角運動量

液滴表面の振動運動は図 **3.1** に示したように，液滴内の流体 (核子) の集団的な流れであるから，それらは当然角運動量を持つはずである．ここで表面振動の持つ角運動量 $\boldsymbol{L} = (L_x, L_y, L_z)$ を求めることにしよう．ρ を液滴内の核物質の一定な密度とすれば，$\boldsymbol{L}$ は

$$\boldsymbol{L} = \rho \int [\boldsymbol{r} \times \boldsymbol{v}(\boldsymbol{r})]d\boldsymbol{r} = -\rho \int [\boldsymbol{r} \times \boldsymbol{\nabla}\Phi(\boldsymbol{r})]d\boldsymbol{r} \tag{3.24}$$

で与えられる．L_x, L_y の 2 つの成分の代わりに $L_\pm = L_x \pm iL_y$ を使い，それぞれを極座標で表すと，

$$L_+ = -\rho \int \left(i\frac{\partial \Phi}{\partial \theta} - \cot\varphi \frac{\partial \Phi}{\partial \varphi}\right)e^{i\varphi}d\boldsymbol{r}, \tag{3.25a}$$

$$L_- = -\rho \int \left(-i\frac{\partial \Phi}{\partial \theta} - \cot\varphi \frac{\partial \Phi}{\partial \varphi}\right)e^{-i\varphi}d\boldsymbol{r}, \tag{3.25b}$$

$$L_z = -\rho \int \frac{\partial \Phi}{\partial \varphi}d\boldsymbol{r} \tag{3.25c}$$

となる．(3.10) 式を使い，液滴表面を $R(\theta,\varphi) = R_0 + \zeta(\theta,\varphi)$ として (3.16) 式を用いれば，たとえば L_+ は

$$L_+ = i\rho R_0^2 \sum_{\lambda,\mu} \frac{1}{\lambda}\dot{\alpha}_{\lambda\mu}^* \int \left(\frac{\partial Y_{\lambda\mu}}{\partial \theta} - \mu\cot\theta\, Y_{\lambda\mu}\right)e^{i\varphi}d\Omega \int_0^{R(\theta,\varphi)}\left(\frac{r}{R_0}\right)^\lambda r^2 dr \tag{3.26}$$

となる．ただし $d\Omega = \sin\theta d\theta d\varphi$ である．右辺の第 2 番目の積分の範囲を $[0, R_0]$ と $[R_0, R_0+\zeta]$ の部分に分ける．すなわち

$$\int_0^{R(\theta,\varphi)} = \int_0^{R_0} + \int_{R_0}^{R_0+\zeta(\theta,\varphi)}$$

とすると, $[0, R_0]$ の部分の積分は θ, φ によらないので, (3.26) 式における最初の θ, φ についての積分が 0 となり, $[R_0, R_0 + \zeta]$ の部分のみを考えればよい. 変形 ζ が十分小さいとすれば, この部分の積分は

$$\int_{R_0}^{R_0+\zeta(\theta,\varphi)} \left(\frac{r}{R_0}\right)^\lambda r^2 dr = \zeta(\theta,\varphi) R_0^2$$

と考えてよいだろう. したがって

$$L_+ = -i\rho R_0^4 \sum_{\lambda,\mu} \frac{1}{\lambda} \dot{\alpha}_{\lambda\mu}^* \int d\Omega \left(-\frac{\partial Y_{\lambda\mu}}{\partial \theta} + \mu \cot\theta\, Y_{\lambda\mu}\right) e^{i\varphi} \zeta(\theta,\varphi) \quad (3.27)$$

が得られる. これに (3.16) 式を代入し, よく知られた式

$$\left(-\frac{\partial}{\partial\theta} + \mu\cot\theta\right) Y_{\lambda\mu} = \sqrt{(\lambda-\mu)(\lambda+\mu+1)}\, e^{-i\varphi} Y_{\lambda\mu+1} \quad (3.28)$$

を使えば角度積分は容易である. L_- や L_z も同様にして計算することができる. 結果をまとめると

$$L_+ = -i\rho R_0^5 \sum_{\lambda,\mu} \frac{1}{\lambda} \sqrt{(\lambda-\mu)(\lambda+\mu+1)}\, \alpha_{\lambda\mu+1} \dot{\alpha}_{\lambda\mu}^* \quad (3.29\text{a})$$

$$L_- = -i\rho R_0^5 \sum_{\lambda,\mu} \frac{1}{\lambda} \sqrt{(\lambda+\mu)(\lambda-\mu+1)}\, \alpha_{\lambda\mu-1} \dot{\alpha}_{\lambda\mu}^* \quad (3.29\text{b})$$

$$L_z = i\rho R_0^5 \sum_{\lambda,\mu} \frac{1}{\lambda} \mu\, \alpha_{\lambda\mu} \dot{\alpha}_{\lambda\mu}^* \quad (3.29\text{c})$$

となる.

ここで後の都合のため, 集団座標 $\alpha_{\lambda\mu}$ に共役な**正準運動量** (canonical momentum) $\pi_{\lambda\mu}$ を導入する. $\pi_{\lambda\mu}$ は

$$\pi_{\lambda\mu} = \frac{\partial(T-V)}{\partial \dot{\alpha}_{\lambda\mu}} = B_\lambda \dot{\alpha}_{\lambda\mu}^* = B_\lambda (-1)^\mu \dot{\alpha}_{\lambda-\mu} \quad (3.30)$$

で定義される. これを用いれば, 液滴の表面振動の Hamilton 関数は

$$H = \sum_{\lambda,\mu} \left(\frac{1}{2B_\lambda} |\pi_{\lambda\mu}|^2 + \frac{1}{2} C_\lambda |\alpha_{\lambda\mu}|^2\right) \quad (3.31)$$

と書かれ, 上述の角運動量は

$$L_+ = -i \sum_{\lambda,\mu} \sqrt{(\lambda-\mu)(\lambda+\mu+1)}\, \pi_{\lambda\mu} \alpha_{\lambda\mu+1} \quad (3.32\text{a})$$

$$L_- = -i \sum_{\lambda,\mu} \sqrt{(\lambda+\mu)(\lambda-\mu+1)}\, \pi_{\lambda\mu} \alpha_{\lambda\mu-1} \qquad (3.32\text{b})$$

$$L_z = i \sum_{\lambda,\mu} \mu\, \pi_{\lambda\mu} \alpha_{\lambda\mu} \qquad (3.32\text{c})$$

と書くことができる．これによって液滴表面の振動運動の持つ角運動量が，集団座標とそれに共役な正準運動量とで表現できたことになる．

上記の角運動量 $L_\pm = L_x \pm i L_y, L_z$ の代わりに，次の表式

$$L_1 = -\frac{1}{\sqrt{2}}(L_x + i L_y), \quad L_0 = L_z, \quad L_{-1} = \frac{1}{\sqrt{2}}(L_x - i L_y) \qquad (3.33)$$

を用いれば，(3.32) 式はより統一的かつ有用な形で表現できる．すなわち

$$\begin{aligned}
L_\nu &= i(-1)^\nu \sum_{\lambda\mu\mu'} \sqrt{\lambda(\lambda+1)}\, \langle \lambda\mu 1\nu | \lambda\mu' \rangle\, \pi_{\lambda\mu} \alpha_{\lambda\mu'} \\
&= i \sum_{\lambda\mu\mu'} (-1)^\lambda \sqrt{\frac{\lambda(\lambda+1)(2\lambda+1)}{3}}\, \langle \lambda\mu\lambda\mu' | 1-\nu \rangle\, \pi_{\lambda\mu} \alpha^*_{\lambda\mu'},
\end{aligned}$$
$$(\nu = 1, 0, -1) \qquad (3.34)$$

である．この $L_\nu (\nu = 1, 0, -1)$ は角運動量の成分 L_x, L_y, L_z から構成した 1 階の既約テンソルである．

3.1.2　表面振動の量子化 —— フォノン

上述の液滴表面の振動運動を量子化しよう．通常の正準量子化を行う．すなわち，集団座標 $\alpha_{\lambda\mu}$ とそれに正準共役な運動量 $\pi_{\lambda\mu}$ を演算子と考え，それらの間に交換関係

$$[\alpha_{\lambda\mu}, \pi_{\lambda'\mu'}] = i\hbar\, \delta_{\lambda\lambda'} \delta_{\mu\mu'}, \quad [\alpha_{\lambda\mu}, \alpha_{\lambda'\mu'}] = [\pi_{\lambda\mu}, \pi_{\lambda'\mu'}] = 0 \qquad (3.35)$$

を導入する．(3.2) 式に対応する関係式は

$$\alpha^\dagger_{\lambda\mu} = (-1)^\mu \alpha_{\lambda-\mu}, \quad \pi^\dagger_{\lambda\mu} = (-1)^\mu \pi_{\lambda-\mu} \qquad (3.36)$$

である．

演算子 $\alpha_{\lambda\mu}, \pi_{\lambda\mu}$ の代わりに次の演算子

$$b^\dagger_{\lambda\mu} = \sqrt{\frac{B_\lambda \omega_\lambda}{2\hbar}}\, \alpha_{\lambda\mu} - \frac{i}{\sqrt{2\hbar B_\lambda \omega_\lambda}}\, \pi^\dagger_{\lambda\mu} \qquad (3.37)$$

を使うのが便利である．ここで B_λ は (3.3) 式に現れた質量パラメーターであり，ω_λ は (3.4) 式の固有振動数である．この演算子 $b^\dagger_{\lambda\mu}$ がボソンの交換関係

$$[b_{\lambda\mu}, b^\dagger_{\lambda'\mu'}] = \delta_{\lambda\lambda'}\delta_{\mu\mu'}, \quad [b_{\lambda\mu}, b_{\lambda'\mu'}] = [b^\dagger_{\lambda\mu}, b^\dagger_{\lambda'\mu'}] = 0 \tag{3.38}$$

をみたすことは，交換関係 (3.35) から容易に確かめられる．つまり，液滴表面の振動の量子はボソンであり，通常これをフォノン (phonon) と呼んでいる．

(3.37) 式から

$$\alpha_{\lambda\mu} = \sqrt{\frac{\hbar}{2B_\lambda\omega_\lambda}} \{b^\dagger_{\lambda\mu} + (-1)^\mu b_{\lambda-\mu}\} \tag{3.39a}$$

$$\pi_{\lambda\mu} = i\sqrt{\frac{\hbar B_\lambda\omega_\lambda}{2}} \{(-1)^\mu b^\dagger_{\lambda-\mu} - b_{\lambda\mu}\} \tag{3.39b}$$

が得られるので，これらを (3.31) 式に代入して表面振動のハミルトニアン H を求めると，

$$H = \sum_{\lambda\mu} \hbar\omega_\lambda \left(b^\dagger_{\lambda\mu}b_{\lambda\mu} + \frac{1}{2}\right) = \sum_\lambda \hbar\omega_\lambda \left(\widehat{n}_\lambda + \frac{2\lambda+1}{2}\right) \tag{3.40}$$

となる．ただし $\widehat{n}_\lambda = \sum_\mu b^\dagger_{\lambda\mu}b_{\lambda\mu}$ は量子数 λ を持つフォノンの個数演算子である．基底状態 $|0\rangle$ はフォノンがまったくない状態 (真空) で，すべての λ, μ に対して $b_{\lambda\mu}|0\rangle = 0$ をみたす状態である．$|0\rangle$ は規格化されているものとする．すなわち $\langle 0|0\rangle = 1$ である．

(3.34) 式に演算子 (3.39) を代入し，量子化された角運動量演算子を求めると，

$$\widehat{L}_\nu = (-1)^\nu \hbar \sum_{\lambda\mu\mu'} \sqrt{\frac{\lambda(\lambda+1)(2\lambda+1)}{3}} \langle\lambda\mu\lambda\mu'|1\nu\rangle b^\dagger_{\lambda\mu}(-1)^{\lambda-\mu'}b_{\lambda-\mu'} \tag{3.41}$$

となる．これを求めるにあたって，

$$\sum_\mu (-1)^\mu \langle\lambda\mu\lambda-\mu|10\rangle = 0,$$

$$\sum_{\mu\mu'} \langle\lambda\mu\lambda\mu'|1\nu\rangle b^\dagger_{\lambda\mu}b^\dagger_{\lambda\mu'} = \sum_{\mu\mu'} \langle\lambda\mu\lambda\mu'|1-\nu\rangle b_{\lambda\mu}b_{\lambda\mu'} = 0$$

を用いた．一般に角運動量 λ を持つボソン (これを λ ボソンと呼ぶ) を角運動量 (LM) に組んだ対演算子は

$$[b^\dagger_\lambda b^\dagger_\lambda]_{LM} = \sum_{\mu\mu'} \langle\lambda\mu\lambda\mu'|LM\rangle b^\dagger_{\lambda\mu}b^\dagger_{\lambda\mu'} \tag{3.42}$$

で定義されるが, 2 つのボソン演算子が交換可能であることと, Clebsch-Gordan 係数の性質 $\langle \lambda\mu'\lambda\mu | LM \rangle = (-1)^{2\lambda - L} \langle \lambda\mu\lambda\mu' | LM \rangle$ から,

$$[b_\lambda^\dagger b_\lambda^\dagger]_{LM} = 0, \qquad (L = 奇数) \tag{3.43}$$

となることに注意すべきである. つまり, 同一の角運動量を持つ 2 個のボソンが全角運動量 $L\hbar$ に組んだ対 (ペアー) を作るとき, L が奇数の対は許されないということである.

さてフォノンが 1 個だけ存在する状態 $b_{\lambda\mu}^\dagger |0)$ を考える. この状態に $\widehat{\boldsymbol{L}}^2 = \widehat{L}_x^2 + \widehat{L}_y^2 + \widehat{L}_z^2$ と $\widehat{L}_z$ を作用させる. 容易にわかるように

$$\widehat{\boldsymbol{L}}^2 b_{\lambda\mu}^\dagger |0) = \lambda(\lambda + 1)\hbar^2 b_{\lambda\mu}^\dagger |0), \tag{3.44a}$$

$$\widehat{L}_z b_{\lambda\mu}^\dagger |0) = \mu\hbar b_{\lambda\mu}^\dagger |0) \tag{3.44b}$$

となる. したがって, 1 個のフォノン $b_{\lambda\mu}^\dagger$ は角運動量 $\lambda\hbar$ を持つことがわかる.

λ フォノンが n 個励起し, 全角運動量が (L, M) の状態を $|\lambda^n \alpha LM)$ と表すことにしよう. 今後, このような状態を**多フォノン状態** (multi-phonon states) と呼ぶことにする. α は多フォノン状態を完全に指定するための付加量子数 (additional quantum number) である. $n = 1, 2$ の場合は簡単に

$$|\lambda^1 \lambda\mu) = b_{\lambda\mu}^\dagger |0), \tag{3.45a}$$

$$|\lambda^2 LM) = \frac{1}{\sqrt{2}} [b_\lambda^\dagger b_\lambda^\dagger]_{LM} |0), \qquad (L = 偶数) \tag{3.45b}$$

と書くことができる. 一般の個数 n の多フォノン状態は, $n - 1$ 個の状態に 1 個のフォノンを加えて

$$|\lambda^n \alpha LM) = \frac{1}{\sqrt{n}} \sum_{\alpha_1 L_1} (\lambda^{n-1}(\alpha_1 L_1)\lambda |\} \lambda^n \alpha L)$$

$$\times \sum_{M_1 \mu} \langle L_1 \lambda M_1 \mu | LM \rangle b_{\lambda\mu}^\dagger |\lambda^{n-1} \alpha_1 L_1 M_1) \tag{3.46}$$

と作ることができる. ただし係数 $(\lambda^{n-1}(\alpha_1 L_1)\lambda |\} \lambda^n \alpha L)$ は λ ボソンの **cfp** (coefficient of fractional parentage) であり, 第 1 章で出てきたフェルミオンの場合の cfp をボソン系に焼きなおしたものである. このボソンの cfp はフェルミオンの cfp とほぼ同様に求めることができる. 相違点はフェルミオンの生成・

表 3.1 多フォノン状態 $|\lambda^n \alpha L M\rangle$ において許される全角運動量 L の値

n	$\lambda = 2$	$\lambda = 3$
1	$L = 2$	$L = 3$
2	$L = 0, 2, 4$	$L = 0, 2, 4, 6$
3	$L = 0, 2, 3, 4, 6$	$L = 1, 3^2, 4, 5, 6, 7, 9$
...	......	......

注：$\lambda = 3, n = 3, L = 3$ の場合，独立な状態は 2 個存在する．

消滅演算子が反交換関係をみたすのに対し，ボソンのそれは交換関係をみたす点である．いい換えれば多フェルミオン系の波動関数が反対称関数であるのに対し，ボソンの場合は対称関数となることである．このことが cfp の計算法に若干の相違をもたらすが，その他はまったく同様に扱うことができる．(フェルミオンのセニョリティと同様に，ボソンのセニョリティを考えることももちろん可能である．) したがって (3.46) 式はフェルミオンの場合の (1.73) 式に対応する式であり，これによって順次大きいフォノン数の独立な状態を作ることができる．**表 3.1** に，$\lambda = 2$ と $\lambda = 3$ の場合の $n = 1, 2, 3$ の多フォノン状態の許される全角運動量 L が示されている．$\lambda = 3$ で $n = 3$ の場合，$L = 3$ の独立な状態は 2 個あり，このときにはこれらを区別するために付加量子数 $\alpha (= 1, 2)$ が必要になる．

3.1.3 多フォノン状態間の電磁遷移

上記の多フォノン状態間の多重極電磁遷移確率を計算しよう．まず液滴の荷電分布は一様で (3.20) 式で与えられる ρ_0 であるとする．電気的多重極遷移演算子は (1.146a) 式から $r^\lambda Y_{\lambda\mu}(\theta, \varphi) \rho_e(\boldsymbol{r})$ を液滴全体にわたって積分し，Coulombエネルギーの計算と同様にして，

$$\begin{aligned}
M(\mathrm{E}\lambda\mu) &= \int r^\lambda Y_{\lambda\mu}(\theta, \varphi) \rho_e(\boldsymbol{r}) d\boldsymbol{r} \\
&= \rho_0 R_0^\lambda \iint Y_{\lambda\mu}(\theta, \varphi) \sin\theta d\theta\, d\varphi \int_0^{R(\theta,\varphi)} \left(\frac{r}{R_0}\right)^\lambda r^2 dr \\
&= \frac{3}{4\pi} Z e R_0^\lambda \alpha_{\lambda\mu} \quad (3.47)
\end{aligned}$$

が得られるので，これに (3.39a) 式を代入して量子化すればよい．その結果，$\mathrm{E}\lambda$ 遷移演算子は

$$\mathcal{M}(\mathrm{E}\lambda\mu) = \frac{3}{4\pi} Z e R_0^\lambda \sqrt{\frac{\hbar}{2 B_\lambda \omega_\lambda}} \{b_{\lambda\mu}^\dagger + (-1)^\mu b_{\lambda-\mu}\} \quad (3.48)$$

と表される．この演算子はボソンの数を ± 1 だけ変化させるので，Eλ 遷移の選択則は

$$\Delta n = \pm 1 \tag{3.49}$$

である．

ここで，電気的遷移確率の大きさを表すために便利な **Weisskopf 単位** (Weisskopf units) を導入しよう．[*4] いま電気的遷移が 1 個の陽子の状態の変化によって起きるものと考える．この場合の換算遷移確率は，殻模型を用い，(1.145) 式，(1.147) 式を使って見積もることができる．すなわち "1 粒子見積もり" である．結果は終状態 a や始状態 b のスピン j_a や j_b に関係した Clebsch-Gordan 係数などに依存するが，その部分を無視したものを Weisskopf 単位と呼び，B_W で表す．すなわち

$$B_\mathrm{W} = \frac{e^2}{4\pi} \langle r^\lambda \rangle^2 \approx \frac{e^2}{4\pi} \left(\frac{3}{\lambda+3}\right)^2 R_0^{2\lambda} \tag{3.50a}$$

である．通常は $R_0 = 1.2\, A^{1/3}\,\mathrm{fm}$ として

$$B_\mathrm{W} = \frac{(1.2)^{2\lambda}}{4\pi} \left(\frac{3}{\lambda+3}\right)^2 A^{2\lambda/3}\, e^2 (\mathrm{fm})^{2\lambda} \tag{3.50b}$$

がよく用いられる．磁気的遷移確率に対する Weisskopf 単位も定義されているが，ここでは省略する．

ついでながら 1 フォノンの励起エネルギー $\hbar\omega_\lambda$ を概算しておこう．(3.23) 式で与えられる弾性パラメーター C_λ のうち，表面張力による第 1 項が主要である．そこで Coulomb エネルギーによる第 2 項を無視し，これと (3.12) 式の質量パラメーターとを (3.4) 式に代入すると，表面振動の固有エネルギー $\hbar\omega_\lambda$ は大雑把に

$$\hbar\omega_\lambda \approx 13\, \lambda^{3/2} A^{-1/2}\, \mathrm{MeV} \tag{3.51}$$

となる．

さて，電気的遷移演算子 (3.48) を用いて多フォノン状態間の遷移確率を求めることができる．いま (3.46) 式で定義される多フォノン状態 $|\lambda^n \alpha L M\rangle$ から $|\lambda^{n-1}\alpha' L' M'\rangle$ への遷移を考える．その場合の換算遷移確率は

$$B(\mathrm{E}\lambda;(\lambda^n \alpha L) \to (\lambda^{n-1}\alpha' L')) = \frac{n(\lambda+3)^2 Z^2 \hbar}{8\pi B_\lambda \omega_\lambda} (\lambda^{n-1}(\alpha' L')\lambda|\}\lambda^n \alpha L)^2 B_\mathrm{W} \tag{3.52}$$

[*4] V. F. Weisskopf, Phys. Rev. **83** (1951) 1073.

となる．$n=1$ や $n=2$ の場合は，(3.52) 式のボソン cfp はすべて 1 に等しいので結果は簡単である．もちろん (3.45) 式を使って直接計算することも容易である．たとえば E2 遷移で $n=1$ の場合，

$$B(\text{E2}; 2_1^+ \to 0_1^+) = \frac{25Z^2\hbar}{8\pi B_2\omega_2} B_\text{W} \qquad (3.53)$$

となる．ここで 2_1^+ は第 1 励起 2^+ 状態，0_1^+ は基底状態を意味する．$\hbar\omega_\lambda$ として (3.51) 式を，また質量パラメーターとして (3.12) 式を使い，$Z \approx A/2$ とすれば，$B(\text{E2}; 2_1^+ \to 0_1^+) \approx 1.6 A^{5/6} B_\text{W}$ が得られる．この値は $A=50$ のとき $\sim 40 B_\text{W}$，$A=100$ のとき $\sim 70 B_\text{W}$ にもなり，1 粒子見積もり B_W に比べて 1 桁以上大きくなる．つまり，原子核の表面振動は多数の粒子の集団的運動であり，そのために大きな電気的遷移確率をもたらすのである．

液滴の表面振動による磁気モーメントは角運動量 $\boldsymbol{L}$ に比例するはずである．したがって磁気的遷移演算子は

$$\mathcal{M}(\text{M}\lambda\mu) = g(\lambda) \widehat{\boldsymbol{L}} \mu_\text{N} \qquad (3.54)$$

と書かれるであろう．ここで $g(\lambda)$ は表面振動に伴う核物質の集団運動の詳細に依存する量である．μ_N は核磁子である．(3.41) 式から明らかなように $\widehat{\boldsymbol{L}}$ はフォノン数を変化させない．したがって，フォノン数の異なる多フォノン状態間の磁気的遷移は生じないと考えられる．

3.1.4 実験との比較

上述した液滴模型の表面振動に相当する振動運動が，現実の原子核において生じるか否かをいくつかの実験事実に照らし合わせて検討しよう．

質量数の全範囲にわたり，ほとんどすべての偶々核の第 1 励起状態のスピン・パリティは 2^+ である．以後この状態を 2_1^+ 状態と書く．添え字の "1" はエネルギーの低い方から順に 1 番目の 2^+ 状態という意味である．この表示法では基底状態は 0_1^+ と書かれる．図 3.2 に 2_1^+ 状態の励起エネルギー $E(2_1^+)$ が，図 3.3 に 3_1^- 状態の励起エネルギー $E(3_1^-)$ が，示されている．閉殻核の付近を除いてほぼ系統的な分布を示している．図 3.4 には $A \lesssim 150$ の領域の 2_1^+ 状態から基底状態への換算遷移確率 $B(\text{E2}; 2_1^+ \to 0_1^+)$ の実験値が B_W を単位にして表されている．この図からわかるように，これらの 2_1^+ 状態から基底状態への $B(\text{E2}; 2_1^+ \to 0_1^+)$ はいずれも Weisskopf 単位に比べて 1 桁以上大きい値である．

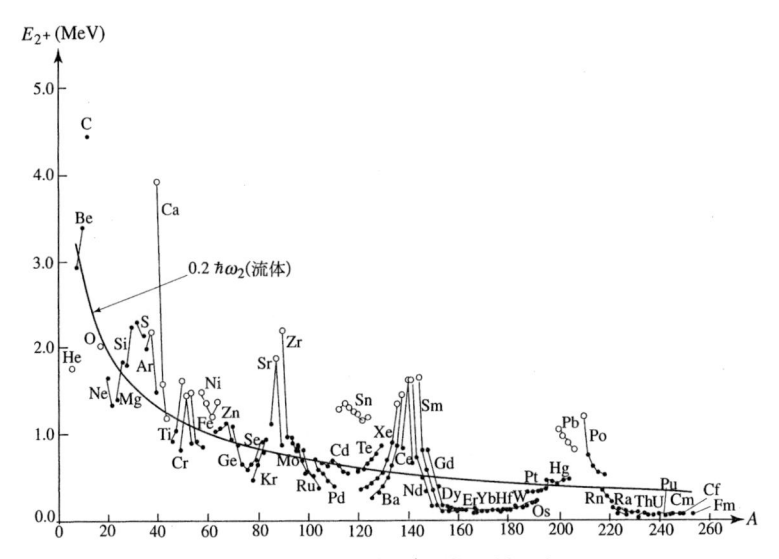

図 3.2 偶々核の第 1 励起 2^+ 状態の励起エネルギー
横軸は質量数. $\hbar\omega_2$(流体) は質量パラメーター (3.12) と弾性パラメーター (3.23) とを使ったときの励起エネルギーである. O. Nathan and S. G. Nilsson, *Alpha-, Beta- and Gamma-Ray Spectroscopy*, (K. Siegbahn ed.) North-Holland (1955), Chap.10 による.

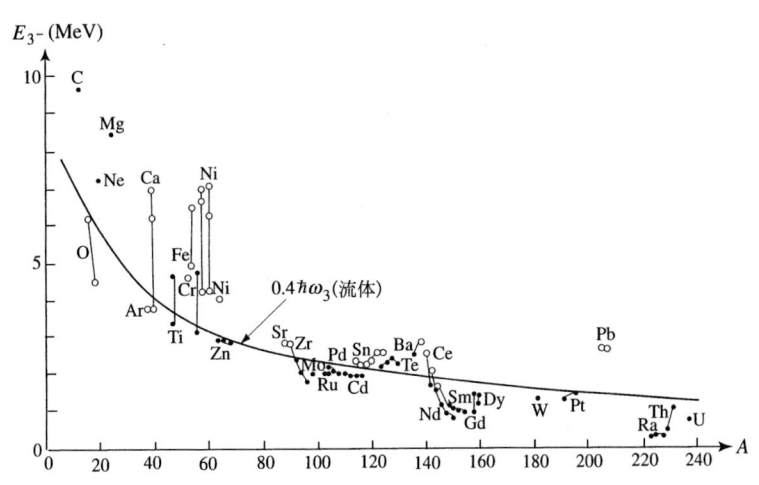

図 3.3 偶々核の第 1 励起 3^- 状態の励起エネルギー
横軸は質量数. $\hbar\omega_3$(流体) は質量パラメーター (3.12) と弾性パラメーター (3.23) とを使ったときの励起エネルギーである. 3.2 図と同じ文献による.

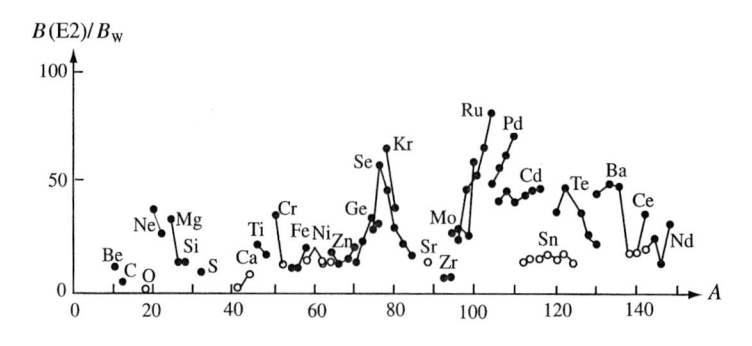

図 3.4 $A < 150$ の領域の第 1 励起 2^+ 状態から基底状態への換算遷移確率 $B(\text{E2}; 2_1^+ \to 0_1^+)$ の実験値

縦軸の単位は Weisskopf 単位 B_{W}. 横軸は質量数である. O. Nathan and S. G. Nilsson, *Alpha-, Beta- and Gamma-Ray Spectroscopy*, (K. Siegbahn ed.) North-Holland (1955), Chap.10 による.

つまりこの 2_1^+ 状態は強い**集団性** (collectivity) を持っていることを意味する. そこでこの 2_1^+ 状態を, 1 個の $\lambda = 2$ のフォノン (**4 重極フォノン** (quadrupole phonon) と呼ぶ) の励起状態とみなし, 上述の液滴の表面振動模型に当てはまるか否かを検討する.

図 **3.2** の中の実線は, "渦なし流体モデル" から求めた質量パラメーター (3.12) を使い, 弾性パラメーターを (3.23) 式としたときの励起エネルギー $\hbar\omega_2$(流体)$= \hbar\sqrt{C_2/B_2}$ に 0.2 をかけた値を示している. 全体的に見て大雑把にいえば, その質量数依存性はほぼ再現されているけれども, "渦なし" 流体モデルが必ずしもよいとはいえない. 同様なことは図 **3.3** の 3_1^- 状態についてもいえる. なお $150 \lesssim A \lesssim 190$ および $225 < A$ の領域で $E(2_1^+)$ が特別に低い値を示しているが, これは後で議論になる回転運動の領域であり, 当面のフォノン励起とは考えられていない.

もし 2_1^+ 状態が 1 フォノン励起状態であるならば, その励起エネルギー $E(2_1^+)$ の約 2 倍の位置に 2 フォノン励起の $0^+, 2^+, 4^+$ の 3 重項状態がほぼ縮退して現れるはずである. 現実の原子核ではどうなっているか確かめるために, 図 **3.5** に $E(0_2^+)/E(2_1^+)$, $E(2_2^+)/E(2_1^+)$, および $E(4_1^+)/E(2_1^+)$ の値が質量数の全領域にわたって示されている. $150 \lesssim A \lesssim 190$ および $225 < A$ の領域を除いて, これらの比がほぼ 2.0 の周辺に分布していることは, それらの状態が $\lambda = 2$ の調和振動子的運動に近いことを示している. (上記の除外した領域では, $E(4_1^+)/E(2_1^+)$

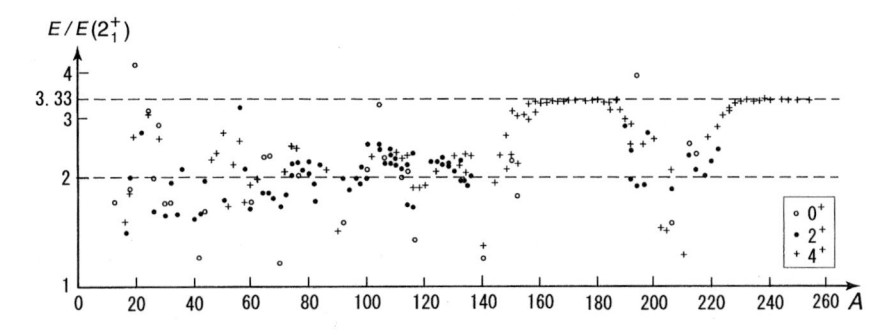

図 3.5 偶々核の励起エネルギーの比，$E(0_2^+)/E(2_1^+)$, $E(2_2^+)/E(2_1^+)$, および $E(4_1^+)/E(2_1^+)$. 横軸は質量数. 縦軸は対数目盛りになっているので注意すること. $150 \lesssim A \lesssim 190$ および $225 < A$ の領域を除いてほぼ 2.0 の周辺に分布している. O. Nathan and S. G. Nilsson, *Alpha-, Beta- and Gamma-Ray Spectroscopy*, (K. Siegbahn ed.) North-Holland (1955), Chap.10 による.

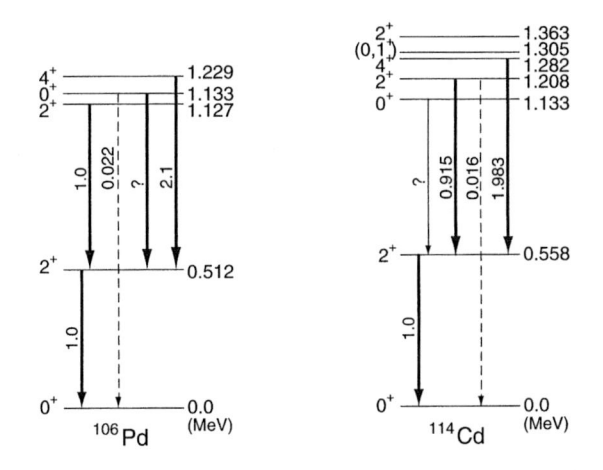

図 3.6 ^{106}Pd (左図) と ^{114}Cd (右図) の低い励起スペクトルと 4 重極換算遷移確率 レベルの右側の数字が励起エネルギー. 換算遷移確率は $B(E2; 2_1^+ \to 0_1^+)$ を 1 としたときの比が矢印の側に書かれている. 大きい幅の矢印は比が 0.1 より大きい場合を示し, 小さい幅の矢印は比が 0.1 より小さい場合, 破線は 0.05 より小さい場合を示す. ^{106}Pd のデータは Y. Yoshizawa, Phys. Lett. **2**(1962) 261 により, ^{114}Cd のデータは J. Blachot and G Marguir, Nuclear Data Sheets **60**(1990) 39; **75**(1995) 739 による.

の値が 3.33 に近いことを示しているが, これは後で議論する回転運動の典型である.)

実際に $0^+, 2^+, 4^+$ の 3 重項状態がそろってすべて観測されている原子核は割合少数 (10 数例) であるが, その典型的な例として ^{106}Pd と ^{114}Cd のスペクト

ルが $B(\mathrm{E2})$ の測定値とともに図 **3.6** に示されている．2_1^+ が純粋な調和振動子の 1 フォノン励起状態であり，$0^+, 2^+, 4^+$ 状態が純粋な 2 フォノン励起 3 重項状態であるならば，

$$\frac{B(\mathrm{E2}; 0_2^+ \to 2_1^+)}{B(\mathrm{E2}; 2_1^+ \to 0_1^+)} = \frac{B(\mathrm{E2}; 2_2^+ \to 2_1^+)}{B(\mathrm{E2}; 2_1^+ \to 0_1^+)} = \frac{B(\mathrm{E2}; 4_1^+ \to 2_1^+)}{B(\mathrm{E2}; 2_1^+ \to 0_1^+)} = 2 \quad (3.55)$$

であることは容易にわかる．また，このとき 2 フォノン励起 3 重項状態から基底状態への E2 遷移は禁止される．図 **3.6** の実験値はこれに近い性質を示している．

以上見てきた実験結果から，調和振動子としての 4 重極フォノンの多フォノン励起状態が原子核において純粋に実現しているとはいい難いが，基本的性質としてかなりそれに近い運動モードが生じていることは明らかである．

3.2 4 重極変形核の集団運動

第 1 章の 1.3.3 において示したように，隣り合うマジックナンバーの中間において，閉殻核から離れた領域の奇核の電気 4 重極モーメントの実験値は極めて大きな値を示し，最も大きいものでは "1 粒子見積もり" Q_{sp} の 20 ～ 30 倍にもなる．これを単純な殻模型の配位混合で説明するのは困難であり，別の見方をする必要がある．

通常の殻模型では，球形の平均ポテンシャルを考えている．つまり，原子核の芯 (コアー) の部分は球形であることを前提としている．Rainwater は上述の大きい電気 4 重極モーメントを説明するために，奇核の最後の 1 核子あるいは最後の 1 粒子軌道に入っているゆるく結合した複数の核子が，それ以外の核子によって構成されるコアーに作用して平均ポテンシャルを 4 重極型 (楕円体型：ellipsoidal) に変形させ，原子核全体が 4 重極変形して大きい 4 重極モーメントをもたらすという考えを提案した．[*5] この考えに基づいて，電気 4 重極モーメントにどのくらいの数の陽子が寄与するか簡単に見積もってみよう．いま核が **回転楕円体** (spheroidal) 変形し，核表面 $R(\theta, \varphi)$ が

$$R(\theta, \varphi) = R_0 \{1 + \beta_0 Y_{20}(\theta, \varphi)\} \quad (3.56)$$

[*5] J. Rainwater, Phys. Rev. **79**(1950) 432.

と書けるものとしよう．ただし，変形の度合い β_0 は小さいものとする．このときの電気 4 重極モーメントは，(3.47) 式と同様な計算をして，

$$Q = eQ_0, \quad Q_0 = \sqrt{\frac{16\pi}{5}} \int r^2 Y_{20}(\theta,\varphi) \frac{1}{e}\rho_e(\boldsymbol{r})d\boldsymbol{r} = \frac{3}{\sqrt{5\pi}}ZR_0^2\beta_0 \quad (3.57)$$

となる．この Q_0 はしばしば**固有 4 重極モーメント** (intrinsic quadrupole moment) と呼ばれる量である．

大きい 4 重極モーメントの実験値を示す原子核で，変形の度合い β_0 はどの程度であるか検討する．たとえば，$^{177}_{72}\mathrm{Hf}$ では Q_0 の実験値は $\approx 7.5 \times 10^{-24} \mathrm{cm}^2$ である．この値を (3.57) 式に代入すると，$\beta_0 \approx 0.3$ が得られる．近傍の核では $\beta_0 \approx 0.25 \sim 0.35$ である．図 3.7 の 4 重極変形核の概念図において，4 重極モーメントに寄与するのは影をつけた部分である．4 重極モーメントに寄与しない内部の球の半径は $a = R_0[1 - \sqrt{5/(16\pi)}\beta_0]$ であるから，寄与する影の部分の体積は $dV = \sqrt{5\pi}R_0^3\beta_0$ である．ゆえに 4 重極モーメ

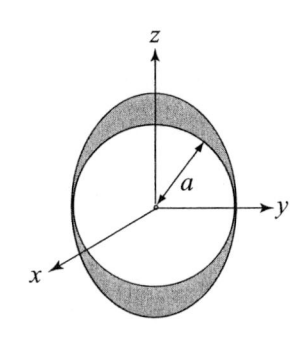

図 **3.7** (3.56) 式で表される 4 重極 (回転楕円体) 変形核の概念図
z 軸のまわりで回転対称 (軸対称) である．影をつけた部分が 4 重極モーメントに寄与する．内部の球形の半径は $a = R_0[1 - \sqrt{5/(16\pi)}\beta_0]$ である．

ントに寄与する部分の割合は $dV/V = (3/4)\sqrt{5/\pi}\beta_0 \approx \beta_0$ である．つまり $\beta_0 \approx 0.25 \sim 0.35$ であるということは，核全体の陽子数の約 25 ～ 35% が 4 重極モーメントに寄与することになり，たとえば上にあげた $^{177}_{72}\mathrm{Hf}$ の場合には 4 重極モーメントに寄与する陽子数は約 20 個となる．このように多数の核子のまとまった運動こそ，原子核における集団運動である．

3.2.1　変形核の集団運動の古典論
(a) 物体固定座標系

3.1 においては球形の原子核の表面振動を考えた．ここでは 4 重極型の**平衡変形** (equilibrium deformation) のまわりの 4 重極集団運動を考える．つまり安定な**楕円体** (ellipsoid) のまわりの 4 重極振動である．この場合の核表面としては (3.1) 式において $\lambda = 2$ のみをとればよい．以後簡単のため，集団座標 $\alpha_{\lambda=2,\mu}$ を単に α_μ と表し，λ を示す添字は省略する．したがって表面 $R(\theta,\varphi)$ は

$$R(\theta,\varphi) = R_0 \left[1 + \sum_{\mu=-2}^{2} \alpha_\mu^* Y_{2\mu}(\theta,\varphi)\right] \qquad (3.58)$$

と表される.この変形を表す5個の集団座標 α_μ ($\mu = -2, -1, 0, 1, 2$) が,平衡点のまわりで時間とともに微小振動することによって集団運動が記述されるのである.したがって,この楕円体は空間内で時間とともにさまざまな方向に回転・振動するであろう.この運動をわかりやすくするためには,空間に(あるいは実験室に)固定した座標系 K から,楕円体の主軸に固定した回転座標系 K′ に移って記述する方が便利である.(両方の座標系とも原点は楕円体の中心とする.)そうすることによって,空間に固定された座標系 K に対する楕円体に固定された座標系 K′ の回転,すなわち空間内での楕円体の回転運動と,座標系 K′ における楕円体の内部運動とを分けて考えることが可能になる.空間に固定した座標系 K を**空間固定系** (space-fixed system) あるいは**実験室系** (laboratory system) といい,楕円体の主軸に固定された座標系 K′ を**物体固定系** (body-fixed system) と呼ぶ.

空間固定系 K に対する物体固定系 K′ の方向は **Euler 角** (Eulerian angles) $(\theta_1, \theta_2, \theta_3)$ で表される.これらをまとめて,しばしば (θ_i) と簡略表現する.座標回転に対する変換性は ***D*** 関数によって与えられる.Euler 角や D 関数に関しては,**付録 A** を参照されたい.[*6] たとえば球面調和関数 $Y_{\lambda\mu}(\theta,\varphi)$ に対しては,(A.15) 式に示されるように

$$Y_{\lambda\mu}(\theta',\varphi') = \sum_\nu D^{\lambda*}_{\nu\mu}(\theta_i) Y_{\lambda\nu}(\theta,\varphi) \qquad (3.59)$$

である.

物体固定系 K′ における表面を

$$R'(\theta',\varphi') = R_0 \left[1 + \sum_{\mu=-2}^{2} a_\mu^* Y_{2\mu}(\theta',\varphi')\right] \qquad (3.60)$$

と表す.同一の表面を別の座標系で表しているのであるから,もちろん $R(\theta,\varphi) = R'(\theta',\varphi')$ である.したがって,(3.58),(3.59),および (3.60) 式から

[*6] D 関数に関する詳細については,付録 A とは別に,角運動量や回転群などの専門書を参考にされることをお勧めする.たとえば,A. R. Edmonds, *Angular Momentum in Quantum Mechanics*, Princeton Univ. Press (1957); D. M. Brink, and G. R. Satchler, *Angular Momentum, 2nd ed.*, Oxford Univ. Press (1968);山内恭彦,"回転群とその表現",岩波書店.

$$\alpha_\mu = \sum_\nu a_\nu D_{\mu\nu}^2(\theta_i) \tag{3.61}$$

が得られる．さらに D 関数の直交性 (**付録 A** の (A.14) 式参照)

$$\sum_\nu D_{\mu\nu}^{\lambda*}(\theta_i) D_{\mu'\nu}^\lambda(\theta_i) = \sum_\nu D_{\nu\mu}^{\lambda*}(\theta_i) D_{\nu\mu'}^\lambda(\theta_i) = \delta_{\mu\mu'} \tag{3.62}$$

を使い，(3.61) を逆に解いて

$$a_\nu = \sum_\mu \alpha_\mu D_{\mu\nu}^{2*}(\theta_i) \tag{3.63}$$

を得る．

K′ 系における核表面 $R'(\theta', \varphi')$ は $z' = 0$ の平面に関して反転対称，すなわち $R'(\theta', \varphi') = R'(\pi - \theta', \varphi')$ であるから，

$$a_1 = a_{-1} = 0 \tag{3.64a}$$

となり，また $x' = 0$ あるいは $y' = 0$ の平面に関して反転対称，すなわち $R'(\theta', \varphi') = R'(\theta', \pi - \varphi')$ であるから，

$$a_2 = a_{-2} \tag{3.64b}$$

となる．結局 5 個の集団座標 α_μ ($\mu = -2, -1, 0, 1, 2$) は，楕円体の主軸の方向を表す Euler 角 $(\theta_1, \theta_2, \theta_3)$ と，楕円体の形状をきめる 2 つの量 a_0, a_2 とに分けられたことになる．

ここで注意しなければならないことは，(3.61) 式あるいは (3.63) 式が空間固定系 K から物体固定系 K′ への変換を 1 対 1 に決定するわけではないということである．楕円体には 3 つの主軸がある．仮にそれらを A, B, C とする．これらの主軸に物体固定系 K′ の x' 軸，y' 軸，z' 軸を "固定" する仕方は，K′ 系を右手系に限定したとしても，全部で 24 通りある．たとえば，いま主軸 A に z' 軸を上向きに固定した上で主軸 B，主軸 C に x' 軸と y' 軸を固定する仕方は図 **3.8** に示すように 4 通りある．主軸 A に z' 軸を固定するとしても，z' 軸の向きを逆向きにすることができるので，合わせて $4 \times 2 = 8$ 通りの可能性がある．また主軸 A に x' 軸や y' 軸を固定することもできるので，これらをすべて合計すると $4 \times 2 \times 3 = 24$ 通りの可能性があることになる．さらに主軸 A, B, C

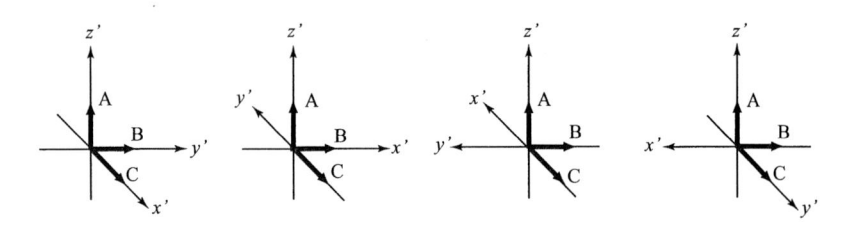

図 3.8 物体固定系 K' の x', y', z' 軸の "固定" の仕方
A, B, C は楕円体の3つの主軸を示す．K' を右手系に限定し，主軸 A に z' 軸を上向きに固定した場合，主軸 B, 主軸 C に x' 軸と y' 軸を固定する仕方にはこの4通りがある．

のうち，いずれか2つの主軸の長さが等しいような場合，すなわち**回転楕円体** (spheroid) の場合，x', y', z' 軸の "固定" の仕方は無限に多数となる．

これらの物体固定系の3軸の選び方の任意性に対して理論は不変でなければならない．量子力学的に扱う場合，この不変性は当然のことながら波動関数の対称性となって現れるはずである．これについては後で詳しく述べる．

さて，楕円体の形状をきめる2つの量 a_0, a_2 の代わりに，

$$a_0 = \beta \cos \gamma, \quad a_2 = a_{-2} = \frac{1}{\sqrt{2}} \beta \sin \gamma \tag{3.65}$$

によって新しい集団座標 β, γ を導入する．[*7] D 関数に関する (3.62) 式の性質を使うと，

$$\sum_\mu |\alpha_\mu|^2 = \sum_\nu a_\mu^2 = a_0^2 + 2a_2^2 = \beta^2 \tag{3.66}$$

となり，β は原子核としての楕円体の全体の変形の度合いを表している．したがって，集団運動を記述する集団座標は，核の方向を表す Euler 角 $\theta_1, \theta_2, \theta_3$ と，変形を表す β, γ とになり，まとめて $(\theta_1, \theta_2, \theta_3, \beta, \gamma) = (\theta_i, \beta, \gamma)$ となる．

核の楕円体の3つの主軸の長さを

$$R_k = R_0 + \delta R_k, \quad (k = 1, 2, 3) \tag{3.67a}$$

とする．ただし $k = 1, 2, 3$ はそれぞれ x', y', z' 軸を表すものとする．主軸の長さの R_0 からの伸び δR_k は

$$\delta R_k = \sqrt{\frac{5}{4\pi}} \beta R_0 \cos\left(\gamma - \frac{2\pi}{3}k\right), \quad (k = 1, 2, 3) \tag{3.67b}$$

[*7] A. Bohr, Mat. Fis. Medd. Dan. Vid. Selsk., **26**(1952) No. 14.

と表される．

容易にわかるように，楕円体の形状は $\beta \geq 0, 0 \leq \gamma \leq \pi/3$ の範囲の 1 組の点 (β, γ) で表すことができる．$\gamma = 0$ と $\gamma = \pi/3$ の場合は回転楕円体であり，それ以外は 3 つの主軸の長さが異なる楕円体である．$\gamma = 0$ の場合は $\delta R_1 = \delta R_2 < 0, \delta R_3 > 0$ であるから伸びた回転楕円体でプロレート型 (prolate: 葉巻型，またはレモン型) と呼び，$\gamma = \pi/3$ の場合は $\delta R_1 = \delta R_3 > 0, \delta R_2 < 0$ であるから扁平な回転楕円体でオブレート型 (oblate: パンケーキ型，またはミカン型) と呼ぶ (図 **3.9** 参照)．

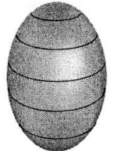

(a) プロレート型　　(b) オブレート型

図 **3.9**　回転楕円体の型の概念図
(a) は プロレート型 (葉巻型，またはレモン型), (b) は オブレート型 (パンケーキ型，またはミカン型)．

(b) 運動エネルギーとポテンシャル・エネルギー

さてここで集団座標 $(\theta_i, \beta, \gamma)$ にかかわる運動エネルギーとポテンシャル・エネルギーを検討する．

まず，変形によって生じるポテンシャル・エネルギー V は，一般的には β と γ の関数 $V(\beta, \gamma)$ で与えられるであろう．3.1 節のように球形液滴模型の場合には

$$V = \frac{1}{2} C \sum_\mu |\alpha_\mu|^2 = \frac{1}{2} C \beta^2, \quad (C \text{ は定数}) \tag{3.68}$$

と書くことができる．

次に，運動エネルギー T の最低次は

$$\begin{aligned} T &= \frac{1}{2} B \sum_\mu (-1)^\mu \dot{\alpha}_\mu \dot{\alpha}_{-\mu} \\ &= \frac{1}{2} B \sum_{\mu\nu\nu'} (-1)^\mu (\dot{D}^2_{\mu\nu} a_\nu + D^2_{\mu\nu} \dot{a}_\nu)(\dot{D}^2_{-\mu\nu'} a_{\nu'} + D^2_{-\mu\nu'} \dot{a}_{\nu'}) \end{aligned} \tag{3.69}$$

である．一般に質量パラメーター B は (a_ν) の関数，すなわち $B = B(a_0, a_2)$，あるいは $B = B(\beta, \gamma)$ となるであろう．しかし通常は微小振動を考えているので，$B(\beta, \gamma)$ を平衡変形 $\beta = \beta_0, \gamma = \gamma_0$ の点の値に等しいとして，$B = B(\beta_0, \gamma_0)$ とする．この T は $\dot{a}\dot{a}$ の形式の項 $T(\dot{a}\dot{a})$ と，aa の形式の項 $T(aa)$ とに分かれ

る．$\dot{a}a$ の形式の項 $T(\dot{a}a)$ は 0 となる．これらを計算するためには，D 関数の時間微分が必要になるが，これは**付録 A** に与えられている．

まず $T(\dot{a}a) = 0$ を示そう．D 関数の対称性 (A.20b) を用いて

$$T(\dot{a}a) = \frac{1}{2}B \sum_{\mu\nu\nu'}(-1)^{\mu}(\dot{D}^2_{\mu\nu}D^2_{-\mu\nu'}\,a_\nu \dot{a}_{\nu'} + \dot{D}^2_{-\mu\nu'}D^2_{\mu\nu}\,\dot{a}_\nu a_{\nu'})$$

$$= B\sum_{\mu\nu\nu'}(-1)^{\nu'}\dot{D}^{2*}_{\mu-\nu'}D^2_{\mu\nu}\,\dot{a}_\nu a_{\nu'}.$$

D 関数の時間微分 (A.59) と直交性 (3.62) を使えば

$$T(\dot{a}a) = -iB\sum_{k}\sum_{\nu\nu'}(-1)^{\nu'}\langle 2\nu|L_k|2-\nu'\rangle \dot{a}_\nu a_{\nu'}\,\omega'_k \tag{3.70}$$

となる．ところが (3.64a) 式で示したように $a_1 = a_{-1} = 0$ であるから，(3.70) 式で ν,ν' は 0 または ± 2 のみである．ゆえに，$\langle 2\nu|L_k|2-\nu'\rangle$ $(k=1,2)$ は 0 となる．したがって (3.70) 式で 0 でないのは $k=3$ の項 $\langle 2\nu|L_3|2-\nu'\rangle = \nu\delta_{\nu-\nu'}$ だけであるが，これらの和は 0 となり，結局 $T(\dot{a}a) = 0$ である．

D 関数の直交性から $T(\dot{a}\dot{a})$ は直ちに

$$T(\dot{a}\dot{a}) = \frac{1}{2}B(\dot{a}_0^2 + 2\dot{a}_2^2) = \frac{1}{2}B(\dot{\beta}^2 + \beta^2\dot{\gamma}^2) \tag{3.71}$$

となる．

D 関数の時間微分と直交性とを使えば，$T(aa)$ は

$$T(aa) = \frac{1}{2}B\sum_{\mu\nu\nu'}(-1)^{\mu}\dot{D}^2_{\mu\nu}\dot{D}^2_{-\mu\nu'}\,a_\nu a_{\nu'}$$

$$= \frac{1}{2}B\sum_{\mu\nu\nu'}(-1)^{\nu'}\dot{D}^2_{\mu\nu}\dot{D}^{2*}_{\mu-\nu'}\,a_\nu a_{\nu'}$$

$$= \frac{1}{2}B\sum_{k,k'}\sum_{\mu'\nu\nu'}(-1)^{\nu'}\langle 2\nu|L_k|2\mu'\rangle\langle 2\mu'|L_{k'}|2-\nu'\rangle \omega'_k\omega'_{k'}\,a_\nu a_{\nu'}$$

$$= \frac{1}{2}B\sum_{k,k'}\sum_{\nu\nu'}(-1)^{\nu'}\langle 2\nu|L_k L_{k'}|2-\nu'\rangle a_\nu a_{\nu'}\,\omega'_k\omega'_{k'} \tag{3.72}$$

と書かれる．(3.72) 式において ν,ν' は 0 または ± 2 のみであるから，

$$T(aa) = \frac{1}{2}B\sum_{k=1}^{3}\Big(\sum_{\nu\nu'}\langle 2\nu|L_k^2|2-\nu'\rangle a_\nu a_{\nu'}\Big)\omega'^2_k$$

$$+ B\Big(\sum_{\nu\nu'}\langle 2\nu|L_1 L_2|2-\nu'\rangle a_\nu a_{\nu'}\Big)\omega'_1\omega'_2 \tag{3.73}$$

となる．

(3.73) 式の右辺の中の行列要素を (A.11) 式を使って具体的に求めると，第 2 項は 0 となって第 1 項のみ残り，結果は

$$T(aa) = \frac{1}{2}\sum_{k=1}^{3}\mathcal{J}_k\,\omega'^2_k \tag{3.74}$$

と表すことができる．ω'_k $(k=1,2,3)$ は物体固定系における x', y', z' 軸のまわりの，すなわち楕円体の 3 つの主軸のまわりの角速度であることに注意すべきである．また $\mathcal{J}_k$ は**慣性モーメント** (moments of inertia) と呼ばれ，

$$\mathcal{J}_k = B\sum_{\nu\nu'}\langle 2\nu|L_k^2|2-\nu'\rangle a_\nu a_{\nu'},\quad (k=1,2,3) \tag{3.75}$$

である．(A.11) 式を使えば慣性モーメントは

$$\begin{aligned}
\mathcal{J}_1 &= B(3\,a_0^2 + 2\sqrt{6}\,a_0 a_2 + 2\,a_2^2) = 4B\beta^2\sin^2\left(\gamma - \frac{2}{3}\pi\right), \\
\mathcal{J}_2 &= B(3\,a_0^2 - 2\sqrt{6}\,a_0 a_2 + 2\,a_2^2) = 4B\beta^2\sin^2\left(\gamma - \frac{4}{3}\pi\right), \\
\mathcal{J}_3 &= 8B\,a_2^2 \hspace{4.5em} = 4B\beta^2\sin^2\gamma
\end{aligned} \tag{3.76}$$

と表すことができる．

上記の結果をまとめると，4 重極変形した原子核の表面振動の Hamilton 関数 H は

$$H = T + V = T_{\rm rot} + T_{\rm vib} + V(\beta,\gamma) \tag{3.77}$$

と書くことができる．$V(\beta,\gamma)$ は原子核の変形にともなうポテンシャル・エネルギーである．$T_{\rm rot}$ は**回転運動** (rotation)，$T_{\rm vib}$ は**振動運動** (vibration) の運動エネルギーであり，それらはそれぞれ

$$T_{\rm rot} = \frac{1}{2}\sum_{k=1}^{3}\mathcal{J}_k\,\omega'^2_k, \tag{3.78a}$$

$$T_{\rm vib} = \frac{1}{2}B(\dot{\beta}^2 + \beta^2\dot{\gamma}^2), \tag{3.78b}$$

となる．ただし**慣性モーメント** $\mathcal{J}_k(\beta,\gamma)$ は (3.76) 式で与えられ，まとめて

$$\mathcal{J}_k(\beta,\gamma) = 4B\beta^2\sin^2\left(\gamma - \frac{2}{3}\pi k\right)\quad (k=1,2,3) \tag{3.79}$$

と書かれる．質量パラメーター $B = B(\beta_0,\gamma_0)$ は一般的には原子核を構成する核物質のさまざまな性質，たとえば核子間の相互作用などに依存する量である．

原子核が"渦なし流体"で構成されていると仮定すれば，質量パラメーター B は (3.12) 式の $\lambda = 2$ の値で与えられる．

3.2.2 変形核の集団運動の量子化

4重極変形した原子核の表面振動の古典力学的 Hamilton 関数は (3.77), (3.78) 式で与えられた．ここではこれらを量子化してその固有状態を求め，実験値と比較することをめざす．

一般に古典力学的 Hamilton 関数が与えられても，その量子化は一意的ではない．ここでは A. Bohr にならって，Pauli の量子化の処方を用いて (3.77) 式の Hamilton 関数の量子化を行う．[*8] この量子化の方法が正しいか否かは，その結果を実験と比較することによって確かめられるであろう．したがって，量子化の方法そのものが"模型"の一部である，と理解してよいだろう．

いま曲線座標 $q_1, q_2, \ldots, q_N$ で表される N 次元空間を考える． N 個の座標をまとめて，しばしば (q) と簡略表現する．古典力学的運動エネルギーが

$$T = \frac{1}{2} \sum_{\mu,\nu} g_{\mu\nu}(q) \dot{q}_\mu \dot{q}_\nu \tag{3.80}$$

で与えられるものとする． $g_{\mu\nu}$ は座標 $q_1, q_2, \ldots, q_N$ だけの関数で， $g_{\nu\mu} = g_{\mu\nu}$ であるとする．この N 次元空間の線要素 (length element) ds は

$$(ds)^2 = 2T(dt)^2 = \sum_{\mu,\nu} g_{\mu\nu}(q)\, dq_\mu dq_\nu \tag{3.81}$$

で与えられ，量子化された運動エネルギー演算子 $\widehat{T}$ は

$$\widehat{T} = -\frac{1}{2}\hbar^2 \sum_{\mu,\nu} \frac{1}{\sqrt{|G|}} \frac{\partial}{\partial q_\mu} \sqrt{|G|}\, (G^{-1})_{\mu\nu} \frac{\partial}{\partial q_\nu} \tag{3.82}$$

である．ただし， $G = (g_{\mu\nu})$ は $g_{\mu\nu}$ を行列要素とする行列であり， $(G^{-1})_{\mu\nu}$ はその逆行列 G^{-1} の行列要素である．また $|G|$ は行列 G の行列式である．このとき，この N 次元空間の体積要素 (volume element) $d\tau$ は

$$d\tau = \sqrt{|G|}\, dq_1 dq_2 \cdots dq_N \tag{3.83}$$

で与えられる．

[*8] A. Bohr, Mat. Fis. Medd. Dan. Vid. Selsk., **26**(1952) No. 14.

上の量子化の考え方の筋道だけを説明しておこう．

座標 (x_μ) が直角座標 (Cartesian 座標) で，古典力学的運動エネルギーが標準形

$$T = \frac{1}{2}\sum_\mu m_\mu \dot{x}_\mu^2, \qquad (m_\mu\text{は定数}) \tag{3.84}$$

で与えられるならば，x_μ に共役な正準運動量 $p_\mu = m_\mu \dot{x}_\mu$ を使って通常の正準量子化 $p_\mu \to -i\hbar(\partial/\partial x_\mu)$ を行い，運動エネルギー演算子

$$\widehat{T} = -\frac{1}{2}\hbar^2 \sum_\mu \frac{1}{m_\mu}\left(\frac{\partial}{\partial x_\mu}\right)^2 \tag{3.85}$$

が得られる．

したがって，曲線座標 (q) から直角座標 (x) へ座標変換することによって $(ds)^2 = dx_1^2 + \cdots + dx_N^2$ とし，古典力学的運動エネルギー (3.80) を (3.84) の形の標準形に変換し，そこで正準量子化を行って (3.85) 式の形の運動エネルギー演算子を求め，再び元の曲線座標 (q) へ逆変換すれば (3.82) の形の運動エネルギー演算子が得られる．このとき体積要素 $d\tau = dx_1 \cdots dx_N$ が (3.83) 式の形に変換される．

さてわれわれの場合，楕円体の方向を表す Euler 角 $(\theta_1, \theta_2, \theta_3)$ と，変形を表す変数 (β, γ) の合計 5 つの集団座標を考えなければならない．これらを 5 次元の曲線座標 $q_1, q_2, \ldots, q_5$ に

$$q_1 = \theta_1, \quad q_2 = \theta_2, \quad q_3 = \theta_3, \quad q_4 = \beta, \quad q_5 = \gamma \tag{3.86}$$

と割り当てる．古典力学的運動エネルギー $T = T_{\text{rot}} + T_{\text{vib}}$ は (3.78) 式で与えられ，

$$T_{\text{rot}} = \frac{1}{2}\sum_{i,j=1}^{3}\left(\sum_{k=1}^{3}\mathcal{J}_k V_{ki}V_{kj}\right)\dot{q}_i^2 \dot{q}_j^2, \tag{3.87a}$$

$$T_{\text{vib}} = \frac{1}{2}(B\,\dot{q}_4^2 + B\,\beta^2 \dot{q}_5^2) \tag{3.87b}$$

と書かれる．なお T_{rot} を (3.78a) 式から (3.87a) 式に書き換えるときに，物体固定系における角速度の成分 ω_k' と Euler 角の時間微分との間の関係式

$$\omega_k' = \sum_{i=1}^{3} V_{ki}\dot{\theta}_i, \quad (k = 1, 2, 3) \tag{3.88}$$

が用いられている ((A.56) 式参照)．したがって，(3.87a) 式における V_{ki}, V_{kj} は行列 (A.2b) の行列要素である．これらの行列要素の具体形を使って (3.81) 式から行列 $G = (g_{\mu\nu})$ の行列要素を求めると，0 でない $g_{\mu\nu}$ は

$$g_{11} = \mathcal{J}_1 \sin^2 \theta_2 \cos^2 \theta_3 + \mathcal{J}_2 \sin^2 \theta_2 \sin^2 \theta_3 + \mathcal{J}_3 \cos^2 \theta_2,$$

$$g_{12} = -(\mathcal{J}_1 - \mathcal{J}_2)\sin\theta_2 \cos\theta_3 \sin\theta_3,$$

$$g_{13} = \mathcal{J}_3 \cos\theta_2,$$

$$g_{21} = g_{12},$$

$$g_{22} = \mathcal{J}_1 \sin^2 \theta_3 + \mathcal{J}_2 \cos^2 \theta_3,$$

$$g_{31} = g_{13},$$

$$g_{33} = \mathcal{J}_3,$$

$$g_{44} = B,$$

$$g_{55} = B\beta^2 \tag{3.89}$$

であり, それ以外の $g_{\mu\nu}$ はすべて 0 となる. したがって, 行列式 $|G|$ は

$$|G| = B^2 \beta^2 \mathcal{J}_1 \mathcal{J}_2 \mathcal{J}_3 \sin^2 \theta_2 \tag{3.90}$$

となる. 行列 G の逆行列 G^{-1} も容易に求められるが, 結果は少し長くなるのでここでは省略する.

以上の結果を (3.82) 式に代入し, (3.87a) 式の $T_{\rm rot}$ を量子化すれば, 回転運動の運動エネルギーの演算子は

$$\begin{aligned}\widehat{T}_{\rm rot} = &-\frac{\hbar^2}{2\mathcal{J}_1(\beta,\gamma)}\left(-\frac{\cos\theta_3}{\sin\theta_2}\frac{\partial}{\partial \theta_1} + \sin\theta_3 \frac{\partial}{\partial \theta_2} + \cot\theta_2 \cos\theta_3 \frac{\partial}{\partial \theta_3}\right)^2 \\ &-\frac{\hbar^2}{2\mathcal{J}_2(\beta,\gamma)}\left(\frac{\sin\theta_3}{\sin\theta_2}\frac{\partial}{\partial \theta_1} + \cos\theta_3 \frac{\partial}{\partial \theta_2} - \cot\theta_2 \sin\theta_3 \frac{\partial}{\partial \theta_3}\right)^2 \\ &-\frac{\hbar^2}{2\mathcal{J}_3(\beta,\gamma)}\left(\frac{\partial}{\partial \theta_3}\right)^2 \end{aligned} \tag{3.91}$$

となる. 物体回転の角運動量の物体固定系での x', y', z' 成分 $\widehat{I}'_k$ $(k=1,2,3)$ を (A.33) 式で定義した演算子 $\widehat{L}'_k$ $(k=1,2,3)$ を使って

$$\widehat{I}'_k = \hbar \widehat{L}'_k, \quad (k=1,2,3) \tag{3.92}$$

とする. これらの角運動量演算子の成分は交換関係

$$[\widehat{I}'_1, \widehat{I}'_2] = -i\hbar \widehat{I}'_3, \quad [\widehat{I}'_2, \widehat{I}'_3] = -i\hbar \widehat{I}'_1, \quad [\widehat{I}'_3, \widehat{I}'_1] = -i\hbar \widehat{I}'_2 \tag{3.93}$$

をみたす．この交換関係は空間固定系のそれと符号が逆転している．これらの角運動量の成分を用いると

$$\widehat{T}_{\rm rot} = \sum_{k=1}^{3} \frac{\widehat{I}_k'^2}{2\mathcal{J}_k(\beta,\gamma)} \tag{3.94}$$

と表される．同様にして振動運動の運動エネルギーの演算子は

$$\widehat{T}_{\rm vib} = -\frac{\hbar^2}{2B}\left(\frac{1}{\beta^4}\frac{\partial}{\partial\beta}\beta^4\frac{\partial}{\partial\beta} + \frac{1}{\beta^2}\frac{1}{\sin 3\gamma}\frac{\partial}{\partial\gamma}\sin 3\gamma\frac{\partial}{\partial\gamma}\right) \tag{3.95}$$

となる．

以上の結果をまとめると，4 重極変形した原子核の集団運動のハミルトニアン $\widehat{H}_{\rm coll}$ は

$$\widehat{H}_{\rm coll} = \sum_{k=1}^{3} \frac{\widehat{I}_k'^2}{2\mathcal{J}_k(\beta,\gamma)} - \frac{\hbar^2}{2B}\left(\frac{1}{\beta^4}\frac{\partial}{\partial\beta}\beta^4\frac{\partial}{\partial\beta} + \frac{1}{\beta^2}\frac{1}{\sin 3\gamma}\frac{\partial}{\partial\gamma}\sin 3\gamma\frac{\partial}{\partial\gamma}\right)$$
$$+ V(\beta,\gamma) \tag{3.96}$$

と書くことができる．ここで慣性モーメント $\mathcal{J}_k(\beta,\gamma)$ は (3.79) 式で与えられ，質量パラメーターは平衡変形 β_0, γ_0 に依存した定数と考えられる．このハミルトニアンが A. Bohr によって最初に導かれた**集団ハミルトニアン** (collective Hamiltonian) であり，原子核集団運動の研究の出発点となったものである．[*9]

なおポテンシャル $V(\beta,\gamma)$ の概念を理解するために，図 **3.10** に例があげられている．ポテンシャル $V(\beta,\gamma)$ は $\cos 3\gamma$ の関数でなければならないことがあとで明らかになる．したがって，$0 \leq \gamma < \pi/3$ の範囲のポテンシャルの値が与えられれば十分である．

今の場合の 5 次元曲線座標における体積要素は，(3.83), (3.90) 式を使って

$$d\tau = \sqrt{2}B^{5/2}\beta^4|\sin 3\gamma|\sin\theta_2\,d\beta d\gamma d\theta_1 d\theta_2 d\theta_3$$

となる．しかし定数因子は意味を持たないからこれを除いて，今後，体積要素を

$$d\widetilde{\tau} = d\Omega d\tau_1, \quad d\Omega = \sin\theta_2\,d\theta_1 d\theta_2 d\theta_3, \quad d\tau_1 = B^{5/2}\beta^4|\sin 3\gamma|d\beta d\gamma \tag{3.97}$$

[*9] A. Bohr, Mat. Fis. Medd. Dan. Vid. Selsk., **26**(1952) No. 14.
 A. Bohr, and B. R. Mottelson, Mat. Fis. Medd. Dan. Vid. Selsk., **27**(1953) No. 16.

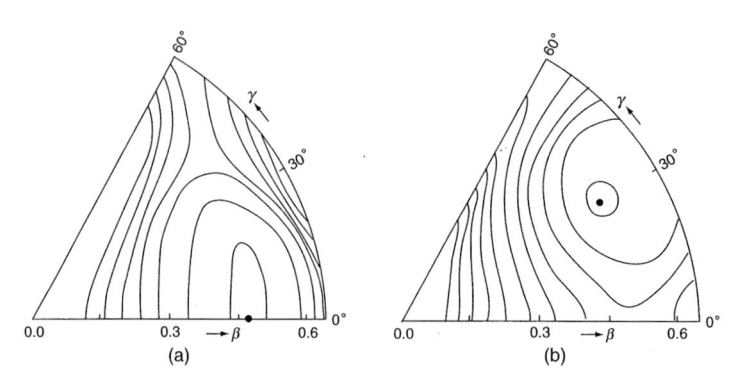

図 3.10 ポテンシャル $V(\beta,\gamma)$ の例
実線は等ポテンシャル線．黒点がポテンシャルの最低点．核力から得られた現実的な有効相互作用を使って，^{22}Ne と ^{24}Mg に対して計算したもの．(a) は ^{22}Ne の場合で，$\gamma_0 = 0°$ (軸対称形)．(b) は ^{24}Mg の場合で，$\gamma_0 = 30°$．K. Takada, Prog. Theor. Phys. **30**(1963) 60 より．

とする．$d\Omega$ は Euler 角に関する体積要素であり，$d\tau_1$ は (β,γ) 座標に関する体積要素である．(もし B が定数ならば，$B^{5/2}$ を $d\tau_1$ から除いてもかまわない．) したがって，回転運動の波動関数 $\Phi(\theta_1,\theta_2,\theta_3)$ および振動運動の波動関数 $\Psi(\beta,\gamma)$ の規格化は，それぞれ以下のようになる：

$$\int \Phi^*(\theta_1,\theta_2,\theta_3)\Phi(\theta_1,\theta_2,\theta_3)d\Omega = 1, \quad \int \Psi^*(\beta,\gamma)\Psi(\beta,\gamma)d\tau_1 = 1. \tag{3.98}$$

3.2.3 集団運動の波動関数とその対称性

空間固定系における角運動量演算子の x,y,z 成分をそれぞれ $\widehat{I}_1, \widehat{I}_2, \widehat{I}_3$ と表す．また (3.92) 式で定義したように，物体固定系における角運動量の x',y',z' 成分は，それぞれ $\widehat{I}'_1, \widehat{I}'_2, \widehat{I}'_3$ である．付録 **A** の (A.48), (A.50), (A.53) 式から

$$\widehat{\boldsymbol{I}}^2 D^I_{MK}(\theta_i) = \hbar^2 I(I+1) D^I_{MK}(\theta_i), \tag{3.99a}$$

$$\widehat{I}_3 D^I_{MK}(\theta_i) = \hbar M\, D^I_{MK}(\theta_i), \tag{3.99b}$$

$$\widehat{I}'_3 D^I_{MK}(\theta_i) = \hbar K\, D^I_{MK}(\theta_i) \tag{3.99c}$$

が成り立つ．

(3.96) 式の集団運動のハミルトニアン $\widehat{H}_{\text{coll}}$ が，角運動量の演算子 $\widehat{\boldsymbol{I}}^2 = \hbar^2 \widehat{\boldsymbol{L}}^2$ および $\widehat{I}_3 = \hbar \widehat{L}_3$ と交換可能であることは極めて当然であり，また**付録 A** の

(A.27), (A.33), (A.35) 式などから容易に確かめることができる．したがって，I および M がハミルトニアン $\widehat{H}_{\text{coll}}$ の固有状態の良い量子数であり，また $\widehat{H}_{\text{coll}}$ が変数分離型であるので，固有関数が

$$\Psi_{\tau IM}(\theta_i, \beta, \gamma) = \sum_{K=-I}^{I} g_{\tau IK}(\beta, \gamma) D^I_{MK}(\theta_i) \tag{3.100}$$

と書かれることは明らかである．ただし τ は状態を完全に指定するために必要なその他の量子数をまとめた付加的量子数である．

さて前に述べたように，楕円体の 3 つの主軸に物体固定系の x', y', z' 軸を "固定" するには，右手系に限ったとしても 24 通りの固定の仕方がある．これらの異なる固定の仕方に対して理論は不変でなければならない．このことを検討しよう．

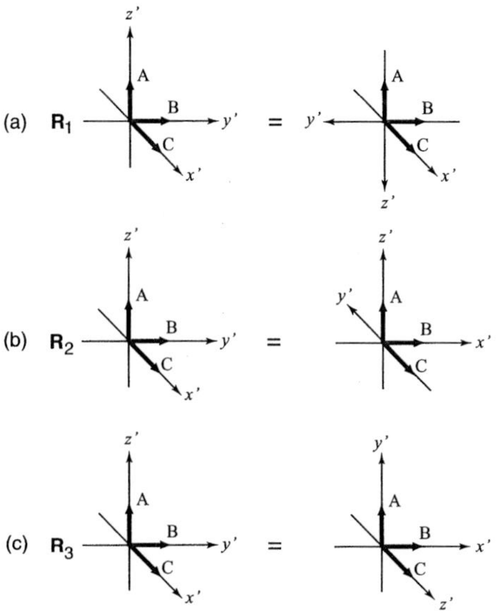

ある 1 つの "固定" のやり方を出発点にして，24 通りは次の 3 つの基本的変換 R_1, R_2, R_3 の組み合わせで作ることができる．

(1) R_1: z' 軸と y' 軸を同時に反転する (図 **3.11** の (a))．

(2) R_2: z' 軸のまわりに x' 軸と y' 軸を角度 $\pi/2$ だけ回転する (図 **3.11** の (b))．

(3) R_3: x' 軸，y' 軸，z' 軸を循環的に置換する (図 **3.11** の (c))．

図 **3.11** 楕円体の主軸 A, B, C に物体固定系の x', y', z' 軸を "固定" するための基本的変換 R_1, R_2, R_3

図は J. M. Eisenberg and W. Greiner, *Nuclear Models (Nuclear Theory)* Vol. 1, North-Holland (1987) より．

明らかに

$$(R_1)^2 = 1, \quad (R_2)^4 = 1, \quad (R_3)^{12} = 1 \tag{3.101}$$

であり，また楕円体の主軸に x', y', z' 軸を固定する 24 通りの仕方は，ある 1 つの "固定" から出発して

$$R = (R_1)^{n_1}(R_2)^{n_2}(R_3)^{n_3}, \quad (n_1, n_2, n_3 = 0 \text{ または正の整数}) \tag{3.102}$$

のいずれかの変換 R によって実現される．

さて上記の基本的変換 R_1, R_2, R_3 が 5 次元曲線座標 $(\theta_i, \beta, \gamma)$ にどのように作用するかを調べよう．まず Euler 角への作用を調べる．空間固定系から物体固定系への座標変換 $(x, y, z) \to (x', y', z')$ は

$$x'_i = \sum_j R_{ij}(\theta_1, \theta_2, \theta_3) x_j, \quad (i = 1, 2, 3) \tag{3.103}$$

で与えられ，変換行列 $R = (R_{ij})$ は (A.4) 式である．基本的変換 R_1, R_2, R_3 の座標 (x', y', z') への作用を Euler 角 $(\theta_1, \theta_2, \theta_3)$ の変換で表すのは容易であり，たとえば変換行列 R において $\theta_1 \to \theta_1 + \pi, \theta_2 \to \pi - \theta_2, \theta_3 \to -\theta_3$ とすれば，y' 座標と z' 座標の符号を逆転させた変換になっているので，これはまさに図 **3.11** の (a) に示されるように，R_1 の変換に相当する．したがって，

$$R_1(\theta_1, \theta_2, \theta_3) = (\theta_1 + \pi, \pi - \theta_2, -\theta_3) \tag{3.104a}$$

と書かれる．同様に R_2, R_3 については

$$R_2(\theta_1, \theta_2, \theta_3) = (\theta_1, \theta_2, \theta_3 + \pi/2) \tag{3.104b}$$

$$R_3(\theta_1, \theta_2, \theta_3) = (\theta_1, \theta_2 + \pi/2, \theta_3 + \pi/2) \tag{3.104c}$$

が容易に確かめられる．次に，R_1, R_2, R_3 の集団座標 (β, γ) への作用を調べる．原子核楕円体の表面は物体固定系において (3.60) 式で表される．これは

$$R'(x', y', z') = R_0 \left(1 + \alpha'_{xx} \frac{x'^2}{r^2} + \alpha'_{yy} \frac{y'^2}{r^2} + \alpha'_{zz} \frac{z'^2}{r^2}\right) \tag{3.105}$$

と表すこともできる．係数 $\alpha'_{xx}, \alpha'_{yy}, \alpha'_{zz}$ と前に述べた $a_0, a_2 = a_{-2}$ とは

$$a_0 = \frac{1}{6}\sqrt{\frac{16\pi}{5}}(2\alpha'_{zz} - \alpha'_{xx} - \alpha'_{yy}), \quad a_2 = a_{-2} = \frac{1}{2}\sqrt{\frac{8\pi}{15}}(\alpha'_{xx} - \alpha'_{yy}) \tag{3.106}$$

の関係がある．基本的変換 R_1, R_2, R_3 を適用すると

$$R_1 \alpha'_{xx} = \alpha'_{xx}, \quad R_1 \alpha'_{yy} = \alpha'_{yy}, \quad R_1 \alpha'_{zz} = \alpha'_{zz}, \tag{3.107a}$$

$$R_2 \alpha'_{xx} = \alpha'_{yy}, \quad R_2 \alpha'_{yy} = \alpha'_{xx}, \quad R_2 \alpha'_{zz} = \alpha'_{zz}, \tag{3.107b}$$

$$R_3 \alpha'_{xx} = \alpha'_{yy}, \quad R_3 \alpha'_{yy} = \alpha'_{zz}, \quad R_3 \alpha'_{zz} = \alpha'_{xx} \tag{3.107c}$$

となる．したがって R_1, R_2, R_3 を $a_0, a_2 = a_{-2}$ に適用すると

$$R_1 a_0 = a_0, \qquad\qquad R_1 a_2 = a_2, \tag{3.108a}$$

$$R_2 a_0 = a_0, \qquad\qquad R_2 a_2 = -a_2, \tag{3.108b}$$

$$R_3 a_0 = -\frac{1}{2} a_0 + \frac{1}{2}\sqrt{6} a_2, \quad R_3 a_2 = -\frac{1}{4}\sqrt{6} a_0 - \frac{1}{2} a_2, \tag{3.108c}$$

となり，(3.65) 式を考慮すれば

$$R_1\beta = \beta, \qquad R_1\gamma = \gamma, \tag{3.109a}$$

$$R_2\beta = \beta, \qquad R_2\gamma = -\gamma, \tag{3.109b}$$

$$R_3\beta = \beta, \qquad R_3\gamma = \gamma - \frac{2}{3}\pi \tag{3.109c}$$

が得られる．

以上の結果をまとめると，基本的変換 R_1, R_2, R_3 が5次元曲線座標 $(\theta_i, \beta, \gamma)$ に作用する変換は

$$R_1(\theta_1, \theta_2, \theta_3, \beta, \gamma) = (\theta_1 + \pi, \pi - \theta_2, -\theta_3, \beta, \gamma), \tag{3.110a}$$

$$R_2(\theta_1, \theta_2, \theta_3, \beta, \gamma) = (\theta_1, \theta_2, \theta_3 + \pi/2, \beta, -\gamma), \tag{3.110b}$$

$$R_3(\theta_1, \theta_2, \theta_3, \beta, \gamma) = (\theta_1, \theta_2 + \pi/2, \theta_3 + \pi/2, \beta, \gamma - 2\pi/3), \tag{3.110c}$$

と表される．

前に述べたように原子核楕円体の主軸に物体固定系の座標軸を"固定"する24通りの異なる仕方に対して，すなわち上記の基本的変換 R_1, R_2, R_3 に対して，集団運動のハミルトニアン $\widehat{H}$ は不変でなければならない．(3.96)式から容易にわかるように，運動エネルギーの演算子がこの不変性をみたしていることは明らかである．ポテンシャル・エネルギー $V(\beta,\gamma)$ がこの条件をみたすためには

$$V(\beta,\gamma) = V(\beta,-\gamma) = V\left(\beta, \gamma - \frac{2}{3}\pi\right) \tag{3.111}$$

でなければならない．すなわち，ポテンシャル・エネルギー $V(\beta,\gamma)$ は，γ 依存性に関しては，<u>$\cos 3\gamma$ の関数でなければならない</u>．したがって，$0 \leq \gamma < \pi/3$ の範囲のポテンシャル・エネルギー $V(\beta,\gamma)$ が与えられるならば，γ の全領域の $V(\beta,\gamma)$ が与えられたことになる．

基本的変換 R_1, R_2, R_3 に対するハミルトニアン $\widehat{H}$ の不変性が明らかになったので，次は波動関数 (3.100) の対称性について検討する．

まず R_2 に関する対称性を調べる．R_2 を波動関数 (3.100) に作用させると，(3.110b)式から

$$R_2 \Psi_{\tau IM}(\theta_i, \beta, \gamma) = \sum_K g_{\tau IK}(\beta, -\gamma) D^I_{MK}(\theta_1, \theta_2, \theta_3 + \pi/2) \tag{3.112}$$

が得られる．D 関数の定義から容易にわかるように

$$D^I_{MK}(\theta_1, \theta_2, \theta_3 + \pi/2) = e^{i\pi K/2} D^I_{MK}(\theta_1, \theta_2, \theta_3) \tag{3.113}$$

である．したがって，変換 R_2 に対して波動関数が不変であるためには

$$g_{\tau IK}(\beta,\gamma) = e^{i\pi K/2} g_{\tau IK}(\beta,-\gamma) \tag{3.114}$$

をみたさなければならない．変換 R_2 を 2 回重ねて行うと，

$$g_{\tau IK}(\beta,\gamma) = (-1)^K g_{\tau IK}(\beta,\gamma)$$

となり，$K = $ 奇数のときは $g_{\tau IK}(\beta,\gamma) = 0$ となる．すなわち

$$K = 0, \pm 2, \pm 4, \cdots \tag{3.115}$$

のみが許される．

次に R_1 について検討する．(3.110a) 式から明らかなように，R_1 は β,γ には何らの影響を与えず，Euler 角にのみ作用するので，

$$R_1 D^I_{MK}(\theta_1,\theta_2,\theta_3) = D^I_{MK}(\theta_1+\pi, \pi-\theta_2, -\theta_3) \tag{3.116}$$

だけ考えればよい．D 関数の定義，およびその対称性 (A.19), (A.20) を使って，容易に

$$\begin{aligned}D^I_{MK}(\theta_1+\pi, \pi-\theta_2, -\theta_3) &= (-1)^M e^{-iM\theta_1} d^I_{MK}(\theta_2) e^{iK\theta_3} \\ &= (-1)^{I-2K} D^I_{M-K}(\theta_1,\theta_2,\theta_3)\end{aligned}$$

が求められるので，

$$R_1 D^I_{MK}(\theta_1,\theta_2,\theta_3) = (-1)^{I-2K} D^I_{M-K}(\theta_1,\theta_2,\theta_3) \tag{3.117}$$

が得られる．したがって，波動関数 (3.100) が R_1 に対して不変になるためには，Euler 角に関係する部分は

$$D^I_{MK}(\theta_i) + (-1)^{I-2K} D^I_{M-K}(\theta_i) \tag{3.118}$$

の形でなければならない．

最後に，(3.110c) 式から明らかなように，R_3 に対する波動関数の不変性は

$$\begin{aligned}R_3 \Psi_{\tau IM}(\theta_i,\beta,\gamma) &= \sum_K g_{\tau IK}(\beta,\gamma-2\pi/3) \sum_{K'} D^I_{MK'}(\theta_i) D^I_{K'K}(0,\pi/2,\pi/2) \\ &= \Psi_{\tau IM}(\theta_i,\beta,\gamma)\end{aligned}$$

であるから，振動運動の波動関数 $g_{\tau IK}(\beta,\gamma)$ は

$$g_{\tau IK}(\beta,\gamma) = \sum_{K'} D^I_{KK'}(0,\pi/2,\pi/2)\, g_{\tau IK}(\beta,\gamma-2\pi/3) \qquad (3.119)$$

をみたさなければならない．この結果と (3.114) 式とを考慮すると，振動運動の波動関数は $0 \leq \gamma < \pi/3$ の領域の値が得られれば十分であることがわかる．

以上をまとめると，4重極変形核の集団運動の波動関数は

$$\Psi_{\tau IM}(\theta_i,\beta,\gamma) = \sum_K \left[D^I_{MK}(\theta_i) + (-1)^I D^I_{M-K}(\theta_i) \right] g_{\tau IK}(\beta,\gamma) \qquad (3.120)$$

となる．ここで許される I, K の値は

$$\begin{aligned} &K = 0, 2, 4, \cdots, \\ &I = 0, 2, 4, \cdots, \qquad (K=0\text{ のとき}) \\ &I = K, K+1, K+2, \cdots, \qquad (K \neq 0\text{ のとき}) \end{aligned} \qquad (3.121)$$

であり，振動運動の波動関数 $g_{\tau IK}(\beta,\gamma)$ は対称性の条件 (3.114), (3.119) をみたさなければならない．注目すべきは，

<u>K は偶数のみ，$K=0$ のときは I は偶数のみ，$I=1$ は存在しない</u>，

という点である．

3.2.4 回転・振動模型

(a) エネルギー・スペクトル

集団ハミルトニアン (3.96) の解を検討し，4重極変形核の集団運動のエネルギー・スペクトルを求めよう．そのために集団ハミルトニアン $\widehat{H}_{\text{coll}} = \widehat{T}_{\text{rot}} + \widehat{T}_{\text{vib}} + V$ を次のように回転運動のハミルトニアン $\widehat{H}_{\text{rot}}$，振動運動のハミルトニアン $\widehat{H}_{\text{vib}}$ および回転・振動相互作用 $\widehat{H}'_{\text{rot}-\text{vib}}$ に分けて表そう：

$$\widehat{H}_{\text{coll}} = \widehat{H}_{\text{rot}} + \widehat{H}_{\text{vib}} + \widehat{H}'_{\text{rot}-\text{vib}}, \qquad (3.122\text{a})$$

$$\widehat{H}_{\text{rot}} = \widehat{T}_{\text{rot}}(\beta_0,\gamma_0) = \sum_{k=1}^{3} \frac{\widehat{I}_k'^{\,2}}{2\mathcal{J}_k(\beta_0,\gamma_0)}, \qquad (3.122\text{b})$$

$$\widehat{H}_{\text{vib}} = \widehat{T}_{\text{vib}} + V(\beta,\gamma), \qquad (3.122\text{c})$$

$$\widehat{H}'_{\text{rot}-\text{vib}} = \widehat{T}_{\text{rot}}(\beta,\gamma) - \widehat{T}_{\text{rot}}(\beta_0,\gamma_0). \qquad (3.122\text{d})$$

ただし $\widehat{T}_{\rm rot}(\beta,\gamma)$ および $\widehat{T}_{\rm vib}$ は，それぞれ (3.94) 式および (3.95) 式で与えられるものである．

平衡変形 β_0, γ_0 の近傍での振動が微小であるとするならば，回転・振動相互作用 $\widehat{H}'_{\rm rot-vib}$ は比較的小さいと考えられるので，この項は摂動論的に取り扱うことができるであろう．あるいは $\widehat{H}_{\rm rot} + \widehat{H}_{\rm vib}$ の固有状態を基底ベクトルとして対角化することも可能である．

多くの 4 重極変形核は，高い励起状態でない限り，軸対称 (回転対称) すなわち回転楕円体型の平衡変形をしていると考えられる．したがって $\underline{\gamma_0 = 0}$ である．慣性モーメントの一般形 (3.79) からわかるように，第 1, 2 軸 (x', y' 軸) のまわりの慣性モーメントは等しく，

$$\mathcal{J} = \mathcal{J}_1(\beta_0, \gamma_0=0) = \mathcal{J}_2(\beta_0, \gamma_0=0) \tag{3.123a}$$

であり，さらに

$$\mathcal{J}_3(\beta_0, \gamma_0=0) = 0 \tag{3.123b}$$

となり，第 3 軸 (z' 軸) まわりの回転は存在しない．このとき回転運動のハミルトニアン $\widehat{H}_{\rm rot}$ は

$$\widehat{H}_{\rm rot} = \frac{1}{2\mathcal{J}}(\widehat{I}'^2_1 + \widehat{I}'^2_2) = \frac{1}{2\mathcal{J}}(\widehat{I}^2 - \widehat{I}'^2_3), \tag{3.124}$$

となり，$\widehat{H}'_{\rm rot-vib}$ を無視すれば，(3.99) 式から，$\widehat{I}'^2_3$ の固有値 $\hbar^2 K^2$ が良い量子数となって，集団運動の波動関数 (3.120) において異なる K が混じることはない．したがって $\widehat{H}_{\rm rot}$ の固有エネルギーは

$$E_{\rm rot} = \frac{\hbar^2}{2\mathcal{J}}[I(I+1) - K^2] \tag{3.125}$$

と置くことができる．また振動運動に対するポテンシャル $V(\beta, \gamma)$ を平衡点 $(\beta_0, \gamma_0 = 0)$ のまわりで展開し，その (定数を除く) 最低次のみをとれば

$$V(\beta, \gamma) \approx \frac{1}{2}C_\beta(\beta - \beta_0)^2 + \frac{1}{2}C_\gamma \gamma^2 \tag{3.126}$$

と近似できる．さらに (3.95) 式の $\widehat{T}_{\rm vib}$ において $\beta \approx \beta_0$, $\sin 3\gamma \approx 3\gamma$ と近似すると，集団ハミルトニアン $\widehat{H}_{\rm coll}$ は回転のハミルトニアン $\widehat{H}_{\rm rot}$, β 振動のハミルトニアン $\widehat{H}_\beta$, γ 振動のハミルトニアン $\widehat{H}_\gamma$ および残りの回転・振動の結合

ハミルトニアン $\widehat{H}_{\text{rot-vib}}$ に分けられ,

$$\widehat{H}_{\text{coll}} = \widehat{H}_{\text{rot}} + \widehat{H}_\beta + \widehat{H}_\gamma + \widehat{H}_{\text{rot-vib}}, \tag{3.127a}$$

$$\widehat{H}_{\text{rot}} = \frac{1}{2\mathcal{J}}(\widehat{I}_1'^2 + \widehat{I}_2'^2) = \frac{1}{2\mathcal{J}}(\widehat{\boldsymbol{I}}^2 - \widehat{I}_3'^2), \tag{3.127b}$$

$$\widehat{H}_\beta = -\frac{\hbar^2}{2B}\frac{\partial^2}{\partial \beta^2} + \frac{1}{2}C_\beta(\beta - \beta_0)^2, \tag{3.127c}$$

$$\widehat{H}_\gamma = -\frac{\hbar^2}{2B\beta_0^2}\left[\frac{1}{\gamma}\frac{\partial}{\partial \gamma}\left(\gamma\frac{\partial}{\partial \gamma}\right) - \frac{K^2}{4\gamma^2}\right] + \frac{1}{2}C_\gamma\gamma^2 \tag{3.127d}$$

となる. $\widehat{H}_{\text{coll}}^{(0)} = \widehat{H}_{\text{rot}} + \widehat{H}_\beta + \widehat{H}_\gamma$ が集団ハミルトニアンの主要部分である. ここで, (3.122d) 式の $\widehat{H}_{\text{rot-vib}}'$ の中に含まれていた $\widehat{I}_3'^2/(2\mathcal{J}_3(\beta_0, \gamma)) \approx \hbar^2 K^2/(8B\beta_0^2\gamma^2)$ が $\widehat{H}_\gamma$ の中に取り込まれ, (3.127d) 式の右辺の括弧 [...] の中の第2項となっている. したがって, この項を除いた $\widehat{H}_{\text{rot-vib}}'$ の残りのすべてが $\widehat{H}_{\text{rot-vib}}$ である.

以上の結果から, 集団ハミルトニアンの主要部分 $\widehat{H}_{\text{coll}}^{(0)} = \widehat{H}_{\text{rot}} + \widehat{H}_\beta + \widehat{H}_\gamma$ のエネルギー固有値を求めることができる. まず, 回転運動 $\widehat{H}_{\text{rot}}$ の固有値は (3.125) 式で与えられる. β 振動のハミルトニアン (3.127c) は1次元調和振動子のそれと同等であるから, エネルギー固有値は簡単に求められる. γ 振動のハミルトニアン (3.127d) の固有値については**付録 B** で詳しく述べられている. これらの結果をまとめると, ハミルトニアン $\widehat{H}_{\text{coll}}^{(0)}$ のエネルギー固有値は

$$E_{\text{coll}}^{(0)}(I, K, n_\beta, n_\gamma) = \frac{\hbar^2}{2\mathcal{J}}[I(I+1) - K^2] + \left(n_\beta + \frac{1}{2}\right)\hbar\omega_\beta + (n_\gamma + 1)\hbar\omega_\gamma,$$

$$n_\beta = 0, 1, 2, \cdots, \quad n_\gamma = 2n_2 + \frac{1}{2}K, \quad n_2 = 0, 1, 2, \cdots \tag{3.128}$$

となる. ただし

$$\omega_\beta = \sqrt{\frac{C_\beta}{B}}, \qquad \omega_\gamma = \sqrt{\frac{C_\gamma}{B\beta_0^2}}. \tag{3.129}$$

(3.121) 式で述べたように $K = 0, 2, 4, \cdots$ であることに注意すべきである.

(3.128) 式で表されるエネルギー・レベルを概念的に図示したものが図 **3.12** である. 縦列に並べられた各グループは, 同一の K, n_β, n_γ を持ち, 異なる I のレベルで構成されたグループである. これらのグループはバンド (band) または**回転バンド** (rotational band) と呼ばれる. (3.121) 式が示すように, $K = 0$ のバンドは $I = 0, 2, 4, \cdots$ のレベルで構成され, $K \neq 0$ のバンドは $I = |K|+1, |K|+2, \cdots$

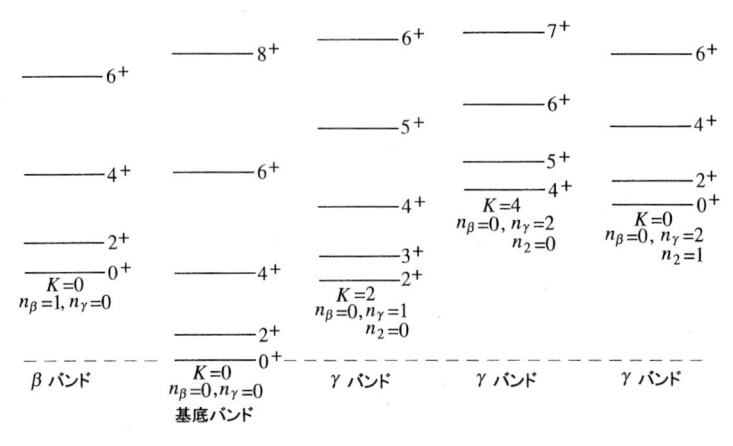

図 3.12 回転・振動模型によるバンド構造の概念図

のレベルで構成される．また基底状態 $(I = K = 0, n_\beta = 0, n_\gamma = 0)$ からスタートするバンドを**基底バンド** (ground band)，β 振動の励起状態 (たとえば $(I=K=0, n_\beta=1, n_\gamma=0)$) からスタートするバンドを **$\beta$ バンド** (β band)，γ 振動の励起状態 (たとえば $(I=K=2, n_\beta=0, n_\gamma=1)$) からスタートするバンドを **$\gamma$ バンド** (γ band) と呼ぶ．このように回転・振動ハミルトニアン $\hat{H}_{\text{coll}}^{(0)}$ の固有値でエネルギー・スペクトルを分析する方法を**回転・振動模型** (rotation-vibration model) と呼んでいる．

上述の回転・振動模型においては，第 0 近似として回転運動と振動運動との間の相互作用のハミルトニアン $\hat{H}_{\text{rot-vib}}$ を無視した．しかしエネルギーの高い状態や，スピン I が大きい状態になると $\hat{H}_{\text{rot-vib}}$ を無視することができなくなる．そのような領域においては $\hat{H}_{\text{rot-vib}}$ を摂動論的に評価したり，あるいは回転・振動状態を基底ベクトルにして $\hat{H}_{\text{rot-vib}}$ を対角化しなければならない．その結果，たとえばスピンが大きくなるにしたがい，遠心力により原子核楕円体が伸びて慣性モーメントが大きくなる効果や，軸対称性が崩れて K が良い量子数でなくなって K 混合が生じる効果が考えられる．これらの詳しい議論はここでは割愛する．

(b) 電気 4 重極遷移

電気 4 重極遷移の演算子は (3.47) 式における集団座標 $\alpha_{2\mu} = \alpha_\mu$ を (3.61) 式を使って物体固定座標系に変換することによって得られる．すなわち

$$\mathcal{M}(\text{E}2\mu) = \frac{3}{4\pi} Z e R_0^2 \alpha_\mu = \frac{3}{4\pi} Z e R_0^2 \sum_\nu D_{\mu\nu}^2(\theta_i) a_\nu \qquad (3.130)$$

である.

一方,前項で議論した軸対称の平衡変形核の回転・振動模型の波動関数は,(3.120) 式で示したように

$$\Phi_{IMKn_\beta n_\gamma}(\theta_i, \xi, \eta) = \sqrt{\frac{2I+1}{16\pi^2}} \frac{1}{\sqrt{1+\delta_{K0}}} [D_{MK}^I(\theta_i) + (-1)^I D_{M-K}^I(\theta_i)]$$
$$\times g_{n_\beta}(\xi) f_{Kn_\gamma}(\eta) \qquad (3.131)$$

と書かれる.ここで β 振動の変数は $\xi = a_0 - \beta_0 \approx \beta - \beta_0$,$\gamma$ 振動の変数は $\eta = a_2 \approx \beta_0 \gamma/\sqrt{2}$ である ((B.7) 式参照).$g_{n_\beta}(\xi)$,$f_{Kn_\gamma}(\eta)$ は規格直交化されているものとする.簡単のため振動部分の波動関数を $|K, n_\beta, n_\gamma\rangle$ と表すことにする.

D 関数に関する公式

$$\int_0^{2\pi} d\theta_1 \int_0^\pi \sin\theta_2 d\theta_2 \int_0^{2\pi} d\theta_3 \, D_{M_f K_f}^{I_f \, *}(\theta_i) D_{\mu\nu}^\lambda(\theta_i) D_{M_i K_i}^{I_i}(\theta_i)$$
$$= \frac{8\pi^2}{2I_f+1} \langle I_i M_i \lambda \mu | I_f M_f \rangle \langle I_i K_i \lambda \nu | I_f K_f \rangle \qquad (3.132)$$

を使って,波動関数 (3.131) に関する電気 4 重極遷移の演算子 $\mathcal{M}(\text{E}2)$ の換算行列要素を計算すると,

$$\langle I_f K_f n_\beta^f n_\gamma^f || \mathcal{M}(\text{E}2) || I_i K_i n_\beta^i n_\gamma^i \rangle$$
$$= \sqrt{\frac{5}{16\pi}} \frac{eQ_0}{\beta_0} \frac{\sqrt{2I_i+1}}{\sqrt{(1+\delta_{K_i 0})(1+\delta_{K_f 0})}}$$
$$\times \sum_\nu \left[\langle I_i K_i 2\nu | I_f K_f \rangle + (-1)^{I_i} \langle I_i - K_i 2\nu | I_f K_f \rangle \right]$$
$$\times \langle K_f, n_\beta^f, n_\gamma^f | a_\nu | K_i, n_\beta^i, n_\gamma^i \rangle \qquad (3.133)$$

となる.ただし Q_0 は (3.57) 式で定義された**固有 4 重極モーメント** (intrinsic quadrupole moment)

$$Q_0 = \frac{3}{\sqrt{5\pi}} Z R_0^2 \beta_0 \qquad (3.134)$$

である.

いま，バンド内の遷移を考える．すなわち，$K_i = K_f = K$, $n_\beta^i = n_\beta^f = n_\beta$, $n_\gamma^i = n_\gamma^f = n_\gamma$ の場合 $\langle K, n_\beta, n_\gamma | a_0 | K, n_\beta, n_\gamma \rangle = \beta_0$ であるから，

$$\langle I_f K n_\beta n_\gamma \| \mathcal{M}(\mathrm{E2}) \| I_i K n_\beta n_\gamma \rangle = \sqrt{\frac{5}{16\pi}} e Q_0 \sqrt{2I_i + 1} \langle I_i K 20 | I_f K \rangle \tag{3.135a}$$

となる．

β バンド から基底バンド への遷移の場合，すなわち $K_i = K_f = 0$, $n_\beta^i = 1$, $n_\beta^f = 0$, $n_\gamma^i = n_\gamma^f = 0$ の場合，

$$\langle 0, 0, 0 | a_0 | 0, 1, 0 \rangle = \frac{1}{\sqrt{2\nu_\beta}}, \qquad \nu_\beta = \frac{\sqrt{BC_\beta}}{\hbar}$$

であるから，

$$\langle I_f K_f{=}0, n_\beta^f{=}0, n_\gamma^f{=}0 \| \mathcal{M}(\mathrm{E2}) \| I_i K_i{=}0, n_\beta^i{=}1, n_\gamma^i{=}0 \rangle$$
$$= \sqrt{\frac{5}{16\pi}} e Q_0 \sqrt{2I_i + 1} \langle I_i 020 | I_f 0 \rangle \left(\frac{\hbar}{2\beta_0^2 \sqrt{BC_\beta}} \right)^{1/2} \tag{3.135b}$$

となる．

γ バンド から基底バンド への遷移の場合，すなわち $K_i = 2$, $K_f = 0$, $n_\beta^i = n_\beta^f = 0$, $n_\gamma^i = 1$, $n_\gamma^f = 0$ の場合，

$$\langle 0, 0, 0 | a_0 | 2, 0, 1 \rangle = \frac{1}{\sqrt{\nu_\gamma}}, \qquad \nu_\gamma = \frac{2\sqrt{BC_\gamma}}{\hbar \beta_0}$$

であるから，

$$\langle I_f K_f{=}0, n_\beta^f{=}0, n_\gamma^f{=}0 \| \mathcal{M}(\mathrm{E2}) \| I_i K_i{=}2, n_\beta^i{=}0, n_\gamma^i{=}1 \rangle$$
$$= \sqrt{\frac{5}{16\pi}} e Q_0 \sqrt{2I_i + 1} \langle I_i 22 - 2 | I_f 0 \rangle \left(\frac{\hbar}{\beta_0 \sqrt{BC_\gamma}} \right)^{1/2} \tag{3.135c}$$

となる．

以上の結果からバンド内・バンド間の電気4重極遷移の換算確率を求めると，(バンド内) 遷移は

$$B(\mathrm{E2}; I_i \to I_f) = \frac{5}{16\pi} e^2 Q_0^2 \langle I_i K 20 | I_f K \rangle^2, \tag{3.136a}$$

(β バンド $\to$ 基底バンド) 遷移は

$$B(\text{E2}; I_i\beta \to I_f \text{g}) = \frac{5}{16\pi} e^2 Q_0^2 \frac{\hbar}{2\beta_0^2 \sqrt{BC_\beta}} \langle I_i 020|I_f 0\rangle^2, \quad (3.136\text{b})$$

(γ バンド $\to$ 基底バンド) 遷移は

$$B(\text{E2}; I_i\gamma \to I_f \text{g}) = \frac{5}{16\pi} e^2 Q_0^2 \frac{\hbar}{\beta_0 \sqrt{BC_\gamma}} \langle I_i 22-2|I_f 0\rangle^2 \quad (3.136\text{c})$$

となる．特に (3.136c) 式を用いれば，γ バンド から基底バンド への遷移に関して **Alaga** の規則 (Alaga rule) と呼ばれる次の簡単な関係が得られる：

$$\frac{B(\text{E2}; 2^+\gamma \to 2^+ \text{g})}{B(\text{E2}; 2^+\gamma \to 0^+ \text{g})} = \frac{\langle 222-2|20\rangle^2}{\langle 222-2|00\rangle^2} = \frac{10}{7}. \quad (3.137)$$

大抵の偶々核の基底状態は 0^+，第 1 励起状態は 2^+ 状態である．(3.136a) 式において $I_i=0, K=0, I_f=2$ とおけば，**Coulomb 励起** (Coulomb excitation) の実験によって換算遷移確率

$$B(\text{E2}; 0^+ \to 2^+) = \frac{5}{16\pi} e^2 Q_0^2 \quad (3.138)$$

が測定でき，この $B(\text{E2})$ の測定値から固有 4 重極モーメント Q_0 が求められる．また，その結果から (3.134) 式を用いて平衡変形の大きさ β_0 の値を推定することができる．

3.2.5　実験との比較

ここまでに述べてきた回転・振動模型の性質を，実際の原子核が示すか否かを確かめてみよう．

図 **3.13** には $150 \lesssim A \lesssim 260$ の範囲のほとんどすべての偶々核の**イラスト状態** (yrast states)[10] の励起エネルギー E_I の第 1 励起 2^+ 状態の励起エネルギー E_2 に対する比，すなわち E_I/E_2 (スピン $I = 4, 6, 8, 10, 12, 14$) が示されている．(3.125) 式，または (3.128) 式からわかるように，もしこれらの状態が純粋な回転運動の状態ならば，励起エネルギー E_I は $I(I+1)$ に比例するはずである．したがって，そのときには

$$\frac{E_4}{E_2} = \frac{10}{3}, \quad \frac{E_6}{E_2} = 7, \quad \frac{E_8}{E_2} = 12, \quad \cdots \quad (3.139)$$

---

[10] 各々のスピン I に対するエネルギー最低の状態をイラスト状態と呼ぶ．

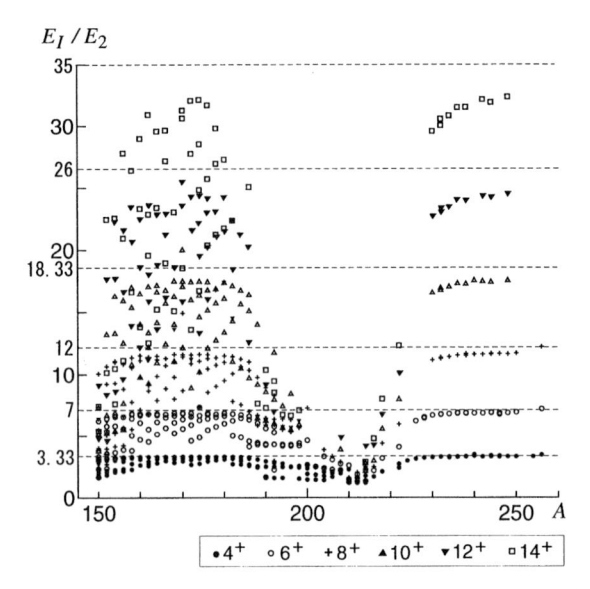

図 3.13 偶々核のイラスト状態 ($I = 4, 6, 8, 10, 12, 14$) の E_I/E_2 の実験値. ただし E_I はイラスト状態 I^+ の励起エネルギー. $150 \lesssim A \lesssim 250$ の範囲のほとんどすべての偶々核のイラスト状態が示されている. 状態が完全な回転運動状態ならば E_I は $I(I+1)$ 規則に従う. そのときの E_I/E_2 の値が水平破線で示されている. データは M. Sakai, Atomic Data and Nuclear Data Tables, **31**(1984) 399 より.

である. 図 3.13 に見られるように $150 \lesssim A \lesssim 190$ の領域の多くの偶々核の E_4/E_2 は 3.33 にかなり近い値を示している. 3.33 から少し離れた値を示すものは N または Z がマジックナンバーにやや近い核である. $A \gtrsim 226$ の領域ではほとんどの核が 3.33 である. $I = 6, 8$ についても上記の領域で同様に $I(I+1)$ の規則に近いものが多い. これらの結果から, $150 \lesssim A \lesssim 190$ および $A \gtrsim 226$ の領域のかなり多くの偶々核が回転運動を行っていることがわかる. しかし I が大きくなるにつれ, 実際の E_I が $I(I+1)$ の規則より下方へずれてくる. すなわち, 慣性モーメント $\mathcal{J}$ が I とともに徐々に大きくなってくる. これは回転・振動の相互作用などが無視できなくなることを示している.

回転・振動模型における基底, β および γ の各バンドがきれいに観測されている1例として ^{158}Dy のエネルギー準位が図 3.14 に示されている. 同様な例は $150 \lesssim A \lesssim 190$ および $A \gtrsim 226$ の領域に数多く見いだされる.

図 3.15 には $A \gtrsim 140$ の領域の 2_1^+ 状態から基底状態への換算遷移確率 $B(\text{E2}; 2_1^+ \to 0_1^+)$ の実験値が Weisskopf 単位 B_W を単位にして表されてい

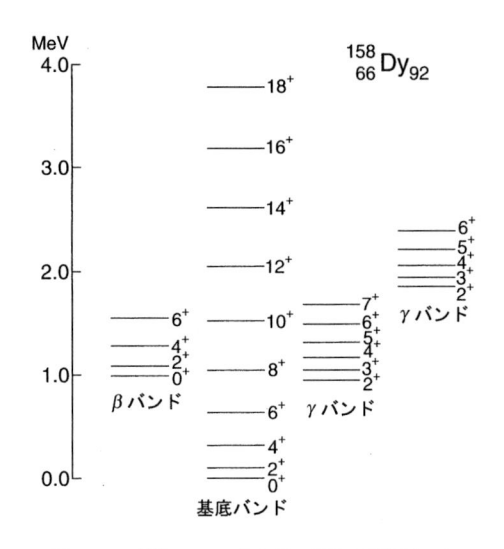

図 3.14 ^{158}Dy のエネルギー準位の実験データ
回転・振動模型によるバンド構造が見事に見られる．データは M. Sakai, Atomic Data and Nuclear Data Tables, **31**(1984) 399 より．

る．この図からわかるように，$150 \lesssim A \lesssim 190$ および $A \gtrsim 226$ の領域の $B(\mathrm{E}2; 2_1^+ \to 0_1^+)$ は，B_W に比べて 2 桁以上大きい値となっていて，図 **3.4** に示した"球形"領域のものに比べても 1 桁大きくなっている．

図 **3.16** には $A > 150$ の領域の回転バンドを持つ主な原子核の変形の大きさが示されている．これは図 **3.15** などで与えられている Coulomb 励起の実験から得られた $B(\mathrm{E}2; 0_1^+ \to 2_1^+)$ の実験値を (3.138) 式に代入し，その結果得られた固有 4 重極モーメントの値から，(3.134) 式により平衡変形に換算したものである．[*11] ただし，この図では変形パラメーターとして β の代わりに δ が使われている (δ の定義については (3.179) 式参照)．これらの変形パラメーターの間の関係は

$$\delta \approx 0.95\,\beta\,(1 - 0.48\,\beta + \cdots) \tag{3.140}$$

である．この図からわかるように，$A > 150$ の領域の**回転核** (rotating nuclei) の平衡変形は $\beta_0 = 0.15 \sim 0.35$ に分布している．図 **3.17** にはいくつかの回転核の基底バンド内の E2 遷移の換算遷移確率の比

[*11] $0 \to 2$ と $2 \to 0$ の換算遷移確率の間には $B(\mathrm{E}2; 0 \to 2) = 5 \times B(\mathrm{E}2; 2 \to 0)$ の関係があることに注意しなければならない．

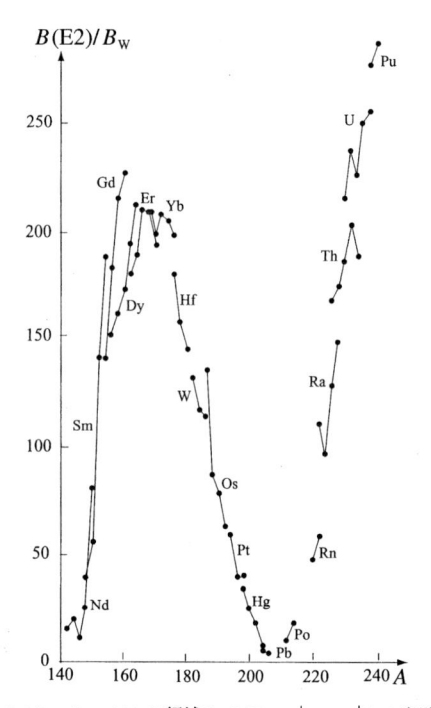

図 3.15 $A > 140$ の領域の $B(E2; 2_1^+ \to 0_1^+)$ の実験値
縦軸の単位は Weisskopf 単位 B_W. 横軸は質量数. O. Nathan and S. G. Nilsson, *Alpha-, Beta- and Gamma-Ray Spectroscopy*, (K. Siegbahn ed.) North-Holland (1955), Chap.10 より.

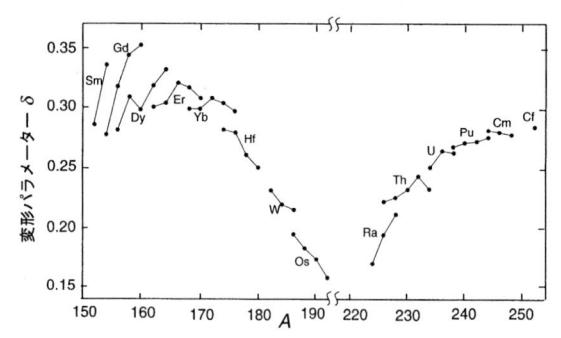

図 3.16 $A > 150$ の領域の回転バンドを持つ主な原子核の変形の大きさ
$B(E2; 0_1^+ \to 2_1^+)$ の実験値から求めた Q_0 から, (3.134)式を用いて変形の大きさ β_0 が求められる. $\delta \approx 0.95\beta_0(1 - 0.48\beta_0 + \cdots)$ である. A. Bohr and B. R. Mottelson, *Nuclear Structure*, Benjamin, Vol. II (1975), Chap. 4 による.

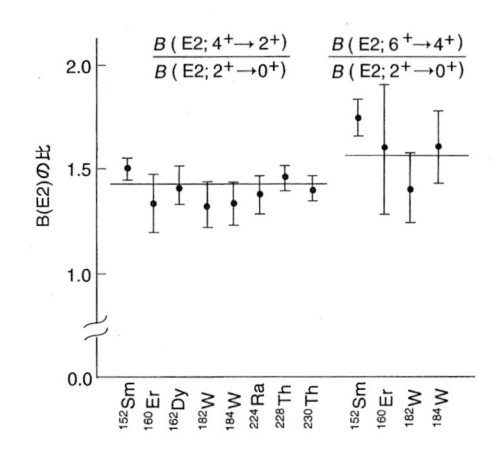

図 3.17 回転核の基底バンド内の $B(\text{E2}; 4_1^+ \to 2_1^+)$, および $B(\text{E2}; 6_1^+ \to 4_1^+)$ の $B(\text{E2}; 2_1^+ \to 0_1^+)$ に対する比の実験値

水平の実線は対応する理論値 (1.43, 1.57) を示す. A Bohr and B. R. Mottelson, *Nuclear Structure*, Benjamin, Vol. II (1975), Chap. 4 より.

$$\frac{B(\text{E2}; 4_1^+ \to 2_1^+)}{B(\text{E2}; 2_1^+ \to 0_1^+)}$$

および

$$\frac{B(\text{E2}; 6_1^+ \to 4_1^+)}{B(\text{E2}; 2_1^+ \to 0_1^+)}$$

の実験値が示されている．図中の水平の実線は，それぞれに対応する，(3.136a) 式から得られる理論値，1.43 および 1.57，を示したものであるが，これらは実験値によく合致している．その他，γ バンド から基底バンド への遷移に関する Alaga の規則 (3.137) がよく成り立っていることを示すデータも得られている.

以上の結果から，$150 \lesssim A \lesssim 190$ および $A \gtrsim 226$ の領域の多くの原子核において，あまり高いスピンや，高いエネルギーの励起状態でない限り，$\gamma_0 = 0$ の，すなわちプロレート型 (葉巻型) の平衡変形を持つ回転・振動模型がよく成り立っていることがわかる．

3.3 統一模型 (集団模型)

本章の最初に述べたように，はじめは原子核の"独立粒子的描像"と"集団運動的描像"とは互いに対立する概念であると考えられていた．これらを無理な

く統一して理解することを可能ならしめたのが A. Bohr と Mottelson によって提唱された**統一模型** (unified model) である．統一模型はしばしば**集団模型** (collective model) と呼ばれている．[*12]

偶々核の励起スペクトルは，大雑把に次の3つのタイプに分類できる．(1) 閉殻領域，(2) 振動領域 (球形領域)，(3) 回転領域 (変形領域)，である．(1) は殻模型で計算できるマジックナンバーに近い領域である．(2) は 3.1 で議論したように安定な球形のまわりの表面振動 (フォノン) で理解できる領域である．その特徴は $E(4_1^+)/E(2_1^+) \approx 2$ である．(3) は 3.2 で述べたように安定な 4 重極変形核の回転・振動運動で理解できる領域である．その特徴は $E(4_1^+)/E(2_1^+) \approx 3.33$ であり，極めて大きい 4 重極遷移確率を示すことである．

これら3つの領域の励起スペクトル，およびその他のさまざまな性質を統一的に説明するのが統一模型である．その基本的考え方は，核内の核子は **ゆっくり** と動く平均ポテンシャルの中をほぼ **独立に** 運動する，ということである．すなわち，核内核子の集団的運動にともなって平均ポテンシャルが**断熱的** (adiabatic) に揺動し，その揺動がふたたび核子の独立粒子運動に影響を及ぼす，すなわち粒子運動と集団運動の間の相互作用によって互いに結合するというメカニズムである．平均ポテンシャルが球形に固定されていて，核子の運動のみを考えればよいという場合が (1) の閉殻領域である．平均ポテンシャルが球形のまわりで振動する場合が (2) の振動領域であり，大きく変形した平衡変形のまわりで回転・振動する場合が (3) の回転領域である．

Bohr-Mottelson にならって，集団運動と粒子運動 (single-particle motion) とで構成される全系のハミルトニアンを

$$\widehat{H} = \widehat{H}_{\text{coll}} + \widehat{H}_{\text{sp}} + \widehat{H}_{\text{int}} \tag{3.141}$$

としよう．$\widehat{H}_{\text{coll}}$ は集団運動のハミルトニアンであり，液滴の表面振動のハミルトニアン (3.31) とする．ここで注意すべきは，液滴の表面振動のハミルトニアンを用いたからといって，液滴のような "強結合描像" を描いているのではなく，これはあくまで平均ポテンシャルの表面の振動を記述するためのいわば借り物である，ということである．$\widehat{H}_{\text{sp}}$ は粒子運動のハミルトニアンで，

$$\widehat{H}_{\text{sp}} = \sum_i \left[\frac{1}{2M} \boldsymbol{p}_i^2 + V_0(r_i) \right] \tag{3.142}$$

[*12] A. Bohr, Mat. Fis. Medd. Dan. Vid. Selsk., **26**(1952) No. 14.
A. Bohr, and B. R. Mottelson, Mat. Fis. Medd. Dan. Vid. Selsk., **27**(1953) No. 16.

と書くことにする．$V_0(r_i)$ は i 番目の核子に働く球形の平均ポテンシャルである．核表面が球形から

$$R(\theta,\varphi) = R_0 \left[1 + \sum_{\lambda\mu} \alpha^*_{\lambda\mu} Y_{\lambda\mu}(\theta,\varphi)\right]$$

と変形すると，それに伴って平均ポテンシャルも変化し，$V(\boldsymbol{r}_i;\alpha_{\lambda\mu})$ となるものとする．このとき V の1つの等ポテンシャル面も同様に

$$r(\theta,\varphi) = r_0 \left[1 + \sum_{\mu} \alpha^*_{\lambda\mu} Y_{\lambda\mu}(\theta,\varphi)\right]$$

となるであろう．この等ポテンシャル面は球形のポテンシャル $V_0(r_0)$ が変形したものと考えられるから，この等ポテンシャル面上のある1点 $\boldsymbol{r} = (r,\theta,\varphi)$ におけるポテンシャル V の値は $V_0(r_0)$ に等しいはずである．したがって

$$V(\boldsymbol{r};\alpha_{2\mu}) = V(r,\theta,\varphi;\alpha_{2\mu}) = V_0(r_0) = V_0\left(\frac{r}{1+\sum_{\lambda\mu}\alpha^*_{\lambda\mu}Y_{\lambda\mu}(\theta,\varphi)}\right)$$

である．変形が小さいとして右辺を展開し，1次までとると

$$V(\boldsymbol{r};\alpha_{2\mu}) = V_0(r) - r\frac{dV_0(r)}{dr}\sum_{\lambda\mu}\alpha^*_{\lambda\mu}Y_{\lambda\mu}(\theta,\varphi)$$

となる．$\widehat{H}_{\text{int}}$ は変形による平均ポテンシャルの変化分であるから，結局

$$\begin{aligned}\widehat{H}_{\text{int}} &= \sum_i [V(\boldsymbol{r}_i;\alpha_{\lambda\mu}) - V_0(r_i)] \\ &= -\sum_i k(r_i)\sum_{\lambda\mu}\alpha^*_{\lambda\mu}Y_{\lambda\mu}(\theta_i,\varphi_i), \qquad k(r) = r\frac{dV_0(r)}{dr}\end{aligned} \quad (3.143)$$

となる．この $\widehat{H}_{\text{int}}$ によって粒子運動と集団運動の間の結合（相互作用）が生じるのである．

3.3.1　弱結合模型

ここでは集団運動として4重極振動 ($\lambda = 2$) のみを考えよう．したがって，添字 λ を省くことにする．

ハミルトニアン (3.141) を第2量子化の表示で表すと

$$\widehat{H}_{\text{coll}} = \sum_\mu \left(b^\dagger_\mu b_\mu + \frac{1}{2}\right)\hbar\omega, \tag{3.144a}$$

$$\widehat{H}_{\mathrm{sp}} = \sum_{\alpha} \epsilon_a \, c_\alpha^\dagger c_\alpha, \tag{3.144b}$$

$$\widehat{H}_{\mathrm{int}} = -\sum_{\alpha\beta}\sum_{\mu} \chi_\mu(\alpha\beta)\left[b_{2\mu}^\dagger + (-1)^\mu b_{2-\mu}\right] c_\alpha^\dagger c_\beta \tag{3.144c}$$

と書かれる．ただし $b_\mu^\dagger, b_\mu$ は $\lambda = 2$ のフォノンの生成・消滅演算子，$\hbar\omega$ はそのエネルギー，ϵ_a は1粒子エネルギー，$c_\alpha^\dagger, c_\alpha$ は単一粒子の生成・消滅演算子であり，粒子運動と集団運動の相互作用の行列要素 $\chi_\mu(\alpha\beta)$ は

$$\chi_\mu(\alpha\beta) = \sqrt{\frac{\hbar}{2B\omega}} \langle\alpha|\, k(r)\, Y_\mu(\theta,\varphi) |\beta\rangle \tag{3.145}$$

で与えられる．

いま $\widehat{H}_{\mathrm{int}}$ が十分小さい場合，すなわち**弱結合** (weak coupling) の場合を考える．この場合は変形も小さく，原子核は球形のまわりで微小振動を行うと考えられる．弱結合の極限の $\widehat{H}_{\mathrm{int}} = 0$ の場合においては，<u>奇核</u> の基底状態および第1励起状態の状態ベクトルはそれぞれ

$$|j_a m_\alpha\rangle = c_\alpha^\dagger |0\rangle, \tag{3.146a}$$

$$|2^1, L=2, j_a; IK\rangle = \sum_{Mm_\alpha} \langle 2M j_a m_\alpha | IK\rangle |2^1, L=2, M\rangle |j_a m_a\rangle \tag{3.146b}$$

と表される．ここで "2^1" は4重極フォノンが1個という意味である．したがって，第1励起状態は1粒子状態 $|j_a m_a\rangle$ の上に4重極フォノンが1個励起した状態であり，$|j_a - 2| \leq I \leq j_a + 2$ の複数の状態が縮退する．励起エネルギーは $\hbar\omega$ となる．もちろん，実際には $\widehat{H}_{\mathrm{int}} \neq 0$ であるから，励起エネルギーは $\hbar\omega$ より下がるであろうし，また縮退も解けるであろう．現実の振動領域核での例が図 **3.18** に示されている．

3.3.2 強結合模型

(3.143) 式からわかるように，平衡変形が大きい場合，集団運動と粒子運動の結合 $\widehat{H}_{\mathrm{int}}$ は大きくなる．すなわち**強結合** (strong coupling) となる．この場合，核子は変形した平均ポテンシャルの中で独立粒子運動を行うはずである．したがって，集団運動のみならず粒子運動も空間固定座標系 K から物体固定座標系 K′ に移って考えなければならない．

3.3 統一模型 (集団模型)

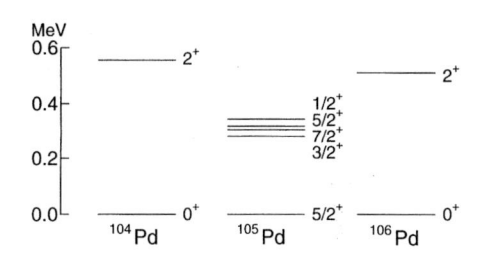

図 3.18 ^{104,105,106}Pd の低い状態のエネルギー・スペクトル
^{105}Pd の $9/2^+$ 状態は観測されていない。データは S. Y. Chu, H. Nordberg, R. B. Firestone, L. P. Ekstrom, *Isotope Explorer*, 1996 より.

以後，平衡変形および集団運動は 4 重極型のみに限るものとする．この場合の全系のハミルトニアン (3.141) において，集団運動のハミルトニアンとしては (3.127) 式がとられるであろう．また $\widehat{H}_{\text{int}}$ は物体固定系 K' に移って

$$\widehat{H}_{\text{int}} = -\sum_i k(r'_i)\Big[a_0 Y_{20}(\theta'_i, \varphi'_i) + a_2\{Y_{22}(\theta'_i, \varphi'_i) + Y_{2-2}(\theta'_i, \varphi'_i)\}\Big] \tag{3.147}$$

である．いま平衡変形 $a_0^{(0)} = \beta_0 \cos\gamma_0$, $a_2^{(0)} = \sqrt{1/2}\,\beta_0 \sin\gamma_0$ のまわりの振動の変数 ξ, η を

$$\xi = a_0 - a_0^{(0)}, \quad \eta = a_2 - a_2^{(0)} \tag{3.148}$$

とし，$\widehat{H}_{\text{int}}$ を 2 つの部分

$$\widehat{H}_{\text{int}}^{(0)} = -\sum_i k(r'_i)\Big[a_0^{(0)} Y_{20}(\theta'_i, \varphi'_i) + a_2^{(0)}\{Y_{22}(\theta'_i, \varphi'_i) + Y_{2-2}(\theta'_i, \varphi'_i)\}\Big], \tag{3.149a}$$

$$\widehat{H}_{\text{int}}^{(1)} = -\sum_i k(r'_i)\Big[\xi Y_{20}(\theta'_i, \varphi'_i) + \eta\{Y_{22}(\theta'_i, \varphi'_i) + Y_{2-2}(\theta'_i, \varphi'_i)\}\Big] \tag{3.149b}$$

に分け，$\widehat{H}_{\text{int}} = \widehat{H}_{\text{int}}^{(0)} + \widehat{H}_{\text{int}}^{(1)}$ とする．(3.149a) 式は粒子座標のみによるので 1 粒子ハミルトニアン (3.142) と合わせて楕円体に変形した平均ポテンシャルを持つ**変形殻模型** (deformed shell model) のハミルトニアン

$$\widehat{H}_{\text{sp}}^{(\text{deform})} = \sum_i \Big[\frac{1}{2M}p'^2_i + V_0(r'_i)\Big] + \widehat{H}_{\text{int}}^{(0)}(r'_i, \theta'_i, \varphi'_i) \tag{3.150}$$

となる．(3.149b) 式の $\widehat{H}_{\text{int}}^{(1)}$ は振動運動と粒子運動の相互作用を表している．

(a) Bohr-Mottelson の強結合ハミルトニアン

上の考察から，変形核において集団運動に粒子運動の自由度が加わった場合のハミルトニアンは

$$\widehat{H} = \widehat{H}_{\text{coll}} + \widehat{H}_{\text{sp}}^{(\text{deform})} + \widehat{H}_{\text{sp-vib}} \qquad (3.151)$$

と書かれる．$\widehat{H}_{\text{coll}}$ は (3.96) 式の集団ハミルトニアン，$\widehat{H}_{\text{sp}}^{(\text{deform})}$ は変形殻模型のハミルトニアン，$\widehat{H}_{\text{sp-vib}}$ は粒子運動と振動運動の相互作用すなわち (3.149b) 式の $\widehat{H}_{\text{int}}^{(1)}$ である．この $\widehat{H}$ が **Bohr-Mottelson** の集団模型のハミルトニアンである．

さて，われわれはいま集団運動に加えて粒子運動の自由度を考えている．奇核においては，粒子自由度として最後の1粒子のみを考える場合も多い．何個の粒子の自由度を考えるべきかは場合によって異なるであろう．これらの粒子の角運動量(スピン)の和を $\widehat{\boldsymbol{j}} = \sum_i \boldsymbol{j}_i$ とする．また，$\widehat{H}_{\text{coll}}$ の中には集団運動の角運動量が現れる．今後はこれを $\widehat{\boldsymbol{R}}$ と表すことにする．原子核全体の全角運動量(スピン) $\widehat{\boldsymbol{I}}$ は

$$\widehat{\boldsymbol{I}} = \widehat{\boldsymbol{R}} + \widehat{\boldsymbol{j}} \qquad (3.152)$$

である．図 **3.19** にこれらの角運動量ベクトルの概念図が示されている．

系の全角運動量 $\widehat{\boldsymbol{I}}$ の物体固定系 K' における x', y', z' 成分を $\widehat{I}'_\kappa (\kappa = 1, 2, 3)$ とする．**付録 A** で考察したように，これらは Euler 角で表され，(A.33) 式の $\widehat{L}'_\kappa (\kappa = 1, 2, 3)$ に $\hbar$ をかけたものである．これらは交換関係

$$[\widehat{I}'_\kappa, \widehat{I}'_\lambda] = -i\hbar \widehat{I}'_{\kappa \times \lambda} \qquad (3.153)$$

をみたす．一方，粒子運動の角運動量 $\widehat{\boldsymbol{j}}$ の物体固定系 K' における成分 $\widehat{j}'_\kappa (\kappa = 1, 2, 3)$ は通常の角運動量の交換関係

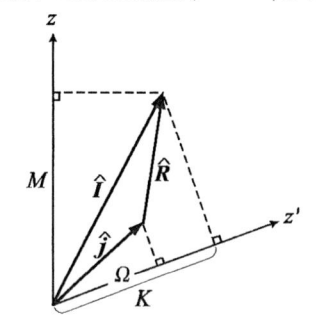

$$[\widehat{j}'_\kappa, \widehat{j}'_\lambda] = i\hbar \widehat{j}'_{\kappa \times \lambda} \qquad (3.154)$$

をみたすのは当然である．系の全角運動量 $\widehat{\boldsymbol{I}}$ は Euler 角で表される関数空間に作用し，粒子運動の角運動量 $\widehat{\boldsymbol{j}}$ は通常の空間座標とスピン座標で書かれる波動関数に作用する．これらの空間は互いにまったく別物であるから，これら 2 種類の角運動量は交換する．すなわち，

$$[\widehat{j}'_\kappa, \widehat{I}'_\lambda] = 0, \quad (\text{すべての } \kappa, \lambda \text{ に対し}) \qquad (3.155)$$

図 **3.19** 角運動量ベクトルの概念図 $\boldsymbol{R}$ が集団運動，$\boldsymbol{j}$ が粒子運動の角運動量．$\boldsymbol{I}$ が原子核の全角運動量．z 軸が空間固定系の第 3 軸，z' 軸が物体固定系の第 3 軸である．

である．特に注意しなければならない点は，(3.153) 式と (3.154) 式の右辺の符号が逆になっていることである．これは，$\widehat{\boldsymbol{I}}$ が物体固定系 (回転座標系) の座標軸そのものを回転させる演算子であるのに対し，$\widehat{\boldsymbol{j}}$ は座標軸そのものには何らの作用もしない演算子 (普通の演算子) であることによるものである．

さて集団ハミルトニアン $\widehat{H}_{\mathrm{coll}}$ として (3.127) 式の回転・振動ハミルトニアンを使って書き直すと

$$\widehat{H} = \widehat{H}_{\mathrm{rot}} + \widehat{H}_{\mathrm{vib}} + \widehat{H}_{\mathrm{sp}}^{(\mathrm{deform})} + \widehat{H}_{\mathrm{rot-vib}} + \widehat{H}_{\mathrm{sp-vib}} \tag{3.156}$$

となる．

回転運動のハミルトニアン $\widehat{H}_{\mathrm{rot}}$ は

$$\begin{aligned}
\widehat{H}_{\mathrm{rot}} &= \frac{1}{2\mathcal{J}}(\widehat{\boldsymbol{R}}^2 - \widehat{R}_3'^2) \\
&= \frac{1}{2\mathcal{J}}[(\widehat{\boldsymbol{I}} - \widehat{\boldsymbol{j}})^2 - (\widehat{I}_3' - \widehat{j}_3')^2] \\
&= \frac{1}{2\mathcal{J}}[\widehat{\boldsymbol{I}}^2 - (\widehat{I}_3' - \widehat{j}_3')^2] - \frac{1}{2\mathcal{J}}(\widehat{I}_+'\widehat{j}_-' + \widehat{I}_-'\widehat{j}_+' + 2\widehat{I}_3'\widehat{j}_3') + \frac{1}{2\mathcal{J}}\widehat{\boldsymbol{j}}^2
\end{aligned} \tag{3.157}$$

と書かれる．ただし，

$$\widehat{I}_\pm' = \widehat{I}_1' \pm i\widehat{I}_2', \quad \widehat{j}_\pm' = \widehat{j}_1' \pm i\widehat{j}_2' \tag{3.158}$$

である．

(3.157) 式の右辺の第 1 項は純粋に回転運動のハミルトニアンであるから，あらためてこれを $\widehat{H}_{\mathrm{rot}}$ と置き，第 2 項は回転運動と粒子運動の相互作用であるから $\widehat{H}_{\mathrm{sp-rot}}$ と置き，最後の項は純粋に粒子運動のみによる項であるからこれは $\widehat{H}_{\mathrm{sp}}^{(\mathrm{deform})}$ へくり込むことができる．回転運動と粒子運動の相互作用 $\widehat{H}_{\mathrm{sp-rot}}$ は古典力学における **Coriolis 力** (Coriolis force) に対応する項である．

振動運動のハミルトニアンは $\widehat{H}_{\mathrm{vib}} = \widehat{H}_\beta + \widehat{H}_\gamma$ であるが，いまの場合，平衡変形が $\gamma_0 = 0$，すなわち z' 軸のまわりで回転対称 (軸対称) 変形を考えているから β, γ 振動に対応する集団座標 (3.148) は

$$\xi = a_0 - a_0^{(0)} = \beta - \beta_0, \quad \eta = a_2 = \frac{1}{\sqrt{2}}\beta_0 \gamma \tag{3.159}$$

とすることができる．これらの集団座標を用い，**付録 B** の考察に基づいて β, γ 振動のハミルトニアンを (B.17c) 式および (B.17d) 式の ξ, η 振動のハミルトニアンに変換すれば，$\widehat{H}_{\mathrm{vib}} = \widehat{H}_\xi + \widehat{H}_\eta$ と書かれる．

これらの結果を用いて Bohr-Mottelson の集団模型のハミルトニアンを整理し直すと，

$$\widehat{H} = \widehat{H}_{\rm rot} + \widehat{H}_{\rm vib} + \widehat{H}_{\rm sp}^{\rm (deform)} + \widehat{H}_{\rm sp-rot} + \widehat{H}_{\rm rot-vib} + \widehat{H}_{\rm sp-vib} \quad (3.160)$$

と表される．ただし，

$$\widehat{H}_{\rm rot} = \frac{1}{2\mathcal{J}}[\widehat{\boldsymbol{I}}^2 - (\widehat{I}'_3 - \widehat{j}'_3)^2], \tag{3.161a}$$

$$\widehat{H}_{\rm vib} = \widehat{H}_\xi + \widehat{H}_\eta, \tag{3.161b}$$

$$\widehat{H}_\xi = -\frac{\hbar^2}{2B}\frac{\partial^2}{\partial \xi^2} + \frac{1}{2}C_0\xi^2, \tag{3.161c}$$

$$\widehat{H}_\eta = -\frac{\hbar^2}{4B}\frac{\partial^2}{\partial \eta^2} + C_2\eta^2 + \frac{1}{16B\eta^2}[(\widehat{I}'_3 - \widehat{j}'_3)^2 - \hbar^2], \tag{3.161d}$$

$$\widehat{H}_{\rm sp}^{\rm (deform)} = \sum_i \left[\frac{1}{2M}\boldsymbol{p}'^2_i + V_0(r'_i) - k(r'_i)\beta_0 Y_{20}(\theta'_i, \varphi'_i)\right], \tag{3.161e}$$

$$\widehat{H}_{\rm sp-rot} = -\frac{1}{2\mathcal{J}}(\widehat{I}'_+\widehat{j}'_- + \widehat{I}'_-\widehat{j}'_+ + 2\widehat{I}'_3\widehat{j}'_3) \tag{3.161f}$$

である．$\widehat{H}_{\rm sp}^{\rm (deform)}$ は，物体固定系 K' における z' 軸のまわりの回転対称 (軸対称) 変形ポテンシャルによる変形殻模型のハミルトニアンである．回転運動と振動運動の間の相互作用 $\widehat{H}_{\rm rot-vib}$ および粒子運動と振動運動の間の相互作用 $\widehat{H}_{\rm sp-vib}$ の具体的な形はここでは省略する．

(b) 強結合模型の波動関数とその対称性

Bohr-Mottelson の集団模型のハミルトニアン (3.160) を

$$\widehat{H} = \widehat{H}_0 + \widehat{H}', \quad \widehat{H}_0 = \widehat{H}_{\rm coll}^{(0)} + \widehat{H}_{\rm sp}^{\rm (deform)} \tag{3.162}$$

と書くことにしよう．ただし，$\widehat{H}_{\rm coll}^{(0)}$ は集団運動のみのハミルトニアンで，

$$\widehat{H}_{\rm coll}^{(0)} = \widehat{H}_{\rm rot} + \widehat{H}_{\rm vib} = \widehat{H}_{\rm rot} + \widehat{H}_\xi + \widehat{H}_\eta \tag{3.163}$$

である．右辺の各項の具体形はそれぞれ (3.161a), (3.161c), (3.161d) の各式で与えられる．

ハミルトニアン $\widehat{H}_{\rm coll}^{(0)}$ および $\widehat{H}_{\rm sp}^{\rm (deform)}$ が粒子運動のスピン $\widehat{\boldsymbol{j}}$ の K' 系における z' 成分 $\widehat{j}'_3$ と交換可能であることは明らかである．ゆえに摂動項 $\widehat{H}'$ を無視すれば，$\widehat{j}'_3$ の固有値 Ω が良い量子数となる．

3.3 統一模型 (集団模型)

　粒子運動を考えていない場合の集団運動のハミルトニアン (3.127) あるいは (B.17) と，いま考えている無摂動系における集団運動のハミルトニアン $\widehat{H}_{\text{coll}}^{(0)}$ との違いは，後者において粒子運動のスピン演算子 $\widehat{j}_3'$ が現れた点である．これは (B.17b) 式の $\widehat{H}_{\text{rot}}$ および (B.17d) 式の $\widehat{H}_\eta$ において，$\widehat{I}_3' \to \widehat{I}_3' - \widehat{j}_3'$ と置き換えることにあたる．つまり，$\widehat{H}_{\text{vib}}$ の固有関数，すなわち ξ, η 振動 (β, γ 振動) の波動関数は，(3.100) 式の $g_{\tau IK}(\beta, \gamma)$ において，

$$K \to K - \Omega \tag{3.164}$$

と置き換えることによって得られる．このようにして得られた ξ, η 振動 (β, γ 振動) の波動関数を，以後，$G_{\tau I, |K-\Omega|}(\beta, \gamma)$ と表すことにする．

　さらに変形殻模型ハミルトニアン $\widehat{H}_{\text{sp}}^{(\text{deform})}$ の固有関数を $\chi_{\alpha\Omega}$ とする．すなわち

$$\widehat{H}_{\text{sp}}^{(\text{deform})} \chi_{\alpha\Omega} = \mathcal{E}_{\alpha\Omega} \chi_{\alpha\Omega} \tag{3.165}$$

である．α は粒子状態を指定する Ω 以外の量子数である．$\widehat{H}_{\text{sp}}^{(\text{deform})}$ は $\widehat{\boldsymbol{j}}$ と交換しないから，粒子状態のスピンの大きさ j は良い量子数ではない．したがって，粒子状態 $\chi_{\alpha\Omega}$ は球形殻模型の固有状態 $\varphi_{j\Omega}$ の重ね合わせとなり，一般に

$$\chi_{\alpha\Omega} = \sum_j C_{\alpha j\Omega}\, \varphi_{j\Omega} \tag{3.166}$$

と書かれる．

　以上をまとめて，無摂動系 $\widehat{H}_0$ の固有関数は

$$\Phi_{IMK\Omega\tau\alpha}(\theta_i, \xi, \eta, \boldsymbol{r}') = D_{MK}^I(\theta_i)\, G_{\tau I, |K-\Omega|}(\beta, \gamma)\, \chi_{\alpha\Omega}(\boldsymbol{r}') \tag{3.167}$$

と書くことができる．ここで $\boldsymbol{r}'$ は物体固定系 K′ における粒子の座標をまとめて表している．この座標をしばしば**固有座標** (intrinsic coordinate) と呼び，物体固定系 K′ を**固有座標系** (intrinsic coordinate system) と呼ぶ．

　次に (3.166) 式で表される無摂動系の固有関数に要請される対称性について検討する．これは 3.2.3 で行った集団運動の波動関数の対称性の議論に，粒子運動の波動関数の対称性を加えればよい．すなわち，波動関数 (3.166) が，3.2.3 で議論した 3 つの基本的変換 R_1, R_2, R_3 に対して不変でなければならないということが要請される．これらの 3 つの基本的変換が 5 次元曲線座標 $(\theta_1, \theta_2, \theta_3, \xi, \eta)$ におよぼす作用は (3.110) 式で明らかである．

まず R_2 から検討しよう. (3.112), (3.113) 式から

$$R_2 D^I_{MK}(\theta_1,\theta_2,\theta_3) = e^{i\frac{1}{2}\pi K} D^I_{MK}(\theta_1,\theta_2,\theta_3) \tag{3.168}$$

となる. 粒子運動の波動関数 $\chi_{\alpha\Omega}$ を極座標 (r',θ',φ') で表したとき, その φ' 依存性は $\chi_{\alpha\Omega}(r',\theta',\varphi') = \chi_\alpha(r',\theta') e^{i\Omega\varphi'}$ である. R_2 は固有座標系において x' 軸, y' 軸を z' 軸のまわりで角度 $\pi/2$ だけ回転することであるから,

$$R_2 \chi_{\alpha\Omega}(r',\theta',\varphi') = e^{-i\frac{1}{2}\pi\Omega} \chi_{\alpha\Omega}(r',\theta',\varphi') \tag{3.169}$$

となる. したがって, 変換 R_2 に対して波動関数が不変であるためには

$$G_{\tau I,|K-\Omega|}(\beta,\gamma) = e^{i\frac{1}{2}\pi|K-\Omega|} G_{\tau I,|K-\Omega|}(\beta,\gamma) \tag{3.170}$$

をみたさなければならない. 変換 R_2 を 2 回重ねて行うと,

$$G_{\tau I,|K-\Omega|}(\beta,\gamma) = (-1)^{|K-\Omega|} G_{\tau I,|K-\Omega|}(\beta,\gamma)$$

となり, $|K-\Omega|=$ 奇数 のときは $G_{\tau I,|K-\Omega|}(\beta,\gamma) = 0$ となる. ゆえに

$$K - \Omega = 0, \pm 2, \pm 4, \cdots \tag{3.171}$$

のみが許される.

次に R_1 について検討する. R_1 の D 関数への作用は (3.117) 式で与えられ,

$$R_1 D^I_{MK}(\theta_1,\theta_2,\theta_3) = (-1)^{I-2K} D^I_{M-K}(\theta_1,\theta_2,\theta_3) \tag{3.172}$$

である. R_1 の粒子運動の波動関数 $\chi_{\alpha\Omega}$ への作用を見るために, (3.166) 式の中の球形殻模型の固有関数 $\varphi_{j\Omega}(r')$ への作用を考えなければならない. $\varphi_{j\Omega}(r')$ は固有座標系 K' において定義されるので, これを空間固定系 K での表示 $\varphi'_{j\Omega}(r)$ に変換する. (A.15) 式における球面調和関数の K' 系から K 系への変換と同様にして,

$$\varphi_{j\Omega}(r') = \sum_m D^{j\,*}_{m\Omega}(\theta_i)\, \varphi'_{j\Omega}(r) \tag{3.173}$$

となる. $\varphi'_{j\Omega}(r)$ は空間固定系で定義された球形殻模型の波動関数であるから, 固有座標系の座標軸をどのようにとるかにはよらない. したがって R_1 を $\varphi_{j\Omega}(r')$ に作用させたとき, 影響を受けるのは (3.173) 式の右辺の D 関数のみであり,

$$R_1 D^{j\,*}_{m\Omega} = (-1)^j D^{j\,*}_{m-\Omega} \tag{3.174}$$

が得られ，したがって

$$R_1 \varphi_{j\Omega}(\boldsymbol{r}') = (-1)^j \varphi_{j-\Omega}(\boldsymbol{r}') \tag{3.175}$$

となる．

また R_3 の変換に対する波動関数の不変性については，3.2.3 の場合と同様に，振動運動の波動関数の $0\leq\gamma<\pi/3$ の領域での値が得られれば十分であることがわかる．

以上の結果をまとめると，強結合模型ハミルトニアン $\widehat{H}_0$ の対称化された固有関数は

$$\Phi_{IMK\Omega\tau\alpha}(\theta_i,\beta,\gamma,\boldsymbol{r}') = \sqrt{\frac{2I+1}{16\pi^2}}\Big\{D^I_{MK}(\theta_i)\,\chi_{\alpha\Omega}(\boldsymbol{r}')$$
$$+(-1)^{I-2K}D^I_{M-K}(\theta_i)\sum_j(-1)^j C_{\alpha j\Omega}\,\chi_{\alpha-\Omega}(\boldsymbol{r}')\Big\}G_{\tau I,|K-\Omega|}(\beta,\gamma) \tag{3.176}$$

となる．$\chi_{\alpha-\Omega}(\boldsymbol{r}')$ は一般的には多粒子の粒子状態を表すものであるが，奇核における変形殻模型の 1 粒子状態であることが最も普通である．この場合には

$$\Phi_{IMK\Omega\tau\alpha}(\theta_i,\beta,\gamma,\boldsymbol{r}') = \sqrt{\frac{2I+1}{16\pi^2}}\Big\{D^I_{MK}(\theta_i)\,\chi_{\alpha\Omega}(\boldsymbol{r}')$$
$$+(-1)^{I-2K+1/2}D^I_{M-K}(\theta_i)\,\pi_\chi\,\chi_{\alpha-\Omega}(\boldsymbol{r}')\Big\}G_{\tau I,|K-\Omega|}(\beta,\gamma) \tag{3.177}$$

となる．ここで π_χ は 1 粒子状態 $\chi_{\alpha-\Omega}$ のパリティを表す．

(c) 変形殻模型 — Nilsson 模型

Bohr-Mottelson の集団模型の重要な構成要素の 1 つに，(3.161e) 式の変形殻模型ハミルトニアン $\widehat{H}^{(\mathrm{deform})}_{\mathrm{sp}}$ がある．

変形殻模型については多くの論文が発表されているが，最も典型的でかつ最もよく引用されるのが **Nilsson 模型** (Nilsson model) である．[13] これについて説明しよう．Nilsson は (3.161e) 式のハミルトニアンの中の球形 1 体ポテンシャル V_0 として調和振動子ポテンシャルをとり，これに $(\boldsymbol{l}\cdot\boldsymbol{s})$ 力と $\boldsymbol{l}^2$ 力を加えた．これが (1.18) 式の 1 体ポテンシャルである．

---

[13] S. G. Nilsson, Mat. Fis. Medd. Dan. Vid. Selsk., **29**(1955) No. 16.

いま回転対称 (軸対称) 変形を考えているから，Nilsson の 1 粒子ハミルトニアンは

$$H^{(\text{Nilsson})} = \frac{p^2}{2M} + \frac{1}{2}M(\omega_x^2 x^2 + \omega_y^2 y^2 + \omega_z^2 z^2) + C(\boldsymbol{l}\cdot\boldsymbol{s}) + D\boldsymbol{l}^2 \quad (3.178)$$

と書かれる．[*14] ただし，M は核子の質量である．調和振動子のパラメーター $\omega_x, \omega_y, \omega_z$ を変形の大きさを表すパラメーター δ を使って

$$\omega_x^2 = \omega_y^2 = \omega_0^2\left(1 + \frac{2}{3}\delta\right), \quad (3.179\text{a})$$

$$\omega_z^2 = \omega_0^2\left(1 - \frac{4}{3}\delta\right) \quad (3.179\text{b})$$

と書こう．核物質の密度はほぼ一定と考えられるので，核の全体積は変形しても一定であるだろう．したがって

$$\omega_x\omega_y\omega_z = \text{一定} \quad (3.180)$$

と仮定すると，

$$\omega_0 = \omega_{00}\left(1 - \frac{4}{3}\delta^2 - \frac{16}{27}\delta^3\right)^{-1/6} \quad (3.181)$$

となる．Nilsson 模型で使われる変形パラメーター δ と，A. Bohr によって導入された変形パラメーター β との間の関係は (3.140) 式で与えられる．

ハミルトニアン (3.178) を正確に解くことはできないが，Nilsson は適切に選んだ有限次元の固有値問題に簡略化して解き，よい結果を得た．そのエネルギー固有値が δ の関数として図 **3.20** と **3.21** に示されている．この図は通常 **Nilsson ダイアグラム** (Nilsson's diagram) と呼ばれている．

Nilsson ダイアグラムにおいて，1 粒子の角運動量 (スピン) の z 成分 $\hat{j}_z$ の固有値 Ω，およびパリティは良い量子数である．したがって各エネルギー準位は Ω^π で指定される．これらの量子数は図の各準位の最右端に示されている．ダイアグラムの 1 つのエネルギー準位には $\pm\Omega$ が縮退しているから，1 つの準位には 2 個の同種粒子 (陽子または中性子) が入ることができる．

Nilsson ダイアグラムの準位は，大きなプロレート型変形となったときの "漸近的" 量子数 $[Nn_3\Lambda\Omega]$ で示されることもある．ここで，N は振動子の全量子数 (振動子の量子の数)，n_3 は対称軸 (z 軸) 方向の振動子の量子数であり，Λ は

[*14] 本項においては，物体固定系 (固有座標系) の x', y', z' 座標を x, y, z と表している．

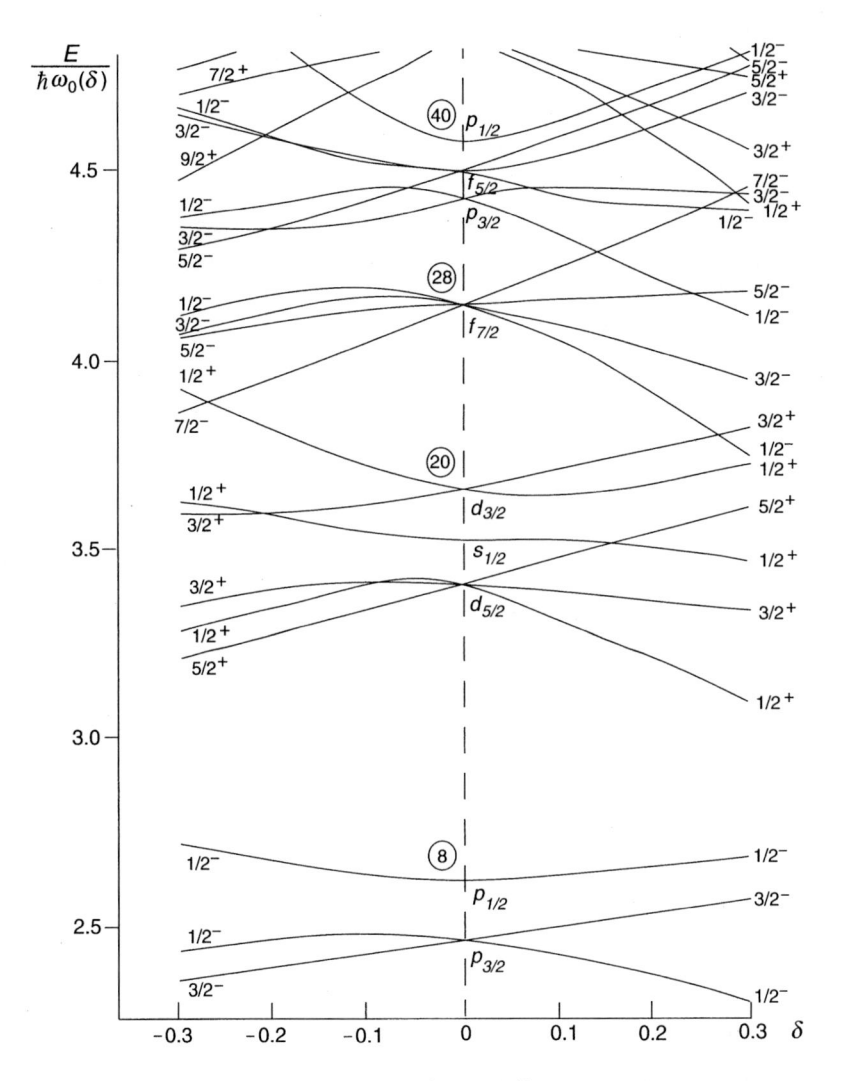

図 3.20 Nilsson 模型による 1 粒子エネルギー準位—— Nilsson ダイアグラム
横軸は変形パラメーター δ. $\delta > 0$ がプロレート型変形, $\delta < 0$ がオブレート型変形である. 各レベルは量子数 Ω^π で指定され, これらが各レベルの右端に示されている. S. G. Nilsson, Mat. Fis. Medd. Dan. Vid. Selsk., **29**(1955) No. 16 による.

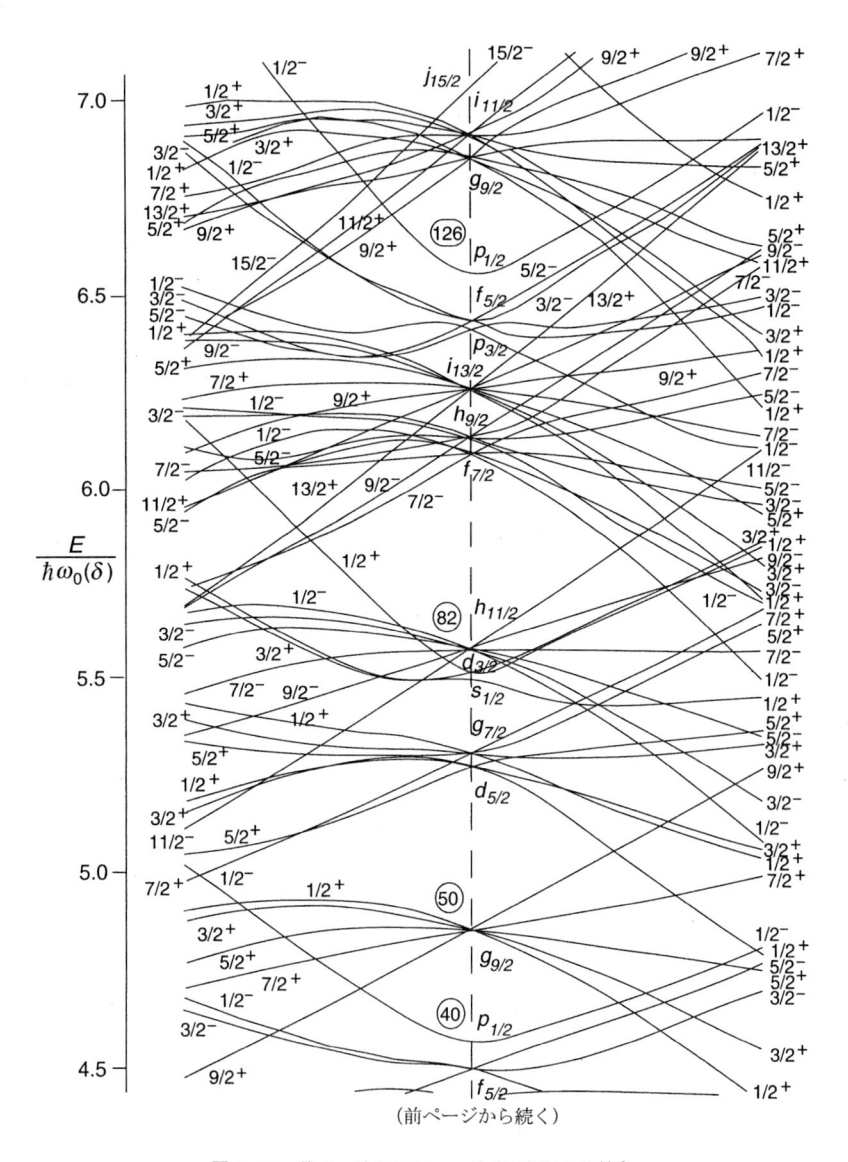

図 3.21 前ページの Nilsson ダイアグラムの続き

下に示される軌道角運動量の z 成分である．たとえば，図 **3.20** における最も低い $1/2^-$ と $3/2^-$ の準位は，それぞれ $[110\,1/2]$ および $[101\,3/2]$ である．

いま Nilsson 模型の 1 粒子状態を χ_Ω とする．これを LS 結合の表示で表せば，

$$\chi_\Omega = \sum_{l\Lambda} a_{l\Lambda\Omega} |l\Lambda {\textstyle\frac{1}{2}} \Sigma\rangle, \quad \Omega = \Lambda + \Sigma \tag{3.182}$$

となる．ただし，Λ は粒子の軌道角運動量 l の z 成分であり，Σ はスピンの z 成分 ($=1/2$ または $-1/2$) である．χ_Ω は球形殻模型の 1 粒子状態 $\chi_{j\Omega}$ で

$$\chi_\Omega = \sum_j C_{j\Omega} \chi_{j\Omega} \tag{3.183}$$

と展開できる．したがって

$$a_{l\Lambda\Omega} = \sum_j \langle l\Lambda {\textstyle\frac{1}{2}} \Sigma | j\Omega \rangle\, C_{j\Omega} \tag{3.184}$$

と書かれる．Nilsson の論文[*15] には $a_{l\Lambda\Omega}$ が変形パラメーター δ の関数として数値的に表示されている．

Nilsson 模型によって核の変形度を理論的に計算することができる．あるきまった変形度 δ に対する Nilsson ダイアグラムの準位に，低い方から陽子と中性子を目的とする核の核子数 (陽子数と中性子数) までつめる．Nilsson ポテンシャルは Hartree-Fock ポテンシャルと考えられるから，系の全エネルギーは

$$E(\delta) = \sum_i \left(\langle T_i \rangle + \frac{1}{2} \langle V_i \rangle \right) \tag{3.185}$$

で計算できる．右辺の $1/2$ の因子は平均ポテンシャルと 2 粒子間相互作用との関係において常に現れる因子である (たとえば (2.44) 式参照)．したがって全エネルギーが変形度 δ の関数として得られるので，エネルギー最低の点の δ が目的の系の変形度であると考えられる．一方，Coulomb 励起などから得られた $B(\mathrm{E}2; 0_1^+ \to 2_1^+)$ の実験値から求めた Q_0 から，(3.134) 式を用いて変形の大きさ β_0 が求められ，(3.140) 式によって δ に変換される．これらの理論値と実験値とを比較したものが図 **3.22** である．この結果は理論値と実験値の極めてよい一致を示し，Nilsson 模型の有用性を明らかにしている．

[*15] S. G. Nilsson, Mat. Fis. Medd. Dan. Vid. Selsk., **29**(1955) No. 16.

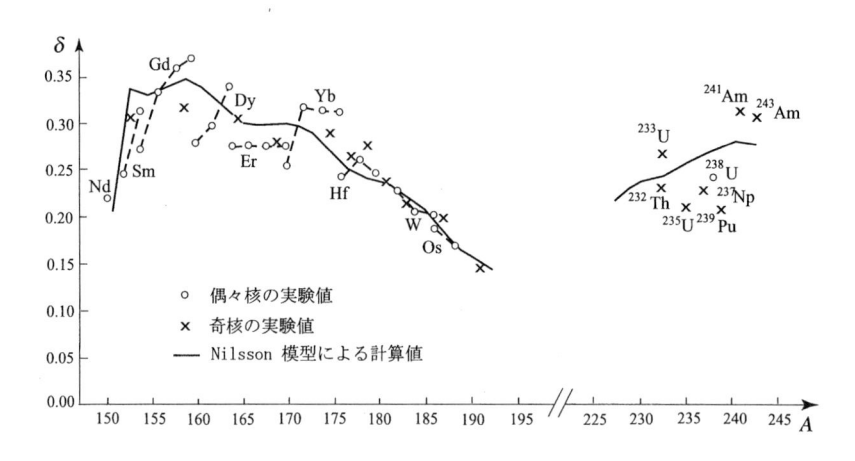

図 3.22 Nilsson 模型による変形度 δ の計算値と実験値の比較
B. R. Mottelson and S. G. Nilsson, Mat. Fys. Skr. Dan. Vid. Selsk. **1**(1959) No. 8 より.

(d) 強結合模型によるエネルギー・スペクトル

Bohr-Mottelson の集団模型のハミルトニアンの無摂動系 $\widehat{H}_0$ の固有関数 (3.176) に対するエネルギー固有値は，(3.128) 式において (3.164) 式の置き換えを行い，さらに粒子運動のエネルギー $\mathcal{E}_{\alpha\Omega}$ を加えることによって得られる．すなわち，波動関数 (3.176) に対応する $\widehat{H}_0$ のエネルギー固有値は

$$E_0(I, K, \Omega, n_\beta, n_\gamma, \alpha) = \mathcal{E}_{\alpha\Omega} + \frac{\hbar^2}{2\mathcal{J}}[I(I+1) - (K-\Omega)^2]$$
$$+ \left(n_\beta + \frac{1}{2}\right)\hbar\omega_\beta + (n_\gamma + 1)\hbar\omega_\gamma,$$
$$n_\beta = 0, 1, 2, \cdots, \quad n_\gamma = 2n_2 + \frac{1}{2}|K-\Omega|, \quad n_2 = 0, 1, 2, \cdots (3.186)$$

となる．$\omega_\beta, \omega_\gamma$ は (3.129) 式で与えられる．

無摂動ハミルトニアン $\widehat{H}_0$ のみならず，摂動項 $\widehat{H}'$ まで考慮しなければならないときには，摂動論を使うか，あるいは (3.176) 式の固有関数を基底ベクトルとしてハミルトニアン $\widehat{H}$ を対角化することになる．

Bohr-Mottelson の集団模型による原子核の固有状態を，粒子運動，β 振動および γ 振動を含む**固有励起** (intrinsic excitation) または**内部励起**と，回転運動との 2 つの要素に分けて議論することが多い．すなわち，原子核がある固有励起状態に保たれたまま全体として回転運動を行い，回転バンドができるとい

う見方である．このようにして図 **3.12** に示したような種々の回転バンドが現れるのである．

偶々核においては，対相関によってすべての核子は 2 個ずつ対 (ペアー) を作っているから，$\Omega = 0$ であると考えられる．したがって基底状態は $K = \Omega = 0$ であり，これは偶々核の基底状態のスピンが例外なく 0 であることに対応している．また固有励起として β 振動や γ 振動の励起状態があれば，それらの状態をバンド・ヘッド (band head) とする β バンドや γ バンドが現れる．その典型的な例が図 **3.14** である．

奇核では最後の核子が $\Omega = \Omega_0$ の値を持ち，したがって基底状態で $K = \Omega_0$ となり，基底状態の全スピンが $I = |K| = |\Omega_0|$ となる．この上に $I = |\Omega_0|, |\Omega_0| + 1, |\Omega_0| + 2, \cdots$ の基底回転バンドが現れる．β 振動の第 1 励起状態 ($n_\beta = 1$) をバンド・ヘッドとする β バンドは

$$\beta \text{バンド}; \quad K = \Omega_0, \quad n_\beta = 1, \quad n_\gamma = 0,$$
$$I = |K|, |K| + 1, |K| + 2, \cdots \quad (3.187)$$

となり，γ 振動の第 1 励起状態 ($n_\gamma = 1$) をバンド・ヘッドとする γ バンドは

$$\gamma \text{バンド}; \quad K - \Omega_0 = \pm 2, \quad n_\beta = 0, \quad n_\gamma = 1,$$
$$I = |K|, |K| + 1, |K| + 2, \cdots \quad (3.188)$$

となるから，この場合は $|K| = |\Omega_0 + 2|$ と $|K| = |\Omega_0 - 2|$ の 2 つの γ バンドが現れる．この場合の典型的な例が図 **3.23** に示されている．

(e) Coriolis 力

回転運動と粒子運動の相互作用 $\widehat{H}_{\text{sp-rot}}$ は古典力学における Coriolis 力に対応する項である．これを明示するため，$\widehat{H}_{\text{sp-rot}}$ を $\widehat{H}_{\text{Coriolis}}$ と書くことにする．すなわち

$$\widehat{H}_{\text{sp-rot}} = \widehat{H}_{\text{Coriolis}} = -\frac{1}{2\mathcal{J}}(\widehat{I}'_+ \widehat{j}'_- + \widehat{I}'_- \widehat{j}'_+ + 2\widehat{I}'_3 \widehat{j}'_3) \quad (3.189)$$

である．公式

$$\langle IMK | \widehat{I}'_\pm | IMK \pm 1 \rangle = \sqrt{(I \mp K)(I \pm K + 1)}, \quad (3.190a)$$
$$\langle j\Omega | \widehat{j}'_\mp | j\Omega \pm 1 \rangle = \sqrt{(j \mp \Omega)(j \pm \Omega + 1)} \quad (3.190b)$$

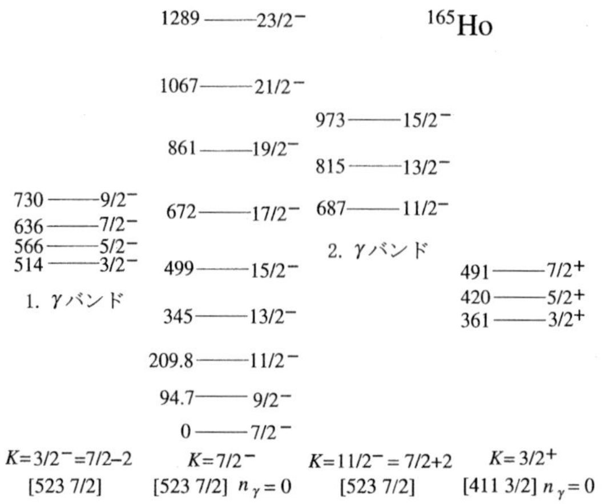

```
                                                    ¹⁶⁵Ho
                        1289 ———— 23/2⁻

                        1067 ———— 21/2⁻
                                                  973 ———— 15/2⁻
                         861 ———— 19/2⁻
                                                  815 ———— 13/2⁻
  730 ——— 9/2⁻           672 ———— 17/2⁻   687 ——— 11/2⁻
  636 ——— 7/2⁻                              2. γバンド
  566 ——— 5/2⁻                                              491 ——— 7/2⁺
  514 ——— 3/2⁻           499 ———— 15/2⁻                     420 ——— 5/2⁺
    1. γバンド                                                361 ——— 3/2⁺
                         345 ———— 13/2⁻

                        209.8 ———— 11/2⁻

                         94.7 ———— 9/2⁻

                           0 ———— 7/2⁻

  K=3/2⁻=7/2−2        K=7/2⁻         K=11/2⁻=7/2+2     K=3/2⁺
  [523 7/2]           [523 7/2] n_γ=0 [523 7/2]        [411 3/2] n_γ=0
```

図 3.23 ¹⁶⁵Ho の回転バンド

2つの γ バンドが見られる。左の3つの回転バンドは粒子状態は同一であるが，最右端のバンドは粒子状態が異なるものと考えられる。各レベルの左側の数字は励起エネルギー (keV)．データは R. M. Diamond, B. Elbeck and F. S. Stephens, Nucl. Phys., **43**, (1963) 560; S. Y. Chu, H. Nordberg, R. B. Firestone, L. P. Ekstrom, *Isotope Explorer*, 1996 より．

を用いれば，ハミルトニアン $\widehat{H}_0$ の対称化された固有関数 (3.177) による $\widehat{H}_{\text{Coriolis}}$ の行列要素を計算することは容易である．

一般に，$\widehat{H}_{\text{Coriolis}}$ の行列要素は K および Ω が ± 1 異なる状態の間にのみ 0 でない (非対角) 行列要素を持つ．ただし，$K = \Omega = 1/2$ の場合には，固有関数 (3.177) に (K, Ω) と $(-K, -\Omega)$ の 2 項があるので，対角行列要素が存在する．すなわち，

$$\langle IM\tfrac{1}{2}\tfrac{1}{2}\tau\alpha | \widehat{H}_{\text{Coriolis}} | IM\tfrac{1}{2}\tfrac{1}{2}\tau\alpha \rangle = -\frac{\hbar^2}{2\mathcal{J}}(-1)^{I+1/2}\left(I+\frac{1}{2}\right)a - \frac{\hbar^2}{4\mathcal{J}} \quad (3.191\text{a})$$

となる．ただし

$$a = \sum_j (-1)^{j-1/2}\left(j+\frac{1}{2}\right)|C_{\alpha j 1/2}|^2 \quad (3.191\text{b})$$

である．a は奇核における最後の 1 粒子の状態 (3.166) がどのような状態であるかによってきまる量であり，粒子運動と回転運動の相互作用を部分的に緩和 (decouple) する働きを持つので，デカップリング・パラメーター (decoupling parameter) と呼ばれている．この効果を取り入れた奇核のエネルギー固有値は

$$E^{(1)}(I,K,\Omega,n_\beta,n_\gamma,\alpha) = \mathcal{E}_{\alpha\Omega} + \frac{\hbar^2}{2\mathcal{J}}[I(I+1)-(K-\Omega)^2]$$

$$+\left(n_\beta+\frac{1}{2}\right)\hbar\omega_\beta + (n_\gamma+1)\hbar\omega_\gamma$$

$$-\frac{\hbar^2}{2\mathcal{J}}(-1)^{I+1/2}\left(I+\frac{1}{2}\right)a\,\delta_{K,1/2}\,\delta_{\Omega,1/2} - \frac{\hbar^2}{\mathcal{J}}K\Omega,$$

$$n_\beta = 0,1,2,\cdots, \quad n_\gamma = 2n_2+\frac{1}{2}|K-\Omega|, \quad n_2 = 0,1,2,\cdots \quad (3.192)$$

となる．$E^{(1)}$ の添え字 "(1)" は E_0 に加えて $\widehat{H}_{\text{Coriolis}}$ の1次の摂動まで取り入れたという意味である．図 **3.24** に，奇核の $K=1/2$ の回転バンドのエネルギーのデカップリング・パラメーター a への依存性が示されている．$-1<a<1$ の範囲では，バンドの準位の順番は逆転しないが，この範囲を越えると逆転する．重い原子核では $-1<a<1$ の範囲に入っている．たとえば ^{169}Tm では $a=-0.77$，^{183}W では $a=0.19$ である．

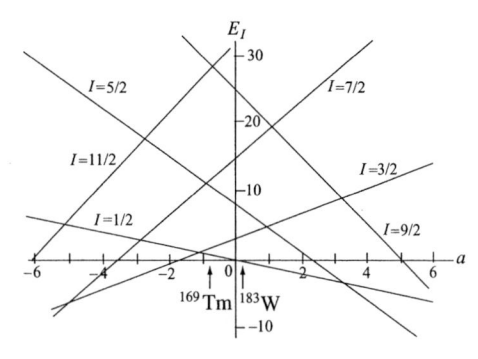

図 **3.24** $K=1/2$ の回転バンドのエネルギー・スペクトル
横軸はデカップリング・パラメーター

上に述べたように $\widehat{H}_{\text{Coriolis}}$ は K および Ω が ± 1 だけ異なる状態の間に非対角行列要素を持つ．この効果まで取り入れて計算した ^{183}W のエネルギー・スペクトルが実験値とともに図 **3.25** に示されている．理論値と実験値が極めてよく合致している．

(f) 電磁モーメント，電磁遷移

集団模型においては，電気4重極モーメントおよび磁気双極モーメントの演算子は，粒子運動と集団運動に関する2つの部分に分けられる．すなわち

$$\widehat{Q}_{2\mu} = \widehat{Q}_{2\mu}^{(\text{sp})} + \widehat{Q}_{2\mu}^{(\text{coll})} \qquad (3.193\text{a})$$

$$\widehat{\boldsymbol{\mu}} = \widehat{\boldsymbol{\mu}}^{(\text{sp})} + \widehat{\boldsymbol{\mu}}^{(\text{coll})}, \qquad (3.193\text{b})$$

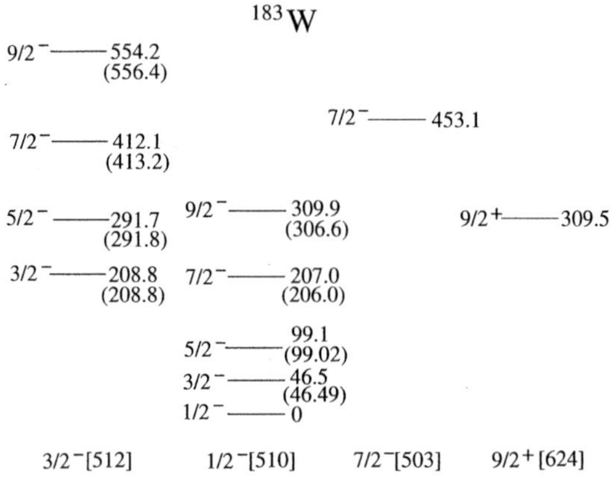

^{183}W

```
9/2⁻ ──── 554.2
         (556.4)
                                    7/2⁻ ──── 453.1
7/2⁻ ──── 412.1
         (413.2)
5/2⁻ ──── 291.7    9/2⁻ ──── 309.9            9/2⁺ ──── 309.5
         (291.8)          (306.6)
3/2⁻ ──── 208.8    7/2⁻ ──── 207.0
         (208.8)          (206.0)
                   5/2⁻ ──── 99.1
                          (99.02)
                   3/2⁻ ──── 46.5
                          (46.49)
                   1/2⁻ ──── 0

 3/2⁻[512]       1/2⁻[510]       7/2⁻[503]       9/2⁺[624]
```

図 3.25 ^{183}W の回転バンド

各レベルの右側の数字は励起エネルギーの実験値 (keV). Coriolis 力の効果を取り入れた計算値が括弧の中に示されている. J. M. Eisenberg and W. Greiner, *Nuclear Models (Nuclear Theory)* Vol. 1, North-Holland (1987) より.

と書かれる. ここで,

$$\widehat{Q}_{2\mu}^{(\mathrm{sp})} = \sqrt{\frac{16\pi}{5}} \sum_i e_{\mathrm{eff}}(i)\, r_i^2\, Y_{2\mu}(\theta_i, \varphi_i) \tag{3.194a}$$

$$\widehat{Q}_{2\mu}^{(\mathrm{coll})} = \frac{3}{4\pi}\sqrt{\frac{16\pi}{5}} Z e R_0^2 \alpha_\mu \tag{3.194b}$$

$$\widehat{\boldsymbol{\mu}}^{(\mathrm{sp})} = \sum_i \{g_s(i)\,\boldsymbol{s}_i + g_l(i)\,\boldsymbol{l}_i\}/\hbar, \tag{3.194c}$$

$$\widehat{\boldsymbol{\mu}}^{(\mathrm{coll})} = g_R\,\widehat{\boldsymbol{R}}/\hbar = g_R(\widehat{\boldsymbol{I}} - \widehat{\boldsymbol{j}})/\hbar \tag{3.194d}$$

である. 陽子または中性子の軌道およびスピン g 因子は (1.124) 式で与えられる. また核内の一様な荷電分布を仮定すると, 集団的回転運動による g 因子は, 核磁子 $\mu_{\mathrm{N}} = e\hbar/(2Mc)$ を単位として,

$$g_R \approx \frac{Z}{A} \tag{3.195}$$

となる. さらに, E2 遷移演算子と M1 遷移演算子は

$$\mathcal{M}(\mathrm{E}2\mu) = \sqrt{\frac{5}{16\pi}}\widehat{Q}_{2\mu}, \quad \mathcal{M}(\mathrm{M}1\mu) = \sqrt{\frac{3}{4\pi}}\widehat{\mu}_\mu \tag{3.196}$$

で与えられる.

固有関数 (3.177) を使ってこれらの演算子の行列要素を計算すれば，集団模型における電気4重極モーメントや磁気双極モーメント，E2遷移確率やM1遷移確率を求めることができる．その計算を行うためには，これらの演算子が空間固定系 K で定義されているので，物体固定系 K′ に変換しなければならない．つまり

$$\widehat{Q}_{2\mu} = \sum_\nu D^2_{\mu\nu}(\theta_i)\,\widehat{Q}'_{2\nu}, \quad \widehat{\mu}_\mu = \sum_\nu D^1_{\mu\nu}(\theta_i)\,\widehat{\mu}'_\nu \qquad (3.197)$$

によって，K′ 系の演算子 $\widehat{Q}'_{2\nu}$ や $\widehat{\mu}'_\nu$ に変換し，計算しなければならない．

大抵の偶々核の場合のように，粒子運動を考えないですむような場合については，すでに 3.2.4 で詳しく述べたので，ここでは <u>奇核</u> における重要な量の結果のみを書くことにする．

<u>奇核</u> における集団運動からの電気4重極モーメントへの寄与は，$\widehat{Q}^{(\text{coll})}_{20}$ の状態 $|I, M=I, K=\Omega, n_\beta=n_\gamma=0\rangle$ による期待値であるから，

$$Q^{(\text{coll})} = \frac{3K^2 - I(I+1)}{(I+1)(2I+3)}\, eQ_0 \qquad (3.198)$$

である．Q_0 は固有4重極モーメント (3.134) である．粒子運動による $\widehat{Q}^{(\text{sp})}_{20}$ からの寄与を入れた電気4重極モーメント $Q = Q^{(\text{coll})} + Q^{(\text{sp})}$ も (3.198) 式と同形であるが，Q_0 の値が若干修正される．

<u>奇核の回転バンド内</u>$(I = K, K+1, K+2, \cdots)$ の換算遷移確率は，(3.135) または (3.136) 式を求めたのとまったく同様にして

$$B(\text{E2}; I_i \to I_f) = \frac{5}{16\pi} e^2 Q_0^2\, \langle I_i K 20 | I_f K \rangle^2, \quad K \neq \frac{1}{2} \qquad (3.199)$$

となる．$K = 1/2$ の場合は，固有関数 (3.177) の第1項と第2項の間に遷移演算子の行列要素が生じるので，(3.199) 式の換算遷移確率に付加項が加わる．詳細はここでは割愛する．

磁気モーメントおよび M1 遷移は，$K \neq 1/2$ に対し

$$\mu = g_R\Big(I - \frac{K^2}{I+1}\Big) + g_K \frac{K^2}{I+1}, \quad K \neq \frac{1}{2} \qquad (3.200\text{a})$$

$$B(\text{M1}; I_i \to I_f) = \frac{3}{4\pi}\Big[\langle I_i K 10 | I_f K\rangle K(g_R - g_K)\Big]^2 \mu_\text{N}^2, \quad K \neq \frac{1}{2} \qquad (3.200\text{b})$$

となる．ただし $g_K = \langle \chi_{\alpha K} | \widehat{\mu}^{(\text{sp})\prime}_3 | \chi_{\alpha K}\rangle$ である．$K = 1/2$ の場合は $B(\text{E2})$ の場合と同様な理由で付加項が付け加わるが，詳細は割愛する．

3.4 集団運動の微視的理論

これまでに述べてきた Bohr-Mottelson の集団模型においては，集団運動を原子核全体の回転・振動運動として扱い，いわば"巨視的に"(macroscopically) 表現してきた．またこれら回転・振動の自由度とは別に，粒子運動の自由度も考えた．しかし，厳密にいえば，これら集団運動の自由度および粒子運動の自由度は，すべて原子核を構成する核子の各々の自由度から成り立っているはずである．したがって，集団模型に現れた種々のパラメーター，たとえば振動運動の質量パラメーター B や変形によるポテンシャル・エネルギー $V(\beta,\gamma)$，あるいは回転運動に関する慣性モーメント $\mathcal{J}$ などは，すべて核を構成する個々の核子の自由度から出発し，核子間の相互作用から導出されるはずである．

このような観点から，集団模型を個々の核子の自由度に立脚して理解することが，より本質に迫った原子核集団運動の理解を得ることになると考えられる．このような試みを集団運動の**微視的理論** (microscopic theory) と呼び，本節の主目標である．

3.4.1 Hartree-Fock 法

後の説明を容易にするために，まず **Hartree-Fock 法** (Hartree-Fock method) から始める．

(a) 通常の Hartree-Fock 法

ハミルトニアン H で記述されるフェルミオン多体系を考える．よく知られているように，Schrödinger 方程式

$$H|\Psi\rangle = E|\Psi\rangle \tag{3.201}$$

は，変分方程式

$$\delta I[\Psi] = 0, \quad I[\Psi] = \frac{\langle\Psi|H|\Psi\rangle}{\langle\Psi|\Psi\rangle} \tag{3.202}$$

と同等である．すなわち，$|\Psi\rangle$ に何らの制約をおかず，任意の変分 $|\Psi\rangle \to |\Psi+\delta\Psi\rangle$ に対して汎関数 $I[\Psi]$ が停留値をとるならば，そのときの $|\Psi\rangle$ は Schrödinger 方程式 (3.201) の解であり，そのときの汎関数の値がエネルギー固有値である．

変分方程式 (3.202) における $|\Psi\rangle$ として試行関数 (trial function) $|\Phi\rangle$ を採用し，系の基底状態に対する近似解を求めることができる．試行関数 $|\Phi\rangle$ として単一の **Slater 行列式** (Slater determinant) をとる近似法が，以下で説明する **Hartree-Fock 法** (または **HF 法**または **Hartree-Fock 近似**) である．

いま1粒子表示をきめるため，適当な1粒子ポテンシャル $U(q)$ を導入する．変数 q は空間座標，スピン座標などをまとめたものである．1粒子 Schrödinger 方程式

$$\left\{-\frac{\hbar^2}{2M}\boldsymbol{\nabla}^2 + U(q)\right\}\varphi_\alpha(q) = \varepsilon_\alpha \varphi_\alpha(q) \tag{3.203}$$

の解 $\{\varphi_\alpha(q)\}$ は規格直交系を作るものとし，$c_\alpha^\dagger$ を状態 α に粒子を生成する生成演算子，c_α を消滅演算子とする．これらはフェルミオンの反交換関係 (1.28) をみたすことはいうまでもない．この1粒子表示を使って系のハミルトニアンは

$$H = \sum_{\alpha\beta} T_{\alpha\beta}\, c_\alpha^\dagger c_\beta + \frac{1}{2}\sum_{\alpha\beta\gamma\delta} \mathcal{V}_{\alpha\beta\gamma\delta}\, c_\alpha^\dagger c_\beta^\dagger c_\delta c_\gamma \tag{3.204}$$

と表される．右辺の第1項が運動エネルギーで，第2項が2粒子間の有効相互作用である．$\mathcal{V}_{\alpha\beta\gamma\delta}$ は反対称化された有効相互作用の行列要素で，(1.32) 式および (1.33) 式で与えられる．

<u>Hartree-Fock 基底状態</u> $|\Phi_0\rangle$ は (3.203) 式の解のうち，エネルギー準位 ε_α に低い方から順番に A 個の粒子を詰めた <u>Slater 行列式</u> で表され，

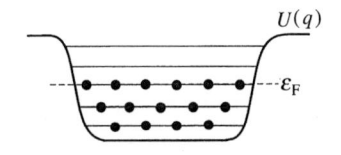

図 3.26 Hartree-Fock 基底状態 $|\Phi_0\rangle$ の概念図

Fermi エネルギー ε_F 以下の状態を粒子が占めている．

$$|\Phi_0\rangle = \prod_{\alpha=1}^{A} c_\alpha^\dagger |0\rangle \tag{3.205}$$

と書かれる．ここで $|0\rangle$ は粒子がまったくない状態，すなわち真の真空である．Hartree-Fock 基底状態 $|\Phi_0\rangle$ における最も高い1粒子エネルギーを **Fermi エネルギー** (Fermi energy) と呼び ε_F で表す (図 **3.26** 参照)．

さて Hartree-Fock 基底状態 $|\Phi_0\rangle$ に対する**粒子** (particle) および**空孔** (hole) を定義しよう．$\varepsilon_\alpha > \varepsilon_\mathrm{F}$ の1粒子状態を "粒子状態"(particle state)，$\varepsilon_\alpha \leq \varepsilon_\mathrm{F}$ を "空孔状態" (hole state) と呼ぶ．関数

$$\theta_\alpha = \begin{cases} 0, & \varepsilon_\alpha > \varepsilon_\mathrm{F} \\ 1, & \varepsilon_\alpha \leq \varepsilon_\mathrm{F} \end{cases} \tag{3.206}$$

を使って，生成演算子 $c_\alpha^\dagger$ を

$$c_\alpha^\dagger = (1-\theta_\alpha)c_\alpha^\dagger + \theta_\alpha c_\alpha^\dagger = a_\alpha^\dagger + b_\alpha \qquad (3.207)$$

と書くと，右辺の演算子 $a_\alpha^\dagger$ は粒子状態 α に "粒子" を生成する演算子であり，演算子 b_α は空孔状態 α の "空孔" を消す演算子となる．容易にわかるように，

$$a_\alpha|\Phi_0\rangle = 0, \qquad b_\alpha|\Phi_0\rangle = 0 \qquad (3.208)$$

であるから，Hartree-Fock 基底状態 $|\Phi_0\rangle$ は "粒子" および "空孔" に対する "真空" となっている．

この "粒子・空孔" 表示を用いると (3.204) 式のハミルトニアンは

$$H = U_0 + \sum_{\alpha\beta}\varepsilon_{\alpha\beta}(a_\alpha^\dagger a_\beta - b_\alpha^\dagger b_\beta) + \sum_{\alpha\beta}\varepsilon_{\alpha\beta}(a_\alpha^\dagger b_\beta^\dagger + b_\beta a_\alpha)$$

$$+ \frac{1}{2}\sum_{\alpha\beta\gamma\delta}\mathcal{V}_{\alpha\beta\gamma\delta} : c_\alpha^\dagger c_\beta^\dagger c_\delta c_\gamma :, \qquad (3.209\text{a})$$

$$U_0 = \langle\Phi_0|H|\Phi_0\rangle = \sum_\alpha T_{\alpha\alpha}\theta_\alpha + \sum_{\alpha\beta}\mathcal{V}_{\alpha\beta\alpha\beta}\theta_\alpha\theta_\beta, \qquad (3.209\text{b})$$

$$\varepsilon_{\alpha\beta} = T_{\alpha\beta} + 2\sum_\gamma \mathcal{V}_{\alpha\gamma\beta\gamma}\theta_\gamma \qquad (3.209\text{c})$$

と書き直すことができる．ここで，(3.209a) 式における $: c_\alpha^\dagger c_\beta^\dagger c_\delta c_\gamma :$ のように，演算子を ":" の記号ではさんだ表式は，粒子・空孔に関する**正規積** (normal product) である．[16]

Hartree-Fock 法は上記の Slater 行列式 $|\Phi_0\rangle$ を構成する 1 粒子波動関数 $\{|\varphi_\alpha\rangle = |\alpha\rangle\}$ を変分関数として，系のハミルトニアン H の期待値 $U_0 = \langle\Phi_0|H|\Phi_0\rangle$ を極小にするように $\{|\varphi_\alpha\rangle\}$ を決定する近似である．規格化条件 $\langle\varphi_\alpha|\varphi_\alpha\rangle = \langle\alpha|\alpha\rangle = 1$ を付すための Lagrange 未定乗数として ε_α をとれば，変分方程式は

$$\delta\left[\langle\alpha|T|\alpha\rangle + \sum_\beta \theta_\beta(\langle\alpha\beta|v|\alpha\beta\rangle - \langle\alpha\beta|v|\beta\alpha\rangle) - \varepsilon_\alpha\langle\alpha|\alpha\rangle\right] = 0 \qquad (3.210)$$

と書かれる．その結果，1 粒子状態をきめる **Hartree-Fock 方程式** (Hartree-Fock equation)

$$-\frac{\hbar^2}{2M}\nabla^2\varphi_\alpha(q) + \int U(q,q')\varphi_\alpha(q')\,dq' = \varepsilon_\alpha(q) \qquad (3.211)$$

---

[16] 生成演算子を最左方に，消滅演算子を最右方に並べる演算子の積を正規積と呼ぶ．Wick の定理を用いて，演算子の積を正規積の形にすると，定数項が真空期待値となる．

を得る．ただし，変分方程式 (3.210) の主旨からわかるように，この方程式は空孔状態に対して導かれたものであるが，粒子状態まで拡張するものとする．すなわち，1 粒子状態 α は空孔・粒子のすべての状態を意味するものとする．また，非局所的な平均ポテンシャル，すなわち **Hartree-Fock ポテンシャル** (Hartree-Fock potential) $U(q, q')$ は

$$U(q, q') = \delta(q - q') \sum_\beta \theta_\beta \int \varphi_\beta^*(q'') v(q'', q) \varphi_\beta(q'') \, dq''$$
$$- \sum_\beta \theta_\beta \, \varphi_\beta^*(q') v(q', q) \varphi_\beta(q) \tag{3.212}$$

で与えられる．Hartree-Fock 方程式 (3.211) は非線形方程式であり，平均ポテンシャル $U(q, q')$ の中に解くべき 1 粒子波動関数 $\{\varphi_\alpha\}$ が入っているので，<u>自己無撞着的</u>(self-consistent) に解かなければならない．

1 粒子表示をきめるために使った 1 粒子 Schrödinger 方程式 (3.203) の解 $\{\varphi_\alpha\}$ の代わりに Hartree-Fock 方程式 (3.211) の解をとれば，(3.209c) 式の $\varepsilon_{\alpha\beta}$ は，α または β の一方が粒子状態で他方が空孔状態のときには 0 となるから，(3.209a) 式の右辺の第 3 項は 0 となる．したがって，Hartree-Fock 近似のもとで，系のハミルトニアンは

$$H = U_0 + H_0 + H_{\text{int}}, \tag{3.213a}$$

$$U_0 = \langle \Phi_0 | H | \Phi_0 \rangle = \sum_\alpha \varepsilon_\alpha \theta_\alpha - \sum_{\alpha\beta} \mathcal{V}_{\alpha\beta\alpha\beta} \, \theta_\alpha \theta_\beta, \tag{3.213b}$$

$$H_0 = \sum_\alpha \varepsilon_\alpha a_\alpha^\dagger a_\alpha - \sum_\alpha \varepsilon_\alpha b_\alpha^\dagger b_\alpha, \tag{3.213c}$$

$$H_{\text{int}} = \frac{1}{2} \sum_{\alpha\beta\gamma\delta} \mathcal{V}_{\alpha\beta\gamma\delta} : c_\alpha^\dagger c_\beta^\dagger c_\delta c_\gamma :$$
$$= H_{\text{pp}} + H_{\text{hh}} + H_{\text{ph}} + H_{\text{V}} + H_{\text{Y}}, \tag{3.213d}$$

$$H_{\text{pp}} = \frac{1}{2} \sum_{\alpha\beta\gamma\delta} \mathcal{V}_{\alpha\beta\gamma\delta} \, a_\alpha^\dagger a_\beta^\dagger a_\delta a_\gamma, \tag{3.213e}$$

$$H_{\text{hh}} = \frac{1}{2} \sum_{\alpha\beta\gamma\delta} \mathcal{V}_{\alpha\beta\gamma\delta} \, b_\alpha^\dagger b_\beta^\dagger b_\delta b_\gamma, \tag{3.213f}$$

$$H_{\text{ph}} = 2 \sum_{\alpha\beta\gamma\delta} \mathcal{V}_{\alpha\beta\gamma\delta} \, a_\alpha^\dagger b_\delta^\dagger a_\gamma b_\beta, \tag{3.213g}$$

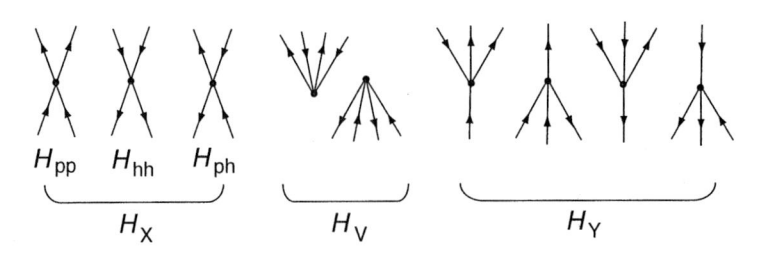

図 3.27 残留相互作用のダイアグラム
上向きの矢印線は粒子状態．下向きの矢印線は空孔状態．丸印が相互作用のバーテックス．$H_{\rm X}$ は粒子数および空孔数を変化させない相互作用である．

$$H_{\rm V} = \frac{1}{2}\sum_{\alpha\beta\gamma\delta}\mathcal{V}_{\alpha\beta\gamma\delta}\,(a^\dagger_\alpha a^\dagger_\beta b^\dagger_\delta b^\dagger_\gamma + {\rm h.c.}), \qquad (3.213{\rm h})$$

$$H_{\rm Y} = \sum_{\alpha\beta\gamma\delta}\mathcal{V}_{\alpha\beta\gamma\delta}\,\{(a^\dagger_\alpha a^\dagger_\beta b^\dagger_\delta a_\gamma + a^\dagger_\alpha b^\dagger_\delta b^\dagger_\gamma b_\beta) + {\rm h.c.}\} \qquad (3.213{\rm i})$$

と書かれる．(3.213h), (3.213i) 式における h.c. は直前の項のエルミート共役を意味する．U_0 が Hartree-Fock 基底状態のエネルギー，H_0 が 1 粒子 (空孔) ハミルトニアンであり，全ハミルトニアンのうち Hartree-Fock 近似のもとで U_0 や H_0 に入りきれなかった残留相互作用が $H_{\rm int}$ である．$H_{\rm pp}$ は粒子・粒子，$H_{\rm hh}$ は空孔・空孔，$H_{\rm ph}$ は粒子・空孔の間の相互作用である．$H_{\rm pp}+H_{\rm hh}+H_{\rm ph}=H_{\rm X}$ と表すこともある．$H_{\rm X}$ は粒子数および空孔数を変化させない相互作用である．$H_{\rm V}$ と $H_{\rm Y}$ とは粒子数および空孔数を変化させる．これらの残留相互作用のダイアグラムが図 **3.27** に示されている．

自己無撞着的に決定された上述の平均ポテンシャル $U(q,q')$ (3.212) は一般的には非局所的な 1 体ポテンシャルであるが，これを近似的に表したものが第 1 章において議論した殻模型の 1 体ポテンシャルであると考えられる．

(b) 密度行列と Hartree-Fock 法

Hartree-Fock 法を**密度行列** (density matrix) を用いて表現すると都合がよい場合がある．以下で簡単に説明しよう．

いま，ある A 粒子系の状態ベクトル $|\Psi\rangle$ を考える．一般に

$$|\Psi\rangle = \frac{1}{\sqrt{A!}}\sum_{\alpha_1\alpha_2\cdots\alpha_A} D(\alpha_1,\alpha_2,\cdots,\alpha_A)\,c^\dagger_{\alpha_1}c^\dagger_{\alpha_2}\cdots c^\dagger_{\alpha_A}|0\rangle \qquad (3.214)$$

と書かれる．$D(\alpha_1,\alpha_2,\cdots,\alpha_A)$ は引数 $\alpha_1,\alpha_2,\cdots,\alpha_A$ に関して反対称関数である．

この状態 $|\Psi\rangle$ における密度行列 ρ_Ψ の行列要素 $\langle\alpha|\rho_\Psi|\beta\rangle$ は

$$\langle\alpha|\rho_\Psi|\beta\rangle = \langle\Psi|c_\beta^\dagger c_\alpha|\Psi\rangle \tag{3.215}$$

で定義されるものとする．したがって密度行列の行列要素は

$$\langle\alpha|\rho_\Psi|\beta\rangle = A \sum_{\alpha_2\cdots\alpha_A} D(\alpha,\alpha_2,\cdots,\alpha_A) D^*(\beta,\alpha_2,\cdots,\alpha_A) \tag{3.216}$$

となる．以後 ρ_Ψ の添字 "Ψ" は省略する．

いま状態ベクトル $|\Psi\rangle$ が Hartree-Fock 状態 (すなわち規格化された単一の Slater 行列式) であるならば，密度行列は

$$\rho^2 = \rho \tag{3.217}$$

をみたす．逆に密度行列が (3.216) 式をみたすならば，その状態ベクトルは規格化された単一の Slater 行列式と同等である．このとき

$$\text{Tr}\,\rho = \sum_\alpha \langle\alpha|\rho|\alpha\rangle = A \tag{3.218}$$

であることは容易にわかる．

規格化された Hartree-Fock 状態ベクトルに対する系のエネルギー期待値 E_{HF} を密度行列を使って表すと，

$$E_{\text{HF}} = \sum_{\alpha\beta}\{\langle\alpha|T|\beta\rangle + \langle\alpha|U|\beta\rangle\}\langle\beta|\rho|\alpha\rangle, \tag{3.219a}$$

$$\langle\alpha|U|\beta\rangle = \sum_{\gamma\delta}\{\langle\alpha\gamma|v|\beta\delta\rangle - \langle\alpha\gamma|v|\delta\beta\rangle\}\langle\delta|\rho|\gamma\rangle \tag{3.219b}$$

となる．したがって，エネルギー期待値 E_{HF} は密度行列 ρ の汎関数であり，

$$E_{\text{HF}}[\rho] = \text{Tr}\,(h\rho), \quad \langle\alpha|h|\beta\rangle = \langle\alpha|T|\beta\rangle + \langle\alpha|U|\beta\rangle \tag{3.220}$$

となる．

Hartree-Fock 近似は状態ベクトルを単一の Slater 行列式に保持したまま，すなわち (3.217) 式を保持したまま，ρ に微小変分を与え，汎関数 $E_{\text{HF}}[\rho]$ を停留値にすることである．これは微小ユニタリー変換

$$\rho \to \rho + \delta\rho = e^{-if}\rho e^{if} = (1 - if + \cdots)\rho(1 + if + \cdots) \tag{3.221}$$

を行うことと同等である．f は微小なエルミート演算子である．(3.221) 式の右辺における f に関する級数展開の 1 次までとると，$\delta\rho = i[\rho, f]$ が得られるので，E_{HF} の変分は

$$\delta E_{\text{HF}} = E_{\text{HF}}[\rho + \delta\rho] - E_{\text{HF}}[\rho] = i\,\text{Tr}\,(h[\rho, f]) = i\,\text{Tr}\,(f[h, \rho]) \tag{3.222}$$

となる.最後の等式は $\mathrm{Tr}\,(abc) = \mathrm{Tr}\,(bca) = \mathrm{Tr}\,(cab)$ を使って得られる.したがって,任意の f に対して $\delta E_{\mathrm{HF}} = 0$ となるためには

$$[h, \rho] = 0 \tag{3.223}$$

でなければならない.これが Hartree-Fock 近似の条件である.

(3.223) 式は,ρ を対角的 (diagonal) にする表示において,h も同時に対角的にすることができることを意味する.そのとき

$$\langle \alpha | h | \beta \rangle = \varepsilon_\alpha \delta_{\alpha\beta} \tag{3.224}$$

である.h の定義を使って具体的に書くと,この方程式は Hartree-Fock 方程式 (3.211) と同等であることがわかる.

(c) 時間依存 Hartree-Fock 法と微小振動解

前に述べた Bohr-Mottelson の集団模型においては,原子核の集団運動は平均ポテンシャルが時間とともに回転・振動する運動であると考えた.この考え方を表現する近似法が時間依存 Hartree-Fock 法である.[17] ここでこれを説明しよう.

時間に依存した Schrödinger 方程式

$$i\hbar \frac{\partial}{\partial t} |\Psi(t)\rangle = H |\Psi(t)\rangle \tag{3.225}$$

は,試行関数 $|\Psi(t)\rangle$ に何らの制限を加えないときの変分方程式

$$\delta \langle \Psi(t) | i\hbar \frac{\partial}{\partial t} - H |\Psi(t)\rangle = 0 \tag{3.226}$$

と同等であることがよく知られている.

試行関数 $|\Psi(t)\rangle$ として単一の Slater 行列式 $|\Phi\rangle$ をとる近似法が**時間依存 Hartree-Fock(TDHF) 法** (time-dependent Hartree-Fock method) である.このときの Slater 行列式を構成する 1 粒子波動関数は,時間に依存するものと考えるのである.

時間依存 Hartree-Fock 法における微小振動解を求めるために,次の定理は有用である.

---

[17] 野上茂吉郎,素粒子論研究,**10**(1956) 600.
R. A. Ferrell, Phys. Rev. **107**(1957) 1631.

[定理](Thouless) A 粒子系の Hartree-Fock 型の波動関数 (Slater 行列式) を

$$|\Phi_0\rangle = \prod_{i=1}^{A} c_i^\dagger |0\rangle \tag{3.227}$$

とする．$|\Phi_0\rangle$ と直交しない任意の Hartree-Fock 型の波動関数は

$$|\Phi\rangle = \exp\Big(\sum_{i=1}^{A}\sum_{\mu=A+1}^{\infty} C_{\mu i} c_\mu^\dagger c_i\Big)|\Phi_0\rangle \tag{3.228}$$

と表すことができる．係数 $C_{\mu i}$ は一意的にきめることができる．逆に (3.228) 式の形の波動関数は A 粒子系の Slater 行列式である．[*18]

[証明] Hartree-Fock 型の波動関数 $|\Phi_0\rangle$ および $|\Phi\rangle$ を構成する規格直交化された 1 粒子波動関数をそれぞれ $\{\varphi_i\}$ および $\{\psi_\alpha\}$ とし，それらの間の関係を

$$\psi_\alpha = \sum_{i=1}^{\infty} f_{\alpha i} \varphi_i \tag{3.229}$$

とする．もちろんこれはユニタリー変換であり，

$$\sum_{i=1}^{\infty} f_{\alpha i}^* f_{i\beta} = \delta_{\alpha\beta}, \quad \sum_{\alpha=1}^{\infty} f_{i\alpha}^* f_{\alpha j} = \delta_{ij} \tag{3.230}$$

となる．これを第 2 量子化の表示で表せば

$$d_\alpha^\dagger = \sum_{i=1}^{\infty} f_{\alpha i} c_i^\dagger \tag{3.231}$$

である．したがって，

$$|\Phi\rangle = \prod_{\alpha=1}^{A} d_\alpha^\dagger |0\rangle = \prod_{\alpha=1}^{A} \Big(\sum_{i=1}^{A} f_{\alpha i} c_i^\dagger + \sum_{\mu=A+1}^{\infty} f_{\alpha\mu} c_\mu^\dagger\Big)|0\rangle \tag{3.232}$$

と書かれる．$|\Phi\rangle$ は $|\Phi_0\rangle$ に直交しないと仮定しているので，

$$\langle\Phi_0|\Phi\rangle = \det(f_{\alpha i}) = 1 \quad (\alpha, i = 1, 2, \cdots, A) \tag{3.233}$$

と規格化することができる．ただし $\det(f_{\alpha i})$ は $f_{\alpha i}$ を行列要素とする $A\times A$ 行列 $(f_{\alpha i})$ の行列式である．行列 $(f_{\alpha i})$ の逆行列を行列 $(F_{i\alpha})$ とすると，

$$\sum_{i=1}^{A} f_{\alpha i} F_{i\beta} = \delta_{\alpha\beta}, \quad \sum_{\alpha=1}^{A} F_{i\alpha} f_{\alpha j} = \delta_{ij} \quad (\alpha, \beta, i, j \leq A) \tag{3.234}$$

[*18] D. J. Thouless, Nucl. Phys. **21**(1960) 225.

である．さて $A \times A$ 行列 $(F_{\alpha\beta})$ を用いて

$$\tilde{d}_\beta^\dagger = \sum_{\alpha=1}^A F_{\beta\alpha} d_\alpha^\dagger \tag{3.235}$$

と変換する．(3.230) 式および (3.234) 式を用いて

$$\sum_{\beta=1}^A F_{\alpha\gamma}^* F_{\gamma\beta} = F_{\gamma\alpha}^* F_{\beta\gamma} = \delta_{\alpha\beta} \tag{3.236}$$

となるから，変換 (3.235) は $A \times A$ のユニタリー変換である．さて係数 $C_{\mu i}$ を

$$C_{\mu i} = \sum_{\alpha=1}^A F_{i\alpha} f_{\alpha\mu}, \qquad (i \leq A, \mu > A) \tag{3.237}$$

と定義すると，(3.235), (3.231), (3.234) の各式を使って

$$\tilde{d}_i^\dagger = \sum_{\alpha=1}^A F_{i\alpha} d_\alpha^\dagger = c_i^\dagger + \sum_{\mu=A+1}^\infty C_{\mu i} c_\mu^\dagger, \qquad (i \leq A) \tag{3.238}$$

となる．したがって

$$|\Phi\rangle = \prod_{\alpha=1}^A d_\alpha^\dagger |0\rangle = \prod_{i=1}^A \tilde{d}_i^\dagger |0\rangle$$

$$= \prod_{i=1}^A \left(c_i^\dagger + \sum_{\mu=A+1}^\infty C_{\mu i} c_\mu^\dagger \right) |0\rangle = \prod_{i=1}^A \left(1 + \sum_{\mu=A+1}^\infty C_{\mu i} c_\mu^\dagger c_i \right) c_i^\dagger |0\rangle$$

$$= \prod_{i=1}^A \left(1 + \sum_{\mu=A+1}^\infty C_{\mu i} c_\mu^\dagger c_i \right) |\Phi_0\rangle = \prod_{i=1}^A \prod_{\mu=A+1}^\infty \left(1 + C_{\mu i} c_\mu^\dagger c_i \right) |\Phi_0\rangle$$

$$= \prod_{i=1}^A \prod_{\mu=A+1}^\infty \exp\left(C_{\mu i} c_\mu^\dagger c_i \right) |\Phi_0\rangle = \exp\left(\sum_{i=1}^A \sum_{\mu=A+1}^\infty C_{\mu i} c_\mu^\dagger c_i \right) |\Phi_0\rangle \tag{3.239}$$

となる．係数 $C_{\mu i}$ は

$$C_{\mu i} = \langle \Phi | c_\mu^\dagger c_i | \Phi_0 \rangle / \langle \Phi | \Phi_0 \rangle \tag{3.240}$$

によって一意的に決定される．[証明終り]

いま，ユニタリー変換 e^G を考える．ただし $G = -G^\dagger = \sum_{\mu i}(g_{\mu i} c_\mu^\dagger c_i - g_{\mu i}^* c_i^\dagger c_\mu)$ とする．任意の 2 つの演算子 A, G に対するよく知られた公式

$$e^G A e^{-G} = A + [G, A] + \frac{1}{2!}[G, [G, A]] + \frac{1}{3!}[G, [G, [G, A]]] + \cdots \tag{3.241}$$

において，$A = c_\alpha^\dagger$ とすれば，$[G, c_\alpha^\dagger] = \sum_\mu g_{\mu\alpha} c_\mu^\dagger - \sum_i g_{\alpha i}^* c_i^\dagger$ となるから，$e^G c_\alpha^\dagger e^{-G}$ は $c_\mu^\dagger$ の 1 次結合で表される．したがって，ユニタリー変換 (3.238) は一般に $e^G c_\alpha^\dagger e^{-G}$

の形に書くことができる.すなわち

$$|\Phi\rangle = \prod_{i=1}^{A} \tilde{d}_i^\dagger |0\rangle = e^G c_1^\dagger e^{-G} e^G c_2^\dagger e^{-G} \cdots e^G c_A^\dagger e^{-G} |0\rangle = e^G |\Phi_0\rangle \quad (3.242)$$

となるから,前述の Thouless の定理は次のように書き換えることができる.

[定理] $|\Phi_0\rangle$ を Hartree-Fock 型の波動関数 (Slater 行列式)

$$|\Phi_0\rangle = \prod_{i=1}^{A} c_i^\dagger |0\rangle$$

とする.$|\Phi_0\rangle$ と直交しない任意の Slater 行列式 $|\Phi\rangle$ は

$$|\Phi\rangle = e^G |\Phi_0\rangle, \quad G = \sum_{\mu i}(g_{\mu i} a_\mu^\dagger b_i^\dagger - g_{\mu i}^* b_i a_\mu) \quad (3.243)$$

と表すことができる.ただし,$a_\mu^\dagger$ および $b_i^\dagger$ はそれぞれ $|\Phi_0\rangle$ に関する<u>粒子</u>および<u>空孔</u>の生成演算子である.

さて,時間依存 Hartree-Fock 法による微小振動解を解くことにより,Bohr-Mottelson の集団模型における集団運動,すなわち静的な Hartree-Fock 解 $|\Phi_0\rangle$ のまわりの微小振動が解けるはずである.これを検討しよう.

時間依存 Hartree-Fock 近似においては,変分方程式 (3.226) における $|\Psi(t)\rangle$ は (3.243) 式の $|\Phi\rangle$ の形を持つはずである.この $|\Phi\rangle$ の中の G が時間とともに変化するものとして,変分方程式 (3.226) において

$$\begin{aligned}|\Psi(t)\rangle \to |\Phi(t)\rangle &= e^{-iE_0 t/\hbar} e^{G(t)} |\Phi_0\rangle \\ &= e^{-iE_0 t/\hbar} \exp\left(\sum_{\mu i}\{g_{\mu i}(t) a_\mu^\dagger b_i^\dagger - g_{\mu i}^*(t) b_i a_\mu\}\right)|\Phi_0\rangle \end{aligned} \quad (3.244)$$

の形の定常解を考える.ここで $E_0 = \langle\Phi_0|H|\Phi_0\rangle$ である.

$|\Phi(t)\rangle$ によるハミルトニアン (3.213) の期待値を計算し,$g_{\mu i}(t)$ は微小量と考えて,その2次までとれば,

$$\begin{aligned}\langle\Phi(t)|H|\Phi(t)\rangle &= \langle\Phi_0|e^{-G(t)} H e^{G(t)}|\Phi_0\rangle \\ &= E_0 + \sum_{\mu i}(\varepsilon_\mu - \varepsilon_i) g_{\mu i}(t) g_{\mu i}^*(t) + 2\sum_{\mu i \mu' i'} \mathcal{V}_{\mu i' i \mu'} g_{\mu i}(t) g_{\mu' i'}^*(t) \\ &\quad + \sum_{\mu i \mu' i'} \mathcal{V}_{\mu \mu' i i'} g_{\mu i}(t) g_{\mu' i'}(t) + \sum_{\mu i \mu' i'} \mathcal{V}_{\mu \mu' i i'} g_{\mu i}^*(t) g_{\mu' i'}^*(t), \quad (3.245a)\end{aligned}$$

$$\langle\Phi(t)|i\hbar\frac{\partial}{\partial t}|\Phi(t)\rangle = E_0 + \sum_{\mu i} g^*_{\mu i}(t)\left(i\hbar\frac{\partial}{\partial t}\right)g_{\mu i}(t) \tag{3.245b}$$

となる．変分方程式 (3.226) はすべての (μ, i) の組について

$$\frac{\partial}{\partial g^*_{\mu i}}\langle\Psi(t)|i\hbar\frac{\partial}{\partial t} - H|\Psi(t)\rangle = 0 \tag{3.246}$$

と書かれるから，

$$i\hbar\dot{g}_{\mu i} = (\varepsilon_\mu - \varepsilon_i)g_{\mu i} + 2\sum_{\mu' i'}(\mathcal{V}_{\mu i' i \mu'}\, g_{\mu' i'} + \mathcal{V}_{\mu\mu' ii'}\, g^*_{\mu' i'}),$$
$$-i\hbar\dot{g}^*_{\mu i} = (\varepsilon_\mu - \varepsilon_i)g^*_{\mu i} + 2\sum_{\mu' i'}(\mathcal{V}_{i\mu' \mu i'}\, g^*_{\mu' i'} + \mathcal{V}_{ii'\mu\mu'}\, g_{\mu' i'}) \tag{3.247}$$

が得られる．いま振動解を考えているから，

$$g_{\mu i}(t) = x(\mu i)\, e^{-i\omega t} + y^*(\mu i)\, e^{i\omega t} \tag{3.248}$$

と置くと，固有値方程式

$$\hbar\omega\, x(\mu i) = (\varepsilon_\mu - \varepsilon_i)\, x(\mu i) + 2\sum_{\mu' i'}\{\mathcal{V}_{\mu i' i \mu'}\, x(\mu' i') + \mathcal{V}_{\mu\mu' ii'}\, y(\mu' i')\},$$
$$-\hbar\omega\, y(\mu i) = (\varepsilon_\mu - \varepsilon_i)\, y(\mu i) + 2\sum_{\mu' i'}\{\mathcal{V}_{i\mu' \mu i'}\, y(\mu' i') + \mathcal{V}_{ii'\mu\mu'}\, x(\mu' i')\} \tag{3.249}$$

が得られる．この固有値方程式を解くことによって固有振動数 ω と振幅 $x(\mu i)$, $y(\mu i)$ が得られる．

3.4.2 乱雑位相近似 (RPA)

前述の時間依存 Hartree-Fock 法の微小振動解は，別の観点，すなわち**励起モード** (excitation mode) という観点から見直すことができる．

$|\Psi_0\rangle$ をハミルトニアン H の真の基底状態とし，そのエネルギーを E_0 とする．すなわち $H|\Psi_0\rangle = E_0|\Psi_0\rangle$ である．このとき，$|\Psi_0(t)\rangle = e^{-iE_0 t/\hbar}|\Psi_0\rangle$ は時間に依存する Schrödinger 方程式

$$i\hbar\frac{\partial}{\partial t}|\Psi_0(t)\rangle = H|\Psi_0(t)\rangle \tag{3.250}$$

の解である．

さて，方程式
$$i\hbar\frac{\partial}{\partial t}G(t) = [H, G(t)] \tag{3.251}$$
をみたすエルミート演算子 $G(t)$ を考えよう．状態ベクトル
$$|\Psi(t)\rangle = e^{G(t)}|\Psi_0(t)\rangle \tag{3.252}$$
もまた時間に依存する Schrödinger 方程式
$$i\hbar\frac{\partial}{\partial t}|\Psi(t)\rangle = H|\Psi(t)\rangle \tag{3.253}$$
の解である．

これを証明するのは容易である．(3.250) 式から
$$e^{G(t)}\left(i\hbar\frac{\partial}{\partial t}\right)e^{-G(t)}e^{G(t)}|\Psi_0(t)\rangle = e^{G(t)}He^{-G(t)}e^{G(t)}|\Psi_0(t)\rangle$$
が得られる．この両辺に展開式 (3.241) を適用すると，
$$\left\{\left(i\hbar\frac{\partial}{\partial t}\right) + \left[G, \left(i\hbar\frac{\partial}{\partial t}\right)\right] + \frac{1}{2!}\left[G, \left[G, \left(i\hbar\frac{\partial}{\partial t}\right)\right]\right] + \cdots\right\}e^{G(t)}|\Psi_0(t)\rangle$$
$$= \left\{H + [G, H] + \frac{1}{2!}[G, [G, H]] + \cdots\right\}e^{G(t)}|\Psi_0(t)\rangle \tag{3.254}$$
となる．ところが
$$\left[G, \left(i\hbar\frac{\partial G}{\partial t}\right)\right] = -i\hbar\frac{\partial G}{\partial t}$$
であるから，この関係式と (3.251) 式とを (3.254) 式へ代入すると，直ちに
$$\left(i\hbar\frac{\partial}{\partial t}\right)e^{G(t)}|\Psi_0(t)\rangle = He^{G(t)}|\Psi_0(t)\rangle$$
が得られる．これは方程式 (3.253) にほかならない．

ここで方程式 (3.251) の振動解
$$G(t) = O_\lambda^\dagger e^{-i\omega t} - O_\lambda e^{i\omega t} \tag{3.255}$$
を考えよう．この $G(t)$ を (3.251) 式に代入すると，
$$[H, O_\lambda^\dagger] = \hbar\omega O_\lambda^\dagger, \qquad [H, O_\lambda] = -\hbar\omega O_\lambda \tag{3.256}$$
となり，演算子 $O_\lambda^\dagger, O_\lambda$ は調和振動子の生成・消滅演算子のように振る舞う．

このような振動解 $O_\lambda^\dagger, O_\lambda$ を形式的に書くことは常に可能である．H の厳密

な励起状態を $|\Psi_\lambda\rangle$ とする．すなわち，$H|\Psi_\lambda\rangle = E_\lambda|\Psi_\lambda\rangle$ である．励起エネルギーを $E_\lambda - E_0 = \hbar\omega$ とし，

$$O_\lambda^\dagger = |\Psi_\lambda\rangle\langle\Psi_0|, \qquad O_\lambda = |\Psi_0\rangle\langle\Psi_\lambda| \qquad (3.257)$$

とすれば，これらの $O_\lambda^\dagger, O_\lambda$ は (3.256) 式をみたすことは明らかである．関係式

$$|\Psi_\lambda\rangle = O_\lambda^\dagger|\Psi_0\rangle, \quad |\Psi_0\rangle = O_\lambda|\Psi_\lambda\rangle, \quad O_\lambda|\Psi_0\rangle = 0 \qquad (3.258)$$

からわかるように，演算子 $O_\lambda^\dagger$ は基底状態に作用して励起状態を生成する励起モードの生成演算子であり，逆に O_λ は消滅演算子である．

(a) RPA 励起モード

上記の厳密かつ形式的な励起モードの代わりに，<u>近似的</u>な励起モードを考えよう．$O_\lambda^\dagger$ として **1 粒子 1 空孔モード** (one-particle-one-hole mode)

$$X_\lambda^\dagger = \sum_{\mu i}\{x_\lambda(\mu i)\, a_\mu^\dagger b_i^\dagger - y_\lambda(\mu i)\, b_i a_\mu\} \qquad (3.259)$$

を採用する．(3.255) 式の $O_\lambda^\dagger$ の代わりに $X_\lambda^\dagger$ を代入した近似的な $G(t)$ を使えば，$|\Psi(t)\rangle = e^{G(t)}|\Psi_0(t)\rangle$ は時間依存 Hartree-Fock 波動関数である．

$X_\lambda^\dagger$ のみたすべき方程式は (3.256) 式において $O_\lambda^\dagger$ を $X_\lambda^\dagger$ で置き換えたもの

$$[H, X_\lambda^\dagger] = \hbar\omega_\lambda X_\lambda^\dagger \qquad (3.260)$$

である．この方程式を近似的にみたすように固有振動数 ω_λ や相関振幅 (correlation amplitudes) $x_\lambda(\mu i), y_\lambda(\mu i)$ をきめる．ハミルトニアン (3.213) を用いて，

$$\begin{aligned}[H, &X_\lambda^\dagger] \\
= &\sum_{\mu i}(\varepsilon_\mu - \varepsilon_i)\, x_\lambda(\mu i)\, a_\mu^\dagger b_i^\dagger + 2\sum_{\mu i \mu' i'}\{\mathcal{V}_{\mu i' i \mu'}\, x_\lambda(\mu' i') + \mathcal{V}_{\mu\mu' ii'}\, y_\lambda(\mu' i')\}a_\mu^\dagger b_i^\dagger \\
&+ \sum_{\mu i}(\varepsilon_\mu - \varepsilon_i)\, y_\lambda(\mu i)\, b_i a_\mu + 2\sum_{\mu i \mu' i'}\{\mathcal{V}_{i\mu' \mu i'}\, y_\lambda(\mu' i') + \mathcal{V}_{ii'\mu\mu'}\, x_\lambda(\mu' i')\}b_i a_\mu \\
&+ :Z: \qquad (3.261)\end{aligned}$$

が得られる．ただし $:Z:$ は $a^\dagger a$ と $b^\dagger b$ の形と $\{a^\dagger, b^\dagger, a, b\}$ に関する 4 次の正規積の形からなる項である．(3.261) 式を (3.260) 式に代入し $:Z:$ の項を無視すると，(3.249) 式と同一の固有値方程式

$$(\varepsilon_\mu - \varepsilon_i)x_\lambda(\mu i) + 2\sum_{\mu'i'}\{\mathcal{V}_{\mu i'i\mu'}\, x_\lambda(\mu'i') + \mathcal{V}_{\mu\mu'ii'}\, y_\lambda(\mu'i')\} = \hbar\omega_\lambda x_\lambda(\mu i),$$
$$(\varepsilon_\mu - \varepsilon_i)y_\lambda(\mu i) + 2\sum_{\mu'i'}\{\mathcal{V}_{i\mu'\mu i'}\, y_\lambda(\mu'i') + \mathcal{V}_{ii'\mu\mu'}\, x_\lambda(\mu'i')\} = -\hbar\omega_\lambda y_\lambda(\mu i)$$
$$(3.262)$$

を得る.すなわち,時間依存 Hartree-Fock 法の微小振動解と,：Z：の項を無視するという近似とは同等である,ということになる.この近似は乱雑位相近似 **(RPA)** (random-phase approximation) と呼ばれている.あるいは線形化運動方程式の方法 (method of linearized equation of motion) とか Sawada 近似と呼ばれることもある.(3.262) 式はプラズマ振動を記述するために Sawada によってはじめて導かれたもので,しばしば **RPA 方程式** (RPA equation) と呼ばれている.[*19] RPA 方程式を原子核の振動運動に最初に適用したのは Takagi および Marumori らである.[*20]

上の RPA 方程式は Bohr-Mottelson の集団模型を微視的に忠実に表すことを目ざしているが,ここで重大な問題点がある.

RPA モードはアクティブな空孔軌道 (準位) からアクティブな粒子軌道 (準位) へ粒子が励起された**粒子・空孔励起** (particle-hole excitation) の演算子の重ね合わせで作られる (図 **3.28** 参照).したがって,実際の原子核に RPA を適用するとき,粒子軌道と空孔軌道が明確に定義されていなければならない.閉殻核の場合は何ら問題はないが,それ以外の場合,すなわちオープン殻の準位を粒子が不完全に占めている場合には,粒子軌道と空孔軌道を明確に区別して定義することができない.前に見たように,このようなオープン殻核の場合こそ集団運動が最も重要となるが,このとき RPA が適用できないということは理論上の大問題である.この問題点は,後で 3.4.5 において説明する準粒子 RPA を用いることによって,うまく回避することができる.

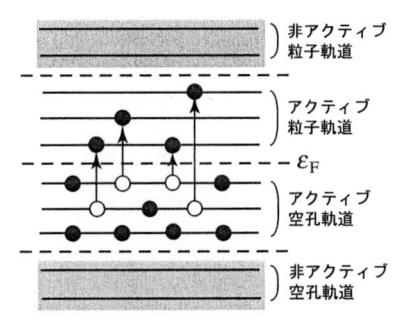

図 **3.28** 実際に RPA が適用される殻模型空間の概念図
ε_F は Fermi エネルギーである.

[*19] K. Sawada, Phys. Rev. **106**(1957) 372.
[*20] S. Takagi, Prog. Theor. Phys. **21**(1959) 174; K. Ikeda, M. Kobayashi, T. Marumori, T. Shiozaki and S. Takagi, Prog. Theor. Phys. **22**(1959) 663.

(b) 簡単な場合の RPA 方程式の解

RPA 方程式 (3.262) は一見通常の固有値方程式のように見えるが，実際はエルミートな固有値方程式ではなく，その固有値は必ずしも常に実数とは限らない．したがって後の都合のためにも，RPA 方程式の性質については少し詳しく検討しておくことが必要である．

一般的な議論をする前に，有効相互作用の行列要素が <u>分離可能</u>(separable) な場合を例示しよう．いま有効相互作用の行列要素が

$$\mathcal{V}_{\mu i' i \mu'} = \mathcal{V}_{\mu \mu' i i'} = -\frac{1}{2}\chi Q_{\mu i} Q_{\mu' i'} \tag{3.263}$$

であるとする．ただし相互作用の強度 χ および行列要素 $Q_{\mu i}$ は実数であるとする．このときの RPA 方程式は

$$\{(\varepsilon_\mu - \varepsilon_i) - \hbar\omega\}x_\lambda(\mu i) - \chi Q_{\mu i}\sum_{\mu' i'}Q_{\mu' i'}\{x_\lambda(\mu' i') + y_\lambda(\mu' i')\} = 0,$$
$$\{(\varepsilon_\mu - \varepsilon_i) + \hbar\omega\}y_\lambda(\mu i) - \chi Q_{\mu i}\sum_{\mu' i'}Q_{\mu' i'}\{x_\lambda(\mu' i') + y_\lambda(\mu' i')\} = 0 \tag{3.264}$$

となる．この 2 式に $Q_{\mu i}$ を掛けて μ, i について加え，$\sum_{\mu' i'} Q_{\mu' i'}\{x_\lambda(\mu' i') + y_\lambda(\mu' i')\}$ に関する式を作ると，固有値 $\hbar\omega$ を決定する方程式

$$S(\omega) = \frac{1}{\chi}, \quad S(\omega) = 2\sum_{\mu i}\frac{(Q_{\mu i})^2(\varepsilon_\mu - \varepsilon_i)}{(\varepsilon_\mu - \varepsilon_i)^2 - (\hbar\omega)^2} \tag{3.265}$$

を得る．この形の方程式を一般に 分散式 (dispersion relation) と呼ぶ．分散式を使って固有値 $\hbar\omega$ を求めるには，図 **3.29** に示すようにグラフを用いるのがわかりやすい．

図 **3.29** においては，粒子準位 μ と空孔準位 i の可能な組み合わせが 3 つの場合 ($n = 1, 2, 3$) を例示している．したがって RPA 方程式は 6×6 の固有値方程式であり，固有値 $\hbar\omega$ は 6 個ある．実曲線で表される $S(\omega)$ と，相互作用の強さ χ の逆数を表す水平の線との交点 (黒点) における横軸の値が固有値 $\hbar\omega$ を与える．6 個の固有値のうち 3 個は正，3 個は負であり，$\hbar\omega$ が 1 つの固有値ならば $-\hbar\omega$ もまた固有値である．いま 3 個の正の固有値 $\hbar\omega_\lambda$ ($\lambda = 0, 1, 2$) のみ考えよう．図から明らかなように，$\chi > 0$ (引力) の場合，最低の固有値 $\hbar\omega_0$ の値は他に比べて特別に低くなっている．逆に $\chi < 0$ (斥力) の場合，最高の固有値 $\hbar\omega_0$ の値は他に比べて特別に高くなっている．つまり相互作用が強くな

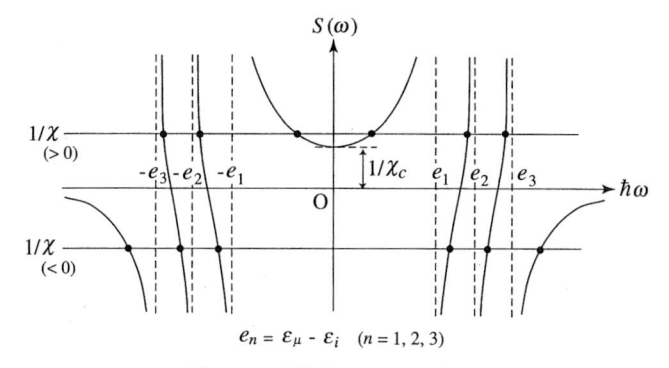

図 3.29 分散式 (3.265) のグラフ

実曲線が関数値 $S(\omega)$ を示し，与えられた相互作用の強さ χ の逆数が水平の線で表されている．それらの交点（黒点）における横軸の値が固有値 $\hbar\omega_\lambda$ を与える．臨界値 χ_c より大きい $\chi(>0)$ の場合，虚数解が現れる．

り $|\chi|$ が大きくなると，固有値 $\hbar\omega_0$ の状態は特別に集団性 (collectivity) が高くなることを意味する．$\chi > 0$（引力）の場合，臨界値 (critical value) χ_c を越え $\chi > \chi_c$ となると $\hbar\omega_0$ は虚数となる．

固有値 $\hbar\omega_\lambda$ に対する振幅 $x_\lambda(\mu i), y_\lambda(\mu i)$ は RPA 方程式 (3.264) から容易に求めることができ，

$$x_\lambda(\mu i) = \frac{\mathcal{N}_\lambda Q_{\mu i}}{(\varepsilon_\mu - \varepsilon_i) - \hbar\omega_\lambda}, \qquad y_\lambda(\mu i) = \frac{\mathcal{N}_\lambda Q_{\mu i}}{(\varepsilon_\mu - \varepsilon_i) + \hbar\omega_\lambda} \qquad (3.266)$$

となる．ここで $\mathcal{N}_\lambda$ は規格化定数である．規格化については後で述べる．この結果から直ちにわかるように，固有値 $-\hbar\omega_\lambda$ に対する振幅は，固有値 $\hbar\omega_\lambda$ の解の $x_\lambda(\mu i)$ と $y_\lambda(\mu i)$ とを交換したものとなっている．

(c) RPA 方程式の性質

ここで RPA 方程式の一般的な性質について述べる．RPA 方程式 (3.262) は

$$\sum_{\mu' i'} \begin{pmatrix} A_{\mu i, \mu' i'} & B_{\mu i, \mu' i'} \\ B^*_{\mu i, \mu' i'} & A^*_{\mu i, \mu' i'} \end{pmatrix} \begin{pmatrix} x_\lambda(\mu' i') \\ y_\lambda(\mu' i') \end{pmatrix} = \hbar\omega_\lambda \begin{pmatrix} x_\lambda(\mu i) \\ -y_\lambda(\mu i) \end{pmatrix} \qquad (3.267a)$$

と書くことができる．ただし

$$A_{\mu i, \mu' i'} = (\varepsilon_\mu - \varepsilon_i)\delta_{\mu\mu'}\delta_{ii'} + 2\mathcal{V}_{\mu i' i \mu'}, \qquad B_{\mu i, \mu' i'} = 2\mathcal{V}_{\mu\mu' i i'} \qquad (3.267b)$$

である．1.2.2 でも述べたように，相互作用のすべての行列要素が実数になるように系の 1 粒子状態の位相をとることができる．以下ではすべてそのようにと

られているものとする．したがって上の RPA 方程式における行列要素 $A_{\mu i,\mu' i'}$ や $B_{\mu i,\mu' i'}$ はすべて実数である．

いま可能な粒子・空孔のペアー (μ, i) の数が N であるとすれば，RPA 方程式 (3.267a) は $2N \times 2N$ の固有値方程式である．直ちにわかるように，ある 1 つの $\hbar\omega_\lambda$ が固有値ならば $-\hbar\omega_\lambda$ もまた固有値である．

前項の例でもわかるように，固有値 $\hbar\omega_\lambda$ は常に実数とは限らない．いま正の固有値のモードに注目すると，最も集団性の高いモードの固有値は，相互作用が引力でその強さが大きくなるにしたがって小さくなり，ある臨界点において 0 となる．この臨界点を越えると固有値は複素数となる．[*21] 以下の議論は，RPA 方程式が意味を持つ場合，すなわち <u>$2N$ 個のすべての固有値 $\hbar\omega_\lambda$ が 0 でない実数の場合に限る</u> ことにする．このとき $2N$ 個の固有値のうち N 個は正，あとの N 個は負に分類される．

さて (3.267b) 式の $A_{\mu i,\mu' i'}, B_{\mu i,\mu' i'}$ を行列要素とする $N \times N$ の実行列をそれぞれ $\boldsymbol{A}, \boldsymbol{B}$ とし，$x_\lambda(\mu i), y_\lambda(\mu i)$ を要素とする N 列の列ベクトルをそれぞれ $\boldsymbol{x}_\lambda, \boldsymbol{y}_\lambda$ とすると，RPA 方程式 (3.267a) は

$$\begin{pmatrix} \boldsymbol{A} & \boldsymbol{B} \\ \boldsymbol{B} & \boldsymbol{A} \end{pmatrix} \begin{pmatrix} \boldsymbol{x}_\lambda \\ \boldsymbol{y}_\lambda \end{pmatrix} = \hbar\omega_\lambda \begin{pmatrix} I & 0 \\ 0 & -I \end{pmatrix} \begin{pmatrix} \boldsymbol{x}_\lambda \\ \boldsymbol{y}_\lambda \end{pmatrix} \tag{3.268}$$

と書かれる．ただし I は $N \times N$ の単位行列である．この結果から固有ベクトルの <u>規格直交性</u> は

$$(\boldsymbol{x}_\lambda^\dagger \ \boldsymbol{y}_\lambda^\dagger) \begin{pmatrix} I & 0 \\ 0 & -I \end{pmatrix} \begin{pmatrix} \boldsymbol{x}_{\lambda'} \\ \boldsymbol{y}_{\lambda'} \end{pmatrix} = \sigma_\lambda \delta_{\lambda\lambda'} \tag{3.269a}$$

となる．いま，すべての固有値 $\hbar\omega_\lambda$ が実数である場合に限っているので，$\boldsymbol{x}_\lambda, \boldsymbol{y}_\lambda$ は実ベクトルである．したがって，規格直交性 (3.269a) は

$$\sum_{\mu i} \{x_\lambda(\mu i) x_{\lambda'}(\mu i) - y_\lambda(\mu i) y_{\lambda'}(\mu i)\} = \sigma_\lambda \delta_{\lambda\lambda'} \tag{3.269b}$$

と書くこともできる．[*22] ただし

$$\sigma_\lambda = \begin{cases} 1, & \hbar\omega_\lambda > 0 \\ -1, & \hbar\omega_\lambda < 0 \end{cases} \tag{3.270}$$

である．また (3.269) 式の規格直交性から <u>完備性</u>

[*21] この臨界点の物理的意味については，次項および次々項で議論する．
[*22] 前述の (3.266) 式の規格化定数 $\mathcal{N}_\lambda$ は，この規格直交性に基づいて決定される．

$$\sum_\lambda \sigma_\lambda x_\lambda(\mu i) x_\lambda(\mu' i') = \delta_{\mu\mu'}\delta_{ii'}, \qquad (3.271a)$$

$$\sum_\lambda \sigma_\lambda x_\lambda(\mu i) y_\lambda(\mu' i') = 0, \qquad (3.271b)$$

$$\sum_\lambda \sigma_\lambda y_\lambda(\mu i) y_\lambda(\mu' i') = \delta_{\mu\mu'}\delta_{ii'} \qquad (3.271c)$$

を導くことができる.

上に述べたように,ある1つの $\hbar\omega_\lambda^{(+)} = \hbar\omega_\lambda(>0)$ が固有値ならば $\hbar\omega_\lambda^{(-)} = -\hbar\omega_\lambda(<0)$ もまた固有値である.この正負1組の固有値に属する固有ベクトル(相関振幅)は,互いに前方振幅 (forward amplitude) $x_\lambda(\mu i)$ と後方振幅 (backward amplitude) $y_\lambda(\mu i)$ とを交換したものとなっている.固有値 $\hbar\omega_\lambda^{(+)}$ に対応するRPAモードを

$$X_\lambda^{(+)\dagger} = \sum_{\mu i}\{x_\lambda(\mu i)\,a_\mu^\dagger b_i^\dagger - y_\lambda(\mu i)\,b_i a_\mu\}, \quad (\hbar\omega_\lambda^{(+)}\text{に対して}) \quad (3.272a)$$

とすれば,$\hbar\omega_\lambda^{(-)}$ に対応するモードは

$$X_\lambda^{(-)\dagger} = \sum_{\mu i}\{-y_\lambda(\mu i)\,a_\mu^\dagger b_i^\dagger + x_\lambda(\mu i)\,b_i a_\mu\}, \quad (\hbar\omega_\lambda^{(-)}\text{に対して}) \quad (3.272b)$$

と書くことができる.したがって,

$$X_\lambda^{(-)\dagger} = X_\lambda^{(+)} \qquad (3.273)$$

である.つまり,負エネルギーのRPAモードの生成演算子は,対応する正エネルギーのRPAモードの消滅演算子となっている.

(d) Tamm-Dancoff 近似,new-Tamm-Dancoff 近似

RPAモード (3.259) は粒子・空孔対の生成演算子と消滅演算子の1次結合で構成されている.これを生成演算子の部分のみに限定する近似を考えよう.すなわち,後方振幅 $y_\lambda(\mu i)$ のすべてを強制的に0にするわけである.

RPAにおける基底状態 $|\Psi_0\rangle$ は (3.258) 式の最後の式,すなわち $X_\lambda|\Psi_0\rangle = 0$ で与えられるから,いま考えている近似のもとでは,基底状態 $|\Psi_0\rangle$ はHartree-Fock基底状態 $|\Phi_0\rangle$ そのものである.つまり,このとき基底状態は粒子・空孔が1つもない状態であり,励起状態 $X_\lambda^\dagger|\Psi_0\rangle = X_\lambda^\dagger|\Phi_0\rangle$ は基底状態から粒子・空孔対が1組励起した状態である.このように,1つの状態にある粒子お

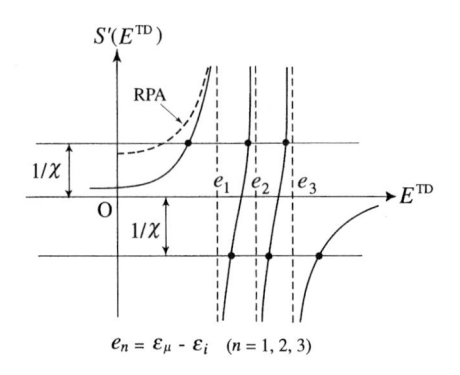

図 3.30 分散式 (3.276) のグラフ

実曲線が関数値 $S'(E)$ を示し，与えられた相互作用の強さ χ の逆数が水平の線で表されている．それらの交点（黒点）における横軸の値がエネルギー固有値 E_λ を与える．"RPA"と示した破線は，RPA の場合の分散式 (3.276) の対応する $S(\omega)$ を描いたものである（図3.29 と比較せよ）．

よび空孔の数がきまった一定数であるようにする近似は **Tamm-Dancoff 近似** (Tamm-Dancoff approximation) と呼ばれる．

Tamm-Dancoff 近似における励起モードの演算子を $X_\lambda^{(\mathrm{TD})\dagger}$ と表せば，

$$X_\lambda^{(\mathrm{TD})\dagger} = \sum_{\mu i} x_\lambda^{(\mathrm{TD})}(\mu i)\, a_\mu^\dagger b_i^\dagger \tag{3.274}$$

である．このモードのエネルギー固有値 $E_\lambda^{(\mathrm{TD})}$ と振幅 $x_\lambda^{(\mathrm{TD})}(\mu i)$ を決定する固有値方程式は，(3.262) 式において $y_\lambda(\mu i) = 0$ としたものであるから，エルミートな固有値方程式

$$(\varepsilon_\mu - \varepsilon_i) x_\lambda^{(\mathrm{TD})}(\mu i) + 2 \sum_{\mu' i'} \mathcal{V}_{\mu i' i \mu'}\, x_\lambda^{(\mathrm{TD})}(\mu' i') = E_\lambda^{(\mathrm{TD})} x_\lambda^{(\mathrm{TD})}(\mu i) \tag{3.275}$$

であり，いうまでもなく固有値 $E_\lambda^{(\mathrm{TD})}$ は常に実数である．

(3.275) 式における相互作用の行列要素 $\mathcal{V}_{\mu i' i \mu'}$ として，(3.263) 式の分離可能な相互作用を考えよう．このとき固有値方程式 (3.275) は分散式

$$S'(E^{(\mathrm{TD})}) = \frac{1}{\chi}, \quad S'(E^{(\mathrm{TD})}) = 2 \sum_{\mu i} \frac{(Q_{\mu i})^2}{(\varepsilon_\mu - \varepsilon_i) - E^{(\mathrm{TD})}} \tag{3.276}$$

と書くことができる．この分散式は RPA の場合の (3.265) 式に対応する．これをグラフに表したものが図 **3.30** である．RPA の場合の分散式のグラフ図 **3.29** と比べてみると，特徴が明らかであろう．

Tamm-Dancoff 近似の場合は，固有値方程式 (3.275) からわかるように，この方程式に寄与する相互作用は (3.213) 式の中の $H_{\rm ph}$ (図 **3.31**(a) 参照) のみである．また，すでに述べたように，この近似のもとでは，基底状態は粒子・空孔が 1 つもない Hartree-Fock 基底状態 $|\Phi_0\rangle$ であり，励起状態 $X_\lambda^{({\rm TD})\dagger}|\Psi_0\rangle = X_\lambda^{({\rm TD})\dagger}|\Phi_0\rangle$ は粒子・空孔対が 1 個励起した状態である．したがって，この状態は図 **3.31**(b) 図で表される．

図 3.31
(a) Tamm-Dancoff 近似で取り入れられる相互作用．
(b) Tamm-Dancoff 近似での励起状態．
粒子・空孔対が 1 個励起される．

それでは RPA の場合はどうなるか．RPA 方程式 (3.262) あるいは (3.267) からわかるように，RPA で取り上げられる相互作用は (3.213) 式の中の $H_{\rm ph}$ と H_V である (図 **3.32**(a) 参照). また，RPA における励起モードの演算子の定義は (3.259) 式であり，粒子・空孔対の生成演算子と消滅演算子の 1 次結合で構成されている．このとき基底状態 $|\Psi_0\rangle$ は $X_\lambda|\Psi_0\rangle = 0$ (ただし $\hbar\omega_\lambda > 0$) できめられるから，基底状態は一般に Hartree-Fock 基底状態 $|\Phi_0\rangle$ と 2 粒子 2 空孔 (2p-2h), 4 粒子 4 空孔 (4p-4h), ... が励起した状態の重ね合わせで構成される．すなわち

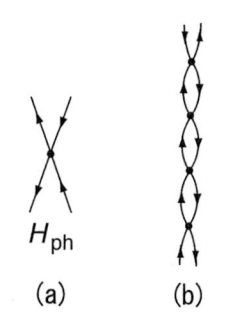

$$|\Psi_0\rangle = C^{(0)}|\Phi_0\rangle + \sum_{\mu\mu'ii'} C^{(1)}_{\mu\mu'ii'} a_\mu^\dagger a_{\mu'}^\dagger b_i^\dagger b_{i'}^\dagger |\Phi_0\rangle$$
$$+ \sum_{\mu\mu'\nu\nu'ii'jj'} C^{(2)}_{\mu\mu'\nu\nu'ii'jj'} a_\mu^\dagger a_{\mu'}^\dagger a_\nu^\dagger a_{\nu'}^\dagger b_i^\dagger b_{i'}^\dagger b_j^\dagger b_{j'}^\dagger |\Phi_0\rangle$$
$$+ \cdots \qquad (3.277)$$

である．右辺の各項の係数 $C^{(0)}, C^{(1)}, \cdots$ は，RPA の近似と同等な近似のもとで $X_\lambda|\Psi_0\rangle = 0$ ($\hbar\omega_\lambda > 0$) を解くことによってきまるはずである．したがって，基底状態 $|\Psi_0\rangle$ は図 **3.32**(b) のような粒子・空孔対で作られる閉じたダイアグラムの重ね合わせで表される．また励起状態 $X_\lambda^\dagger|\Psi_0\rangle$ ($\hbar\omega_\lambda > 0$) は図 **3.32**(c) のようなダイアグラムで表される．つまり 1 つの状態における粒子および空孔の数が一定でなく (ただし粒子数=空孔数)，さまざまな数の重ね合わせになっている．このような近似法はしばしば **new Tamm-Dancoff 近似** (new Tamm-Danncoff approximation) と呼ばれる．したがって RPA は new Tamm-Dancoff 法とも呼ばれている．

図 3.32

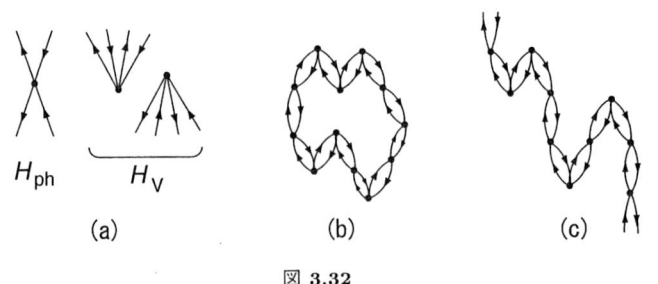

(a) New Tamm-Dancoff 近似 (RPA) で取り入れられる相互作用.
(b) New Tamm-Dancoff 近似 (RPA) での基底状態を構成するダイアグラムの概念図.
(c) New Tamm-Dancoff 近似 (RPA) における励起状態を構成するダイアグラムの概念図.

Tamm-Dancoff 近似と new Tamm-Dancoff 近似 (RPA) による第 1 励起状態の励起エネルギーを比較しよう. これは図 3.30 からも読み取ることができるが, わかりやすく模式的に表示したものが図 3.33 である. 図の横軸は相互作用 (引力) の強さ χ を表し, 縦軸は第 1 励起状態の励起エネルギーを示す.

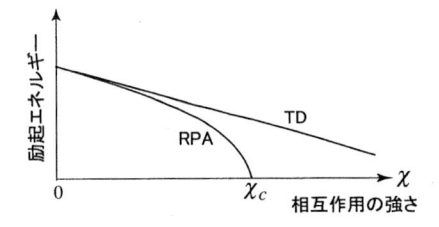

図 3.33 Tamm-Dancoff 近似 (TD) と RPA による第 1 励起状態の励起エネルギーの模式図

χ が大きくなるにしたがって, Tamm-Dancoff 近似での励起エネルギーは直線的に下がっていく. RPA では Tamm-Dancoff 近似よりも激しく下がり, 臨界値 χ_c において励起エネルギーは 0 となり, これを越えると複素数となって物理的に意味のある解は得られない. この臨界点は Hartree-Fock 基底状態が不安定になり始める点である. この点については次項で述べる.

RPA すなわち new-Tamm-Dancoff 法では, Tamm-Dancoff 近似において考慮することができなかった粒子数・空孔数を保存しない相互作用 H_V を取り入れることによって, 基底状態そのものに Hartree-Fock 基底状態にない相関が取り込まれた. この相関はしばしば**基底状態相関** (ground-state correlations) と呼ばれている. また相互作用 H_V を取り入れたことにより, 図 3.33 で見られるように励起エネルギーが下がり, 特に臨界点 χ_c 近傍で強い集団性をもたらすことができた. この基底状態相関こそが, Bohr-Mottelson の集団模型で取り上げられた中重核における強い集団性に対応するものと考えられている.

(e) Hartree-Fock 基底状態の安定性

上に述べたように，RPA 方程式においては，相互作用が引力で，その強さが大きくなり，ある臨界点になると，エネルギー固有値 $\hbar\omega$ が 0 となり，これを越えると $\hbar\omega$ は一般に複素数となる．この臨界点の意味について簡単に説明しよう．[*23]

Hartree-Fock 法は，単一の Slater 行列式 $|\Phi_0\rangle$ による系のハミルトニアンの期待値 $\langle\Phi_0|H|\Phi_0\rangle$ を停留値にするという条件によって1粒子波動関数を決定する近似法であった．いま $|\Phi_0\rangle$ からわずかに変化させた Slater 行列式 $|\Phi\rangle$ を

$$|\Phi\rangle = e^G |\Phi_0\rangle, \quad G = \sum_{\mu i}(g_{\mu i} a_\mu^\dagger b_i^\dagger - g_{\mu i}^* b_i a_\mu) \tag{3.278}$$

とする．ただし G は微小演算子である．Hartree-Fock 法は，換言すれば，任意の G に対して $\langle\Phi|H|\Phi\rangle$ を停留値にするということである．公式 (3.241) を使って $\langle\Phi|H|\Phi\rangle$ を G のべき級数に展開すると，

$$\langle\Phi|H|\Phi\rangle = \langle\Phi_0|H|\Phi_0\rangle + \langle\Phi_0|[G,H]|\Phi_0\rangle + \frac{1}{2!}\langle\Phi_0|[G,[G,H]]|\Phi_0\rangle + \cdots \tag{3.279}$$

となる．容易にわかるように右辺の第2項は

$$\langle\Phi_0|[G,H]|\Phi_0\rangle = 0 \tag{3.280}$$

であるから，確かに $\langle\Phi_0|H|\Phi_0\rangle$ は $\langle\Phi|H|\Phi\rangle$ の停留値になっている．しかしこの点が極小点でないならば Hartree-Fock 基底状態 $|\Phi_0\rangle$ は安定とはいえない．すなわち，もっと低いエネルギーを持つ別の安定な Hartree-Fock 基底状態が存在することを意味する．$\langle\Phi_0|H|\Phi_0\rangle$ が極小となるためには，(3.279) 式の右辺の第3項が

$$\langle\Phi_0|[G,[G,H]]|\Phi_0\rangle > 0 \tag{3.281}$$

でなければならない．ハミルトニアン (3.213) を用いて (3.281) 式を具体的に書き下すと，

$$\sum_{\mu\mu'ii'}(g_{\mu i}^*, g_{\mu i})\begin{pmatrix} A_{\mu i,\mu'i'} & B_{\mu i,\mu'i'} \\ B_{\mu i,\mu'i'} & A_{\mu i,\mu'i'} \end{pmatrix}\begin{pmatrix} g_{\mu'i'} \\ g_{\mu'i'}^* \end{pmatrix} > 0 \tag{3.282}$$

となる．行列要素 $A_{\mu i,\mu'i'}$, $B_{\mu i,\mu'i'}$ は実数で，(3.267b) 式と同一である．これが Hartree-Fock 基底状態の 安定性条件(stability condition) である．

(3.282) 式に現れたベクトルを RPA 方程式の固有ベクトルで

$$\begin{pmatrix} g_{\mu i} \\ g_{\mu i}^* \end{pmatrix} = \sum_\lambda C_\lambda \begin{pmatrix} x_\lambda \\ y_\lambda \end{pmatrix}$$

と展開する．これを (3.282) 式の左辺に代入し，規格直交性 (3.269) を使って書き直すと，

[*23] D. J. Thouless, Nucl. Phys. **21**(1960) 225; **22**(1961) 78.
K. Sawada and N. Fukuda, Prog. Theor. Phys. **25**(1961) 653.

$$(3.282) \text{ 式の左辺} = \sum_\lambda \sigma_\lambda (\hbar\omega_\lambda)|C_\lambda|^2 > 0$$

が得られる．もちろんこの展開はすべての固有値 $\hbar\omega_\lambda$ が 0 でない実数のときにのみ可能である．

では固有値 $\hbar\omega_\lambda$ が複素数になる場合はどうなるか．(3.282) 式に現れた行列を

$$\mathcal{A} = \begin{pmatrix} A_{\mu i,\mu' i'} & B_{\mu i,\mu' i'} \\ B_{\mu i,\mu' i'} & A_{\mu i,\mu' i'} \end{pmatrix} \tag{3.283}$$

と表そう．この行列が正値 (positive definite)，すなわちそのすべての固有値が正であるならば，行列 $\mathcal{A}^{1/2}$ を定義することができる．これを用いて RPA 方程式 (3.268) は

$$\mathcal{A}^{1/2} \begin{pmatrix} I & 0 \\ 0 & -I \end{pmatrix} \mathcal{A}^{1/2} \begin{pmatrix} \widetilde{\boldsymbol{x}}_\lambda \\ \widetilde{\boldsymbol{y}}_\lambda \end{pmatrix} = \hbar\omega_\lambda \begin{pmatrix} \widetilde{\boldsymbol{x}}_\lambda \\ \widetilde{\boldsymbol{y}}_\lambda \end{pmatrix} \tag{3.284}$$

と書かれる．ただし

$$\begin{pmatrix} \widetilde{\boldsymbol{x}}_\lambda \\ \widetilde{\boldsymbol{y}}_\lambda \end{pmatrix} = \mathcal{A}^{1/2} \begin{pmatrix} \boldsymbol{x}_\lambda \\ \boldsymbol{y}_\lambda \end{pmatrix} \tag{3.285}$$

である．固有値方程式 (3.284) はエルミートであるから，固有値 $\hbar\omega_\lambda$ はすべて実数である．したがって，RPA 方程式の固有値 $\hbar\omega_\lambda$ が複素数ならば行列 $\mathcal{A}$ は正値とは限らない．つまり (3.282) 式の左辺は正になるとは限らない．

以上の結果をまとめると，

(1) RPA 方程式の固有値 $\hbar\omega$ がすべて 0 でない実数の場合，Hartree-Fock 基底状態の安定性条件はみたされる．
(2) RPA 方程式の固有値 $\hbar\omega$ に複素数が現れるときには，Hartree-Fock 基底状態の安定性条件は必ずしもみたされない．

つまり RPA 方程式の固有値 $\hbar\omega$ が 0 となる点は，Hartree-Fock 基底状態が安定な領域から不安定となる領域の境界である．したがって，この境界を越え，RPA 方程式が複素数解を持つならば，より低いエネルギーの新たな Hartree-Fock 基底状態を求めなくてはならない．その意味でこの点はある種の "**相転移**" (phase transition) への臨界点である．

3.4.3 準粒子

第 1 章で述べたように，原子核内の有効相互作用の最も主要な部分は平均化されて平均ポテンシャル (Hartree-Fock ポテンシャル) にくり込まれ，残る残留相互作用のうち，第一に重要な部分は**対相関力** (pairing force) である．したがって，集団運動の微視的理論を考えるとき，Hartree-Fock 場の次に考えなければならないのは対相関である．

3.4 集団運動の微視的理論

第1章では，準スピンやセニョリティ量子数という概念を用いて，単一準位における対相関を取り扱った．これはオープン殻における粒子数が比較的少ない場合の配位混合計算には有用な定式化であった．しかしながら集団運動の微視的理論では，多数のアクティブ軌道 (多準位) における多数の粒子の間の対相関を，できるだけ見やすい形で取り扱うことのできる定式化が要求される．この目的のために導入されたのが本節で説明される**準粒子** (quasi-particle) である．

準粒子の導入の意図を明らかにするために，第1章の1.2.3において定義した対相関ハミルトニアンを検討しよう．以下では1粒子状態は，量子数 $\alpha = (n_a, l_a, j_a, m_\alpha)$ で表し，$a = (n_a, l_a, j_a)$ とする．これらは1.2節における表記法 (notations) と同一である．状態 α の代わりに (j_a, m_α) と表すこともある．また，対演算子 $A^\dagger(ab)$ 等々に関する表記法もすべて1.2におけるものと同一にとる．いま，多準位配位を考え，系のハミルトニアンは1粒子ハミルトニアン H_0 と対相関力 $H_{\text{int}}^{(\text{pair})}$ のみを含むものとする．すなわち，

$$H = H_0 + H_{\text{int}}^{(\text{pair})} = \sum_a \varepsilon_a \widehat{n}_a - G_0 \sum_{ab} \widehat{S}_+(a) \widehat{S}_-(b), \quad (G_0 > 0) \quad (3.286)$$

とする．ここで準スピン演算子 $\widehat{S}_+(a), \widehat{S}_-(a), \widehat{S}_z(a)$ は

$$\widehat{S}_+(a) = \sqrt{\Omega_a} A_{00}^\dagger(aa), \quad \widehat{S}_-(a) = \sqrt{\Omega_a} A_{00}(aa),$$
$$\widehat{S}_z(a) = \frac{1}{\sqrt{2}}(\widehat{n}_a - \Omega_a), \quad \widehat{n}_a = \sum_{m_\alpha} c_{j_a m_\alpha}^\dagger c_{j_a m_\alpha}, \quad (3.287)$$

であり，$\Omega_a = j_a + 1/2$ である．

1.2.4 で詳しく述べたように，各々の準位 a においては，$\widehat{\boldsymbol{S}}^2(a)$ と $\widehat{S}_z(a)$ の同時固有ベクトル $|S(a), S_0(a), \gamma J M\rangle$ を基底ベクトルとすることができる．このとき，準位 a における粒子数を N_a，セニョリティを v_a とすれば，

$$S_0(a) = \frac{1}{2}(N_a - \Omega_a), \quad S(a) = \frac{1}{2}(\Omega_a - v_a) \quad (3.288)$$

である．

準スピン演算子は，準位が異なれば互いに交換可能であるので，全系の基底ベクトルを

$$|S(a), S_0(a); S(b), S_0(b); \cdots ; \Gamma I K\rangle \quad (3.289)$$

と書くことができる．

ハミルトニアン (3.286) から直ちにわかるように, $[H, \widehat{\boldsymbol{S}}^2(a)] = 0$ であるから, 各準位におけるセニョリティ v_a は良い量子数である. したがって, **全セニョリティ** (total seniority)

$$v = \sum_a v_a \qquad (3.290)$$

も良い量子数である. 全セニョリティ v は<u>その状態に含まれる 0 対に組んでいない粒子数</u>である. ところが各準位の粒子数演算子 $\hat{n}_a$ は H と交換しない. したがって $S_0(a)$ (あるいは N_a) は良い量子数ではない. つまり, 基底ベクトル (3.289) は H の固有状態ではない. 全系の固有状態においては, 全セニョリティ v は一定の確定値であるが, 各準位にさまざまな数の粒子が入った状態の重ね合わせとなっている. しかし, いま対相関力が引力である ($G_0 > 0$) と考えているので, v が小さい状態ほどエネルギーが低いと考えられ, 特に粒子数が偶数の核の基底状態は $v = 0$ であることが容易に予想される.

(a) 準粒子と Bogoliubov 変換

上述のように, 引力の対相関力に対しては, 基底状態は低いセニョリティ状態で表される. しかし多準位配位の場合には $v=0$ といえども独立な状態は多数存在する. これは $J=0$ 対が多くの準位に分布し, 分布の仕方が多数あるからである. 超伝導を説明するための理論である Bardeen-Cooper-Schrieffer 理論あるいは **BCS 理論** (BCS theory) では, この分布のうちエネルギー最低の状態が変分法的に求められ, この状態が特別にエネルギーが低い基底状態を作り, "超伝導状態" となることが示されている. この基底状態はしばしば **BCS 基底状態** (BCS ground state) と呼ばれる.[*24]

いま偶数粒子系 (粒子数 $=N=$ 偶数) を考える. この系の BCS 基底状態はどのようにして求められるか. 次の 2 点が要請される.

(i) 全セニョリティが 0 ($v=0$) であること.

(ii) Hartree-Fock 法の場合と同様に, 近似的に 1 粒子モードで記述されること.

要請 (ii) の意味は次の通りである. いま考えているハミルトニアンは (3.286)

[*24] J. Bardeen, L. N. Cooper and J. R. Schrieffer, Phys. Rev. **108**(1957) 1175.

であり，書き直すと

$$H = \sum_\alpha \varepsilon_a c_\alpha^\dagger c_\alpha - \frac{1}{4} G_0 \Big(\sum_\alpha (-1)^{j_a - m_a} c_\alpha^\dagger c_{-\alpha}^\dagger \Big) \Big(\sum_\beta (-1)^{j_b - m_b} c_{-\beta} c_\beta \Big) \quad (3.291)$$

である．対相関力がないとき，すなわち $G_0 = 0$ のときの基底状態は Hartree-Fock 基底状態 $|\Phi_0\rangle = \prod_{\alpha=1}^N c_\alpha^\dagger |0\rangle$ であるが，対相関力が強くなったとき，1粒子モード $(c_\alpha^\dagger, c_\alpha)$ の代わりに別の新しい1粒子モード $(a_\alpha^\dagger, a_\alpha)$ が導入され，ハミルトニアン H が

$$H = E_0 + \sum_\alpha E_a a_\alpha^\dagger a_\alpha + (残りの相互作用) \quad (3.292)$$

の形に書かれることが望ましい．この新しい1粒子モード $(a_\alpha^\dagger, a_\alpha)$ を準粒子 (quasi-particle) と呼ぶ．つまり対相関力の主要部分が，準粒子の"真空"のエネルギー E_0 と1準粒子エネルギー E_a とにくり込まれることを要請するのである．この要請をみたすようなユニタリー変換が可能である．

階数 (rank) k の**準スピン・テンソル** (quasi-spin tensor) T_q^k は

$$[\hat{S}_z, T_q^k] = q T_q^k, \quad (3.293a)$$
$$[\hat{S}_\pm, T_q^k] = \sqrt{(k \mp q)(k \pm q + 1)}\, T_{q \pm 1}^k. \quad (3.293b)$$

で定義される．ここで

$$T_{1/2}^{1/2} = c_{j_a m_a}^\dagger, \quad T_{-1/2}^{1/2} = \tilde{c}_{j_a m_a} = (-1)^{j_a - m_a} c_{j_a - m_a} \quad (3.294)$$

とすると，これらの演算子は (3.293) 式をみたすので，1粒子演算子 $(c_\alpha^\dagger, \tilde{c}_\alpha)$ は 1/2 階の準スピン・テンソル (スピノル：spinor) である．

上記の要請 (ii) をみたすように新しい1粒子演算子，すなわち準粒子 $(a_\alpha^\dagger, \tilde{a}_\alpha)$ を導入する．準粒子がフェルミオンであるためには，変換 $(c_\alpha^\dagger, \tilde{c}_\alpha) \to (a_\alpha^\dagger, \tilde{a}_\alpha)$ がユニタリーでなければならない．このユニタリー変換を U とすると，

$$a_\alpha^\dagger = U c_\alpha^\dagger U^{-1}, \quad \tilde{a}_\alpha = U \tilde{c}_\alpha U^{-1} \quad (3.295)$$

である．準粒子に対する"真空"，すなわち **BCS 基底状態** $|\Phi_0^{\text{BCS}}\rangle$ は

$$\tilde{a}_\alpha |\Phi_0^{\text{BCS}}\rangle = 0$$

できめられる．一方，真の真空 $|0\rangle$ に対しては $\tilde{c}_\alpha |0\rangle = 0$ であるから，

$$|\Phi_0^{\text{BCS}}\rangle = U|0\rangle \quad (3.296)$$

となる.

　ではユニタリー変換 U はどのような性質を持たなければならないだろうか. 上述の要請 (i) により, BCS 基底状態 $|\Phi_0^{\text{BCS}}\rangle$ は $v = 0$ でなければならない. $|0\rangle$ はもちろん $v = 0$ である. したがって, U は 0 対のみを生成する演算子でなければならない. すなわち, U は準スピンの大きさを保存しなければならない. 換言すれば, U は準スピン空間の座標軸の回転でなければならない. この回転を $\widehat{R}(\boldsymbol{n}, \omega)$ と表す. $\boldsymbol{n}$ は回転軸に沿った単位ベクトルであり, ω は回転角である. 付録 A の (A.8) 式にならえば,

$$\widehat{R}(\boldsymbol{n}, \omega) = \exp\{-i\,\omega\,(\boldsymbol{n} \cdot \widehat{\boldsymbol{S}})\} \tag{3.297}$$

と書かれる. 異なる準位の準スピン $\widehat{\boldsymbol{S}}(a)$ は互いに交換可能であるから, 上述のユニタリー変換 U は次のようになる :

$$U = \prod_a \exp\{-i\,\omega_a(\boldsymbol{n}_a \cdot \widehat{\boldsymbol{S}}(a))\}. \tag{3.298}$$

　いま特定の準位 a に注目しよう. 回転 $\widehat{R}(\boldsymbol{n}_a, \omega_a)$ を Euler 角 (φ, θ, ψ) で表す. すなわち, $\widehat{R}_a = \widehat{R}(\boldsymbol{n}_a, \omega_a) = \widehat{R}(\varphi, \theta, \psi)$ とする. この回転の 2 次元表現は D 関数 (付録 A 参照) を用いて

$$\left(D_{q'q}^{1/2\,*}(\varphi, \theta, \psi)\right) = \begin{pmatrix} e^{-i(\varphi+\psi)/2}\cos(\theta/2) & -e^{-i(\varphi-\psi)/2}\sin(\theta/2) \\ e^{i(\varphi-\psi)/2}\sin(\theta/2) & e^{i(\varphi+\psi)/2}\cos(\theta/2) \end{pmatrix} \tag{3.299}$$

となる. したがって, 1/2 階のテンソル (スピノル) は次のように変換される :

$$\begin{pmatrix} a_\alpha^\dagger \\ \widetilde{a}_\alpha \end{pmatrix} = \begin{pmatrix} U c_\alpha^\dagger U^{-1} \\ U \widetilde{c}_\alpha U^{-1} \end{pmatrix} = \left(D_{q'q}^{1/2\,*}(\varphi, \theta, \psi)\right) \begin{pmatrix} c_\alpha^\dagger \\ \widetilde{c}_\alpha \end{pmatrix}. \tag{3.300}$$

　さて, z 軸のまわりの回転 $(\varphi, \theta, \psi) = (\varphi_a, 0, 0)$ を考えよう. (3.299), (3.300) 式から $a_\alpha^\dagger = e^{-i\varphi_a/2} c_\alpha^\dagger$ および $\widetilde{a}_\alpha = e^{i\varphi_a/2} \widetilde{c}_\alpha$ が得られるが, これは実質的な変換になっていないので無意味である. そこで, y 軸のまわりの回転 $(\varphi, \theta, \psi) = (0, -\theta_a, 0)$ を考える. このとき, (3.298) 式から

$$U = \prod_a \exp\{i\,\theta_a S_y(a)\} = \exp\left\{\frac{1}{2}\sum_a \theta_a(S_+(a) - S_-(a))\right\} \tag{3.301}$$

が得られ，また (3.299), (3.300) 式から準粒子は

$$a_\alpha^\dagger = u_a c_\alpha^\dagger - v_a \widetilde{c}_\alpha, \qquad\qquad c_\alpha^\dagger = u_a a_\alpha^\dagger + v_a \widetilde{a}_\alpha,$$
$$\widetilde{a}_\alpha = u_a \widetilde{c}_\alpha + v_a c_\alpha^\dagger, \qquad \text{または} \qquad \widetilde{c}_\alpha = u_a \widetilde{a}_\alpha - v_a a_\alpha^\dagger \qquad (3.302)$$

となる．ただし $u_a = \cos(\theta_a/2)$, $v_a = \sin(\theta_a/2)$ である．[*25] 変換 (3.302) は **Bogoliubov-Valatin 変換** (Bogoliubov-Valatin transformation) あるいは単に **Bogoliubov 変換**と呼ばれている．[*26] また，このように準粒子を用いて近似的な基底状態を求める方法を，**準粒子法** (quasi-particle method) とか **BCS 近似** (BCS approximation) と呼ぶことにする．

変換 (3.302) は粒子の生成演算子と消滅演算子の 1 次結合であるから，この変換は粒子数を保存しない．つまり Bogoliubov 変換 U は，<u>系のセニョリティは保存するけれども，粒子数は保存しない</u>ユニタリー変換である．

(b) ギャップ方程式

Bogoliubov 変換 U において，準スピン空間の座標軸の回転角度 θ_a，あるいは係数 (u_a, v_a) をきめなければならない．そのため，BSC 基底状態 $|\Phi_0^{\text{BCS}}\rangle$ を変分関数と考え，係数 (u_a, v_a) を変分パラメーターとして変分法を用いる．

上述のように，Bogoliubov 変換は粒子数を保存しない．そこで変分法を適用するに当たって，系の粒子数演算子

$$\widehat{N} = \sum_a \widehat{n}_a, \quad \widehat{n}_a = \sum_{m_\alpha} c_{j_a m_\alpha}^\dagger c_{j_a m_\alpha} \qquad (3.303)$$

の期待値 $\langle \Phi_0^{\text{BCS}} | \widehat{N} | \Phi_0^{\text{BCS}} \rangle$ が与えられた粒子数 N に等しいという条件を付けてエネルギー期待値 $\langle \Phi_0^{\text{BCS}} | H | \Phi_0^{\text{BCS}} \rangle$ を極小にする．そのためには，λ を Lagrange の未定乗数として，$H' = H - \lambda \widehat{N}$ の期待値を極小にすればよい．

ハミルトニアン (3.286) または (3.291) を用いて，

$$H' = H - \lambda \widehat{N} = E_0 + H_{11} + H_{20} + H_4, \qquad (3.304a)$$
$$E_0 = \langle \Phi_0^{\text{BCS}} | H' | \Phi_0^{\text{BCS}} \rangle$$

[*25] 変換係数 v_a と準位 a におけるセニョリティとはまったく別の量である．習慣的に同一記号を用いているので，混同しないように注意すること．

[*26] N. N. Bogoliubov, JETP, USSR, **34**(1958) 58; 73.

N. N. Bogoliubov, Nuovo Cimento **7**(1958) 794.

J. G. Valatin, Nuovo Cimento **7**(1958) 843.

$$= \sum_\alpha \left\{ (\varepsilon_a - \lambda) v_a^2 - \frac{1}{2} G_0 v_a^4 \right\} - \frac{1}{4} G_0 \Big(\sum_\alpha u_a v_a \Big)^2, \quad (3.304\text{b})$$

$$H_{11} = \sum_\alpha \{ (u_a^2 - v_a^2)(\varepsilon_a - G_0 v_a^2 - \lambda) + 2 u_a v_a \Delta \} a_\alpha^\dagger a_\alpha, \quad (3.304\text{c})$$

$$H_{20} = \sum_\alpha \left\{ u_a v_a (\varepsilon_a - G_0 v_a^2 - \lambda) - \frac{1}{2}(u_a^2 - v_a^2)\Delta \right\} (a_\alpha^\dagger \widetilde{a}_\alpha^\dagger + \widetilde{a}_\alpha a_\alpha), \quad (3.304\text{d})$$

$$H_4 = (a^\dagger, a \text{ について 4 次の正規積}) \quad (3.304\text{e})$$

となる. ただし

$$\Delta = \frac{1}{2} G_0 \sum_\alpha u_a v_a \quad (3.305)$$

である. $u_a^2 + v_a^2 = 1$ であるから, パラメーター u_a と v_a とは独立ではないことに注意して, $\delta E_0(u_a, v_a) = 0$, すなわち

$$\Big(\frac{\partial}{\partial v_a} + \frac{\partial u_a}{\partial v_a} \frac{\partial}{\partial u_a} \Big) E_0 = 0$$

を計算すれば,

$$(\varepsilon_a' - \lambda) u_a v_a = \frac{1}{2} \Delta (u_a^2 - v_a^2), \qquad \varepsilon_a' = \varepsilon_a - G_0 v_a^2$$

が得られる. したがって,

$$u_a^2 = \frac{1}{2} \Big\{ 1 + \frac{\varepsilon_a' - \lambda}{\sqrt{(\varepsilon_a' - \lambda)^2 + \Delta^2}} \Big\}, \quad v_a^2 = \frac{1}{2} \Big\{ 1 - \frac{\varepsilon_a' - \lambda}{\sqrt{(\varepsilon_a' - \lambda)^2 + \Delta^2}} \Big\} \quad (3.306)$$

となる. この結果を (3.305) 式に代入すると**ギャップ方程式** (gap equation)

$$\frac{1}{4} G_0 \sum_\alpha \frac{\Delta}{\sqrt{(\varepsilon_a' - \lambda)^2 + \Delta^2}} = \Delta \quad (3.307\text{a})$$

すなわち

$$\frac{1}{4} G_0 \sum_\alpha \frac{1}{\sqrt{(\varepsilon_a' - \lambda)^2 + \Delta^2}} = 1 \quad (3.307\text{b})$$

が得られる. このギャップ方程式 (3.307) と, 粒子数の期待値を与える式 $\langle \Phi_0^{\text{BCS}} | \widehat{N} | \Phi_0^{\text{BCS}} \rangle = N$, すなわち

$$\frac{1}{2} \sum_\alpha \Big\{ 1 - \frac{\varepsilon_a' - \lambda}{\sqrt{(\varepsilon_a' - \lambda)^2 + \Delta^2}} \Big\} = N \quad (3.308)$$

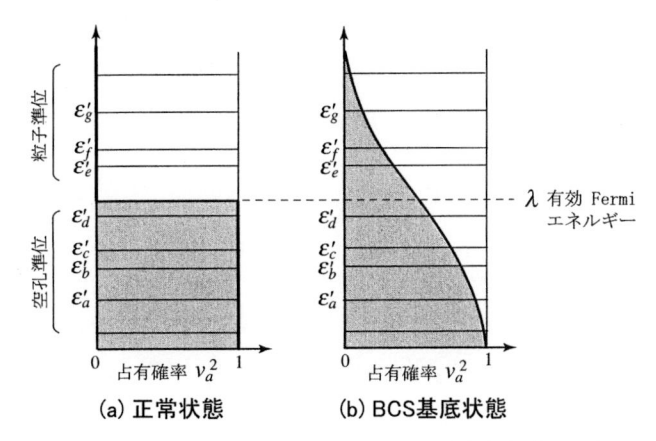

図 3.34 1粒子準位 $a, b, c, \cdots$ を粒子が占める占有確率 v_a^2 の概念図
横軸が占有確率を表す．完全に占有されているときは 1, 完全に空いているときは 0 である．影をつけた部分が，(a) 正常状態，および (b) BCS 基底状態における粒子によって占有されている確率を示す．

とを連立させて解くことによって，Δ および λ が求められる．

容易にわかるように，対相関力が弱く

$$\frac{1}{4}G_0 \sum_\alpha \frac{1}{|\varepsilon_a' - \lambda|} < 1 \tag{3.309}$$

の場合には，ギャップ方程式 (3.307b) は解を持たない．したがって，この場合には，BCS 基底状態は存在しない．

もともとのギャップ方程式 (3.307a) は単純な解 $\Delta = 0$ を持つ．この場合，

$$\begin{aligned} u_a = 1, \quad v_a = 0, &\quad (\varepsilon_a' > \lambda) \\ u_a = 0, \quad v_a = 1, &\quad (\varepsilon_a' < \lambda) \end{aligned} \tag{3.310}$$

であり，このときの基底状態は Hartree-Fock 基底状態 $|\Phi_0\rangle = \prod_{\alpha=1}^N c_\alpha^\dagger |0\rangle$ である．この状態は BCS 基底状態という特異な状態ではないという意味で，**正常状態** (normal state) と呼ばれることもある．

さて，Bogoliubov 変換の係数 (u_a, v_a) の意味を考えよう．(3.308) 式を書き直すと

$$\sum_\alpha v_a^2 = N \tag{3.311}$$

となる．ゆえに v_a^2 は BCS 基底状態において，粒子が準位 a を占める**占有確率** (occupation probability) を意味することがわかる．この占有確率の概念図が

図 **3.34** に示されている．図からもわかるように，正常状態 (a) においては λ は Fermi エネルギー ε_F を意味し，占有確率の分布は "階段状" になっていて，$\varepsilon'_a < \lambda$ (空孔準位) は完全に占められ，$\varepsilon'_a > \lambda$ (粒子準位) は完全に空いている．BCS 基底状態 (b) においては占有確率はなだらかに分布し，空孔準位と粒子準位の区別がつかない．このとき，$\varepsilon'_a < \lambda$ の準位の占有確率は $v_a^2 > 0.5$, $\varepsilon'_a > \lambda$ の準位は $v_a^2 < 0.5$ である．この場合の λ は**有効 Fermi エネルギー** (effective Fermi energy) と呼ばれる．

$E_0 = \langle \Phi_0^{\text{BCS}} | H' | \Phi_0^{\text{BCS}} \rangle$ を極小にする変分原理として，変分パラメーター (u_a, v_a) の代わりに，粒子数 N を連続変数と考えて N に関する変分を考えても同等である．この変分に対しても $\delta E_0 = 0$ となっているはずであるから，

$$\delta \langle \Phi_0^{\text{BCS}} | H' | \Phi_0^{\text{BCS}} \rangle = \delta \langle \Phi_0^{\text{BCS}} | H | \Phi_0^{\text{BCS}} \rangle - \lambda \delta N = 0$$

である．したがって，

$$\lambda = \frac{d}{dN} \langle \Phi_0^{\text{BCS}} | H | \Phi_0^{\text{BCS}} \rangle \tag{3.312}$$

となる．すなわち，λ は系の粒子数 N の変化にともなうエネルギーの変化率に相当するので，BCS 基底状態における λ はしばしば**化学ポテンシャル** (chemical potential) と呼ばれる．

(c) Bogoliubov 変換後のハミルトニアン

ギャップ方程式の解 Δ, λ を用いてハミルトニアン (3.304) を書き直すと，(3.304d) 式の H_{20} は 0 となり，その結果 Bogoliubov 変換後のハミルトニアンは

$$H' = E_0 + \sum_\alpha E_a a_\alpha^\dagger a_\alpha + (a^\dagger, a \text{ について 4 次の正規積}) \tag{3.313}$$

となる．**準粒子エネルギー** (quasi-particle energy) E_a は

$$E_a = \sqrt{(\varepsilon'_a - \lambda)^2 + \Delta^2} \tag{3.314}$$

である．1 準粒子のエネルギーの最小値は Δ であり，常に $E_a > \Delta$ であるから，Δ を**エネルギー・ギャップ** (energy gap) と呼ぶ．

残りの相互作用 H_4 を無視すれば，ハミルトニアン (3.313) の励起状態は

$$a_\alpha^\dagger | \Phi_0^{\text{BCS}} \rangle : \quad 1 \text{ 準粒子励起状態}$$

$$a_\alpha^\dagger a_\beta^\dagger |\Phi_0^{\text{BCS}}\rangle : \quad 2 準粒子励起状態$$
$$a_\alpha^\dagger a_\beta^\dagger a_\gamma^\dagger |\Phi_0^{\text{BCS}}\rangle : \quad 3 準粒子励起状態$$
$$\cdots\cdots \qquad\qquad \cdots\cdots$$

のように, 準粒子数で特徴付けられることになる.

(d) BCS 基底状態の構造

BCS 基底状態は $|\Phi_0^{\text{BCS}}\rangle = U|0\rangle$ であり, U は (3.301) 式で与えられる. いま

$$S_+(\alpha) = c_\alpha^\dagger \tilde{c}_\alpha^\dagger, \quad S_-(\alpha) = \tilde{c}_\alpha c_\alpha, \tag{3.315a}$$

$$S_+(a) = \sum_{m_\alpha > 0} S_+(\alpha), \quad S_-(a) = \sum_{m_\alpha > 0} S_-(\alpha) \tag{3.315b}$$

とすれば,

$$|\Phi_0^{\text{BCS}}\rangle = \prod_{a, m_\alpha > 0} Q_a(m_\alpha)|0\rangle, \quad Q_a(m_\alpha) = \exp\left\{\frac{1}{2}\theta_a(S_+(\alpha) - S_-(\alpha))\right\} \tag{3.316}$$

と書かれる.

$$(S_+(\alpha))^2 = (S_-(\alpha))^2 = 0, \quad [S_+(\alpha), S_-(\alpha)]|0\rangle = -|0\rangle$$

の性質を使えば,

$$\begin{aligned}Q_a(m_\alpha)|0\rangle &= \left(1 - \frac{1}{2!}\left(\frac{\theta_a}{2}\right)^2 + \frac{1}{4!}\left(\frac{\theta_a}{2}\right)^4 + \cdots\right)|0\rangle \\ &\quad + \left(\frac{\theta_a}{2} - \frac{1}{3!}\left(\frac{\theta_a}{2}\right)^3 + \cdots\right) S_+(\alpha)|0\rangle \\ &= \left\{\cos\frac{\theta_a}{2} + \sin\frac{\theta_a}{2} S_+(\alpha)\right\}|0\rangle\end{aligned}$$

となる. したがって, BCS 基底状態は

$$|\Phi_0^{\text{BCS}}\rangle = \prod_{a, m_\alpha > 0}\left\{u_a + v_a S_+(\alpha)\right\}|0\rangle = \prod_{a, m_\alpha > 0}\left\{u_a + v_a c_\alpha^\dagger \tilde{c}_\alpha^\dagger\right\}|0\rangle \tag{3.317}$$

と表される. Bardeen-Cooper-Schrieffer は超伝導状態がこの波動関数で表されることを示した.[*27]

[*27] J. Bardeen, L. N. Cooper and J. R. Schrieffer, Phys. Rev. **108**(1957) 1175.

(e) セニョリティと準粒子,ギャップと偶奇質量差

上に述べたように,BCS 基底状態は系の全セニョリティを $v=0$ とする条件のもとで,変分法を用いてエネルギーが最低となるように作られた.また,この状態は準粒子 $a^\dagger$ の真空であるから,いうまでもなく準粒子数は 0 である.それでは $v \neq 0$ の状態はどのような状態であるだろうか.

これを検討するために,スピン j の<u>単一準位</u>に n 個の粒子があり,それらが対相関力で相互作用している場合を考える.このときのギャップ方程式 (3.307) と方程式 (3.308) との連立方程式は直ちに解くことができ,

$$v^2 = \frac{n}{2\Omega}, \quad u^2 = 1 - \frac{n}{2\Omega}, \qquad (\Omega = j+1/2), \tag{3.318a}$$

$$\varepsilon' = \varepsilon - \frac{G_0 n}{2\Omega}, \tag{3.318b}$$

$$\Delta = G_0 \Omega \sqrt{\frac{n}{2\Omega}\left(1 - \frac{n}{2\Omega}\right)}, \quad \lambda = \varepsilon - \frac{G_0}{2}\left(\Omega - n + \frac{n}{\Omega}\right) \tag{3.318c}$$

となる.したがって BCS 理論による基底状態のエネルギーは

$$\langle \Phi_0^{\rm BCS}|H|\Phi_0^{\rm BCS}\rangle = E_0 + \lambda n = \varepsilon n - \frac{1}{4}G_0 n\left(2\Omega - n + \frac{n}{\Omega}\right) \tag{3.319}$$

となる.一方,対相関ハミルトニアンの正確なエネルギー固有値は第1章の (1.61) 式の $E(n,v)$ で与えられているので,$v=0$ とおいたものが基底状態の正確なエネルギーである.すなわち

$$E(n,0) = \varepsilon n - \frac{1}{4}G_0 n\left(2\Omega - n + 2\right) \tag{3.320}$$

である.(3.319) 式と (3.320) 式とを比較すると,$n/\Omega^2 \ll 1$ のとき両者はよく一致するので,BCS 近似がよい近似であることがわかる.

さて,1 準粒子エネルギー E_a はいまの場合

$$E_a = \sqrt{(\varepsilon'_a - \lambda)^2 + \Delta^2} = \frac{1}{2}G_0\Omega \tag{3.321}$$

である.したがって,v 個の準粒子が励起するときの励起エネルギーは

$$vE_a = \frac{1}{2}G_0\Omega v \tag{3.322}$$

である.これをセニョリティが v の励起状態の正確な励起エネルギー

$$E(n,v) - E(n,0) = \frac{1}{2}G_0\Omega v\left(1 - \frac{v-2}{2\Omega}\right) \tag{3.323}$$

と比べると，$v=2$ のときには一致し，その他の場合でも $v \ll 2\Omega$ である限りよく一致する．この結果から，<u>ある状態における準粒子数とその状態のセニョリティ数とは対応する</u>，といえる．

BCS 基底状態は偶数粒子系 (偶々核) を記述し，そのセニョリティは $v=0$ である．偶数粒子系の励起状態のセニョリティはもちろん偶数である．したがって BCS 近似のもとでは，偶数粒子系の励起状態は偶数個の準粒子が励起した状態として表され，奇数粒子系は基底状態も励起状態も含めて，隣の偶数粒子系の BCS 基底状態から奇数個の準粒子が励起した状態として記述される．

偶数粒子系 ($N = $ 偶数) の基底状態のエネルギーは，BCS 近似のもとで $E^{\mathrm{BCS}}(N) = \langle \Phi_0^{\mathrm{BCS}} | H | \Phi_0^{\mathrm{BCS}} \rangle$ で与えられる．(3.312) 式からわかるように

$$E^{\mathrm{BCS}}(N+2) = E^{\mathrm{BCS}}(N) + 2\lambda \tag{3.324a}$$

となる．奇数粒子系の基底状態のエネルギーは

$$E^{\mathrm{BCS}}(N+1) = E^{\mathrm{BCS}}(N) + \lambda + E_a \tag{3.324b}$$

で与えられる．ここで E_a は最も小さい 1 準粒子エネルギーである．すなわち，$E_a = \sqrt{(\varepsilon_a' - \lambda)^2 + \Delta^2}$ において，ε_a' が有効 Fermi エネルギー λ に最も近いような準位 a の準粒子エネルギーである．したがって $E_a \approx \Delta$ と考えられる．Weizsäcker-Bethe の質量公式 (2.7) に現れた偶奇質量差 δ に相当する量を，(3.324) 式を用いて求めると，

$$\delta = E^{\mathrm{BCS}}(N+1) - \frac{1}{2}\{E^{\mathrm{BCS}}(N+2) + E^{\mathrm{BCS}}(N)\} \approx \Delta \tag{3.325}$$

が得られるので，BCS 理論におけるエネルギー・ギャップ Δ は Weizsäcker-Bethe の質量公式における<u>偶奇質量差</u>(even-odd mass difference) δ に相当する量であるといえる．ゆえに δ の実験値からエネルギー・ギャップの大きさが推定できる．図 **3.35** に中性子に対する実験値および (2.8b) 式の経験式が示されている．陽子に関する図も似たようなものなので，ここでは割愛する．この図からわかるように，中重核のエネルギー・ギャップは $1 \sim 1.5\,\mathrm{MeV}$ であると推定される．

3.4.4　Hartree-Fock-Bogoliubov 法

3.4.1 の Hartree-Fock 法と 3.4.3 の BCS 近似とによって，原子核多体系における "独立粒子描像" の理論的な柱が確立された．まず Hartree-Fock 法では

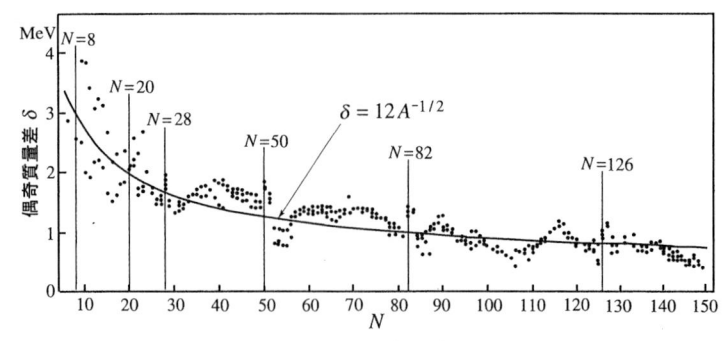

図 3.35 中性子に対する偶奇質量差の実験値

横軸は中性子数．実線は経験公式 $\delta = 12/\sqrt{A}$ [(2.8b) 式] を示す．ここに示される偶奇質量差がギャップ・エネルギーにほぼ等しいものと考えられる．図は A. Bohr and B. R. Mottelson, *Nuclear Structure*, Benjamin, Vol. I (1969), Chap. 2 より．

核内有効相互作用の最も重要な部分が平均ポテンシャル (Hartree-Fock ポテンシャル) にくり込まれ，BCS 近似においては Bogoliubov 変換により準粒子が導入され，第 2 に重要な核子間相関であるところの対相関が "ペアリング・ポテンシャル" (pairing potential) あるいはエネルギー・ギャップとして独立粒子描像の中にくり込まれた．その結果，系の近似的基底状態は BCS 基底状態となり，励起状態はこの基底状態の上に複数個の準粒子が励起 (生成) された状態として記述されることになった．

以上の定式化において，われわれは系のハミルトニアンとして 1 粒子ハミルトニアン (運動エネルギー + Hartree-Fock ポテンシャル) と対相関力のみを考えたけれども，一般に核内有効相互作用はもっと多種の相関を含んでいる．したがって，一般論としては，上記の (Hartree-Fock 法)+(BCS 近似) を連立させた形で統合し，一般化した理論に発展させる必要がある．これが以下で説明する **Hartree-Fock-Bogoliubov(HFB) 法** (Hartree-Fock-Bogoliubov method) である．

(a) 一般化された準粒子

いま考えている 1 粒子空間が M 次元であり，したがって 1 粒子状態の個数が M であるとする．通常，ある 1 粒子状態に対してその時間反転状態が必ず存在するので，M は偶数 $(M = 2m)$ であると考えてよい．[*28] 3.4.1 で説明し

[*28] T を時間反転演算子とすると，1 粒子状態 $|\alpha\rangle = c_\alpha^\dagger |0\rangle$ の時間反転状態は $T|\alpha\rangle = (-1)^{j_\alpha + m_\alpha} c_{-\alpha}^\dagger |0\rangle = -\tilde{c}_\alpha^\dagger |0\rangle$ である．

た Hartree-Fock 法においては，この M 次元空間内でのユニタリー変換

$$c_\alpha^\dagger = \sum_i U_{\alpha i}^{\mathrm{HF}} c_i^\dagger \tag{3.326}$$

を行い，Hartree-Fock 基底状態 (単一 Slater 行列式) によるエネルギー期待値が極小になるようにそのユニタリー変換を決定した．これが Hartree-Fock 法におけるユニタリー変換 U^{HF} である．

BCS 近似においては，Bogoliubov 変換によってこの 1 粒子状態とその時間反転状態とを結びつける 2 次元のユニタリー変換

$$\begin{aligned} a_\alpha^\dagger &= u_a c_\alpha^\dagger - v_a \widetilde{c}_\alpha, \\ \widetilde{a}_\alpha &= u_a \widetilde{c}_\alpha + v_a c_\alpha^\dagger, \end{aligned} \tag{3.327}$$

を行って準粒子 $(a_\alpha^\dagger, \widetilde{a}_\alpha)$ を導入し，この準粒子に対する"真空"すなわち BCS 基底状態でのエネルギー期待値を極小にするという条件で係数 (u_a, v_a) をきめた．(1 準粒子状態 α は M 個あるから，正確にいえば $2M$ 次元のユニタリー変換である．)

これらの 2 段階の変換を統合し，**一般化された準粒子** (generalized quasi-particle) $\beta_k^\dagger, \beta_k$ を考えることができる．すなわち変換

$$\beta_k^\dagger = \sum_{i=1}^{M} \{U_{ik} c_k^\dagger + V_{ik} c_k\}, \quad (k = 1, 2, \cdots, M) \tag{3.328}$$

である．変換 $(c_1, c_2, \cdots, c_M, c_1^\dagger, c_2^\dagger, \cdots, c_M^\dagger) \to (\beta_1, \beta_2, \cdots, \beta_M, \beta_1^\dagger, \beta_2^\dagger, \cdots, \beta_M^\dagger)$ は $2M$ 次元空間の変換であり，

$$\begin{pmatrix} \beta_k \\ \beta_k^\dagger \end{pmatrix} = \begin{pmatrix} U^\dagger & V^\dagger \\ V^T & U^T \end{pmatrix} \begin{pmatrix} c \\ c^\dagger \end{pmatrix} = W^\dagger \begin{pmatrix} c \\ c^\dagger \end{pmatrix} \tag{3.329}$$

と書かれる．U^T は U の転置行列である．変換 (3.328) または (3.329) は**一般化された Bogoliubov 変換** (generalized Bogoliubov transformation)[*29] と呼ばれている．

一般化された準粒子 $\beta_k^\dagger, \beta_k$ がフェルミオンであるためには，変換 W はユニタリーでなければならない．すなわち，

$$WW^\dagger = W^\dagger W = 1, \tag{3.330a}$$

[*29] N. N. Bogoliubov, Sov. Phys. Usp. **2**(1959) 236.

または
$$U^\dagger U + V^\dagger V = 1, \qquad UU^\dagger + V^*V^T = 1,$$
$$U^T V + V^T U = 0, \qquad UV^\dagger + V^*U^T = 0 \tag{3.330b}$$
である．(3.328) 式の逆変換は次のように表される：
$$c_i^\dagger = \sum_{k=1}^{M} \{U_{ik}^* \beta_k^\dagger + V_{ik} \beta_k\}, \quad (i = 1, 2, \cdots, M). \tag{3.331}$$

Bloch-Messiah の定理 (Bloch-Messiah's theorem)[*30] によれば，上記の W の型のユニタリー変換は次のように 3 つのユニタリー変換に分解できる：
$$W = \begin{pmatrix} D & 0 \\ 0 & D^* \end{pmatrix} \begin{pmatrix} \overline{U} & \overline{V} \\ \overline{V} & \overline{U} \end{pmatrix} \begin{pmatrix} C & 0 \\ 0 & C^* \end{pmatrix}. \tag{3.332a}$$
ただし，C および D は M 次元のユニタリー行列であり，$\overline{U}, \overline{V}$ は
$$\overline{U} = \begin{pmatrix} \overline{U}_1 & & & \\ & \overline{U}_2 & & 0 \\ & & \ddots & \\ & 0 & & \overline{U}_m \end{pmatrix}, \quad \overline{V} = \begin{pmatrix} \overline{V}_1 & & & \\ & \overline{V}_2 & & 0 \\ & & \ddots & \\ & 0 & & \overline{V}_m \end{pmatrix} \tag{3.332b}$$
と書かれる．ここで $\overline{U}_i, \overline{V}_i$ は 2×2 の行列
$$\overline{U}_i = \begin{pmatrix} u_i & 0 \\ 0 & u_i \end{pmatrix}, \quad \overline{V}_i = \begin{pmatrix} 0 & v_i \\ -v_i & 0 \end{pmatrix} \tag{3.332c}$$
である．ただし $u_i \geq 0, v_i \geq 0, u_i^2 + v_i^2 = 1$ である．

一般化された Bogoliubov 変換 W の Bloch-Messiah の定理による分解 (3.332a) は，この変換が次のように 3 段階の変換
$$\left. \begin{matrix} c & \to & d \\ c^\dagger & \to & d^\dagger \end{matrix} \right\} \quad \to \quad \begin{cases} \alpha & \to & \beta \\ \alpha^\dagger & \to & \beta^\dagger \end{cases} \tag{3.333}$$
$$\qquad\qquad D \qquad\qquad \overline{U}, \overline{V} \qquad\qquad C$$

から構成されていることを意味する．最初の変換 D は
$$d_p^\dagger = \sum_i D_{pi} c_i^\dagger \tag{3.334a}$$

[*30] C. Bloch and A. Messiah, Nucl. Phys. **39**(1962) 95.

であり，通常の Hartree-Fock 型の変換である．次の変換 $\overline{U}, \overline{V}$ は通常の Bogoliubov 変換と同じ型の変換

$$\alpha_p^\dagger = u_p d_p^\dagger - v_p d_{\overline{p}},$$
$$\alpha_{\overline{p}}^\dagger = u_p d_{\overline{p}}^\dagger + v_p d_p \tag{3.334b}$$

であり，最後の変換はこれらの準粒子 $(\alpha, \alpha^\dagger)$ の間の変換

$$\beta_k^\dagger = \sum_p C_{kp} \alpha_p^\dagger \tag{3.334c}$$

である．

たとえば，球形の1粒子状態からスタートして，最初の変換 D により変形した Hartree-Fock 1粒子状態へ移り，次の変換 $\overline{U}, \overline{V}$ で変形場における1粒子状態 p とその時間反転状態 $\overline{p}$ とを結合する Bogoliubov 変換により準粒子 $(\alpha, \alpha^\dagger)$ を作り，最後にこれらの準粒子間で付加的なユニタリー変換 C を行うようなケースが想定される．

それではこの一般化された Bogoliubov 変換 W はどのような基準で決定されるであろうか．

(b) Hartree-Fock-Bogoliubov (HFB) 方程式

考えている多体系のある波動関数 $|\Phi\rangle$ に関する次の対演算子の期待値

$$\rho_{ii'} = \langle \Phi | c_{i'}^\dagger c_i | \Phi \rangle, \quad \kappa_{ii'} = \langle \Phi | c_{i'} c_i | \Phi \rangle \tag{3.335}$$

を行列要素とする $M \times M$ 行列 ρ, κ をそれぞれ**密度行列** (density matrix) および**ペアリング・テンソル** (pairing tensor) と呼ぶ（ρ については (3.215) 式参照）．

いま波動関数 $|\Phi\rangle$ として，

$$\beta_k |\Phi_0^{\text{HFB}}\rangle = 0, \quad (k = 1, 2, \cdots, M) \tag{3.336}$$

できめられる準粒子演算子の"真空" $|\Phi_0^{\text{HFB}}\rangle$，すなわち **Hartree-Fock-Bogoliubov (HFB) 基底状態**をとる．このときの ρ および κ は，(3.331), (3.330b) 式を用いれば，

$$\rho = V^* V^T, \quad \kappa = V^* U^T = -UV^\dagger \tag{3.337}$$

となる. ρ はエルミート行列, κ は反対称行列 ($\kappa = -\kappa^T$) である. (3.330) 式を使って, 関係式

$$\rho^2 - \rho = -\kappa\kappa^\dagger, \quad \rho\kappa = \kappa\rho^*. \tag{3.338}$$

が確かめられる. これらの密度行列とペアリング・テンソルを統合して $2M \times 2M$ の一般化された密度行列 $\mathcal{R}$ を定義するのが便利である. すなわち

$$\mathcal{R} = \begin{pmatrix} \rho & \kappa \\ -\kappa^* & 1 - \rho^* \end{pmatrix} \tag{3.339}$$

である. $\mathcal{R}$ はエルミートであり,

$$\mathcal{R}^2 = \mathcal{R} \tag{3.340}$$

をみたす. 容易にわかるように,

$$W^\dagger \mathcal{R} W = \begin{pmatrix} \langle \Phi_0^{\mathrm{HFB}} | \beta_{k'}^\dagger \beta_k | \Phi_0^{\mathrm{HFB}} \rangle & \langle \Phi_0^{\mathrm{HFB}} | \beta_{k'} \beta_k | \Phi_0^{\mathrm{HFB}} \rangle \\ \langle \Phi_0^{\mathrm{HFB}} | \beta_{k'}^\dagger \beta_k^\dagger | \Phi_0^{\mathrm{HFB}} \rangle & \langle \Phi_0^{\mathrm{HFB}} | \beta_{k'} \beta_k^\dagger | \Phi_0^{\mathrm{HFB}} \rangle \end{pmatrix} = \begin{pmatrix} 0 & 0 \\ 0 & 1 \end{pmatrix} \tag{3.341}$$

である. つまり HFB 基底状態による一般化された密度行列は対角的になっている. このような表示のもとで, 変換 W をどのようにきめるかが以下に述べる問題である.

さてここで, 変分法を使って, HFB 基底状態 $|\Phi_0^{\mathrm{HFB}}\rangle$ による系のエネルギー期待値を極小 (停留値) にするように一般化された Bogoliubov 変換 W をきめることにする.

系のハミルトニアンを

$$H = \sum_{ij} T_{ij} c_i^\dagger c_j + \frac{1}{2} \sum_{ijkl} \mathcal{V}_{ijkl} c_i^\dagger c_j^\dagger c_l c_k \tag{3.342}$$

と表す.

BCS 近似の場合と同様に, 変換 W は粒子数を保存しない. したがって, HFB 基底状態による粒子数の期待値を, 与えられた粒子数に等しくするという条件のもとで変分法を行うため, $H' = H - \lambda \widehat{N}$ の期待値を極小 (停留値) にする ($\widehat{N}$ は粒子数演算子, λ は Lagrange の未定乗数).

上では, 変換 W によって得られる一般化された準粒子を $(\beta_k, \beta_k^\dagger)$ とし, この準粒子に対する "真空" が HFB 基底状態 $|\Phi_0^{\mathrm{HFB}}\rangle$ であるとした. 同様な型

の別の変換 W' による一般化された準粒子に対する "真空" を $|\Phi_0'\rangle$ としよう. $|\Phi_0'\rangle$ が $|\Phi_0^{\mathrm{HFB}}\rangle$ に直交しないならば, 一般に

$$|\Phi_0'\rangle = \exp\left(\frac{1}{2}\sum_{kk'} Z_{kk'}\beta_k^\dagger \beta_{k'}^\dagger\right)|\Phi_0^{\mathrm{HFB}}\rangle \qquad (3.343)$$

と書かれることが知られている.[*31] この定理は (3.228) 式の Thouless の定理を一般化したものである.

上述の変分法を行うには,係数 $Z_{kk'}^*$ を変分パラメーターとして

$$\delta\left[\frac{\langle\Phi_0'|H'|\Phi_0'\rangle}{\langle\Phi_0'|\Phi_0'\rangle}\right] = 0$$

とすればよい. ハミルトニアン $H' = H - \lambda\widehat{N}$ に (3.331) を代入すると

$$H' = H^{(0)} + \sum_{kl} H_{kl}^{(11)}\beta_k^\dagger\beta_l + \frac{1}{2}\sum_{kl}(H_{kl}^{(20)}\beta_k^\dagger\beta_l^\dagger + \text{h.c.}) + H^{(4)} \quad (3.344)$$

となる. ここで $H^{(4)}$ は $\beta^\dagger, \beta$ に関する4次の正規積である. また

$$H^{(0)} = \mathrm{Tr}\left(T\rho + \frac{1}{2}\Gamma\rho - \frac{1}{2}\Delta\kappa^*\right), \qquad (3.345\mathrm{a})$$

$$H^{(11)} = (U^\dagger\ V^\dagger)\begin{pmatrix} h & \Delta \\ -\Delta^* & -h^* \end{pmatrix}\begin{pmatrix} U \\ V \end{pmatrix}, \qquad (3.345\mathrm{b})$$

$$H^{(20)} = (U^\dagger\ V^\dagger)\begin{pmatrix} h & \Delta \\ -\Delta^* & -h^* \end{pmatrix}\begin{pmatrix} V^* \\ U^* \end{pmatrix} \qquad (3.345\mathrm{c})$$

である. ただし T は T_{ij} を行列要素とする $M\times M$ の行列である. また $h = T + \Gamma - \lambda$ である. Γ および Δ の行列要素は

$$\Gamma_{kl} = 2\sum_{k'l'} \mathcal{V}_{kk'll'}\,\rho_{l'k'}, \qquad \Delta_{kl} = \sum_{k'l'}\mathcal{V}_{klk'l'}\,\kappa_{k'l'} \qquad (3.346)$$

で定義される. Γ は一般化された "平均ポテンシャル" であり, Δ は "ペアリング・ポテンシャル" である.

$|\Phi_0'\rangle$ による H' の期待値を変分パラメーター $Z_{kk'}^*$ のべき級数に展開すれば,

$$\frac{\langle\Phi_0'|H'|\Phi_0'\rangle}{\langle\Phi_0'|\Phi_0'\rangle} = H^{(0)} + (H^{(20)*}\ H^{(20)})\begin{pmatrix} Z \\ Z^* \end{pmatrix} + \cdots \qquad (3.347)$$

[*31] H. J. Mang and H. A. Weidenmüller, Ann. Rev. Nucl. Sci. **18**(1968) 1.

となる．この期待値を停留値とするための条件は

$$\left[\frac{\partial}{\partial Z^*_{kk'}}\frac{\langle\Phi'_0|H'|\Phi'_0\rangle}{\langle\Phi'_0|\Phi'_0\rangle}\right]_{Z=0} = H^{(20)}_{kk'} = 0 \tag{3.348}$$

である．この条件は変換 W の Bloch-Messiah の定理による分解 (3.333) における第3段階の変換 C, すなわち変換 (3.334c) には依存しない．したがって，条件 (3.348) を満足させながら，$H^{(11)}$ を対角化する変換 C を行うことができる．Bloch-Messiah の定理の重要性の1つはこの点にある．[*32]

したがって，(3.345a), (3.345b) 式からわかるように，変換 W を決定することは，

$$\mathcal{H} = \begin{pmatrix} h & \Delta \\ -\Delta^* & -h^* \end{pmatrix} \tag{3.349}$$

を対角化する問題となり，固有値方程式

$$\mathcal{H}\begin{pmatrix} U_k \\ V_k \end{pmatrix} = E_k \begin{pmatrix} U_k \\ V_k \end{pmatrix} \tag{3.350}$$

を解くという問題に帰着する．この固有値方程式を **Hartree-Fock-Bogoliubov (HFB) 方程式** (Hartree-Fock-Bogoliubov equation) と呼ぶ．

HFB 方程式 (3.350) は <u>非線形方程式</u> である．なぜならば一般化された平均ポテンシャル Γ やペアリング・ポテンシャル Δ の中に HFB 方程式の解 U, V が入っているからである．ゆえに HFB 方程式は自己無撞着的に解かなければならない．

HFB 方程式を解いてユニタリー変換 W がきまったのち，変換されたハミルトニアンは

$$H' = H^{(0)} + \sum_k E_k \beta^\dagger_k \beta_k + H^{(4)} \tag{3.351}$$

となる．つまり，ハミルトニアンの主要部分は一般化された1準粒子エネルギー E_k にくり込まれ，残りは準粒子に関する4次の正規積で書かれる残留相互作用 $H^{(4)}$ となるわけである．BCS 近似のときと同様に，偶数粒子系 (偶々核) の近似的な基底状態は HFB 基底状態 $|\Phi^{\mathrm{HFB}}_0\rangle$ で表され，励起状態は偶数個の準粒子が励起 (生成) された状態となる．奇数粒子系 (奇核) は隣の偶数粒子系 (偶々

[*32] このことは，BCS 近似において (3.304b) 式の E_0 を極小にする条件が，ちょうど (3.304d) 式の H_{20} を 0 とする条件になっていることに対応する．

核) の HFB 基底状態の上に奇数個の準粒子が励起 (生成) された状態で記述される.

このようにして，Hartree-Fock 法と BCS 近似とを統合した原子核の "独立粒子描像" の理論が確立されたことになる.

3.4.5 準粒子 RPA

原子核における集団運動は平均ポテンシャルが時間的に揺動することによって生じるという Bohr-Mottelson の集団模型の考え方が，RPA の方法で記述できるということを 3.4.2 で説明した. そこではまだ対相関を陽に考慮した形にはなっていなくて，そこでの RPA モードは 1 粒子 1 空孔モードであった.

しかしながら現実の原子核において，対相関を考慮しないわけにはいかない. 実際，図 **3.35** における偶奇質量差が示すように，中重核におけるエネルギー・ギャップ Δ は $1 \sim 1.5\,\mathrm{MeV}$ であり，多くの原子核にこのようなエネルギー・ギャップがあるということは，ほとんどの偶々核の基底状態は正常状態 (Hartree-Fock 基底状態) $|\Phi_0\rangle$ ではなく，BCS 基底状態 $|\Phi_0^{\mathrm{BCS}}\rangle$ となっていることを意味する. つまり大抵の原子核の基底状態は "超伝導状態" であるといえる.

したがって，RPA モードも Hartree-Fock 基底状態に基づく粒子・空孔表示ではなく，対相関をあらかじめ考慮した<u>準粒子表示</u>を用いて表されるように拡張しなければならない. これが以下で説明する拡張された乱雑位相近似，すなわち**準粒子 RPA** (quasi-particle RPA) である.[33]

(a) 準粒子 RPA 方程式

偶々核の近似的基底状態を BCS 基底状態 $|\Phi_0^{\mathrm{BCS}}\rangle$ とする. $|\Phi_0^{\mathrm{BCS}}\rangle$ は準粒子 $a_\alpha^\dagger, a_\alpha$ の "真空" である. 核子の生成・消滅演算子を $c_\alpha^\dagger, c_\alpha$ とすれば，(3.302) 式で示したように，これら準粒子は次の Bogoliubov 変換で得られる：

$$\begin{aligned} a_\alpha^\dagger &= u_a c_\alpha^\dagger - v_a \widetilde{c}_\alpha, \\ \widetilde{a}_\alpha &= u_a \widetilde{c}_\alpha + v_a c_\alpha^\dagger, \end{aligned} \quad \text{または} \quad \begin{aligned} c_\alpha^\dagger &= u_a a_\alpha^\dagger + v_a \widetilde{a}_\alpha, \\ \widetilde{c}_\alpha &= u_a \widetilde{a}_\alpha - v_a a_\alpha^\dagger. \end{aligned} \quad (3.352)$$

---

[33] M. Kobayasi and T. Marumori, Prog. Theor. Phys. **23**(1960) 387.
　　T. Marumori, Prog. Theor. Phys. **24**(1960) 331.
　　R. Arvieu and M. Vénéroni, Compt. rend. **250**(1960) 992.
　　M. Baranger, Phys. Rev. **120**(1960) 957.

ここで，$\tilde{a}_\alpha = (-1)^{j_a - m_\alpha} a_{-\alpha}$ であり，$u_a^2 + v_a^2 = 1$, $u_a \geq 0$, $v_a \geq 0$ である.

Bogoliubov 変換後のハミルトニアンは，(3.313) 式で示したように，

$$H = E_0 + H_0 + H_{\text{int}}, \quad E_0 = \langle \Phi_0 | H | \Phi_0 \rangle, \tag{3.353a}$$

$$H_0 = \sum_\alpha E_a a_\alpha^\dagger a_\alpha, \quad E_a = \sqrt{(\varepsilon_a' - \lambda)^2 + \Delta^2}, \tag{3.353b}$$

$$H_{\text{int}} = \frac{1}{2} \sum_{\alpha\beta\gamma\delta} \mathcal{V}_{\alpha\beta\gamma\delta} : c_\alpha^\dagger c_\beta^\dagger c_\delta c_\gamma : \tag{3.353c}$$

と表される．平均ポテンシャルおよび対相関力の効果の主要部分が 1 準粒子ハミルトニアン H_0 にくり込まれたあとの残留相互作用が H_{int} であり，これによって集団的励起が引き起こされるのである．H_{int} の具体的な形は，次のように表される：

$$H_{\text{int}} = H_{\text{X}} + H_{\text{V}} + H_{\text{Y}}, \tag{3.354a}$$

$$H_{\text{X}} = \sum_{\alpha\beta\gamma\delta} V_{\text{X}}(\alpha\beta\gamma\delta) a_\alpha^\dagger a_\beta^\dagger a_\delta a_\gamma, \tag{3.354b}$$

$$H_{\text{V}} = \sum_{\alpha\beta\gamma\delta} V_{\text{V}}(\alpha\beta\gamma\delta) \{a_\alpha^\dagger a_\beta^\dagger \tilde{a}_\delta^\dagger \tilde{a}_\gamma^\dagger + \text{h.c.}\}, \tag{3.354c}$$

$$H_{\text{Y}} = \sum_{\alpha\beta\gamma\delta} V_{\text{Y}}(\alpha\beta\gamma\delta) \{a_\alpha^\dagger a_\beta^\dagger \tilde{a}_\delta^\dagger a_\gamma + \text{h.c.}\}, \tag{3.354d}$$

ただし，h.c. は直前の項のエルミート共役を意味する．また，記号 $s_\alpha = (-1)^{j_a - m_\alpha}$ を使って

$$V_{\text{X}}(\alpha\beta\gamma\delta) = \frac{1}{2} \mathcal{V}_{\alpha\beta\gamma\delta} (u_a u_b u_c u_d + v_a v_b v_c v_d)$$
$$+ 2 \mathcal{V}_{\alpha-\delta-\beta\gamma} s_\beta s_\delta (u_a v_b u_c v_d), \tag{3.355a}$$

$$V_{\text{V}}(\alpha\beta\gamma\delta) = \frac{1}{2} \mathcal{V}_{\alpha\beta\gamma\delta} (u_a u_b v_c v_d), \tag{3.355b}$$

$$V_{\text{Y}}(\alpha\beta\gamma\delta) = \mathcal{V}_{\alpha\beta\gamma\delta} (u_a u_b u_c v_d) + \mathcal{V}_{\alpha-\gamma\delta-\beta} s_\gamma s_\delta (u_a v_b v_c v_d) \tag{3.355c}$$

と書かれる．これらの残留相互作用をグラフに表したものが図 **3.36** である．粒子・空孔表示の場合と違って，準粒子の場合には粒子準位と空孔準位の区別がない．1 つの準位は部分的に占有され，部分的に空いているからである．したがって図 **3.36** においては，準粒子の進行 (伝播) を示す実線には粒子と空孔を示す矢印がない．

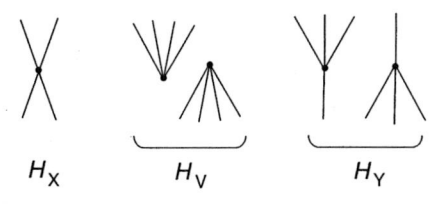

図 3.36 準粒子表示における残留相互作用のグラフ

粒子・空孔表示の RPA モード (3.259) を拡張して，準粒子 RPA モードの演算子を

$$X_\lambda^\dagger = \sum_{\alpha\beta} \{x_\lambda(\alpha\beta)\, a_\alpha^\dagger a_\beta^\dagger - y_\lambda(\alpha\beta)\, \widetilde{a}_\beta \widetilde{a}_\alpha\} \tag{3.356}$$

とする．この準粒子 RPA モードが近似的な励起モードであるならば

$$[H, X_\lambda^\dagger] \approx \hbar\omega_\lambda X_\lambda^\dagger \tag{3.357}$$

である．したがって通常の RPA の場合と同様に，

$$[H, X_\lambda^\dagger] = \hbar\omega_\lambda X_\lambda^\dagger - :Z: \tag{3.358}$$

として，準粒子 $a_\alpha^\dagger, a_\alpha$ について 4 次の正規積である :Z: の項を無視する乱雑位相近似 (RPA) を行って，エネルギー固有値 (固有励起エネルギー) $\hbar\omega_\lambda$，および相関振幅 $x_\lambda(\alpha\beta), y_\lambda(\alpha\beta)$ を決定する固有値方程式，すなわち**準粒子 RPA 方程式** (quasi-particle RPA equation)

$$\sum_{\alpha'\beta'} \begin{pmatrix} A_{\alpha\beta,\alpha'\beta'} & B_{\alpha\beta,\alpha'\beta'} \\ B_{\alpha\beta,\alpha'\beta'} & A_{\alpha\beta,\alpha'\beta'} \end{pmatrix} \begin{pmatrix} x_\lambda(\alpha'\beta') \\ y_\lambda(\alpha'\beta') \end{pmatrix} = \hbar\omega_\lambda \begin{pmatrix} x_\lambda(\alpha\beta) \\ -y_\lambda(\alpha\beta) \end{pmatrix} \tag{3.359a}$$

が得られる．ただし行列要素 $A_{\alpha\beta,\alpha'\beta'}, B_{\alpha\beta,\alpha'\beta'}$ は実数で，

$$\begin{aligned} A_{\alpha\beta,\alpha'\beta'} &= \frac{1}{2}(\delta_{\alpha\alpha'}\delta_{\beta\beta'} - \delta_{\alpha\beta'}\delta_{\beta\alpha'})(E_a + E_b) + 2V_X(\alpha\beta\alpha'\beta'), \\ B_{\alpha\beta,\alpha'\beta'} &= -4V_V(\alpha\beta\alpha'\beta') + 8V_V(\alpha-\beta'-\beta\alpha')\, s_\beta s_{\beta'} \end{aligned} \tag{3.359b}$$

で与えられる．

準粒子 RPA 方程式 (3.359a) は一見して粒子・空孔表示の普通の RPA 方程式 (3.267a) と同形であり，同じ性質を持つ．すなわち，固有値 $\hbar\omega_\lambda$ は相互作用が弱い範囲では実数であるが，ある臨界点を越えて相互作用が強くなると複素数の固有値が現れる．物理的に意味のあるのはすべての固有値が 0 でない実数

の場合であるから，以下の議論では固有値 $\hbar\omega_\lambda$ はすべて 0 でない実数とする．したがって，相関振幅 $x_\lambda(\alpha\beta)$, $y_\lambda(\alpha\beta)$ もすべて実数である．

このとき，準粒子 RPA 方程式 (3.359a) の解の性質は，普通の RPA 方程式 (3.267a) の解の性質とほとんど同じである．異なる点は相関振幅 x_λ, y_λ の対称性にある．RPA 方程式 (3.267a) における振幅 $x_\lambda(\mu i)$, $y_\lambda(\mu i)$ では，μ は粒子状態を意味し，i は空孔状態を意味する．したがって，μ と i との間には対称性はない．ところが準粒子 RPA 方程式 (3.359a) における振幅 $x_\lambda(\alpha\beta)$, $y_\lambda(\alpha\beta)$ では，α と β との交換に対してそれらは反対称，すなわち符号を反転させるはずである．このことを考慮すると，相関振幅の <u>規格直交性</u> は

$$\sum_{\alpha\beta}\{x_\lambda(\alpha\beta)x_{\lambda'}(\alpha\beta) - y_\lambda(\alpha\beta)y_{\lambda'}(\alpha\beta)\} = \frac{1}{2}\sigma_\lambda\delta_{\lambda\lambda'} \qquad (3.360)$$

となる．ここで σ_λ は (3.270) 式で与えられ，$\hbar\omega_\lambda > 0$ に対し $\sigma_\lambda = 1$, $\hbar\omega_\lambda < 0$ に対し $\sigma_\lambda = -1$ である．またこの規格直交性から <u>完備性</u>

$$\sum_\lambda \sigma_\lambda x_\lambda(\alpha\beta) x_\lambda(\alpha'\beta') = \frac{1}{4}(\delta_{\alpha\alpha'}\delta_{\beta\beta'} - \delta_{\alpha\beta'}\delta_{\beta\alpha'}), \qquad (3.361a)$$

$$\sum_\lambda \sigma_\lambda x_\lambda(\alpha\beta) y_\lambda(\alpha'\beta') = 0, \qquad (3.361b)$$

$$\sum_\lambda \sigma_\lambda y_\lambda(\alpha\beta) y_\lambda(\alpha'\beta') = \frac{1}{4}(\delta_{\alpha\alpha'}\delta_{\beta\beta'} - \delta_{\alpha\beta'}\delta_{\beta\alpha'}) \qquad (3.361c)$$

を導くこともできる．

準粒子 RPA における "真の" 基底状態 (true ground state) を $|\Psi_0\rangle$ とする．$|\Psi_0\rangle$ は準粒子 RPA モードに対する "真空" であり，$X_\lambda|\Psi_0\rangle = 0$ (ただし $\hbar\omega_\lambda > 0$) をみたすようにきめられるはずであるから，BCS 基底状態 $|\Phi_0^{\rm BCS}\rangle$ とその上に 4 準粒子 (4qp), 8 準粒子 (8qp), $\cdots$ が励起した状態の重ね合わせで構成される．すなわち

$$|\Psi_0\rangle = C^{(0)}|\Phi_0^{\rm BCS}\rangle + \sum_{\alpha\alpha'\beta\beta'} C^{(1)}_{\alpha\alpha'\beta\beta'} a_\alpha^\dagger a_{\alpha'}^\dagger a_\beta^\dagger a_{\beta'}^\dagger |\Phi_0^{\rm BCS}\rangle + \cdots \qquad (3.362)$$

となる．また励起状態は $X_\lambda^\dagger|\Psi_0\rangle$ (ただし $\hbar\omega_\lambda > 0$) で与えられ，その励起エネルギーが $\hbar\omega_\lambda$ である．これらの状態を構成するダイアグラムの概念図が図 **3.37** の (a) 基底状態，および (b) 励起状態 である．準粒子 RPA では，基底状態，励起状態ともに，さまざまな数の準粒子が励起した状態の重ね合わせとなっている．

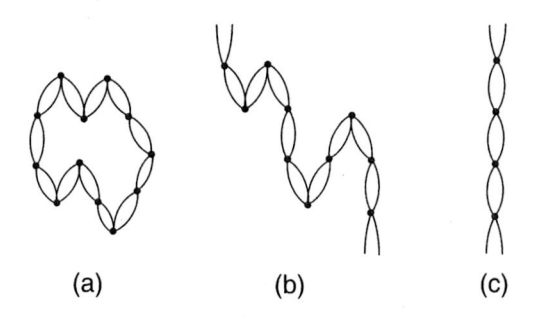

図 3.37
(a) 準粒子 New Tamm-Dancoff 近似 (準粒子 RPA) での基底状態を構成するダイアグラムの概念図.
(b) 準粒子 New Tamm-Dancoff 近似 (準粒子 RPA) における励起状態を構成するダイアグラムの概念図.
(c) 準粒子 Tamm-Dancoff 近似における励起状態を構成するダイアグラムの概念図.

したがって,これを**準粒子 new Tamm-Dancoff 近似** (quasi-particle new Tamm-Dancoff approximation) と呼んでいる.これに対し,(3.356) 式の準粒子 RPA モードにおいて,前方振幅 (forward amplitudes) x_λ のみをとり,後方振幅 (backward amplitudes) y_λ を強制的に 0 とする**準粒子 Tamm-Dancoff 近似** (quasi-particle Tamm-Dancoff approximation) の場合には,基底状態は BCS 基底状態 $|\Phi_0^{\rm BCS}\rangle$ そのものであり,励起状態は 2 準粒子 (2qp) のみの状態である.これを図示したものが,**図 3.37** の (c) である.

準粒子 Tamm-Dancoff 近似と準粒子 new Tamm-Dancoff 近似における励起エネルギーの比較については,粒子・空孔表示の通常の RPA に関して**図 3.33** で示したものとまったく同様である.準粒子 new Tamm-Dancoff 近似においては,準粒子 Tamm-Dancoff 近似で取り上げることができなかった相互作用 $H_{\rm V}$ による基底状態相関を取り込むことによって,強い集団性を得ることができた.これこそが Bohr-Mottelson の集団模型における強い集団性に対応するものと考えられている.

準粒子 RPA に関して強調しなければならない点は,この方法が集団運動が最も重視される閉殻から離れたオープン殻核にも適用可能であることである. 3.4.2 において,粒子と空孔を明確に定義することができないオープン殻核では,粒子・空孔表示の通常の RPA は適用できないと述べた.しかし,準粒子表

示では粒子準位と空孔準位とは区別されない．このことによって，準粒子 RPA が閉殻から離れたオープン殻核に適用可能となったのである．その結果，いまや (Hartree-Fock 近似)+(BCS 近似)+(準粒子 RPA) によって，集団運動の微視的理論の基礎が確立されたということができる．

(b) (対相関力＋4 重極相関力) 模型

(3.213) 式で表される残留相互作用 $H_{\text{int}} = H_{\text{pp}} + H_{\text{hh}} + H_{\text{ph}} + H_{\text{V}} + H_{\text{Y}}$ の中で，特に H_{pp} および H_{hh} を代表する核内で最重要な相関が対相関力であった．1.2.2 で述べたように，有効相互作用の行列要素 $\mathcal{V}_{\alpha\beta\gamma\delta}$ を

$$\mathcal{V}_{\alpha\beta\gamma\delta} = \sum_J G_J(abcd) \langle j_a m_\alpha j_b m_\beta | JM \rangle \langle j_c m_\gamma j_d m_\delta | JM \rangle \quad (3.363)$$

と角運動量展開したとき，$J=0$ の項が特に大きいという際立った性質を単純化し，行列要素 $G_J(abcd)$ として (1.45) 式，すなわち

$$G_J^{(\text{pair})}(abcd) = -\frac{1}{2}G_0\,\delta_{J0}\delta_{ab}\delta_{cd}\sqrt{2j_a+1}\sqrt{2j_c+1} \quad (3.364)$$

によって対相関力を定義した．このときのハミルトニアンが (1.46) 式で与えられる**対相関ハミルトニアン** (pairing Hamiltonian)

$$H^{(\text{pair})} = -\frac{1}{4}G_0 \widehat{P}_0^\dagger \widehat{P}_0, \qquad \widehat{P}_0^\dagger = \sum_\alpha s_\alpha c_\alpha^\dagger c_{-\alpha}^\dagger \quad (3.365)$$

である．ただし $s_\alpha = (-1)^{j_a - m_\alpha}$ である．

対相関力に次いで重要な相関は，原子核の集団的振動運動 (フォノン) を励起する H_{ph} である．特に大抵の偶々核の第 1 励起状態が 2^+ 状態であることを考えると，粒子・空孔間で $J=2$ の組に特別に強い相互作用が働いていると考えられる．

2 体力の行列要素 $\mathcal{V}_{\alpha\beta\gamma\delta}$ は次のように書くこともできる：

$$\mathcal{V}_{\alpha\beta\gamma\delta} = \sum_{J'} F_{J'}(acdb) s_\beta s_\gamma \langle j_a m_\alpha j_c - m_\gamma | J'M' \rangle \langle j_d m_\delta j_b - m_\beta | J'M' \rangle . \quad (3.366)$$

行列要素 $F_{J'}(acdb)$ は実数であると考えてよい．またその対称性は

$$F_{J'}(acdb) = F_{J'}(dbac) = (-)^{j_a + j_b + j_c + j_d} F_{J'}(cabd) \quad (3.367)$$

であり，$F_{J'}(acdb)$ と $G_J(abcd)$ との間には次の関係式が成り立つ：

$$F_{J'}(acdb) = -(-1)^{j_a+j_b+j_c+j_d} \sum_J (2J+1) \begin{Bmatrix} j_a & j_b & J \\ j_d & j_c & J' \end{Bmatrix} G_J(bacd). \tag{3.368}$$

粒子・粒子および空孔・空孔間でスピン J に組む行列要素が $G_J(abcd)$ であり，これを **G タイプ** (G-type) と呼ぶ．他方，粒子・空孔間でスピン J' に組む行列要素が $F_{J'}(acdb)$ であり，これが **F タイプ** (F-type) である．

集団的振動運動 (フォノン) を励起する $H_{\rm ph}$ を代表する相互作用は，F タイプにおいて特に $J'=2$ の項が強いと考えられる．これを単純化して

$$F_{J'}(acdb) = -\chi \, q(ac) \, q(db) \, \delta_{J'2} \tag{3.369}$$

としよう．ここで $q(ac)$ は

$$\langle \alpha | r^2 Y_{2M}(\theta\varphi) | \gamma \rangle = q(ac) s_\gamma \langle j_a m_\alpha j_c - m_\gamma | 2M \rangle \tag{3.370}$$

で定義される．すなわち $q(ac) = \langle a \| r^2 Y_2 \| c \rangle / \sqrt{5}$ である．このような相互作用を **4 重極相関力** (quadrupole force) と呼ぶ．

さて **4 重極演算子** (quadrupole operator) $\widehat{Q}^\dagger_{2M}$ を

$$\begin{aligned}
\widehat{Q}^\dagger_{2M} &= \sum_{\alpha\beta} \langle \alpha | r^2 Y_{2M}(\theta,\varphi) | \beta \rangle \, c^\dagger_\alpha c_\beta \\
&= -\sum_{\alpha\beta} q(ab) \, \langle j_a m_\alpha j_b m_\beta | 2M \rangle \, c^\dagger_\alpha \widetilde{c}_\beta
\end{aligned} \tag{3.371}$$

で定義する．この 4 重極演算子を用いて 4 重極相関力のハミルトニアンは

$$H^{(\rm QQ)} = -\frac{1}{2}\chi \sum_{M=-2}^{2} \widehat{Q}^\dagger_{2M} \widehat{Q}_{2M} \tag{3.372}$$

と書かれる．4 重極相関力はしばしば **QQ 力** (QQ force) と呼ばれる．

アクティブ軌道に存在する核子の粒子・粒子および空孔・空孔間の相関 $H_{\rm pp}$, $H_{\rm hh}$ を代表するのが対相関力であり，粒子・空孔間の相関 $H_{\rm ph}$ の中心が 4 重極相関力 (QQ 力) であると考えて，これら 2 種類の相関の絡み合いによって中重核の集団運動の性質を調べるという方法が，Bohr, Mottelson およびその協力者らによって提唱された (**対相関力＋4 重極相関力**) 模型 (pairing-plus-quadrupole-force model) である．これは簡略化して **P+QQ 模型**とも呼ばれている．この模型のハミルトニアンは

$$H^{(\text{P+QQ})} = H^{(0)} + H^{(\text{pair})} + H^{(\text{QQ})} \tag{3.373}$$

である．$H^{(0)}$ は Hartree-Fock 1 粒子ハミルトニアン ((3.213) 式における H_0) であり，$H^{(\text{pair})}$ は (3.365) 式の対相関力，$H^{(\text{QQ})}$ は (3.372) 式の QQ 力である．つまりこの模型においては，原子核を球形に保たせようとする力 (対相関力) と，楕円体型に変形させようとする力 (QQ 力) の強度のパラメーター G_0 と χ の競合によって原子核集団運動を理解しようとするものである．したがって，P+QQ 模型においては，$H^{(\text{pair})}$ および $H^{(\text{QQ})}$ は一種の機能概念であり，その考え方を貫くために，以下に述べるような取り扱いをするのが普通である：

(1) $H^{(\text{P+QQ})}$ を再度 Hartree-Fock 近似をして，$H^{(\text{pair})} + H^{(\text{QQ})}$ から 1 体場へくり込むことはしない．まず Bogoliubov 変換を行って準粒子 $a^\dagger, a$ を作る．Bogoliubov 変換は $H^{(\text{pair})}$ のみで ($H^{(\text{QQ})}$ の効果は入れないで) 決定する．

(2) $H^{(\text{QQ})}$ を準粒子 $a^\dagger, a$ の表示に書き直したとき現れる準粒子に関する 2 次の項 ($a^\dagger a, a^\dagger a^\dagger, aa$) はすべて無視する．したがって，$H^{(\text{QQ})}$ からは準粒子に関する 4 次の正規積のみ取り上げる．

(3) 以下に示す交換項 (exchange terms) ((3.375d) および (3.376d)) はすべて無視する．

上記の処方箋にしたがって Bogoliubov 変換後の準粒子表示をした P+QQ 模型のハミルトニアンは定数項を除いて，

$$H^{(\text{P+QQ})} = H_0 + H^{(\text{pair})}_{\text{int}} + H^{(\text{QQ})}_{\text{int}}, \tag{3.374a}$$

$$H^{(\text{pair})}_{\text{int}} = H^{(\text{pair})}_{\text{X}} + H^{(\text{pair})}_{\text{V}} + H^{(\text{pair})}_{\text{Y}} + H^{(\text{pair})}_{\text{exch}}, \tag{3.374b}$$

$$H^{(\text{QQ})}_{\text{int}} = H^{(\text{QQ})}_{\text{X}} + H^{(\text{QQ})}_{\text{V}} + H^{(\text{QQ})}_{\text{Y}} + H^{(\text{QQ})}_{\text{exch}}, \tag{3.374c}$$

と書かれる．ただし，

$$H^{(\text{pair})}_{\text{X}} = -G_0 \sum_{ab} \sqrt{\Omega_a \Omega_b} \left(u_a^2 u_b^2 + v_a^2 v_b^2 \right) A^\dagger_{00}(aa) A_{00}(bb), \tag{3.375a}$$

$$H^{(\text{pair})}_{\text{V}} = G_0 \sum_{ab} \sqrt{\Omega_a \Omega_b}\, u_a^2 v_b^2 \{A^\dagger_{00}(aa) A^\dagger_{00}(bb) + \text{h.c.}\}, \tag{3.375b}$$

$$H_Y^{(\text{pair})} = \sqrt{2}G_0 \sum_{ab} \sqrt{\Omega_a \Omega_b}\, u_a v_a (u_b^2 - v_b^2)\{B_{00}^\dagger(aa) A_{00}(bb) + \text{h.c.}\}, \tag{3.375c}$$

$$H_{\text{exch}}^{(\text{pair})} = -2G_0 \sum_{ab} \sqrt{\Omega_a \Omega_b}\, u_a v_a u_b v_b : B_{00}^\dagger(aa) B_{00}(bb) :, \tag{3.375d}$$

および

$$H_X^{(\text{QQ})} = -\chi \sum_{abcd} q(ab) q(cd) \xi(ab) \xi(cd) \sum_M A_{2M}^\dagger(ab) A_{2M}(cd), \tag{3.376a}$$

$$H_V^{(\text{QQ})} = -\frac{1}{2}\chi \sum_{abcd} q(ab) q(cd) \xi(ab) \xi(cd) \sum_M \{A_{2M}^\dagger(ab) \widetilde{A}_{2M}^\dagger(cd) + \text{h.c.}\}, \tag{3.376b}$$

$$H_Y^{(\text{QQ})} = -2\chi \sum_{abcd} q(ab) q(cd) \xi(ab) \eta(cd) \sum_M \{A_{2M}^\dagger(ab) B_{2M}(cd) + \text{h.c.}\}, \tag{3.376c}$$

$$H_{\text{exch}}^{(\text{QQ})} = -2\chi \sum_{abcd} q(ab) q(cd) \eta(ab) \eta(cd) \sum_M : B_{2M}^\dagger(ab) B_{2M}(cd) : \tag{3.376d}$$

である. また $\xi(ab) = (u_a v_b + v_a u_b)/\sqrt{2}$, $\eta(ab) = (u_a u_b - v_a v_b)/2$ であり, 準粒子対演算子は

$$A_{JM}^\dagger(ab) = \frac{1}{\sqrt{2}} \sum_{m_\alpha m_\beta} \langle j_a m_\alpha j_b m_\beta | JM \rangle a_\alpha^\dagger a_\beta^\dagger, \tag{3.377a}$$

$$B_{JM}^\dagger(ab) = -\sum_{m_\alpha m_\beta} \langle j_a m_\alpha j_b m_\beta | JM \rangle a_\alpha^\dagger \widetilde{a}_\beta \tag{3.377b}$$

で定義される. また $\widetilde{A}_{JM}(ab) = (-1)^{J-M} A_{J-M}(ab)$ である.

上に述べた P+QQ 模型のハミルトニアンの中で, 準粒子間の 4 重極相関 $H_{\text{int}}^{(\text{QQ})}$ が 4 重極の準粒子 RPA モード, すなわち 4 重極フォノンを作り出す相互作用であると考えられる. この場合の準粒子 RPA モードは

$$X_{\lambda, 2M}^\dagger = \sum_{ab} \{x_\lambda(ab) A_{2M}^\dagger(ab) - y_\lambda(ab) \widetilde{A}_{2M}(ab)\} \tag{3.378}$$

で定義され, 3.4.5 で述べたように方程式

$$[H^{(\text{P+QQ})}, X_{\lambda, 2M}^\dagger] = \hbar\omega_\lambda X_{\lambda, 2M}^\dagger \tag{3.379}$$

に乱雑位相近似を行って準粒子 RPA 方程式をつくり, これを解くことによって 4 重極フォノン $X_{\lambda, 2M}^\dagger$ をきめる. この考えに沿った詳細な分析と実験との比較が, 割合早い時期に Kisslinger と Sorensen によって行われた.[*34] その結

[*34] L. S. Kisslinger and R. A. Sorensen, Mat. Fis. Medd. Dan. Vid. Selsk., **32**(1960) No. 9; Rev. Mod. Phys. **35**(1963) 853.

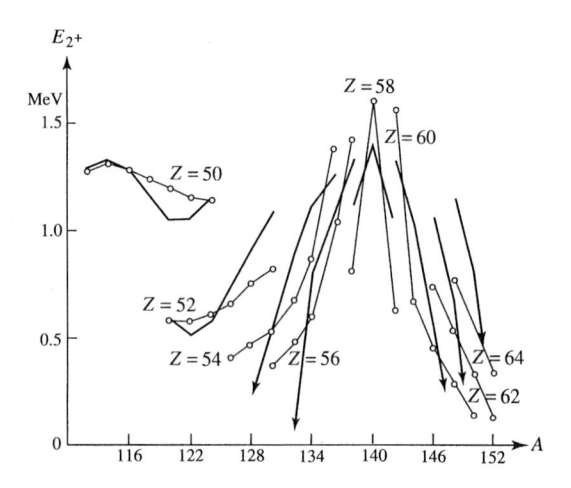

図 3.38 Kisslinger-Sorensen による P+QQ 模型を用いた中重偶々核の 4 重極フォノンの励起エネルギーの分析
太い実線が計算値．丸印が実験値．同一 Z のアイソトープが実線で結ばれている．使われたパラメーターなど，詳細については原論文 L. S. Kisslinger and R. A. Sorensen, Rev. Mod. Phys. **35**(1963) 853 を参照されたい．

果の1例が図 **3.38** に示されている．図は中重偶々核の 4 重極フォノンの励起エネルギーを分析したものである．

P+QQ 模型のハミルトニアンの中には準粒子 4 重極相関力 $H_{\text{int}}^{(QQ)}$ のほかに，対相関力から生じた準粒子**単極相関力** (monopole force) $H_{\text{int}}^{(\text{pair})}$ が含まれている．これによって生み出される集団的振動モード

$$X_{\lambda,00}^\dagger = \sum_a \{x_\lambda(a) A_{00}^\dagger(aa) - y_\lambda(a) \widetilde{A}_{00}(aa)\} \tag{3.380}$$

は**対振動** (pairing vibration)[35] と呼ばれ，中重核において重要な役割を果たす．[36]

3.4.6 集団運動パラメーター

3.1 および 3.2 の各節で述べたように，球形核の 4 重極集団運動 (フォノン) を特徴付けるのは弾性パラメーター C_2 と質量パラメーター B_2 であり，4 重極

---

[35] D. R. Bes and R. A. Broglia, Nucl. Phys. **80**(1966) 289.
[36] 対振動モード (3.380) は準粒子の 0 対で構成されているので，系のセニョリティを増加させない．したがって，BCS 基底状態から対振動モードが励起した状態は全セニョリティが $v=0$ の状態である．すなわち，BCS 基底状態は $v=0$ のエネルギー最低状態であり，対振動状態は $v=0$ の励起状態である．

3.4 集団運動の微視的理論

変形核の集団運動 (回転・振動) を特徴付けるのは慣性モーメント $\mathcal{J}$ と β, γ 振動の質量パラメーター B_β, B_γ, およびポテンシャル・エネルギー $V(\beta,\gamma)$ である. これらがどのようにして得られるかが集団運動の微視的理論の重要な問題である.

(a) 球形核フォノンの弾性パラメーター

質量数 A の原子核が,球形の平衡点の近傍で十分ゆっくりと4重極振動をする場合の**弾性パラメーター**を,断熱近似 (adiabatic approximation) のもとで検討しよう. 変形の大きさをパラメーター α で表し,

$$\alpha = \frac{4\pi}{3AR_0^2} \langle \Psi | \widehat{Q}_{20}^\dagger | \Psi \rangle \tag{3.381}$$

とする. $\widehat{Q}_{20}^\dagger$ は (3.371) で定義される4重極演算子である. 変形 α の変化が十分ゆっくりで, パラメーター α の値ごとに系のエネルギー $\langle \Psi | H | \Psi \rangle$ が変分的な意味で極小になるものとする. 球形から微小変形 α が与えられたときの系のエネルギーの変化分を計算しよう. そのためには次の定理が有用である.

[定理] BCS 基底状態を $|\Phi_0^{\text{BCS}}\rangle$ とする. 同じ型の状態, すなわち別の準粒子の真空で, $|\Phi_0^{\text{BCS}}\rangle$ に直交しない状態 $|\Phi_0\rangle$ はユニタリー変換 e^F によって

$$|\Phi_0\rangle = e^F |\Phi_0^{\text{BCS}}\rangle, \quad F = \sum_{\alpha\beta}(f_{\alpha\beta}\, a_\alpha^\dagger a_\beta^\dagger - g_{\alpha\beta}\, \widetilde{a}_\beta \widetilde{a}_\alpha) \tag{3.382}$$

と表される. ただし $F^\dagger = -F$, すなわち $g_{\alpha\beta} = f_{-\alpha-\beta}^* s_\alpha s_\beta$ である.

この定理は (3.343) 式で示した一般化された Thouless の定理を, ユニタリー変換の形に書き換えたものである.

球形の基底状態を $|\Phi_0^{\text{BCS}}\rangle$ とし,この状態から微小な4重極変形 α が与えられた状態を $|\Phi_0(\alpha)\rangle$ として,これを (3.382) 式で表す. そのとき $f_{\alpha\beta}, g_{\alpha\beta}$ は α の関数であり微小量と考える. (3.381) 式をみたすという条件, すなわち

$$\alpha = \frac{4\pi}{3AR_0^2} \langle \Phi_0(\alpha) | \widehat{Q}_{20}^\dagger | \Phi_0(\alpha) \rangle \tag{3.383}$$

という条件付で, エネルギー期待値を極小にする. そのために μ_0 を Lagrange の未定乗数として, 変分原理

$$\delta \langle \Phi_0(\alpha) | H' | \Phi_0(\alpha) \rangle = 0, \qquad H' = H - \mu_0 \widehat{Q}_{20}^\dagger \tag{3.384}$$

を用いる．ハミルトニアン H としては，準粒子で表した一般的なハミルトニアン (3.353) および (3.354) 式をとることにしよう．

展開公式 (3.241) を用いると

$$\begin{aligned}
\langle \Phi_0(\alpha)|H'|\Phi_0(\alpha)\rangle &= \langle \Phi_0^{\text{BCS}}|e^{-F}H'e^F|\Phi_0^{\text{BCS}}\rangle \\
&= \langle \Phi_0^{\text{BCS}}|H' + [H',F] + \frac{1}{2}[[H',F],F] + \cdots |\Phi_0^{\text{BCS}}\rangle \quad (3.385)
\end{aligned}$$

となる．右辺の展開において，微小量 $f_{\alpha\beta}, g_{\alpha\beta}$, あるいは α について 2 次までとると，

$$\begin{aligned}
\langle \Phi_0(\alpha)|H'|\Phi_0(\alpha)\rangle = E_0 &+ \frac{1}{2}\langle \Phi_0^{\text{BCS}}|[[H,F],F]|\Phi_0^{\text{BCS}}\rangle \\
&- \mu_0 \langle \Phi_0^{\text{BCS}}|[\widehat{Q}_{20}^\dagger,F]|\Phi_0^{\text{BCS}}\rangle \quad (3.386)
\end{aligned}$$

となる．右辺の最後の項は 2 次の微小量であることに注意すべきである．なぜならば，下で明らかになるように，μ_0 は微小量 $f_{\alpha\beta}, g_{\alpha\beta}$ あるいは α と同じオーダーの微小量であるからである．

ハミルトニアン (3.353), (3.354) を用いて具体的に計算すると，

$$\begin{aligned}
\langle \Phi_0^{\text{BCS}}|[[H,F],F]|\Phi_0^{\text{BCS}}\rangle = 4 \sum_{\alpha\beta\alpha'\beta'} A_{\alpha\beta,\alpha'\beta'} f_{\alpha\beta} g_{\alpha'\beta'} \\
+ 2 \sum_{\alpha\beta\alpha'\beta'} B_{\alpha\beta,\alpha'\beta'} (f_{\alpha\beta}f_{\alpha'\beta'} + g_{\alpha\beta}g_{\alpha'\beta'}) \quad (3.387)
\end{aligned}$$

が得られる．ただし，係数 $A_{\alpha\beta,\alpha'\beta'}, B_{\alpha\beta,\alpha'\beta'}$ は (3.359b) 式で定義されたものと同一である．また 4 重極演算子は

$$\begin{aligned}
\widehat{Q}_{2M}^\dagger &= \sum_{\alpha\beta}\langle \alpha|r^2 Y_{2M}(\theta,\varphi)|\beta\rangle c_\alpha^\dagger c_\beta = -\sum_{\alpha\beta} q_{\alpha\beta} c_\alpha^\dagger \widetilde{c}_\beta \\
&= \sum_{\alpha\beta} q_{\alpha\beta}\{\widetilde{\xi}(ab)(a_\alpha^\dagger a_\beta^\dagger + \widetilde{a}_\beta \widetilde{a}_\alpha) - \widetilde{\eta}(ab) a_\alpha^\dagger \widetilde{a}_\beta\} + \delta_{M0}\sum_\alpha q_{\alpha-\alpha}s_\alpha v_a^2
\end{aligned}$$
$$(3.388)$$

と表される．ただし

$$q_{\alpha\beta} = -q_{\beta\alpha} = -\langle \alpha|r^2 Y_{2M}(\theta,\varphi)|-\beta\rangle s_\beta,$$
$$\widetilde{\xi}(ab) = \frac{1}{2}(u_a v_b + v_a u_b), \quad \widetilde{\eta}(ab) = u_a u_b - v_a v_b$$

である．この4重極演算子の表式 (3.388) を使えば，

$$\langle \Phi_0^{\mathrm{BCS}} | [\widehat{Q}_{2M}^\dagger, F] | \Phi_0^{\mathrm{BCS}} \rangle = 2 \sum_{\alpha\beta} q_{\alpha\beta} \widetilde{\xi}(ab)(f_{\alpha\beta} + g_{\alpha\beta}) \qquad (3.389)$$

となる．変分方程式 (3.384) は

$$\frac{\partial}{\partial g_{\alpha\beta}} \langle \Phi_0(\alpha) | H' | \Phi_0(\alpha) \rangle = 0, \quad (\text{すべての } \alpha\beta \text{ の組に対し})$$

と同等であるから，(3.386) 式に (3.387) および (3.389) 式を代入すれば，次の連立1次方程式が得られる：

$$\sum_{\alpha'\beta'} A_{\alpha\beta,\alpha'\beta'} f_{\alpha'\beta'} + \sum_{\alpha'\beta'} B_{\alpha\beta,\alpha'\beta'} g_{\alpha'\beta'} = \mu_0 q_{\alpha\beta} \widetilde{\xi}(ab),$$

$$\sum_{\alpha'\beta'} B_{\alpha\beta,\alpha'\beta'} f_{\alpha'\beta'} + \sum_{\alpha'\beta'} A_{\alpha\beta,\alpha'\beta'} g_{\alpha'\beta'} = \mu_0 q_{\alpha\beta} \widetilde{\xi}(ab). \qquad (3.390)$$

この連立1次方程式を解くことによって，$f^{(0)}_{\alpha\beta} = f_{\alpha\beta}/\mu_0$, $g^{(0)}_{\alpha\beta} = g_{\alpha\beta}/\mu_0$ を求めることができる．他方，Lagrange の未定乗数 μ_0 をきめる条件式 (3.383) は

$$\alpha = \frac{4\pi}{3AR_0^2} \left(2 \sum_{\alpha\beta} q_{\alpha\beta} \widetilde{\xi}(ab)(f^{(0)}_{\alpha\beta} + g^{(0)}_{\alpha\beta}) \right) \mu_0 \qquad (3.391)$$

と書くことができる．

系が α だけ4重極変形したことによるエネルギーの増加分は

$$\langle \Phi_0(\alpha) | H | \Phi_0(\alpha) \rangle - E_0$$
$$= \sum_{\alpha\beta\alpha'\beta'} \{ 2A_{\alpha\beta,\alpha'\beta'} f_{\alpha\beta} g_{\alpha'\beta'} + B_{\alpha\beta,\alpha'\beta'} (f_{\alpha\beta} f_{\alpha'\beta'} + g_{\alpha\beta} g_{\alpha'\beta'}) \}$$
$$= \mu_0 \sum_{\alpha\beta} q_{\alpha\beta} \widetilde{\xi}(ab)(f_{\alpha\beta} + g_{\alpha\beta}) = \frac{1}{2} C_2 \alpha^2 \qquad (3.392)$$

となる．ここで係数 C_2 は

$$C_2 = \left(\frac{3AR_0^2}{4\pi} \right)^2 \left(\sum_{\alpha\beta} q_{\alpha\beta}(u_a v_b + v_a u_b)(f^{(0)}_{\alpha\beta} + g^{(0)}_{\alpha\beta}) \right)^{-1} \qquad (3.393)$$

である．この C_2 こそ球形核の集団的4重極振動 (フォノン) に対するポテンシャル・エネルギーのパラメーター，すなわち 3.1 などに現れた弾性パラメーターであると考えられる．

(b) 球形核フォノンの質量パラメーター

まず，**断熱摂動** (adiabatic perturbation) 法を用いて，質量パラメーターに対する**クランキング公式** (cranking formula) の一般形を求めよう．

系のハミルトニアンが集団座標 α (たとえば変形パラメーター) を含み，これを通じて時間に依存するものとする．すなわち $H = H(t) = H(\alpha(t))$ であるとする．それぞれの α の値に対する $H(\alpha)$ の固有状態を

$$H(\alpha)|\Phi_n(\alpha)\rangle = E_n(\alpha)|\Phi_n(\alpha)\rangle, \quad \langle\Phi_n(\alpha)|\Phi_{n'}(\alpha)\rangle = \delta_{nn'}. \tag{3.394}$$

とする．時間依存 Schrödinger 方程式

$$i\hbar\frac{\partial}{\partial t}|\Psi(t;\alpha)\rangle = H(\alpha)|\Psi(t;\alpha)\rangle \tag{3.395}$$

を考える．状態ベクトル $|\Psi(t;\alpha)\rangle$ を規格直交系 $\{|\Phi_n(\alpha)\rangle\}$ で次のように展開する：

$$|\Psi(t;\alpha)\rangle = \sum_n a_n(t)\, e^{i\varphi_n(t)}|\Phi_n(\alpha)\rangle. \tag{3.396}$$

ただし，時間に依存する位相 $\varphi_n(t)$ は

$$\varphi_n(t) = -\frac{1}{\hbar}\int_0^t E_n(\alpha(t'))\,dt' \tag{3.397}$$

である．(3.396) 式を (3.395) 式に代入し，$a_n(t)$ が従う方程式を求めると，

$$\begin{aligned}
\dot{a}_n &= -\sum_k \langle\Phi_n(\alpha)|\frac{\partial}{\partial t}|\Phi_k(\alpha)\rangle e^{i\varphi_{kn}} a_k \\
&= -\dot{\alpha}\sum_k \langle\Phi_n(\alpha)|\frac{\partial}{\partial \alpha}|\Phi_k(\alpha)\rangle e^{i\varphi_{kn}} a_k
\end{aligned} \tag{3.398}$$

が得られる．ただし，$\varphi_{kn} = \varphi_k(t) - \varphi_n(t)$ である．

ここまでは厳密な議論である．ここから断熱近似を考慮しよう．時刻 $t=0$ において系は純粋な状態 $|\Phi_0(\alpha)\rangle$ にあるものとする．したがって $a_n(t=0) = \delta_{n0}$ である．ハミルトニアン $H(\alpha(t))$ の時間依存性が小さいならば，時間が経過するにしたがって $n \neq 0$ の状態は "ゆっくり" と混合するであろう．すなわち，(3.398) 式において位相因子 $e^{i\varphi_{0n}}$ の時間変化に比べて $\langle\Phi_n(\alpha)|\partial/\partial t|\Phi_0(\alpha)\rangle$ が微小な量であると考えれば，(3.398) 式は

$$\dot{a}_n \approx -\langle\Phi_n(\alpha)|\frac{\partial}{\partial t}|\Phi_0(\alpha)\rangle e^{i\varphi_{0n}} = -\dot{\alpha}\langle\Phi_n(\alpha)|\frac{\partial}{\partial \alpha}|\Phi_0(\alpha)\rangle e^{i\varphi_{0n}} \tag{3.399}$$

と書かれる．$\langle\Phi_n(\alpha)|\partial/\partial t|\Phi_0(\alpha)\rangle$ は微小な定数と考えることができるので，(3.399) 式は容易に積分することができて

$$a_n \approx \frac{i\hbar\dot{\alpha}}{E_n - E_0} \langle\Phi_n(\alpha)| \frac{\partial}{\partial \alpha} |\Phi_0(\alpha)\rangle\, e^{i\varphi_{0n}} \tag{3.400}$$

となり，断熱摂動論による系の状態ベクトル $|\Psi(t;\alpha)\rangle$ は

$$|\Psi(t;\alpha)\rangle \approx e^{-iE_0 t/\hbar}|0\rangle + \sum_{n\neq 0} \frac{i\hbar\dot{\alpha}}{E_n - E_0} \langle\Phi_n(\alpha)| \frac{\partial}{\partial \alpha} |\Phi_0(\alpha)\rangle\, e^{i\varphi_{0n}} |\Phi_n(\alpha)\rangle \tag{3.401}$$

となる．この状態ベクトルを用いて系のエネルギーを計算すると，

$$E(\alpha,\dot{\alpha}) = \langle\Psi(t;\alpha)|H|\Psi(t;\alpha)\rangle = E_0(\alpha) + \frac{1}{2} M(\alpha)\dot{\alpha}^2 \tag{3.402}$$

と書くことができ，質量パラメーター $M(\alpha)$ は

$$M(\alpha) = 2\hbar^2 \sum_{n\neq 0} \frac{1}{E_n - E_0} \left| \langle\Phi_n(\alpha)| \frac{\partial}{\partial \alpha} |\Phi_0(\alpha)\rangle \right|^2 \tag{3.403}$$

となる．これがよく知られた**クランキング公式** (cranking formula) の一般形である．"クランキング"という命名の由来は後で説明する．

さて上記のクランキング公式を使って，球形核の 4 重極振動運動 (フォノン) の質量パラメーター B_2 を求めよう．クランキング公式 (3.403) において $|\Phi_0(\alpha)\rangle$ として前項で採用した状態

$$|\Phi_0(\alpha)\rangle = e^F |\Phi_0^{\mathrm{BCS}}\rangle, \quad F = \sum_{\alpha\beta}(f_{\alpha\beta}\, a_\alpha^\dagger a_\beta^\dagger - g_{\alpha\beta}\, \tilde{a}_\beta \tilde{a}_\alpha) \tag{3.404}$$

をとる．ただし $F^\dagger = -F$ である．この状態 $|\Phi_0(\alpha)\rangle$ は (3.383) 式で与えられる微小変形を持ち，準粒子

$$d_\gamma^\dagger = e^F a_\gamma^\dagger e^{-F}, \qquad d_\gamma = e^F a_\gamma e^{-F} \tag{3.405}$$

の"真空"である．いま変形の大きさ α は十分小さいと考えているので，"励起状態" $|\Phi_n(\alpha)\rangle$ としては 2 準粒子状態

$$|\Phi_{\gamma\delta}(\alpha)\rangle = d_\gamma^\dagger d_\delta^\dagger |\Phi_0(\alpha)\rangle = e^F a_\gamma^\dagger a_\delta^\dagger |\Phi_0^{\mathrm{BCS}}\rangle \tag{3.406}$$

を考えれば十分である．したがって，クランキング公式の中の行列要素は

$$\langle\Phi_{\gamma\delta}(\alpha)| \frac{\partial}{\partial \alpha} |\Phi_0(\alpha)\rangle = \langle\Phi_0^{\mathrm{BCS}}| a_\delta a_\gamma \left(e^{-F} \frac{\partial}{\partial \alpha} e^F \right) |\Phi_0^{\mathrm{BCS}}\rangle$$

となるが，

$$e^{-F}\frac{\partial}{\partial\alpha}e^{F} = \sum_{\gamma\delta}\left(\frac{\partial f_{\gamma\delta}}{\partial\alpha}a^{\dagger}_{\gamma}a^{\dagger}_{\delta} - \frac{\partial g_{\gamma\delta}}{\partial\alpha}\tilde{a}_{\delta}\tilde{a}_{\gamma}\right)$$

であるから，質量パラメーター $M(\alpha) = B_2$ は

$$B_2 = 2\hbar^2 \sum_{\gamma\delta}\frac{4}{E_c + E_d}\left(\frac{\partial f_{\gamma\delta}}{\partial\alpha}\right)^2 \qquad (3.407)$$

となる．E_c, E_d は1準粒子エネルギー (3.353b) である．この結果，連立1次方程式 (3.391) を解いて $f_{\gamma\delta}$ を α の関数として求めれば，4重極フォノンの質量パラメーター B_2 が計算できるのである．

3.4.5 において説明した **P+QQ** 模型の場合には，前項および本項で述べた球形核における4重極フォノンの質量パラメーター B_2 および弾性パラメーター C_2 をあらわに表すことができて，

$$B_2 = \hbar^2 \left(\frac{3AR_0^2}{4\pi}\right)^2 \left[\sum_{ac}\frac{(u_a v_c + v_a u_c)^2}{(E_a + E_c)^3}q(ac)^2\right]$$
$$\times \left[\sum_{ac}\frac{(u_a v_c + v_a u_c)^2}{E_a + E_c}q(ac)^2\right]^{-2}, \quad (3.408a)$$

$$C_2 = \left(\frac{3AR_0^2}{4\pi}\right)^2 \left[1 - \chi\sum_{ac}\frac{(u_a v_c + v_a u_c)^2}{E_a + E_c}q(ac)^2\right]$$
$$\times \left[\sum_{ac}\frac{(u_a v_c + v_a u_c)^2}{E_a + E_c}q(ac)^2\right]^{-1} \quad (3.408b)$$

となる．[37]

(c) 変形核の集団運動パラメーター

4重極変形核の振動運動を特徴付けるのは，β 振動のパラメーター B_β, C_β と γ 振動のパラメーター B_γ, C_γ である．これらは前々項および前項で述べた方法を4重極平衡変形した原子核に拡張することによって求めることができるが，過度の詳細を避けるためここでは割愛する．詳しくは前項で引用した Marumori-Yamamura-Bando の論文[37] を参照されたい．

本項では，回転運動に対する慣性モーメント $\mathcal{J}$ についてのみ述べることに

---

[37] T. Marumori, M. Yamamura and H. Bando, Prog. Theor. Phys. **28**(1962) 87.

する．一般形のクランキング公式 (3.403) を導いたときと同様に，Inglis[*38] によって最初に提唱された断熱近似の考え方を用いる．

Nilsson 模型のハミルトニアン (3.178) のような変形殻模型ハミルトニアン H を考える．H に含まれる 1 体ポテンシャルは自己無撞着的な平均場であり，回転軸のまわりに角速度 ω でゆっくりと回転しているものとする．平均場中の核子の運動は，平均場の回転に比べて十分速く，したがって回転の角度ごとに自己無撞着的に平均場が形成されるものとする．実際の実験結果においても，粒子運動のエネルギーが回転運動のエネルギーに比べて十分大きいので，この状況によく対応していると思われる．このとき時間依存の波動関数が求まるならば，回転の角運動量の平均値を計算することができ，それは角速度 ω に比例するであろう．その比例係数 $\mathcal{J}$ が慣性モーメントである．

平均ポテンシャルは回転対称 (軸対称) 変形しているものとする．図 **3.39** のように対称軸を z 軸とし，これに垂直な x 軸のまわりを一様な角速度 ω でゆっくりと回転するものとする．このときのハミルトニアン $H(\theta)$ は

$$H(\theta) = e^{-i\theta J_x} H e^{i\theta J_x}, \quad \theta = \omega t,$$
$$\omega = \text{微小定数}, \qquad (3.409)$$

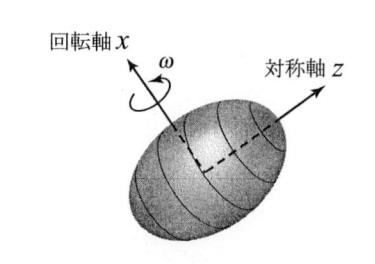

図 **3.39** クランキング公式の概念図
対称軸 (z 軸) に垂直な回転軸 (x 軸) のまわりで，ゆっくりと一様な角速度 ω で回転する．

と書かれる．時間依存 Schrödinger 方程式

$$i\hbar\frac{\partial}{\partial t}|\Psi(t;\theta)\rangle = H(\theta)|\Psi(t;\theta)\rangle \qquad (3.410)$$

において，

$$|\Psi(t;\theta)\rangle = e^{-i\theta J_x}|\Psi(t)\rangle \qquad (3.411)$$

とすれば，Schrödinger 方程式 (3.410) は

$$i\hbar\frac{\partial}{\partial t}|\Psi(t)\rangle = (H - \hbar\omega J_x)|\Psi(t)\rangle \qquad (3.412)$$

と書き直すことができる．[*39] この段階での "ハミルトニアン" $H - \hbar\omega J_x$ は時間に依存しない．方程式 (3.412) の定常解を $|\Phi\rangle$ とし，

[*38] D. Inglis, Phys. Rev. **96**(1954) 1059; **97**(1955) 701.
[*39] $e^{-i\theta J_x}$ は空間固定座標系から物体固定座標系 (回転座標系) へのユニタリー変換であり (付録 A 参照)，したがって (3.412) 式は物体固定系における Schrödinger 方程式である．

と置けば,
$$|\Psi(t)\rangle = e^{-i\Lambda t/\hbar}|\Phi\rangle \tag{3.413}$$

$$(H - \hbar\omega J_x)|\Phi\rangle = \Lambda|\Phi\rangle \tag{3.414}$$

となる. "無摂動系"($\omega=0$ の回転していない系) の固有状態を

$$H|\Phi_n\rangle = E_n|\Phi_n\rangle \tag{3.415}$$

とすると, ω が微小量であるから, 方程式 (3.414) は摂動的に解くことができて,

$$|\Phi\rangle = |\Phi_0\rangle + \hbar\omega\sum_{n\neq 0}\frac{\langle\Phi_n|J_x|\Phi_0\rangle}{E_n - E_0}|\Phi_n\rangle + \cdots \tag{3.416}$$

と書かれる. この状態における角運動量の期待値は, ω の 1 次までとって

$$\langle\Psi(t)|\hbar J_x|\Psi(t)\rangle = \langle\Phi|\hbar J_x|\Phi\rangle = 2\hbar^2\omega\sum_{n\neq 0}\frac{|\langle\Phi_n|J_x|\Phi_0\rangle|^2}{E_n - E_0} \tag{3.417}$$

となるから, 慣性モーメント $\mathcal{J}$ は

$$\mathcal{J} = 2\hbar^2\sum_{n\neq 0}\frac{|\langle\Phi_n|J_x|\Phi_0\rangle|^2}{E_n - E_0} \tag{3.418}$$

となる. これが有名な慣性モーメントに対する**クランキング公式** (cranking formula) である. [*38] 上述の考え方は, 変形物体の軸にハンドルを付けて角速度 ω でまわし (クランクし), そのときの "慣性"(抵抗) を求めることに相当する. これがこの公式の命名の由来である.

いま変形殻模型ハミルトニアン H として Nilsson 模型のハミルトニアン (3.178) をとり, クランキング公式 (3.418) における $|\Phi_0\rangle$ をある変形の大きさ δ における基底状態とする. つまり, 変形 δ において, Nilsson ダイアグラムにエネルギーの低い方から順に与えられた数の核子を詰めた状態である. J_x は 1 粒子演算子であるから, (3.418) 式に寄与する励起状態 $|\Phi_n\rangle$ $(n\neq 0)$ は, $|\Phi_0\rangle$ を真空とする 1 粒子 1 空孔状態だけである. このときの粒子状態を μ, 空孔状態を i で表せば, クランキング公式は

$$\mathcal{J}_{\text{Inglis}} = 2\hbar^2\sum_{\mu i}\frac{|\langle\mu|J_x|i\rangle|^2}{\varepsilon_\mu - \varepsilon_i} \tag{3.419}$$

となる.

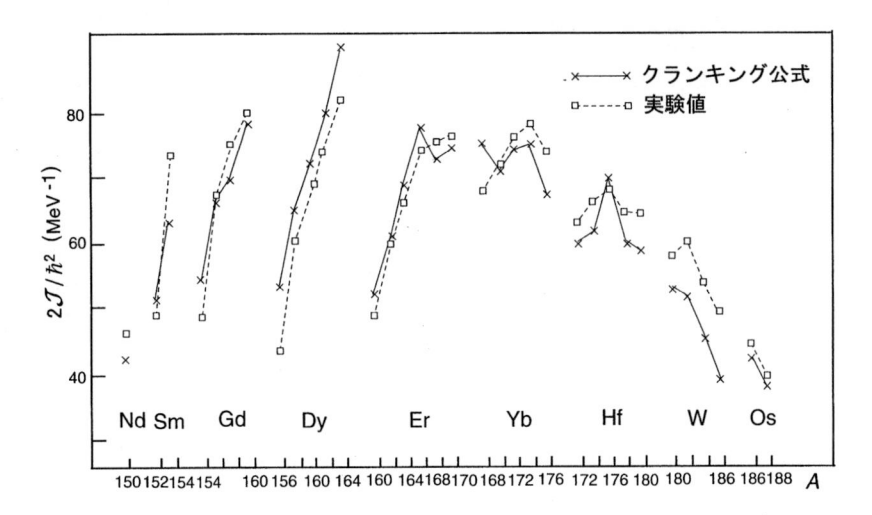

図 3.40 クランキング公式 (3.420) を用いた慣性モーメントの計算結果と実験値との比較. 縦軸は $2\mathcal{J}/\hbar^2$ (MeV^{-1}). J. Meyer-ter-Vehn, J. Speth and J. H. Vogeler, Nucl. Phys. **A193**(1972) 60 より.

実際の原子核の慣性モーメントは，上記の Inglis の慣性モーメント (3.419) より $1/2 \sim 1/3$ 小さい．これは平均場の中にある核子間の相関 (残留相互作用) の影響によるものと考えられる．最も大きい効果は対相関である．Belyaev は変形殻模型における BCS 理論を使って，対相関の効果を取り入れた.[40] その結果，クランキング公式は

$$\mathcal{J}_{\text{Belyaev}} = \hbar^2 \sum_{ij} \frac{|\langle i|J_x|j\rangle|^2}{E_i + E_j} (u_i v_j - v_i u_j)^2 \tag{3.420}$$

となる．i, j は変形殻模型の 1 粒子準位 (Nilsson 準位) であり，準粒子エネルギーは $E_i = \sqrt{(\varepsilon_i' - \lambda)^2 + \Delta^2}$ で与えられる．準粒子エネルギーは大きいエネルギー・ギャップ Δ を含むので，一般に $\mathcal{J}_{\text{Belyaev}}$ は $\mathcal{J}_{\text{Inglis}}$ に比べて小さくなり，現実の値に近くなる．

クランキング公式 (3.420) を用いた慣性モーメントの計算値を実験結果と比較した例が図 **3.40** に示されている．

---

[40] S. T. Belyaev, Mat. Fis. Medd. Dan. Vid. Selsk., **31**(1959) No. 11.

(d) 角運動量射影法による慣性モーメント

核内の有効相互作用の効果を十分に取り入れながら慣性モーメントを計算するもう1つの方法について説明しよう．

平均ポテンシャルが大きく回転対称 (軸対称) 変形しているものとする．このときのHartree-Fock基底状態を $|\Phi_0(\beta_0)\rangle$ としよう．β_0 は変形パラメーターである．空間固定座標系から見た変形ポテンシャルの主軸方向を表すEuler角を $\Omega = (\theta_1, \theta_2, \theta_3)$ とすれば，このときのHartree-Fock基底状態は $|\Phi_0(\beta_0, \Omega)\rangle = \widehat{R}(\Omega)|\Phi_0(\beta_0)\rangle$ である．ただし $\widehat{R}(\Omega) = \widehat{R}(\theta_1, \theta_2, \theta_3)$ は付録Aにおける回転演算子 (A.9) である．

系のハミルトニアン H は本来回転不変であるから，状態ベクトル $|\Phi_0(\beta_0, \Omega)\rangle$ によるエネルギー期待値 $\langle\Phi_0(\beta_0, \Omega)|H|\Phi_0(\beta_0, \Omega)\rangle$ はEuler角 Ω に依存しない．したがって，よりよい変分関数を作るには，Euler角 Ω をさまざまな方向に回転させたものを重ね合わせて

$$|\Psi\rangle = \int f(\Omega)|\Phi_0(\beta_0, \Omega)\rangle \, d\Omega = \int f(\Omega)\widehat{R}(\Omega)|\Phi_0(\beta_0)\rangle \, d\Omega \qquad (3.421)$$

とするのがよい．[*41] 対称軸 (z'軸) 方向の全角運動量の成分を K とする．(3.421) 式における重み関数 $f(\Omega)$ が D 関数 $D^I_{MK}(\Omega)$ に比例するものとし，

$$|\Psi_{IM}\rangle = \frac{2I+1}{8\pi^2} \int D^I_{MK}(\Omega) \, \widehat{R}(\Omega)|\Phi_0(\beta_0)\rangle \, d\Omega \qquad (3.422\text{a})$$

とすると，この状態ベクトルは全角運動量の固有状態となる．すなわち，演算子

$$P^I_{MK} = \frac{2I+1}{8\pi^2} \int D^I_{MK}(\Omega) \, \widehat{R}(\Omega) \, d\Omega \qquad (3.422\text{b})$$

は全角運動量の大きさが I，z 成分が M の状態への射影演算子となっている．

以下で示すように，この証明は簡単である．演算子 P^I_{MK} を展開し，

$$P^I_{MK} = \sum_{I'M'\alpha'} \sum_{I''M''\alpha''} |I'M'\alpha'\rangle\langle I'M'\alpha'|P^I_{MK}|I''M''\alpha''\rangle\langle I''M''\alpha''|$$

[*41] パラメーター α を含む波動関数 $\Phi(\alpha)$ に，重み関数 $f(\alpha)$ をかけて重ね合わせて試行関数

$$\Psi = \int f(\alpha)\,\Phi(\alpha)\,d\alpha$$

を作り，変分方程式 $\delta[\langle\Psi|H|\Psi\rangle/\langle\Psi|\Psi\rangle] = 0$ を解くことによって $f(\alpha)$ を求め，系の近似的な固有状態を得る方法を**生成座標法** (generator-coordinate method) と呼び，原子核理論の各方面でよく用いられる．パラメーター α を生成座標と呼ぶ．いまの場合，回転のEuler角 Ω を生成座標と考えることができる．

と書く．α', α'' は角運動量の量子数以外のすべての量子数をまとめて表している．行列要素 $\langle I'M'\alpha'|P^I_{MK}|I''M''\alpha''\rangle$ は

$$\langle I'M'\alpha'|P^I_{MK}|I''M''\alpha''\rangle = \frac{2I+1}{8\pi^2}\langle I'M'\alpha'|\int D^I_{MK}(\Omega)\,\widehat{R}(\Omega)\,d\Omega|I''M''\alpha''\rangle$$

$$= \delta_{\alpha'\alpha''}\delta_{I'I''}\frac{2I+1}{8\pi^2}\int D^I_{MK}(\Omega)\,D^{I*}_{M'M''}(\Omega)\,d\Omega$$

$$= \delta_{\alpha'\alpha''}\delta_{I'I''}\delta_{II'}\delta_{M'M''}\delta_{KM''}$$

となる．ここで付録 A の (A.22) 式の D 関数の直交性を用いた．この結果を使って，演算子 P^I_{MK} は

$$P^I_{MK} = \sum_\alpha |IM\alpha\rangle\langle IK\alpha| \tag{3.423}$$

と書かれる．これはまさに P^I_{MK} が角運動量の固有状態 (I, M) への射影演算子であることを示している．すなわち，(3.422a) 式の $|\Psi_{IM}\rangle$ は全角運動量の固有状態であることがわかった．

(3.422a) 式の状態 $|\Psi_{IM}\rangle$ による系のエネルギー期待値 E_I は

$$E_I = \frac{\langle\Psi_{IM}|H|\Psi_{IM}\rangle}{\langle\Psi_{IM}|\Psi_{IM}\rangle} = \frac{\langle\Phi_0(\beta_0)|HP_I|\Phi_0(\beta_0)\rangle}{\langle\Phi_0(\beta_0)|P_I|\Phi_0(\beta_0)\rangle} \tag{3.424}$$

となる．偶々核では $K = 0$ であり，系のエネルギーは M によらないので，$M = 0$ を考えればよい．したがって，

$$E_I = \frac{\int\langle\Phi_0(\beta_0)|He^{-i\theta_2 J_y/\hbar}|\Phi_0(\beta_0)\rangle\,d^I_{00}(\theta_2)\,d(\cos\theta_2)}{\int\langle\Phi_0(\beta_0)|e^{-i\theta_2 J_y/\hbar}|\Phi_0(\beta_0)\rangle\,d^I_{00}(\theta_2)\,d(\cos\theta_2)} \tag{3.425}$$

となる．ここで，$d^I_{00}(\theta_2)$ は行列要素 $\langle I0|e^{-i\theta_2 J_y/\hbar}|I0\rangle$ であり，付録 A の (A.16) および (A.17) 式で与えられる．J_y は系の全角運動量の演算子 $\boldsymbol{J}$ の空間固定座標系における y 成分である．

Peierls と Yoccoz は，変形が大きいときには (3.425) 式の E_I が

$$E_I = E_0 + C\,I(I+1) + \cdots = E_0 + \frac{\hbar^2}{2\mathcal{J}}I(I+1) + \cdots \tag{3.426}$$

と展開できることを示した．[*42] したがって，(3.425) 式を計算することによって慣性モーメント $\mathcal{J}$ が得られる．

[*42] R. E. Peierls and J. Yoccoz, Proc. Phys. Soc. **A70**(1957) 381.
J. Yoccoz, Proc. Phys. Soc. **A70**(1957) 388.

次のような，慣性モーメントのもう少しスマートな計算法がある．系のエネルギー期待値 E_I が，かなり正確に

$$E_I = E_0 + \frac{\hbar^2}{2\mathcal{J}} I(I+1) \tag{3.427}$$

の形に書かれるものと仮定する．変形した Hartree-Fock 基底状態 $|\Phi_0\rangle = |\Phi_0(\beta_0)\rangle$ は，さまざまな全角運動量 I の状態を含んでいるから，

$$|\Phi_0\rangle = \sum_I a_I |\Psi_{IM}\rangle$$

と書くと，

$$\langle\Phi_0|H|\Phi_0\rangle = \sum_I |a_I|^2 \langle\Psi_{IM}|H|\Psi_{IM}\rangle = \sum_I |a_I|^2 E_I$$

となる．E_I に (3.427) 式を代入すると，

$$\langle\Phi_0|H|\Phi_0\rangle = \sum_I |a_I|^2 \left(E_0 + \frac{\hbar^2}{2\mathcal{J}} I(I+1)\right) = E_0 + \frac{1}{2\mathcal{J}}\langle\Phi_0|\boldsymbol{J}^2|\Phi_0\rangle$$

となり，同様にして

$$\langle\Phi_0|H\boldsymbol{J}^2|\Phi_0\rangle = E_0\langle\Phi_0|\boldsymbol{J}^2|\Phi_0\rangle + \frac{1}{2\mathcal{J}}\langle\Phi_0|\boldsymbol{J}^4|\Phi_0\rangle$$

が得られる．これらの 2 式から E_0 と $1/(2\mathcal{J})$ を解くと，

$$E_0 = \langle\Phi_0|H|\Phi_0\rangle - \frac{1}{2\mathcal{J}}\langle\Phi_0|\boldsymbol{J}^2|\Phi_0\rangle, \tag{3.428a}$$

$$\frac{1}{2\mathcal{J}} = \frac{\langle\Phi_0|H\boldsymbol{J}^2|\Phi_0\rangle - \langle\Phi_0|H|\Phi_0\rangle\langle\Phi_0|\boldsymbol{J}^2|\Phi_0\rangle}{\langle\Phi_0|\boldsymbol{J}^4|\Phi_0\rangle - \langle\Phi_0|\boldsymbol{J}^2|\Phi_0\rangle^2} \tag{3.428b}$$

が得られる．[*43] (3.428b) 式の右辺を計算すれば慣性モーメントが求められるが，演算子 $H\boldsymbol{J}^2$ や $\boldsymbol{J}^4$ は 4 粒子演算子であるから，実際の計算はかなり難しくなるだろう．また同様にして，(3.426) 式の展開の高次の項，たとえば $I^2(I+1)^2$ の項の展開係数の表式を得ることができるが，実際の計算はたいへん困難であると思われる．

3.4.7 遷移領域核と非調和効果

球形核の 4 重極振動 (フォノン) や変形核の回転運動が，原子核における典型的な集団運動であることはすでに詳しく述べた．回転運動のエネルギー・スペク

[*43] T. H. R. Skyrme, Proc. Phys. Soc. **A70**(1967) 433.

3.4 集団運動の微視的理論

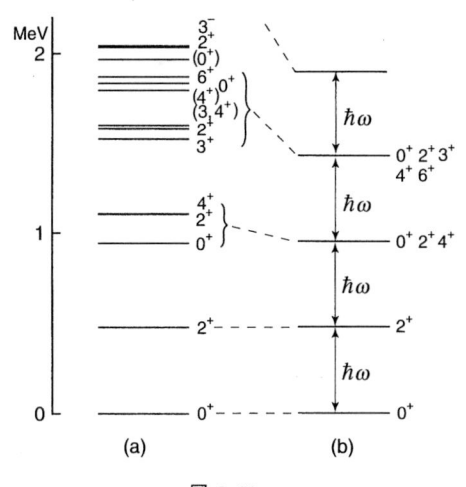

図 3.41
(a) ^{102}Ru の励起スペクトルの実験値,
(b) 対応する 2^+ フォノンの励起スペクトル.

トルは $I(I+1)$ に比例し，したがって $E(4_1^+)/E(2_1^+) \approx 3.3$ となることがその特徴である．そのような規則に極めてよく一致する例は数多く見出すことができる．これらを**回転核** (rotational nuclei) と呼ぶ．一方，4 重極振動 (フォノン) は調和振動子 (ボソン) の励起に近いと考えられるので，$E(4_1^+)/E(2_1^+) \approx 2$ となり，2 フォノン励起の $0^+, 2^+, 4^+$ 状態や 3 フォノン励起の $0^+, 2^+, 3^+, 4^+, 6^+$ 状態が近似的に縮退するはずである．この性質をかなりよく表している例が図 **3.41** に示されている．このような原子核を**振動核** (vibrational nuclei) と呼ぶ．

^{102}Ru のスペクトル (図 **3.41**) は振動核の典型とはいえ，励起エネルギーが高くなるにしたがって縮退が解けて，調和振動子の励起の性質からずれてくる．このような調和振動子からのずれの効果を**非調和効果** (anharmonic effect) とか**非調和性** (anharmonicity) と呼んでいる．

原子核を構成する中性子や陽子の数が変わると，その性質が徐々に変化し，たとえば振動核 (球形核) から回転核 (変形核) へ "相転移" する．その 1 例が図 **3.42** に示されている．この図でわかるように，Dy アイソトープ (同位体) の中で $N=86$ の $^{152}_{66}$Dy はほとんど完全に振動スペクトルを示し，$N=92$ の $^{158}_{66}$Dy はほとんど完全に回転スペクトルを示している．($^{148}_{66}$Dy は閉殻核であり，$^{150}_{66}$Dy は閉殻核に近いので，殻模型的なスペクトルを示している．) 振動・回転 "相転移" の別の例が図 **3.43** に示されている．この図からわかるように，

図 3.42 ₆₆Dy 同位体における振動・回転相転移

	^{148}Dy$_{82}$	^{150}Dy$_{84}$	^{152}Dy$_{86}$	^{154}Dy$_{88}$	^{156}Dy$_{90}$	^{158}Dy$_{92}$
	1678 2⁺	1849 6⁺	1945 6⁺			2049 12⁺
		1458 4⁺	1262 4⁺	1748 8⁺	1725 10⁺	1520 10⁺
			1224 6⁺	1216 8⁺		1040 8⁺
		804 2⁺	614 2⁺	747 4⁺	770 6⁺	638 6⁺
				334 2⁺	404 4⁺	317 4⁺
					138 2⁺	99 2⁺
	0⁺	0⁺	0⁺	0⁺	0⁺	0⁺
$\dfrac{E(4^+)}{E(2^+)}$	1.45	1.81	2.06	2.24	2.93	3.20

Nd, Sm, Gd アイソトープにおいては $N=88$ と $N=90$ の間で振動型から回転型へ "相転移" すると思われる.

このような "相転移" を微視的に見るとどのように理解できるであろうか. 振動核と回転核の根本的な違いは, それらの Hartree-Fock ポテンシャル (平均ポテンシャル) の形状の違いにある. いうまでもなく, 振動核では Hartree-Fock ポテンシャルは球形であるが, 回転核では通常 4 重極 (楕円体) 変形している. 3.4.2 で述べたように, 球形の Hartree-Fock ポテンシャルが不安定になり, エネルギー的により低い安定な Hartree-Fock ポテンシャルに "遷移" するのは, 球形の平均ポテンシャルのもとでの RPA モードのエネルギー固有値が 0 となる点である. RPA モードに寄与する相関 (いまの場合 4 重極相関) が強くなり, この臨界点を越えると安定な Hartree-Fock ポテンシャルは変形する. たとえば図 3.43 の場合の Nd, Sm, Gd アイソトープにおいては, この臨界点が $N=88$ と $N=90$ の間, あるいはその近傍に存在するのであろう.

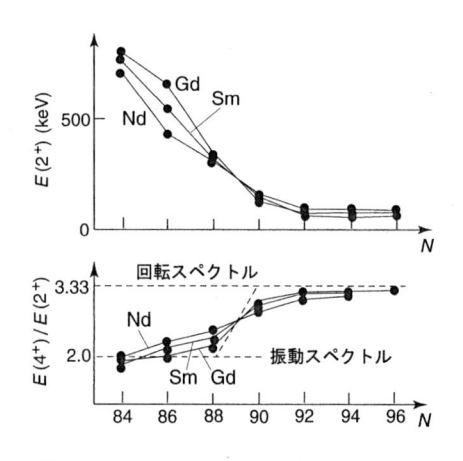

図 3.43 Nd, Sm, Gd アイソトープにおける振動・回転 "相転移"
大西直毅, 日本物理学会誌, **28**(1973) 606 より.

3.4 集団運動の微視的理論

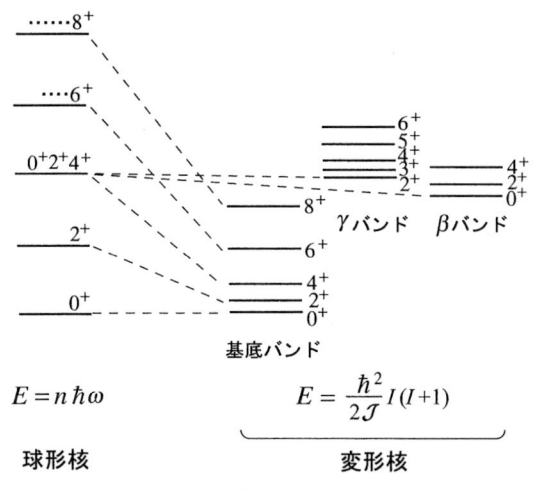

図 3.44 球形核から変形核への励起準位の遷移の概念図

球形核: $E = n\hbar\omega$

変形核: $E = \dfrac{\hbar^2}{2\mathcal{J}} I(I+1)$

基底バンド、γ バンド、β バンド

Hartree-Fock ポテンシャルが変形するということは，回転対称性を破ることであり，さまざまな方向の変形に対して Hartree-Fock 基底状態はエネルギー的にすべて縮退することになる．これはあくまで 1 体場近似の枠内の話であり，全ハミルトニアンは本来回転不変であるから，Hartree-Fock ポテンシャルに入らなかった残留相互作用を考慮すれば，回転不変性は "回復"(restore) されるはずである．この回転不変性の回復にともなってエネルギーの縮退の小さな分離が起きる．これが回転核 (変形核) における回転のエネルギー・スペクトルをもたらす．これによって，図 **3.42** や 図 **3.43** に見られるように回転核の励起エネルギーが振動核に比べて著しく低くなることが理解できるであろう．

原子核はたかだか数 100 個の核子からなる有限多体系である．そのため物性論で取り扱われる無限多体系での理想的な相転移と違って，原子核における "相転移" はその遷移が徐々に発生する．たとえば上に述べた球形・変形相転移がその例である．

それでは，この徐々におきる球形・変形遷移の中間領域はどのように考えればよいであろうか．これらの中間領域は通常**遷移領域** (transitional region) と呼ばれている．すべての原子核を図に表した核図表 (nuclear chart) の中には，かなり広い遷移領域が存在する．この遷移領域核を球形核の側から眺めると，非調和効果がだんだん大きくなって調和振動子的運動から回転運動へ規則性をもって徐々に移行していく．図 **3.44** に示されるように，振動核の励起スペク

トルは非調和性がだんだん大きくなって，回転スペクトルにつながっていくと考えられ，実際の実験結果はこの事実を示している．[*44]

このように考えると，原子核構造論にとって遷移領域核の微視的研究は不可欠であり，これには RPA 法を越える理論が必要となるであろう．有力なその1つが次項で説明するボソン写像法である．

3.4.8 ボソン写像法

Bohr-Mottelson の集団模型においては，原子核の集団運動は平均ポテンシャルの時間的揺動であると考えられ，微視的には (準粒子)RPA フォノンで表されることがわかってきた．球形核における RPA フォノンは，近似的には調和振動子 (ボソン) のように振る舞うが，遷移領域においては非調和効果が大きくなり，次第に回転的な励起準位に移行すると考えられる．したがって，非調和効果の微視的研究は，原子核における "相転移" のメカニズムを明らかにする鍵であるだろう．その鍵を解き明かすため，さまざまな試みがなされてきたが，中でも以下で説明する**ボソン写像法** (boson mapping method) は最有力の方法の一つである．Belyaev-Zelevinski[*45] および Marumori-Yamamura-Tokunaga[*46] によって，核構造論にボソン写像法がはじめて導入されて以来，多くの人たちによって，その理論構造の研究や実際の原子核への応用が精力的に行われた．[*47]

以下では，簡単な模型を用いて，ボソン写像法の基本的な考え方を説明することからスタートしよう．

(a) SU(2) 模型とそのボソン写像

最も簡単なボソン写像法の例を示すため，2準位殻模型を取り上げよう．フェルミオンの N 粒子系を考える．いま図 **3.45** に示すように，同一のスピン j を持つ2つの準位から成る単

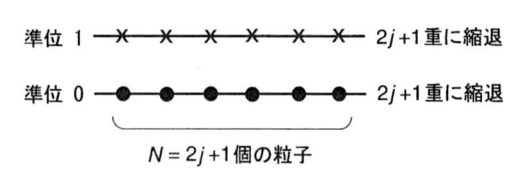

図 3.45 SU(2) 模型における2つの1粒子準位 フリーの基底状態では，準位 0 だけが完全に占有される．

[*44] M. Sakai, Nucl. Phys. **A104**(1967) 301.
[*45] S. T. Belyaev and V. G. Zelevinski, Nucl. Phys. **39**(1962) 582.
[*46] T. Marumori, M. Yamamura and A. Tokunaga, Prog. Theor. Phys. **31**(1964) 1009.
[*47] ボソン写像全般に関しては，総合報告 A. Klein and E. R. Marshalek, Rev. Mod. Phys. **63**(1991) 375 が参考になるだろう．

3.4 集団運動の微視的理論

純な殻模型を考える.[48] エネルギーの低い準位を準位番号 $i = 0$ とし，高い準位を $i = 1$ とする．したがって，上下 2 本の準位は，それぞれ $m = -j, -j+1, \cdots, j-1, j$ で構成され，$2\Omega = 2j + 1$ 重に縮退している．さらに系の粒子数は $N = 2\Omega$ であるとする．粒子間に相互作用がなければ，基底状態においては N 個の粒子は準位 $i = 0$ を完全に占め，準位 $i = 1$ は完全に空いている．これをフリーの基底状態と呼ぶ．

さて，$c_{im}^\dagger, c_{im}$ を準位 i ($= 0$ または 1) における粒子の生成，消滅演算子とする．いま準位 1 における "粒子" 演算子を $a_m^\dagger, a_m$ とし，準位 0 における "空孔" 演算子を $b_m^\dagger, b_m$ とする．すなわち

$$a_m^\dagger = c_{1m}^\dagger, \qquad a_m = c_{1m}, \\ b_m^\dagger = c_{0m}, \qquad b_m = c_{0m}^\dagger \tag{3.429}$$

とする．フリーの基底状態 $|0\rangle$ は

$$a_m|0\rangle = b_m|0\rangle = 0 \tag{3.430}$$

をみたすことは明らかであるから，フリーの基底状態 $|0\rangle$ はこれら粒子，空孔演算子に対する "真空" である．

次に**準スピン演算子** (quasi-spin operators) $\boldsymbol{S} = (S_x, S_y, S_z)$ を次式で定義する：[49]

$$S_x = \frac{1}{2}(S_+ + S_-), \quad S_y = \frac{1}{2i}(S_+ - S_-), \quad S_z = \frac{1}{2}(\widehat{n}_\mathrm{p} + \widehat{n}_\mathrm{h} - N),$$

$$S_+ = \sum_{m=-j}^{j} a_m^\dagger b_m^\dagger, \quad S_- = \sum_{m=-j}^{j} b_m a_m. \tag{3.431}$$

ただし $\widehat{n}_\mathrm{p}$ および $\widehat{n}_\mathrm{h}$ は，それぞれ準位 1 における "粒子" および準位 0 における "空孔" の個数演算子

$$\widehat{n}_\mathrm{p} = \sum_{m=-j}^{j} a_m^\dagger a_m, \quad \widehat{n}_\mathrm{h} = \sum_{m=-j}^{j} b_m^\dagger b_m \tag{3.432}$$

である．これらの準スピン演算子が，2 次元特殊ユニタリー群 (SU(2) 群) の Lie 代数 (Lie algebra)，すなわち角運動量の交換関係

$$[S_x, S_y] = iS_z, \quad [S_y, S_z] = iS_x, \quad [S_z, S_x] = iS_y. \tag{3.433}$$

---

[48] $\hbar = 1$ とする単位を用いる．
[49] ここで定義する準スピンと 1.2.4 で扱った準スピンとは，物理的意味は少し異なるが，数学的構造はまったく同じである．

をみたすことは容易に確かめられる.

上述の準スピン演算子 S_+ は合成スピンが $J=0$ の粒子・空孔対の生成演算子
であり, S_- は消滅演算子である. 粒子間の相互作用が演算子 $\boldsymbol{S}=(S_x, S_y, S_z)$
のみで表されるような模型では, 系の物理的に意味のある状態はすべて $J=0$
の粒子・空孔対で記述される. このような模型を **SU(2) 模型**と呼ぶ.[*50] いま
ハミルトニアンを

$$H_{\mathrm{F}} = \varepsilon \hat{n}_{\mathrm{p}} + V_1 S_+ S_- + V_2(S_+^2 + S_-^2) + V_3\{S_+(\hat{n}_{\mathrm{p}} + \hat{n}_{\mathrm{h}}) + (\hat{n}_{\mathrm{p}} + \hat{n}_{\mathrm{h}})S_-\} \tag{3.434}$$

とする. ここで, ε は 2 準位間のエネルギー間隔であり, V_1, V_2 および V_3 は相
互作用の強さ (実定数) である. この系においては, 固有状態は $(S_+)^n|0\rangle$ ($n=0,1,2,\cdots,N$) の 1 次結合で表される. つまり系の正しい固有値, 固有ベクト
ルを求めるためには, ハミルトニアン H_{F} を部分空間

$$\{\,|n\rangle = \mathcal{N}(n)(S_+)^n|0\rangle;\ n = 0,1,2,\cdots,N\,\}, \quad \mathcal{N}(n) = \left[\frac{(N-n)!}{N!\,n!}\right]^{1/2} \tag{3.435}$$

の中で対角化すればよい. $|n\rangle$ は規格直交性 $\langle n|n'\rangle = \delta_{nn'}$ をみたす. 準スピン
演算子の行列要素は,

$$\begin{aligned}
\langle n|S_+|n'\rangle &= \sqrt{n(N-n+1)}\,\delta_{n,n'+1}, \\
\langle n|S_-|n'\rangle &= \sqrt{(n+1)(N-n)}\,\delta_{n,n'-1}, \\
\langle n|S_z|n'\rangle &= \frac{1}{2}(2n-N)\,\delta_{nn'}
\end{aligned} \tag{3.436}$$

と表される. これらを用いればハミルトニアン H_{F} の行列要素は容易に書き下
すことができる.

さてフェルミオン部分空間 (3.435) に対応するイデアル・ボソン空間

$$\left\{\,|n\rangle = \frac{1}{\sqrt{n!}}(\boldsymbol{b}^\dagger)^n|0\rangle;\ n=0,1,2,\cdots\,\right\}, \tag{3.437}$$

を導入しよう. ただし $\boldsymbol{b}$ は交換関係

$$[\boldsymbol{b}, \boldsymbol{b}^\dagger] = 1 \tag{3.438}$$

[*50] この模型は Lipkin らによって詳しく調べられたので, **Lipkin 模型**とも呼ばれている.
H. J. Lipkin, N. Meshkov and A. J. Glick, Nucl. Phys. **62**(1965) 188.

をみたすボソン演算子であり，$|0)$ はボソンの真空である．今後，$|\cdots\rangle$ はフェルミオンの状態ベクトルを表し，$|\cdots)$ はボソンの状態ベクトルを表すことにする．容易にわかるように，(3.436) 式の行列要素は，イデアル・ボソン空間 (3.437) の中で

$$\langle n|S_+|n'\rangle = (n|\boldsymbol{b}^\dagger \sqrt{N - \boldsymbol{b}^\dagger \boldsymbol{b}}|n'),$$
$$\langle n|S_-|n'\rangle = (n|\sqrt{N - \boldsymbol{b}^\dagger \boldsymbol{b}} \cdot \boldsymbol{b}|n'), \qquad (3.439)$$
$$\langle n|S_z|n'\rangle = (n|\boldsymbol{b}^\dagger \boldsymbol{b} - \frac{1}{2}N|n')$$

と表される．これはフェルミオン演算子 $\boldsymbol{S}$ がボソン演算子に

$$S_+ \to (S_+)_{\mathrm{HP}} = b^\dagger \sqrt{N - \boldsymbol{b}^\dagger \boldsymbol{b}},$$
$$S_- \to (S_-)_{\mathrm{HP}} = \sqrt{N - \boldsymbol{b}^\dagger \boldsymbol{b}} \cdot \boldsymbol{b}, \qquad (3.440)$$
$$S_z \to (S_z)_{\mathrm{HP}} = \boldsymbol{b}^\dagger \boldsymbol{b} - \frac{1}{2}N$$

と変換 (写像：map) されることを意味する．この型の写像が **Holstein-Primakoff 型写像** (Holstein-Primakoff-type mappimg) である．[*51] 以後，しばしば **HP 型** (HP-type) と簡略表示される．

(3.440) 式の HP 型写像を使えば，フェルミオン空間でのハミルトニアン (3.434) はボソン空間に写像されて，

$$H_{\mathrm{HP}} = \varepsilon \boldsymbol{b}^\dagger \boldsymbol{b} + V_1 \boldsymbol{b}^\dagger \boldsymbol{b}(N - \boldsymbol{b}^\dagger \boldsymbol{b} + 1)$$
$$+ V_2 (\boldsymbol{b}^\dagger \boldsymbol{b}^\dagger \sqrt{N - \boldsymbol{b}^\dagger \boldsymbol{b} - 1}\sqrt{N - \boldsymbol{b}^\dagger \boldsymbol{b}} + \sqrt{N - \boldsymbol{b}^\dagger \boldsymbol{b}}\sqrt{N - \boldsymbol{b}^\dagger \boldsymbol{b} - 1} \cdot \boldsymbol{b}\boldsymbol{b})$$
$$+ 2V_3 (\boldsymbol{b}^\dagger \boldsymbol{b}^\dagger \boldsymbol{b}\sqrt{N - \boldsymbol{b}^\dagger \boldsymbol{b}} + \sqrt{N - \boldsymbol{b}^\dagger \boldsymbol{b}} \cdot \boldsymbol{b}^\dagger \boldsymbol{b}\boldsymbol{b}) \qquad (3.441)$$

と書かれる．このハミルトニアンはエルミートであり，HP 型写像 (3.440) がユニタリー変換であることがわかる．(3.440) または (3.441) 式の平方根演算子を展開すると無限級数となる．したがって，この型のボソン写像は，しばしば **HP 型ボソン展開** (boson expansion) と呼ばれる．

フェルミオン部分空間 (3.435) からイデアル・ボソン空間 (3.437) への写像は HP 型に限るわけではない．もう 1 つの有用な **Dyson 型写像** (Dyson-type

---

[*51] 磁性体中のスピン波のボソン表現のための Holstein と Primakoff による考案に由来する．
　T. Holstein and H. Primakoff, Phys. Rev. **58**(1940) 1098.

mapping)[*52] について述べよう．これはしばしば **D 型** (D-type) と簡略表示される．この型の写像においては，フェルミオン部分空間のブラ (bra) ベクトル $\langle n|$ とケット (ket) ベクトル $|n\rangle$ に対応するイデアル・ボソン空間のブラ・ベクトル $_L\langle n|$ とケット・ベクトル $|n\rangle_R$ を

$$_L\langle n| = \left[\frac{(N-n)!}{n!}\right]^{1/2}\langle 0|\boldsymbol{b}^n, \quad |n\rangle_R = \left[\frac{1}{(N-n)!n!}\right]^{1/2}(\boldsymbol{b}^\dagger)^n|0\rangle \quad (3.442)$$

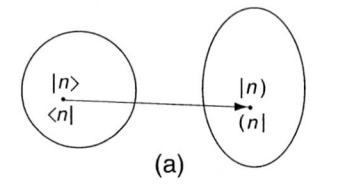

と定義する．これらのボソン基底ベクトルは<u>双規格直交性</u>(biorthonormality)

$$_L\langle n|n'\rangle_R = \delta_{nn'} \tag{3.443}$$

をみたす．HP 型と D 型のボソン写像における基底ベクトルの対応関係が図 **3.46** に示されている．

いま考えている D 型写像が正しい写像になるためには，フェルミオン演算子 $\boldsymbol{S} = (S_x, S_y, S_z)$ の行列要素 (3.436) が，写像された演算子の双直交基底ベクトル (3.442) による行列要素に等しくならなければならない．これを実現するには，演算子 $\boldsymbol{S}$ の写像を

$$\begin{aligned} S_+ &\to (S_+)_\mathrm{D} = \boldsymbol{b}^\dagger(N - \boldsymbol{b}^\dagger\boldsymbol{b}), \\ S_- &\to (S_-)_\mathrm{D} = \boldsymbol{b}, \\ S_z &\to (S_z)_\mathrm{D} = \boldsymbol{b}^\dagger\boldsymbol{b} - \frac{1}{2}N \end{aligned} \tag{3.444}$$

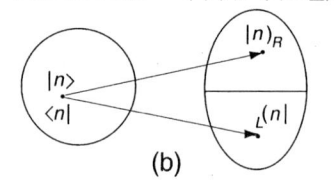

図 **3.46** フェルミオン空間とイデアル・ボソン空間の基底ベクトルの対応関係
(a) HP 型ボソン写像．(b) D 型ボソン写像．

とすればよい．これによってフェルミオン空間とイデアル・ボソン空間における行列表示が等しくなり，

$$\begin{aligned} _L\langle n|(S_+)_\mathrm{D}|n'\rangle_R &= \langle n|S_+|n'\rangle, \\ _L\langle n|(S_-)_\mathrm{D}|n'\rangle_R &= \langle n|S_-|n'\rangle, \\ _L\langle n|(S_z)_\mathrm{D}|n'\rangle_R &= \langle n|S_z|n'\rangle. \end{aligned} \tag{3.445}$$

[*52] F. J. Dyson, Phys. Rev. **102**(1956) 1217, 1230.

となる．D型ボソン写像 (3.444) を用いれば，フェルミオン空間でのハミルトニアン (3.434) はボソン空間に写像されて，D型ボソン・ハミルトニアン

$$\begin{aligned} H_\mathrm{D} = &\varepsilon \bm{b}^\dagger \bm{b} + V_1 \bm{b}^\dagger \bm{b}(N - \bm{b}^\dagger \bm{b} + 1) \\ &+ V_2 \{\bm{b}^\dagger \bm{b}^\dagger (N - \bm{b}^\dagger \bm{b} - 1)(N - \bm{b}^\dagger \bm{b}) + \bm{b}\bm{b}\} \\ &+ 2V_3 \{\bm{b}^\dagger \bm{b}^\dagger \bm{b}(N - \bm{b}^\dagger \bm{b}) + \bm{b}^\dagger \bm{b}\bm{b}\} \end{aligned} \qquad (3.446)$$

が得られる．

D型ボソン・ハミルトニアン (3.446) は，(3.441) 式の HP 型に比べてずっと簡単である．HP 型の場合は (3.440) や (3.441) 式に平方根演算子が現れ，それを展開すると無限級数となるが，D型においては (3.444) や (3.446) 式は厳密に有限次の多項式であるからである．いま考えている SU(2) 模型のような簡単な模型においては，平方根演算子の中に現れるのは単なるボソンの個数演算子 $\bm{b}^\dagger \bm{b}$ だけであるから，平方根演算子をわざわざ展開する必要はなく，そのまま厳密に扱うことが可能であり，したがって，有限級数になるD型が HP 型に比べて特別な優位性はない．しかし後で述べるように，一般の HP 型の場合には，平方根演算子を直接扱うことはできず，級数展開せざるを得ない．この点にD型写像法の決定的優位性がある．

ところがD型写像法の不利な点もある．たとえば，もともとのフェルミオンの準スピン演算子はエルミート演算子であり，$(S_-)^\dagger = S_+$ をみたしていた．確かに HP 型写像 (3.440) では $((S_-)_\mathrm{HP})^\dagger = (S_+)_\mathrm{HP}$ となり，エルミート性は保たれているが，D型写像 (3.444) では $((S_-)_\mathrm{D})^\dagger \neq (S_+)_\mathrm{D}$ となってエルミート性は保存されない．つまり HP 型写像はユニタリー変換であるが，D型写像はユニタリー変換ではない．その結果，HP 型ボソン・ハミルトニアンはエルミートであるが，D型ボソン・ハミルトニアンはエルミートではない．これはたいへん不利な点であると思われる．しかし，後で述べるように，この困難は避けることができる．

さて，上述の HP 型および D 型ボソン写像ともに，フェルミオン部分空間における"物理"をイデアル・ボソン空間に写像して，より容易に取り扱おうというアイデアに基づいている．いま扱っている SU(2) 模型においては，元のフェルミオン空間 (3.435) の粒子数 (=空孔数) は N であり，したがって空間の次元数は $N+1$ である．ところがイデアル・ボソン空間 (3.437) においては，ボソンの数に制限はない．したがってイデアル・ボソン空間の次元数は無限大で

ある．すなわち，イデアル・ボソン空間の中には元のフェルミオン空間の基底ベクトルに対応しない状態が無数に含まれていることを意味する．つまりボソン空間 (3.437) において，$n > N$ の状態は元のフェルミオン空間 (3.435) に対応物がない．このように，元のフェルミオン空間に対応物がないようなボソンの状態を**非物理的状態** (unphysical states) と呼ぶ．一般にボソン写像においては，元になるフェルミオン空間よりボソン空間の方がはるかに大きい．したがってボソン空間は必ず非物理的状態を含み，これが真に意味のある物理的状態に混じることによって悪い影響をもたらす可能性がある．本項で扱った SU(2) 模型のような簡単な場合には，非物理的状態を取り除くためには単にボソン数を $n \leq N$ と制限すればよい．しかし，一般にはもっと複雑な検討が必要になる．この点については後で再び議論するであろう．

(b) 全殻模型空間に対するボソン写像

偶数粒子系の全殻模型空間 (フェルミオン空間) からイデアル・ボソン空間への写像を考えよう．詳しくは**付録 C** を参照されたい．系の状態ベクトルは，

$$|m\rangle = a^\dagger_{\alpha_1} a^\dagger_{\beta_1} a^\dagger_{\alpha_2} a^\dagger_{\beta_2} \cdots a^\dagger_{\alpha_n} a^\dagger_{\beta_n} |0\rangle \tag{3.447}$$

と表される．偶数粒子系の全殻模型空間は，すべての可能な $|m\rangle$ によって張られるフェルミオン空間 $\{|m\rangle\}$ である．一方，イデアル・ボソン空間 $\{|n\rangle\}$ は

$$|n\rangle = (b^\dagger_{\alpha_1\beta_1})^{n_1} (b^\dagger_{\alpha_2\beta_2})^{n_2} \cdots |0\rangle \tag{3.448}$$

によって張られる．ボソン演算子 $b^\dagger_{\alpha\beta} = -b^\dagger_{\beta\alpha}$ は，交換関係

$$[b_{\alpha\beta}, b^\dagger_{\gamma\delta}] = \delta_{\alpha\gamma}\delta_{\beta\delta} - \delta_{\alpha\delta}\delta_{\beta\gamma}, \quad [b_{\alpha\beta}, b_{\gamma\delta}] = [b^\dagger_{\alpha\beta}, b^\dagger_{\gamma\delta}] = 0 \tag{3.449}$$

をみたすものとする．

イデアル・ボソン空間 $\{|n\rangle\}$ の中で，物理的に意味のある状態 $|m)$ は，フェルミオンの状態 $|m\rangle$ に対応していなければならないので，反対称化されたボソンの状態ベクトル

$$|m) = \mathcal{N}(n) \sum_P (-1)^P P b^\dagger_{\alpha_1\beta_1} b^\dagger_{\alpha_2\beta_2} \cdots b^\dagger_{\alpha_n\beta_n} |0\rangle \tag{3.450}$$

で与えられる ((C.4) 式参照)．これらの反対称化された状態ベクトルで張られる部分空間 $\{|m)\}$ とフェルミオン空間 $\{|m\rangle\}$ との間には完全に 1 対 1 対応が

あり，したがってイデアル・ボソン空間の中の部分空間 $\{|m\rangle\}$ は**物理的部分空間** (physical subspace) と呼ばれ，それ以外は**非物理的部分空間** (unphysical subspace) と呼ばれる．またイデアル・ボソン空間の中で，物理的部分空間への射影演算子 $\widehat{P}$ は (C.10) 式で定義される．

全殻模型空間 (フェルミオン空間) からイデアル・ボソン空間への 2 つの写像法が有力である．1 つは **Holstein-Primakoff (HP) 型ボソン写像**，もう 1 つは **Dyson (D) 型ボソン写像**である．

<u>HP 型</u>においては，フェルミオン対演算子は

$$a_\alpha^\dagger a_\beta^\dagger \longrightarrow (a_\alpha^\dagger a_\beta^\dagger)_{\mathrm{HP}} = \mathcal{A}_{\alpha\beta}^\dagger \widehat{P}, \tag{3.451a}$$

$$a_\alpha a_\beta \longrightarrow (a_\alpha a_\beta)_{\mathrm{HP}} = \mathcal{A}_{\beta\alpha} \widehat{P}, \tag{3.451b}$$

$$a_\alpha^\dagger a_\beta \longrightarrow (a_\alpha^\dagger a_\beta)_{\mathrm{HP}} = \widehat{\rho}_{\beta\alpha} \widehat{P} \tag{3.451c}$$

と変換される．他方，<u>D 型</u>においては，

$$a_\alpha^\dagger a_\beta^\dagger \longrightarrow (a_\alpha^\dagger a_\beta^\dagger)_{\mathrm{D}} = \mathcal{B}_{\alpha\beta}^\dagger \widehat{P}, \tag{3.452a}$$

$$a_\alpha a_\beta \longrightarrow (a_\alpha a_\beta)_{\mathrm{D}} = b_{\beta\alpha} \widehat{P}, \tag{3.452b}$$

$$a_\alpha^\dagger a_\beta \longrightarrow (a_\alpha^\dagger a_\beta)_{\mathrm{D}} = \widehat{\rho}_{\beta\alpha} \widehat{P} \tag{3.452c}$$

となる．ただし演算子 $\mathcal{A}^\dagger$, $\mathcal{A}$, $\mathcal{B}^\dagger$, $\widehat{\rho}$ は

$$\mathcal{A}_{\alpha\beta}^\dagger = (b^\dagger \sqrt{1-\widehat{\rho}})_{\alpha\beta}, \quad \mathcal{A}_{\beta\alpha} = (\sqrt{1-\widehat{\rho}}\, b)_{\beta\alpha},$$
$$\mathcal{B}_{\alpha\beta}^\dagger = (b^\dagger (1-\widehat{\rho}))_{\alpha\beta}, \quad \widehat{\rho}_{\alpha\beta} = \sum_\gamma b_{\beta\gamma}^\dagger b_{\alpha\gamma} \tag{3.453}$$

で定義される．

フェルミオン・ハミルトニアンを H とし，HP 型および D 型ボソン・ハミルトニアンをそれぞれ H_{HP} および H_{D} とする．相互作用ハミルトニアンのようにフェルミオン演算子 $a^\dagger$, a の 4 次形式で書かれているような演算子は，2 つのフェルミオンの対演算子の積であるから，それぞれを上記の (3.451) または (3.452) 式のボソン写像で置き換えることによって，全体のボソン写像が得られる．その上で，(C.15a) 式を用いれば，

$$H_{\mathrm{HP}} = \widetilde{H}_{\mathrm{HP}} \widehat{P}, \qquad H_{\mathrm{D}} = \widetilde{H}_{\mathrm{D}} \widehat{P} \tag{3.454}$$

の形に書くことができる．ただし，$\widetilde{H}_{\mathrm{HP}}$ は $\mathcal{A}^\dagger, \mathcal{A}, \widehat{\rho}$ の積で書かれ，$\widehat{P}$ を含まない．また，$\widetilde{H}_\mathrm{D}$ は $\mathcal{B}^\dagger, b, \widehat{\rho}$ の積で書かれ，$\widehat{P}$ を含まない．(3.453) 式からわかるように，演算子 $\mathcal{A}^\dagger, \mathcal{A}$ は平方根演算子 $\sqrt{1-\widehat{\rho}}$ を含むので，これを級数展開すると無限級数になる．したがって，$\widetilde{H}_{\mathrm{HP}}$ は無限級数 となる．ところが，$\widetilde{H}_\mathrm{D}$ は有限級数 (多項式) である．

HP 型ボソン・ハミルトニアン $\widetilde{H}_{\mathrm{HP}}$ に対する Schrödinger 方程式を

$$\widetilde{H}_{\mathrm{HP}}|\Psi_\lambda\rangle = E_\lambda |\Psi_\lambda\rangle \tag{3.455}$$

とする．(C.34) 式を使えば

$$H_{\mathrm{HP}}\widehat{P}|\Psi_\lambda\rangle = E_\lambda \widehat{P}|\Psi_\lambda\rangle \tag{3.456}$$

が得られる．したがって，系の固有状態を得るためには，$\widetilde{H}_{\mathrm{HP}}$ の固有状態 $|\Psi_\lambda\rangle$ に $\widehat{P}$ を作用させ，0 でない $\widehat{P}|\Psi_\lambda\rangle$ を求めればよい．[*53]

D 型についても同様である．

以上の結果から，系の固有状態を求めるには $\widetilde{H}_{\mathrm{HP}}$ または $\widetilde{H}_\mathrm{D}$ の固有ベクトルを求めればよいことになるが，上述のように，$\widetilde{H}_{\mathrm{HP}}$ は無限級数であり，取り扱いが困難であるのに対し，$\widetilde{H}_\mathrm{D}$ は有限級数で問題はない．しかも**付録 C** の C.5 の説明の通り，D 型ボソン写像における左右の固有値問題を HP 型の固有値問題に転換することもできるので，HP 型に比べて D 型ボソン写像法が圧倒的に有利となる．

(c) 集団的部分空間に対するボソン写像

前項で述べたように，全殻模型空間に対するボソン写像法としては，理論的には確かに D 型写像が有利であるけれども，そのままでは実際的にはほとんど実用価値がないといえる．なぜならば，これらのボソン写像は全殻模型空間を忠実にイデアル・ボソン空間に写像したものであるから，ボソン空間で取り扱い可能な問題は，当然もとのフェルミオン空間で取り扱い可能だからである．ボソン写像が実際的に意味を持つのは，全殻模型空間を写像するのではなく，目標としている集団運動の自由度の記述に必要な全殻模型空間内の**集団的フェル**

[*53] 射影演算子 $\widehat{P}$ はボソンの無限級数で表されるので，$|\Psi_\lambda\rangle$ に $\widehat{P}$ を作用させるのは容易でないように思われるが，これにはうまい方法が提案されている：P. S. Park, Phys. Rev. **C35**(1987) 807.

ミオン部分空間 (collective fermion subspace: 以下 **CFS** と略) を写像する場合であるだろう．

前述した SU(2) 模型の場合の CFS は，部分空間 (3.435) であった．一般的に CFS をどのようにとればよいかは，考えている多体系の集団運動の本質に関わる問題であるが，当面は CFS は与えられているものとしよう．たとえば，4 重極フォノンの非調和効果を記述する空間として最も普通に考えられる CFS，すなわち単純な**多フォノン空間** (multi-phonon space)

$$\{ |i\rangle = X^\dagger_{2M_1} X^\dagger_{2M_2} \cdots X^\dagger_{2M_N} |0\rangle \} \tag{3.457}$$

を考えよう．N はフォノンの最大数であり，適当に選ぶものとする．4 重極フォノン演算子 $X^\dagger_{2M}$ は 3.4.5 で述べた準粒子 Tamm-Dancoff 近似でのエネルギーが最低で最も集団性の強い 4 重極フォノン・モードがよいだろう．すなわち，

$$X^\dagger_{2M} = \sum_{ab} \psi(ab) A^\dagger_{2M}(ab) \tag{3.458}$$

である．この多フォノン空間が，集団的部分空間として十分意味を持つということは，厳密解が求まる簡単なモデルを用いた分析で確かめられている．

CFS (3.457) に対応する**集団的ボソン部分空間** (collective boson subspace: 以下 **CBS** と略) は

$$\{ |i\rangle = \frac{1}{\sqrt{N!}} \boldsymbol{b}^\dagger_{2M_1} \boldsymbol{b}^\dagger_{2M_2} \cdots \boldsymbol{b}^\dagger_{2M_N} |0\rangle \} \tag{3.459}$$

である．$\boldsymbol{b}^\dagger_{2M}$ は 4 重極ボソンの生成演算子で，交換関係

$$[\boldsymbol{b}_{2M}, \boldsymbol{b}^\dagger_{2M'}] = \delta_{MM'}, \quad [\boldsymbol{b}_{2M}, \boldsymbol{b}_{2M'}] = [\boldsymbol{b}^\dagger_{2M}, \boldsymbol{b}^\dagger_{2M'}] = 0 \tag{3.460}$$

をみたすものとする．

CFS (3.457) から CBS (3.459) への正確な写像を定義するために，双方の空間における完全に 1 対 1 対応する基底ベクトルを導入しよう．まず，CFS において，行列要素が $N_{ij} = \langle i|j\rangle$ であるようなノルム行列 $\boldsymbol{N}$ を考え，これを対角化するような表示をとる．$\boldsymbol{N}$ に対する固有値方程式を

$$\sum_j (N_{ij} - n_a \delta_{ij}) u^j_a = 0 \tag{3.461}$$

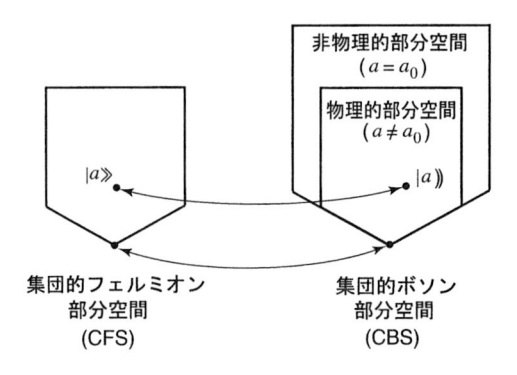

図 3.47 集団的フェルミオン部分空間 (CFS) と集団的ボソン部分空間 (CBS) との対応

とすれば，固有値が $n_a \geq 0$ であることは容易にわかる．特に $n_a = 0$ の固有解を $a = a_0$ で表す．固有解の規格直交性を $\sum_i u_a^{i*} u_b^i = \delta_{ab}$ とする．これらの固有解を使って，ベクトル

$$|a\rangle\!\rangle = \frac{1}{\sqrt{n_a}} \sum_i u_a^i |i\rangle, \qquad a \neq a_0 \tag{3.462}$$

を作ると，これらは規格直交系を作る．すなわち $\langle\!\langle a|b\rangle\!\rangle = \delta_{ab}$ である．(3.462) 式のベクトルは $a \neq a_0$ に対してのみ定義されている．$a = a_0$ に対しては，$\sum_i u_a^i |i\rangle$ が 0 ベクトルになることに注意すべきである．このようにして $\{|a\rangle\!\rangle\}$ が CFS の基底ベクトルとなることがわかった．これに対応する CBS の基底ベクトルは

$$|a)) = \sum_i u_a^i |i\rangle \tag{3.463}$$

である．もちろん，これらは規格直交性 $((a|b)) = \delta_{ab}$ をみたす．

ここで注目すべきは，CFS の基底ベクトルが $\{|a\rangle\!\rangle; a \neq a_0\}$ であるのに対し，CBS の基底ベクトル $\{|a))\}$ が $a = a_0$ を含むことである．これは CBS (3.459) の方が CFS (3.457) より広いことを意味する (図 **3.47** 参照)．CBS における物理的部分空間は CFS に 1 対 1 に対応していなければならないので，$a = a_0$ の非物理的部分を取り除いて，$\{|a)); a \neq a_0\}$ でなければならない．すなわち，CBS における物理的部分空間への射影演算子 $\widehat{P}$ は

$$\widehat{P} = \sum_{a \neq a_0} |a))((a| \tag{3.464}$$

である．CFS から CBS への HP 型写像演算子 U は

$$U = \sum_{a \neq a_0} |a\rangle\!\rangle\langle\!\langle a| \tag{3.465}$$

と定義される．他方，D 型写像は

$$U_1 = \sum_{a \neq a_0} \sqrt{n_a}\, |a\rangle\!\rangle\langle\!\langle a|, \quad U_2^\dagger = \sum_{a \neq a_0} \frac{1}{\sqrt{n_a}} |a\rangle\!\rangle\langle\!\langle a| \tag{3.466}$$

で与えられる．付録 C の C.3 と同様に，U_1 はフェルミオン空間のケット・ベクトルを，$U_2^\dagger$ はブラ・ベクトルをボソン空間に変換する．$U^\dagger U = 1, UU^\dagger = \widehat{P}$ であるから，<u>HP 型写像はエルミート型</u>である．他方，$U_1 \neq U_2$ であるから，<u>D 型写像は非エルミート型</u>である．

CFS における任意のフェルミオン演算子 O_F は，これら 2 種類の写像によって CBS 内のボソン演算子 O_{HP} または O_D に

$$\boldsymbol{O}_{\text{HP}} = UO_F U^\dagger = \sum_{a,b \neq a_0} \sum_{ij} |a\rangle\!\rangle \frac{1}{\sqrt{n_a}} u_a^{i*} \langle i|O_F|j\rangle u_b^j \frac{1}{\sqrt{n_b}} \langle\!\langle b|, \tag{3.467a}$$

$$\boldsymbol{O}_D = U_1 O_F U_2^\dagger = \sum_{a,b \neq a_0} \sum_{ij} |a\rangle\!\rangle\, u_a^{i*} \langle i|O_F|j\rangle u_b^j \frac{1}{n_b} \langle\!\langle b| \tag{3.467b}$$

と変換される．

(d) Dyson 型ボソン写像法の応用

上述の (3.467a) および (3.467b) 式によって，HP 型および D 型のボソン写像が形式的には完成したことになる．しかし，実際に写像されたボソン演算子 $\boldsymbol{O}_{\text{HP}}$ または $\boldsymbol{O}_D$ の具体形を得るためには，(3.467) 式からわかるように，行列要素 $\langle i|O_F|j\rangle$ の具体的表式を求めなければならない．これは元のフェルミオン空間の行列要素であるから，正確に計算することは一般的には困難なことである．ところが，ここでは集団的部分空間に対するボソン写像を考えているから，もともとのフェルミオン空間を集団的部分空間で近似することが意味を持つという前提に立っている．したがって，この前提にふさわしいと思われる適当な近似的取り扱いが許されるであろう．そこで**フォノン切断近似** (phonon-truncation approximation) あるいは**閉じた代数近似** (closed-algebra approximation)[54]

---

[54] K. Takada, Nucl. Phys. **A439**(1985) 489.
K. Takada, T. Tamura and S. Tazaki, Phys. Rev. **C31**(1985) 1948.

と呼ばれる近似法を用いることにする．これは (3.458) 式で定義されるフォノン演算子 X_{2M}, $X_{2M}^\dagger$ およびその交換子 $[X_{2M}, X_{2M}^\dagger]$ が "閉じた代数" を形成するように自由度を強制的に制限するという近似である．すなわち，交換関係

$$[X_{2M_1}, [X_{2M_2}, X_{2M_3}^\dagger]]$$
$$= -2 \sum_{L=0,2,4} C_L \langle 2M_1 2M_2 | LM \rangle \langle 2M_3 2M_4 | LM \rangle X_{2M_4} \quad (3.468)$$

を仮定するのである．ここで係数 C_L は

$$C_L = 50 \sum_{abcd} \psi(ab)\psi(cd)\psi(ac)\psi(bd) \begin{Bmatrix} j_a & j_b & 2 \\ j_c & j_d & 2 \\ 2 & 2 & L \end{Bmatrix} \quad (3.469)$$

である．(3.468) 式の左辺の交換子を忠実に計算すると，X_{2M} に比例しない項が現れるが，それらをすべて無視するのがフォノン切断近似 (あるいは閉じた代数近似) である．この近似を仮定すると，行列要素 $\langle i | O_{\mathrm{F}} | j \rangle$ を

$$\langle i | O_{\mathrm{F}} | j \rangle = \sum_k f_{ik} \langle k | j \rangle \quad (3.470)$$

の形に書くことができる．これを (3.467b) 式に代入し，(3.461) 式を用いると，ノルムの固有値 n_b が消去されて，

$$\boldsymbol{O}_{\mathrm{D}} = \sum_{a,b \neq a_0} \sum_{ik} | a \rangle\rangle u_a^{i*} f_{ik} u_b^k (\langle b | \quad (3.471)$$

となる．つまり，D 型変換においては，元のフェルミオン空間におけるノルムの情報は，変換後のボソン演算子においては完全に消去されている．他方，HP 型変換においてはそのような消去は起こらない．この点が HP 型と D 型の写像法における最大の相違点である．

(3.470) 式の f_{ik} は，具体的な O_{F} の各々の場合について計算しなければならないが，これは難しいことではなく，一般にある簡単なボソン演算子 $(O_{\mathrm{F}})_{\mathrm{D}}$ のボソン空間における行列要素の形で表される．すなわち $f_{ik} = (i | (O_{\mathrm{F}})_{\mathrm{D}} | k)$ である．したがって，変換後のボソン演算子 $\boldsymbol{O}_{\mathrm{D}}$ は

$$\boldsymbol{O}_{\mathrm{D}} = \widehat{\boldsymbol{P}} (O_{\mathrm{F}})_{\mathrm{D}} \widehat{\boldsymbol{P}} = (O_{\mathrm{F}})_{\mathrm{D}} \widehat{\boldsymbol{P}} \quad (3.472)$$

と書くことができる．$\widehat{P}$ は物理的部分空間への射影演算子 (3.464) である．ボソン演算子 $(O_F)_D$ はフェルミオン演算子 O_F の **Dyson イメージ** (Dyson image) と呼ばれる．

1 例として，4 重極フォノン演算子の Dyson イメージは

$$(X_{2M}^\dagger)_D = b_{2M}^\dagger - \frac{1}{\sqrt{5}} \sum_{L=0,2,4} \sqrt{2L+1}\, C_L \,[[b_2^\dagger b_2^\dagger]_L\, b_2]_{2M}, \quad (3.473\text{a})$$

$$(X_{2M})_D = b_{2M} \qquad\qquad\qquad\qquad\qquad\qquad (3.473\text{b})$$

となる．注目すべきは，これらの式からわかるように，Dyson イメージは一般にボソン演算子の有限級数で表されることである．なお，$(X_{2M}^\dagger)_D \neq (X_{2M})_D^\dagger$ であるから，D 型写像がユニタリー型でないことが明らかである．

一方，HP 型の場合にも，変換後の演算子は

$$O_{\text{HP}} = \widehat{P}(O_F)_{\text{HP}}\widehat{P} = (O_F)_{\text{HP}}\widehat{P} \qquad (3.474)$$

と表されるが，(3.467a) 式におけるノルムの固有値 n_a, n_b が消去されないので，一般に Holstein-Primakoff イメージ $(O_F)_{\text{HP}}$ はボソン演算子の無限級数となる．

ここでは簡単のため，ただ 1 種類の 4 重極フォノンで構築される集団的フェルミオン部分空間 (CFS) を考えてきたが，4 重極フォノンのみならず，単極フォノン (対振動) などを含む多種類のフォノンの場合に拡張することも容易であり，その場合の Dyson イメージを具体的に書き下すことも可能である．[*55] ボソン写像法を実際の原子核の集団運動の分析に応用する場合，多数の 1 粒子準位 (1 粒子状態) がとられるのが一般的で，集団的フォノン演算子 $X^\dagger$ はこれらの多数の 1 粒子状態がよく混じった演算子である．したがって，たとえ多種類のフォノンの場合でも，多フォノン空間のフォノン数を極端に大きくしない限り，そのノルム行列 N の固有値 n_a が 0 になることはない．すなわち，固有値方程式 (3.461) が $a = a_0$ の解を持つことはなく，現実的な原子核においては，常に

$$\widehat{P} = 1 \qquad (3.475)$$

であると考えてよい．

[*55] 最も一般的な表式は K. Takada, Prog. Theor. Phys. Suppl. **141**(2001) 179 に与えられている．

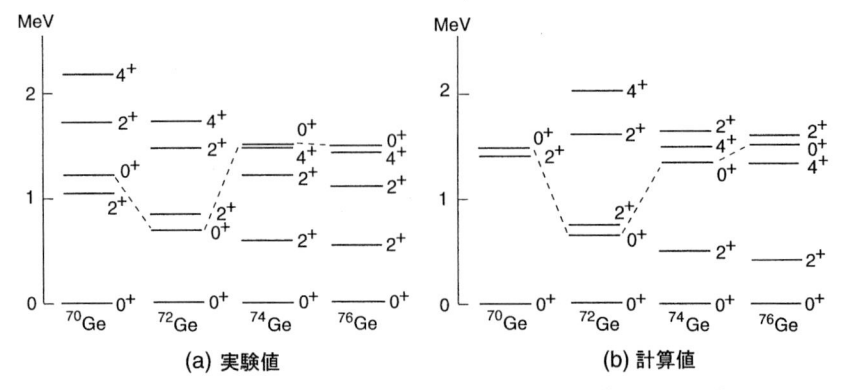

図 3.48 Ge アイソトープの低い励起状態のエネルギー準位の (a) 実験値,
と (b) Dyson 型ボソン写像法による計算値

説明がなかなか困難な励起 0^+ 状態を割合うまく再現している. K. Takada and S. Tazaki, Nucl. Phys. **448**(1986) 56.

上述のように,フォノン演算子のみならずすべてのフェルミオン対演算子の Dyson イメージを具体的に書き下すことができるので,[*55] その結果をフェルミオン・ハミルトニアン H_F に代入すれば Dyson 型ボソン・ハミルトニアン H_D が得られ,

$$H_D = (H_F)_D \widehat{P} \tag{3.476}$$

の形に表され,H_F の Dyson イメージ $(H_F)_D$ はボソンの有限級数となる.この Dyson イメージ $(H_F)_D$ は非エルミートであるが,**付録 C** の C.5 において説明した方法を用いて,非エルミート固有値方程式をエルミート固有値方程式に転換して解けば,エネルギー固有値および固有ベクトルが求められる.[*56]

このようにして,Dyson 型ボソン写像法が現実の原子核の分析に応用可能となった.その例が図 **3.48** と図 **3.49** に示されている.この 2 例とも,元になる集団的フェルミオン部分空間 (CFS) として,複数種類の 4 重極フォノンと単極フォノン (対振動モード) によって構築される多フォノン部分空間を Dyson 型ボソン写像したものである.この例から見ても,多フォノン部分空間に対する Dyson 型ボソン写像法が遷移領域核の分析に有用であることがわかる.

[*56] 付録 C の C.5 で解説した D 型の非エルミート固有値方程式を HP 型のエルミート固有値方程式へ転換する方法は,集団的部分空間に対する写像の場合は厳密には成り立たず,あくまで近似である.しかしそれが極めて良い近似であることが確かめられている.
M. Sato, Y. R. Shimizu and K. Takada, Prog. Theor. Phys. **102**(1999) 287.

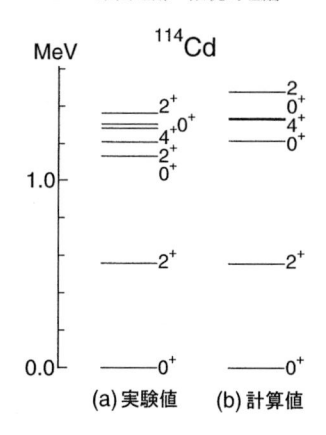

図 3.49 ^{114}Cd の低励起エネルギー準位の (a) 実験値，と (b) Dyson 型ボソン写像法による計算値

いわゆる 2 フォノン状態の付近の余分な 0^+ 状態が，4 重極フォノンとともに対振動フォノン・モードを取り入れることによってはじめて再現できた．M. Sato and K. Takada, Prog. Theor. Phys. **100**(1998) 581 より．

他方，HP 型ボソン写像法を現実の原子核の分析に応用した例は Kishimoto, Tamura, Sakamoto によってなされた．[*57] HP 型の場合は，複数種類のフォノンをとることがたいへん困難である．

(e) まとめ

上述したボソン写像法の要点をまとめておこう：

(1) 有力な 2 種類のボソン写像法のうち，Holstein-Primakoff (HP) 型は変換がユニタリー型であり，変換後のボソン・ハミルトニアンはエルミートであるが，無限級数展開となる．Dyson (D) 型は変換が非ユニタリー型で，変換後のボソン・ハミルトニアンはエルミートではないが，有限級数となる．

(2) ボソン写像法を実際の問題に適用するには，フェルミオン空間内の集団的部分空間を写像するのが実際的であるが，多種類のフォノン自由度を考慮する場合，HP 型は変換後のボソン演算子が無限級数展開となるので困難である．他方，D 型ではこの困難は起こらない．

(3) D 型ボソン写像における非エルミートの固有値方程式は，(厳密に，あるいは極めて良い近似で) HP 型のエルミート固有値方程式に転換可能である．

[*57] T. Kishimoto and T. Tamura, Nucl. Phys. **A270**(1976) 317.
H. Sakamoto and T. Kishimoto, Nucl. Phys. **A486**(1988) 1; **A528**(1991) 73.

以上の結果を総合すると，Dyson 型ボソン写像法が圧倒的に有利であり，実際の原子核の集団運動の微視的研究に十分応用可能である．

上述のボソン写像法は，すべて偶数粒子系に関するものであった．もしこれが奇数粒子系なら，イデアル・ボソン空間に写像できない余分の 1 粒子が残る．この場合には，ボソンとはまったく独立で交換可能な 1 個のイデアル・フェルミオンを付加したイデアル・ボソン・フェルミオン空間にすればよいことがわかっている．[*58] その場合でも，やはり Dyson 型写像法が優れている．その説明は紙数の関係で割愛する．

3.4.9　相互作用するボソン模型

前項 3.4.8 において述べたボソン写像法とはまったく異なった考え方に立って，原子核の集団運動を取り扱うボソン模型が Arima と Iachello によって提唱された．[*59] **相互作用するボソン模型** (interacting boson model)，略称 **IBM** である．IBM はその提唱以来，それに賛成する者，疑問視する者を，ともに論争の渦に巻き込み，燎原の火の如く原子核物理の世界を席巻し，理論・実験を問わずこのモデルに関するおびただしい数の論文が出版された．それらは極めて多岐にわたり，ここですべてを説明することはできない．ここでは IBM の最も基本的な事項のみを述べることにする．

(a) IBM の構成要素とハミルトニアン

IBM の構成要素は s ボソンと d ボソンである．s ボソンはスピン・パリティが $l^\pi = 0^+$ のボソンで，その生成・消滅演算子を $s^\dagger, s$ で表す．d ボソンは $l^\pi = 2^+$ のボソンで，その演算子を $d_\mu^\dagger, d_\mu$ で表す．添字 μ はスピンの z 成分 (磁気量子数 $= -2, -1, 0, 1, 2$) である．これらの演算子は，交換関係

$$[s, s^\dagger] = 1, \quad [d_\mu, d_{\mu'}^\dagger] = \delta_{\mu\mu'}, \quad (その他の交換子) = 0 \qquad (3.477)$$

をみたすものとする．IBM においては，すべての物理量はこれらの s ボソンと d ボソンで構成されるものとし，次の 2 項を基本的な仮定とする：

[*58] T. Tamura, Phys. Rev. **C28**(1983) 2480.
　　K. Takada and K. Yamada, Nucl. Phys. **A462**(1987) 561.
[*59] A. Arima and F. Iachello, Phys. Rev. Lett. **35**(1975) 1069.
　　A. Arima and F. Iachello, Ann. Phys. **99**(1976) 253; **111**(1978) 201; **123**(1979) 468.

(1) 1つの系 (原子核) のボソン数 (sボソンと dボソンの個数の和) は一定である.
(2) 系のハミルトニアンは s, d ボソンの1粒子エネルギーと，ボソン間の2体相互作用を含む回転不変なエルミート演算子である.

ボソンの個数演算子を

$$\widehat{n} = \widehat{n}_s + \widehat{n}_d, \qquad \widehat{n}_s = s^\dagger s, \qquad \widehat{n}_d = \sum_\mu d_\mu^\dagger d_\mu \tag{3.478}$$

とする. ボソン数が良い量子数であることや, 回転不変性などを考慮すると, 最も一般的な形のハミルトニアンは

$$\begin{aligned} H &= \epsilon \widehat{n}_d + \frac{1}{2} \sum_{L=0,2,4} \sqrt{2L+1}\, c_L \left[[d^\dagger d^\dagger]_L [\widetilde{d}\widetilde{d}]_L \right]_{00} \\ &+ \frac{1}{\sqrt{2}} y \{ [[d^\dagger d^\dagger]_2 [\widetilde{d} s]_2]_{00} + \text{h.c.} \} \\ &+ \frac{1}{2} w \{ [[d^\dagger d^\dagger]_0 [s s]_0]_{00} + \text{h.c.} \} \end{aligned} \tag{3.479}$$

である. ただし, ϵ は s ボソンと d ボソンの1粒子エネルギーの間隔 $\epsilon = \epsilon_d - \epsilon_s$ である. また, $\widetilde{d}_\mu = (-1)^\mu d_{-\mu}$ であり, $[\cdots]_{LM}$ は角運動量 (LM) への合成を意味する. IBM における4重極演算子は

$$Q_\mu = d_\mu^\dagger s + s^\dagger \widetilde{d}_\mu + \chi [d^\dagger \widetilde{d}]_{2\mu} \tag{3.480}$$

で定義される. したがって, IBM に含まれる基本的パラメーターは $\epsilon, c_0, c_2, c_4, y, w$ の6通りと χ とである.

(b) IBM の対称性

1群の演算子 $\{X_a\}$ が交換関係

$$[X_a, X_b] = \sum_c C_{ab}^c X_c \tag{3.481}$$

をみたすとき, $\{X_a\}$ は Lie 代数を作るという. いま, $\{X_a\}$ として演算子

$$[b_l^\dagger \widetilde{b}_{l'}]_{LM}, \quad (l, l' = 0, 2) \tag{3.482}$$

をとる. ただし, ボソン演算子 $b_l^\dagger$ は s ボソン ($l = m = 0$ の1種類) と d ボソン ($l = 2, m = -2, -1, 0, 1, 2$ の5種類) をまとめて表したものである. これら

$6 \times 6 = 36$ 個の演算子は 6 次元ユニタリー群 **U(6)** の Lie 代数を作る．このとき，演算子 (3.482) は群 U(6) の**生成子** (generators) と呼ばれる．

ある群のすべての生成子と交換可能な演算子を **Casimir 演算子** (Casimir operator) と呼ぶ．たとえば，回転群 O(3) の生成子は角運動量の演算子 L_x, L_y, L_z であるが，全角運動量 $\boldsymbol{L}^2$ は L_x, L_y, L_z すべてと交換するから $\boldsymbol{L}^2$ は回転群の Casimir 演算子である．したがって，系のハミルトニアンがある Casimir 演算子と交換可能であるならば，その Casimir 演算子の固有値は系の良い量子数である．

群 U(6) は部分群 U(5) を含む．さらに U(5) は O(5) を，O(5) は O(3) を，O(3) は O(2) を含む．これらの部分群の連鎖 (chain) は U(6)⊃U(5)⊃O(5)⊃O(3)⊃O(2) と書かれる．系のハミルトニアン H が，このような部分群の連鎖の Casimir 演算子の 1 次結合で書かれているならば，系の固有状態はこれらの Casimir 演算子の固有値で分類・指定される．

IBM の一般的なハミルトニアン (3.479) は回転不変性を仮定している．したがって，いま考えるべき U(6) の部分群の連鎖には必ず回転群 O(3) を含まなければならない．U(6) のそのような連鎖は 3 種類あることがわかっている．それらは次のとおりである：

$$U(6) \begin{array}{l} \nearrow \text{U(5)} \supset \text{O(5)} \supset \text{O(3)} \supset \text{O(2)}, \quad \text{(I)} \\ \rightarrow \text{SU(3)} \supset \text{O(3)} \supset \text{O(2)}, \quad \text{(II)} \\ \searrow \text{O(6)} \supset \text{O(5)} \supset \text{O(3)} \supset \text{O(2)}. \quad \text{(III)} \end{array} \quad (3.483)$$

ハミルトニアン H が連鎖 (3.483) の中の (I) または (II) または (III) のいずれかの部分群の Casimir 演算子の 1 次結合ならば，固有エネルギーはこれらCasimir 演算子の固有値の関数として書かれる．以下でこれを説明する．

U(5) 対称性の場合

ハミルトニアン H が，(3.483) 式の連鎖 (I) の部分群 U(5), O(5), O(3) の Casimir 演算子の 1 次結合で書かれる場合である．この場合のハミルトニアン H は一般形 (3.479) において $w = y = 0$ と置いたものである．この場合のエネルギー固有値は

$$E(n_d, v, n_\Delta, L, M) = \epsilon n_d + \alpha \frac{1}{2} n_d(n_d - 1)$$
$$+ \beta[n_d(n_d + 3) - v(v+3)] + \gamma[L(L+1) - 6n_d] \quad (3.484)$$

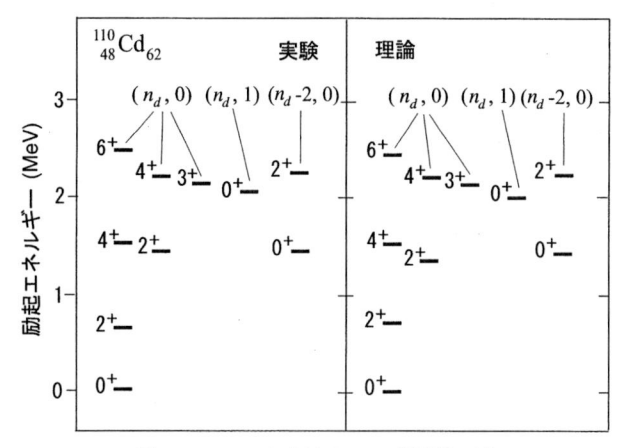

図 3.50 IBM における U(5) 対称性の例

^{110}Cd のエネルギー準位の実験値と IBM による理論値の比較．理論値は (3.484) 式の 4 個のパラメーターの値を適当に選んだもの．大塚孝治，"相互作用するボソン模型"(物理学最前線 20), 共立出版 (1988) より．

となる．ただし，n_d は d ボソンの個数，v はボソン・セニョリティで 2 個の d ボソンが角運動量 0 の対に組んでいない個数，n_Δ は d ボソンの 3 個が角運動量 0 に組んだ数，L は状態の全角運動量，M はその z 成分である．α, β, γ は c_0, c_2, c_4 できまる定数である．

図 **3.50** に U(5) 対称性を持つと考えられる典型的な例として，^{110}Cd のエネルギー準位の実験値と IBM による理論値の比較が示されている．理論値は (3.484) 式の中の 4 個のパラメーター $\epsilon, \alpha, \beta, \gamma$ の値を適当に選んだものである．図中の括弧の中の量子数は (v, n_Δ) である．

SU(3) 対称性の場合

ハミルトニアン H が，(3.483) 式の連鎖 (II) の部分群 SU(3), O(3) の Casimir 演算子の 1 次結合で書かれる場合である．この場合のハミルトニアン H は

$$H = \kappa(Q \cdot Q) + \kappa'(L \cdot L) \qquad (3.485)$$

となる．ただし，$(Q \cdot Q)$ は (3.480) の 4 重極演算子において，$\chi = \pm\sqrt{7}/2$ と置いた Q_μ の内積 (スカラー積)

$$(Q \cdot Q) = \sum_\mu (-1)^\mu Q_\mu Q_{-\mu} \qquad (3.486)$$

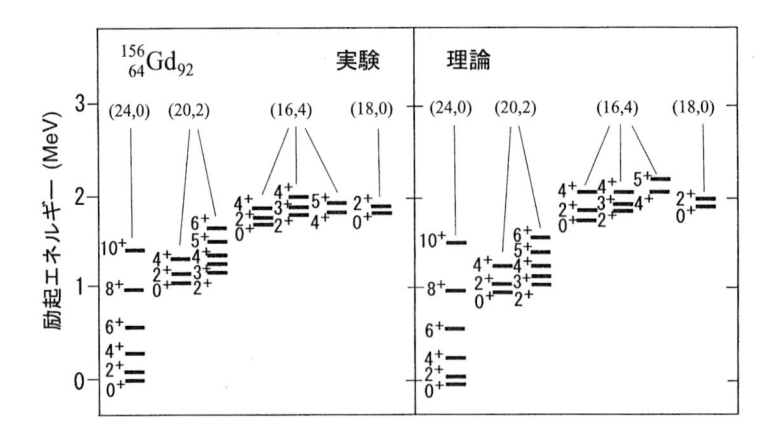

図 3.51 IBM における SU(3) 対称性の例

^{156}Gd のエネルギー準位の実験値と IBM による理論値の比較．理論値は (3.487) 式の 2 個のパラメーターの値を適当に選んだもの．大塚孝治，"相互作用するボソン模型"(物理学最前線 20)，共立出版 (1988) より．

であり，$(L \cdot L)$ は演算子 $L_\mu = \sqrt{10}\,[d^\dagger \tilde{d}]_{1\mu}$ の内積 (スカラー積) である．κ, κ' は相互作用の強さを表す定数である．この場合のエネルギー固有値は，

$$E(\lambda, \mu, L, M) = (\kappa' - \frac{3}{8}\kappa)L(L+1) + \frac{1}{2}\kappa[\lambda^2 + \mu^2 + \lambda\mu + 3(\lambda+\mu)] \quad (3.487)$$

となる．

SU(3) 対称性の場合の固有状態は，SU(3) に特有の量子数 (λ, μ) と角運動量 (L, M) で指定される．すなわち，(λ, μ) で 1 つのバンドが指定され，そのバンド内で励起エネルギーが $L(L+1)$ 則に従う "回転バンド" を作る．

図 3.51 に SU(3) 対称性を持つと考えられる典型的な例として，^{156}Gd のエネルギー準位の実験値と IBM による理論値の比較が示されている．理論値は (3.487) 式の 2 個のパラメーター κ, κ' の値を適当に選んだものである．図中の括弧の中の量子数は (λ, μ) である．

O(6) 対称性の場合

ハミルトニアン H が，(3.483) 式の連鎖 (III) の部分群 O(6), O(5), O(3) の Casimir 演算子の 1 次結合で書かれる場合である．この場合のエネルギー固有値は，

$$E(\sigma, \tau, \nu_\Delta, L, M) = A\frac{1}{4}\sigma(\sigma+4) + B\frac{1}{6}\tau(\tau+3) + CL(L+1) \quad (3.488)$$

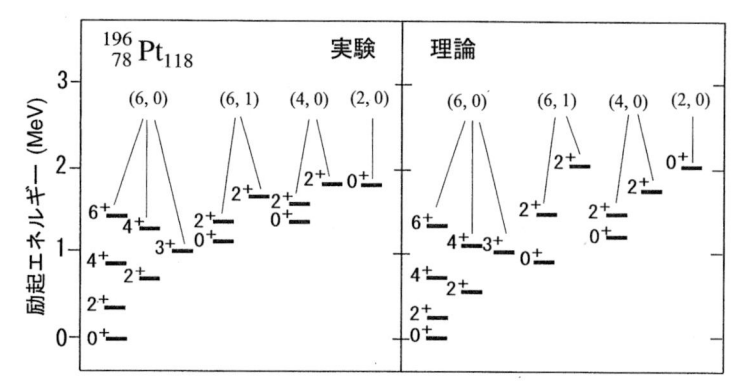

図 3.52 IBM における O(6) 対称性の例

^{118}Pt のエネルギー準位の実験値と IBM による理論値の比較. 理論値は (3.488) 式の 3 個のパラメーターの値を適当に選んだもの. 大塚孝治, "相互作用するボソン模型"(物理学最前線 20), 共立出版 (1988) より.

となる. σ は O(6) に特有な量子数であり, τ, ν_Δ は O(5) に特有な量子数であるが説明は省略する.

図 **3.52** に O(6) 対称性を持つと考えられる典型的な例として, ^{118}Pt のエネルギー準位の実験値と IBM による理論値の比較が示されている. 理論値は (3.488) 式の 3 個のパラメーター A, B, C の値を適当に選んだものである. 図中の括弧の中の量子数は (σ, ν_Δ) である.

IBM の基本的対称性 U(6) に含まれる 3 種類の対称性, U(5), SU(3), O(6) が, 現実の原子核集団運動に見られることが明らかになった. U(5) 対称性は球形 (振動) 核に相当し, SU(3) および O(6) 対称性は変形 (回転) 核に対応する. もちろん, これらは理想的な場合における対称性であって, これらの中間的な性質を示す原子核も多い. しかし, Bohr-Mottelson の集団模型が示すスペクトルを, 対称性という見方で見直し, 少数のパラメーターを使って見事に整理・分類することができることを示したことは, IBM の大きな功績であろう. 次には, IBM の s ボソンと d ボソンが原子核内のいかなる実体を表現しているのか, という点に興味が持たれる. Arima, Iachello らはこれを 0^+ および 2^+ に組んだ核子対であると考えた. しかし殻模型の観点から見ると, そのような 0^+ および 2^+ に組む可能な核子対は極めて多数存在し, その中のいかなる "集団的" 核子対が s, d ボソンに対応するのかは不明である.[*60] また, 3.4.8 において述べたボソン写像法と, どのように関連するのかいまだ明らかでない. 今後の

研究が待たれる.

3.5 高スピン回転運動

本章においてこれまでに述べてきた原子核の集団運動は,主として安定な原子核の基底状態に近い比較的低い励起エネルギー領域におけるものであった.したがって,扱ってきた変形(回転)核の回転運動も,割合ゆっくりとした回転であり,状態のスピン I もあまり大きくなく,また変形の大きさもそれほど大きくない ($\delta = 0 \sim 0.4$) ものと考えてきた.しかしながら,近年実験技術の進展によって,"高スピン状態"すなわち"高速回転状態"に関する多くの実験データが得られ,また高速回転状態において実現する $\delta \approx 0.6$ にもなる"巨大変形"についての情報も得られるようになってきた.このような**高スピン回転運動** (high-spin rotational motion) を調べることによって,Bohr-Mottelson による独立粒子運動と集団運動の統一という統一模型の考え方の理解をより一層深かめることができるであろう.本節では,高スピン回転運動に関する基礎的な部分についてのみ簡単に述べることにする.[*61]

3.5.1 液滴模型と殻効果 — Strutinsky法

原子核は,基底状態近傍の低い励起状態においては,ある一定の変形をしているものと考えられる.しかしながら,高スピン回転状態や少し高い励起状態を考えるとき,基底状態の近くにおけるのと同じ変形度を保つとは限らない.独立粒子運動と集団運動とを統一的により深く理解するためには,独立粒子運動が原子核の変形にどのような影響をもたらすかを考え,変形が起きる機構を検討する必要がある.

原子核の1粒子状態を記述する最も一般化された定式化は,3.4.4で説明した Hartree-Fock-Bogoliubov (HFB) 法である.近年,Skyrme 力[*62] と呼ばれる

[*60] Janssen らは Arima-Iachello とは独立に,まったく別の観点から SU(6) ボソン模型を提唱した. D. Janssen, R. V. Jolos and F. Dönau, Nucl. Phys. **A224**(1974) 93.

[*61] 本節の多くを,清水良文,"夏の学校講義録:高速回転および巨大変形の極限状態における原子核構造"(2000) に負っている.

[*62] 原子核内の有効相互作用を扱いやすい形で近似したものと考えられる. δ 関数型で密度に依存し,2体力と3体力とを含む. T. H. R. Skyrme, Phil. Mag. **1**(1956) 1043; Nucl. Phys. **9**(1959) 615; M. Beiner, H. Flocard, N. Van Giai and P. Quentin, Nucl. Phys. **A238**(1975) 29.

有効相互作用を用いて，軸対称などの対称性に制限を付けない HFB 計算が可能になり，核図表上の広い範囲にわたる原子核の基底状態の性質をよく再現することに成功している．このような HFB 計算が原子核の変形などを理解する最も正統的な手法であることに間違いないが，もっと直観的で本質をより理解しやすい方法が，以下で述べる **Strutinsky 法** (Strutinsky method)[63] である．[64]

質量数 A の原子核の全エネルギー $E_{\text{tot}}(A)$ を考える．第 2 章の 2.2 で述べたように，$E_{\text{tot}}(A)$ は大局的には液滴模型 (liquid-drop model) すなわち Weizsäcker-Bethe の質量公式 (2.7) によってかなりよく再現できるが，閉殻核付近では結合エネルギーが大きくなって，液滴模型の値 E_{LDM} からずれが生じる．すなわち**殻補正** (shell correction) である．この殻補正の部分を δE_{sh} とすると，全エネルギー E_{tot} は

$$E_{\text{tot}} = E_{\text{LDM}} + \delta E_{\text{sh}} \tag{3.489}$$

と表される．

いま全エネルギー E_{tot} の変形度依存性を考えよう．多くの場合変形が大きくなると E_{LDM} は単調に大きくなる．これは主として，変形による原子核の表面積の増加にともなう表面エネルギーの増加によるものである．しかし，殻補正 δE_{sh} は単調には変化せず，複雑な**殻効果** (shell effect) が現れる．この効果は系を構成する 1 粒子準位 (厳密には HFB 理論の 1 準粒子エネルギー) ε_i が一様に分布していないことによる．**図 3.53** に 1 粒子準位の模式図が示されている．(a) は一様分布の場合，(b) は 1 粒子準位の分布に濃淡がある場合を示している．殻模型あるいは HFB 理論の立場からは，系の全エネルギーは $E_{\text{sh}} = \sum_i^A \varepsilon_i$ で表されるはずである．図 **3.53** の (a) の場合のように 1 粒子準位が一様分布している場合には，1 粒子当たりのエネルギー E_{sh}/A は質量数 A によらずほぼ一定値を示すが，(b) のように分布に濃淡がある場合には Fermi エネルギー ε_{F} の位置によって E_{sh}/A が一定でなく，多寡が生じる．つまり (b) の場合において，$\varepsilon_{\text{F}} = \lambda_1$ のときは E_{sh}/A は少し小さく，$\varepsilon_{\text{F}} = \lambda_2$ のときには E_{sh}/A は少し大きくなる．この凹凸こそ殻効果である．

---

[63] V. M. Strutinsky, Nucl. Phys. **A95**(1967) 420; **A122**(1968) 1.
[64] 本項の内容の多くを P. Ring and P. Schuck: *The Nuclear Many-Body Problem*, Springer-Verlag (1980), Chap. 2 に負っている．

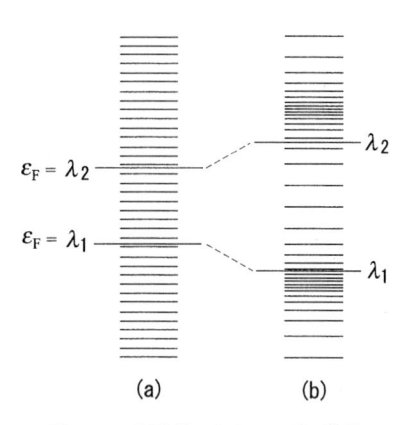

図 3.53 原子核における 1(準) 粒子
エネルギー準位の模式図
(a) 準位が一様に分布している場合. (b) 準位の分布に濃淡がある場合.

図 **3.54** に単純な軸対称 4 重極変形した調和振動子模型の 1 粒子準位が，変形パラメーター ϵ の関数として示されている．この場合の調和振動子の定数は

$$\omega_x = \omega_y = \omega_0\left(1 + \frac{1}{3}\epsilon\right), \quad \omega_z = \omega_0\left(1 - \frac{2}{3}\epsilon\right) \tag{3.490}$$

と表される．もちろん $\omega_x\omega_y\omega_z =$ 一定 である．(上の変形パラメーター ϵ と Nilsson 模型で使われた (3.179) 式の δ とは定義が少し異なるが，数値的にはほとんど同じである．) したがって，楕円体変形の長軸 R_z と短軸 $R_x = R_y$ との比は $R_z/R_x = \omega_x/\omega_z \approx 1 + \epsilon$ である．図 **3.54** からわかるように，長軸と短軸とが整数比になる点で，1 粒子準位にギャップが現れ，大きい殻効果が生じることが予想される．このような殻効果の変形度依存性を考慮して全エネルギーを変形度 ϵ の関数として模式的に表したものが図 **3.55** である．本図が示すような核においては，基底状態は少し変形し ($\epsilon = \epsilon_0$ の点)，励起状態に大きく変形した準安定な状態 ($\epsilon = \epsilon_1$ の点) が見出されるであろう．後で述べるように，長軸と短軸の比が 2:1 ($\epsilon = 0.6$) に対応すると思われる巨大変形状態を実際の実験結果に見ることができる．

さて**準位密度** (level density) を $g(\varepsilon)$ とする．すなわちエネルギーが $\varepsilon \sim \varepsilon + d\varepsilon$ の間の準位数を $g(\varepsilon)d\varepsilon$ とすると，

$$A = \int_{-\infty}^{\varepsilon_F} g(\varepsilon)\,d\varepsilon \tag{3.491}$$

となる．これにより Fermi エネルギー ε_F がきまる．殻模型における準位密度

3.5 高スピン回転運動

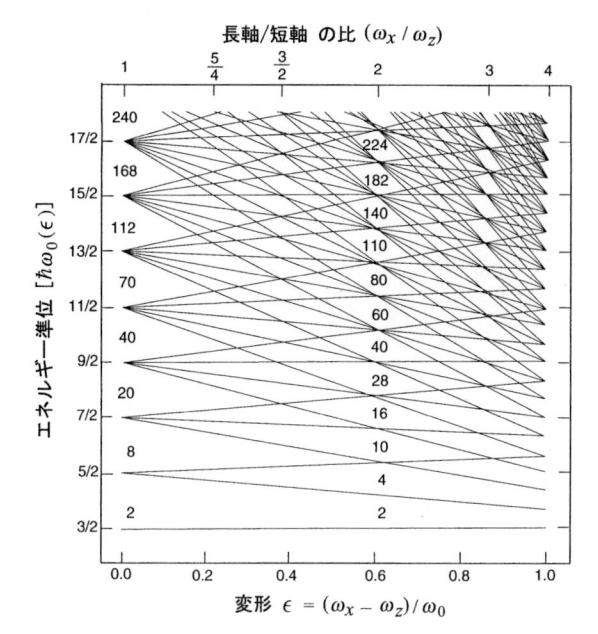

図 3.54 軸対称 4 重極変形した調和振動子模型による 1 粒子エネルギー準位. 横軸 ϵ は変形パラメーター. 上部の横軸の目盛りは回転楕円体変形の長軸 R_z と短軸 $R_x = R_y$ との比.

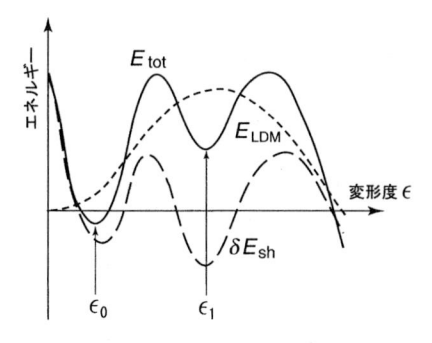

図 3.55 ある系の全エネルギー $E_{\rm tot}$ の変形度依存性の模式図

$E_{\rm LDM}$ は液滴模型による値. $\delta E_{\rm sh}$ は殻補正である. 松柳研一 他, "岩波講座:原子核の理論" (1993) より.

$g(\varepsilon)$ は

$$g(\varepsilon) = \sum_i \delta(\varepsilon - \varepsilon_i) \tag{3.492}$$

であり，系の全エネルギー $E_{\rm sh}$ は

$$E_{\rm sh} = \int_{-\infty}^{\varepsilon_{\rm F}} \varepsilon g(\varepsilon)\,d\varepsilon \tag{3.493}$$

と書かれる．

上記の準位密度 $g(\varepsilon)$ はデルタ関数で書かれているから，極めて特異性の高い関数であるが，仮に ε の連続関数で近似できたとしても，単調増加関数とはならない．なぜならば，たとえば1粒子ポテンシャルとして調和振動子模型を考えると，1粒子準位は $\hbar\omega_0 \simeq 41 \times A^{-1/3}{\rm MeV}$ のエネルギー間隔ごとにまとまって束になり ((1.16) 式参照)，したがって $g(\varepsilon)$ は $\hbar\omega_0$ を周期にして振動すると考えられるからである．このときの準位密度の平均的値を $\widetilde{g}(\varepsilon)$ としよう．この平均準位密度が求められるならば，

$$A = \int_{-\infty}^{\widetilde{\varepsilon}_{\rm F}} \widetilde{g}(\varepsilon)\,d\varepsilon \tag{3.494}$$

によって対応する有効 Fermi エネルギー $\widetilde{\varepsilon}_{\rm F}$ が得られ，殻模型 (あるいは HFB 理論) による全エネルギーの平均部分 $\widetilde{E}_{\rm sh}$ は

$$\widetilde{E}_{\rm sh} = \int_{-\infty}^{\widetilde{\varepsilon}_{\rm F}} \varepsilon\, \widetilde{g}(\varepsilon)\,d\varepsilon \tag{3.495}$$

となる．

この平均部分 $\widetilde{E}_{\rm sh}$ が核の全エネルギー中の液滴模型で再現される部分 $E_{\rm LDM}$ に相当すると考えると，(3.495) 式で述べた殻補正 $\delta E_{\rm sh}$ は

$$\delta E_{\rm sh} = E_{\rm sh} - \widetilde{E}_{\rm sh} \tag{3.496}$$

で与えられることになる．したがって，Nilsson 模型のような変形殻模型や HFB 理論によって殻補正 $\delta E_{\rm sh}$ を計算し，液滴模型によるエネルギー $E_{\rm LDM}$ に加えると系の全エネルギー $E_{\rm tot} = E_{\rm LDM} + \delta E_{\rm sh}$ が得られる．なお，変形殻模型 (Nilsson 模型) を用いる場合には，そのままでは重要な対相関による殻補正が欠落するので，BCS 理論を使って $\delta E_{\rm pair}$ を計算し，加えなければならない．以上の方法によって，液滴模型に殻効果を入れ，全エネルギーの変形依存性などを正確に算定できるようになり，原子核の巨大変形や核分裂を詳しく研究できるようになった．

平均的エネルギー $\widetilde{E}_{\rm sh}$ を計算するためには，平均準位密度 $\widetilde{g}(\varepsilon)$ が必要である．このためには，(3.492) 式の厳密な準位密度 $g(\varepsilon)$ に適当な重み関数 f をかけて平均化すればよい．すなわち，

$$\widetilde{g}(\varepsilon) = \frac{1}{a} \int_{-\infty}^{+\infty} g(\varepsilon') f\left(\frac{\varepsilon - \varepsilon'}{a}\right) d\varepsilon' = \sum_i \frac{1}{a} f\left(\frac{\varepsilon - \varepsilon_i}{a}\right) \qquad (3.497)$$

である．ただし $a\,(\simeq \hbar\omega_0)$ は重み関数 f の広がりの幅 (width) である．

重み関数 f としてどのような関数がよいかについては種々検討され，Gauss 関数に適当な多項式をかけたものをとることができる，ということが明らかになっている．また，重み関数 f の幅 a の取り方によって結果が変化しないことが必要である．そのような条件の検討もなされている．[*65]

Strutinsky 法をいくつかの実際の原子核に適用し，全エネルギーを変形度 ϵ の関数として計算したものが図 **3.56** に示されている．これらの図においては，Nilsson 模型による 1 粒子準位を用いて $\delta E_{\rm sh}$ を計算し，BCS 理論で対相関を取り入れて $\delta E_{\rm pair}$ を計算している．これらの図から，原子核の変形に殻効果がいかに寄与するかが明らかであろう．

3.5.2　高スピン回転運動の概観

原子核の高速 (高スピン) 回転状態を調べるには，原子核へ何らかの方法で大きな角運動量を持ち込まなければならない．その方法として重イオン反応が用いられる．中でも核融合反応が効果的である．

たとえば，標的核 ^{124}Sn に加速した入射核 ^{40}Ar を衝突させると，両者が核融合反応を起こして ^{164}Er ができる．このときの ^{164}Er は，エネルギーが数 10 MeV の励起状態にあり，一般に，高速に回転し，大きいスピンを持っている不安定な状態にある．この状態から数個の核子 (特に中性子) が蒸発してエネルギーが持ち去られる．これが第 1 の過程である．この過程ではエネルギーは下がるけれども，角運動量はあまり持ち去られない．その結果，融合核は高スピンを保ったまま励起エネルギーを下げるのである．次に第 2 の過程として，γ 線の放出による**脱励起** (deexcitation) が起きる．このときの主な γ 線は 2 種類に大別される．第 1 は角運動量をほとんど持ち去らない統計的 E1 遷移 ($\Delta I = 0, 1$)

[*65] M. Brack and H. C. Pauli, Nucl. Phys. **A207**(1973) 401.
　　V. M. Strutinsky and F. A. Ivanjuk, Nucl. Phys. **255**(1975) 405.

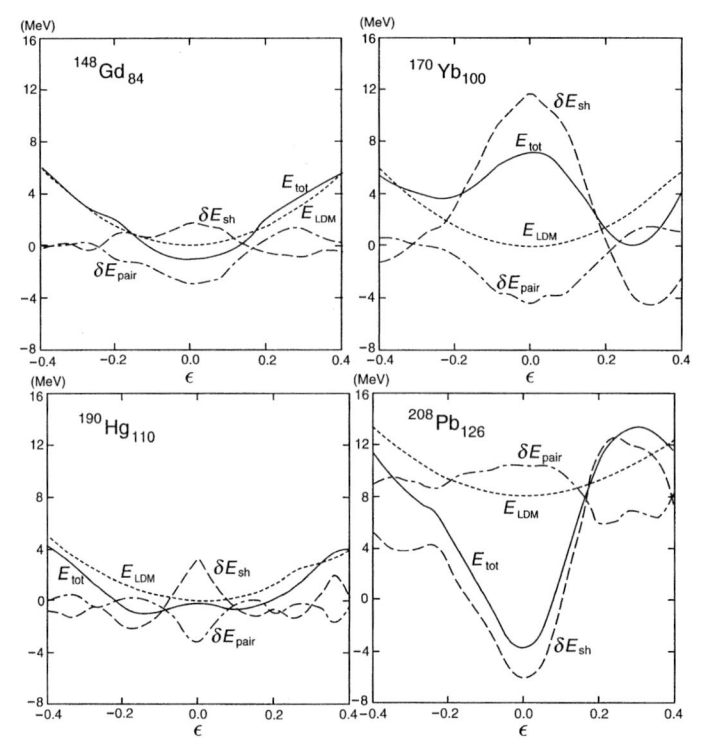

図 3.56 いくつかの原子核に対する Nilsson-Strutinsky 計算の例
横軸は変形度 ϵ. 実線が E_{tot}, 破線が δE_{sh}, 一点鎖線が対相関からの殻補正 δE_{pair}, 点線は液滴模型のエネルギー E_{LDM} である. 清水良文, "夏の学校講義録：高速回転および巨大変形の極限状態における原子核構造" (2000) より.

であり，第 2 は角運動量を $2\hbar$ 持ち去る回転的 E2 遷移 ($\Delta I = 2$) である．($\hbar I$ を状態のスピンとする．$\hbar \Delta I$ は遷移の始状態と終状態のスピン差である．)

一般に，ある角運動量 (スピン) の値 $I\hbar$ を持つエネルギーの最も低い状態を **イラスト状態** (yrast state) と呼ぶ．上記の脱励起の過程を，(E, I) 平面で模式的に表したものが図 **3.57** である．縦軸が励起エネルギー E, 横軸が状態のスピン I を表す．(E, I) 平面でイラスト状態を I の関数として結んだ線が**イラスト線** (yrast line) である．この (E, I) 平面で見ると，上述の第 1 の脱励起である統計的 E1 遷移は主に縦方向の脱励起であり，第 2 の回転的 E2 遷移はイラスト線に沿った横方向の脱励起である．

いうまでもなく，イラスト線の下には原子核の状態は存在しない．逆にいうと，イラスト状態とは ($10 \sim 20$ MeV というような) 高励起状態であるにもかか

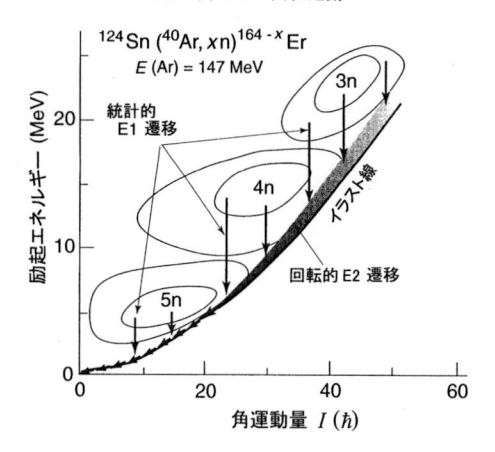

図 3.57 典型的な γ 遷移の模式図
4n などの等高線は 4 つの中性子を放出した後の分布を示す．縦方向の統計的 E1 遷移とイラスト線に沿った回転的 E2 遷移が起こる．

わらず，その励起エネルギーのすべてが回転運動に費やされているような状態である．したがって，イラスト領域では原子核の内部励起はほとんどなく，この意味で基底状態と同様に"冷えた"温度の低い状態であると考えられる．すなわち，イラスト領域での準位密度は低く，γ 遷移は離散的なスペクトルとして観測され，これにより原子核の構造を詳細に調べることができると期待される．

それでは重イオン反応によって，原子核にはどれだけの角運動量を持ち込むことができるであろうか．原子核があまりに高速に回転すると，引きちぎられて核分裂を起こしてしまう．図 **3.58(a)** に回転する液滴模型によって予想される原子核の持ちうる角運動量の限界値を示す．この図から $A \approx 160$ の中重核では，$I \approx 80$ 程度までの高スピン状態が存在できることがわかる．ただし，3.5.1 で見たように液滴模型で取り入れられない殻効果も重要であり，この評価はおおよその目安と考えるべきである．現在のところ，通常の変形核では $I \approx 50$ の程度，後で述べる大きな変形をもつ超変形核では $I \approx 70$ 程度の高スピン状態が観測されている．

重イオン核融合反応では角運動量だけでなく，大きな励起エネルギーも持ち込まれる．図 **3.58(b)** には (E, I) 平面上で研究対象となりうる高速回転状態の存在領域が示されている．上側の境界は核分裂によるものであるが，下側の境界はイラスト線である．図中の破線は中性子分離エネルギー S_n であり，これより上では中性子放出を起こす．

図 3.58

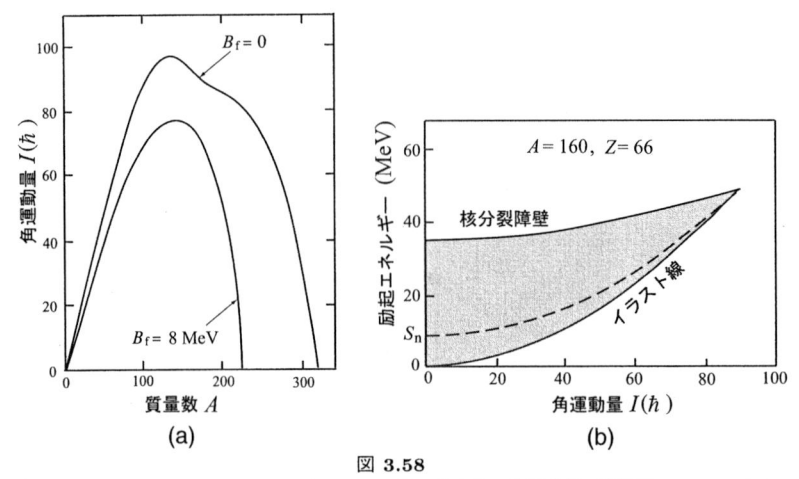

(a) 回転する液滴模型によって推定した原子核が持ちうる角運動量の限界値. $B_\mathrm{f} = 0$ および 8 MeV の曲線は, それぞれ核分裂障壁が 0, 8 MeV となるとき核分裂を起こすと仮定したもの. S. Cohen, F. Plasil and W. J. Swiatecki, Ann. Phys. **82**(1974) 557 より.
(b) (E, I) 平面上での原子核の高速回転状態の存在域. S_n(中性子分離エネルギー) の破線より上では中性子放出を起こす.

典型的な高スピン回転状態を示す1例として, ^{164}Er の励起スペクトルを図 3.59 に示しておこう.

(a) 慣性モーメントの角速度依存性, バンド交差

図 3.59 に示した ^{164}Er は, プロレート変形した典型的な回転核で, 基底バンドや γ バンドは $I(I+1)$ 則にかなり近い回転バンドを示している. しかし他の多くの回転核と同様に, そのイラスト・レベルを見ると慣性モーメントは必ずしも一定ではなく, スピンやエネルギーが高くなるにしたがってその値はかなり変化する. このようすは慣性モーメントを角速度の関数として見るとわかりやすい.

いま角運動量を $I\hbar$ とし, 回転バンドのエネルギーを $E(I)$ と書く. 古典力学では回転角 θ と角運動量とは互いに正準共役であり, したがって正準方程式は

$$\dot{\theta} = \omega = \frac{1}{\hbar}\frac{dE(I)}{dI} \tag{3.498}$$

となる. 現実の I は離散的であるから, 上式の I に関する微分を差分で置き換えると, 実験値 $E(I)$ から回転の角速度 ω が得られる. (3.498) 式によって, 角速度 ω は I の関数となるから, 逆に角運動量 $I\hbar$ は角速度 ω の関数である. こ

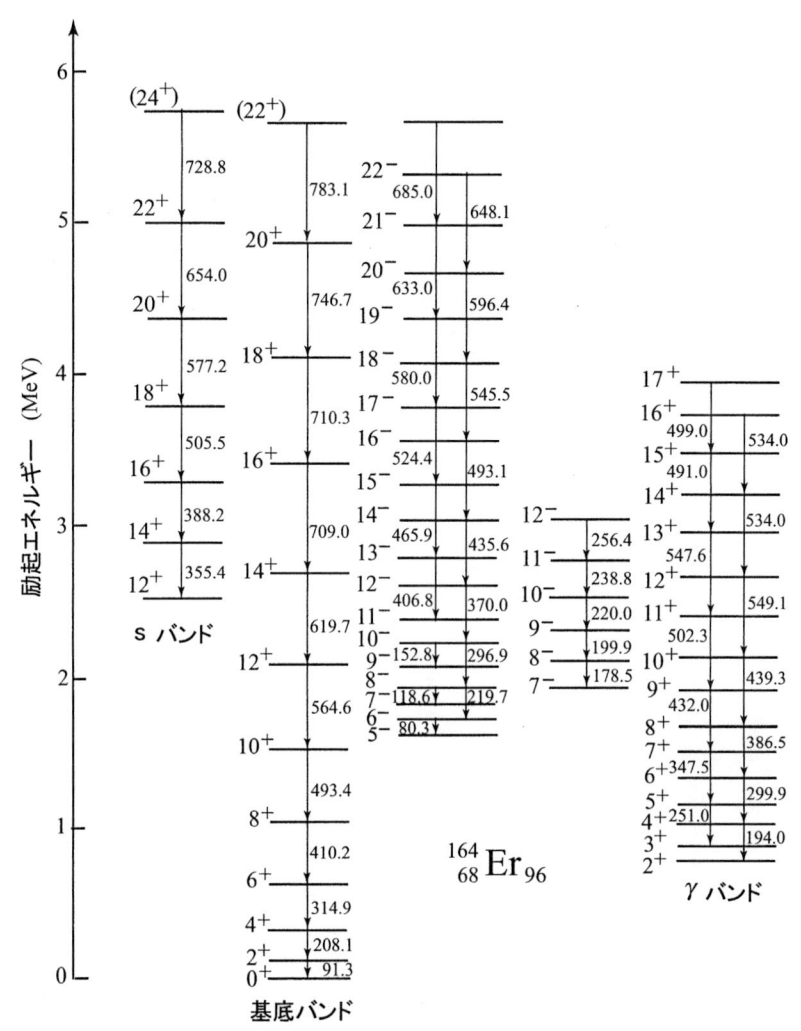

図 3.59 $^{164}_{68}\text{Er}_{96}$ における回転バンド構造
矢印は E2 遷移を表す.ただしバンド間の遷移の矢印は省略されている.矢印の側の数字は E2 遷移による γ 線のエネルギー (keV).
O. C. Kistner, A. W. Sunyar and E. der Mateosian, Phys. Rev. **C17**(1978) 1417 より.

のとき,慣性モーメントは

$$\mathcal{J} = \frac{\hbar I}{\omega} \qquad (3.499)$$

と定義され,その結果,慣性モーメントは角速度 ω の関数となる.

^{164}Er のイラスト状態を結んだ $E(I)$ から (3.499) 式を用いて得られる慣性

図 3.60

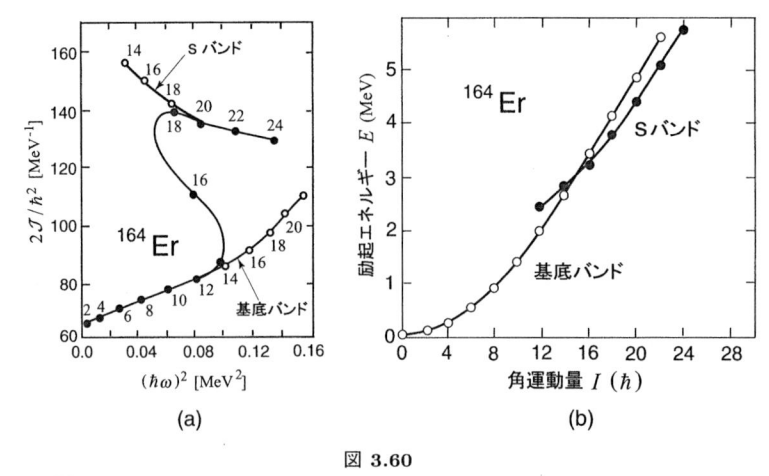

(a) ^{164}Er におけるイラスト・レベルの慣性モーメントを角速度の関数として描いたもの．図中の実験値の側の数字はスピン I を表す．$I=16$ 前後で後方歪曲現象が見られる．
(b) ^{164}Er の (E, I) 平面における基底バンドと s バンド．$I=14$ と 16 の間でバンド交差が起こっている．

モーメントを，角速度の関数として描いたものが図 **3.60(a)** である．$I = 14, 16$ のあたりで角速度が I の増加に反して減少するため，慣性モーメントが S 字型に大きく変化する．これは慣性モーメントの**後方歪曲** (backbending) 現象と呼ばれ，プロレート型変形核に系統的に見られる現象である．後方歪曲現象は発見当初はたいへん注目を集めたが，現在では図 **3.60(b)** に示すように，基底バンドとは内部状態が少し異なる s バンド[*66] とが**バンド交差** (band crossing) を起こすことによって生じると考えられている．つまり，^{164}Er においては，$I = 14$ 以下のイラスト状態は基底バンドに属するが，$I = 16$ からはイラスト状態が s バンドに乗り移るということである．

角運動量 I が大きくなると，Coriolis 力 ((3.189) 式参照) の作用によって，核子の角運動量ベクトル j は回転軸方向に整列し始める．これを**回転整列** (rotation alignment) と呼ぶ．上記の ^{164}Er の s バンドの内部状態は，2 個の中性子が変形ポテンシャルと対相関の束縛を脱して回転整列したものと考えられる．

[*66] Stockholm のグループによって発見されたので s バンドと呼ばれている．

(b) 変形の型と回転スキーム

原子核にはさまざまな励起モードが存在する．それらの中のどの種類のモードが高スピン回転状態を構成しているかということがその状態の性質をきめる．イラスト状態の近傍 (イラスト領域) の高スピン状態の特徴は，系の角運動量をどの種類の励起モードが担っているかによって分類することができる．

大きい角運動量を効率よく生成する励起モードとして，集団的回転運動と独立粒子運動が考えられる．3.4.7 で述べたように，集団的回転運動は平均ポテンシャルが変形して回転対称性が破れたことに伴って発生する集団運動であることを思い起こそう．したがって，軸対称変形の場合，対称軸のまわりに集団的回転運動は起こりえない．他方，独立粒子の軌道運動は，対称軸方向の成分が大きいか小さいかによって，合成した角運動量ベクトルの方向は異なってくる．つまり集団的回転運動と独立粒子運動とをともに重視しなければならない高スピン回転状態では，基底状態の場合とは違って，変形を指定する軸のほかに，回転の方向 (すなわち全角運動量ベクトルの方向) という新たな軸を考慮しなければならない．高スピン回転状態では，これらの <u>変形軸</u> と <u>回転軸</u> とがどのような方向に向いているか，その相互の関係が重要になるのである．

いまわれわれはイラスト領域の高スピン回転運動 を考えている．そこでは比較的単純な回転運動が期待され，回転軸は変形の主軸と一致しているであろう．通常，回転軸を x 軸とするのが習慣である．一般に高スピン状態では非軸対称変形 (γ 変形) が起こりうる．変形の形のみを指定するためには $0° \leq \gamma \leq 60°$ で十分であるが，変形の形とそのときの回転軸 (x 軸) とをともに指定するためには，$-120° \leq \gamma \leq 60°$ の範囲の γ の値を指定すればよい．図 **3.61** に楕円体に変形した平均ポテンシャルの場合に起こりうる**回転スキーム** (rotation schemes) が示されている．

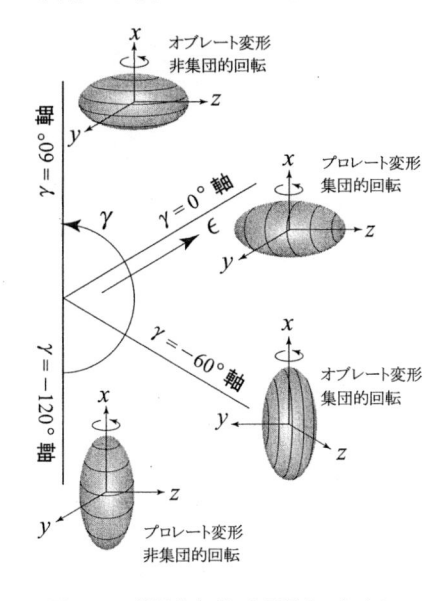

図 **3.61** 楕円体変形した原子核における
　　　　　回転スキーム
　　　　　回転軸を x 軸とする．

軸対称の変形の場合には，図 **3.61** に図示するように 4 種類の回転スキームが考えられる．$\gamma = 0°$ および $-60°$ の場合には，回転軸は対称軸と垂直であり，集団的回転モードが回転運動のほとんどすべてを担っていると考えられる．これを**集団的回転** (collective rotation) スキームという．$\gamma = 0°$ および $-60°$ の対称軸回りの回転状態は，それぞれプロレート型およびオブレート型の**変形整列** (deformation-aligned) 状態とも呼ばれることがある．なぜならば，ほとんどすべての独立粒子モードは変形ポテンシャルに束縛されており，系の全角運動量はほとんどすべて集団的回転運動によって担われているからである．

他方，$\gamma = 60°$ および $-120°$ の場合には，対称軸の回りに集団的回転は起こらないので，系の回転運動は主として独立粒子モードのみによって担われている．これを**非集団的回転** (non-collective rotation) スキームという．$\gamma = 60°$ および $-120°$ の回転状態は，それぞれオブレート型およびプロレート型の**回転整列** (rotation-aligned) 状態とも呼ばれる．これらの場合，集団的回転がなく，独立粒子モードが対相関の束縛から離れて励起し，それらの各々の角運動量を回転軸の方向に揃える (align) ことによって系の全角運動量が生成されるからである．

図 **3.62** にはこれら 2 つの回転スキームのスペクトルの典型例が示されている．右側の集団的回転スキームが規則的なスペクトルであるのに対し，左側の非集団的回転スキームのスペクトルは不規則である．回転運動を担うモードの違いによって極めて大きな定性的違いが現れることがわかる．

古典的剛体の回転運動を考えると，与えられた角運動量の下での最低エネルギー状態 (イラスト状態) は，最も大きな慣性

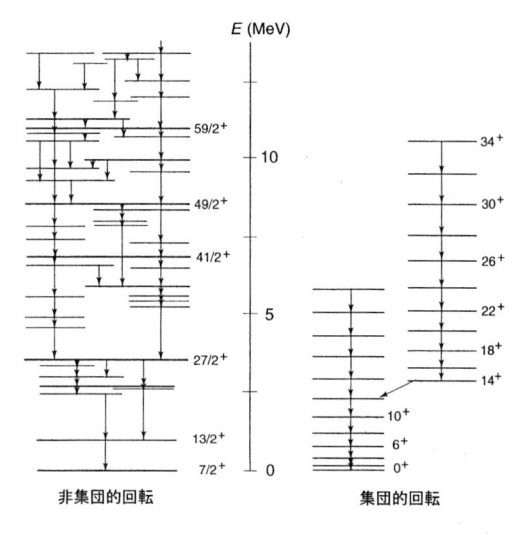

図 3.62 非集団的回転 (左) と集団的回転 (右) のスペクトルの例

モーメントを持つ主軸のまわりの回転である．この描像に基づくと，$\gamma = 0°$ または $\gamma = -60°$ が好都合な回転スキームになる．実際，通常の変形核の基底状

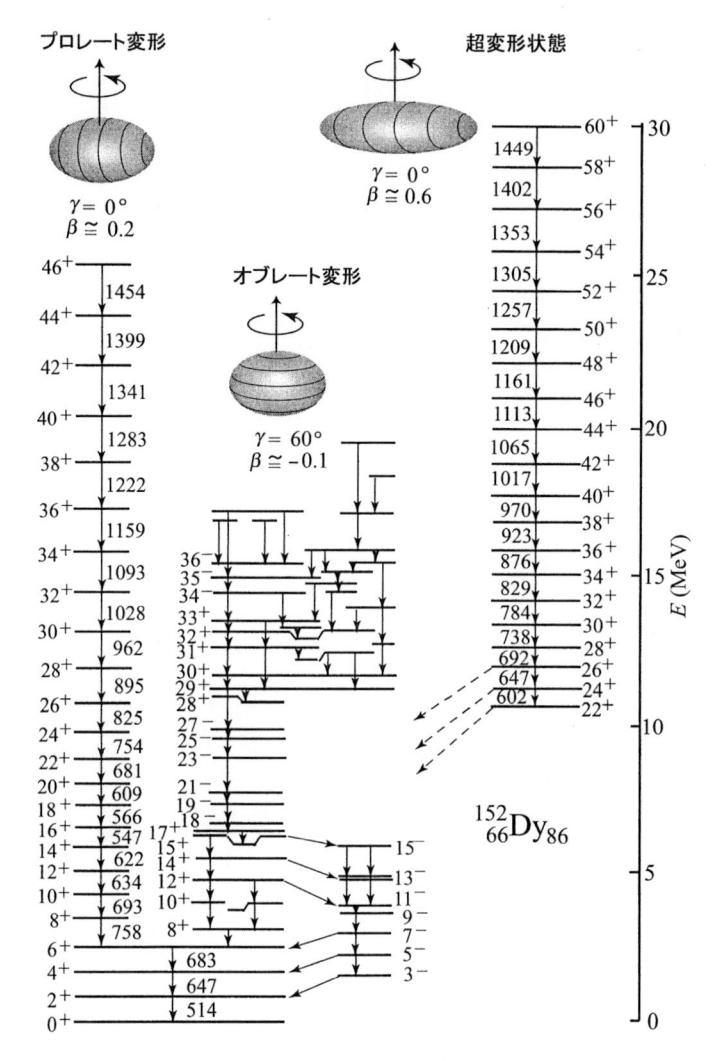

図 3.63 $^{152}_{66}$Dy$_{86}$ における励起スペクトル

矢印は E2 遷移を表す．矢印の側の数字は E2 遷移による γ 線のエネルギー (keV).
J. F. Sharpy-Schafer, Prog. Part. Nucl. Phys. **28**(1992) 187; 松柳研一 他, "岩波講座：原子核の理論" (1993) による．

態近傍では $\gamma = 0°$ のプロレート型集団的回転運動が実現しており，よく知られた $I(I+1)$ 則にしたがい，強い E2 遷移で結ばれた回転スペクトルが観測される．$\gamma = 0°$ の場合の典型的な例が図 **3.59** に見られる．

しかしながら，現実にはそのようなスペクトルだけでなく，核種によって，エ

ネルギーによってさまざまなスペクトルが見られ，近似的に軸対称な変形をもつ上記の 4 つの回転スキームのすべてに相当する現象が観測されている．紙数の関係でそれらの例をすべて図示することはできないので，1 つだけ例として図 **3.63** に ^{152}Dy の励起スペクトルを示す．この核は，基底状態近傍では球形であり，低励起イラスト状態は 2^+ フォノンの多フォノン状態であると考えられるが，$I^\pi \gtrsim 10^+$ のイラスト状態になるとスペクトルは不規則になり，明らかに独立粒子励起によって状態が作られていること，すなわち回転整列状態であることがわかる．

このような非集団的回転スキームの場合の特筆すべき特徴は，イラスト状態にその励起エネルギーの高さを考えれば驚くべき長寿命の異性体状態が存在することである．これらは**高スピン異性体** (high-spin isomer) と呼ばれ，4 重極モーメントや g 因子などの性質がよく調べられている．非集団的回転スキームのもう 1 つの特徴としては，それぞれの状態は不規則で互いに関係がないように見えるが，平均としては対応する変形を持った，(一様な密度分布の) 剛体の慣性モーメントに対応した回転状態 (剛体的回転) を成していることである．

図 **3.63** の ^{152}Dy の励起スペクトルにおいて，$I^\pi = 22^+$ から 60^+ にもおよぶきれいな回転バンドが見られる．これは 3.5.1 で述べた長軸と短軸の比が 2 : 1 (変形度が $\epsilon \approx 0.6$ に相当) の回転楕円体の回転状態であると考えられる．このバンドは"巨大変形"であるため，バンド内の E2 遷移の B(E2) 値は Weisskopf 単位の 2660 倍にもおよび，**超変形回転バンド** (super-deformed rotational band) と呼ばれている．

3.5.3　回転座標系における粒子運動

前項 3.5.2 で概観した高スピン回転運動に関する実験事実をどのように理解できるか，その最も基礎的な方法について簡単に述べよう．

(a) クランクした殻模型

いま変形した 1 粒子ポテンシャルが変形の主軸の回りで角速度 $\omega_{\rm rot}$ で一様に回転している場合を考えよう．図 **3.61** のように，回転軸を x 軸にとることにする．

空間固定座標系から回転しているポテンシャルに固定された回転座標系に移って考えるのが便利である．回転座標系におけるハミルトニアン H'，あるいは平

均場近似のハミルトニアン (1粒子ハミルトニアン) h' は

$$H' = H - \hbar\omega_{\rm rot}J_x, \quad h' = h_{\rm def} - \hbar\omega_{\rm rot}J_x \qquad (3.500)$$

と書かれる．1粒子ハミルトニアン $h_{\rm def}$ としては，たとえば Nilsson 模型のハミルトニアン $h_{\rm Nilsson}$，あるいは超伝導状態にあるときには $h_{\rm BCS}$ をとる．H' または h' の第2項 $-\hbar\omega_{\rm rot}J_x$ は**クランキング項** (cranking term) と呼ばれ，回転座標系に移ったために現れた Coriolis 力および遠心力のポテンシャルからなっている．これらのハミルトニアンは，空間固定系において一様に回転しているハミルトニアンに関する時間依存 Schrödinger 方程式 (3.410) を，ユニタリー変換 (3.411) によって回転座標系に変換した Schrödinger 方程式 (3.412) に現れる時間に依存しないハミルトニアンそのものである．したがって，回転座標系における1粒子状態は，時間に依存しない定常状態の Schrödinger 方程式

$$(h_{\rm def} - \hbar\omega_{\rm rot}J_x)|\phi\rangle = e'|\phi\rangle \qquad (3.501)$$

の解として求めることができる．

　クランキング項 $-\hbar\omega_{\rm rot}J_x$ は別の見方をすることもできる．すなわち，時間に依存しない Schrödinger 方程式

$$(H - \hbar\omega_{\rm rot}J_x)|\Phi\rangle = \Lambda|\Phi\rangle \qquad (3.502)$$

は，拘束条件

$$\langle\Phi|J_x|\Phi\rangle = I\hbar \qquad (3.503)$$

を付けた変分問題

$$\delta\langle\Phi|H|\Phi\rangle = 0 \qquad (3.504)$$

と同等である．ただし $I\hbar$ は系の全角運動量の大きさである．このとき角速度 $\omega_{\rm rot}$ は拘束条件 (3.503) をみたすようにきめられる Lagrange の未定乗数である．

　回転系での独立粒子運動は (3.501) 式を解くことによって得られる．この方法を**クランクした殻模型** (cranked shell model, CSM) と呼ぶ．また，回転系でのエネルギー固有値 $e'(\omega_{\rm rot})$ を**ルーシアン** (Routhian) という．Nilsson ダイアグラムと同様に，独立粒子のルーシアンを角速度の関数として描いた

ルーシアン・ダイアグラム (Routhian diagram) は，集団的回転に対して独立粒子運動がどのように反応するかを示し，たいへん重要な役割を果たす．図 **3.64** にその一例を示す．この図では変形した 1 粒子ハミルトニアン h_{def} として h_{Nilsson} がとられており，対相関の効果が取り入れられていないので，具体的に解析する場合には h_{BCS} にしなければならない．また，この図では実線，点線，破線，一点鎖線によって独立粒子状態のパリティやシグネチャー (signature) といった重要な量子数を表しているが，これらの量子数についての説明は省略する．

クランクした殻模型 (CSM) の最も重要な応用例は，対称軸に垂直な軸の回りに回転する集団的回転スキームに従う原子核のイラスト領域の回転スペクトルである．基底状態近傍のあまり高スピンでない基底状態回転バンド (基底バンド) の性質は慣性モーメント $\mathcal{J}$ によってきまる．3.4.6 において詳しく述べたように，慣性モーメントを微視的に求めるには，クランキング公式が最も一般的である．最初に提案された Inglis のクランキング公式 (3.419) に対相関の効果を取り入れた Belyaev のクランキング公式 (3.420) によって，実験結果がよく再現されることはすでに述べた．

しかしながら，高スピンになるにしたがって，すなわち回転の角速度 ω_{rot} が大きくなるにしたがって，回転系における特定の 1 粒子状態のエネルギー (ルーシアン) が下がり，2 個の準粒子がこの 1 粒子状態を占めるほうがエネルギー的に有利となって回転バンドの内部構造の変化が起こる．このような準粒子の励起を**回転整列** (rotational alignment) と呼ぶ．なぜならば，それまで変形軸の方向に束縛されていた準粒子の角運動量が回転軸方向へ整列することに対応しているからである．これが図 **3.60** に示したバンド交差現象であり，慣性モーメントの後方歪曲現象である．このようなバンド交差現象は基底バンド だ

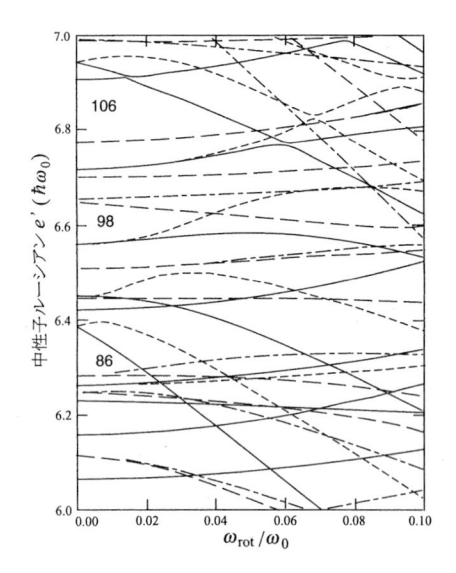

図 **3.64** 回転系での中性子に対する独立粒子エネルギーを角速度の関数として示す

4 重極変形度は $\epsilon_2 = 0.26$, 16 重極変形度は $\epsilon_4 = 0.01$, $\gamma = 0$ で ^{164}Er 近傍の原子核に対応する．清水良文, "夏の学校講義録：高速回転および巨大変形の極限状態における原子核構造" (2000) より．

けではなく，励起回転バンドにおいても系統的に観測されており，CSM により その機構が理解されている．

(b) 非集団的回転スキームの場合，その他

クランクした殻模型 (CSM) は，対称軸回りに回転する非集団的回転スキームの場合にも応用可能であり，前項とまったく同様に CSM の準粒子ルーシアンを考えることができる．しかしながら，このときの角速度 $\omega_{\rm rot}$ の意味には若干の違いがあり，注意が必要である．非集団的回転スキームの場合には，集団的回転がないので変形ポテンシャルが角速度 $\omega_{\rm rot}$ で回転していると考えることはできないからである．この場合の $\omega_{\rm rot}$ は，(3.502) 〜 (3.504) 式で述べたように，回転軸方向に角運動量を生成するための Lagrange 未定乗数の役割を果たすものと考えればよい．このように解釈して，CSM の準粒子ルーシアンを計算し，具体的な原子核に応用して非集団的回転スキームの解析がなされている．

ここまでの議論では，高スピン状態での原子核の変形がどのようにきまるかについては論じないで，あらかじめ形を仮定して議論を行ってきた．しかしながら，3.5.1 で述べたように，核変形は独立粒子軌道の殻効果に強く依存する．この殻効果を評価する方法が Strutinsky 法であった．したがって，イラスト領域での変形を自己無撞着的に求めるためには，Strutinsky 法をクランクした殻模型の場合に拡張すればよい．すなわち，クランクした Strutinsky 法である．実際にそのような方法を応用して，たとえば図 **3.63** に示したような球形多フォノン・バンド，小さくプロレート型変形した集団的回転バンド，オブレート型変形の非集団的回転スキーム，さらにプロレート型超変形回転バンドが合理的に説明できることが示され，高スピン回転運動の統一的理解が得られるに至っている．

3.6 巨 大 共 鳴

ここまでに議論してきた原子核における集団運動は，特に集団性の強い低励起状態 (その典型は偶々球形核の 2^+ フォノン励起状態や変形核の集団的回転状態など) であった．はたしてこのような低励起集団運動状態だけが原子核の集団運動なのだろうか．

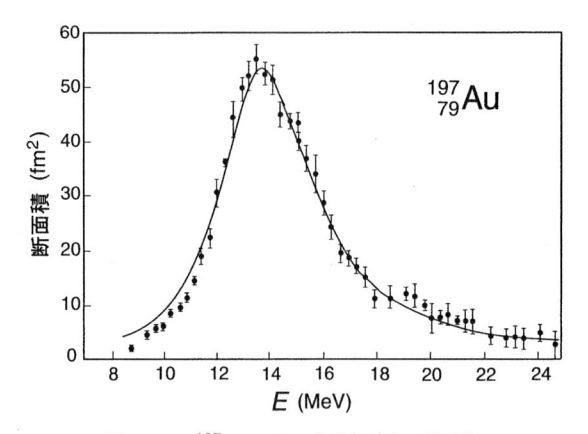

図 3.65 ^{197}Au による光吸収反応の断面積
実線は Breit-Wigner の共鳴公式 (3.507) の値を示す. ただし, $E_{\text{res}} = 13.9\,\text{MeV}$, $\Gamma = 4.2\,\text{MeV}$ ととられている. A. Bohr and B. R. Mottelson, *Nuclear Structure*, Benjamin, Vol. II (1969), Chap. 6 より.

偶々核の第 1 励起 2^+ 状態 (2_1^+) の励起エネルギー $E_{2_1^+}$ の実験値は図 **3.2** に示されている. 一方, $E_{2_1^+}$ を流体 (液滴) 模型で見積もった $\hbar\omega_2$ を 1/5 倍したものが同じ図に実線で示されている. これらを比べると, 大雑把にいえば質量数依存性は再現されているといえなくはない. しかし全体的に流体 (液滴) 模型が実験値をよく再現しているとはいい難い. 特に, $E_{2_1^+}$ の殻構造依存性は, 流体 (液滴) 模型によってはまったく説明できないことが明らかである.

また, 実験的には 2_1^+ 状態の励起エネルギーと, 基底状態 0_1^+ への換算遷移確率との間には強い相関があって, 質量数の広い範囲にわたって

$$E_{2_1^+} B(\text{E2}; 2_1^+ \to 0_1^+) \approx (25 \pm 8) \frac{Z^2}{A} \,[\text{MeV}\,e^2\,\text{fm}^4] \tag{3.505}$$

がよく成り立つことが知られている.[*67] 流体 (液滴) 模型では, $B(\text{E2}; 2_1^+ \to 0_1^+)$ は (3.53) 式で表されるから, (3.505) 式に対応する量は, 液滴模型では (3.12) 式を考慮すれば

$$\hbar\omega_2 B(\text{E2}; 2_1^+ \to 0_1^+) = \left(\frac{3ZeR_0^2}{4\pi}\right)^2 \frac{\hbar^2}{2B_2} \propto \frac{Z^2}{A^{1/3}} \tag{3.506}$$

となって, 両者の質量数依存性が異なる.

これらを総合的に考慮すると, 液滴模型は Bohr-Mottelson の集団模型のアイデアの出発点になったとはいえ, これをそのまま適用して特に集団性の強い

[*67] L. Grodzins, Phys. Lett. **2**(1962) 88.

2^+ 低励起集団運動状態を理解するのは無理であろう.それでは原子核には流体(液滴)模型がもっともうまく当てはまるような集団運動は存在しないのであろうか? そのような集団運動こそ,以下で述べる**巨大共鳴** (giant resonance) であると考えられている.

巨大共鳴は高い連続エネルギー状態の中に見出される集団的励起状態である.その1例として,**図3.65** に ^{197}Au による光吸収反応の断面積に見られる**巨大双極共鳴** (giant dipole resonance; $I^\pi = 1^-, T = 1$) が示されている.

巨大共鳴の励起断面積 $\sigma(E)$ は Breit-Wigner の共鳴公式によって,

$$\sigma(E) \propto \frac{1}{(E - E_{\rm res})^2 + (\Gamma/2)^2} \tag{3.507}$$

と表される.ここで $E_{\rm res}$ は**共鳴エネルギー** (resonance energy),すなわち巨大共鳴状態の励起エネルギーであり,Γ は**共鳴幅** (resonance width) である.巨大共鳴状態の励起エネルギーは,粒子放出のしきい値よりも高い連続エネルギー状態であるから,時間とともに崩壊する.このときの寿命 τ と共鳴幅 Γ との間には

$$\tau \approx \frac{\hbar}{\Gamma} \tag{3.508}$$

の関係がある.

上記の巨大双極共鳴は最も古くから知られた典型的な巨大共鳴であり,多くの原子核で観測されている.それらの共鳴エネルギー $E(1^-)$ は,大雑把に実験式

$$E(1^-) \approx 79\, A^{-1/3}\, [{\rm MeV}] \tag{3.509}$$

で表される (**図3.66** 参照).巨大双極共鳴のほかに,さまざまな粒子を用いた非弾性散乱や,荷電交換反応などにより,種々の巨大共鳴が見つかっている.これらについては後で概観する (**表3.2**(p.285) 参照).

3.6.1 和則

原子核における集団運動の全体像を理解するために,和則はたいへん重要な役割をはたす.以下でこれについて説明しよう.

いま系の基底状態 $|0\rangle$ に作用して,1粒子1空孔励起状態 (たとえば巨大共鳴状態) を作り出すエルミートの1粒子演算子 F を考える.原子核の光吸収反応により核を励起させる場合には,1粒子演算子 F は電磁的な外場である.こ

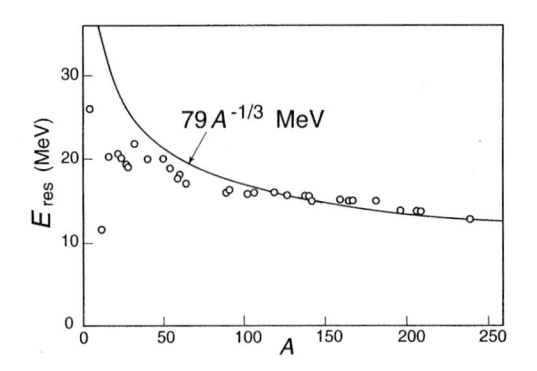

図 3.66 さまざまな原子核の巨大双極共鳴の共鳴エネルギー
横軸は質量数 A. 実線は実験式 (3.509) の値を示す. A. Bohr and B. R. Mottelson, *Nuclear Structure*, Benjamin, Vol. II (1969), Chap. 6 より.

の1粒子演算子 F に関する和則 (sum rule) は

$$S_k(F) = \sum_n (E_n - E_0)^k |\langle n|F|0\rangle|^2 \tag{3.510}$$

で与えられる．ここで，状態 $|n\rangle$ は系のハミルトニアン H の固有状態であり，それらは完全系を作るものとし，そのエネルギー固有値を E_n とする．$S_k(F)$ は1粒子演算子 F による励起強度関数

$$S(F;\omega) = \sum_n |\langle n|F|0\rangle|^2 \delta(\omega - \omega_n), \quad \omega_n = E_n - E_0 \tag{3.511}$$

の k 次のモーメント

$$S_k(F) = \int_0^\infty S(F;\omega)\,\omega^k d\omega \tag{3.512}$$

である．$\{|n\rangle\}$ の完全性を用いれば，

$$S_k(F) = \langle 0|F(H - E_0)^k F|0\rangle \tag{3.513}$$

と書かれる．

さて，演算子 F によって励起される状態の"エネルギー"

$$\mathcal{E}_k(F) = \left[\frac{S_k(F)}{S_{k-2}(F)}\right]^{1/2} \tag{3.514}$$

を考える．k のいろいろな値に対するこの"エネルギー"によって，励起強度関数のさまざまな情報が得られる．もしあるエネルギーの値の1点に鋭いピーク

があるときには，すべての k に対する $\mathcal{E}_k(F)$ はそのピークの点のエネルギーに一致する．

たとえば

$$\mathcal{E}_1(F) = \left[\frac{S_1(F)}{S_{-1}(F)}\right]^{1/2} \tag{3.515}$$

を適当な模型を用いて見積もることができれば，演算子 F によって励起される状態の平均の励起エネルギーが得られる．その結果を実験値と比べることによって，その模型が正当であるか否かを判断することができる．

(a) 双極共鳴の場合の和則

前に述べた原子核による光吸収反応におけるアイソベクトル型 $(T=1)$ 巨大双極共鳴の場合の和則について検討しよう．

電磁場 (光) が原子核へ及ぼす外場は荷電を持つ陽子だけに作用するので，いまの場合，双極共鳴状態を生成する双極子演算子 $F(\mathrm{E}1)$ は

$$F(\mathrm{E}1) = \sum_{i=1}^{A} \frac{1}{2}\{1-\tau_z(i)\}\, r_i\, Y_{10}(\theta_i,\varphi_i) \tag{3.516}$$

と書かれる．ただし

$$\frac{1}{2}\{1-\tau_z(i)\} = \begin{cases} 1, & \tau_z(i) = -1 \text{ (陽子のとき)} \\ 0, & \tau_z(i) = 1 \text{ (中性子のとき)} \end{cases} \tag{3.517}$$

である．(3.516) 式を

$$F(\mathrm{E}1) = \frac{1}{2}\sum_{i=1}^{A} r_i\, Y_{10}(\theta_i,\varphi_i) - \frac{1}{2}\sum_{i=1}^{A} \tau_z(i)\, r_i\, Y_{10}(\theta_i,\varphi_i) \tag{3.518}$$

と書き直すと，右辺の第1項は $\sum_i z_i$ に比例し，これは系の重心の z 座標に比例する．つまり外場 $F(\mathrm{E}1)$ の中のこの項は系の重心運動を励起するけれども，内部励起は起こさない．われわれの興味があるのは原子核の内部励起であるから，以後この項を無視し，

$$F(\mathrm{E}1) = -\frac{1}{2}\sum_{i=1}^{A} \tau_z(i)\, r_i\, Y_{10}(\theta_i,\varphi_i) \tag{3.519}$$

とする．

(3.519) 式の演算子による $k=1$ の和則値 $S_1(\mathrm{E1})$ は，系のハミルトニアン $H=T+V$ において V が座標のみの関数であるとするならば，

$$S_1(\mathrm{E1}) = \frac{1}{2}\langle 0|[F,[T,F]]|0\rangle = \frac{\hbar^2}{2M}\frac{1}{4}\langle 0|\sum_i(\nabla_i r_i Y_{10}(i))^2|0\rangle \quad (3.520)$$

となるから容易に計算することができて，結果は

$$S_1(\mathrm{E1}) = \frac{3A}{16\pi}\frac{\hbar^2}{2M} \quad (3.521)$$

となる．[*68] M は核子の質量である．一方，(3.515) 式によって双極共鳴の平均の励起エネルギー $\mathcal{E}_1(\mathrm{E1})$ を見積もるためには，和則 $S_{-1}(\mathrm{E1})$ を計算しなければならないが，このためには少し工夫が必要である．[*69] まず和則

$$S_{-1}(\mathrm{E1}) = \sum_n \frac{|\langle n|F|0\rangle|^2}{E_n - E_0} \quad (3.522)$$

の物理的意味を考えてみよう．ただし F は双極子演算子 (3.519) である．いま偶々核を考え，その基底状態 $|0\rangle$ のスピン・パリティを 0^+ とする．この原子核に光を当て，外場 $F(\mathrm{E1})$ を作用させる．すなわち摂動ハミルトニアン $H' = F(\mathrm{E1})$ を加えると，1次の摂動まで考えて，系の波動関数 $|\Phi\rangle$ は

$$|\Phi\rangle = |0\rangle - \sum_n \frac{\langle n|F|0\rangle}{E_n - E_0}|n\rangle \quad (3.523)$$

となる．この状態で双極子演算子 $F(\mathrm{E1})$ の期待値を計算すると

$$D = -\frac{1}{2}\langle \Phi|F(\mathrm{E1})|\Phi\rangle = \sum_n \frac{|\langle n|F|0\rangle|^2}{E_n - E_0} \quad (3.524)$$

となるから，D は和則 $S_{-1}(\mathrm{E1})$ にほかならない．

基底状態 $|0\rangle$ が Hartree-Fock 基底状態であるとしよう．(3.519) 式の双極子演算子 F は1体演算子であるから，これによる励起状態 $|n\rangle$ は1粒子1空孔状態である．したがって状態 $|\Phi\rangle$ は1つの Slater 行列式で表されるはずである．

[*68] いま原子核の内部励起のみを議論の対象にしているから，厳密にいえば，(3.520) 式の運動エネルギー演算子 T から，重心運動に関する部分を除かなければならない．しかし，重心の効果は全体の $1/A$ の程度であると推定されるので，ここでは無視した．

[*69] この部分の説明は，鈴木敏男，"原子核の巨大共鳴状態"(物理学最前線 19)，共立出版 (1988) に負っている．

3.6 巨大共鳴

その Slater 行列式を構成している 1 粒子波動関数を $\{\phi_i(\bm{r}); i = 1, 2, \ldots, A\}$ とすると，

$$D = \frac{1}{4} \int \{\rho_{\rm n}(\bm{r}) - \rho_{\rm p}(\bm{r})\} r Y_{10} \, d\bm{r} \tag{3.525}$$

となる．ここで，$\rho_{\rm n}(\bm{r})$, $\rho_{\rm p}(\bm{r})$ はそれぞれ中性子と陽子の密度分布であり，

$$\rho_{\rm n}(\bm{r}) = \sum_{i=1}^{N} |\phi_i(\bm{r})|^2, \quad \rho_{\rm p}(\bm{r}) = \sum_{j=1}^{Z} |\phi_j(\bm{r})|^2 \tag{3.526}$$

である．(3.525) 式の D が $\rho_{\rm n}$ と $\rho_{\rm p}$ の差で構成されるのは，(3.519) 式の双極子演算子に τ_z が入っていて，陽子と中性子に符号が逆の作用を及ぼすからである (アイソベクトル演算子)．換言すれば，原子核に光という外場を作用させたため，陽子と中性子の分布が変化して**偏極** (polarization) を生じ，原子核が双極子モーメントを持つことになったわけである．このときの**偏極度** (polarizability) D が和則 $S_{-1}(\mathrm{E1})$ である．この概念図が図 **3.67** に示されている．

そこで，以上を考慮しながら，液滴模型を用いて和則 $S_{-1}(\mathrm{E1})$ を見積もることにする．原子核が一様な密度を持った半径 R の球とする．核子の密度分布を $\widetilde{\rho}(\bm{r})$ とすれば，

$$\widetilde{\rho}(\bm{r}) = \begin{cases} \rho, & r \leq R \\ 0, & r > R \end{cases} \tag{3.527}$$

である．核子密度 ρ は (2.9) 式で与えられる．陽子と中性子の分布はそれぞれ

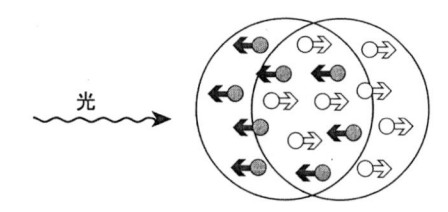

図 **3.67** 陽子と中性子が一様に分布している原子核の基底状態が光を吸収すると，陽子と中性子が逆方向に励起・移動し，偏極が生じる．

$$\rho_{\rm p}(\bm{r}) = \frac{Z}{A} \widetilde{\rho}(\bm{r}), \quad \rho_{\rm n}(\bm{r}) = \frac{N}{A} \widetilde{\rho}(\bm{r}) \tag{3.528}$$

となり，

$$\int \rho_{\rm p}(\bm{r}) \, d\bm{r} = Z, \quad \int \rho_{\rm n}(\bm{r}) \, d\bm{r} = N, \quad \int \widetilde{\rho}(\bm{r}) \, d\bm{r} = A \tag{3.529}$$

をみたす．

さて，Weizsäcker-Bethe の質量公式 (2.7) で与えられる核のエネルギー $E(Z, N) = -B(Z, N)$ が，$\widetilde{\rho}, \rho_{\rm p}, \rho_{\rm n}$ の関数であると考え，エネルギー密度を $\widetilde{E}(\widetilde{\rho}, \rho_{\rm p}, \rho_{\rm n})$ と仮定する．つまり，このエネルギー密度を積分したものが (2.7)

式(の逆符号)を与えるものとする.ここでは特に (2.7) 式の右辺第4項の対称エネルギーの項に注目する.この項に対応するエネルギー密度を $\widetilde{E}_{\text{sym}}(\widetilde{\rho}, \rho_{\text{p}}, \rho_{\text{n}})$ とすれば,それは

$$\widetilde{E}_{\text{sym}}(\widetilde{\rho}, \rho_{\text{p}}, \rho_{\text{n}}) = C_{\text{sym}} \frac{(\rho_{\text{n}} - \rho_{\text{p}})^2}{\widetilde{\rho}} \tag{3.530}$$

であると考えられる.実際,(3.530) 式に (3.528) 式を代入して積分すれば,

$$\int \widetilde{E}_{\text{sym}}(\widetilde{\rho}, \rho_{\text{p}}, \rho_{\text{n}}) \, d\boldsymbol{r} = C_{\text{sym}} \frac{(N - Z)^2}{A} \tag{3.531}$$

が得られるからである.

この核に外場 (3.531) を作用させると,当然偏極が生じ,核のエネルギー,したがってエネルギー密度に変化が生じる.その変化分は $\langle \Phi | F(\text{E1}) | \Phi \rangle = -2D$ であるから,対称エネルギーのエネルギー密度は

$$\widetilde{E}'_{\text{sym}}(\widetilde{\rho}, \rho_{\text{p}}, \rho_{\text{n}}) = C_{\text{sym}} \frac{(\rho_{\text{n}} - \rho_{\text{p}})^2}{\widetilde{\rho}} - \frac{1}{2}(\rho_{\text{n}} - \rho_{\text{p}}) r Y_{10}(\theta, \varphi) \tag{3.532}$$

である.外場と核の偏極とが釣り合いを保つためには,

$$\frac{\partial \widetilde{E}'_{\text{sym}}(\widetilde{\rho}, \rho_{\text{p}}, \rho_{\text{n}})}{\partial (\rho_{\text{n}} - \rho_{\text{p}})} = 0 \tag{3.533}$$

のはずであるから,

$$\rho_{\text{n}}(\boldsymbol{r}) - \rho_{\text{p}}(\boldsymbol{r}) = \frac{1}{4 C_{\text{sym}}} \widetilde{\rho}(\boldsymbol{r}) \, r \, Y_{10}(\theta, \varphi) \tag{3.534}$$

が得られる.この結果と (3.527) 式とを (3.525) 式に代入し,積分を行えば

$$D = S_{-1}(\text{E1}) = \frac{A \langle r^2 \rangle}{64\pi \, C_{\text{sym}}}$$

となり,$\langle r^2 \rangle = (3/5) R^2$ であるから,和則 $S_{-1}(\text{E1})$ は

$$S_{-1}(\text{E1}) = \frac{3 A R^2}{320 \pi \, C_{\text{sym}}} \tag{3.535}$$

となる.

(3.521) 式の和則 $S_1(\text{E1})$ と (3.535) 式の和則 $S_{-1}(\text{E1})$ とを (3.515) 式に代入すると,アイソベクトル双極子共鳴の平均の励起エネルギー $\mathcal{E}_1(\text{E1})$ を見積もることができて,

$$\mathcal{E}_1(\text{E1}) = \left[\frac{10 \hbar^2 \, C_{\text{sym}}}{M R^2} \right]^{1/2}$$

3.6 巨大共鳴

図 3.68 双極共鳴に対する和則値の実験値 $S_1(\text{E1})_{\text{exp}}$ と理論値 $S_1(\text{E1})_{\text{theor}}$ との比. 実験値は $E=30\,\text{MeV}$ まで積分したもの. 横軸は質量数 A. A. Bohr and B. R. Mottelson, *Nuclear Structure*, Benjamin, Vol. II (1969), Chap. 6 より.

となる. Weizsäcker-Bethe の質量公式 (2.7) にしたがって $C_{\text{sym}} = 23.3\,\text{MeV}$ とすれば, 流体 (液滴) 模型による $\mathcal{E}_1(\text{E1})$ の値は

$$\mathcal{E}_1(\text{E1}) = 82\,A^{-1/3}\,[\text{MeV}] \tag{3.536}$$

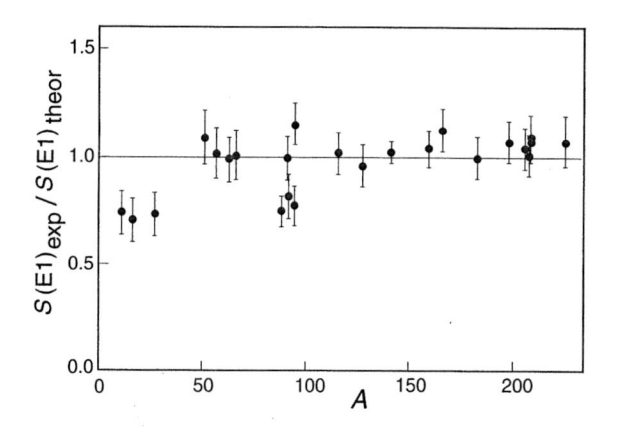

となり, この結果は実験式 (3.509) によく合致している.

(3.521) 式の和則 $S_1(\text{E1})$ は模型に依存せず (model-independent) に求められた. この結果と実験値とを比べることによって, 観測された巨大共鳴の性格を知ることができる. 光吸収反応の全断面積 (すべてのエネルギーについての積分) と和則値との関係は

$$\int_0^\infty \sigma(E)dE = \frac{4\pi^2 e^2}{\hbar c} S_1(\text{E1}) \tag{3.537}$$

であるから, 実験値の全断面積 (たとえば図 **3.65** の断面積を積分したもの) から和則の実験値 $S_1(\text{E1})_{\text{exp}}$ を求め, (3.521) 式の理論値 $S_1(\text{E1})_{\text{theor}}$ との比を種々の核に対して描いたものが図 **3.68** である. この図から, 巨大双極共鳴の和則値の実験値が理論値のほとんど 100% を尽くしていることがわかる. このように, 巨大共鳴は一般に和則のほとんどすべてを尽くすのが特徴である. Goldhaber と Teller はこの点に最初に注目し, 巨大双極共鳴は核のすべての核子が関与し, 陽子流体と中性子流体の 2 種類の流体が位相をそろえて逆方向に

運動する集団運動 (図 **3.67**) であることを指摘した.[*70]

(b) アイソスカラー型の場合の和則 S_1, S_3

いま 1 粒子演算子 F をアイソスカラー型 ($T=0$ の状態のみを励起する演算子) に限るものとする. さらに F は粒子の座標だけに依存するものとする. つまり

$$F = \sum_{i=1}^{A} f(\boldsymbol{r}_i) \tag{3.538}$$

とする. また全ハミルトニアン $H = T+V$ において, 相互作用 V の運動量に依存する部分は無視するものとする. この場合には, $k=1$ の和則値 $S_1(F)$ は容易に求めることができる. すなわち,

$$S_1(F) = \frac{1}{2}\langle 0|\,[F,[H,F]]\,|0\rangle = \frac{\hbar^2}{2M} A \,\langle 0|(\boldsymbol{\nabla} f)^2|0\rangle \tag{3.539}$$

である. したがって, 個々の励起状態 $|n\rangle$ の詳細を知ることなしに, (3.539) 式の右辺を計算することによって和則値 $S_1(F)$ を求めることができる.

演算子 F が λ 次の多重極演算子の場合, すなわち $F = \sum_i r_i^\lambda Y_{\lambda 0}(\theta_i, \varphi_i)$ の場合の和則値 $S_1(\lambda)$ は

$$S_1(\lambda) = \frac{\hbar^2}{2M} A \,\langle 0|(\nabla r^\lambda Y_{\lambda 0})^2|0\rangle = \frac{\hbar^2}{2M} \frac{(2\lambda+1)\lambda}{4\pi} A \,\langle r^{2\lambda-2}\rangle \tag{3.540}$$

となる. 右辺の $\langle r^{2\lambda-2}\rangle$ は基底状態での期待値であり, 半径 R の一様な球形の密度分布の場合

$$\langle r^L \rangle = \frac{3}{L+3} R^L \tag{3.541}$$

である.

次に $k=3$ の和則値 $S_3(F)$ は

$$S_3(F) = \langle 0|F(H-E_0)^3 F|0\rangle = -\frac{1}{2}\left(\frac{2\hbar^2}{M}\right)^2 \langle 0|\,[G,[H,G]]\,|0\rangle \tag{3.542}$$

と書かれる. ただし,

$$-\frac{2\hbar^2}{M} G = [H,F] = [T,F]$$

[*70] M. Goldhaber and E. Teller, Phys. Rev. **74**(1948) 1046.

である．したがって，

$$E(\eta) = \langle 0|e^{-\eta G} H e^{\eta G}|0\rangle \quad (3.543)$$

とすれば，和則値 $S_3(F)$ は

$$S_3(F) = \frac{1}{2}\left(\frac{2\hbar^2}{M}\right)^2 \frac{\partial^2}{\partial \eta^2} E(\eta)\bigg|_{\eta=0} \quad (3.544)$$

となる．この場合も S_1 のときと同様に，個々の励起状態 $|n\rangle$ の詳細を知ることなしに和則値 $S_3(F)$ を求めることができる．

演算子 F が多重極演算子 $\sum_i r_i^\lambda Y_{\lambda 0}(\theta_i, \varphi_i)$ の場合には，

$$G = \begin{cases} \dfrac{1}{2}(\boldsymbol{\nabla} r^\lambda Y_{\lambda 0})\cdot \boldsymbol{\nabla}, & (\lambda \neq 0) \\ \dfrac{3}{2} + r\dfrac{\partial}{\partial r}, & (\lambda = 0) \end{cases} \quad (3.545)$$

である．

たとえば，F が 4 重極演算子 ($\lambda = 2$) の場合には，任意の関数 $\Phi(x_i, y_i, z_i)$ に対して直接計算を行って，

$$e^{\eta G}\Phi(x_i, y_i, z_i) = \Phi(e^{-\eta'}x_i, e^{-\eta'}y_i, e^{2\eta'}z_i), \quad \eta' = \sqrt{\frac{5}{16\pi}}\,\eta \quad (3.546)$$

が得られるから，

$$S_3(\lambda=2) = \frac{1}{2}\left(\frac{2\hbar^2}{M}\right)^2 \frac{5}{16\pi} 8\langle T\rangle \quad (3.547)$$

となる．ここで，$\langle T\rangle$ は基底状態における運動エネルギーの期待値である．(3.540) と (3.547) 式を用いれば，$\lambda = 2$ に対する (3.514) 式の "エネルギー" は

$$\mathcal{E}_3(\lambda=2) = \left[\frac{S_3(\lambda=2)}{S_1(\lambda=2)}\right]^{1/2} = \left[\frac{\hbar^2}{M}\frac{4\langle T\rangle}{A\langle r^2\rangle}\right]^{1/2} \quad (3.548)$$

となる．

いま粒子の運動が通常の殻模型で記述できるとするならば，すなわち調和振動子ハミルトニアンに従うとするならば，$\langle T\rangle = (1/2)M\omega_0^2\langle\sum_i r_i^2\rangle = (1/2)M\omega_0^2 A\langle r^2\rangle$ であるから，$\mathcal{E}_3(\lambda=2) = \sqrt{2}\hbar\omega_0$ である．この "エネルギー" $\mathcal{E}_3(\lambda=2)$ がアイソスカラー型 4 重極励起状態の平均の励起エネルギーを表していると考えられる．(1.16) 式に示したように，通常の殻模型においては

$\hbar\omega_0 \approx 41\, A^{-1/3}$ [MeV] であるから，アイソスカラー型**巨大 4 重極共鳴** (giant quadrupole resonance; $I^\pi = 2^+, T = 0$) の励起エネルギーは

$$E(2^+, T=0) \approx 58\, A^{-1/3} \text{ [MeV]} \qquad (3.549)$$

となり，*71 **表 3.2**(p. 285) に示されている実験結果によく合致している．

早い時期には，(3.540) 式において $\lambda = 2$ としたときの $2^+(T = 0)$ の和則 $S_1(\lambda = 2)$ の理論値が表す集団運動は，集団性の極めて強い低励起 2^+ 状態であるだろうと考えられた．しかし，これらの低励起 2^+ 状態による和則の実験値を求めたところ，理論値のたかだか 10% 程度しか尽くしていなかった (図 **3.69** 参照)．残りの 90% 以上が行方不明で謎であった．上述のアイソスカラー巨大 4 重極共鳴が発見され，これが和則の 90% 以上を尽くすことがわかり，謎が解けるに至った．

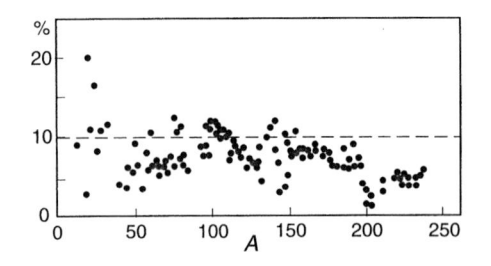

図 3.69 低励起 2^+ 状態に対する和則の実験値の理論値に対する比

黒丸が実験値．横軸は質量数を示す．鈴木敏男，"原子核の巨大共鳴状態"(物理学最前線 19)，共立出版 (1988) より．

上述の $\lambda = 2$ の 4 重極励起と同様に，$\lambda = 0$ のアイソスカラー型集団励起を考えることもできる．これは球形の原子核の半径が収縮・伸張する**呼吸モード** (breathing mode) であり，核物質の非圧縮率に関係している．このときの励起演算子は $F = \sum_{i=1}^{A} r_i^2$ であることがわかっている．$\lambda = 2$ の場合と同様にして，アイソスカラー型**巨大単極共鳴** (giant monopole resonance; $I^\pi = 0^+, T = 0$) の励起エネルギーは

$$E(0^+, T=0) \approx 2\hbar\omega_0 \approx 82\, A^{-1/3} \text{ [MeV]} \qquad (3.550)$$

となり，**表 3.2**(p. 285) に示されている実験結果によく合っている．またこのときの和則の理論値を，巨大単極共鳴の実験値がほぼ尽くしていることがわかっている．

---

*71 T. Suzuki, Nucl. Phys. **A217**(1973) 182.

3.6.2 さまざまな巨大共鳴

光吸収反応によって最も以前に見出された巨大共鳴が，すでに述べた双極 ($\lambda^\pi = 1^-$) 振動状態であり，**図 3.67** に示されたように，陽子群と中性子群が逆位相で振動するという古典的描像に対応した集団運動状態である．この状態を励起する演算子 (3.516) がアイソスピン演算子 τ_z を含むので，アイソベクトル型 ($T = 1$) の振動という．すでに述べたように，この巨大共鳴の特徴は和則のほとんどすべてを担っているということである．これは核を構成する全核子が関与する集団運動であることを意味する．

1970 年代に入り，電子や陽子や α 粒子の非弾性散乱において新たに観測されたのが，陽子群と中性子群が同位相で 4 重極 ($\lambda^\pi = 2^+$) 振動するアイソスカラー型 ($T = 0$) の巨大 4 重極共鳴であり，その励起演算子に対する和則のほとんど (90%以上) を担うことが見出された．[*72] さらに引き続いて同種の非弾性散乱によって，アイソスカラー型 ($T = 0$) の巨大単極 ($\lambda^\pi = 0^+$) 共鳴が見出された．これらアイソスカラーの振動モードに対する古典的描像の概念図が図 **3.70** に示されている．**図 3.70** の **(a)** に示す $\lambda^\pi = 0^+$ の単極振動モードは核の圧縮・膨張運動 (呼吸運動) に対応し，核物質の圧縮率に関する情報を与えるものであり，この情報により核の非圧縮率 (圧縮率の逆数)K が

$$K = \frac{1}{A}\left[9\rho^2 \frac{\partial^2 E(\rho)}{\partial \rho^2}\right]_{\rho=\rho_0} = 200\,[\text{MeV}] \tag{3.551}$$

であることがわかった．なお，**図 3.70** の **(b)** が上記の $\lambda^\pi = 2^+$ のアイソスカラー型巨大 4 重極共鳴の古典的描像である．

上記のように古典的対応が必ずしも直接的でない振動モードとして，(p,n) 反応などの荷電交換反応によって励起される陽子と中性子の荷電を交換する荷電交換モードがある．1960 年代のはじめに (p,n) 反応で非常に狭い幅 (数 100 keV) の共鳴状態として見出された**アイソバリック・アナログ状態** (isobaric analogue state: **IAS**) がそれである．[*73] この共鳴状態は $N > Z$ の中重核や重い核に系統的に存在し，励起前の親核 (N, Z) から測った励起エネルギーが，いちばん外

[*72] S. Fukuda and Y. Torizuka, Phys. Rev. Lett. **29**(1972) 1109.
　　M. Nagao and Y. Torizuka, Phys. Rev. Lett. **30**(1973) 1068.
　　R. Pitthan and Th. Walcher, Phys. Lett. **36B**(1971) 563.
　　M. B. Lewis and F. E. Bertrand, Nucl. Phys. **A196**(1972) 337.
[*73] J. D. Anderson, C. Wong and J. W. McClure, Phys. Rev. **126**(1962) 2170.

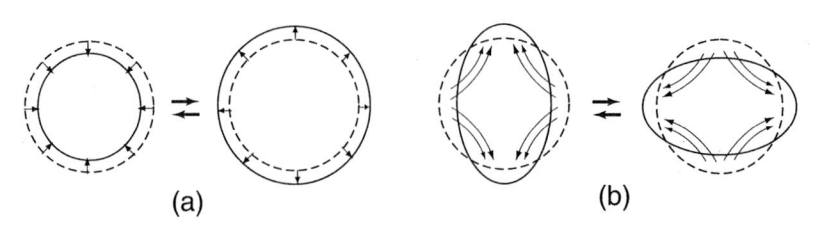

図 3.70 アイソスカラー型の振動モードの概念図
(a) が $\lambda^\pi = 0^+$ の単極振動 (圧縮・膨張振動). (b) が $\lambda^\pi = 2^+$ の 4 重極振動.

側の 1 個の陽子の Coulomb エネルギー (Δ_c) となると考えられた. すなわち, 演算子

$$T_\pm = \sum_{i=1}^A t_\pm(i) = \sum_{i=1}^A \frac{1}{\sqrt{2}} \{\tau_x(i) \pm i\tau_y(i)\} \tag{3.552}$$

を考えると, T_- が中性子を陽子に変換する演算子であるから, IAS はこの T_- によって励起される状態 $|\text{IAS}\rangle \propto T_-|0\rangle$ と考えられ, そのエネルギーは $E_{\text{IAS}} \approx E_0 + \Delta_c$ であるとみなされた.[*74]

つまり, 親核の 1 個の中性子が消滅し, スピン・軌道状態が変化しない 1 個の陽子が生成され, 荷電のみが交換された励起状態が生成されるのである. 集団運動の観点から考えると, 特に $N \gg Z$ の核では, 荷電交換によって中性子の 1 空孔ができ, それと同じスピン・軌道状態の陽子の 1 粒子状態が多数できる. IAS はこのような多くの 1 粒子 1 空孔状態がコヒーレント (coherent) に重ね合わさった娘核 $(Z+1, N-1)$ の集団的励起状態であり, 荷電が変化することによる対称エネルギーの引き戻す力 (復元力: restoring force) によって生じる振動モードであると理解することができる.[*75]

そのときの励起エネルギーは

$$\Delta_c = \frac{\langle 0|[T_+, [H, T_-]]|0\rangle}{\langle 0|[T_+, T_-]|0\rangle} = \frac{\langle 0|[T_+, [H_c, T_-]]|0\rangle}{\langle 0|[T_+, T_-]|0\rangle} \tag{3.553}$$

となる. ここで, ハミルトニアン H の中の大部分は T_- と交換するので, 交換しない Coulomb 力などの部分 H_c のみが残る. この場合の 和則 は

$$\langle 0|[T_+, T_-]|0\rangle = \langle 0|T_+T_-|0\rangle - \langle 0|T_-T_+|0\rangle$$
$$= S_-^{(\text{F})} - S_+^{(\text{F})} = N - Z \tag{3.554}$$

[*74] A. M. Lane and J. M. Soper, Phys. Rev. Lett. **7**(1962) 250; Nucl. Phys. **37**(1962) 506.
[*75] K. Ikeda, S. Fujii and J. I. Fujita, Phys. Lett. **2**(1962) 169.

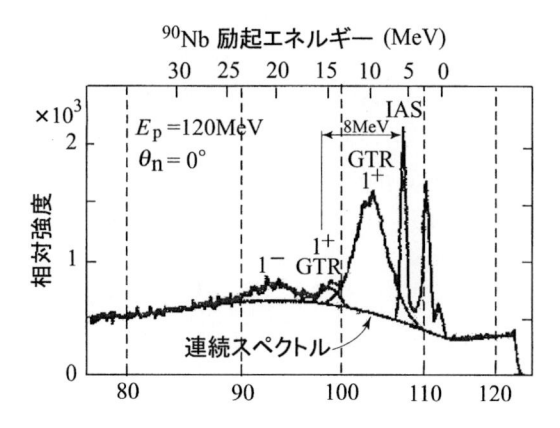

図 3.71　^{90}Zr(p, n)^{90}Nb で見出された Gamow-Teller 巨大共鳴
C. Gaarde, Nucl. Phys. **A396**(1982) 127c より.

となる.もしほとんど厳密に $|\text{IAS}\rangle = T_-|0\rangle$ であり,T_+ による陽子から中性子への荷電交換が Pauli 原理で禁止されるなら,$T_+|0\rangle = 0$ となって,和則の 100% 近くが IAS に集中するはずであり,実験結果もそうなっている.

このような IAS の発見は,荷電交換と同時にスピンを反転させるような振動モードの存在を示唆する.すなわち,励起演算子 $\boldsymbol{Y}_\pm = \sum_i t_\pm(i)\boldsymbol{\sigma}_i$ によって励起される集団運動状態である.この状態は理論的には早くから予言されていたが,[76] 1975 年にはじめて実験的に観測され,[77] 1980 年代に入り $N - Z > 1$ の原子核で系統的に見出された.これが巨大双極共鳴と並んで典型的な巨大共鳴であるところの **Gamow-Teller 巨大共鳴** (Gamow-Teller giant resonance; **GTR**) である.図 3.71 に示した ^{90}Zr(p, n)^{90}Nb のデータはその 1 例である.

この Gamow-Teller 巨大共鳴は荷電交換とともにスピンを反転させた多数の 1 粒子 1 空孔励起状態がコヒーレントに重ね合わさってできる集団的励起状態であり,その励起エネルギー $E_\text{GTR} \approx E_0 + \Delta E_\text{GTR}$ は IAS の場合と同様に次式で推定できる:

$$\Delta E_\text{GTR} = \frac{\langle 0|\,[\boldsymbol{Y}_+, [H, \boldsymbol{Y}_-]]\,|0\rangle}{\langle 0|\,[\boldsymbol{Y}_+, \boldsymbol{Y}_-]\,|0\rangle}$$

$$= \frac{\langle 0|\,[\boldsymbol{Y}_+, [H_\text{c}, \boldsymbol{Y}_-]]\,|0\rangle}{\langle 0|\,[\boldsymbol{Y}_+, \boldsymbol{Y}_-]\,|0\rangle} + \frac{\langle 0|\,[\boldsymbol{Y}_+, [H_\text{s}, \boldsymbol{Y}_-]]\,|0\rangle}{\langle 0|\,[\boldsymbol{Y}_+, \boldsymbol{Y}_-]\,|0\rangle}$$

---

[76] K. Ikeda, S. Fujii and J. I. Fujita, Phys. Lett. **3**(1963) 271.
[77] R. R. Doering, A. Galonsky, D. M. Patterson and G. F. Bertsch, Phys. Rev. Lett. **35**(1975) 1691.

$$\approx \Delta_c + \bar{\varepsilon}_{ls} - \alpha \frac{N-Z}{A}. \qquad (3.555)$$

ここで，ハミルトニアン H の中のスピン依存力 H_s と Coulomb 力 H_c など，演算子 $\bm{Y}_-$ と交換しない部分のみが残る．スピン依存力 H_s はスピン軌道力による部分 $\bar{\varepsilon}_{ls}$ とスピン依存の中心力などの部分 $-\alpha(N-Z)/A$ で近似することができる．またこの場合の <u>和則</u> は

$$\langle 0|[\bm{Y}_+, \bm{Y}_-]|0\rangle = \langle 0|\bm{Y}_+\bm{Y}_-|0\rangle - \langle 0|\bm{Y}_-\bm{Y}_+|0\rangle$$
$$= S_-^{(\mathrm{GT})} - S_+^{(\mathrm{GT})} = 3(N-Z) \qquad (3.556)$$

となる．[*78] この和則の 90% 以上が GTR に集中すると予想されていたが，実験的には，IAS が 100% 近くであったのに対し，このエネルギー領域において 50%～60% しか観測されなかった．[*79] この失われた (missing) 和則をめぐって，(i) スピン依存力，特に π 中間子などがもたらす強いテンソル力にによる高いエネルギー領域への分散，と (ii) π 中間子と核子との共鳴状態である Δ 粒子 ($T=3/2, S=3/2$) との結合による，[*80] ものと考えられたが，現在では，その失われた和則の多くが高いエネルギー領域に分散していることが実験的に確かめられている．[*81]

以上述べたように，多種類のさまざまな巨大共鳴が観測されている．それらの主なものを整理したのが **表 3.2** である．この表に上げたもの以外にも，より高い多重度をもつ多重極型巨大共鳴や，スピン振動型やスピン・アイソスピン振動型の巨大共鳴が観測されている．[*82] また，その他の型の励起演算子による巨大共鳴の存在が理論的に予想されている．

[*78] IAS および GTR の励起演算子は，原子核の β 崩壊における許容遷移の演算子であるところの Fermi 型 $\int 1$ および Gamow-Teller 型 $\int \sigma$ に対応する．$N>Z$ 核では，低い状態への遷移は Fermi 型においては非常に強く抑圧 (hinder) され，Gamow-Teller 型においては強く (～1/10) 抑圧されることが知られていた．この抑圧はこれらの集団運動状態の存在によって理解されることが示された [J. I. Fujita, S. Fujii and K. Ikeda, Phys. Rev. **133**(1964) 549]．(3.554) 式および (3.556) 式の強度関数 $S_\pm$ の添え字 "(F)" および "(GT)" は，それぞれ <u>F</u>ermi および <u>G</u>ammow-<u>T</u>eller を示す．このことから，Gamow-Teller 巨大共鳴と呼ばれるようになった．

[*79] C. Gaarde, Nucl. Phys. **A396**(1982) 127c より．

[*80] 鈴木敏男，池田清美，日本物理学会誌 **37**(1982) 664．

[*81] 酒井英行，若狭智嗣，日本物理学会誌 **52**(1997) 441．

[*82] J. Speth (ed.), *Electric and Magnetic Giant Resonances in Nuclei* International Review of Nuclear Physcis, World Scientific Publishing Co., **7**(1991).

3.6 巨大共鳴

表 3.2 主な巨大共鳴

名称 など	振動モードの アイソスピン・ 角運動量演算子	全スピン・ パリティ (I^π)	励起エネルギー [†] (MeV)
アイソスカラー型 $(T=0)$			
単極	1	0^+	$80\,A^{-1/3}$
4重極	$Y_{2\mu}(\theta,\varphi)$	2^+	$65\,A^{-1/3}$
アイソベクトル型 $(T=1, T_z=0)$			
単極	$\tau_z \cdot 1$	0^+	$170\,A^{-1/3}$
双極	$\tau_z \cdot Y_{1\mu}(\theta,\varphi)$	1^-	$79\,A^{-1/3}$
4重極	$\tau_z \cdot Y_{2\mu}(\theta,\varphi)$	2^+	$130\,A^{-1/3}$
荷電交換型 $(T=1, T_z=\pm 1)$			
IAS	$\tau_\pm$	0^+	$E_{\rm IAS} = V_c(娘核) - V_c(親核)$
GTR	$\tau_\pm \cdot \boldsymbol{\sigma}$	1^+	$E_{\rm IAS} + \bar{\varepsilon}_{ls} - \alpha(N-Z)/A$

[†] $A > 60$ の原子核に対する大まかな表式である.
注:IAS はアイソバリック・アナログ状態の略. IAS は共鳴幅が狭いけれども巨大共鳴の1種と考えてよい. GTR は Gamow-Teller 共鳴の略.

4

クラスター模型

1個の原子の性質は，原子の中心となる原子核の周囲の平均ポテンシャルの中の多数の電子の状態によってきまる．同様に，第1章で述べた jj 結合殻模型は，原子核のさまざまな性質が1つの平均ポテンシャル内の多数の核子の状態によって決定されるというアイデアに立脚している．したがって，殻模型はいわば原子核の "原子的描像" である．

これに対し，原子核の "分子的描像" も考えられる．前に述べたように，原子核はほぼ一定の密度の液滴状の多核子系であると考えることができる．この液滴にわずかばかりのエネルギーを加えると，核子のすべてがばらばらになるのではなく，いくつかの核子のかたまりに分割されるという事実から，原子核はいくつかの核子の集合体であるサブ・ユニット，すなわち核子の**クラスター** (cluster) によって構成されているというアイデアも成立しうるのである．これが原子核の "分子的描像" である．

原子核の分子的描像に立脚し，ある原子核をいくつかのクラスターからなると考えて，そのクラスターの内部励起，クラスター間の相対運動，およびそれらの間の結合 (相互作用) を取り扱う模型を**クラスター模型** (cluster model) と呼び，この模型でよく記述される構造を**クラスター構造** (cluster structure) あるいは**分子的構造** (molecule-like structure) という．したがって，原子核における分子的描像は，各々のクラスター内の核子間の結合が比較的強く，クラスター間の相関が比較的弱い場合に初めて意味を持つことになる．これを簡約して述べると，"内部相関が強く，外部相関が弱い" ということができる．

それでは，実際の原子核がこのようなクラスター構造を示すであろうか．1960年代から始まった軽重イオン原子核反応の実験において，α クラスター構造[*1]と考えられる状態が，特に軽い核において少なからず発見された．もちろん α

[*1] 2個の陽子と2個の中性子が比較的強く結合した α 粒子を核内のクラスターとするクラスター構造である．

クラスターだけが核内のクラスターではなく，その他のクラスターも考えられる．本章においては，上述の"内部相関が強く，外部相関が弱い"という分子的描像が原子核においてどのように成り立っているか，それらが核子間の相関(核力)から出発して，いかに理解できるかを検討することにしよう．

4.1　しきい値則と Ikeda ダイアグラム

原子核における"分子的構造"とはいうものの，実際の分子とは大いに異なる点がある．実際の分子においては，原子核におけるクラスターに相当するのが分子を構成している原子である．原子には中心となる原子核があるが，原子核におけるクラスターにはそのような中心となる"核"がない．しかも原子核におけるクラスターを結合させるのも，クラスター間相互作用をもたらすのも，その源はともに核子間力(核力)である．このことが実際の分子と原子核における"分子的構造"とを著しく異なるものとしている．この点を明らかにするために図 4.1 を見ていただきたい．

図 4.1 には H_2 分子，^8Be 原子核，および重陽子の場合の結合ポテンシャルと相対波動関数の概略が示されている．結合ポテンシャルとしては，H_2 分子の場合は水素原子の原子間力ポテンシャル，^8Be 原子核の場合は α-α ポテンシャル，重陽子の場合は核力の中の中心力ポテンシャルが描かれている．図 4.1 で

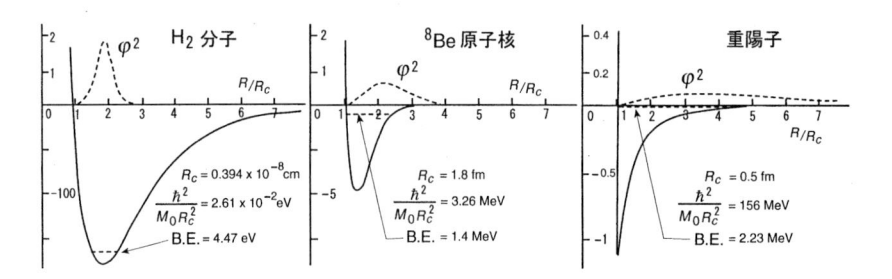

図 4.1　H_2 分子，^8Be 原子核，および重陽子の場合の結合ポテンシャルと相対波動関数の概略　H_2 分子の場合は水素原子の原子間力ポテンシャル，^8Be 原子核の場合は α-α ポテンシャル，重陽子の場合は核力の中の中心力が描かれている．相対距離は近距離斥力の作用半径 R_c を単位としている．エネルギーの単位は $\hbar^2/(M_0 R_c^2)$ (M_0 は各々の場合に対して，それぞれ水素原子，α 粒子，核子の質量である．) A. Bohr and B. R. Mottelson, *Nuclear Structure*, Benjamin, Vol. I (1969) 268; J. Hiura and R. Tamagaki, Prog. Theor. Phys. Suppl. **52**(1972) Chap. 2 より．

わかるように，水素分子の場合には結合ポテンシャルに比べて結合エネルギーが比較的大きく，水素原子間の相対波動関数は極めて狭い領域に局在化されている．これに対し，^{8}Be 原子核の場合には，結合エネルギーが比較的小さく，相対波動関数はたいへん広い領域に広がり，現実の分子と比べてクラスター的構造が弱いことを示している．

このことからも推測されるように，原子核における分子的構造あるいはクラスター構造を示す状態は，系のエネルギーが構成要素となるクラスターに分解するしきい (閾または敷居) 値 (threshold energy) の近傍にあるときに現れる．このことは実験的にも確かめられている．たとえば，^{8}Be は α クラスター構造をもつ典型的な原子核として良く知られているが，その基底状態は 2 個の α 粒子から構成される準安定 (不安定) な結合状態で，そのままでは 2α に分解してしまう．つまり，^{8}Be の基底状態は $\alpha+\alpha$ に分解するしきい値のすぐ傍にある．

このようにクラスター構造を示す状態は，その系のエネルギーがそれらのクラスターに分解するしきい値の近傍にあるときに現れる という "法則" でもって，さまざまな軽い核の励起状態のクラスター構造を整理することが可能である．この法則をしきい値則 (threshold energy rule) と呼ぶ．[*2] このしきい値則は前に述べた "内部相関が強く，外部相関が弱い" という分子的描像と完全に整合している．

このしきい値則を規範にして，α クラスター を基本単位とする分子的構造の系統図を描くことができる．それが図 4.2 に示した **Ikeda ダイアグラム** (Ikeda diagram) である．[*3] 図 4.2 には，軽い自己共役 $4n$ 核 ($Z=N=2n$: (2p+2n) を単位にして，その整数倍の核子によって構成される原子核) において，より小さい $4n$ 核からなるクラスター群に分解 (分裂) するしきい値が質量数の関数として示されている．$4n$ 核では α 粒子がクラスターの基本単位であり，n 個の α 粒子への分解のしきい値がこの図の上限を与える．下限はその系の基底状態である．すなわち，図 4.2 において，個々のダイアグラムは "しきい値則" に則って考えられる可能なサブ・ユニット (クラスター) を示している．たとえば ^{12}C が 3 個の α 粒子にばらばらに分解するしきい値は 7.27 MeV であり，励起

[*2] K. Ikeda, N. Takigawa and H. Horiuchi, Prog. Theor. Phys. Suppl. Extra Number (1968) 464.

[*3] 本ダイアグラムは，当初原子核の "分子的構造系統図"，あるいは "分子的構造への系統変化図" と呼ばれていたが，現在では国際的にも "Ikeda diagram" として定着している．

H. Horiuchi, K. Ikeda and Y. Suzuki, Prog. Theor. Phys. Suppl. **52**(1972) Chap. 3.

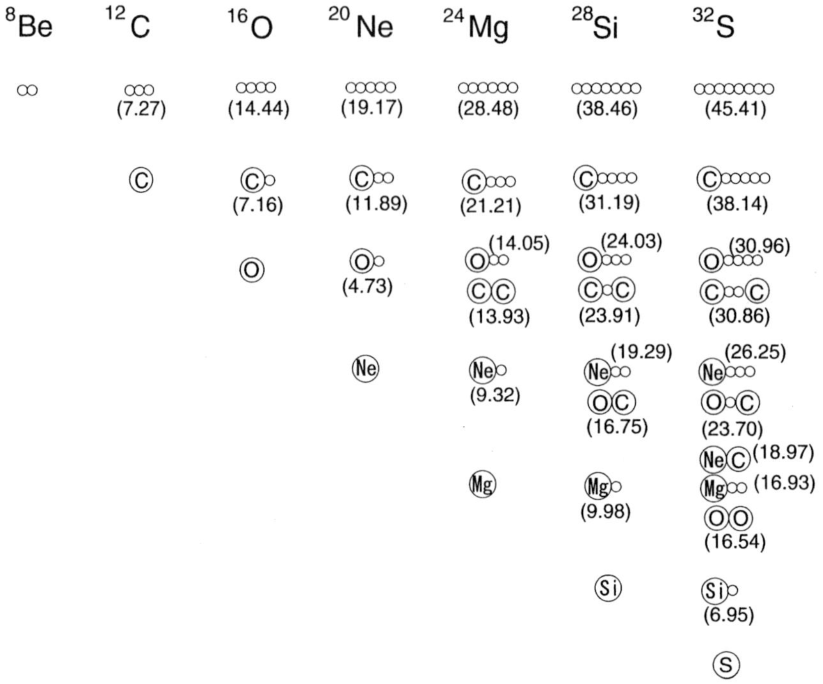

図 4.2 Ikeda ダイアグラム

各ダイアグラムは"しきい値則"に則って考えられる可能なサブ・ユニット (クラスター) を示している．括弧内の数字 (単位 MeV) はしきい値の実験値．対角線上に配置されている ^{8}Be 以外の安定核の基底状態は，殻模型的状態 (すなわち原子的描像) であると考えられる．
K. Ikeda, N. Takigawa and H. Horiuchi, Prog. Theor. Phys. Suppl. extra number (1968) 464; H. Horiuchi, K. Ikeda and Y. Suzuki, Prog. Theor. Phys. Suppl. **52** (1972) Chap. 4 より．

エネルギーがこの値に近くなると，^{12}C においては3個の α クラスターから構成されるクラスター構造が顕著になるわけである．また，図の対角線上 (下限) に配置されている ^{8}Be 以外の安定核の基底状態は，すべて殻模型的状態 (すなわち原子的描像) であると考えられ，その近傍の状態は1中心の平均ポテンシャルで記述される通常の殻模型によって理解できると考えられる．

したがって，Ikeda ダイアグラムは，安定な基底状態では殻模型的描像 (原子的描像) が成り立つ原子核においても，エネルギーが高くなるにしたがって種々のクラスター構造 (分子的描像) へ質的変化を生じるということを主張し，どのエネルギー領域でどのような構造変化が生じるかを示唆している．Ikeda ダイアグラムが示すこのような構造変化を模式的に表したものが図 4.3 である．

Ikedaダイアグラムに整理された実験事実と,それが示唆している構造変化が,真に量子力学的な分子的クラスター構造への構造変化として理解できるか否かは,微視的理論としてのクラスター模型を用いてそれらの状態を詳しく解析することによってはじめて明らかにされる.このことを検討するのが本章の目標である.[*4]

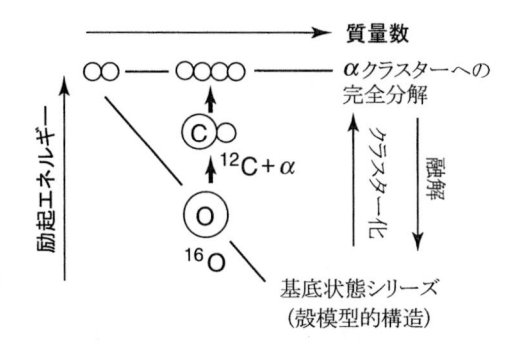

図 4.3 Ikeda ダイアグラムが示す構造変化の概念図
原子核の基底状態は殻模型的構造が下限である.励起エネルギーの上昇とともに,クラスターに分解し,分子的構造への変化が起こり,上限の α クラスター群の分子的構造へ至る.逆にエネルギーが下降するにしたがって,分子的構造から融合的変化が起きる.

4.2 クラスター構造の概観

この節では p 殻 (p-shell: 2 と 8 のマジックナンバーの間の領域:$0p_{1/2}$ および $0p_{3/2}$ の 1 粒子準位で構成される) や sd 殻 (sd-shell: 8 と 20 のマジックナンバーの間の領域:$1s_{1/2}, 0d_{3/2}$ および $0d_{5/2}$ の 1 粒子準位で構成される) における典型的な原子核のクラスター構造の実際を概観する.

4.2.1 p 殻のはじめの領域でのクラスター構造

原子核においてクラスター模型がよく成り立つためには,2つの条件が必要である.1つは,強く相関し合う核子群 (サブ・ユニット) が空間的に局在化したクラスターを作るということであり,もう1つは,そのクラスター間の相対運動がかなり良い運動モードであるということである.その意味で核内におけるクラスターの最有力候補は,2個の陽子と2個の中性子が結合した α クラスターである.α クラスターが自由空間に孤立して存在するときには α 粒子 ($=^4$He) である.α 粒子は表 4.1 に示すように,周辺の核と比較して際立って大きい結合エネルギーを持っている.さらに α 粒子には,基底状態からエネル

[*4] 次節以降の記述は,主として H. Horiuchi and K. Ikeda, *Cluster Model of the Nucleus*, International Review of Nuclear Physics, World Scientific Publishing Co., 4(1986) 1 に負っている.

表 4.1 2–4 核子系の安定核の結合エネルギーなど

核種	T	T_Z	J^π	B.E. [MeV]	分解種	E_{thres} [MeV]
^{2}H(d)	0	0	1^+	2.224	p + n	2.224
t	1/2	1/2	$1/2^+$	8.481	d + n	6.257
^{3}He	1/2	−1/2	$1/2^+$	7.718	d + p	5.494
α	0	0	0^+	28.295	t + p	19.815
					^{3}He + n	20.578

ここには 2 核子，3 核子および 4 核子系の安定核であるところの，重陽子 (d =^{2}H)，3 重陽子 (t = ^{2}H)，^{3}He および α 粒子 (=^{4}He) の結合エネルギー (B.E.) と最も低い分解種の分解エネルギー (しきい値：E_{thres}) が示されている．T はアイソスピン，T_z はその z 成分で，$T_z = (N - Z)/2$ である．J^π は全スピンとパリティである．

ギーが 20.21 MeV になるまで励起状態がなく，したがって極めて "堅い" 核子系であるといえる．

　結合エネルギーの大きさで見ると，核内のクラスターとしての最適な資格を有する核は α 粒子であり，次に 3 重陽子 (t) や ^{3}He と続く．しかし，重陽子 (d) に至るとわずか 2.224 MeV の結合エネルギーしか持たず，とてもクラスターとしての資格を有するとはいい難い．

　p 殻のはじめの領域 (Z や N が少ない領域) において，α 粒子に 1 核子 n (または p)，2 核子 np，3 核子 nnp (または npp) および α 粒子を付け加えてできる原子核 ^{5}He (^{5}Li)，^{6}Li，^{7}Li (^{7}Be) および ^{8}Be の基底状態から，それぞれ n (p)，d，t (^{3}He) および α 粒子を分離するときの**分離エネルギー** (separation energy) に注目しよう．これは各々のクラスターを，自由空間にある対応する原子核と仮定したときのクラスター間の結合エネルギーであり，それらの実験値はそれぞれ，−0.89 MeV (−1.97 MeV)，1.475 MeV，2.468 MeV (1.578 MeV)，−0.09189 MeV である．

　分離エネルギーが負であるということは，その系には束縛状態がなく，その系の基底状態が対応するクラスター核に崩壊する**共鳴状態** (resonance state)，すなわち準束縛状態であることを示している．^{5}He (α-n) (^{5}Li (α-p)) と ^{8}Be (α-α) がこの場合にあたり，それぞれの分離エネルギーが対応するクラスター核に崩壊するときに放出されるエネルギーである．その他の ^{6}Li，^{7}Li (^{7}Be) では分離エネルギーは正であり，それらは 2 つのクラスターの結合エネルギーとみなされる．注目すべきは，^{6}Li(α-d) と ^{7}Li(α-t) の結合エネルギーが，各々のクラスターそのものの結合エネルギーより小さいか，あるいはわずかに小さ

い値であることである.これらの事実が,LiやBe領域の原子核の構造を**微視的クラスター模型** (microscopic cluster model) に基づいて系統的に研究してきたゆえんである.[*5]

微視的クラスター模型とは,各々のクラスターを構造のない粒子(質点)のように考えた初期の素朴なクラスター模型と違って,それらが核子の集合体であるということを考慮し,核子のそれぞれの自由度をあからさまに微視的に取り扱うようなクラスター模型である.微視的クラスター模型には,種々の表現法があり,それらの詳細については以下の節で説明する.混乱を生じる恐れがない限り,以下ではしばしば微視的クラスター模型を単にクラスター模型と呼ぶことがある.

4.2.2 ^{8}Be の 2α クラスター構造

上に述べたように,自由空間で孤立した状態において,結合エネルギーが際立って大きいのが α クラスター であり,2個の α クラスター間の結合エネルギーが 0 に近いクラスター構造をもつ系が ^{8}Be である.この系は2つの α クラスターからなる微視的クラスター模型を用い,合理的かつ適切な核子間力(核力)に基づいて,早くより詳細な理論的研究がなされた.[*6] その結果,基底回転バンドの3つの共鳴状態を α-α 散乱の共鳴状態として理論的に再現することに

[*5] 1950年代後半から,微視的クラスター模型によるクラスター構造の研究が徐々に増加し,1960年代に入ると系統的に研究がなされてきた.代表的なものは,
  (1) K. Wildermuth and Th. Kanellopoulos, Nucl. Phys. **7**(1956) 150; Nucl. Phys. **9**(1958/59) 449.
   E. W. Schmid and K. Wildermuth, Nucl. Phys. **26**(1961) 463.
  (2) V. G. Neudatchin and Yu. F. Simirnov, Atomic Energy Rev. **3**(1965) 157; Prog. Nucl. Phys. **10**(1969) 275.
  (3a) R. Tamagaki and H. Tanaka, Prog. Theor. Phys. **34**(1965) 191.
  (3b) I. Shimodaya, R. Tamagaki and H. Tanaka, Prog. Theor. Phys. **27**(1962) 793.
  (3c) J. Hiura and I. Shimodaya, Prog. Theor. Phys. **30**(1963) 585; **36**(1966) 977.
  わが国で最も精力的に行ったのが北大グループ (3) であり,以下の 4.2.2 はそれらの研究成果に基づいている.その成果は
  (3d) J. Hiura and R. Tamagaki, Prog. Theor. Phys. Suppl. **52**(1972) Chap. 2
  にまとめられている.

[*6] I. Shimodaya, R. Tamagaki and H. Tanaka, Prog. Theor. Phys. **27**(1962) 793.
  R. Tamagaki and H. Tanaka, Prog. Theor. Phys. **34**(1965) 191.

成功している．

　基底回転バンドを構成する 3 つの共鳴状態は，基底 0^+ 状態 (α 崩壊のしきい値よりわずか $0.0919\,\mathrm{MeV}$ だけ上にあり，狭い崩壊幅 $\Gamma_\alpha = 6\,\mathrm{eV}$ を持つ)，第 1 励起 2^+ 状態 (励起エネルギー $E_x = 2.9\,\mathrm{MeV}$, $\Gamma_\alpha \approx 1.5\,\mathrm{MeV}$)，および第 2 励起 4^+ 状態 (励起エネルギー $E_x = 11.4\,\mathrm{MeV}$, $\Gamma_\alpha \approx 7\,\mathrm{MeV}$) である．この回転バンドの 3 つの共鳴状態以外の励起状態は $16.63\,\mathrm{MeV}$ においてはじめて現れる．したがって，この回転バンドと α クラスターの内部励起との結合はほとんどないと考えてよいだろう．つまり，この回転バンドは 2 個の α クラスターの相対運動によるものと考えてよいだろう．そこで系全体の波動関数を

$$\Psi = \mathcal{A}[\chi_J(\xi)\,\phi(\alpha_1)\,\phi(\alpha_2)] \tag{4.1}$$

と仮定する．$\phi(\alpha_1)$ および $\phi(\alpha_2)$ は 2 つのクラスターの内部波動関数で，自由空間内の α 粒子のそれに等しいものと仮定する．$\chi_J(\xi)$ はクラスター間の相対波動関数であり，$\mathcal{A}$ は系の 8 個のすべての核子に関して全波動関数を反対称化する演算子である．

　(4.1) 式において，α クラスターの内部波動関数は与えられているので，相対波動関数 $\chi_J(\xi)$ がみたすべき方程式を求め，それを解くことによって相対運動の固有エネルギーや固有関数を計算するという方法は，**共鳴群法** (resonating group method)[7]と呼ばれ，しばしば **RGM** と簡略表示される．その詳しい定式化については後で述べることにする．適切かつ合理的な核子間力を用い，RGM によって 2 個の α クラスター間の相対運動の散乱状態の**位相のずれ** (phase shift) が求められ，上述の実験データをよく再現することができた．その結果，$^8\mathrm{Be}$ の基底回転バンドは α-α の典型的なクラスター構造をもつ状態であることが明らかになった．[8] この分析の結果，α-α 間相互作用は次の 2 つの特徴をもつことが明らかになった：

(1) α-α 間の近距離領域 (内部領域) には，芯半径 $R_c \approx 1.8\,\mathrm{fm}$ の<u>斥力芯</u>がある．これは，α クラスターが Pauli 原理に従う核子の集合体 (複合粒子) であることによる．したがって，**構造的斥力芯** (structural repulsive core) と呼ばれている．[9]

(2) 遠距離領域 (外部領域) では，2 個の α が接触する距離 $\sim 3.5\,\mathrm{fm}$ までが引

---

[7] J. A. Wheeler, Phys. Rev. **52**(1937) 1083, 1107.
[8] J. Hiura and R. Tamagaki, Prog. Theor. Phys. Suppl. **52**(1972) Chap. 2.
[9] R. Tamagaki and H. Tanaka, Prog. Theor. Phys. **34**(1965) 191.

力ポテンシャルであり，その強さは，Coulomb 斥力を除くと，結合エネルギーが ~1.4 MeV の束縛状態をただ 1 つ作る程度である．この α-α 間相互作用のポテンシャルを 2 原子分子 H_2 や重陽子の場合と比較したものが図 4.1 である．この図から，α-α 間相互作用は H_2 の場合に比べてはるかに弱く，重陽子の場合よりわずかに強いことがわかる．

4.2.3 sd 殻のはじめの領域でのクラスター構造

原子核における分子的構造を持つ状態が，p 殻のはじめの領域にのみ限られるわけではなく，もっと広い領域で発現する可能性があることは，殻模型で説明し難い種々の不思議な回転バンドが存在することによって示唆されていたが，^{16}O や ^{20}Ne で 2 体分子的な構造が見られることによって確実となった．

図 4.4 に ^{16}O と ^{20}Ne における $K^\pi = 0^+$ と $K^\pi = 0^-$ の回転バンドが示されている．K は当該のバンド内の各レベルの全角運動量 I の対称軸方向の成分で，1 つのバンドを通じて共通の良い量子数である．(詳しくは第 3 章の Bohr-Mottelson の集団模型の項を参照すること．)

^{16}O は殻模型の言葉でいえば 2 重閉殻核であり，基底状態は $I^\pi = 0^+$ である．$K^\pi = 0^+$ の回転バンドは励起エネルギーが 6.05 MeV の第 1 励起 0^+ 状態をバンド・ヘッドとしてその上に形成されている．また ^{20}Ne の $K^\pi = 0^+$ 回転バンドは 0^+ 基底状態をバンド・ヘッドとしてその上に形成されている．

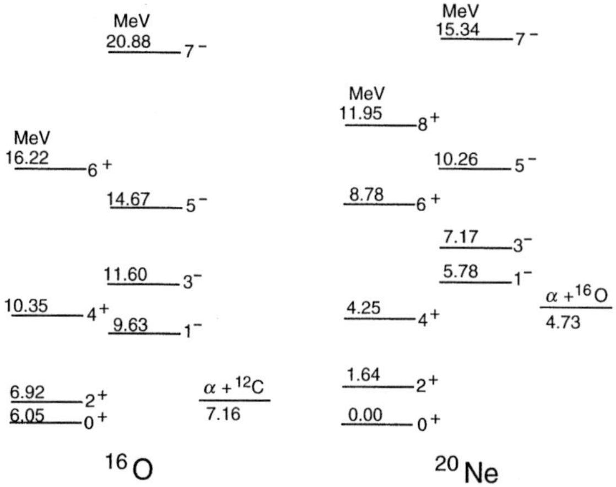

図 4.4 ^{16}O と ^{20}Ne における $K^\pi = 0^+$ と $K^\pi = 0^-$ の回転バンド 各々の準位の上の数字は励起エネルギーの値 (単位 MeV).

他方，これら2つの系の $K^\pi = 0^-$ バンドのエネルギーは，ともに $K^\pi = 0^+$ バンドより高く，$I^\pi = 1^-, 3^-, 5^-, 7^-$ の各状態は α 崩壊のしきい値より上にある．したがってこれらの状態は α 散乱での共鳴状態として観測される．$K^\pi = 0^-$ バンドの各状態の α 崩壊幅の解析によって，これらすべての共鳴状態において α クラスターが核表面に滞在する確率が 100% に近いことがわかった．[*10] この事実は，^{16}O および ^{20}Ne の $K^\pi = 0^-$ バンドの構造が，それぞれ α-^{12}C および α-^{16}O の 2 体クラスター構造であることを示している．

さて，負パリティの $K^\pi = 0^-$ 回転バンドが 2 体クラスター構造であるとするならば，分子物理学でよく知られた**反転 2 重項** (inversion doublet)[*11] の考えに基づいて，2 重項のもう一方の片割れの正パリティの回転バンドが近くに存在するはずである．パリティ 2 重項の対称性から，対称状態であるその片割れのエネルギーは $K^\pi = 0^-$ バンドより低いと予想される．その片割れがまさに上に述べた $K^\pi = 0^+$ 回転バンドであり，[*12] それらのバンドの各メンバーのエネルギー準位は (2 重項の中央から測って)

$$E_I(K^\pi = 0^+) = -\frac{1}{2}\Delta E_0 + \frac{\hbar^2}{2\mathcal{J}_+}I(I+1), \quad (4.2a)$$

$$E_I(K^\pi = 0^-) = \frac{1}{2}\Delta E_0 + \frac{\hbar^2}{2\mathcal{J}_-}I(I+1) \quad (4.2b)$$

としてよく表される．ただし，ΔE_0 はパリティ 2 重項の間のエネルギー差である．したがって，"^{16}O および ^{20}Ne における $K^\pi = 0^+$ と $K^\pi = 0^-$ の回転バンドは，(α + コアー核) というクラスター構造に基づくパリティ 2 重項をなす"，ということができる．

この考え方が提案された当初は，なかなか受け入れられ難く，殻模型的考え方に基づく検討も種々されたが，現在ではこのクラスター構造の見方は確立したものとなっている (4.6 の "微視的クラスター模型の適用例" 参照)．

[*10] R. H. Davis, *Proc. of the Third Conf. on Reaction between Complex Nuclei*, Asilomar, 1963 (Univ. of California Press), p. 67.

[*11] H. Horiuchi and K. Ikeda, Prog. Theor. Phys. **40**(1968) 277.

[*12] ^{20}Ne の基底回転バンドや ^{16}O の励起回転バンドは，殻模型研究から α クラスター相関の強い状態と見なされていた．特に ^{16}O の励起回転バンドは，α クラスター相関が強く，オープン殻の 4 粒子と芯核が弱く結合しているとする弱結合殻模型 (A. Arima, H. Horiuchi and T. Sebe, Phys. Lett. **24B**(1967) 129) が提案されていた．それを α クラスター構造として理解できるとするものである．

4.2.4 ^{12}C の 3α クラスター構造など

3 体以上の多体クラスター構造に関しては，典型的な例として ^{12}C において 3α クラスター構造が確認されている．それ以外には，^{16}O において 4α 分裂のしきい値近傍の励起エネルギー領域に，4α の線形鎖状構造[*13] の状態を示唆する実験情報があるだけである．

^{12}C において確認されている 3α クラスター構造は，3α に分裂するしきい値のわずかに上にあり，励起エネルギーが $E_x = 7.66\,\mathrm{MeV}$ の 0_2^+ 状態と $E_x = 10.3\,\mathrm{MeV}$ の 2_2^+ 状態である．これらの 2 つの状態は大きい α 崩壊幅を持っている．これらの状態での 3 つの α クラスターは，線形鎖状ではなく，3α が互いに緩く結合している状態であると考えられている．

^{16}O において 4α 線形鎖状構造と推定されている準位は，励起エネルギーが $E_x = 16.95\,\mathrm{MeV}$ の 0^+ 状態をバンド・ヘッドとして，$K^\pi = 0^+$ 回転バンドを形成するように見える準位群である．[*14] これらを回転バンドとみなせば，4α 線形鎖状構造を予想させるような極めて大きい慣性能率 ($\hbar^2/(2\mathcal{J}) = 0.062\,\mathrm{MeV}$)

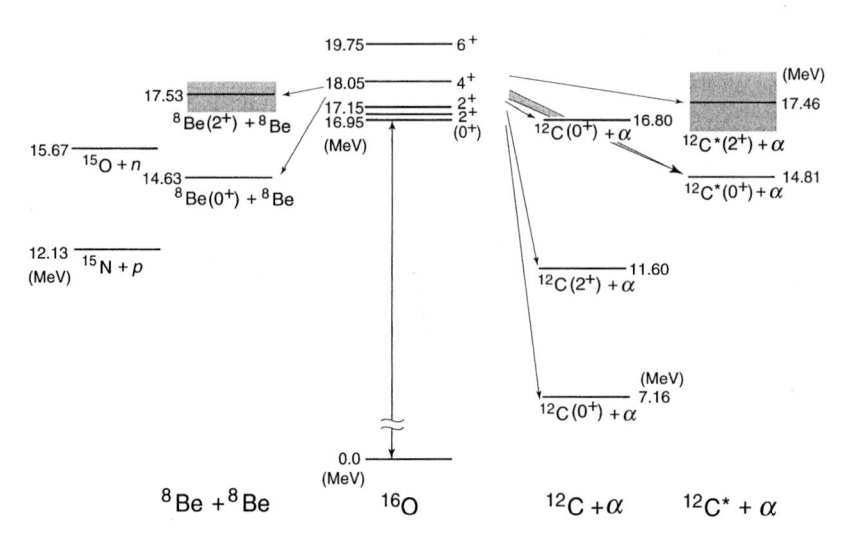

図 4.5 ^{16}O における 4α の線形鎖状構造と推定される高い励起状態からの種々の崩壊モード
図の中央の，16.95 MeV の 0^+ 状態から始まる回転バンドとみなされる状態群がそれである．
Y. Suzuki, H. Horiuchi and K. Ikeda, Prog. Theor. Phys. **47**(1972) 1517.

[*13] α クラスターが 1 直線上に並んでいるような構造．串刺しされた "だんご" を連想すればよいだろう．

[*14] P. Chevallier, F. Scheibling, G. Golding, I. Plesser and M. W. Sachs, Phys. Rev. **160**(1967) 827.

を持つ．図 **4.5** における中央に描かれている 0^+ 状態から始まる回転バンドとみなされる 1 群のレベルがそれである．

Morinaga は軽い自己共役 $4n$ 核において，多粒子励起，たとえば 4 粒子あるいは 8 粒子励起，によって系全体が再組織され大きく長く伸びた変形構造か，あるいは α クラスターの線形鎖状構造を考えなければならない 0^+, 2^+ 状態が存在するという考えを提案した．[*15] この考えはクラスター構造への構造変化のパイオニア的研究として大きな影響を与えた．いまではこれらの状態は線形鎖状構造ではなく，相互に緩やかに結合している典型的な $n\alpha$ クラスター構造であると考えられ，この考えは図 **4.2** の Ikeda ダイアグラムに取り入れられている．

1960 年頃から盛んに行われた重イオン核どうしの反応の実験は，原子核の分子的状態に関する重要な情報を与えた．特に軽重イオン反応，たとえば $^{12}C+^{12}C$, $^{12}C+^{16}O$ および $^{16}O+^{16}O$ 反応における**分子共鳴** (molecular resonance) 現象や散乱励起関数に見出されるマクロ構造などである．[*16] これらは原子核の分子的描像の拡張と深化に重要な役割をはたした．[*17] これらの情報も Ikeda ダイアグラムに取り入れられている．

4.3 多中心模型

いくつかのクラスターから構成されるクラスター構造状態を，個々の核子の運動の自由度に基づいて微視的に記述しようとするのが微視的クラスター模型である．微視的クラスター模型にはいろいろなタイプがあるが，その 1 つのタイプでもあり，それらの模型の "原型" ともいえるものが**多中心模型** (multi-center model) である．

この模型においては，各クラスターが異なる中心位置にあり，各々のクラス

[*15] H. Morinaga, Phys. Rev. **101**(1956) 254.
[*16] 実験結果のまとめは，

R. H. Siemssen, Proc. INS-IPCR Sympo. on Clustering Phenomena in Nuclei, ed. by H. Kamitsubo, I. Kohno and T. Marumori, (1975) p. 233.

D. A. Bromley, Nuclear Molecular Phenomena, ed. by N. Cindro, (North-Holland, 1978) p. 3.

[*17] Y. Abe, Y. Kondo and T. Matsuse, Prog. Theor. Phys. Suppl. **68**(1980) Chap. 4.

B. Imanishi, Nucl. Phys. **A125**(1969) 350.

A. Tohsaki-Suzuki, M. Kamimura and K. Ikeda, Prog. Theor. Phys. **68**(1980) Chap. 5.

ターに属する核子の状態は，その中心位置を原点とする調和振動子ポテンシャルに従う殻模型で記述されるものとする．また，核子はもちろんフェルミオンであり，全系の波動関数は任意の2核子の交換に対して反対称化されていることが必要不可欠である．これらの2核子が同一のクラスターに属すると否とにかかわらず，これら2核子の交換に対して全系の波動関数は反対称でなければならない．

さて，系が n 個のクラスター $(C_1, C_2, \cdots, C_n)$ によって構成され，それらの中心位置がベクトル $(R_1, R_2, \cdots, R_n)$ で表されるものとする．この場合の多中心模型の波動関数は次の形式で与えられる：

$$\Psi(R_1, R_2, \cdots, R_n) = \mathcal{N}_0 \mathcal{A}[\psi(C_1, R_1)\psi(C_2, R_2)\cdots\psi(C_n, R_n)]. \quad (4.3)$$

ここで，$\psi(C_i, R_i)$ は R_i を中心位置とするクラスター C_i を記述する調和振動子型の殻模型の反対称化された波動関数である．$\mathcal{N}_0$ は規格化定数，$\mathcal{A}$ は異なるクラスターに属する核子間の交換に対する反対称化の演算子である．

1例として，図 **4.6** に3体クラスター系の3中心模型の模式図が示されている．この図において，3つのクラスター (C_1, C_2, C_3) の中心位置は，原点 O からのベクトル (R_1, R_2, R_3) で示されている．3つのクラスターの核子数をそれぞれ (A_1, A_2, A_3) とすると，これらの3つのベクトルは全体の重心の位置ベクトル

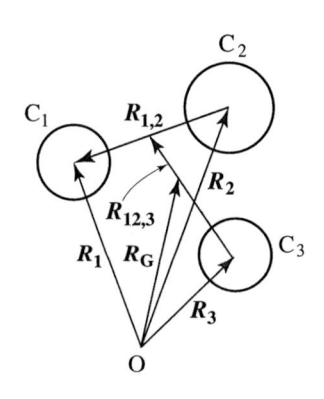

図 4.6 3体クラスター系の3中心模型の模式図

$$R_G = \frac{A_1 R_1 + A_2 R_2 + A_3 R_3}{A_1 + A_2 + A_3}, \quad (4.4a)$$

と，2つの相対位置ベクトル

$$R_{1,2} = R_1 - R_2, \quad R_{12,3} = \frac{A_1 R_1 + A_2 R_2}{A_1 + A_2} - R_3 \quad (4.4b)$$

に変換される．

この多中心模型の波動関数は取り扱いが便利で，これによるハミルトニアンやさまざまの演算子の期待値などの計算が比較的容易である．この多中心模型は，

その多中心の位置を生成座標とする生成座標法[18] でクラスター間の相対運動を取り扱うために Brink によって導入されたので，**Brink 模型** (Brink model)[19] と呼ばれる．この模型波動関数は古くは Margenau によって用いられたので，Brink-Margenau 波動関数と呼ばれることもある．[20]

実際に応用される多中心模型は，クラスター数が $n = 2, 3, 4$ の多クラスター系である．本節では，まず最も簡単な α クラスター の 2 体系 (2α クラスター系) でその波動関数の性質を詳しく検討し，次に他の 2 クラスター系，および α クラスターの 3 体系 (3α クラスター系) の多中心模型の例を示すことにする．

4.3.1 2 中心 α クラスター模型

^{8}Be は 2 個の α クラスターからなる典型的なクラスター構造を持つ原子核であり，クラスター模型の原点である．これを記述する 2 中心クラスター模型の波動関数の性質について述べよう．

(a) 2α クラスター系の 2 中心調和振動子模型

2α クラスター系の 2 中心模型の波動関数は，(4.3) 式から

$$\Psi(\boldsymbol{R}_1, \boldsymbol{R}_2) = \mathcal{N}_0 \mathcal{A}[\psi(\alpha_1, \boldsymbol{R}_1)\psi(\alpha_2, \boldsymbol{R}_2)] \qquad (4.5)$$

と表される．$\mathcal{A}$ は反対称化演算子，$\mathcal{N}_0$ は規格化定数である．α クラスターは 2 個の陽子と 2 個の中性子からなる ^{4}He 核クラスターである．2 つの α クラスターの中心位置がそれぞれ $\boldsymbol{R}_i\,(i = 1, 2)$ にある調和振動子模型を考える．そのときの 1 核子の波動関数を

$$\phi(\boldsymbol{r}, \boldsymbol{R}; \tau, \sigma) = \phi_0(\boldsymbol{r} - \boldsymbol{R})\,\eta(\tau, \sigma) \qquad (4.6)$$

と表す．ただし $\boldsymbol{r} = (x, y, z)$ は核子の位置を示す位置ベクトルである．$\eta(\tau, \sigma)$ は核子の荷電とスピンの状態を表す波動関数であり，$\tau = (\text{n or p})$, $\sigma = (\uparrow \text{ or } \downarrow)$ である．したがって，核子の荷電・スピン状態には 4 つの異なる場合があり，$\eta(\tau, \sigma)$ は次の 4 つの異なる値をとる：

$$\eta(\tau, \sigma) = (\text{n}\uparrow),\ (\text{n}\downarrow),\ (\text{p}\uparrow),\ (\text{p}\downarrow). \qquad (4.7)$$

---

[18] p. 224 の脚注 [41] 参照．
[19] D. Brink, Proc. International School of Physics "Enrico Fermi" course **36**(1965), ed. by C. Bloch, (Academic Press, 1966) p. 247.
[20] H. Margenau, Phys. Rev. **59**(1941) 37.

4.3 多中心模型

他方,空間部分 $\phi_0(\boldsymbol{r}-\boldsymbol{R})$ は調和振動子波動関数であり,エネルギー固有値 $E_N=(N+3/2)\hbar\omega$ が最小の $N=0$ の波動関数である.[*21] すなわち,極座標表示で $N=2n+l$ として,$n=0, l=0$ の $(0\,\mathrm{s})$ 軌道状態であり,直角座標表示では $N=n_x+n_y+n_z$ として,$(n_x\,n_y\,n_z)=(000)$ の軌道状態の波動関数

$$\phi_0(\boldsymbol{r}-\boldsymbol{R}_i)=\prod_{k=1,2,3}\left[\left(\frac{2\nu}{\pi}\right)^{1/4}e^{-\nu(x_k-R_{ik})^2}\right] \quad (4.8)$$

である.ただし,M を核子の質量として,$\nu=M\omega/(2\hbar)$ である.[*22] また,座標 (x,y,z) を (x_1,x_2,x_3) と表している.(4.8)式は直角座標表示である.場合により,直角座標表示を $\phi_{(000)}(\boldsymbol{r}-\boldsymbol{R}_i)$ と表記することもある.

α クラスターを構成する 4 つの核子はすべて $(0\,\mathrm{s})$ 軌道にあり,荷電とスピンが (4.7) 式の異なる 4 つの状態にあるので,i 番目 $(i=1,2)$ の 1 個の α クラスターの反対称化された波動関数は 1 つの Slater 行列式で表され,

$$\psi(\alpha_i,\boldsymbol{R}_i)\\=\frac{1}{\sqrt{4!}}\begin{vmatrix}\phi_0(i_1)(\mathrm{n}\uparrow)_{i_1} & \phi_0(i_1)(\mathrm{n}\downarrow)_{i_1} & \phi_0(i_1)(\mathrm{p}\uparrow)_{i_1} & \phi_0(i_1)(\mathrm{p}\downarrow)_{i_1}\\ \phi_0(i_2)(\mathrm{n}\uparrow)_{i_2} & \phi_0(i_2)(\mathrm{n}\downarrow)_{i_2} & \phi_0(i_2)(\mathrm{p}\uparrow)_{i_2} & \phi_0(i_2)(\mathrm{p}\downarrow)_{i_2}\\ \phi_0(i_3)(\mathrm{n}\uparrow)_{i_3} & \phi_0(i_3)(\mathrm{n}\downarrow)_{i_3} & \phi_0(i_3)(\mathrm{p}\uparrow)_{i_3} & \phi_0(i_3)(\mathrm{p}\downarrow)_{i_3}\\ \phi_0(i_4)(\mathrm{n}\uparrow)_{i_4} & \phi_0(i_4)(\mathrm{n}\downarrow)_{i_4} & \phi_0(i_4)(\mathrm{p}\uparrow)_{i_4} & \phi_0(i_4)(\mathrm{p}\downarrow)_{i_4}\end{vmatrix}(4.9)$$

と書かれる.ここで $(0\,\mathrm{s})$ 軌道の波動関数 $\phi_0(i_k)$ は

$$\phi_0(i_k)=\phi_0(\boldsymbol{r}_{i_k}-\boldsymbol{R}_i) \quad (k=1,2,3,4) \quad (4.10)$$

を意味する.(4.9)式において,粒子番号 (i_1,i_2,i_3,i_4) は 1 番目のクラスター $\alpha_1\,(i=1)$ に対しては $(1,2,3,4)$,2 番目のクラスター $\alpha_2\,(i=2)$ に対しては $(5,6,7,8)$ ととる.また,後の便利のため,(4.9)式の $\psi(\alpha_i,\boldsymbol{R}_i)$ を

$$\psi(\alpha_i,\boldsymbol{R}_i)=\frac{1}{\sqrt{4!}}\det\Big\{\phi_0(\boldsymbol{r}_{i_1}-\boldsymbol{R}_i)(\mathrm{n}\uparrow)_{i_1},\,\phi_0(\boldsymbol{r}_{i_2}-\boldsymbol{R}_i)(\mathrm{n}\uparrow)_{i_2},\\\phi_0(\boldsymbol{r}_{i_3}-\boldsymbol{R}_i)(\mathrm{n}\uparrow)_{i_3},\,\phi_0(\boldsymbol{r}_{i_4}-\boldsymbol{R}_i)(\mathrm{n}\uparrow)_{i_4}\Big\} \quad (4.11)$$

と書くことにしよう.

[*21] 調和振動子のエネルギー固有値,固有関数については,第 1 章 1.1.1 参照.
[*22] 第 1 章 1.1.1 の調和振動子の固有関数 (p. 8) における調和振動子パラメーター ν と,本章における ν とは,定義が異なっていることに注意せよ.

(4.9) または (4.11) 式の $\psi(\alpha_i, \boldsymbol{R}_i)$ は

$$\psi(\alpha_i, \boldsymbol{R}_i) = \frac{1}{\sqrt{4!}} \left(\prod_{i_k=1}^{4} \phi_0(\boldsymbol{r}_{i_k} - \boldsymbol{R}_i) \right) \begin{vmatrix} (\mathrm{n}\uparrow)_{i_1} & (\mathrm{n}\downarrow)_{i_1} & (\mathrm{p}\uparrow)_{i_1} & (\mathrm{p}\downarrow)_{i_1} \\ (\mathrm{n}\uparrow)_{i_2} & (\mathrm{n}\downarrow)_{i_2} & (\mathrm{p}\uparrow)_{i_2} & (\mathrm{p}\downarrow)_{i_2} \\ (\mathrm{n}\uparrow)_{i_3} & (\mathrm{n}\downarrow)_{i_3} & (\mathrm{p}\uparrow)_{i_3} & (\mathrm{p}\downarrow)_{i_3} \\ (\mathrm{n}\uparrow)_{i_4} & (\mathrm{n}\downarrow)_{i_4} & (\mathrm{p}\uparrow)_{i_4} & (\mathrm{p}\downarrow)_{i_4} \end{vmatrix} \quad (4.12)$$

と書かれる．α クラスターを構成する 4 つの核子はすべて $(0\mathrm{s})$ 軌道にあるから，波動関数の空間部分は完全対称となり，荷電・スピン部分が完全反対称となるのは当然である．空間部分の対称性を記号 [4] で示し，その配位を $(0\mathrm{s})^4$ と表す．

2α クラスターの 2 中心波動関数 $\Psi(\boldsymbol{R}_1, \boldsymbol{R}_2)$ は，$\psi(\alpha_1, \boldsymbol{R}_1)$ と $\psi(\alpha_2, \boldsymbol{R}_2)$ とを (4.5) 式に代入し，

$$\Psi(\boldsymbol{R}_1, \boldsymbol{R}_2) = \frac{\mathcal{N}_0}{4!} \mathcal{A} \left[\det\{\phi_0(\boldsymbol{r}_1 - \boldsymbol{R}_1)(\mathrm{n}\uparrow)_1, \cdots, \phi_0(\boldsymbol{r}_4 - \boldsymbol{R}_1)(\mathrm{p}\downarrow)_4\} \right. \\ \left. \times \det\{\phi_0(\boldsymbol{r}_5 - \boldsymbol{R}_2)(\mathrm{n}\uparrow)_5, \cdots, \phi_0(\boldsymbol{r}_8 - \boldsymbol{R}_2)(\mathrm{p}\downarrow)_8\} \right] \quad (4.13)$$

と書かれる．ここで $\mathcal{A}$ は異なる α クラスター α_1 と α_2 に属するすべての核子間の交換に対する反対称化の演算子である．この反対称化を行うと，行列式の定義から，2 中心波動関数 $\Psi(\boldsymbol{R}_1, \boldsymbol{R}_2)$ は 1 つの Slater 行列式

$$\Psi(\boldsymbol{R}_1, \boldsymbol{R}_2) = \frac{\mathcal{N}_0}{4!} \det\{\phi_0(\boldsymbol{r}_1 - \boldsymbol{R}_1)(\mathrm{n}\uparrow)_1, \cdots, \phi_0(\boldsymbol{r}_4 - \boldsymbol{R}_1)(\mathrm{p}\downarrow)_4, \\ \phi_0(\boldsymbol{r}_5 - \boldsymbol{R}_2)(\mathrm{n}\uparrow)_5, \cdots, \phi_0(\boldsymbol{r}_8 - \boldsymbol{R}_2)(\mathrm{p}\downarrow)_8\} \quad (4.14)$$

で表される．

系のハミルトニアンは，核子の運動エネルギー $\sum t_i$ と核子間の相互作用 $\sum v_{ij}$ とで与えられ，

$$H = \sum_i t_i - T_\mathrm{G} + \sum_{i>j} v_{ij} \quad (4.15)$$

と書かれる．ただし，われわれの興味はもっぱら原子核の内部運動のみであるから，重心の運動エネルギー T_G は除かれている．

2中心模型の波動関数 (4.14) による系のエネルギー期待値は容易に計算することができる. 2中心模型に含まれているパラメーターは, 2つのαクラスターの中心位置 (R_1, R_2) および調和振動子パラメーター ν である. これらは系のエネルギー期待値を最小にするという変分法によってきめることができる. すなわち,

$$\langle \Psi(R_1, R_2; \nu)|H|\Psi(R_1, R_2; \nu)\rangle$$
$$= 最小値 \tag{4.16}$$

とするようにパラメーター (R_1, R_2) と ν をきめるわけである.

$^8\text{Be} = \alpha + \alpha$ の場合の計算例が図 **4.7** に示されている. 図にはエネルギーが最小

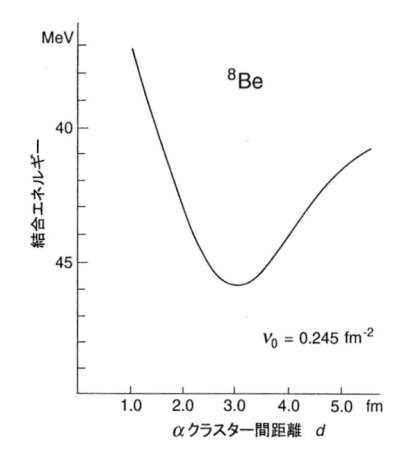

図 **4.7** $^8\text{Be} = \alpha + \alpha$ の結合エネルギーを α クラスター間距離 d の関数として表している.

Y. Abe and N. Takigawa, Prog. Theor. Phys. Suppl. **52** (1972) 228 より.

となるような $\nu = \nu_0$ を固定し, 2つの α クラスター間の相対距離 $d = |R_1 - R_2|$ を変えたときのエネルギー期待値の変化が描かれている. エネルギーが最小となる d の値は $d_0 = 3.0$ fm 程度となっている.

(b) 2α 系の 2 中心模型と 1 中心殻模型の関係

2中心模型の波動関数 (4.14) が中心間の相対距離 $d = |R_1 - R_2|$ とともにどのように変化するかを調べよう. 特に, $d \to 0$ のときに1中心殻模型の波動関数に移行することに注目しよう.

わかりやすくするために, 2つの α クラスターの重心を座標原点にとる. すなわち $R_1 + R_2 = 0$ とする. $d = R_1 - R_2$ とすれば, $R_1 = d/2$, $R_2 = -d/2$ となる.

Slater 行列式 (4.14) における1粒子軌道波動関数 $\phi_0(r - d/2)$ と $\phi_0(r + d/2)$ とは互いに直交していない. そこで, 次のように直交する2つの波動関数に変換するのが便利である:

$$\begin{pmatrix} \phi_+(r, d) \\ \phi_-(r, d) \end{pmatrix} = \begin{pmatrix} 1/\sqrt{2} & 1/\sqrt{2} \\ 1/\sqrt{2} & -1/\sqrt{2} \end{pmatrix} \begin{pmatrix} \phi_0(r - d/2) \\ \phi_0(r + d/2) \end{pmatrix}, \tag{4.17a}$$

$$\begin{pmatrix} \phi_0(\boldsymbol{r}-\boldsymbol{d}/2) \\ \phi_0(\boldsymbol{r}+\boldsymbol{d}/2) \end{pmatrix} = \begin{pmatrix} 1/\sqrt{2} & 1/\sqrt{2} \\ 1/\sqrt{2} & -1/\sqrt{2} \end{pmatrix} \begin{pmatrix} \phi_+(\boldsymbol{r},\boldsymbol{d}) \\ \phi_-(\boldsymbol{r},\boldsymbol{d}) \end{pmatrix}. \quad (4.17\text{b})$$

この変換を (4.14) 式の波動関数に対して行うと，2 中心模型の波動関数は

$$\Psi(\boldsymbol{d}/2,-\boldsymbol{d}/2) = \frac{\mathcal{N}_0}{4!} \det\bigl\{\phi_+(\boldsymbol{r}_1,\boldsymbol{d})\,(\text{n}\uparrow)_1,\cdots,\phi_+(\boldsymbol{r}_4,\boldsymbol{d})\,(\text{p}\downarrow)_4,$$
$$\phi_-(\boldsymbol{r}_5,\boldsymbol{d})\,(\text{n}\uparrow)_5,\cdots,\phi_-(\boldsymbol{r}_8,\boldsymbol{d})\,(\text{p}\downarrow)_8\bigr\} \quad (4.18)$$

となる．

新たな 1 粒子軌道波動関数 ($\phi_+(\boldsymbol{r},\boldsymbol{d})$, $\phi_-(\boldsymbol{r},\boldsymbol{d})$) は互いに直交し，それぞれ + および − のパリティを持つ．すなわち，$\boldsymbol{r} \to -\boldsymbol{r}$ に対して ϕ_+ は対称，ϕ_- は反対称関数である．また，それらは 2 つの波動関数の中心 $\boldsymbol{d}/2$ と $-\boldsymbol{d}/2$ のまわりの (0s) 軌道を，それぞれ対称および反対称に重ね合わせた軌道への変換であり，原子分子物理学での<u>原子軌道</u>(atomic orbital) から<u>分子軌道</u>(molecular orbital) への変換に対応している．この変換 (4.17a) を模式的に示したものが図 4.8 である．図の (a) が変換前の波動関数で，クラスターの中心が $\boldsymbol{d}/2$ と $-\boldsymbol{d}/2$ に位置する互いに直交しない "原子軌道" 波動関数 ϕ_0 である．(b) は変換後の "分子軌道" 波動関数で，互いに直交する ϕ_+ と ϕ_- である．図中の矢印を逆にした逆変換が変換 (4.17b) である．

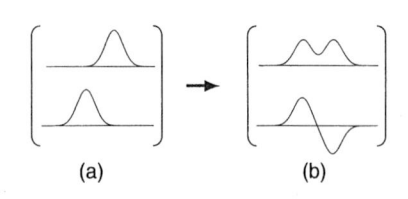

図 4.8 1 粒子軌道波動関数の変換 (4.17a) の模式図
(a): 変換前の波動関数．クラスターの中心が $\boldsymbol{d}/2$ と $-\boldsymbol{d}/2$ に位置する非直交の 1 粒子波動関数 ϕ_0．(b): 変換後の波動関数 ϕ_+ と ϕ_-．互いに直交する．矢印を逆にした逆変換が変換 (4.17b) である．

ここでクラスター間の距離 d が小さい場合 ($\sqrt{\nu}\,d \ll 1$) の $\phi_\pm(\boldsymbol{r},\boldsymbol{d})$ のふるまいを見よう．そのためには直角座標を使って $\boldsymbol{d}=(0,0,d)$, $\boldsymbol{r}=(x,y,z)$ と表し，(4.8) 式の表示を用いれば，

$$\phi_\pm(\boldsymbol{r},d) = \frac{1}{\sqrt{2}}\left(\frac{2\nu}{\pi}\right)^{3/4} e^{-\nu(x^2+y^2)}\bigl\{e^{-\nu(z-d/2)^2} \pm e^{-\nu(z+d/2)^2}\bigr\} \quad (4.19)$$

と表される．したがって，$d \to 0$ の極限や，d が小さい場合においては，

$$\phi_+(\boldsymbol{r},d \to 0) = \sqrt{2}\phi_+(\boldsymbol{r}) = \sqrt{2}\phi_{(000)}(\boldsymbol{r}), \quad (4.20\text{a})$$

$$\phi_-(\boldsymbol{r},d=\text{小}) \to \sqrt{2}(\sqrt{\nu}\,d)(\sqrt{\nu}\,z)\phi_0(\boldsymbol{r}) = \left(\frac{\sqrt{\nu}\,d}{\sqrt{2}}\right)\phi_{(001)}(\boldsymbol{r}) \quad (4.20\text{b})$$

となる．ここで $\phi_{(001)}(\boldsymbol{r}) = \phi_0(x)\phi_0(y)\phi_1(z)$ であり，ϕ_0 は調和振動子の基底状態，ϕ_1 は振動子の量子が1個生成された第1励起状態である ($\phi_1(z) = 2\sqrt{\nu}z\phi_0(z)$)．この結果から明らかなように，対称な (+パリティの) 分子軌道 $\phi_+(\boldsymbol{r},\boldsymbol{d})$ は1中心殻模型の (0s) 軌道に移行し，反対称な (−パリティの) 分子軌道 $\phi_-(\boldsymbol{r},\boldsymbol{d})$ は1中心殻模型の (0p) 軌道の z 方向成分 $(0p)_{m=0}$ を持つ軌道に移行することがわかる．この結果から，

$$\Psi(\boldsymbol{d}/2, -\boldsymbol{d}/2)$$

$$\xrightarrow[d \to 小]{} \frac{\mathcal{N}}{4!}\left(\frac{\sqrt{\nu}d}{2}\right)^4 \det\Big\{\phi_0(\boldsymbol{r}_1)(\mathrm{n}\uparrow)_1, \cdots, \phi_0(\boldsymbol{r}_4)(\mathrm{p}\downarrow)_4,$$
$$\phi_{(001)}(\boldsymbol{r}_5)(\mathrm{n}\uparrow)_5, \cdots, \phi_{(001)}(\boldsymbol{r}_8)(\mathrm{p}\downarrow)_8\Big\}$$
$$(4.21)$$

となり，$d \to 0$ の極限で，$[(0s)^4 (0p)^4_{m=0}]$ 配位，あるいは $[(000)^4 (001)^4]$ 配位を持つ ^{8}Be の殻模型状態に比例した状態になることを示している．*23

以上の結果から明らかになった大事なことは，2中心模型では2中心が1つの中心に近づく ($d \to 0$) にしたがって，殻模型の特定の配位が表現される (現れる) ことである．上記の例では，2中心を結ぶ軸の方向に4つの核子の軌道状態が (001) となる $[(000)^4(001)^4]$ の配位を持つ状態が現れることである．したがって，d が大きく2つの α クラスターが互いにその表面が少し重なり合っている程度の場合には，2中心模型は発達した 2α クラスター構造を表現し，d が小さく2つの α クラスターの重なりが大きい場合には，2α クラスター構造は衰退し，殻模型的構造の状態を表現することとなる．このときの殻模型的構造は，2中心を結ぶ軸 (z 軸) 方向に沿って核子密度が大きくなっていることから，<u>ラグビーボール状</u>に変形している構造という．殻模型では，そのような変形の構造は通常 (x,y,z) 軸方向の調和振動子の量子数の分布 (配置) の仕方 $N_k = \sum_{i=1}^A n_k$ で表現する．そのような表現法を **SU(3) 殻模型**または SU(3) 模型という．*24

---

*23 (4.21) 式の波動関数は d^4 の因子を含むから，$d \to 0$ の極限で $O(d^4)$ のオーダーで 0 となるが，この因子は規格化定数に吸収させて考えれば問題はない．
*24 J. P. Elliott, Proc. Roy. Soc. **A245**(1958) 128, 562.
　 J. P. Elliott and M. Harvey, Proc. Roy. Soc. **A272**(1963) 557.

(c) 2α 系 2 中心模型の重心座標の分離

前述したように，われわれは特に原子核の内部励起 (内部運動) に興味がある．したがって，系の全波動関数が，系全体の<u>重心座標</u>に関わる部分と<u>内部座標</u>に関わる部分とに分離されているのが望ましい．ここで，上述の 2α 系の 2 中心模型の波動関数から，重心座標を分離する方法を述べておこう．

はじめに R_i に中心を持つ 1 つのクラスターを考える．クラスター内の 4 個の核子の位置をこれまでは位置ベクトル $\{r_{i_k}; k=1,2,3,4\}$ で表したが，今後は 4 核子の重心 $X_{iG}=(1/4)\sum_{k=1}^{4}r_{i_k}$ からのベクトル $\boldsymbol{\xi}_k = r_{i_k}-X_{iG}$ で表すことにする．これらのベクトル $\{\boldsymbol{\xi}_k; k=1,2,3,4\}$ は重心 X_{iG} とは独立の内部座標となる．この内部座標を用いると，関係式

$$\sum_{k=1}^{4} r_{ik}^2 = \sum_{k=1}^{4} \boldsymbol{\xi}_k^2 + 4X_{iG}^2, \tag{4.22a}$$

$$\sum_{k=1}^{4} (r_{ik}-R_i)^2 = \sum_{k=1}^{4} \boldsymbol{\xi}_k^2 + 4(X_{iG}-R_i)^2, \tag{4.22b}$$

$$\prod_{k=1}^{4} e^{-\nu(r_{ik}-R_i)^2} = \left(\prod_{k=1}^{4} e^{-\nu\xi_k^2}\right) e^{-4\nu(X_{iG}-R_i)^2} \tag{4.22c}$$

が得られる．これらの関係式を (4.12) 式に代入すると，中心位置が $R_i\,(i=1,2)$ にある α クラスターの波動関数は，重心座標と内部座標が分離された形に表され，

$$\psi(\alpha_i, R_i) = \left(\frac{8\nu}{\pi}\right)^{3/4} e^{-4\nu(X_{iG}-R_i)^2}\phi(\alpha_i), \quad (i=1,2) \tag{4.23}$$

となる．ただし，$\phi(\alpha_i)\,(i=1,2)$ は各々の α クラスターの内部波動関数であり，内部座標 $\{\boldsymbol{\xi}_k; k=1,2,3,4\}$ だけで書かれている．[*25]

以上の結果を用いると，2α 系の 2 中心模型の波動関数は

$$\Psi(R_1, R_2) = \left(\frac{8\nu}{\pi}\right)^{3/2} \mathcal{A}\left[\exp\left\{-4\nu\sum_{i=1}^{2}(X_{iG}-R_i)^2\right\}\phi(\alpha_1)\phi(\alpha_2)\right] \tag{4.24}$$

と書かれる．ここで $\mathcal{A}$ は反対称化演算子であり，

$$X_G = \frac{X_{1G}+X_{2G}}{2}, \quad R_G = \frac{R_{1G}+R_{2G}}{2}, \tag{4.25a}$$

[*25] 内部座標 $\boldsymbol{\xi}_k$ は $k=1,2,3,4$ の 4 個あるように見えるが，$\sum_{k=1}^{4}\boldsymbol{\xi}_k=0$ であるから，全自由度から重心座標の分だけ減っていて，独立な内部座標は実質的には 3 個である．

$$X = X_{1\mathrm{G}} - X_{2\mathrm{G}}, \quad R = R_{1\mathrm{G}} - R_{2\mathrm{G}} \quad (4.25\mathrm{b})$$

とすれば，波動関数 (4.24) は

$$\Psi(R_1, R_2) = \mathcal{N}_0 \left(\frac{16\nu}{\pi}\right)^{3/2} e^{-8\nu(X_\mathrm{G} - R_\mathrm{G})^2}$$
$$\times \mathcal{A}\left[\Gamma(X - R; \nu_r = 2\nu)\,\phi(\alpha_1)\,\phi(\alpha_2)\right] \quad (4.26\mathrm{a})$$

となって，重心座標が分離された形となる．ただし，

$$\Gamma(X - R; \nu_r = \nu/2) = \left(\frac{2\nu_r}{\pi}\right)^{3/4} e^{-\nu_r(X - R)^2} \quad (4.26\mathrm{b})$$

である．

4.3.2　2中心調和振動子殻模型

前項 4.3.1 における 2 中心 α クラスター模型を，さらに一般の軽いクラスターの 2 中心模型の場合に拡張する．拡張された 2 中心調和振動子殻模型の波動関数の特徴は次の 2 点である：

(1) 2 中心調和振動子殻模型の波動関数は，2 つの中心位置にある核クラスターの 1 粒子波動関数から構成される 1 つの Slater 行列式で与えられる．

(2) 2 つの核クラスターの調和振動子パラメーター ν_1 および ν_2 が等しい ($\nu_1 = \nu_2$) 場合，2 中心調和振動子殻模型の波動関数は，重心座標のみを含む部分と，内部座標のみで表される内部波動関数の部分に分離される．

これらの 2 中心模型の波動関数の性質は，1 中心調和振動子模型 (通常の殻模型) の波動関数の持つ性質から導かれるので，まずはじめに 1 中心調和振動子殻模型について復習をしておこう．

(a) 1 中心調和振動子殻模型

1 中心調和振動子殻模型については，第 1 章 1.1.1 において詳しく述べられているので，ここでは以下で必要となる要点のみをあげておく．

原点を中心とする調和振動子殻模型の 1 粒子ハミルトニアンは

$$h = -\frac{\hbar^2}{2M}\boldsymbol{\nabla}^2 + \frac{1}{2}M\omega^2(x^2 + y^2 + z^2) \quad (4.27)$$

表 4.2 調和振動子模型における 1 粒子状態 ($N \leq 2$)

N	$(n_x\, n_y\, n_z)$	$(n\, l\, m)$	記号	縮退度
0	(000)	(0 0 0)	(0s)	1
1	(001), (100), (010)	(0 1 m), ($m = -1, 0, 1$)	(0p)	3
2	(002), (011), (101), (200), (110), (020)	(0 2 m), ($m = -2, -1, 0, 1, 2$) (1 0 0)	(0d) (1s)	6

"記号" は準位 $(n\, l)$ の $l = 0, 1, 2, \ldots$ を分光学の記号 "s, p, d, ..." で表したものである.
"縮退度" はその準位 N の状態数であり, $(N+1)(N+2)/2$ で与えられる.

であり, エネルギー固有値, 固有関数は

$$h\phi_\alpha(\boldsymbol{r}) = E_\alpha \phi_\alpha(\boldsymbol{r}), \quad E_\alpha = E_N = \left(N + \frac{3}{2}\right)\hbar\omega \tag{4.28}$$

で与えられる. いうまでもなく, 量子数 α は x, y, z 軸上の 1 次元調和振動子の量子数の組み合わせ $\alpha = (n_x\, n_y\, n_z)$ で指定され, $N = n_x + n_y + n_z$ である. また第 1 章の (1.3) 式のように, これらの量子数は主量子数 n, 角運動量量子数 l およびその z 成分 (磁気量子数) m の組み合わせ $\alpha = (n\, l\, m)$ で指定することもできる. 表 4.2 に $N \leq 2$ の 1 粒子状態が示されている.

これらの 1 粒子状態にエネルギーの低い方から順番に核子を入れていくと, さまざまな殻模型の状態ができる. 1 つの 1 粒子状態 $(n_x\, n_y\, n_z)$ または $(n\, l\, m)$ は, スピンが上向き, 下向きの 2 つの状態が縮退し, それぞれに陽子と中性子を入れることが可能で, 結局 1 つの 1 粒子状態には合計 4 個の核子を入れることができる. エネルギーが最低の $N = 0$ の状態に核子を 4 個つめた $(000)^4$ の**配位** (configuration) が ^{4}He すなわち α 粒子の配位であり, $N \leq 1$ に核子を 16 個つめた $(000)^4(001)^4(100)^4(010)^4$ が ^{16}O の配位である.

^{4}He や ^{16}O の配位はそれぞれ $N = 0$ および $N = 1$ の準位を核子が完全に占めた配位であり, **閉殻** (closed shell) となっていて配位は唯一である. しかし, これらの中間の核においては, これらの準位を核子が部分的に占めることになり, さまざまな配位が可能である. たとえば (0p) 殻核 ($2 \leq$ 陽子数 または 中性子数 ≤ 8) の場合, 配位

$$(000)^4 (001)^{n_{\alpha_1}}_{\mathrm{n}} (001)^{n_{\beta_1}}_{\mathrm{p}} (100)^{n_{\alpha_2}}_{\mathrm{n}} (100)^{n_{\beta_2}}_{\mathrm{p}} (010)^{n_{\alpha_3}}_{\mathrm{n}} (010)^{n_{\beta_3}}_{\mathrm{p}} \tag{4.29}$$

において $(n_{\alpha_1} n_{\alpha_2} n_{\alpha_3})$ や $(n_{\beta_1} n_{\beta_2} n_{\beta_3})$ の種々の組み合わせが可能となる. これらの各々の配位に対する波動関数が 1 つの Slater 行列式で表されることは明らかである. したがって, ^{4}He や ^{16}O の配位はそれぞれ, ただ 1 つの Slater

行列式で表されるが，中間の核の波動関数はいくつかの Slater 行列式の重ね合わせとなる．すなわち第 1 章の 1.2 で述べた**配位混合** (configuration mixing) である．

ここでは 1 つの配位の Slater 行列式で 1 つの核クラスターの状態を代表させることとする．i 番目の核クラスター C_i が A_i 個の核子からなるものとし，その中心が $\boldsymbol{R}_i$ にあるものとする．各々の核子の荷電・スピン状態を含む 1 粒子波動関数を $\Phi_{C_i k}(\boldsymbol{r}_k); (k=1,2,\cdots,A_i)$ とすれば，クラスター C_i の波動関数は

$$\psi(C_i, \boldsymbol{R}_i) = \frac{1}{\sqrt{A_i!}} \det\left\{\Phi_{C_i 1}(\boldsymbol{r}_1-\boldsymbol{R}_i), \cdots, \Phi_{C_i A_i}(\boldsymbol{r}_{A_i}-\boldsymbol{R}_i)\right\} \quad (4.30)$$

と書かれる．ただし，

$$\Phi_{C_i k}(\boldsymbol{r}_k-\boldsymbol{R}_i) = \phi_{\alpha_k}(\boldsymbol{r}_k-\boldsymbol{R}_i)\,\eta(\tau_k, \sigma_k) \quad (4.31)$$

であり，$\phi_\alpha(\boldsymbol{r})$ は (4.28) 式で与えられる調和振動子殻模型の 1 粒子波動関数，$\eta(\tau, \sigma)$ は (4.7) 式の荷電・スピン波動関数である．あとの便宜のため，簡単な場合の $\phi_\alpha(\boldsymbol{r})$ の具体的な関数形を記しておこう：

$$\phi_\alpha(\boldsymbol{r}) = \phi_{(n_x n_y n_z)}(\boldsymbol{r}) = \phi_{n_x}(x)\,\phi_{n_y}(y)\,\phi_{n_z}(z), \quad (4.32\mathrm{a})$$

$$\phi_0(x) = \left(\frac{2\nu}{\pi}\right)^{1/4} e^{-\nu x^2}, \quad \phi_1(x) = 2\sqrt{\nu}\,x\,\phi_0(x),$$

$$\phi_2(x) = \frac{1}{\sqrt{2}}\,(1-4\nu x^2)\,\phi_0(x). \quad (4.32\mathrm{b})$$

ここで調和振動子パラメーターは $\nu = M\omega/(2\hbar)$ である．

(b) 1 中心殻模型の重心座標の分離

1 中心調和振動子殻模型の波動関数は，重心座標と内部座標に関する部分が分離されることが知られている．[*26] すなわち，(4.30) 式の波動関数 $\psi(C_i, \boldsymbol{R}_i)$ が次の形に分離されるのである：

$$\psi(C_i, \boldsymbol{R}_i) = \left(\frac{2\nu_i A_i}{\pi}\right)^{3/4} e^{-A_i \nu_i (\boldsymbol{X}_i-\boldsymbol{R}_i)^2} \phi(C_i). \quad (4.33)$$

ただし，$\boldsymbol{X}_i$ はクラスター C_i を構成する A_i 個の核子の重心

$$\boldsymbol{X}_i = \frac{1}{A_i} \sum_{i=1}^{A_i} \boldsymbol{r}_i \quad (4.34)$$

[*26] J. P. Elliott and T. H. R. Skyrme, Proc. Roy. Soc. **A232**(1955) 561.

であり，$\phi(\mathrm{C}_i)$ は $\boldsymbol{X}_i$ を含まず，内部座標のみで記述されるクラスター C_i の内部波動関数である．

(4.33) 式のように，波動関数 $\psi(\mathrm{C}_i, \boldsymbol{R}_i)$ が重心部分と内部波動関数とに分離されることを，(0p) 殻核の場合について説明しよう．

(4.31) 式において1つのクラスターをとり上げ，このクラスターを構成する1粒子波動関数を考えよう．簡単のため $\boldsymbol{R}_i = 0$ とする．すなわち，原点を中心とした調和振動子波動関数 $\phi_\alpha(\boldsymbol{r})$ を考える．(4.32) 式に示したように，この波動関数は Gauss 型の指数関数部分と多項式の部分とに分けられて，

$$\phi_{\alpha_k}(\boldsymbol{r}_k) = P_{\alpha_k}(\boldsymbol{r}_k)\phi_0(\boldsymbol{r}_k), \quad \phi_0(\boldsymbol{r}_k) = \left(\frac{2\nu_i}{\pi}\right)^{3/4} e^{-\nu_i r_k^2} \qquad (4.35)$$

と表される．これを (4.31), (4.30) 式に代入すると，指数関数部分は行列式の外にくくり出すことができて，

$$\psi(\mathrm{C}_i, \boldsymbol{R}_i = 0) = \frac{1}{\sqrt{A_i!}} \left(\prod_{k=1}^{A_i} \phi_0(\boldsymbol{r}_k)\right) \det\{P_{\mathrm{C}_i 1}(\boldsymbol{r}_1), \cdots, P_{\mathrm{C}_i A_i}(\boldsymbol{r}_{A_i})\}, \qquad (4.36\mathrm{a})$$

$$P_{\mathrm{C}_i k}(\boldsymbol{r}_k) = P_{\alpha_k}(\boldsymbol{r}_k)\eta(\tau_k, \sigma_k) \qquad (4.36\mathrm{b})$$

となる．(4.36a) 式における指数関数の部分は

$$\left(\prod_{k=1}^{A_i} \phi_0(\boldsymbol{r}_k)\right) = \left(\frac{2\nu_i}{\pi}\right)^{3A_i/4} e^{-A_i\nu_i \boldsymbol{X}_i^2} \exp\left[-\nu_i \sum_{k=1}^{A_i} (\boldsymbol{r}_k - \boldsymbol{X}_i)^2\right] \qquad (4.37)$$

と書かれる．(4.36), (4.37) 式と $\boldsymbol{R}_i = 0$ と置いたときの (4.33) 式とを比較すると，このときの内部波動関数 $\phi(\mathrm{C}_i)$ は

$$\phi(\mathrm{C}_i) = \left(\frac{2\nu_i}{\pi}\right)^{3(A_i-1)/4} \exp\left[-\nu_i \sum_{k=1}^{A_i} (\boldsymbol{r}_k - \boldsymbol{X}_i)^2\right] \det\{P_{\mathrm{C}_i 1}(\boldsymbol{r}_1), \cdots, P_{\mathrm{C}_i A_i}(\boldsymbol{r}_{A_i})\} \qquad (4.38)$$

と表される．この $\phi(\mathrm{C}_i)$ が重心座標 $\boldsymbol{X}_i$ を含んでいないならば真の内部波動関数になっていて，全体の波動関数 (4.36a) は重心座標が分離されたことになる．このことを確かめよう．

ある関数が重心座標 $\boldsymbol{X}_i$ を含ないということは，すべての粒子の座標を一様に $\boldsymbol{a}$ だけ平行移動させたとき，すなわち

$$\boldsymbol{r}_k \to \boldsymbol{r}_k + \boldsymbol{a}, \quad (k = 1, 2, \ldots, A_i) \qquad (4.39)$$

としたとき，その関数が $\boldsymbol{a}$ によらず不変であるということである．この平行移動のもとで $\boldsymbol{r}_k - \boldsymbol{X}_i$ が不変であることは明らかであるから，$\phi(\mathrm{C}_i)$ の中の指数関数部分は不

4.3 多中心模型

変である. したがって, 残りの行列式の部分 $\det\{P_{C_i1}(r_1)\cdots P_{C_iA_i}(r_{A_i})\}$ が平行移動 (4.39) に対して不変であることを示せばよい.

いわゆる p 殻核 ($2 \leq$ 陽子数または中性子数 ≤ 8) の場合, 配位 (4.29) に対して行列式部分が不変であることを示そう. この行列式を構成する A_i 個の 1 粒子状態に通し番号 $k = 1, 2, \ldots, A_i$ を付け, 最初の 4 つの状態 $k = 1, 2, 3, 4$ を $(000)^4 = (0s)^4$ の部分の 1 粒子状態とする. これら 4 つの状態に対する 1 粒子波動関数の多項式部分は $P_{\alpha_k}(r) = 1$ であるから, $k = 1, 2, 3, 4$ に対する $P_{C_ik}(r_k)$ は, それぞれ

$$P_{C_ik}(r_k) = P_{\alpha_k}(r_k)\eta(\tau_k, \sigma_k) = (\text{n}\uparrow), (\text{n}\downarrow), (\text{p}\uparrow), (\text{p}\downarrow)$$

である. また $k = 5, 6, \ldots, A_i$ の軌道状態は (001), (100), (010) のいずれかであり, それらの多項式部分は (4.32b) 式の $\phi_1(x)$ で与えられる. したがって, これらの 1 粒子波動関数の多項式部分の平行移動 (4.39) による変化は, $\boldsymbol{a} = (a_x, a_y, a_z)$ とすれば,

$$P_{(000)}(\boldsymbol{r}+\boldsymbol{a}) = P_{(000)}(\boldsymbol{r}) = 1, \qquad (4.40\text{a})$$
$$P_{(001)}(\boldsymbol{r}+\boldsymbol{a}) = P_{(001)}(\boldsymbol{r}) + 2\sqrt{\nu}\,a_z, \qquad (4.40\text{b})$$
$$P_{(100)}(\boldsymbol{r}+\boldsymbol{a}) = P_{(100)}(\boldsymbol{r}) + 2\sqrt{\nu}\,a_x, \qquad (4.40\text{c})$$
$$P_{(010)}(\boldsymbol{r}+\boldsymbol{a}) = P_{(010)}(\boldsymbol{r}) + 2\sqrt{\nu}\,a_y \qquad (4.40\text{d})$$

となる. これらの結果から, 行列式部分は平行移動 (4.39) により

$$\det\{P_{C_i1}(r_1+\boldsymbol{a}), P_{C_i2}(r_2+\boldsymbol{a}), \cdots, P_{C_iA_i}(r_i+\boldsymbol{a})\}$$
$$= \det\{(\text{n}\uparrow)_1, (\text{n}\downarrow)_2, (\text{p}\uparrow)_3, (\text{p}\downarrow)_4, P_{C_i5}(r_5) + 2\sqrt{\nu}\,a_5\,\eta_5(\tau,\sigma),$$
$$\cdots, P_{C_iA_i}(r_i) + 2\sqrt{\nu}\,a_{A_i}\,\eta_{A_i}(\tau,\sigma)\} \qquad (4.41)$$

となる. ただし, a_k ($k = 5, 6, \cdots, A_i$) は a_x, a_y, a_z のいずれかであり, $\eta_k(\tau, \sigma)$ ($k = 5, 6, \cdots, A_i$) は $(\text{n}\uparrow)_k, (\text{n}\downarrow)_k, (\text{p}\uparrow)_k, (\text{p}\downarrow)_k$ のいずれかである. 行列式 (4.41) において, 行を状態番号, 列を粒子番号とすると, 5 行 – A_i 行の定数に比例する部分は, 1 行 – 4 行に比例することになり, 行列式の性質からこれらの寄与は 0 となる. したがって,

$$\det\{P_{C_i1}(r_1+\boldsymbol{a}), P_{C_i2}(r_2+\boldsymbol{a}), \cdots, P_{C_iA_i}(r_i+\boldsymbol{a})\}$$
$$= \det\{P_{C_i1}(r_1), P_{C_i2}(r_2), \cdots, P_{C_iA_i}(r_i)\} \qquad (4.42)$$

が成り立ち, 平行移動 (4.39) のもとで行列式部分は不変であることがわかる. つまり, 波動関数 $\phi(C_i)$ は確かに重心座標 $\boldsymbol{X}_i$ を含んでいない.

さらに, 調和振動子殻模型における sd 殻核 ($8 \leq$ 陽子数または中性子数 ≤ 20) の場合にも, (0s) 殻芯, (0p) 殻芯が閉殻である限り, (4.33) 式のように重心座標が分離される.

(c) 2中心模型の Slater 行列式

2中心模型の2つのクラスターのそれぞれの波動関数が (4.30) 式のように1つの Slater 行列式で与えられるならば，全体の波動関数 $\Psi(\boldsymbol{R}_1, \boldsymbol{R}_2)$ もまた1つの Slater 行列式で表されることを示そう．波動関数 $\Psi(\boldsymbol{R}_1, \boldsymbol{R}_2)$ は

$$\Psi(\boldsymbol{R}_1, \boldsymbol{R}_2) = \mathcal{N}_0 \mathcal{A}\Big[\psi(\mathrm{C}_1, \boldsymbol{R}_1)\psi(\mathrm{C}_2, \boldsymbol{R}_2)\Big]$$
$$= \frac{\mathcal{N}_0}{\sqrt{A_1! A_2!}} \mathcal{A}\Big[\det\Big\{\Phi_{\mathrm{C}_1 1}(\boldsymbol{r}_1 - \boldsymbol{R}_1), \cdots, \Phi_{\mathrm{C}_1 A_1}(\boldsymbol{r}_{A_1} - \boldsymbol{R}_1)\Big\}$$
$$\times \det\Big\{\Phi_{\mathrm{C}_2 A_1+1}(\boldsymbol{r}_{A_1+1} - \boldsymbol{R}_2), \cdots, \Phi_{\mathrm{C}_2 A}(\boldsymbol{r}_A - \boldsymbol{R}_2)\Big\}\Big]$$
$$= \frac{\mathcal{N}_0}{\sqrt{A_1! A_2!}} \sum_P (-1)^P P \Big[\det\Big\{\Phi_{\mathrm{C}_1 1}(\boldsymbol{r}_1 - \boldsymbol{R}_1), \cdots, \Phi_{\mathrm{C}_1 A_1}(\boldsymbol{r}_{A_1} - \boldsymbol{R}_1)\Big\}$$
$$\times \det\Big\{\Phi_{\mathrm{C}_2 A_1+1}(\boldsymbol{r}_{A_1+1} - \boldsymbol{R}_2), \cdots, \Phi_{\mathrm{C}_2 A}(\boldsymbol{r}_A - \boldsymbol{R}_2)\Big\}\Big].$$
(4.43)

と書かれる．ただし，A は系の全粒子数 $A = A_1 + A_2$ である．(4.43) 式の第2式における反対称化 $\mathcal{A}$ は，異なるクラスター C_1, C_2 に属する核子の組のすべてにわたって行われ，それは第3式における C_1 と C_2 に属する核子の置換 P に符号因子 $(-1)^P$ ($= 1$(偶置換のとき), -1(奇置換のとき)) を付してすべての置換についての和をとることによってなされる．この第3式は $A \times A$ の行列式を $A_1 \times A_1$ と $A_2 \times A_2$ の行列式に分解する Laplace の展開定理にほかならない．したがって，全系の波動関数は1つの Slater 行列式で表され，

$$\Psi(\boldsymbol{R}_1, \boldsymbol{R}_2) = \frac{\mathcal{N}_0}{\sqrt{A_1! A_2!}} \mathcal{A}\Big[\det\Big\{\Phi_{\mathrm{C}_1 1}(\boldsymbol{r}_1 - \boldsymbol{R}_1), \cdots, \Phi_{\mathrm{C}_1 A_1}(\boldsymbol{r}_{A_1} - \boldsymbol{R}_1),$$
$$\Phi_{\mathrm{C}_2 A_1+1}(\boldsymbol{r}_{A_1+1} - \boldsymbol{R}_2), \cdots, \Phi_{\mathrm{C}_2 A}(\boldsymbol{r}_A - \boldsymbol{R}_2)\Big\}\Big]$$
(4.44)

と書かれる．この Slater 行列式を用いれば，全系の核子に関する物理量の期待値や行列要素が容易に計算できる．

(d) 2中心模型の重心座標の分離

1中心模型における重心波動関数と内部波動関数を分離した形式 (4.33) を用いれば，2中心模型の全波動関数は

となる.

$$\Psi(\boldsymbol{R}_1, \boldsymbol{R}_2) = \mathcal{N}_0 \left(\frac{4A_1 A_2 \nu_1 \nu_2}{\pi^2} \right)^{3/4}$$
$$\times \mathcal{A} \left[e^{-A_1 \nu_1 (\boldsymbol{X}_1 - \boldsymbol{R}_1)^2 - A_2 \nu_2 (\boldsymbol{X}_2 - \boldsymbol{R}_2)^2} \phi(\mathrm{C}_1) \phi(\mathrm{C}_2) \right] \quad (4.45)$$

となる.ただし $\boldsymbol{X}_1 = \sum_{k=1}^{A_1} \boldsymbol{r}_k / A_1$ および $\boldsymbol{X}_2 = \sum_{k=A_1+1}^{A} \boldsymbol{r}_k / A_2$ はそれぞれ2つのクラスターに属する核子の重心である.

2つのクラスターを構成する調和振動子パラメーター ν_1 と ν_2 が等しい,すなわち $\underline{\nu_1 = \nu_2 = \nu}$ の場合には,

$$A_1 \nu_1 (\boldsymbol{X}_1 - \boldsymbol{R}_1)^2 + A_2 \nu_2 (\boldsymbol{X}_2 - \boldsymbol{R}_2)^2 = A\nu (\boldsymbol{X}_\mathrm{G} - \boldsymbol{R}_\mathrm{G})^2 + \gamma (\boldsymbol{X}_r - \boldsymbol{R}_r)^2 \tag{4.46a}$$

となる.ここで $\gamma = (A_1 A_2 / A)\nu$ である.また,

$$\boldsymbol{X}_\mathrm{G} = \frac{1}{A}(A_1 \boldsymbol{X}_1 + A_2 \boldsymbol{X}_2), \quad \boldsymbol{R}_\mathrm{G} = \frac{1}{A}(A_1 \boldsymbol{R}_1 + A_2 \boldsymbol{R}_2), \tag{4.46b}$$

$$\boldsymbol{X}_r = \boldsymbol{X}_1 - \boldsymbol{X}_2, \quad \boldsymbol{R}_r = \boldsymbol{R}_1 - \boldsymbol{R}_2 \tag{4.46c}$$

である.したがって,この場合の全系の波動関数は重心座標が分離されて,

$$\Psi(\boldsymbol{R}_1, \boldsymbol{R}_2) = \mathcal{N}_0 \left(\frac{2A\nu}{\pi} \right)^{3/4} e^{-A\nu (\boldsymbol{X}_\mathrm{G} - \boldsymbol{R}_\mathrm{G})^2}$$
$$\times \mathcal{A} \left[\Gamma(\boldsymbol{X}_r - \boldsymbol{R}_r, \gamma) \phi(\mathrm{C}_1) \phi(\mathrm{C}_2) \right] \tag{4.47}$$

となる.ここで重心座標の部分を反対称化演算子 $\mathcal{A}$ の外にくくり出すことができたのは,その演算に対して $\boldsymbol{X}_\mathrm{G}$ が不変であるからである.

調和振動子パラメーターが2つのクラスターによって異なるとき,すなわち $\underline{\nu_1 \neq \nu_2}$ のときには,重心座標は (4.47) 式のように簡単には分離されない.$\nu_1 \neq \nu_2$ の場合において波動関数から重心座標を取り除き,内部座標のみを含む内部波動関数を作るには,複雑な変換が必要であり実際的ではない.したがって $\nu_1 = \nu_2$ を仮定して,(4.47) 式のように重心座標が簡単に分離できる利点を活用するのが模型として有利である.

重心座標部分が分離されている波動関数 (4.47) の利点は,重心座標を考えなくてすむ点である.通常,クラスターの中心を示すパラメーター $\boldsymbol{R}_1, \boldsymbol{R}_2$ を $\boldsymbol{R}_\mathrm{G} = 0$ となるようにとる.この場合,波動関数の重心座標部分は常に $\omega_0(\boldsymbol{X}_\mathrm{G}) = (2A\nu/\pi)^{3/4} \exp[-A\nu \boldsymbol{X}_\mathrm{G}^2]$ であるから,$\langle \omega_0 | \omega_0 \rangle = 1$ となる.一

方，物理的な演算子 $\widehat{O}$ は重心座標を含まないので，$\widehat{O}$ の行列要素を計算するにあたって，波動関数の重心座標部分は考えなくてよい．すなわち，$\boldsymbol{R}_\mathrm{G}=0$ の条件下で，

$$\langle \Psi(\boldsymbol{R}_1,\boldsymbol{R}_2)|\widehat{O}|\Psi(\boldsymbol{R}'_1,\boldsymbol{R}'_2)\rangle = \mathcal{N}_0\mathcal{N}'_0$$
$$\times \langle \mathcal{A}[\Gamma(\boldsymbol{X}_r-\boldsymbol{R}_r,\gamma)\phi(\mathrm{C}_1)\phi(\mathrm{C}_2)]|\widehat{O}|\mathcal{A}[\Gamma(\boldsymbol{X}_r-\boldsymbol{R}'_r,\gamma)\phi(\mathrm{C}_1)\phi(\mathrm{C}_2)]\rangle \tag{4.48}$$

となる．$\mathcal{N}_0,\mathcal{N}'_0$ はそれぞれブラおよびケットベクトルの規格化定数である．

(e) 多中心模型への拡張

上述の 2 中心模型を多中心模型へ拡張することは容易である．3 中心模型を例にあげて，その要点を示そう．

3 中心の位置を示すパラメーター $(\boldsymbol{R}_1,\boldsymbol{R}_2,\boldsymbol{R}_3)$ を，図 **4.6** と (4.4) 式に示されるパラメーター $(\boldsymbol{R}_\mathrm{G},\boldsymbol{R}_{12}=\boldsymbol{R}_{(1)},\boldsymbol{R}_{12,3}=\boldsymbol{R}_{(2)})$ に変換すると，2 中心模型の場合の波動関数 (4.47) に対応して，3 中心模型波動関数 $\Psi(\boldsymbol{R}_1,\boldsymbol{R}_2,\boldsymbol{R}_3)$ は

$$\Psi(\boldsymbol{R}_1,\boldsymbol{R}_2,\boldsymbol{R}_3) = \mathcal{N}_0\left(\frac{2A\nu}{\pi}\right)^{3/4} e^{-A\nu(\boldsymbol{X}_\mathrm{G}-\boldsymbol{R}_\mathrm{G})^2}$$
$$\times \mathcal{A}\Big[\Gamma(\boldsymbol{X}_{(1)}-\boldsymbol{R}_{(1)},\gamma_1)\Gamma(\boldsymbol{X}_{(2)}-\boldsymbol{R}_{(2)},\gamma_2)\phi(\mathrm{C}_1)\phi(\mathrm{C}_2)\phi(\mathrm{C}_3)\Big], \tag{4.49a}$$

$$\Gamma(\boldsymbol{X}_{(i)}-\boldsymbol{R}_{(i)},\gamma_i) = \left(\frac{2\gamma_i}{\pi}\right)^{3/4} e^{-\nu_i(\boldsymbol{X}_{(i)}-\boldsymbol{R}_{(i)})^2}, \quad (i=1,2) \tag{4.49b}$$

となる．ただし，

$$\gamma_1 = \frac{A_1 A_2}{A_1+A_2}\nu, \quad \boldsymbol{X}_{(1)} = \boldsymbol{X}_1-\boldsymbol{X}_2, \quad \boldsymbol{R}_{(1)} = \boldsymbol{R}_1-\boldsymbol{R}_2,$$

$$\gamma_2 = \frac{(A_1+A_2)A_3}{(A_1+A_2)+A_3}\nu,$$

$$\boldsymbol{X}_{(2)} = \frac{A_1\boldsymbol{X}_1+A_2\boldsymbol{X}_2}{A_1+A_2} - \boldsymbol{X}_3, \quad \boldsymbol{R}_{(2)} = \frac{A_1\boldsymbol{R}_1+A_2\boldsymbol{R}_2}{A_1+A_2} - \boldsymbol{R}_3,$$

$$A = \sum_{i=1}^{3} A_i, \quad \boldsymbol{X}_\mathrm{G} = \frac{1}{A}\sum_{i=1}^{3} A_i\boldsymbol{X}_i, \quad \boldsymbol{R}_\mathrm{G} = \frac{1}{A}\sum_{i=1}^{3} A_i\boldsymbol{R}_i \tag{4.49c}$$

である．(4.44) 式の 2 中心の波動関数 $\Psi(\boldsymbol{R}_1,\boldsymbol{R}_2)$ と同様に，(4.49a) 式の 3 中心の波動関数 $\Psi(\boldsymbol{R}_1,\boldsymbol{R}_2,\boldsymbol{R}_3)$ も，3 中心の 1 粒子軌道殻模型波動関数から成る 1 つの Slater 行列式で表されることは明らかである．

(4.49c) 式のような座標の取り方は，任意の数の多中心の場合に順次拡張することができる．このような座標を **Jacobi 座標** (Jacobi coordinates) と呼ぶ．Jacobi 座標を用いれば，一般の n 中心波動関数 $\Psi(\boldsymbol{R}_1, \cdots, \boldsymbol{R}_n)$ が，(4.49a) 式と同様な形の重心分離型に表されることは，ほとんど自明である．

(f) 2 中心模型の 1 体および 2 体演算子の行列要素

2 中心模型の波動関数は，(4.44) 式に示すように，2 つの中心 $(\boldsymbol{R}_1, \boldsymbol{R}_2)$ のまわりの 1 粒子波動関数の Slater 行列式，あるいはその重ね合わせで与えられる．これらの 1 粒子波動関数は互いに直交するわけではない．多くの場合，ハミルトニアンやその他の物理演算子は，1 体または 2 体演算子として与えられる．したがって非直交の 1 粒子波動関数によって構成される Slater 行列式による，1 体および 2 体演算子の行列要素を計算する方法について述べよう．

全系のハミルトニアン H は，重心運動エネルギーを除いた内部運動エネルギー T と核子間の 2 体相互作用 V で次のように与えられるものとする：

$$H = T + V, \tag{4.50a}$$

$$T = -\sum_{i=1}^{A} \frac{\hbar^2}{2M}\nabla_i^2 + \frac{\hbar^2}{2AM}\nabla_{\mathrm{G}}^2 \quad V = \sum_{i>j}^{A} v_{ij}. \tag{4.50b}$$

ここで ∇_i^2 は粒子 i の座標に関するラプラシアン，∇_{G}^2 は重心座標に関するラプラシアンである．

2 体相互作用 V を <u>中心力に限る</u> ものとすれば，1, 2 番目の核子間力のポテンシャルは

$$v_{12} = (W + BP_{\mathrm{B}} + HP_{\mathrm{H}} + MP_{\mathrm{M}})U(\boldsymbol{r}_1 - \boldsymbol{r}_2) \tag{4.51}$$

と書かれる．定数 W は Wigner 力 (普通の中心力) の強さである．定数 B, H, M はそれぞれ Bartlett 力，Heisenberg 力，Majorana 力の強さを表す．これら 3 種類の力が **交換力** (exchange forces) である．P_{B} は 2 核子のスピン座標を交換する Bartlett 演算子，P_{H} は位置座標とスピン座標をともに交換する Heisenberg 演算子 P_{M} は位置座標のみを交換する Majorana 演算子である．2 核子のスピン座標およびアイソスピン座標を交換する演算子 P_σ, P_τ は，それぞれ

$$P_\sigma = \frac{1}{2}\{1 + (\boldsymbol{\sigma}_1 \cdot \boldsymbol{\sigma}_2)\}, \quad P_\tau = \frac{1}{2}\{1 + (\boldsymbol{\tau}_1 \cdot \boldsymbol{\tau}_2)\} \tag{4.52}$$

と表されるから，$P_B = P_\sigma$ である．核子はフェルミオンであり，位置とスピンとアイソスピン座標のすべての交換，すなわち粒子の交換に対して反対称でなければならないから，$P_H P_\tau = -1, P_M P_\sigma P_\tau = -1$ となり，したがって $P_H = -P_\tau, P_M = -P_\sigma P_\tau$ である．

ハミルトニアン (4.50) は次のように1粒子演算子と2粒子演算子に分けることができる：

$$H = \sum_{i=1}^{A} \widetilde{t}_i + \frac{1}{2} \sum_{i \neq j}^{A} \widetilde{v}_{ij}, \tag{4.53a}$$

$$\widetilde{t}_i = -\frac{\hbar^2}{2M} \frac{A-1}{A} \nabla_i^2, \quad \widetilde{v}_{ij} = v_{ij} + \frac{\hbar^2}{AM}(\nabla_i \cdot \nabla_j). \tag{4.53b}$$

以下において，非直交1粒子波動関数から作られる Slater 行列式による行列要素の計算法を述べる．2つの Slater 行列式

$$\Phi = \frac{1}{\sqrt{A!}} \det\{\phi_1(\boldsymbol{r}_1), \cdots, \phi_A(\boldsymbol{r}_A)\}, \tag{4.54a}$$

$$\Psi = \frac{1}{\sqrt{A!}} \det\{\psi_1(\boldsymbol{r}_1), \cdots, \psi_A(\boldsymbol{r}_A)\} \tag{4.54b}$$

を考える．ただし，$\{\phi_1(\boldsymbol{r}_1), \cdots, \phi_A(\boldsymbol{r}_A)\}$ および $\{\psi_1(\boldsymbol{r}_1), \cdots, \psi_A(\boldsymbol{r}_A)\}$ は，2組の非直交1粒子波動関数である．物理演算子 $\widehat{O}$ は核子の交換に対して完全に対称であるから次式が成り立つ：

$$\langle \Phi | \widehat{O} | \Psi \rangle = \frac{1}{A!} \langle \det\{\phi_1(\boldsymbol{r}_1), \cdots, \phi_A(\boldsymbol{r}_A)\} | \widehat{O} | \det\{\psi_1(\boldsymbol{r}_1), \cdots, \psi_A(\boldsymbol{r}_A)\} \rangle$$

$$= \langle \phi_1(\boldsymbol{r}_1) \cdots \phi_A(\boldsymbol{r}_A) | \widehat{O} | \det\{\psi_1(\boldsymbol{r}_1), \cdots, \psi_A(\boldsymbol{r}_A)\} \rangle. \tag{4.55}$$

重なり積分

まず，波動関数 Φ と Ψ の重なり積分 (overlap integral) を求めよう．(4.55) 式において $\widehat{O} = 1$ と置くと，

$$\langle \Phi | \Psi \rangle = \langle \phi_1(\boldsymbol{r}_1) \cdots \phi_A(\boldsymbol{r}_A) | \det\{\psi_1(\boldsymbol{r}_1), \cdots, \psi_A(\boldsymbol{r}_A)\} \rangle$$

$$= \sum_P (-1)^P \langle \phi_1 | \psi_{P(1)} \rangle \cdots \langle \phi_A | \psi_{P(A)} \rangle$$

$$= \det\{\langle \phi_i | \psi_j \rangle\}$$

$$= |B| \tag{4.56}$$

となる．第 2 式は $(1, 2, \cdots, A)$ のすべての置換 $(P(1), P(2), \cdots, P(A))$ についての和を意味し，符号因子は $(-1)^P = 1$ (偶置換のとき), $= -1$ (奇置換のとき) である．また B は 1 粒子状態の重なり積分

$$B_{ij} = \langle \phi_i | \psi_j \rangle \tag{4.57}$$

を行列要素とする行列，$|B|$ はその行列式である．

1 粒子演算子の行列要素

1 粒子演算子を $\widehat{O} = \sum_{i=1}^{A} O_i$ とする．これを (4.55) 式に代入すると，

$$\langle \Phi | \widehat{O} | \Psi \rangle = \langle \phi_1(\boldsymbol{r}_1) \cdots \phi_A(\boldsymbol{r}_A) | \sum_{i=1}^{A} O_i | \det\{\psi_1(\boldsymbol{r}_1), \cdots, \psi_A(\boldsymbol{r}_A)\} \rangle$$

$$= \sum_{i=1}^{A} \langle \phi_1(\boldsymbol{r}_1) \cdots (O_i^\dagger \phi_i(\boldsymbol{r}_i)) \cdots \phi_A(\boldsymbol{r}_A) | \det\{\psi_1(\boldsymbol{r}_1), \cdots, \psi_A(\boldsymbol{r}_A)\} \rangle$$

となるが，右辺の積分 $\langle \cdots (O_i^\dagger \phi_i(\boldsymbol{r}_i)) \cdots | \det\{\cdots\} \rangle$ は，(4.56) 式の重なり積分の行列式 $|B|$ の第 i 行を $\langle \phi_i | O | \psi_1 \rangle, \cdots, \langle \phi_i | O | \psi_A \rangle$ で置き換えたものになっている．この第 i 行について展開すると (Laplace の展開定理)，

$$\langle \Phi | \widehat{O} | \Psi \rangle = |B| \sum_{i,j=1}^{A} \langle \phi_i | O | \psi_j \rangle (B^{-1})_{ji} \tag{4.58}$$

が得られる．ただし，$(B^{-1})_{ji}$ は行列 B の逆行列 B^{-1} の (ji) 行列要素である．

2 粒子演算子の行列要素

2 粒子演算子 $\widehat{O} = \sum_{i>j}^{A} O_{ij} = (1/2) \sum_{i \neq j}^{A} O_{ij}$ の行列要素を求める．いま計算の都合上，ある 1 粒子状態の完全系 $\{u_\alpha(\boldsymbol{r}); \alpha = 1, 2, \cdots\}$ を導入することにする．これを用いると，2 粒子演算子 O_{ij} は

$$O_{ij} = \sum_{\alpha_1 \alpha_2 \alpha_3 \alpha_4} \langle \alpha_1 \alpha_2 | O | \alpha_3 \alpha_4 \rangle \rho_{\alpha_1 \alpha_3}(\boldsymbol{r}_i) \rho_{\alpha_2 \alpha_4}(\boldsymbol{r}_j), \tag{4.59a}$$

$$\rho_{\alpha \alpha'}(\boldsymbol{r}) = |u_\alpha(\boldsymbol{r})\rangle \langle u_\alpha(\boldsymbol{r})| \tag{4.59b}$$

と表される．この表示を使うと，

$$\langle \Phi | \sum_{i \neq j} O_{ij} | \Psi \rangle = \sum_{i \neq j} \langle \phi_1(\boldsymbol{r}_1) \cdots \phi_A(\boldsymbol{r}_A) | O_{ij} | \det\{\psi_1(\boldsymbol{r}_1), \cdots, \psi_A(\boldsymbol{r}_A)\} \rangle$$

$$= \sum_{\alpha_1\alpha_2\alpha_3\alpha_4} \langle \alpha_1\alpha_2| O |\alpha_3\alpha_4\rangle$$
$$\times \sum_{i\neq j}^{A} \langle \phi_1(\boldsymbol{r}_1)\cdots(\rho_{\alpha_1\alpha_3}(\boldsymbol{r}_i)\phi_i(\boldsymbol{r}_i))\cdots(\rho_{\alpha_2\alpha_4}(\boldsymbol{r}_j)\phi_j(\boldsymbol{r}_j))$$
$$\cdots\phi_A(\boldsymbol{r}_A)| \det\{\psi_1(\boldsymbol{r}_1),\cdots,\psi_A(\boldsymbol{r}_A)\}\rangle$$

となるが，右辺の最後の積分 $\langle \cdots(\rho_{\alpha_1\alpha_3}\phi_i)\cdots(\rho_{\alpha_2\alpha_4}\phi_j)\cdots|\det\{\cdots\}\rangle$ は，(4.56) 式の行列式 $|B|$ の第 i 行を $\langle \phi_i|\rho_{\alpha_1\alpha_3}|\psi_1\rangle,\cdots,\langle \phi_i|\rho_{\alpha_1\alpha_3}|\psi_A\rangle$ で置き換え，第 j 行を $\langle \phi_j|\rho_{\alpha_2\alpha_4}|\psi_1\rangle,\cdots,\langle \phi_j|\rho_{\alpha_2\alpha_4}|\psi_A\rangle$ で置き換えたものになっている．この行列式の第 i 行と第 j 行について展開すると (Laplace の展開定理)，

$$\langle \Phi| \sum_{i\neq j} O_{ij} |\Psi\rangle = \sum_{\alpha_1\alpha_2\alpha_3\alpha_4} \langle \alpha_1\alpha_2|O|\alpha_3\alpha_4\rangle \sum_{i,j,k,l} \langle \phi_i|\rho_{\alpha_1\alpha_3}|\psi_k\rangle\langle \phi_j|\rho_{\alpha_2\alpha_4}|\psi_l\rangle$$
$$\times |B|\{(B^{-1})_{ki}(B^{-1})_{lj} - (B^{-1})_{kj}(B^{-1})_{li}\}$$

が得られる．したがって最終的に 2 粒子演算子 $\widehat{O}$ の行列要素は

$$\langle \Phi| O |\Psi\rangle = \langle \Phi| \sum_{i>j}^{A} O_{ij} |\Psi\rangle$$
$$= \frac{1}{2} |B| \sum_{i,j,k,l} \langle \phi_i\phi_j|O|\psi_k\psi_l\rangle\{(B^{-1})_{ki}(B^{-1})_{lj} - (B^{-1})_{kj}(B^{-1})_{li}\} \tag{4.60}$$

となる．

(g) 荷電・スピン飽和配位の場合の行列要素

α, ^{16}O や ^{40}Ca などを 1 つのクラスターと考えると，これらの核クラスターは $Z = N =$ 偶数であり，1 つの空間状態に属する 4 つの異なる荷電・スピン状態 (n↑), (n↓), (p↑), (p↓) のすべてを核子が占めている．このような配位を荷電・スピン飽和配位 (saturated spin-isospin configuration) という．すなわち，質量数 A_i を持つ核クラスター C_i $(i = 1,2)$ に対し，$A_i/4$ 個の空間状態 $f_{C_i,j}(\boldsymbol{r})$ $(j = 1, 2, \cdots, A_i/4)$ があるとして，1 つの空間状態に対し $f_{C_{ij}}\eta_{n\uparrow}$, $f_{C_{ij}}\eta_{n\downarrow}$, $f_{C_{ij}}\eta_{p\uparrow}$, $f_{C_{ij}}\eta_{p\downarrow}$ の 4 つの荷電・スピン・空間状態 (これをまとめて 1 粒子状態という) のすべてを核子が占めていることになる．このような荷電・スピン飽和配位を $(f_1^4, f_2^4, \cdots, f_{A/4}^4)$ と表すことにする．

4.3 多中心模型

荷電・スピン飽和配位を持つ 2 つのクラスターからなる 2 中心模型波動関数は,

$$
\begin{aligned}
\Phi &= \frac{1}{\sqrt{A!}} \det\{f_1^4, f_2^4, \cdots, f_{A/4}^4\} \\
&= \frac{1}{\sqrt{A!}} \det\Big\{ f_1\eta_{\mathrm{n}\uparrow}(1),\ f_1\eta_{\mathrm{n}\downarrow}(2),\ f_1\eta_{\mathrm{p}\uparrow}(3),\ f_1\eta_{\mathrm{p}\downarrow}(4), \\
&\qquad f_2\eta_{\mathrm{n}\uparrow}(5),\ f_2\eta_{\mathrm{n}\downarrow}(6),\ f_2\eta_{\mathrm{p}\uparrow}(7),\ f_2\eta_{\mathrm{p}\downarrow}(8), \\
&\qquad \cdots\cdots\cdots\cdots\cdots\cdots \\
&\qquad f_{A/4}\eta_{\mathrm{n}\uparrow}(A-3),\ f_{A/4}\eta_{\mathrm{n}\downarrow}(A-2),\ f_{A/4}\eta_{\mathrm{p}\uparrow}(A-1),\ f_{A/4}\eta_{\mathrm{p}\downarrow}(A) \Big\}
\end{aligned}
\tag{4.61}
$$

と書かれる.これらの表記の順序を荷電・スピン状態を共通にするものの順に並べ替えると,

$$
\begin{aligned}
\Phi = \frac{1}{\sqrt{A!}} \det\Big\{ & f_1\eta_{\mathrm{n}\uparrow}(1),\ f_2\eta_{\mathrm{n}\uparrow}(2),\ \cdots,\ f_{A/4}\eta_{\mathrm{n}\uparrow}(A/4), \\
& f_1\eta_{\mathrm{n}\downarrow}(A/4+1),\ f_2\eta_{\mathrm{n}\downarrow}(A/4+2),\ \cdots,\ f_{A/4}\eta_{\mathrm{n}\downarrow}(2A/4), \\
& f_1\eta_{\mathrm{p}\uparrow}(2A/4+1),\ f_2\eta_{\mathrm{p}\uparrow}(2A/4+2),\ \cdots,\ f_{A/4}\eta_{\mathrm{p}\uparrow}(3A/4), \\
& f_1\eta_{\mathrm{p}\downarrow}(3A/4+1),\ f_2\eta_{\mathrm{p}\downarrow}(3A/4+2),\ \cdots,\ f_{A/4}\eta_{\mathrm{p}\downarrow}(A) \Big\}
\end{aligned}
\tag{4.62}
$$

と書くことができる.

(4.61) 式の Φ と同様に,もう 1 つの荷電・スピン飽和配位 を持つ 2 中心模型の波動関数

$$
\Psi = \frac{1}{\sqrt{A!}} \det\{g_1^4, g_2^4, \cdots, g_{A/4}^4\} \tag{4.63}
$$

を考え,これらの波動関数 Φ および Ψ による物理演算子の行列要素の計算を行う.

<u>重なり積分</u>

Φ を構成する 1 粒子状態 $f_{i_1}\eta_{t_1 s_1}$ および Ψ を構成する 1 粒子状態 $g_{i_2}\eta_{t_2 s_2}$ の重なり積分は

$$
B_{i_1 t_1 s_1, i_2 t_2 s_2} = \langle f_{i_1}\eta_{t_1 s_1} | g_{i_2}\eta_{t_2 s_2} \rangle = D_{i_1 i_2} \delta_{t_1 t_2} \delta_{s_1 s_2}, \tag{4.64a}
$$

$$
D_{i_1 i_2} = \langle f_{i_1} | g_{i_2} \rangle \tag{4.64b}
$$

となる. $B_{i_1t_1s_1,i_2t_2s_2}$ および $D_{i_1i_2}$ を行列要素とする行列をそれぞれ B および D とすると,

$$B = \begin{pmatrix} D & & & 0 \\ & D & & \\ & & D & \\ 0 & & & D \end{pmatrix}, \quad D = \begin{pmatrix} \langle f_1|g_1 \rangle & \cdots & \langle f_1|g_{A/4} \rangle \\ \vdots & & \vdots \\ \langle f_{A/4}|g_1 \rangle & \cdots & \langle f_{A/4}|g_{A/4} \rangle \end{pmatrix} \quad (4.65)$$

となる. 行列 B は, $(A/4 \times A/4)$ の小行列 D を対角成分とする $(A \times A)$ の行列である. 行列 B の逆行列 B^{-1} もまた D の逆行列 D^{-1} を用いて

$$(B^{-1})_{i_1t_1s_1,i_2t_2s_2} = (D^{-1})_{i_1i_2} \delta_{t_1t_2} \delta_{s_1s_2} \quad (4.66)$$

と表される. 以上の結果から 2 つの 2 中心模型波動関数 Φ, Ψ の重なり積分は

$$\langle \Phi|\Psi \rangle = |B| = |D|^4 \quad (4.67)$$

となる. ただし, $|B|$ および $|D|$ は, それぞれ行列 B および D の行列式である.

<u>2 体相互作用の行列要素</u>

(4.53) 式のハミルトニアンの中の 1 体演算子の部分の行列要素は簡単であるので割愛し, 2 体相互作用の部分のみの結果を示しておこう.

2 体相互作用 V を交換力を含む中心力に限定すると, (4.51) 式のように表されるので,

$$V = \frac{1}{2} \sum_{i \neq j} (W + BP_\sigma - HP_\tau - MP_\tau P_\sigma)_{ij} U(\boldsymbol{r}_i - \boldsymbol{r}_j) \quad (4.68)$$

と書かれる. 演算子 P_τ および P_σ は, それぞれ荷電 (アイソスピン) およびスピンの交換演算子であるから,

$$P_\tau \eta_{t_1s_1}(1) \eta_{t_2s_2}(2) = \eta_{t_2s_1}(1) \eta_{t_1s_2}(2), \quad (4.69a)$$

$$P_\sigma \eta_{t_1s_1}(1) \eta_{t_2s_2}(2) = \eta_{t_1s_2}(1) \eta_{t_2s_1}(2) \quad (4.69b)$$

が成り立つ. これらを (4.60) 式に用いれば,

$$\langle \Phi|V|\Psi \rangle = |D|^4 \sum_{i_1i_2i_3i_4}^{A/4} \langle f_{i_1} f_{i_2}|U|f_{i_3} f_{i_4} \rangle$$
$$\times \{X_d (D^{-1}_{i_3i_1})(D^{-1}_{i_4i_2}) + X_e (D^{-1}_{i_3i_2})(D^{-1}_{i_4i_1})\} \quad (4.70)$$

が得られる．ただし

$$X_d = 8W + 4B - 4H - 2M, \quad X_e = 8M + 4H - 4B - 2W \tag{4.71}$$

である．

このように，荷電・スピン飽和配位 を持つ 2 中心模型の波動関数 Φ, Ψ に対する重なり積分 (4.67) や行列要素 (4.70) においては，アイソスピンとスピンに関する計算はすでに完了し，残りの空間軌道状態に関する計算のみを行えばよいことになる．

(h) 近接した極限における 2 中心模型波動関数

2 つのクラスターの中心間の距離を $R = |\boldsymbol{R}_1 - \boldsymbol{R}_2|$ とする．2 つのクラスターがちょうど接触する程度の距離 $R \simeq r_0(A_1^{1/3} + A_2^{1/3})$ になると，2 中心模型の波動関数 $\Psi(\boldsymbol{R}_1, \boldsymbol{R}_2)$ はよく発達した 2 体クラスター構造を表現すると考えられる．それでは 2 クラスター間が近接した (というよりほとんど重なった) $R \to 0$ の極限では，$\Psi(\boldsymbol{R}_1, \boldsymbol{R}_2)$ はどのようになるであろうか．$^8\text{Be} = \alpha + \alpha$ の場合について前述したように，その答えは，$R \to 0$ の極限において 1 中心調和振動子殻模型の波動関数に帰着するということである．$^8\text{Be} = \alpha + \alpha$ の場合についてはすでに述べたので，ここでは $^{20}\text{Ne} = \alpha + ^{16}\text{O}$ の場合について見てみよう．

$\alpha + ^{16}\text{O}$ 模型の 2 中心間相対ベクトルを $\boldsymbol{R} = \boldsymbol{R}_1 - \boldsymbol{R}_2$ とする．重心位置を原点にとると，$\boldsymbol{R}_1 = 4\boldsymbol{R}/5, \boldsymbol{R}_2 = -\boldsymbol{R}/5$ となるから，2 中心模型波動関数は

$$\begin{aligned}
\Psi(\alpha - ^{16}\text{O}, \boldsymbol{R}) &= \mathcal{N}_0 \mathcal{A}\Big[\psi(\alpha, 4\boldsymbol{R}/5)\psi(^{16}\text{O}, -\boldsymbol{R}/5)\Big] \\
&= \frac{\mathcal{N}_0}{\sqrt{4!16!}} \mathcal{A}\Big[\phi_{(000)}(\boldsymbol{r}_1 - 4\boldsymbol{R}/5)\eta_{n\uparrow}(1) \cdots \phi_{(000)}(\boldsymbol{r}_4 - 4\boldsymbol{R}/5)\eta_{p\downarrow}(4) \\
&\quad \times \phi_{(000)}(\boldsymbol{r}_5 + \boldsymbol{R}/5)\eta_{n\uparrow}(5) \cdots \phi_{(000)}(\boldsymbol{r}_8 + \boldsymbol{R}/5)\eta_{p\downarrow}(8) \\
&\quad \times \phi_{(001)}(\boldsymbol{r}_9 + \boldsymbol{R}/5)\eta_{n\uparrow}(9) \cdots \phi_{(010)}(\boldsymbol{r}_{20} + \boldsymbol{R}/5)\eta_{p\downarrow}(20)\Big]
\end{aligned} \tag{4.72}$$

となる．$\mathcal{A}$ は反対称化演算子である．規格化定数 $\mathcal{N}_0$ は

$$\mathcal{N}_0^{-2} = \binom{20}{4} |D|^4 \tag{4.73}$$

できめられ，行列 D は

$$D = \begin{pmatrix} 1 & \langle (000)''|(000)'\rangle & \langle (000)''|(001)'\rangle & \langle (000)''|(100)'\rangle & \langle (000)''|(010)'\rangle \\ \langle (000)'|(000)''\rangle & 1 & 0 & 0 & 0 \\ \langle (001)'|(000)''\rangle & 0 & 1 & 0 & 0 \\ \langle (100)'|(000)''\rangle & 0 & 0 & 1 & 0 \\ \langle (010)'|(000)''\rangle & 0 & 0 & 0 & 1 \end{pmatrix} \quad (4.74)$$

で与えられる．$|D|$ は D の行列式である．ただし，1粒子軌道状態 $(000)''$ および $(n_x n_y n_z)'$ は

$$(000)'' = \phi_{(000)}(\boldsymbol{r} - 4\boldsymbol{R}/5), \quad (n_x n_y n_z)' = \phi_{(n_x n_y n_z)}(\boldsymbol{r} + \boldsymbol{R}/5) \quad (4.75)$$

である．(4.32) 式の1粒子波動関数を用いると，

$$|D| = 1 - (1 + \nu R_x^2 + \nu R_y^2 + \nu R_z^2)e^{-\nu R^2} = \frac{1}{2}\nu^2 R^4 + O(\nu^3 R^6)$$

となるから，

$$\mathcal{N}_0 = \binom{20}{4}^{-1/2}\left[\frac{1}{4}\nu^4 R^8 + O(\nu^5 R^{10})\right]^{-1}$$

が得られる．簡単のため，ベクトル $\boldsymbol{R}$ を z 軸に沿った方向にとり，$\boldsymbol{R} = (0, 0, R)$ とする．(4.75) 式の $(000)''$ を $(00 n_z)'$ で展開して

$$\begin{aligned}(000)'' &= \sum_{n_z}(00n_z)'\langle (00n_z)|(000)''\rangle \\ &= e^{-\nu R^2/2}\left\{(000)' + \sqrt{\nu}R(001)' - \frac{1}{\sqrt{2}}\nu R^2(002)' + \cdots\right\}\end{aligned}$$

となる．これらの結果を (4.72) 式に代入し，$\nu R^2 \ll 1$ の場合の波動関数を求めると，

$$\begin{aligned}&\Psi(\alpha\text{-}^{16}\text{O}, \nu R^2 \ll 1) \\ &= \frac{1}{\sqrt{20!}}\frac{1}{\nu^4 R^8/4 + O(\nu^5 R^{10})} \\ &\quad \times \left[\frac{\nu^4}{4}R^8\det\{(002)'^4(000)'^4(001)'^4(100)'^4(010)'^4\} + O(\nu^5 R^{10})\right]\end{aligned}$$

となる．したがって $R \to 0$ において次の結果が得られる：

$$\Psi(\alpha\text{-}^{16}\text{O}, \sqrt{\nu}R \to 0) = \frac{1}{\sqrt{20!}}\det\{(000)^4(001)^4(100)^4(010)^4(002)^4\}. \quad (4.76)$$

(4.76) 式で示したように，$R \to 0$ の極限での2中心模型の波動関数は，1中心調和振動子殻模型の波動関数にほかならない．

調和振動子模型における多粒子基底状態は，通常 SU(3) 対称性を表現する量子数 (λ, μ) で分類される．この量子数 (λ, μ) と，3軸方向の調和振動子量子数

(N_z, N_x, N_y) とは次のような関係がある．いま，(x, y, z) 軸が $N_z \geq N_x \geq N_y$ となるようにとられているものとして，

$$\lambda = N_z - N_x, \quad \mu = N_x - N_y,$$
$$N_z = \sum_{i=1}^{A} n_{z,i}, \quad N_x = \sum_{i=1}^{A} n_{x,i}, \quad N_y = \sum_{i=1}^{A} n_{y,i} \quad (4.77)$$

である．これらの関係が図 4.9 に簡単に図示されている．図の3本の水平の棒グラフが，それぞれ核子によって占有されている3軸上の調和振動子の状態を表し，したがって棒グラフの長さが量子数 N_z, N_x, N_y を表す．3軸に共通して粒子が占めている配位の部分 ($\leq N_y$ の部分) に影がつけられている．この部分の配位は調和振動子殻模型での閉殻配位に対応していて，SU(3) 変換に対して不変であるので，実

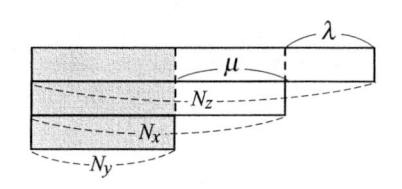

図 4.9 SU(3) の量子数 (λ, μ) と調和振動子量子数 (N_z, N_x, N_y) との関係
3本の棒グラフが，占有されている3軸上の調和振動子の状態を表し，したがって棒グラフの長さが量子数 N_z, N_x, N_y を表す．3軸ともに核子が占めている配位 ($\leq N_y$ の部分) に影がつけられている．

質的に必要な量子数は (N_z, N_x, N_y) の3つではなく，(λ, μ) の2つとなっている．

たとえば (4.76) 式の波動関数では，$N_z = 12, N_x = N_y = 4$ であるから $(\lambda, \mu) = (8, 0)$ である．この内部波動関数における核子の密度分布は，z 軸方向に伸びた軸対称なラグビーボール型に変形している．このように変形に対応する量子数 (λ, μ) を持つ SU(3) 殻模型の内部波動関数は，系の全角運動量の固有状態ではない．この波動関数から全角運動量の固有状態を作るためには，次節で述べる角運動量射影が必要となる．上記の $(\lambda, \mu) = (8, 0)$ の内部波動関数から射影されてできる状態の角運動量は，$L = 0, 2, 4, 6, 8$ である．これらの状態は ^{20}Ne の基底回転バンドと呼ばれる状態によく対応することが知られている．

4.3.3 パリティ射影と角運動量射影

本節でこれまでに議論してきたクラスター模型波動関数は，一般に定まったパリティや角運動量の固有状態ではない．これらの波動関数は，核子が原子核内でクラスター化する相関や，成長したクラスター構造を自然にかつ直感的にわかりやすく記述することを第一目標にした結果，ハミルトニアンの持つ空間

反転不変性や回転不変性のような対称性をとりあえず無視している．しかし，実際の原子核の状態をよりよく記述するためには，これらの波動関数が定まった角運動量やパリティを持つようにすることが望ましい．本項では，これら模型波動関数の反転対称性や回転対称性を<u>回復</u>(restore) する方法として，**射影法** (projection method)[*27] について述べよう．

(a) パリティ射影

模型波動関数 Φ がパリティの固有状態ではないものとしよう．**空間反転** (space inversion) の演算子を P とすると，

$$P\Phi(\boldsymbol{r}_1,\cdots,\boldsymbol{r}_A) = \Phi(-\boldsymbol{r}_1,\cdots,-\boldsymbol{r}_A) \tag{4.78}$$

となり，$P^2 = 1$ である．

波動関数 Φ から，パリティが $+$ または $-$ に定まった模型波動関数 $\Phi^{(\pm)}$ を作るには，Φ に**射影演算子** (projection operator) $(1 \pm P)/2$ を作用させ，

$$\Phi^{(+)} = \frac{1}{2}(1+P)\Phi, \qquad \Phi^{(-)} = \frac{1}{2}(1-P)\Phi \tag{4.79}$$

とすればよい．これを**パリティ射影** (parity projection) と呼ぶ．

(b) 角運動量射影

角運動量射影法については，すでに第 3 章の 3.4.6 で説明したので，ここでは重複を避けて簡単に述べることにする．[*28]

模型波動関数 Φ が角運動量の固有状態ではないものとする．本節で考えてきた 2 中心模型の波動関数，たとえば (4.24), (4.44), (4.45) 式などがその例である．2 中心模型を例にして説明しよう．2 中心の相対ベクトルを $\boldsymbol{R} = \boldsymbol{R}_1 - \boldsymbol{R}_2$ とする．模型波動関数 Φ における $\boldsymbol{R}$ の方向を Euler 角 $\Omega = (\theta_1, \theta_2, \theta_3)$ だけ回転させた波動関数は $\widehat{R}(\Omega)\Phi$ と表される．ただし，$\widehat{R}(\Omega) = \widehat{R}(\theta_1, \theta_2, \theta_3)$ は付録 A における回転演算子 (A.9) である．系のハミルトニアンは回転不変であるから，状態ベクトル $|\widehat{R}(\Omega)\Phi\rangle$ によるエネルギー期待値 $\langle \widehat{R}(\Omega)\Phi|H|\widehat{R}(\Omega)\Phi\rangle$ は Euler 角 Ω に依存しない．したがって $\boldsymbol{R}$ の特定の方向には特別な優位性はなく，さまざまな方向 Ω に関する重み関数 $D^J_{MK}(\Omega)$ をかけて重ね合わせるこ

[*27] R. E. Peierls and J. Yoccoz, Proc. Phys. Soc. **A70**(1957) 381.
[*28] p. 224 参照．

とによって，角運動量の固有状態にすることができる．すなわち

$$\Psi_{JM} = P^J_{MK}\Phi, \quad P^J_{MK} = \frac{2J+1}{8\pi^2}\int d\Omega\, D^J_{MK}(\Omega)\widehat{R}(\Omega) \quad (4.80)$$

とすると，Ψ_{JM} は角運動量の固有状態になっている．演算子 P^J_{MK} が系の全角運動量の大きさと z 成分，(J, M)，の状態への射影演算子であることは，すでに第 3 章の (3.423) 式で示した通りである．これが**角運動量射影** (angular-momentum projection)[*27] である．

模型波動関数 Φ がきまった量子数 K (波動関数 Φ における角運動量の z 軸方向の成分) を持つ場合には，$\Phi = \Phi(K)$ と書くことができるので，その場合の角運動量射影は

$$\Psi_{JM} = P^J_{MK}\Phi(K) \quad (4.81)$$

と書かれる．しかし Φ が異なる K の値を含むような場合には，角運動量射影によって，同一の (J, M) の固有状態でありながら，異なる K を持つ状態 Ψ_{JMK} が得られ，K の混合を考えなければならなくなる．この点については，問題ごとに考慮されるであろう．

(c) 内部状態の対称性とパリティ・角運動量射影

α や ^{16}O のような閉殻核クラスターからなる系で，クラスター構造の内部波動関数の持つ対称性とパリティ・角運動量射影との間にどのような関係があるかを，2 つの具体例を通じて示そう．なお空間座標の原点は重心の位置にとるものとする．

[I] $\alpha + {}^{16}$O 系

2 つのクラスターの中心位置を結ぶ方向を z 軸とする (図 **4.10(a)** 参照)．α と ^{16}O は異種クラスターであるから，この場合の 2 中心模型波動関数はパリティ射影によって ± 両方のパリティの固有状態

$$\Phi^{(\pm)} = (1 \pm P)\Phi \quad (4.82)$$

が得られる．P は空間反転の演算子である．

$\alpha + {}^{16}$O の 2 体クラスター系の内部波動関数 Φ が持つ対称性には次の 2 つがある：

(I-1) z 軸まわりの回転対称性 (軸対称性)．

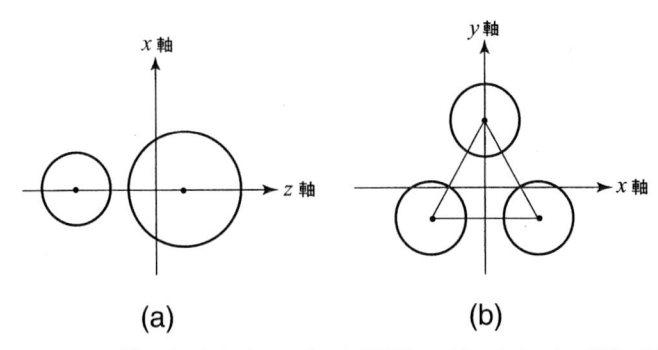

図 4.10 (a) $\alpha+{}^{16}\mathrm{O}$ 系,および (b) 正 3 角形配置 3α 系 のクラスター構造の模式図

(I-2) xz 平面に関する反転 ($\sigma_{\mathrm{v}}(xz): (x,y,z) \to (x,-y,z)$) 対称性.

[II] 正 3 角形配置の 3α 系

3α が正 3 角形に配置されている系を考える (図 **4.10(b)** 参照). この場合の 3 中心模型の内部波動関数は次のような対称性を持っている:

(II-1) z 軸のまわりの角度 $2\pi/3$ および $4\pi/3$ の回転に対する不変性.

(II-2) y 軸のまわりの角度 π の回転に対する不変性.

(II-3) xy 平面に関する反転 ($\sigma_{\mathrm{h}}(xy): (x,y,z) \to (x,y,-z)$) 対称性.

これら [I], [II] の 2 つの場合を例にとって,上記の内部波動関数の持つ対称性が,パリティ・角運動量射影した波動関数の性質にどのような影響をもたらすかを以下で検討しよう.

まず z 軸まわりの回転について述べておく. z 軸まわりの角度 θ の回転は,一般的な回転の演算子 (A.9) において,Euler 角を $\theta_1 = \theta_2 = 0, \theta_3 = \theta$ と置いたものであり,したがって回転演算子 $e^{-i\theta J_z}$ で生成される.いま,模型波動関数 Φ を回転させ,重み関数 $e^{iK\theta}/(2\pi)$ をかけて重ね合わせ,

$$\Phi(K) = P_K \Phi, \qquad P_K = \frac{1}{2\pi}\int_0^{2\pi} e^{iK\theta} e^{-i\theta J_z} d\theta \qquad (4.83)$$

を作ると,$\Phi(K)$ は角運動量の z 成分 J_z の固有値 K の固有状態であり,

$$J_z \Phi(K) = K\Phi(K) \qquad (4.84)$$

となる.したがって,演算子 P_K は模型波動関数 Φ または $\Phi^{(\pm)}$ から J_z の固有値 K の固有状態へ射影する射影演算子である.この射影を **K 射影** (K-projection) と呼ぶ. (4.84) 式の証明は容易であるから,各自試みられたい.

注目しなければならないことは，(4.80) 式で与えられた角運動量射影が，すでに (4.83) 式の K 射影を含んでいることである．付録 A における回転演算子 (A.9) と D 関数 (A.16) の具体的な形を参照すると，角運動量射影が

$$P_{MK}^J \Phi = \frac{2J+1}{4\pi} \int_0^{2\pi} d\theta_1 \int_0^\pi d\theta_2 \sin\theta_2 \, e^{iM\theta_1} \, d_{MK}^J(\theta_2) \, e^{-i\theta_1 J_z} e^{-i\theta_2 J_y} \, \Phi(K) \tag{4.85}$$

と書かれることが容易にわかる．すなわち，角運動量射影において Euler 角の第 3 成分 θ_3 に関する重ね合わせは，K 射影にほかならない．

以上の諸点を考慮しながら，(I-1), (I-2), (II-1), (II-2), (II-3) の対称性から引き出されるパリティ・角運動量射影された波動関数の性質を議論しよう．

<u>z 軸まわりの回転対称性</u>

この対称性は

$$\Phi = e^{-i\theta J_z} \Phi, \quad \text{(任意の回転角}\theta\text{に対し)} \tag{4.86}$$

と表される．これを (4.83) 式に代入すると $\Phi(K) = \delta_{K,0} \Phi$ が得られるので，

$$P_{MK}^J \Phi^{(\pm)} = 0, \qquad (K \neq 0) \tag{4.87}$$

となる．

<u>z 軸まわりの角度 $2\pi/N$ の回転に対する不変性</u>

この不変性は

$$\Phi = e^{-i(2\pi/N)J_z} \Phi \tag{4.88}$$

と表される．これを (4.83) 式に代入すると $\Phi(K) = e^{-i2\pi K/N} \Phi(K)$ が得られるので，$K = 0, \pm N, \pm 2N, \cdots$ のみをとることができる．すなわち

$$P_{MK}^J \Phi^{(\pm)} = 0, \qquad (K \neq 0, \pm N, \pm 2N, \cdots) \tag{4.89}$$

となる．

<u>xz 平面に関する反転不変性</u>

xz 平面に関する反転 $(\sigma_v(xz) : (x,y,z) \to (x,-y,z))$ は，空間反転 $(P : (x,y,z) \to (-x,-y,-z))$ と y 軸のまわりの角度 π の回転 $((x,y,z) \to (-x,$

$y, -z))$ を合成したものとなる.すなわち $\sigma_{\rm v}(xz) = e^{-i\pi J_y} P$ である.したがって,この変換に対する不変性は

$$\Phi = \sigma_{\rm v}(xz)\Phi = e^{-i\pi J_y} P\Phi \tag{4.90}$$

と書かれる.この第 2 式から

$$P^J_{M-K}\Phi^{(\pm)} = \pm(-1)^{J-K} P^J_{MK}\Phi^{(\pm)} \tag{4.91}$$

が得られる.

(4.91) 式は次のようにして導かれる.(4.90) 式から

$$\Phi^{(\pm)} = e^{-i\pi J_y} P\Phi^{(\pm)} = \pm e^{-i\pi J_y} \Phi^{(\pm)} \tag{4.92}$$

となる.したがって,次式が得られる:

$$P^J_{M-K}\Phi^{(\pm)} = \pm P^J_{M-K} e^{-i\pi J_y}\Phi^{(\pm)} = \pm P^J_{M-K} \widehat{R}(0,\pi,0)\Phi^{(\pm)}. \tag{4.93}$$

ところが一般に,任意の Euler 角 Ω_0 に対して

$$P^J_{MK}\widehat{R}(\Omega_0) = \sum_{K'} D^{J*}_{KK'}(\Omega_0)\, P^J_{MK'} \tag{4.94}$$

が成り立つ.この関係式は,P^J_{MK} が (3.423) 式のように表される射影演算子であることから容易に証明できる.(4.94) 式を (4.93) 式に用いると,

$$\begin{aligned}
P^J_{M-K}\Phi^{(\pm)} &= \pm \sum_{K'} D^{J*}_{-KK'}(0,\pi,0) P^J_{MK'}\Phi^{(\pm)} \\
&= \pm \sum_{K'} d^J_{-KK'}(\pi)\, P^J_{MK'}\Phi^{(\pm)} \\
&= \pm(-1)^{J-K} P^J_{MK}\Phi^{(\pm)}
\end{aligned} \tag{4.95}$$

となって (4.91) 式が得られた.なお (4.95) 式の最後の関係は,付録 A に示されている d 関数の性質 (A.19d) において,$\theta_2 = 0$ としたときの $d^J_{-KK'}(\pi) = (-1)^{J-K}\delta_{KK'}$ を使って得られた.

さて,(4.91) 式において $K=0$ とすると,

$$P^J_{M0}\Phi^{(\pm)} = \pm(-1)^J P^J_{M0}\Phi^{(\pm)} \tag{4.96}$$

が得られる.この関係式から次の結果が得られる:

$$P^J_{M0}\Phi^{(+)} = 0, \qquad (J = 1, 3, 5, \cdots), \tag{4.97a}$$

$$P^J_{M0}\Phi^{(-)} = 0, \qquad (J = 0, 2, 4, \cdots). \tag{4.97b}$$

$\alpha+{}^{16}\mathrm{O}$ などの 2 体クラスター系の対称性

$\alpha+{}^{16}\mathrm{O}$ のような異種の 2 体クラスター系 (図 **4.10(a)** 参照) は，前述したように，(I-1) の z 軸まわりの回転対称性と (I-2) の xz 平面に関する反転対称性とをみたしている．したがって，この場合のパリティ・角運動量射影された波動関数 $P_{MK}^J \Phi^{(\pm)}$ は $K=0$ であり，パリティが $+(-)$ に対して角運動量 J が 0 または偶数 (奇数) のみが残ることになる．つまり異種の 2 体クラスター系においては，

$$J^\pi = \begin{cases} 0^+, \ 2^+, \ 4^+, \ 6^+, \cdots \\ 1^-, \ 3^-, \ 5^-, \ 7^-, \cdots \end{cases} \tag{4.98}$$

の状態のみが許される．

$\alpha+\alpha$ のような同種の 2 体クラスター系の場合には，パリティ射影を行うと $+$ パリティしか残らないので，$J^\pi = 0^+, 2^+, 4^+, 6^+, \cdots$ のみが許される．

正 3 角形配置の 3α 系の対称性

正 3 角形配置の 3α 系 (図 **4.10(b)** 参照) の持つ対称性 (II-1), (II-2), (II-3) は，一般に $D_{3\mathrm{h}}$ 対称性と呼ばれるものである．この系に対して，パリティ・角運動量射影された波動関数で (II-1) の $2\pi/3$ 回転不変性を課して生き残る状態は，(4.89) 式から $K=0, \pm 3, \cdots$ である．すなわち

$$P_{MK}^J \Phi^{(\pm)} = 0, \qquad (K \neq 0, \pm 3, \cdots) \tag{4.99}$$

である．

(II-2) の y 軸まわりの π の回転に対する不変性を，パリティ射影した波動関数に適用すると，

$$\Phi^{(\pm)} = e^{-i\pi J_y} \Phi^{(\pm)} \tag{4.100}$$

が得られる．(4.90) 式から (4.91) 式を導いたのと同様なやり方で

$$P_{M-K}^J \Phi^{(\pm)} = (-1)^{J-K} P_{MK}^J \Phi^{(\pm)} \tag{4.101}$$

を得る．ここで $K=0$ とおくと，$(-1)^J = 1$ をみたす J のみが残って，

$$P_{M0}^J \Phi^{(\pm)} = 0, \qquad (J = 1, 3, 5, \cdots) \tag{4.102}$$

となる．

(II-3) の xy 平面に関する反転 $\sigma_\mathrm{h}(xy)$ に対する不変性は

$$\Phi^{(\pm)} = \sigma_\mathrm{h}(xy) \Phi^{(\pm)} = e^{-i\pi J_z} P \Phi^{(\pm)} = \pm e^{-i\pi J_z} \Phi^{(\pm)} \tag{4.103}$$

と書かれる．この不変性は $\Phi^{(\pm)}(K)$ に対して次の条件を課すことになる：

$$\begin{aligned}\Phi^{(\pm)}(K) &= \pm\frac{1}{2\pi}\int_0^{2\pi}d\theta\, e^{iK\theta}e^{-i\theta J_z}e^{-i\pi J_z}\Phi^{(\pm)} \\ &= \pm e^{-i\pi K}\frac{1}{2\pi}\int_0^{2\pi}d\theta\, e^{iK(\theta+\pi)}e^{-i(\theta+\pi)J_z}\Phi^{(\pm)} \\ &= \pm(-1)^K\Phi^{(\pm)}(K).\end{aligned} \qquad (4.104)$$

したがって，

$$P^J_{MK}\Phi^{(\pm)} = 0, \qquad (\text{パリティ} \neq (-1)^K) \qquad (4.105)$$

となる．

以上の結果をまとめると，3α の正3角形配置においてみたされる D_{3h} 対称性を持つ系では，パリティ・角運動量射影した波動関数で生き残るのは次の状態である：

$$\begin{array}{ll}(K^\pi = 0^+) & J^\pi = 0^+, 2^+, 4^+, \cdots \\ (K^\pi = 3^-) & J^\pi = 3^-, 4^-, 5^-, \cdots \\ (K^\pi = 6^+) & J^\pi = 6^+, 7^+, 8^+, \cdots \\ \cdots & \cdots\cdots\cdots\end{array} \qquad (4.106)$$

(d) $\alpha + {}^{16}\text{O}$ 模型による ${}^{20}\text{Ne}$ の回転バンド

4.2.3で述べたように，${}^{20}\text{Ne}$ の $K^\pi = 0^\pm$ の回転バンドの状態は，$\alpha + {}^{16}\text{O}$ クラスター構造を持つものと考えられる．これらの状態が，2中心模型でよく記述できることを示そう．

パリティ・角運動量射影した波動関数

$$\Psi^{(\pm)}_{JM}(R) = P^J_{M0}(1 \pm P)\Psi(\alpha - {}^{16}\text{O}, \boldsymbol{R})$$

によるエネルギー期待値 (エネルギー曲線)

$$E^{(\pm)}_J(R) = \frac{\langle\Psi^{(\pm)}_{JM}|H|\Psi^{(\pm)}_{JM}\rangle}{\langle\Psi^{(\pm)}_{JM}|\Psi^{(\pm)}_{JM}\rangle}$$

が，図 4.11 に示されている．$\Psi(\alpha - {}^{16}\text{O})$ は (4.72) 式で与えられる．エネルギー曲線の極小点をとってエネルギー準位を描くと，図 4.4 の ${}^{20}\text{Ne}$ の回転バンドをよく再現する．この結果の特徴は，

(1) エネルギー極小点におけるクラスター間距離 R は，$K^\pi = 0^-$ 状態の方が大きく，$K^\pi = 0^+$ 状態の方が小さい．$J = 1, 3$ の状態のエネルギー極小点では，$R \approx 4\,\mathrm{fm}$ であり，これは 2 つのクラスターの表面が接触する程度である．すなわち，$K^\pi = 0^-$ 状態においては，クラスター構造がよく発達していると考えられる．

(2) $J^\pi = 0^+$ と 0^- の極小点のエネルギー差 (パリティ 2 重項のエネルギー差) は，約 $6\,\mathrm{MeV}$ であり，実験値の $5.78\,\mathrm{MeV}$ によく一致している．

(3) $K^\pi = 0^\pm$ の各々の回転バンド内の状態については，エネルギー極小点の R の値は J が大きくなるほど小さくなる．この振る舞いは SU(3) 殻模型の観点からも自然に理解できる．

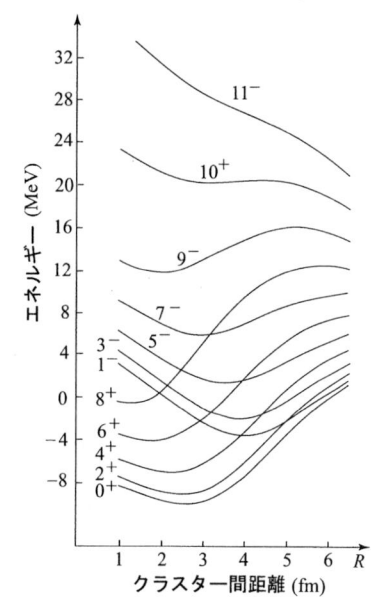

図 4.11 $^{20}\mathrm{Ne}$ の $\alpha + {}^{16}\mathrm{O}$ 模型によるエネルギー曲線
エネルギーは $\alpha + {}^{16}\mathrm{O}$ のしきい値 (図 4.4 参照) を基準にした結合エネルギー．用いられた有効相互作用などの詳細については，原論文 A. Arima, H. Horiuchi, K. Kubodera and N. Takigawa, Advances in Nucl. Phys. Vol. 5, ed. M. Baranger and E. Vogt (Plenum Press, 1972) p. 345 を参照せよ．

4.4 クラスター間の相対運動

微視的クラスター模型において，クラスター間の相対運動を個々の核子の自由度から導き出すことは最も重要な課題である．本節では，この課題のための方法を検討することにする．

4.4.1 生成座標法によるクラスター間相対運動

クラスター模型の模型波動関数 Ψ は，その模型を特徴付けるいくつかのパラメーター $\boldsymbol{\alpha} = (\alpha_1, \alpha_2, \cdots)$ を含んでいる．すなわち，$\Psi = \Psi(\boldsymbol{\alpha})$ と書かれる．たとえば，前節 4.3 で述べた多中心模型においては，n 個のクラスター

の中心位置を示すベクトルがパラメーターとなり，模型波動関数は $\Psi(\boldsymbol{\alpha}) = \Psi(\boldsymbol{R}_1, \boldsymbol{R}_2, \cdots, \boldsymbol{R}_n)$ と表される．[*29]

このようなパラメーター $\boldsymbol{\alpha}$ を含んだ模型波動関数 $\Psi(\boldsymbol{\alpha})$ を変分関数と考えると，そのパラメーターの最適値 $\boldsymbol{\alpha} = \boldsymbol{\alpha}_0$ は，変分原理

$$\delta E(\boldsymbol{\alpha}) = 0, \qquad E(\boldsymbol{\alpha}) = \frac{\langle \Psi(\boldsymbol{\alpha}) | H | \Psi(\boldsymbol{\alpha}) \rangle}{\langle \Psi(\boldsymbol{\alpha}) | \Psi(\boldsymbol{\alpha}) \rangle} \qquad (4.107)$$

によってきめることができる．その1例が図 **4.7** に示されている $^8\text{Be} = \alpha + \alpha$ の場合である．この図においては，2α 間の距離 $d = |\boldsymbol{R}_1 - \boldsymbol{R}_2|$ をパラメーターとして，系のエネルギー $E(d)$ が描かれている．パラメーター d の最適値はエネルギーが最小になる $d = d_0 \approx 3.0\,\text{fm}$ と考えられる．

一般に，上記 (4.107) 式の $E(\boldsymbol{\alpha})$ が最適値 $\boldsymbol{\alpha}_0$ の周囲で鋭く変化する場合には，$\boldsymbol{\alpha} = \boldsymbol{\alpha}_0$ を持つ模型波動関数 $\Psi(\boldsymbol{\alpha}_0)$ は系の基底状態の波動関数の良い近似を与えるであろう．しかしゆるやかに変化する場合には，最適値 $\boldsymbol{\alpha} = \boldsymbol{\alpha}_0$ のまわりの異なる $\boldsymbol{\alpha}$ の値を持つ模型波動関数に適当な重み関数 $f(\boldsymbol{\alpha})$ をかけて重ね合わせ，$f(\boldsymbol{\alpha})$ を変分法できめることによって波動関数のより良い近似を得ることが必要になる．このときの $\boldsymbol{\alpha}$ を**生成座標** (generator coordinate) と呼び，このような方法は**生成座標法** (generator-coordinate method: 略称 **GCM**)[*30] と呼ばれている．

(a) GCM 方程式

生成座標法の波動関数は

$$\Psi^{\text{GCM}} = \int d\boldsymbol{\alpha}\, f(\boldsymbol{\alpha}) \Psi(\boldsymbol{\alpha}) \qquad (4.108)$$

と定義される．規格化

$$\langle \Psi^{\text{GCM}} | \Psi^{\text{GCM}} \rangle = 1 \qquad (4.109)$$

の拘束条件の下で，ハミルトニアンの期待値を最小にするという変分原理により，重み関数 $f(\boldsymbol{\alpha})$ がきめられる．すなわち，Lagrange の未定乗数 E を導入し

[*29] この場合，重心位置を示すパラメーター $\boldsymbol{R}_G = (\sum_i A_i \boldsymbol{R}_i)/A$ は必要でなく，実際のパラメーターはクラスター間の相対ベクトルのみである．

[*30] D. L. Hill and J. A. Wheeler, Phys. Rev. **89**(1953) 1102.

J. J. Griffin and J. A. Wheeler, Phys. Rev. **108**(1957) 311.

て，生成座標がみたすべき方程式，すなわち **GCM 方程式** (GCM equation)

$$\int d\boldsymbol{\alpha}\{H(\boldsymbol{\alpha}',\boldsymbol{\alpha}) - E\,N(\boldsymbol{\alpha}',\boldsymbol{\alpha})\}f(\boldsymbol{\alpha}) = 0 \tag{4.110}$$

が得られる．ただし，

$$\begin{Bmatrix} H(\boldsymbol{\alpha}',\boldsymbol{\alpha}) \\ N(\boldsymbol{\alpha}',\boldsymbol{\alpha}) \end{Bmatrix} = \langle \Psi(\boldsymbol{\alpha}')| \begin{Bmatrix} H \\ 1 \end{Bmatrix} |\Psi(\boldsymbol{\alpha})\rangle \tag{4.111}$$

である．積分核 $H(\boldsymbol{\alpha}',\boldsymbol{\alpha})$ および $N(\boldsymbol{\alpha}',\boldsymbol{\alpha})$ は，それぞれハミルトニアン積分核 (Hamiltonian kernel) および重なり積分核 (overlap kernel) と呼ばれる．

GCM 方程式 (4.110) は，生成座標 $\boldsymbol{\alpha}$ の領域を適当に広くとっておけば，基底状態のみならず，励起状態に対する良い近似解も与えることができるのでたいへん有力である．

(b) 2 体クラスター系への応用

2 つのクラスター C_1 および C_2 の重心位置を座標原点とすれば，中心位置はそれぞれ $\boldsymbol{R}_1 = (A_2/A)\boldsymbol{R}$ および $\boldsymbol{R}_2 = -(A_1/A)\boldsymbol{R}$ と表される．ただし $\boldsymbol{R} = \boldsymbol{R}_1 - \boldsymbol{R}_2$ である．2 つのクラスターを構成する調和振動子のパラメーターが等しい ($\nu_1 = \nu_2$) とすると，重心座標が分離される．(4.47) 式の 2 中心模型波動関数を用いれば，この系の GCM 方程式は

$$\int d\boldsymbol{R}\{H^{\text{GCM}}(\boldsymbol{R}',\boldsymbol{R}) - N^{\text{GCM}}(\boldsymbol{R}',\boldsymbol{R})\}f(\boldsymbol{R}) = 0, \tag{4.112a}$$

$$\begin{Bmatrix} H^{\text{GCM}}(\boldsymbol{R}',\boldsymbol{R}) \\ N^{\text{GCM}}(\boldsymbol{R}',\boldsymbol{R}) \end{Bmatrix}$$
$$= \langle \Gamma(\boldsymbol{r},\boldsymbol{R}',\gamma)\phi(C_1)\phi(C_2)| \begin{Bmatrix} H \\ 1 \end{Bmatrix} |\mathcal{A}[\Gamma(\boldsymbol{r},\boldsymbol{R},\gamma)\phi(C_1)\phi(C_2)]\rangle \tag{4.112b}$$

となる．$\mathcal{A}$ は反対称化演算子である．

GCM 方程式 (4.112a) を実際の問題に適用する場合には，部分波展開しておくのが便利である．(4.112b) 式に現れた相対波動関数 $\Gamma(\boldsymbol{r},\boldsymbol{R},\gamma)$ を部分波展開すると，

$$\Gamma(\boldsymbol{r},\boldsymbol{R},\gamma) = \left(\frac{2\gamma}{\pi}\right)^{3/4} e^{\gamma(\boldsymbol{r}-\boldsymbol{R})^2} = \sum_l \Gamma_l(r,R,\gamma) \sum_m Y_{lm}(\hat{\boldsymbol{r}}) Y_{lm}^*(\hat{\boldsymbol{R}}), \tag{4.113a}$$

$$\Gamma_l(r, R, \gamma) = 4\pi \left(\frac{2\gamma}{\pi}\right)^{3/4} i_l(2\gamma R r) e^{-\gamma(r^2+R^2)} \quad (4.113b)$$

となる.ここで $\widehat{r}, \widehat{R}$ はベクトル r, R を極座標表示したときの角度成分である.また $i_l(z)$ は<u>変形球 Bessel 関数</u>(modified spherical Bessel function) で, $i_l(z) = (-i)^l j_l(iz)$ の関係にある.部分波 l に対する GCM 方程式は

$$\int R^2 dR \{H_l^{\text{GCM}}(R', R) - N_l^{\text{GCM}}(R', R)\} f_l(R) = 0, \quad (4.114a)$$

$$\begin{Bmatrix} H_l^{\text{GCM}}(R', R) \\ N_l^{\text{GCM}}(R', R) \end{Bmatrix} = \langle \Gamma(r, R', \gamma) Y_{lm}(\widehat{r}) \phi(\text{C}_1) \phi(\text{C}_2) |$$

$$\times \begin{Bmatrix} H \\ 1 \end{Bmatrix} |\mathcal{A}[\langle \Gamma(r, R, \gamma) Y_{lm}(\widehat{r}) \phi(\text{C}_1) \phi(\text{C}_2)]\rangle \quad (4.114b)$$

と書かれる.

これらの部分波展開した GCM 方程式 (4.114) は,もとの GCM 方程式 (4.112) を角運動量射影することによって得ることもできるが,詳細は省略する.

4.4.2 共鳴群法によるクラスター間相対運動

種々のクラスター構造を持つ状態を重ね合わせて軽い核を記述する目的で,Wheeler によって提唱された方法が,以下で述べる<u>共鳴群法</u> (resonating group method: 略称 **RGM**)[*31] である.本項では,RGM と GCM との関係についても言及する.

(a) RGM 方程式

簡単のため,2 体クラスター系 $(\text{C}_{k_1}, \text{C}_{k_2})$ を考えよう.第 1 のクラスターの内部状態が k_1, 第 2 が k_2 であることを意味する.RGM においては,系全体の波動関数 Ψ_J^{RGM} は種々の<u>チャンネル</u>(channel) の波動関数 $\Psi_{k,J}^{\text{RGM}}$ の重ね合わせ

$$\Psi_J^{\text{RGM}} = \sum_k \Psi_{k,J}^{\text{RGM}}, \quad (4.115a)$$

$$\Psi_{k,J}^{\text{RGM}} = \mathcal{A}\left[\chi_{k,L_k}(\boldsymbol{r}_k)[\phi(\text{C}_{k_1}; I_{k_1})\phi(\text{C}_{k_2}; I_{k_2})]_{I_k}\right]_J \quad (4.115b)$$

で表されるものとする.ここで, $\mathcal{A}$ は反対称化演算子であり, J は系の全角運動量, k はチャンネル番号である. $\phi(\text{C}_{k_1}; I_{k_1})$ は第 1 のクラスターの内部波動

[*31] J. A. Wheeler, Phys. Rev. **52**(1937) 1083, 1107.

関数であり，このクラスターに属する核子の相対座標のみの関数であることはいうまでもない．またその内部状態が k_1 にあり，内部スピンが I_{k_1} であることを示す．第2のクラスター $\phi(\mathrm{C}_{k_2}; I_{k_2})$ についても同様である．記号 $[\cdots]_I$ は角運動量の大きさ I への角運動量合成を意味する．また，$\chi_{k,L_k}(\boldsymbol{r}_k)$ はクラスター間の相対運動の波動関数で，L_k はその相対角運動量の大きさを示す．したがって量子数 (チャンネル番号) k は $(\mathrm{C}_{k_1}, \mathrm{C}_{k_2}, I_{k_1}, I_{k_2}, I_k, L_k)$ をまとめて表示したものである．

さて，相対波動関数を $\chi_{k,L_k}(\boldsymbol{r}_k) = (u_k(r_k)/r_k)Y_{L_k M_k}(\theta_k, \varphi_k)$ とすると，RGM の波動関数 (4.115) は

$$\Psi_J^{\mathrm{RGM}} = \sum_k \mathcal{A}'_k \left[\frac{u_k(r_k)}{r_k} h_k^J \right], \qquad (4.116\mathrm{a})$$

$$h_k^J = \left[Y_{L_k}(\theta_k, \varphi_k) [\phi(\mathrm{C}_{k_1}; I_{k_1}) \phi(\mathrm{C}_{k_2}; I_{k_2})]_{I_k} \right]_J \qquad (4.116\mathrm{b})$$

となる．$\mathcal{A}'_k$ は反対称化演算子

$$\mathcal{A}'_k = \left[(1 + \delta_{k_1 k_2}) \binom{A}{A_{k_1}} \right]^{-1/2} \mathcal{A}_k, \quad \mathcal{A}_k = 1 - \sum_{i \in \mathrm{C}_{k_1}, j \in \mathrm{C}_{k_2}} P_{ij} + \cdots \quad (4.117)$$

である．ここで，$\mathcal{A}_k$ はクラスター C_{k_1} に属する核子と C_{k_2} に属する核子を交換する演算子である．

(4.116a) 式の RGM 波動関数に含まれる相対波動関数 $u_k(r_k)$ が未知関数である．これらをまとめて $\boldsymbol{u} = (u_1(r_1), \cdots, u_k(r_k), \cdots)$ と表す．これら相対波動関数 $\boldsymbol{u}$ は変分原理

$$\delta E(\boldsymbol{u}) = 0, \quad E(\boldsymbol{u}) = \frac{\langle \Psi_J^{\mathrm{RGM}} | H | \Psi_J^{\mathrm{RGM}} \rangle}{\langle \Psi_J^{\mathrm{RGM}} | \Psi_J^{\mathrm{RGM}} \rangle} \qquad (4.118)$$

によってきめることができる．すなわち，上記の変分方程式から

$$\langle h_k^J | H - E | \Psi_J^{\mathrm{RGM}} \rangle = 0, \quad (k = 1, 2, \cdots) \qquad (4.119)$$

が得られ，この方程式は次のようにチャンネル k がその他のチャンネルに結合した積分方程式の組となる：

$$\int db_k\, G_{kk}(a_k, b_k)\, u_k(b_k) = - \sum_{k' \neq k} \int db_{k'}\, G_{kk'}(a_k, b_{k'})\, u_{k'}(b_{k'}), \quad (4.120\mathrm{a})$$

$$G_{kk'}(a_k, b_{k'}) = \left\langle \mathcal{A}'_k \left[\frac{\delta(r_k - a_k)}{r_k} h_k^J \right] \middle| H - E \middle| \mathcal{A}'_{k'} \left[\frac{\delta(r_{k'} - b_{k'})}{r_{k'}} h_{k'}^J \right] \right\rangle. \qquad (4.120\mathrm{b})$$

これらの結合チャンネル方程式は **RGM 方程式** (RGM equations) と呼ばれ，クラスター間の相対座標 $\{r_k\}$ を変数とする方程式である．RGM 方程式は 2 体のクラスターの束縛状態のみならず，共鳴状態を含む散乱状態にも適用できる方程式となっている．

RGM 方程式において，どのようなチャンネルが結合するのか，具体例で見ておこう．

閉殻核クラスターからなる 2 クラスター系，$\alpha+\alpha$, $\alpha+{}^{16}\mathrm{O}$ などでは，$I_{k_1} = I_{k_2} = 0$ であるから $I_k = 0$ で，$J = L_k$ となる単一チャンネルの方程式となる．

$\alpha + {}^{12}\mathrm{C}$ の場合，${}^{12}\mathrm{C}$ の内部励起状態として回転バンドを考えると，$I_{k_1} = 0$, $I_{k_2} = 0, 2, 4$ となるから，$I_k = 0, 2, 4$ であり，この I_k と相対運動の角運動量 L_k が合成されて全スピン J となる．たとえば，$J^\pi = 0^+$ に対して許されるチャンネルは $(I_k, L_k) = (0,0), (2,2), (4,4)$ の 3 チャンネル，$J^\pi = 1^-$ に対しては $(I_k, L_k) = (0,1), (2,1), (2,3), (4,3), (4,5)$ の 5 チャンネルとなる．

RGM 方程式 (4.120) の積分核 $G_{kk'}(a_k, b_{k'})$ を整理し，局所的 (local) になる部分を抜き出すと，RGM 方程式の中でその局所的積分核に対応する部分は通常の Shrödinger 方程式の形になるので見通しがよくなる．積分核が局所的になるのは，$k = k'$ の<u>弾性的過程</u>(elastic process)，すなわち $G_{kk}(a_k, b_k)$ であり，これを次のように 2 つの部分に分ける：

$$G_{kk}(a_k, b_k) = G^{\mathrm{D}}_{kk}(a_k, b_k) + G^{\mathrm{ex}}_{kk}(a_k, b_k), \tag{4.121a}$$

$$G^{\mathrm{D}}_{kk}(a_k, b_k) = \left\langle \frac{\delta(r_k - a_k)}{r_k} h_k^J \middle| H - E \middle| \frac{\delta(r_k - b_k)}{r_k} h_k^J \right\rangle, \tag{4.121b}$$

$$G^{\mathrm{ex}}_{kk}(a_k, b_k) = \left\langle \frac{\delta(r_k - a_k)}{r_k} h_k^J \middle| (H - E)(\mathcal{A}_k - 1) \middle| \frac{\delta(r_k - b_k)}{r_k} h_k^J \right\rangle. \tag{4.121c}$$

系のハミルトニアン (4.50) を書き直すと，

$$H = -\frac{\hbar^2}{2\mu_k} \frac{1}{r_k}\left(\frac{\partial}{\partial r_k}\right)^2 r_k + \frac{\hbar^2}{2\mu_k} \mathbf{L}_k^2 + \sum_{i \in \mathrm{C}_{k_1}, j \in \mathrm{C}_{k_2}} v_{ij} + H_{k_1} + H_{k_2} \tag{4.122a}$$

と書くことができる．ただし，$\mu_k = (A_{k_1} A_{k_2}/A) M$, $(A = A_{k_1} + A_{k_2})$ であり，2 つのクラスターの内部ハミルトニアン H_{k_p} $(p = 1, 2)$ は

$$H_{k_p} = \sum_{i \in \mathrm{C}_{k_p}} t_i - \frac{\hbar^2}{2 A_{k_p} M} \frac{\partial^2}{(\partial \mathbf{X}_{k_p})^2} + \frac{1}{2} \sum_{ij \in \mathrm{C}_{k_p}} v_{ij}, \quad (p = 1, 2) \tag{4.122b}$$

4.4 クラスター間の相対運動

となる．ここで，$\partial^2/(\partial \boldsymbol{X}_{k_p})^2$ はそれぞれのクラスター $(p=1,2)$ の重心座標 $\boldsymbol{X}_{k_p}$ に関するラプラシアンである．(4.122) 式のハミルトニアンを用いれば，

$$G_{kk}^{\mathrm{D}}(a_k, b_k) = \left\{ -\frac{\hbar^2}{2\mu_k}\left(\frac{\partial}{\partial b_k}\right)^2 + \frac{\hbar^2 L_k(L_k+1)}{2\mu_k b_k^2} + V_{kk}^{\mathrm{D}}(b_k) - E_{\mathrm{rk}} \right\} \delta(a_k - b_k) \tag{4.123a}$$

となる．ただし，

$$E_{\mathrm{rk}} = E - (E_{k_1} + E_{k_2}), \quad E_{k_p} = \langle \phi_{k_p}(\mathrm{C}_{k_p}) | H_{k_p} | \phi_{k_p}(\mathrm{C}_{k_p}) \rangle \tag{4.123b}$$

である．E_{rk} は全系のエネルギー E から 2 つのクラスターの内部エネルギー $(E_{k_1} + E_{k_2})$ を差し引いた，2 クラスターへの分解しきい値から測った相対運動のエネルギーである．また，ポテンシャル $V_{kk}^{\mathrm{D}}(b_k)$ は <u>直接ポテンシャル</u>(direct potential) と呼ばれ，

$$V_{kk}^{\mathrm{D}}(b_k) = \langle h_k^J | \sum_{i \in \mathrm{C}_{k_1}, j \in \mathrm{C}_{k_2}} v_{ij} | h_k^J \rangle \tag{4.123c}$$

で定義される．(4.123a) 式で明らかなように，$G_{kk}^{\mathrm{D}}(a_k, b_k)$ は局所的である．残りの積分核 $G_{kk}^{\mathrm{ex}}(a_k, b_k)$ は，演算子 $(\mathcal{A}_k - 1)$ による核子の交換にともなう積分核で一般に局所的ではない．

$\alpha + \alpha$ のような同種のクラスターからなる系の場合，すなわち $k_1 = k_2$ ($\mathrm{C}_{k_1} = \mathrm{C}_{k_2}, I_{k_1} = I_{k_2}$) の場合，$\mathrm{C}_{k_1}$ の核子が C_{k_2} の核子とすべて入れ替わった交換は，何も交換しなかった場合と同等である．この交換を $P_{\mathrm{C}_{k_1}\mathrm{C}_{k_2}}$ とし，これに対応する積分核を $P_{\mathrm{C}_{k_1}\mathrm{C}_{k_2}} G_{kk}(a_k, b_k)$ とすると，この項も局所積分核に繰り込むことができる．したがって，局所積分核 $G_{kk}^{\mathrm{D}}(a_k, b_k)$ は

$$G_{kk}^{\mathrm{D}}(a_k, b_k) = \frac{1}{2} \left\langle \frac{\delta(r_k - a_k)}{r_k} h_k^J \middle| H - E \middle| \{1 + (-1)^{A_{k_1}} P_{\mathrm{C}_{k_1}\mathrm{C}_{k_2}}\} \frac{\delta(r_k - b_k)}{r_k} h_k^J \right\rangle \tag{4.124}$$

と定義される．このときの $G_{kk}^{\mathrm{ex}}(a_k, b_k)$ は局所積分核に繰り込んだ項が差し引かれて定義されることはいうまでもない．全核子の入れ替えは相対座標の反転を意味するので，

$$P_{\mathrm{C}_{k_1}\mathrm{C}_{k_2}} Y_{L_k M_k}(\theta_k, \varphi_k) = (-1)^{L_k} Y_{L_k M_k}(\theta_k, \varphi_k)$$

となり，この場合の局所積分核は (4.123a) 式の $G_{kk}^{\mathrm{D}}(a_k, b_k)$ に $\{1 + (-1)^{A_{k_1} + L_k}\}/2$ を掛けたものとなる．これはよく知られた同種核の統計性で，$A_{k_1} (= A_{k_2})$ が偶数 (奇数) の場合，相対角運動量は偶数 (奇数) の値のみとなることを示している．

結局，RGM 方程式 (4.120a) は (4.123a) 式 (または (4.124) 式) の積分核を用いて，

$$\left\{-\frac{\hbar^2}{2\mu_k}\left(\frac{\partial}{\partial a_k}\right)^2 + \frac{\hbar^2 L_k(L_k+1)}{2\mu_k a_k^2} + V_{kk}^{\mathrm{D}}(a_k) - E_{\mathrm{r}k}\right\}u_k(a_k)$$
$$+ \int db_k\, G_{kk}^{\mathrm{ex}}(a_k,b_k) u_k(b_k)$$
$$= -\sum_{k'\neq k}\int db_{k'}\, G_{kk'}(a_k,b_{k'})\, u_{k'}(b_{k'}) \quad (4.125)$$

となる．この RGM 方程式において，最初の項 (第 1 行) のみをとり，残りを 0 とすると，直接ポテンシャル $V_{kk}^{\mathrm{D}}(a_k)$ の下での相対運動の Schrödinger 方程式となり，また単一チャンネルの場合は右辺がないので第 2 項の交換項を含む微積分方程式となる．

4.4.3 共鳴群法と生成座標法の関係
(a) RGM と GCM の同等性

クラスター間相対運動を記述するために，共鳴群法 (RGM) と生成座標法 (GCM) の 2 つの方法があることを示した．これらの間の関係を理解するために，2 クラスター系を例にとり，クラスターの内部波動関数 $\Phi(\mathrm{C}_i)$, $(i=1,2)$ が調和振動子殻模型で記述され，それらの振動子パラメーターが等しい $(\nu = \nu_1 = \nu_2)$ ものとする．

いまの場合の GCM 波動関数は，(4.47) 式で与えられる 2 中心模型波動関数を基底関数とし，$\boldsymbol{R} = \boldsymbol{R}_1 - \boldsymbol{R}_2$ を生成座標とする．$\boldsymbol{R}_{\mathrm{G}} = (A_1\boldsymbol{R}_1 + A_2\boldsymbol{R}_2)/A = 0, (A = A_1 + A_2)$ となるように座標原点をとると，$\boldsymbol{R}_1 = (A_2/A)\boldsymbol{R}, \boldsymbol{R}_2 = -(A_1/A)\boldsymbol{R}$ となるから，$\mathcal{A}$ を反対称化演算子とすれば，基底関数は

$$\Psi(\boldsymbol{R}) = \mathcal{A}\left[\psi\left(\mathrm{C}_1, \frac{A_2}{A}\boldsymbol{R}\right)\psi\left(\mathrm{C}_2, -\frac{A_1}{A}\boldsymbol{R}\right)\right]$$
$$= \left(\frac{2A\nu}{\pi}\right)^{3/4} e^{-A\nu \boldsymbol{X}_{\mathrm{G}}^2}\mathcal{A}\left[\Gamma(\boldsymbol{r},\boldsymbol{R},\gamma)\phi(\mathrm{C}_1)\phi(\mathrm{C}_2)\right] \quad (4.126)$$

となる．ただし，$\gamma = (A_1A_2/A)\nu$, $\boldsymbol{X}_i = (\sum_{k=1}^{A_i}\boldsymbol{r}_k)/A_i (i=1,2)$, $\boldsymbol{r} = \boldsymbol{X}_1 - \boldsymbol{X}_2$, $\boldsymbol{X}_{\mathrm{G}} = (A_1\boldsymbol{X}_1 + A_2\boldsymbol{X}_2)/A$ である．したがって，GCM 波動関数は

$$\Psi^{\mathrm{GCM}} = \int d\boldsymbol{R}\, f(\boldsymbol{R})\, \Psi(\boldsymbol{R})$$

$$= \left(\frac{2A\nu}{\pi}\right)^{3/4} e^{-A\nu \boldsymbol{X}_G^2} \mathcal{A}\Big[\int d\boldsymbol{R}\, f(\boldsymbol{R})\, \Gamma(\boldsymbol{r},\boldsymbol{R},\gamma) \phi(\mathrm{C}_1)\phi(\mathrm{C}_2)\Big] \tag{4.127}$$

と書かれる．(4.127) 式の GCM 波動関数に対応する RGM 波動関数は

$$\Psi^{\mathrm{RGM}} = \mathcal{A}\Big[\chi(\boldsymbol{r})\phi(\mathrm{C}_1)\phi(\mathrm{C}_2)\Big] \tag{4.128}$$

で与えられる．(4.127) 式における未知関数 $\chi(\boldsymbol{r})$ は (4.118) 式のような変分原理によってきめられるべきものである．一方，GCM 波動関数 (4.127) においては，$\int d\boldsymbol{R}\, f(\boldsymbol{R}) \Gamma(\boldsymbol{r},\boldsymbol{R},\gamma)$ が対応する未知関数である．したがって，これらの未知関数を

$$\chi(\boldsymbol{r}) = \int d\boldsymbol{R}\, f(\boldsymbol{R}) \Gamma(\boldsymbol{r},\boldsymbol{R},\gamma) \tag{4.129}$$

と等しいと置くことが可能である．このとき，内部運動に関係しない重心運動の波動関数を除けば，(4.127) 式の Ψ^{GCM} と (4.128) 式の Ψ^{RGM} とは同等であるといえる．[*32] その同等性を表す (4.129) 式からわかるように，RGM では $\chi(\boldsymbol{r})$ が直接 RGM 方程式の解として求められるのに対し，GCM では最初に GCM 方程式の解として $f(\boldsymbol{R})$ が求められ，その解を積分核 $\Gamma(\boldsymbol{r},\boldsymbol{R},\gamma)$ を用いて<u>たたみ込む</u>ことによって RGM の解 $\chi(\boldsymbol{r})$ が求められる．

GCM の積分方程式 (4.112a) は，通常，生成座標 $\boldsymbol{R}$ を離散化して適当な個数の離散的な値 $\boldsymbol{R}_1, \boldsymbol{R}_2, \cdots, \boldsymbol{R}_n$ をとり，積分を和に置き換えて連立 1 次方程式の形にして解かれる．この方法で解かれた $\{f(\boldsymbol{R}_i)\}$ を，(4.129) 式を使って RGM 方程式の解 $\chi(\boldsymbol{r})$ に変換することができる．このようにして求められた $\chi(\boldsymbol{r})$ は，多くの実例において，比較的少ない数の離散化点の場合でも，RGM 方程式を直接解いた解と非常に良い精度で一致することがわかっている．

(b) RGM と GCM の意義

上述のように，RGM と GCM が同等であることがわかった．それでは，これら 2 つの方法はどのように意義付けられるであろうか．

クラスター間の相対運動を記述するのは RGM 波動関数 (4.128) における相対波動関数 $\chi(\boldsymbol{r})$ であり，これを解くことによってクラスター間の相対運動が正しく理解される．つまり，相対波動関数 $\chi(\boldsymbol{r})$ を解くことが目標である．その

[*32] H. Horiuchi, Prog. Theor. Phys. **43**(1970) 375.

ための実際的な手段として GCM が極めて有力である．たとえば，計算がより容易な GCM の積分核 (行列要素) をあらかじめ求めておき，これを RGM の積分核 (行列要素) に変換することも可能である．また，まず GCM 方程式を解き，その解 $f(r)$ を (4.129) 式により相対波動関数 $\chi(r)$ に変換することもできる．このように GCM の有利な点を活用することによって，目標とする RGM の解 $\chi(r)$ を求めることが容易になった．[*33]

4.5 クラスター模型空間と Pauli 禁止状態

4.5.1 重なり積分核の固有値問題と RGM 基底関数

核子間が完全に反対称化されている 2 体クラスター系の RGM 波動関数の直交基底関数を考える．2 つのクラスター C_1, C_2 の内部角運動量が $I_{C_1} = I_{C_2} = 0$ である単一チャンネルの場合について述べる．そのときの RGM 波動関数は，一般的に

$$\Psi^{\mathrm{RGM}} = \mathcal{A}\bigl[\chi(r)\phi_0(\mathrm{C}_1)\phi_0(\mathrm{C}_2)\bigr] = \binom{A}{A_1}^{1/2}\int d\boldsymbol{a}\,\chi(\boldsymbol{a})\Phi(\boldsymbol{a}) \quad (4.130\mathrm{a})$$

と書かれる．ただし，$\mathcal{A}$ は反対称化演算子であり，

$$\Phi(\boldsymbol{a}) = \binom{A}{A_1}^{-1/2}\mathcal{A}\bigl[\delta(\boldsymbol{r}-\boldsymbol{a})\phi_0(\mathrm{C}_1)\phi_0(\mathrm{C}_2)\bigr] \quad (4.130\mathrm{b})$$

である．(4.130a) 式の右辺は，RGM 波動関数が $\Phi(\boldsymbol{a})$ を基底関数とし，相対波動関数 $\chi(\boldsymbol{a})$ を振幅として線形結合した表式となっている．しかし，この基底関数 $\Phi(\boldsymbol{a})$ は規格直交化されていないので，その重なり積分

$$N(\boldsymbol{a},\boldsymbol{b}) = \langle \Phi(\boldsymbol{a}) | \Phi(\boldsymbol{b}) \rangle \quad (4.131)$$

を対角化して規格直交化された基底ベクトルを作ろう．

重なり積分 $N(\boldsymbol{a},\boldsymbol{b})$ に対する固有値方程式

$$\int d\boldsymbol{b}\, N(\boldsymbol{a},\boldsymbol{b})\chi_k(\boldsymbol{b}) = \mu_k \chi_k(\boldsymbol{a}) \quad (4.132)$$

[*33] H. Horiuchi, Prog. Theor. Phys. Suppl. **62**(1977) Chap. 3.
 A. Tohsaki-Suzuki, Prog. Theor. Phys. Suppl. **62**(1977) Chap. 4.
 M. Kamimura, Prog. Theor. Phys. Suppl. **62**(1977) Chap. 5.

を考える．その固有解 $\chi_k(\boldsymbol{a})$ は，$\langle \chi_k | \chi_{k'} \rangle = \delta_{kk'}$ をみたすように規格直交化されているものとする．固有値が $\mu_k \geq 0$ であることは容易にわかる．

この規格直交系 $\{\chi_k\}$ を用いて，$\underline{\mu_k \neq 0}$ の固有解に対して

$$\Phi_k = \frac{1}{\sqrt{\mu_k}} \int d\boldsymbol{a}\, \chi_k(\boldsymbol{a}) \Phi(\boldsymbol{a}) = \left[\binom{A}{A_1} \mu_k\right]^{-1/2} \mathcal{A}\bigl[\chi_k(\boldsymbol{r})\phi_0(\mathrm{C}_1)\phi_0(\mathrm{C}_2)\bigr] \tag{4.133}$$

を作ると，$\{\Phi_k\}$ は $\langle \Phi_k | \Phi_{k'} \rangle = \delta_{kk'}$ をみたす規格直交化された基底関数となる．$\underline{\mu_k = 0}$ の固有解に対しては，$\int d\boldsymbol{a}\, \chi_k(\boldsymbol{a}) \Phi(\boldsymbol{a}) = \mathcal{A}[\chi_k(\boldsymbol{r})\phi_0(\mathrm{C}_1)\phi_0(\mathrm{C}_2)] = 0$ となるから，対応する基底関数は存在しない．つまり，$\mu_k = 0$ の固有解 $\chi_k(\boldsymbol{r})$ の場合の反対称化された RGM 波動関数は 0 となる (消える) ので，このような状態は **Pauli 禁止状態** (Pauli forbidden state) とか**余分な状態** (redundant state) と呼ばれる．

単一チャンネルの場合の RGM 波動関数の基底関数についての上述の内容は，2 体クラスター系での一般的な多チャンネルの場合に容易に拡張することができるが，詳細は割愛する．その場合には，Pauli 禁止状態は単一のチャンネルではなく，複数のチャンネルにまたがった形で成立することになる．

4.5.2 重なり積分核の固有値問題の解

クラスターの内部波動関数が，同一の振動子パラメーターを持つ調和振動子殻模型で構成されている場合，RGM の重なり積分核の固有値問題の解は解析的に解くことができる．以下でその典型的な例をあげよう．解析解の有用性は，次節で説明する直交条件模型を構築する際や，クラスター分解反応の分光学的因子を計算する際に活用される点にある．

(a) 単一チャンネル系

2 つのクラスター $\mathrm{C}_1, \mathrm{C}_2$ の内部角運動量が $I_{\mathrm{C}_1} = I_{\mathrm{C}_2} = 0$ であるとする．解くべき固有値方程式は (4.132) 式である．内部波動関数が共通の振動子パラメーター ν を持つ調和振動子波動関数で構成されているので，解となるべき相対波動関数も，対応する振動子パラメーター $\gamma = (A_1 A_2 / A)\nu$ (ただし $A = A_1 + A_2$) を持つ調和振動子波動関数 $\psi_{nlm}(\boldsymbol{r})$ となるであろうことが，容易に推定される．

この推定が正しいことは，以下のように確かめることができる．

いま積分 $I_{nlm}(\boldsymbol{a})$ を次のように定義しよう：

$$I_{nlm}(\boldsymbol{a}) = \int d\boldsymbol{b}\, N(\boldsymbol{a},\boldsymbol{b})\psi_{nlm}(\boldsymbol{b})$$
$$= \langle \delta(\boldsymbol{r}-\boldsymbol{a})\phi_0(\mathrm{C}_1)\phi_0(\mathrm{C}_2) | \mathcal{A}[\psi_{nlm}(\boldsymbol{r})\phi_0(\mathrm{C}_1)\phi_0(\mathrm{C}_2)]\rangle. \quad (4.134)$$

この積分 $I_{nlm}(\boldsymbol{a})$ を完全系 $\{\psi_{nlm}\}$ で展開し，

$$I_{nlm}(\boldsymbol{a}) = \sum_{n'l'm'} A_{nlm,n'l'm'}\,\psi_{n'l'm'}(\boldsymbol{a}) \quad (4.135\mathrm{a})$$

と表す．ただし

$$A_{nlm,n'l'm'} = \int d\boldsymbol{a}\, I_{nlm}(\boldsymbol{a})\psi_{n'l'm'}(\boldsymbol{a})$$
$$= \langle \psi_{n'l'm'}(\boldsymbol{r})\phi_0(\mathrm{C}_1)\phi_0(\mathrm{C}_2) | \mathcal{A}[\psi_{nlm}(\boldsymbol{r})\phi_0(\mathrm{C}_1)\phi_0(\mathrm{C}_2)]\rangle \quad (4.135\mathrm{b})$$

である．この展開係数 (行列要素) $A_{nlm,n'l'm'}$ が (nn'), (ll'), (mm') に関して対角であるならば，すなわち $A_{nlm,n'l'm'} \propto \delta_{nn'}\delta_{ll'}\delta_{mm'}$ であるならば，$\psi_{nlm}(\boldsymbol{r})$ が固有値方程式 (4.132) の解であることが証明されたことになる．$A_{nlm,n'l'm'} \propto \delta_{ll'}\delta_{mm'}$ はいうまでもない．したがって，$A_{nlm,n'l'm'} \propto \delta_{nn'}$ を示せばよい．

系のハミルトニアンを次のように表す：

$$H = \sum_{k}^{A} h_k - h_\mathrm{G} = H_{\mathrm{C}_1} + H_{\mathrm{C}_2} + h_\mathrm{r}. \quad (4.136\mathrm{a})$$

ここで，h_k は k 番目の核子の 1 粒子 (調和振動子) ハミルトニアン，h_G は系全体の重心のハミルトニアン，H_{C_i} はクラスター $i\,(=1$ または $2)$ の内部ハミルトニアンであり，h_r は 2 つのクラスターの重心間の相対運動のハミルトニアンである．すなわち，

$$H_{\mathrm{C}_i} = \sum_{k\in \mathrm{C}_i}^{A_i} h_k - h_\mathrm{G}^{(i)}, \qquad (i=1,2) \quad (4.136\mathrm{b})$$

$$h_\mathrm{r} = -\frac{\hbar^2}{2\mu_0}\nabla_\mathrm{r}^2 + \frac{1}{2}\mu_0\omega^2 r^2, \qquad \mu_0 = \frac{A_1 A_2}{A} M \quad (4.136\mathrm{c})$$

である．もちろん，$h_\mathrm{G}^{(i)}$ はクラスター $i\,(=1,2)$ の重心のハミルトニアンであり，∇_r^2 は 2 つのクラスターの重心間の相対座標

$$\boldsymbol{r} = \frac{1}{A_1}\sum_{k\in \mathrm{C}_1}^{A_1} \boldsymbol{r}_k - \frac{1}{A_2}\sum_{k\in \mathrm{C}_2}^{A_2} \boldsymbol{r}_k \quad (4.136\mathrm{d})$$

に関するラプラシアン，M は核子の質量である．

ハミルトニアン H_{C_1}, H_{C_2}, h_r はすべて同一のエネルギー量子 $\hbar\omega$ を持つ調和振動子であるから，それぞれに対して調和振動子量子数 (エネルギー量子の数) の演算子を

4.5 クラスター模型空間と Pauli 禁止状態

$$\widehat{N} = \widehat{N}_{C_1} + \widehat{N}_{C_2} + \widehat{N}_r, \tag{4.137a}$$

$$\widehat{N}_{C_1} = \frac{1}{\hbar\omega}\left(H_{C_1} - \frac{3}{2}\hbar\omega\right), \quad \widehat{N}_{C_2} = \frac{1}{\hbar\omega}\left(H_{C_2} - \frac{3}{2}\hbar\omega\right), \tag{4.137b}$$

$$\widehat{N}_r = \frac{1}{\hbar\omega}\left(H_r - \frac{3}{2}\hbar\omega\right) \tag{4.137c}$$

と定義することができる. 演算子 $\widehat{N}$ は核子の交換に対して対称であるから, 反対称化演算子 $\mathcal{A}$ と交換可能である. 2 つのクラスター C_1, C_2 の内部状態 $\phi_0(C_1)$, $\phi_0(C_1)$ はそれぞれ演算子 $\widehat{N}_{C_1}$, $\widehat{N}_{C_2}$ の固有状態であり, それぞれの固有値を $N(C_1)$, $N(C_1)$ とする. また, ψ_{nlm} は $\widehat{N}_r$ の固有状態であり, 固有値は $2n+l$ である. すなわち,

$$\widehat{N}_{C_1}\phi_0(C_1) = N(C_1)\phi_0(C_1), \quad \widehat{N}_{C_2}\phi_0(C_2) = N(C_2)\phi_0(C_2), \tag{4.138a}$$

$$\widehat{N}_r\psi_{nlm} = (2n+l)\psi_{nlm}. \tag{4.138b}$$

したがって,

$$\widehat{N}\mathcal{A}[\psi_{nlm}(\boldsymbol{r})\phi_0(C_1)\phi_0(C_2)]$$
$$= \{N(C_1) + N(C_2) + (2n+l)\}\mathcal{A}[\psi_{nlm}(\boldsymbol{r})\phi_0(C_1)\phi_0(C_2)] \tag{4.139}$$

となる. つまりこの式は, 行列要素 $A_{nlm,n'l'm'}$ が対角的であり,

$$A_{nlm,n'l'm'} = \mu_{nl}\,\delta_{nn'}\delta_{ll'}\delta_{mm'}, \tag{4.140}$$

$$\mu_{nl} = \langle\psi_{nlm}(\boldsymbol{r})\phi_0(C_1)\phi_0(C_2)|\mathcal{A}[\psi_{nlm}(\boldsymbol{r})\phi_0(C_1)\phi_0(C_2)]\rangle \tag{4.141}$$

となることを示している.

以上の結果から, 振動子パラメーターが $\gamma = (A_1A_2/A)\nu$ である調和振動子の波動関数 ψ_{nlm} が, RGM の重なり積分核の固有関数で

$$\int d\boldsymbol{b}\, N(\boldsymbol{a},\boldsymbol{b})\psi_{nlm}(\boldsymbol{b}) = \mu_{nl}\psi_{nlm}(\boldsymbol{a}) \tag{4.142}$$

をみたし, 固有値 μ_{nl} は (4.141) 式で与えられることがわかった.

4.5.1 において述べたように, RGM の重なり積分核の固有値が $\mu_{nl} = 0$ に対応する RGM 基底関数は Pauli 禁止状態であり, 存在しない. では上述の (4.141) 式で与えられる固有値 μ_{nl} はどうなるであろうか. GCM を利用すれば μ_{nl} を解析的に求めることができる. これを以下に示そう.

2 つのクラスターが α, ^{16}O, ^{40}Ca のような調和振動子殻模型の閉殻核である場合, 固有値 μ_{nl} は $N = 2n+l$ にのみ依存することがわかっているので, 以下では $\mu_{nl} = \mu_N$ と書くことにする.

GCM の重なり積分核 ((4.112b) 式参照) の対角成分

$$N^{\text{GCM}}(\boldsymbol{R},\boldsymbol{R}) = \langle \Gamma(\boldsymbol{r},\boldsymbol{R},\gamma)\phi_0(\text{C}_1)\phi_0(\text{C}_2)|\mathcal{A}[\Gamma(\boldsymbol{r},\boldsymbol{R},\gamma)\phi_0(\text{C}_1)\phi_0(\text{C}_2)]\rangle \tag{4.143}$$

を考えよう．$\Gamma(\boldsymbol{r},\boldsymbol{R},\gamma)$ を調和振動子固有関数 $\{\psi_{nlm}(\boldsymbol{r})\}$ で展開し，

$$\Gamma(\boldsymbol{r},\boldsymbol{R},\gamma) = e^{-\gamma R^2/2}\sum_{nlm}\frac{(\sqrt{\gamma}R)^{2n+l}}{\sqrt{(2n+l)!}}\sqrt{\frac{4\pi}{2l+1}}A_l^n Y_{lm}^*(\widehat{R})\psi_{nlm}(\boldsymbol{r}), \tag{4.144a}$$

$$A_l^n = (-1)^n\sqrt{\frac{(2l+1)(2n+l)!}{(2n)!!(2n+2l+1)!!}} \tag{4.144b}$$

と表し，(4.143) 式に代入すれば，

$$N^{\text{GCM}}(\boldsymbol{R},\boldsymbol{R}) = e^{-\gamma R^2}\sum_N \frac{(\gamma R^2)^N}{N!}\mu_N \sum_{nl(2n+l=N)}(A_l^n)^2 \tag{4.145}$$

が得られる．ところが展開式 $(\cos\theta)^n = \sum_{nl(2n+l=N)}(A_l^n)^2 P_l(\cos\theta)$ において，$\theta=0$ と置けば，$\sum_{nl(2n+l=N)}(A_l^n)^2 = 1$ が得られるから，

$$N^{\text{GCM}}(\boldsymbol{R},\boldsymbol{R}) = e^{-\gamma R^2}\sum_N \frac{(\gamma R^2)^N}{N!}\mu_N \tag{4.146}$$

したがって，2体クラスター系の具体的な例において，GCM 重なり積分の対角要素 $N^{\text{GCM}}(\boldsymbol{R},\boldsymbol{R})$ が R の関数として与えられるならば，(4.146) 式から μ_N を容易に求めることができる．

以上の結果を $\alpha+{}^{16}\text{O}$ 系に適用してみよう．この場合の $N^{\text{GCM}}(\boldsymbol{R},\boldsymbol{R})$ は (4.74) 式で与えられる行列 D の行列式 $|D|$ を用いて，

$$N^{\text{GCM}}(\boldsymbol{R},\boldsymbol{R}) = |D|^4 = \{1-(1+\nu R^2)e^{-\nu R^2}\}^4 \tag{4.147}$$

となる．これを (4.146) 式に代入して，

$$\sum_N^\infty \frac{(\gamma R^2)^N}{N!}\mu_N = e^{\gamma R^2}\{1-(1+q_0\gamma R^2)e^{-q_0\gamma R^2}\}^4 \tag{4.148}$$

が得られる．ただし，$q_0 = A/(A_1 A_2) = 20/(16\times 4) = 5/16$ である．この結果から，

$$\mu_N = \sum_{k=0}^4 \binom{4}{k}(-1)^k \sum_{r=0}^k q_0^r\, \theta(N-r)\frac{N!}{(N-r)!}(1-q_0^k)^{N-r} \tag{4.149}$$

を得る．$\theta(x)$ は階段関数で，$x\geq 0$ のとき $\theta(x)=1$，$x<0$ のとき $\theta(x)=0$ である．また，(4.148) 式の右辺を R のべき級数に展開すると R^{16} からはじまるので，次の重要な結果に導かれる：

$$\mu_N = \mu_{nl} = 0, \quad (N=2n+l\leq 7). \tag{4.150}$$

この結果は，$\alpha+{}^{16}\mathrm{O}$ 系では $2n+l\leq 7$ の調和振動子状態 $\psi_{nlm}(\boldsymbol{r})$ は Pauli 禁止状態となることを意味する．したがって，最も低いエネルギーの Pauli 許容状態は $N=2n+l=8$ であり，その固有値は

$$\mu_8 = 8! \times \frac{1}{16}q_0^8 = 0.229$$

である．

(b) 多チャンネル 2 体クラスター系

たとえば $\alpha+{}^{12}\mathrm{C}$ 系のような場合，α は基底状態にあるとしてその内部スピンを 0 と仮定しても，${}^{12}\mathrm{C}$ は基底回転バンド $0^+, 2^+, 4^+$ を考えなくてはならないので，多チャンネルが結合することになる．この場合の RGM 波動関数は (4.116) 式であるから，その規格直交基底関数は

$$\Phi(k, a_k) = \mathcal{A}'_k \left[\frac{\delta(r_k - a_k)}{r_k} h_k^J \right] \tag{4.151}$$

の k, a_k に関する線形結合となる．ここで k はチャンネル番号である．すなわち，解くべき重なり積分核の固有値方程式は

$$\sum_{k'} \int db_{k'} \langle \Phi(k, a_k) | \Phi(k'.b_{k'}) \rangle \chi_\alpha(k', b_{k'}) = \mu_\alpha \chi_\alpha(k, a_k) \tag{4.152}$$

となる．固有関数の規格直交性を

$$\sum_k \int da_k \chi_\alpha^*(k, a_k) \chi_{\alpha'}(k, a_k) = \delta_{\alpha\alpha'} \tag{4.153}$$

とし，固有値 $\mu_\alpha \neq 0$ に対して線形結合

$$\Phi_\alpha = \frac{1}{\sqrt{\mu_\alpha}} \sum_k \int da_k \chi_\alpha(k, a_k) \Phi(k, a_k) = \frac{1}{\sqrt{\mu_\alpha}} \sum_k \mathcal{A}'_k \left[\frac{\chi_\alpha(k, r_k)}{r_k} h_k^J \right] \tag{4.154}$$

を作ると，これらが規格直交化された基底関数となる．

重なり積分核の固有値方程式の解に関して，前項の (a) 単一チャンネル系におけるものと同様な議論が可能であるが，ここでは省略する．

4.5.3 クラスター模型状態と殻模型状態の関係

前項 4.5.2 で述べたように，クラスターの内部波動関数が共通の振動子パラメーター ν を持つ調和振動子 (H.O.) 波動関数で構成され，クラスター間の相対波動関数もまた調和振動子波動関数であるようなクラスター模型波動関数は，調和振動子の量子数演算子 $\widehat{N}$ の固有状態である．このようなクラスター模型波動関数 $\Phi_{\mathrm{cluster}}^{(\mathrm{H.O.})}$ と調和振動子殻模型の波動関数 $\Phi_{\mathrm{shell}}^{(\mathrm{H.O.})}$ との関係を見ておこう．

$\varPhi_{\text{shell}}^{(\text{H.O.})}$ は 0s 状態の重心運動の波動関数

$$\omega_0(\boldsymbol{X}_\text{G}) = \left(\frac{2A\nu}{\pi}\right)^{3/4} e^{-A\nu \boldsymbol{X}_\text{G}^2}, \quad \boldsymbol{X}_\text{G} = \frac{1}{A}\sum_{i=1}^{A} \boldsymbol{r}_i$$

を含んでいるが，普通のクラスター模型波動関数 $\varPhi_{\text{cluster}}^{(\text{H.O.})}$ はこれを含んでいないので，比較を正確に行うため，以下ではクラスター模型波動関数を $\varPhi_{\text{cluster}}^{(\text{H.O.})} \rightarrow \omega_0(\boldsymbol{X}_\text{G})\varPhi_{\text{cluster}}^{(\text{H.O.})}$ と変更し，これにともなって全系のハミルトニアン H および量子数演算子 $\widehat{N}$ も

$$H \rightarrow H^{(\text{H.O.})} = H + h_\text{G} = \sum_{i=1}^{A} h_i = \hbar\omega\left(\widehat{N}^{(\text{T})} + \frac{3}{2}\right), \quad (4.155\text{a})$$

$$\widehat{N} \rightarrow \widehat{N}^{(\text{T})} = \widehat{N} + \widehat{N}^{(\text{G})} = \sum_{i=1}^{A} \widehat{N}_i \quad (4.155\text{b})$$

と変更する．いうまでもなく $\varPhi_{\text{cluster}}^{(\text{H.O.})}$ は $\widehat{N}^{(\text{T})}$ の固有関数である：

$$\widehat{N}^{(\text{T})}\varPhi_{\text{shell}, k}^{(\text{H.O.})} = N_\text{T}\varPhi_{\text{shell}, k}^{(\text{H.O.})}. \quad (4.156)$$

クラスター模型波動関数 $\omega_0(\boldsymbol{X}_\text{G})\varPhi_{\text{cluster}}^{(\text{H.O.})}$ は，同じ調和振動子量子数 N_T を持つ限られた有限個の殻模型波動関数で展開され，

$$\omega_0(\boldsymbol{X}_\text{G})\varPhi_{\text{cluster}}^{(\text{H.O.})} = \sum_k C_k \varPhi_{\text{shell}, k}^{(\text{H.O.})} \quad (4.157)$$

と表される．

以下で 2 つの具体例をあげて，クラスター模型状態と殻模型状態の関係について説明しよう．

(a) $^{16}\text{O}+\alpha$ 系

ここでは，$^{16}\text{O}+\alpha$ のクラスター模型波動関数に，^{20}Ne のどのような殻模型波動関数が含まれているかについて述べよう．

この場合のクラスター模型波動関数は

$$\varPhi_{\text{cluster}}^{(\text{H.O.})} = \mathcal{N}_0\, \mathcal{A}\left[R_{nl}(r)\,Y_{lm}(\widehat{\boldsymbol{r}})\,\phi_0(^{16}\text{O})\,\phi_0(\alpha)\right] \quad (4.158)$$

である．ただし，$\mathcal{A}$ は反対称化演算子，$\widehat{\boldsymbol{r}}$ は $\boldsymbol{r}$ を極座標表示したときの角度部分 (θ, φ) を表す．このとき $\omega_0(\boldsymbol{X}_\text{G})\varPhi_{\text{cluster}}^{(\text{H.O.})}$ は量子数演算子 $\widehat{N}^{(\text{T})}$ の固有状態で，固有値 N_T は

$$N_\text{T} = 2n + l + N(^{16}\text{O}) + N(\alpha) = 2n + l + 12 \quad (4.159)$$

である．なぜならば，^{16}O と α の配位はそれぞれ $\{(0s)^4(0p)^{12}\}$ と $\{(0s)^4\}$ であり，$N(^{16}\text{O}) = 12, N(\alpha) = 0$ となるからである．一方，最小の N_T を持つ ^{20}Ne の殻模型波動関数は

$$\det\{(0s)^4(0p)^{12}(1s0d)^4\} \tag{4.160}$$

である．つまり最小の N_T の値は $12 + 2 \times 4 = 20$ であるから，(4.159) 式を考慮すると，クラスター状態は $2n+l \geq 8$ でなければならない．($2n+l \leq 7$ のクラスター状態は Pauli 禁止状態であり，消えてなくなることはすでに述べた．)

4.3.2 において述べたように，調和振動子殻模型の状態は SU(3) 群の対称性 (λ, μ) で分類することができる．いまの場合のクラスター内部状態 $\phi_0(^{16}\text{O})$ や $\phi_0(\alpha)$ は，SU(3) のすべての変換に対して不変である $(0,0)$ の既約表現になっており，相対波動関数 $R_{nl}(r) Y_{lm}(\hat{r})$ が $(2n+l, 0)$ であるから，(4.158) 式のクラスター状態 $\Phi^{(\text{H.O.})}_{\text{cluster}}$ は $(\lambda, \mu) = (2n+l, 0)$ である．

一方，(4.160) 式の $N_T = 20$ の殻模型の状態を重ね合わせて，$(\lambda, \mu) = (8,0)$ で全角運動量が $(J, M) = (l, m)$ であるような殻模型状態を作ることができる．これを $\Phi((1s0d)^4[4](8,0)\,lm)$ と表す．[4] は ^{16}O 閉殻核の外の $(1s0d)$ の準位にある 4 個の核子の空間波動関数が完全対称で，荷電・スピン波動関数が完全反対称であることを示す．したがって，$N_T = 20$ のクラスター状態を殻模型波動関数で表現すると，

$$\Phi^{(\text{H.O.})}_{\text{cluster}} = \Phi((1s0d)^4[4](8,0)\,lm) \quad (2n+l=8) \tag{4.161}$$

となる．この状態は明らかに +パリティで $l = 0, 2, 4, 6, 8$ である．

軽い核では低励起回転バンドが存在する．殻模型の研究から，これらの回転バンドの主要成分は SU(3) 殻模型状態であることが知られている．その典型例が，^{20}Ne の基底回転バンド $J^\pi = 0^+, 2^+, 4^+, 6^+, 8^+$ である．これらの殻模型波動関数は，(4.161) 式が示すように，^{16}O$+\alpha$ のクラスター模型の模型空間に含まれている．クラスター模型空間 (4.158) には，この $N_T = 20$ のクラスター状態のみならず，$N_T > 20$ のクラスター状態をも含んでいて，それらは一般に $2n+l \geq 8$ の SU(3) 殻模型状態 $(\lambda, \mu) = (2n+l, 0)$ の重ね合わせによって表現される．

(b) ^{12}C$+\alpha$ 系

ここでは ^{12}C$+\alpha$ のクラスター模型を考え，この中にどのような ^{16}O の殻模型状態が含まれているか検討しよう．議論の対象とする殻模型状態としては，^{16}O の閉殻配位 $((0s)^4(0p)^{12})$ と，この閉殻配位から 1 核子が励起した 1 粒子 1 空孔配位 $[(1s0d)^1(0p)^{-1}]$ に限ることにする．

この場合のクラスター模型波動関数は

$$\Phi^{(\text{H.O.})}_{\text{cluster}} = \mathcal{N}_0 \mathcal{A}\left[R_{nl}(r)\,[Y_l(\hat{r})\,\phi_I(^{12}\text{C})]_{JM}\,\phi_0(\alpha)\right] \tag{4.162}$$

である．ここで $\mathcal{A}$ は反対称化演算子である．$\phi_I(^{12}\text{C})$ は ^{12}C の内部状態を表し，$I^\pi = 0^+, 2^+, 4^+$ の回転バンドをとるものとする．また $[Y_l(\widehat{\boldsymbol{r}})\phi_I(^{12}\text{C})]_{JM}$ はクラスター間の相対運動の角運動量 l と ^{12}C の内部状態の角運動量 I との合成を表す．このときクラスター状態 $\omega_0(\boldsymbol{X}_\text{G})\Phi_{\text{cluster}}^{(\text{H.O.})}$ は量子数演算子 $\widehat{N}^{(\text{T})}$ の固有状態で，その固有値 N_T は

$$N_\text{T} = 2n + l + N(^{12}\text{C}) + N(\alpha) = 2n + l + 8 \tag{4.163}$$

である．^{12}C の配位は $((0\text{s})^4(0\text{p})^8)$ であるから，$N(^{12}\text{C}) = 8$ である．

16 核子系の ^{16}O の最低の調和振動子の量子数を持つ配位は，アイソスピン $T = 0$ の 2 重閉殻配位

$$\Phi_{\text{shell}}^{(0)} = \frac{1}{\sqrt{16!}} \det[(0\text{s}^4)(0\text{p}^{12})] \tag{4.164}$$

のみであり，この状態は $\widehat{N}^{(\text{T})}$ の固有状態で，その固有値が $N_\text{T} = 12$ である．したがって，$T = 0$ の 16 核子の $^{12}\text{C}+\alpha$ 系に対しては，$\widehat{N}^{(\text{T})}$ の固有値は 12 より大きく，

$$2n + l \geq 4 \tag{4.165}$$

でなければならない．この条件がみたされないようなクラスター状態は Pauli 禁止状態となる．すなわち，$2n + l \leq 3$ に対しては $\Phi_{\text{cluster}}^{(\text{H.O.})} = 0$ である．また N_T が最小の $N_\text{T} = 12$ に対しては，$J^\pi = 0^+, T = 0$ のみが許される状態である．したがって，

$$\omega_0(\boldsymbol{X}_\text{G})\mathcal{N}_0 \mathcal{A}\left[R_{nl}(r)\left[Y_l(\widehat{\boldsymbol{r}})\phi_I(^{12}\text{C})\right]_{J=0,M=0}\phi_0(\alpha)\right] = \Phi_{\text{shell}}^{(0)},$$
$$(J = 0, 2n + l = 4) \tag{4.166}$$

となる．ここで，$I = l = 0, 2, 4$ のいずれをとっても同一状態である．

次に閉殻配位から 1 核子が励起した 1 粒子 1 空孔配位 $[(0\text{p})^{-1}(1\text{s}0\text{d})^1]$ を考える．$S = T = 0$ に限ると，殻模型状態としては次の 2 つが考えられる：

$$\Phi_{1\hbar\omega, J} = [(0\text{p}^{-1}(0\text{d}^1)]_J, \qquad (J^\pi = 2^-, 3^-) \tag{4.167a}$$
$$\Phi_{1\hbar\omega, J} = \alpha[(0\text{p}^{-1}(0\text{s}^1)]_{J=1} + \beta[(0\text{p}^{-1}(0\text{d}^1)]_{J=1}, \quad (J^\pi = 1^-). \tag{4.167b}$$

$J^\pi = 1^-$ の殻模型状態では重心運動の励起状態が混じるので，係数 α, β を適当にとって，重心運動の励起を取り除かなければならない．一方，クラスター模型波動関数では，重心運動の波動関数は常に励起していない (0s) 状態の $\omega_0(\boldsymbol{X}_\text{G})$ が付加される．したがって，各々の J に対して 1 つの $N_\text{T} = 13$（あるいは $2n + l = 5$ の）殻模型状態が対応し，

$$\omega_0(\boldsymbol{X}_\text{G})\mathcal{A}\left[R_{nl}(r)\left[Y_l(\widehat{\boldsymbol{r}})\phi_I(^{12}\text{C})\right]_J \phi_0(\alpha)\right] = \Phi_{1\hbar\omega, J} \tag{4.168}$$

となる．(種々の異なる (l, I) の組み合わせは，いずれも同一の $\Phi_{1\hbar\omega, J}$ となることに注意せよ．)

以上のようなクラスター模型空間と殻模型空間との比較は，他の軽い核についても同様に行うことができる．その結果，クラスター模型空間は，低エネルギー領域において重要な殻模型状態をよく表現できる模型空間となっていることが明らかになった．

4.5.4 直交条件模型
(a) クラスター間相対波動関数と Pauli 禁止状態

2クラスター系を構成する2つのクラスターの振動子パラメーターが等しく $\nu = \nu_1 = \nu_2$ である場合，前節で述べたように RGM 重なり積分の固有状態には1組の Pauli 禁止状態が存在する．これらを $\{\chi_F(\boldsymbol{r})\} = \{\chi_i(\boldsymbol{r}); i \in F\}$ と表す．記号 F は禁止状態 (<u>F</u>orbidden states) を意味する．このときの全系の RGM 波動関数は

$$\mathcal{A}[\chi_F(\boldsymbol{r})\phi_0(C_1)\phi_0(C_2)] = 0 \tag{4.169}$$

となり，消えてしまうことは前節で述べたとおりである．したがって，RGM 方程式の1つの解 $\chi(\boldsymbol{r})$ に，Pauli 禁止状態 $\chi_F(\boldsymbol{r})$ を任意に重ね合わせても，やはり RGM 方程式の解である．なぜならば，次の式が成り立つからである：

$$\mathcal{A}\left[\left(\chi(\boldsymbol{r}) + \sum_{i \in F} C_i \chi_i(\boldsymbol{r})\right)\phi_0(C_1)\phi_0(C_2)\right] = \mathcal{A}[\chi(\boldsymbol{r})\phi_0(C_1)\phi_0(C_2)].$$

つまり，RGM 方程式の解 $\chi(\boldsymbol{r})$ には $\chi_F(\boldsymbol{r})$ だけの不定性があるということである．この不定性を利用して，得られた解 $\chi(\boldsymbol{r})$ から Pauli 禁止状態を除いた解 $\widetilde{\chi}(\boldsymbol{r})$ を，次のように作ることができる：

$$\widetilde{\chi}(\boldsymbol{r}) = \chi(\boldsymbol{r}) - \sum_{i \in F}\langle\chi_i|\chi\rangle\,\chi_i(\boldsymbol{r}). \tag{4.170}$$

この解は

$$\langle\chi_F|\widetilde{\chi}\rangle = 0 \tag{4.171}$$

をみたし，明らかに Pauli 禁止状態と直交している．

後の便宜のために，$\chi(\boldsymbol{r})$ の関数空間を Pauli 禁止状態の部分空間と Pauli 許容状態の部分空間に分け，Pauli 許容状態の部分空間に射影する射影演算子 Λ を，

$$\widetilde{\chi}(\boldsymbol{r}) = \Lambda\chi(\boldsymbol{r}), \quad \Lambda = 1 - \sum_{i \in F}|\chi_i\rangle\langle\chi_i| \tag{4.172}$$

と定義する．

このように定義された $\tilde{\chi}(r)$ の一般的特徴は，(4.171) 式で示されるように，Pauli 禁止状態 $\chi_F(r)$ に直交するという条件により，内部領域 ($r = |r|$ の小さい領域) において振動的な振る舞いをすることである．この振動を 内部振動(inner oscillation) という．[*34]

具体例をあげて内部振動について説明しよう．前節で述べたように，重なり積分の固有値が 0 でない固有関数に対応する RGM 波動関数は，調和振動子殻模型波動関数となっている．たとえば $\alpha+{}^{16}\mathrm{O}$ の場合，$N = 2n + l = 8$ の Pauli 許容状態の相対波動関数 $\tilde{\chi}(r) = \psi_{nlm}(r) = (1/r)u_{nl}(r)Y_{lm}(\hat{r})$ に対応する RGM 波動関数は，$(1s0d)^4$ 配位の $\mathrm{SU}(3)(8,0)$ の殻模型波動関数であることは，前節で示した．この相対波動関数の動径部分 $u_{nl}(r)$ $(2n+l = 8)$ は内部振動を持つ．たとえば $l = 0$ の場合は，$n = 4$ であり，$u_{nl}(r)$ は 4 個の節 (nodes) を持ち，最外の 4 番目の節より内側 (r が小さい部分) の内部領域に 4 つの山を持つ内部振動がある．これは $n = 0, 1, 2, 3$ の 4 個の Pauli 禁止状態と直交するという条件から生じるのである．

上記の殻模型状態の動径波動関数 $u_{nl}(r)$ の内部振動の振幅は，外部振動 (最外の節の位置より r が大きい部分の振動) の振幅と何ら変わらない．これが殻模型的状態の特徴である．ところが，クラスター的構造がよく発達した状態においては，内部振動の振幅は外部振動に比べて格段に小さくなり，外部領域の振幅が大きくなるのが一般的特徴である．逆に RGM 方程式の解がこの特徴を示す場合には，クラスター構造が発達していると判定することができる．

(b) OCM 方程式

RGM 方程式に基づいて軽い核クラスター間の散乱過程を扱った実例において，得られた相対運動の波動関数 $\tilde{\chi}(r)$ の特徴は次のとおりである：

入射エネルギーが低い場合，エネルギーのかなり広い範囲にわたって内部振動の振幅はあまり変化しない．特に著しい特徴は，内部振動の節の位置がほとんど変化しないということである．このことは，内部領域の波動関数が 2 つのクラスター間の Pauli 原理によって支配され，その特徴が Pauli 禁止状態との直交性によってほとんどきまってしまう，ということを示している．この性質を取り入れ，クラスター間の相対運動をわかりやすく，簡単に取り扱うことができるように工夫された模型が，以下で説明する **直交条件模型** (orthogonality condition model; 略称 **OCM**) である．[*35]

[*34] R. Tamagaki and H. Tanaka, Prog. Theor. Phys. **34**(1965) 191.
　　S. Okai and S. C. Park, Phys. Rev. **145**(1966) 787.
[*35] S. Saito, Prog. Theor. Phys. **40**(1968) 893; **41**(1969) 705.

OCM が考案された物理的背景は，次のようにまとめることができる：

(1) 相対波動関数 $\widetilde{\chi}(r)$ の内部領域における振る舞いは主として Pauli 原理によって支配され，Pauli 禁止状態との直交性で記述される．
(2) 外部領域 (最外の節の位置より外側) では，2 つのクラスターの重なりは大きくなく，Pauli 原理の効果は小さいと考えられる．したがって，RGM 方程式における積分核 (4.121a) において，粒子交換による非局所積分核の項 (4.121c) の作用が小さく，直接ポテンシャル (4.121b) が主である．

この考えに基づいて導入された OCM 方程式は

$$\Lambda\left\{-\frac{\hbar^2}{2\mu}\nabla^2 + V^{\text{eff}}(r) - E_r\right\}\Lambda\overline{\chi}(r) = 0 \qquad (4.173)$$

である．ここで，μ は 2 つのクラスターの換算質量，∇^2 は相対座標 r に関するラプラシアンであり，$E_r = E - (E_{C_1} + E_{C_2})$ である．また，$V^{\text{eff}}(r)$ は局所的有効ポテンシャルであり，第 0 近似としては RGM の直接ポテンシャル (4.123c) としてよい．すなわち，OCM とは，RGM 方程式の解 $\widetilde{\chi}(r)$ を (4.173) 式の解 $\overline{\chi}(r)$ によって近似する方法である．この OCM 方程式は，Pauli 禁止状態と直交させる条件を除けば，通常のポテンシャル問題と同じであり，物理的内容の理解が容易な模型といえよう．

(c) RGM 方程式と OCM 方程式の関係

RGM 方程式と OCM 方程式の間の関係を調べ，OCM が RGM のいかなる近似になっているかを明らかにしよう．[*36]

RGM 方程式は形式的に次のように表すことができる：

$$\mathcal{H}\chi = E_r \mathcal{N}\chi, \qquad (4.174a)$$

$$\left\{\begin{array}{c}\mathcal{H}(a,b) \\ \mathcal{N}(a,b)\end{array}\right\} = \langle\delta(a-r)\phi_0(C_1)\phi_0(C_2)|\left\{\begin{array}{c}H \\ 1\end{array}\right\}|\mathcal{A}[\delta(b-r)\phi_0(C_1)\phi_0(C_2)]\rangle. \qquad (4.174b)$$

この解 χ がたとえ Pauli 禁止状態 χ_F を含んでいたとしても，$\mathcal{N}\chi$ は Pauli 禁止状態を含まない．RGM 方程式はすべて，$\mathcal{N}$ の 0 でない固有値に属する固有

[*36] S. Saito, Prog. Theor. Phys. Suppl. **62**(1977) Chap. 2.

ベクトルで張られる Pauli 許容空間内で取り扱うことができるので,以下の議論はすべて Pauli 許容空間内で行うものとする.したがって,演算子 $\mathcal{N}$ の逆演算子 $\mathcal{N}^{-1}$ が定義でき,$\mathcal{N}^{-1/2}$ も定義できる ($\mathcal{N}^{-1} = \mathcal{N}^{-1/2}\mathcal{N}^{-1/2}$).この演算子を用いれば,RGM 方程式 (4.174a) は

$$(\mathcal{N}^{-1/2}\mathcal{H}\mathcal{N}^{-1/2})(\mathcal{N}^{1/2}\chi) = E_{\rm r}(\mathcal{N}^{1/2}\chi) \tag{4.175}$$

と書かれる.$\mathcal{N}^{1/2}\chi$ は Pauli 禁止状態を含まないから,$\Lambda\mathcal{N}^{1/2} = \mathcal{N}^{1/2}$ および $\Lambda\mathcal{N}^{-1/2} = \mathcal{N}^{-1/2}$ となることに注意すれば,(4.175) 式は

$$\Lambda\left\{(\mathcal{N}^{-1/2}\mathcal{H}\mathcal{N}^{-1/2}) - E_{\rm r}\right\}\Lambda(\mathcal{N}^{1/2}\chi) = 0 \tag{4.176}$$

と書き直される.この RGM 方程式を基にして OCM 方程式 (4.173) をながめると,

$$\mathcal{N}^{-1/2}\mathcal{H}\mathcal{N}^{-1/2} \quad \to \quad -\frac{\hbar^2}{2\mu}\boldsymbol{\nabla}^2 + V^{\rm eff}(r) \tag{4.177}$$

と置き換えを行ったことになっている.つまり,OCM 方程式は,RGM 方程式における複雑な非局所的ハミルトニアン積分核 $\mathcal{N}^{-1/2}\mathcal{H}\mathcal{N}^{-1/2}$ を,(4.177) 式の右辺の局所的ハミルトニアンに置き換えるという近似によって得られる.軽い核クラスターを取り扱う場合には,有効ポテンシャル $V^{\rm eff}$ は第 0 近似において直接ポテンシャル $V^{\rm D}(r)$ で置き換えられることが知られているが,一般的には粒子交換に由来する項を実効的 (effective) に含むものと考える.

したがって,(4.177) 式の近似のもとで,RGM 方程式は

$$\Lambda\left\{T + V^{\rm eff} - E_{\rm r}\right\}\Lambda(\mathcal{N}^{1/2}\chi) = 0 \tag{4.178}$$

と書かれる.つまり,OCM 方程式 (4.173) の解 $\overline{\chi}(\boldsymbol{r})$ は,RGM 方程式の近似解,すなわち (4.178) 式の解 $\mathcal{N}^{1/2}\chi$ であると考えるわけである.これによって,入射エネルギーを $E_{\rm r}$ としたときの散乱問題を取り扱う際の,解の規格直交性が

$$\delta(E_{\rm r}' - E_{\rm r}) = \langle\mathcal{N}^{1/2}\chi(E_{\rm r}')|\Lambda|\mathcal{N}^{1/2}\chi(E_{\rm r})\rangle = \langle\chi(E_{\rm r}')|\mathcal{N}|\chi(E_{\rm r})\rangle \tag{4.179}$$

ときまる.このようにして,一般的に (4.178) 式が直交条件模型 (OCM) の方程式と考えられる.

4.6 微視的クラスター模型の適用例

4.1 および 4.2 で述べたように,^{8}Be のほかに ^{12}C, ^{16}O, ^{20}Ne にも,よく発達したクラスター構造が存在することが明らかになっている.4.3, 4.4 および 4.5 の諸節で示した微視的クラスター模型 (GCM, RGM および OCM) を用いた研究は,原子核の中によく発達した分子的構造状態が存在することを認識させるのに大きな役割を果たした.[*37]

微視的クラスター模型の重要な点は,この模型が,よくクラスター化した状態を理論的に再現するだけでなく,殻模型状態をもあわせ統一的に導くことである.それは,前述したように,クラスター模型空間が,低励起エネルギー領域で見られる重要な殻模型配位状態を包含しているから,いわば当然である.

本節においては,このような特徴を持つ微視的クラスター模型を適用した例として,^{20}Ne 系,^{16}O 系および ^{12}C 系を取り上げて,その結果の概要を示すことにする.

4.6.1 ^{20}Ne 系の $\alpha + {}^{16}$O 模型

^{20}Ne 系に対する $\alpha + {}^{16}$O 模型は典型的な単一チャンネルの 2 体クラスター問題である.その GCM 方程式は (4.112) 式であり,RGM 方程式は (4.120a) 式の右辺の他チャンネルとの結合がない場合の方程式である.これらの方程式の解を求めた結果,明らかにされた ^{20}Ne の結合状態と共鳴状態は,次の 3 つの $K^\pi = 0^\pm$ の回転バンドの状態群である:

(1) 励起エネルギーが $5.78\,\mathrm{MeV}$ の $J^\pi = 1_1^-$ から始まる $K^\pi = 0_1^-$ の回転バンド.これらは大きな α 崩壊幅を持つ共鳴状態である.(α 崩壊幅に関する詳しい説明は割愛する.)

(2) 上記 (1) の $K^\pi = 0_1^+$ バンドとパリティ 2 重項をなすと見なされる基底状態 (0_1^+) から始まる $K^\pi = 0_1^+$ の基底回転バンド (図 **4.4** 参照).

(3) $\alpha + {}^{16}$O クラスター模型で新たに導かれた $K^\pi = 0_1^+$ の励起回転バンド.基底回転バンドより 1 だけ高いノード (node; 節) を持つ状態である.実験

[*37] 代表的な総合報告は,Y. Fujiwara, H. Horiuchi, K. Ikeda, M. Kamimura, K. Kato, Y. Suzuki and E. Uegaki, Prog. Theor. Phys. Suppl. **68**(1980) Chap 2.

表 4.3 ^{20}Ne の $\alpha + ^{16}$O RGM の計算結果と実験値の比較

J^π	E (実験値)	$\theta_\alpha^2(a)$ (実験値)	E (理論値)	$\theta_\alpha^2(a)$ (理論値)
0^+	$-4.73\,(0.00)$	—	-4.86	—
2^+	$-3.10\,(1.63)$	—	-3.83	—
4^+	$-0.48\,(4.25)$	—	-1.50	—
6^+	$4.05\,(8.78)$	0.075 ± 0.017	1.97	0.13
8^+	$7.22\,(11.95)$	0.0098 ± 0.0028	6.24	0.027
10^+			25.8	1.36
1^-	$1.06\,(5.79)$	> 0.46	1.13	1.08
3^-	$2.44\,(7.17)$	0.91	2.90	1.02
5^-	$5.53\,(10.26)$	1.06	6.19	1.03
7^-	$10.7\,(15.4)$	0.82	11.22	0.96
9^-	$18.0\,(22.7)$	0.53	18.10	0.59
11^-			34.3	1.87

チャンネル半径は $a = 5$ fm ととられている. 10^+ と 11^- は観測されていない. 理論値は, T. Matsuse, M. Kamimura and Y. Fukushima, Prog. Theor. Phys. **53**(1975) 706 より. 実験値は, F. Ajzenberg-Selov, Nucl. Phys. **A166**(1972) 1 より.

的に見出されている 8.03 MeV の 0_4^+ 状態の上にある α 幅の非常に大きい状態群に対応すると考えられる.

上記の (1), (2) の状態に関する RGM による計算結果 (エネルギー E と α 換算幅 $\theta_\alpha^2(a)$), および対応する実験データが表 4.3 に示されている. 表中のエネルギー E は $\alpha + ^{16}$O のしきい値から測った値である. α 換算幅 $\theta_\alpha^2(a)$ はチャンネル半径 a (いまの場合 $a = 5$ fm としている) における α クラスターの存在確率に比例する量である. つまり, ^{20}Ne 系において α クラスターと ^{16}O クラスターが接触する (反応を起こす) 距離のあたりでの α クラスターの存在確率を示す量であり, したがって α 換算幅はその値が大きいほどその状態がよりよくクラスター化していることを意味し, クラスター構造の度合いを示す量であるともいえる. この点をもう少し見やすくするために, ^{20}Ne 系における α 換算幅振幅 $\mathcal{Y}_L(r)$ を, 次のように導入する:

$$\mathcal{Y}_L(r) = \binom{20}{4}^{1/2} \times r \langle Y_{L0}\,\phi_0(\alpha)\,\phi_0(^{16}\text{O}) | \Phi \rangle, \quad (4.180\text{a})$$

$$\Phi = \mathcal{A}[u_L(r)\phi_0(\alpha)\phi_0(^{16}\text{O})]. \quad (4.180\text{b})$$

ここで, (4.180b) 式の $u_L(r)$ は RGM 方程式を解いて求められる相対波動関数である. したがって, α 換算幅振幅 $\mathcal{Y}_L(r)$ はクラスター間距離 r における α クラスターの存在確率振幅であり, $r = a$ における $|\mathcal{Y}_L(a)|^2$ が上述の α 換算幅

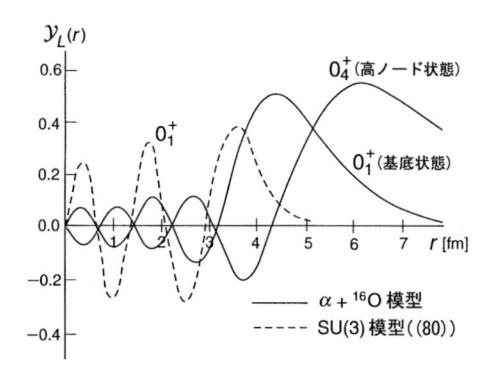

図 4.12 ^{20}Ne 系の $\alpha + ^{16}$O 模型による 0_1^+ および 0_4^+ 状態に対する α 換算幅振幅 $\mathcal{Y}_L(r)$ 比較のため，SU(3) 殻模型による 0_1^+ の α 換算幅振幅が破線で示されている．J. Hiura, F. Nemoto and H. Bando, Prog. Theor. Phys. Suppl. **52**(1972) 173 より．

$\theta_\alpha^2(a)$ になる．

上の**表 4.3** の α 換算幅 $\theta_\alpha^2(a)$ の値から，$K^\pi = 0_1^-$ の共鳴状態 ($J^\pi = 1^- \sim 7^-$) は $\alpha + ^{16}$O のよく発達したクラスター構造であり，$K^\pi = 0_1^+$ の共鳴状態 ($J^\pi = 6^+, 8^+$) は殻模型構造に近い状態であるといえる．また，$K^\pi = 0_1^+$ の $J^\pi = 0^+$ 状態 (基底状態)，および上の (3) で述べた高ノード状態におけるクラスター化の発達の度合いを見るために，$J^\pi = 0_1^+$ および 0_4^+ に対する α 換算幅振幅 $\mathcal{Y}_L(r)$ を図 **4.12** に示す．Pauli 禁止状態と直交するために現れた内部振動の振幅が減少し，外部振幅が増大しているようすが見て取られる．

4.6.2 ^{16}O 系の $\alpha + ^{12}$C 模型

^{16}O 系に対する $\alpha + ^{12}$C 模型は，典型的な結合チャンネルの 2 体クラスター問題である．^{12}C クラスターの基底回転バンドの 3 つの状態 ($0^+, 2^+, 4^+$) と相対運動とのチャンネル結合が考慮される．実験との対応を明確にするため，RGM (または GCM) の代わりに OCM を用いることにする．これは，$\alpha + ^{12}$C のしきい値エネルギーと ^{12}C の励起エネルギーを RGM から導くのが難しいけれども，OCM ではそれらを実験値で置き換えることができるからである．この結合チャンネル OCM 方程式を解いて得られた状態は，10 数 MeV までの $T=0$ のほとんどすべての観測されている状態に対応しており，実験値をかなりよく再現している．

この場合に模型波動関数は (4.116) 式の 1 例であり，

$$\Psi_J = \sum_k \mathcal{A}\left[\frac{u_k(r)}{r} h_k^J\right], \quad h_k^J = [Y_{l_k}(\widehat{r})\,\Phi_{I_k}(^{12}\mathrm{C})]_J \phi(\alpha) \qquad (4.181)$$

で与えられる．$I_k^\pi = 0^+, 2^+, 4^+$ とクラスター間相対運動の角運動量 l_k が結合して全角運動量 J となる．結合するチャンネルの相対波動関数の組を，ベクトル $\boldsymbol{u} = (u_1, u_2, \cdots)$ で表すと，結合チャンネル OCM 方程式は (4.176) 式と同形となり，

$$\Lambda(\boldsymbol{T} + \boldsymbol{V} - \boldsymbol{E})\Lambda(\boldsymbol{N}^{1/2}\boldsymbol{u}) = 0 \qquad (4.182)$$

と表される．ただし，$\boldsymbol{T}, \boldsymbol{V}, \boldsymbol{E}$ は行列であり，その行列要素は

$$(\boldsymbol{T})_{ij} = \delta_{ij}\left(-\frac{\hbar^2}{2\mu}\frac{d^2}{dr^2} + \frac{\hbar^2}{2\mu r^2}l_i(l_i+1)\right),$$

$$(\boldsymbol{V})_{ij} = \sum_{k\in\alpha,\, l\in{}^{12}\mathrm{C}} \langle h_i^J | v_{kl} | h_j^J \rangle,$$

$$(\boldsymbol{E})_{ij} = \delta_{ij}(E - E_{I_i}({}^{12}\mathrm{C}) - E(\alpha))$$

で与えられる．重なり積分核 $\boldsymbol{N}$ の固有関数を求め，Pauli 禁止状態を除いて許容状態のみで張られる関数空間への射影演算子 Λ が定義される．また，$E_{I_i}({}^{12}\mathrm{C})$ と $E(\alpha)$ は実験値で置き換えることにする．このようにして作られる OCM 方程式を解いたエネルギー・スペクトルが図 **4.13** に示されている．本図の縦軸は励起エネルギーであり，$\alpha + {}^{12}\mathrm{C}$ の分解しきい値は励起エネルギーにして 7.16 MeV である．図の左端に観測された $T = 0$ の準位が示されている．(1) は基底状態 (0^+) および主成分が (1p-1h) の殻模型状態である．(2)–(6) には α クラスター的状態が示されている．α クラスター的状態は，波動関数の主要成分の結合様式 $I^\pi \times l$ によって分類されている．ここで，I および l はそれぞれ ${}^{12}\mathrm{C}$ クラスターと $\alpha + {}^{12}\mathrm{C}$ の相対運動の角運動量である．これらの結果から，α クラスター的状態がどのような性格を持っているかが理解できる．[*38]

殻模型的状態とクラスター化した状態の大きな違いは α 換算幅振幅に最もよく現れる．α 換算幅振幅は

[*38] 波動関数の主要成分が結合様式 $I^\pi \times l$ によってこのように分類されるということは，${}^{12}\mathrm{C}$ の回転運動 (I^π) とクラスター間相対運動 (l) とが弱結合していることを意味する．殻模型の視点から α クラスター相関の重要性を端的に示した弱結合殻模型 (A. Arima, H. Horiuchi and T. Sebe, Phys. Lett. **24B**(1967) 129) の成り立つ機構が，この $\alpha + {}^{12}\mathrm{C}$ 模型によりはじめて明らかにされたといえる．

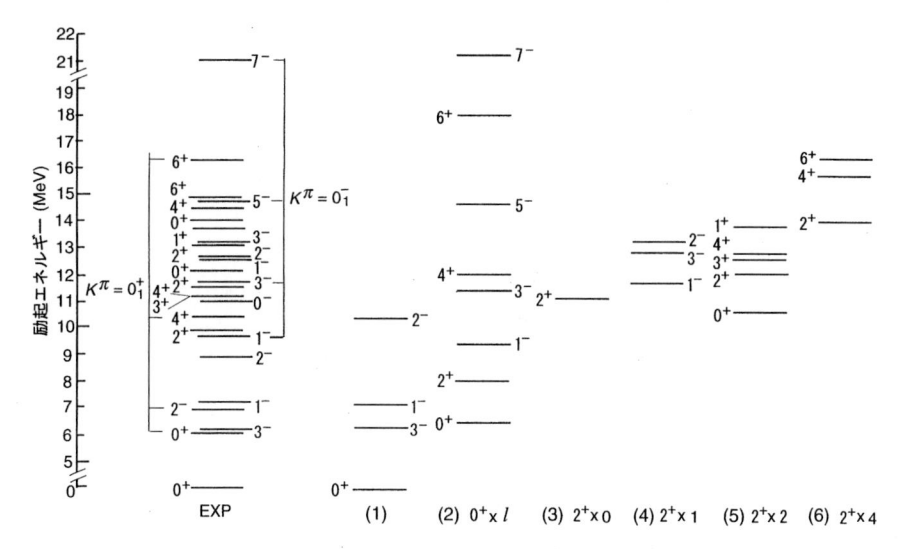

図 4.13 ^{16}O 系の $\alpha+{}^{12}$C OCM によるエネルギー・スペクトル

計算されたエネルギー準位は，(1) に殻模型的状態が，(2) – (6) に α クラスター的状態が示されている．α クラスター的状態は，波動関数の主要成分の結合様式 $I^\pi \times l$ によって分類されている．ここで，I および l はそれぞれ ^{12}C クラスターと $\alpha+{}^{12}$C の相対運動の角運動量である．
Y. Suzuki, Prog. Theor. Phys. **55**(1976) 1751, **56**(1976) 111; Y. Fujiwara et al., Prog. Theor. Phys. Suppl. **68**(1980) Chap. 2 より．

$$\mathcal{Y}_{J(lI)} = \binom{16}{4}^{1/2} r \langle [Y_l(\hat{r})\Phi_I(^{12}\text{C})]\phi(\alpha)|\Psi_J\rangle$$

で与えられる．典型的な例として，3 つの状態 $(0_1^+, 0_2^+, 0_3^+)$ について，$\alpha+{}^{12}\text{C}(0^+)$ と $\alpha+{}^{12}\text{C}(2^+)$ へ分解する α 換算幅振幅を図 **4.14** に示す．基底状態 (0_1^+) は内部振幅と外部振幅とがあまり変わらない殻模型的状態であり，0_2^+ と 0_3^+ においては $\mathcal{Y}_{0(00)}$ と $\mathcal{Y}_{0(22)}$ ともに外部振幅が大きく外に張り出し，内部振幅が減少し，クラスター化した状態であることを示している．

これらの性質を見る他の方法は，全エネルギーにおける運動エネルギーとポテンシャル・エネルギーの寄与を見ることであり，それらが表 **4.4** に示されている．殻模型状態は大きな運動エネルギーと大きな相互作用エネルギーとの相殺が生じるのに

表 **4.4** ^{16}O の低い 3 つの 0^+ 状態のエネルギー構成

J^π	E	$\langle T \rangle$	$\langle V \rangle$	$\langle \Delta E_\text{C} \rangle$
0_1^+	-7.2	34.7	-51.1	9.3
0_2^+	-0.6	14.0	-15.7	1.1
0_3^+	3.6	21.5	-21.9	4.0

$\langle T \rangle$, $\langle V \rangle$ はそれぞれ運動エネルギー，ポテンシャル・エネルギーの期待値であり，$\langle \Delta E_\text{C} \rangle$ は ^{12}C の平均励起エネルギーである．単位は MeV. Y. Fujiwara et al., Prog. Theor. Phys. Suppl. **68**(1980) Chap. 2 より．

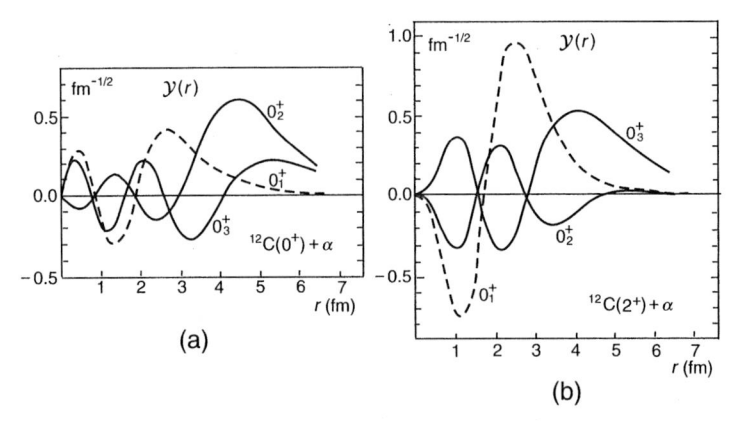

図 4.14 ^{16}O 系の $\alpha + {}^{12}$C OCM で得られた 3 つの低い 0^+ 状態の α 換算幅振幅 左図 (a) には $\mathcal{Y}_{0(00)}(r)$ が, 右図 (b) には $\mathcal{Y}_{0(22)}(r)$ が示されている. Y. Fujiwara et al., Prog. Theor. Phys. Suppl. **68**(1980) p.103 より.

対し, クラスター的構造の場合はそれと対照的である.

4.6.3 ^{12}C 系の 3α 模型

^{12}C 系に対する 3α 模型は典型的かつ基本的な 3 体クラスター問題であり, 種々の微視的 3α 模型による分析があるが, ここでは GCM による分析結果の主要点を示そう.[*39]

全系の波動関数は 3α の種々の配置の 3 中心模型の重ね合わせによって表される GCM 波動関数で, パリティ・角運動量射影されたものを用いる. 空間的配置としては一般の <u>3 角形配置</u> であるが, <u>直線的配置</u> もその中に含まれていて, クラスター間距離も適切にとられている. (正)3 角形配置で 3α クラスター間距離を同時に小さくする極限では, 殻模型 $(0s)^4(0p)^8$ の SU(3)(04) 配位の状態が得られる. この配位は $K^\pi = 0^+$ の基底回転バンド ($J^\pi = 0^+, 2^+, 4^+$) を生成し, 観測されている基底 0_1^+ 状態, 4.42 MeV の 2_1^+ 状態, 13.35 MeV の 4_1^+ 状態がこれらに対応することが知られている. また, 正3角形配置が含まれているので, (4.106) 式に示される $K^\pi = 3^-$ の回転バンドも期待される. これらの状態が 3α 模型で再現できるか否か, ^{12}C 系で 3α にクラスター化した構造がどのように現れるか, 理論的に明らかにすることが重要である.

[*39] Y. Fujiwara et al., Prog. Theor. Phys. Suppl. **68**(1980) Chap. 2.

励起エネルギーが 15 MeV までの, GCM で得られた $T=0$ のエネルギー・スペクトルを図 4.15 に示す. 実験との比較が示されているが, 1 つの例外 (12.7 MeV の 1_1^+) を除いては, 実験的に観測されている準位と 1 対 1 対応がつけられる. (この例外は, 基底状態から 1 粒子がスピン反転してできた状態と考えられ, 3α 模型では記述できない.) 励起エネルギーに関しても, 基底回転バンドの $2_1^+, 4_1^+$ を除いては, 実験値をほぼ再現している. 基底回転バンドの $2_1^+, 4_1^+$ 状態は殻模型的構造であり, 3α 模型では十分記述できない.

α クラスター化の指標となる α 崩壊幅の分析の結果が表 4.5 に示されている. 表には, ^{12}C の α 崩壊しきい値より上にあり, 実験値が得られている状態について ^{12}C $\to \alpha + {}^8$Be(0^+), ^{12}C $\to \alpha + {}^8$Be(2^+) の部分幅と, それらをあわせた全幅とが記されている.

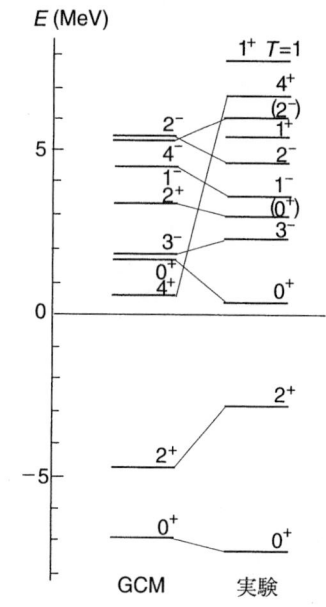

図 4.15 ^{12}C 系の 3α GCM で計算されたエネルギー・スペクトル

これらのエネルギーは 3α のしきい値エネルギーを基準にしている. 計算値は Y. Fujiwara et al., Prog. Theor. Phys. Suppl. **68**(1980) Chap. 2; E. Uegaki et al., Prog. Theor. Phys. **57**(1977) 1262; E. Uegaki et al., Prog. Theor. Phys. **62**(1979) 1621 より. 実験値は F. Ajzenberg-Selove, Nucl. Phys. **A248**(1975) 1 より.

実験値を極めてよく再現していることがわかる. チャンネル半径を $a = 6.0$ fm として, 0_2^+ と 2_2^+ の全崩壊幅から換算幅 $\theta^2(a)$ を求めると, それぞれ $\theta^2(a) =$

表 4.5 ^{12}C 系の励起状態の α 崩壊幅の理論値と実験値の比較

J^π	E(MeV)	$\Gamma_{\text{cal}}(^8\text{Be}\,0_1^+)$	$\Gamma_{\text{cal}}(^8\text{Be}\,2_1^+)$	Γ_{cal}(total)	Γ_{exp}
0_2^+	7.66	7.7 eV	0	7.7 eV	8.5 ± 1.0 eV
2_2^+	10.3	3700	~ 0	3700	3000 ± 700
3_1^-	9.64	30	0	30	34 ± 5
1_1^-	10.84	340	~ 0	340	315 ± 25
2_1^-	11.83	0	260	260	260 ± 25
4_1^-	13.35	0	270	270	375 ± 40

崩壊幅 Γ は 0_2^+ を除いて keV を単位とする. 理論値は Y. Fujiwara et al., Prog. Theor. Phys. Suppl. **68**(1980) Chap. 2 より. 実験値は F. Ajzenberg-Selove, Nucl. Phys. **A248**(1975) 1 より.

0.72 と 1.6 となり，これら 2 つの正パリティ状態は非常に大きい α クラスター化の確率を有していることがわかる．

主だった状態の α クラスター化の度合いを見る指標として，**表 4.6** に，エネルギー E を運動エネルギー $\langle T \rangle$ とポテンシャル・エネルギー $\langle V \rangle$ に分けた値が記されている．$0_1^+, 2_1^+$ 状態は殻模型的構造状態であり，0_2^+ はクラスター化が発達し，クラスターがゆるやかに結合している構造で

表 4.6 　^{12}C の特徴ある状態のエネルギー構成

J^π	E	$\langle T \rangle$	$\langle V \rangle$
0_1^+	-7.41	51.3	-58.71
2_1^+	-4.64	56.0	-60.64
0_2^+	0.33	19.7	-19.37
3_1^-	0.73	35.2	-34.37
1_1^-	3.99	25.0	-21.01

$\langle T \rangle$, $\langle V \rangle$ はそれぞれ運動エネルギー，ポテンシャル・エネルギーの期待値．単位は MeV. Y. Fujiwara et al., Prog. Theor. Phys. Suppl. **68**(1980) Chap. 2 より．

あることがよくわかる．また，1_1^- が 0_2^+ に準じたクラスター化した状態であり，3_1^- はクラスター化がある程度進んで殻模型的構造とクラスター的構造の中間的構造であることが読み取れる．このことは α 換算幅振幅によっても確かめられる．

4.7　クラスター模型に関するまとめ

微視的クラスター模型と軽い核の構造変化についてコメントすることによって，この章の締めくくりとしよう．

軽い核における 2 つの異なる構造状態，すなわち殻模型的構造とクラスター構造の間の構造変化が，微視的クラスター模型によってどのように理解されるか，図 **4.16** に模式的に示す．軽い核においては図に示すように，殻模型的構造を持つ状態が基底状態に現れ，クラスター構造の状態がエネルギー的にわりあい近接した励起状態に現れる．これらの 2 種類の状態は，微視的クラスター模型で共に再現することができる．殻模型的状態の特徴は Pauli 禁止状態と直交することによって生じた内部振動の振幅が大きいことであり，波動関数の最も外側の振幅とほぼ同程度である（図 **4.16** の (a) 参照）．これは大きな運動エネルギーとともに大きなポテンシャル・エネルギーをもたらし，それらの相殺によって基底状態の結合エネルギーが生まれる．ひとたび基底状態が殻模型的状態となると，励起状態は Pauli 禁止状態とこの基底状態とに直交しなければならないという直交条件がはたらき，その状態の性質が強く制約される．励起

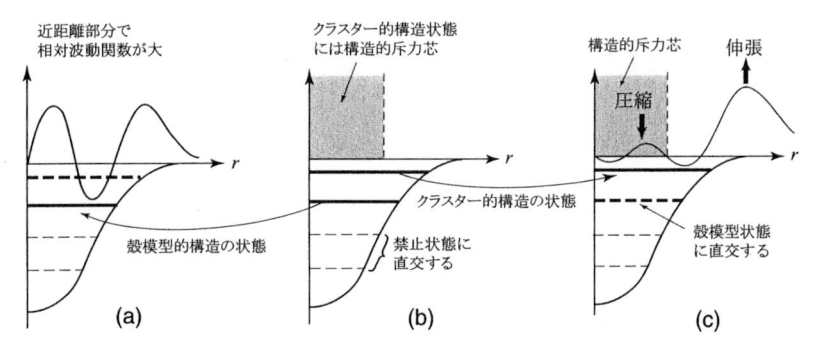

図 **4.16** 殻模型的構造とクラスター構造の間の構造変化の機構を示す模式図

状態のエネルギーが基底状態のそれとあまり大きくは変わらないということから，上述の直交条件の下で内部振動が抑えられ，最外の振幅が伸張させられる (図 **4.16** の (c) 参照)．その結果，ポテンシャル・エネルギー，運動エネルギーともに値が抑制され，適度な励起エネルギーとなる (図 **4.16** の (b) 参照)．この機構が 4.6 で例示した ^{12}C, ^{16}O および ^{20}Ne をはじめ，軽い核で共通に働いている．クラスター構造状態のみに注目すれば，このような機構はクラスター間相対運動に対する一種の 構造的斥力芯 の働きのように理解することができる．つまり，あたかもクラスター間の相互作用に斥力芯が存在するかのように見えるのである．その典型的な例が ^{8}Be 系における α-α 間相互作用における "斥力芯" である．

微視的クラスター模型の重要性は，しきい値則に基づく Ikeda ダイアグラムに見られる軽い核の性質，すなわちわずかなエネルギーを与えただけでいくつかのクラスターに分割される性質によって，殻模型的状態が現れるのと同一のエネルギー領域に，クラスター構造状態が多数現れ，両者が共存し，結合しあっている状況 (状態) を記述できることにある．それゆえに，クラスター模型が軽い核のかなり広いエネルギー領域における構造を包括的に記述するために不可欠の模型であり，殻模型と並んで軽い核の基本的な模型となっているゆえんである．

付録A　回転体の理論

物体回転の量子力学に関して，本文で必要とされる最小限の範囲の説明を行う．[*1] 中心となる問題は空間固定座標系 (space-fixed coordinate system) と物体固定座標系 (body-fixed coordinate system) との間の関係である．

A.1　Euler 角

空間固定系 K (x,y,z) から物体固定系 K$'(x',y',z')$ への座標軸の回転は，空間固定系 K から見た物体の方向を示す 3 つの Euler 角 $(\theta_1,\theta_2,\theta_3)$ で表される．(双方の系 K, K$'$ は原点を共有するものとする．)

空間固定系 K の x, y, z 軸上の単位ベクトルをそれぞれ $\bm{x}_1, \bm{x}_2, \bm{x}_3$ とし，また物体固定系 K$'$ の x', y', z' 軸上の単位ベクトルをそれぞれ $\bm{x}'_1, \bm{x}'_2, \bm{x}'_3$ とする．

Euler 角は次の 3 つの回転角で定義される (図 **A.1** 参照).

(1) もとの z 軸のまわりで x 軸，y 軸を角度 θ_1 $(0 \leq \theta_1 < 2\pi)$ だけ回転する．したがって，x, y 軸は新しい位置へ移動する．

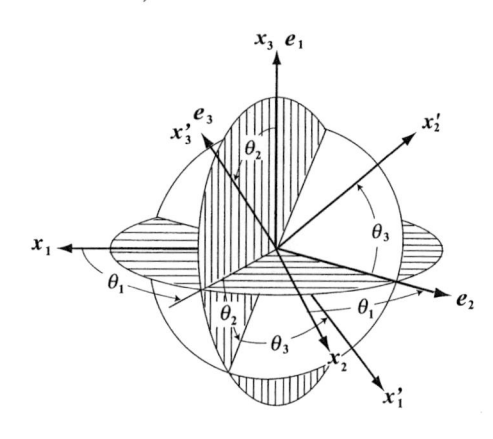

図 **A.1**　Euler 角 $(\theta_1, \theta_2, \theta_3)$

(2) 新しい位置に移動した y 軸 (図ではベクトル $\bm{e}_2$ で示される) のまわりで x 軸，z 軸を角度 θ_2 $(0 \leq \theta_2 < \pi)$ だけ回転する．したがって x 軸，z 軸は新しい位置へ移動する．

[*1] 以下の説明の多くを J. M. Eisenberg and W. Greiner, *Nuclear Models (Nuclear Theory)* Vol. 1, North-Holland (1987) Chap. 5 に負っている．

(3) 新しい位置に移動した z 軸 (図ではベクトル e_3 で示される) のまわりで x 軸, y 軸を角度 θ_3 $(0 \leq \theta_3 < 2\pi)$ だけ回転する. したがって x 軸, y 軸は新しい位置へ移動する.

これらの 3 段階の回転の結果, 新しい位置に移動した x 軸, y 軸, z 軸がそれぞれ物体固定系 K′ における x' 軸, y' 軸, z' 軸である.

都合により, これらの 3 つの回転の回転軸に沿った単位ベクトル e_1, e_2, e_3 を導入した. これらと空間固定系 K の x, y, z 軸上の単位ベクトル x_1, x_2, x_3, および物体固定系 K′ の x', y', z' 軸上の単位ベクトル x'_1, x'_2, x'_3 との間に次の関係があることは容易にわかる:

$$e_i = \sum_j U_{ji}(\theta_1, \theta_2)\, x_j, \quad (i=1,2,3), \tag{A.1a}$$

$$e_i = \sum_j V_{ji}(\theta_2, \theta_3)\, x'_j, \quad (i=1,2,3). \tag{A.1b}$$

ただし,

$$(U_{ji}(\theta_1, \theta_2)) = \begin{pmatrix} 0 & -\sin\theta_1 & \cos\theta_1 \sin\theta_2 \\ 0 & \cos\theta_1 & \sin\theta_1 \sin\theta_2 \\ 1 & 0 & \cos\theta_2 \end{pmatrix}, \tag{A.2a}$$

$$(V_{ji}(\theta_2, \theta_3)) = \begin{pmatrix} -\sin\theta_2 \cos\theta_3 & \sin\theta_3 & 0 \\ \sin\theta_2 \sin\theta_3 & \cos\theta_3 & 0 \\ \cos\theta_2 & 0 & 1 \end{pmatrix}, \tag{A.2b}$$

$$U^{-1} = -\frac{1}{\sin\theta_2} \begin{pmatrix} \cos\theta_1 \cos\theta_2 & \sin\theta_1 \cos\theta_2 & -\sin\theta_2 \\ \sin\theta_1 \sin\theta_2 & -\cos\theta_1 \sin\theta_2 & 0 \\ -\cos\theta_1 & -\sin\theta_1 & 0 \end{pmatrix}, \tag{A.2c}$$

$$V^{-1} = -\frac{1}{\sin\theta_2} \begin{pmatrix} \cos\theta_3 & -\sin\theta_3 & 0 \\ -\sin\theta_2 \sin\theta_3 & -\sin\theta_2 \cos\theta_3 & 0 \\ -\cos\theta_2 \cos\theta_3 & \cos\theta_2 \sin\theta_3 & -\sin\theta_2 \end{pmatrix} \tag{A.2d}$$

である. (A.1a) と (A.1b) 式から $\{e_i\}$ を消去すれば, $x'_j = \sum_{i,k} U_{ki}(V^{-1})_{ij} x_k$ となるから, ある点の K 系および K′ 系における座標をそれぞれ $(x, y, z) = (x_1, x_2, x_3)$ および $(x', y', z') = (x'_1, x'_2, x'_3)$ とすれば,

$$x'_i = \sum_j R_{ij}(\theta_1, \theta_2, \theta_3)\, x_j, \quad (i=1,2,3) \tag{A.3}$$

で座標変換できる．ただし変換行列 $R = (R_{ij})$ は

$$R(\theta_1, \theta_2, \theta_3) = (R_{ij}(\theta_1, \theta_2, \theta_3))$$

$$= \begin{pmatrix} \cos\theta_1 \cos\theta_2 \cos\theta_3 - \sin\theta_1 \sin\theta_3 & \sin\theta_1 \cos\theta_2 \cos\theta_3 + \cos\theta_1 \sin\theta_3 & -\sin\theta_2 \cos\theta_3 \\ -\cos\theta_1 \cos\theta_2 \sin\theta_3 - \sin\theta_1 \cos\theta_3 & -\sin\theta_1 \cos\theta_2 \sin\theta_3 + \cos\theta_1 \cos\theta_3 & \sin\theta_2 \sin\theta_3 \\ \cos\theta_1 \sin\theta_2 & \sin\theta_1 \sin\theta_2 & \cos\theta_2 \end{pmatrix} \quad \text{(A.4)}$$

である．

A.2　D　関　数

空間固定系 K から物体固定系 K′ への座標軸の回転は，回転軸に沿った単位ベクトル $\boldsymbol{n}$ とそのまわりの回転角 θ とできまる．これを $\widehat{R}(\boldsymbol{n}, \theta)$ とする．前節で述べたように，この回転 $\widehat{R}$ は Euler 角 $(\theta_1, \theta_2, \theta_3)$ で表すこともできる．このときは $\widehat{R}(\theta_1, \theta_2, \theta_3)$ と書く．

K 系から K′ 系への座標軸の回転により，空間内のある点の位置を示すベクトル $\boldsymbol{r}$ の K 系における座標 (x, y, z) は，K′ 系における座標 (x', y', z') に座標変換される．位置 $\boldsymbol{r}$ のみによってきまる関数，たとえば系の波動関数 ψ はこの座標変換により関数形が変わり ψ' となる．これを $\psi' = \widehat{R}\psi$ と表す．

$\psi(x, y, z)$ と $\psi'(x', y', z')$ とは同一の関数の同一点での値を別の座標系で表したものであるから，もちろん等しい．つまり

$$\psi'(x', y', z') = \psi(x, y, z) \quad \text{(A.5)}$$

である．この式によって座標変換による関数の変換性がきまる．

いま系の<u>全角運動量</u>（一般的には軌道角運動量とスピン角運動量を合成したもの）を $\boldsymbol{J} = (J_x, J_y, J_z)$ とする．$\boldsymbol{J}$ は角運動量の交換関係

$$[J_x, J_y] = iJ_z, \quad [J_y, J_z] = iJ_x, \quad [J_z, J_x] = iJ_y \quad \text{(A.6)}$$

をみたす．(都合により $\hbar$ が省かれていることに注意されたい．) 軸 $\boldsymbol{n}$ のまわりの無限小回転は

$$\widehat{R}(\boldsymbol{n},\varepsilon) \simeq 1 - i\varepsilon(\boldsymbol{n}\cdot\boldsymbol{J}), \qquad (\varepsilon = \text{無限小}) \tag{A.7}$$

で与えられ，有限の回転は

$$\widehat{R}(\boldsymbol{n},\theta) = e^{-i\theta(\boldsymbol{n}\cdot\boldsymbol{J})} \tag{A.8}$$

と書かれることはよく知られている．これを Euler 角を使って書けば，

$$\widehat{R}(\theta_1,\theta_2,\theta_3) = e^{-i\theta_1 J_z} e^{-i\theta_2 J_y} e^{-i\theta_3 J_z} \tag{A.9}$$

である．

空間固定系から物体固定系への座標系の回転が，全角運動量の固有ベクトルへ及ぼす変換性について検討する．量子力学でよく知られているように，$\boldsymbol{J}^2 = J_x^2 + J_y^2 + J_z^2$ と J_z の規格化された同時固有ベクトル $|jm\rangle$ は

$$\boldsymbol{J}^2|jm\rangle = j(j+1)|jm\rangle, \tag{A.10a}$$

$$J_z|jm\rangle = m|jm\rangle \tag{A.10b}$$

である．($\hbar$ が省かれていることに注意．) J_x, J_y, J_z の行列要素は

$$\langle j, m\pm 1|J_x \pm iJ_y|jm\rangle = \sqrt{(j\mp m)(j\pm m+1)}, \tag{A.11a}$$

$$\langle j, m|J_z|jm\rangle = m \tag{A.11b}$$

であり，これ以外はすべて 0 である．

(A.11) 式から明らかなように，演算子 J_x, J_y, J_z は j の値を変化させないから，上の $|jm\rangle$ に回転 $\widehat{R}$ を作用させると j が同一で異なる m の状態のみが混じる．つまり，

$$\widehat{R}(\theta_1,\theta_2,\theta_3)|jm\rangle = \sum_{m'} D^{j*}_{m'm}(\theta_1,\theta_2,\theta_3)|jm'\rangle \tag{A.12}$$

と書くことができ，係数 $D^{j*}_{m'm}(\theta_1,\theta_2,\theta_3)$ は

$$\begin{aligned} D^{j*}_{m'm}(\theta_1,\theta_2,\theta_3) &= \langle jm'|\widehat{R}(\theta_1,\theta_2,\theta_3)|jm\rangle \\ &= \langle jm'|e^{-i\theta_1 J_z} e^{-i\theta_2 J_y} e^{-i\theta_3 J_z}|jm\rangle \end{aligned} \tag{A.13}$$

となり，これは D 関数と呼ばれている．(通常の D 関数の定義と複素共役だけ異なる．原子核理論では便利のため本書の定義がよく使われる．)

定義から $\widehat{R}(\theta_1,\theta_2,\theta_3)$ はユニタリーであるから，D 関数の直交性

$$\sum_{m''} D^{j*}_{mm''}(\theta_1,\theta_2,\theta_3) D^{j}_{m'm''}(\theta_1,\theta_2,\theta_3) = \delta_{mm'}, \quad \text{(A.14a)}$$

$$\sum_{m''} D^{j*}_{m''m}(\theta_1,\theta_2,\theta_3) D^{j}_{m''m'}(\theta_1,\theta_2,\theta_3) = \delta_{mm'} \quad \text{(A.14b)}$$

が容易に求められる．

ベクトル $\boldsymbol{r}$ で指定される空間内の任意の 1 点を，空間固定系 K において極座標 (r,θ,φ) で表し，同一点を物体固定系 K′ において (r,θ',φ') で表す．$j=$整数$=l$ の場合，$\boldsymbol{J}^2$ と J_z の同時固有ベクトル $|lm\rangle$ の極座標表示は球面調和関数であり，$\langle\theta,\varphi|lm\rangle = Y_{lm}(\theta,\varphi)$ である．(A.12) 式で示されるように，回転 $\widehat{R}(\theta_1,\theta_2,\theta_3)$ により $|lm\rangle$ は $\widehat{R}|lm\rangle$ に変換される．$\widehat{R}\boldsymbol{r}'=\boldsymbol{r}$ となるようなベクトル $\boldsymbol{r}'$ の空間固定系における極座標は (r,θ',φ') であるから，$|lm\rangle$ の極座標表示の $\boldsymbol{r}'$ の点の値と，$\widehat{R}|lm\rangle$ の極座標表示の $\boldsymbol{r}$ の点の値とは等しい．すなわち，

$$\langle\theta',\varphi'|lm\rangle = \langle\theta,\varphi|\widehat{R}|lm\rangle$$

である．したがって，

$$Y_{lm}(\theta',\varphi') = \sum_{m'} D^{l*}_{m'm}(\theta_1,\theta_2,\theta_3) Y_{lm'}(\theta,\varphi) \quad \text{(A.15)}$$

が得られる．これが球面調和関数の空間固定系から物体固定系への座標変換である．

D 関数の定義 (A.13) から直ちにわかるように，

$$\begin{aligned} D^{j*}_{m'm}(\theta_1,\theta_2,\theta_3) &= e^{-i\theta_1 m'} \langle jm'|e^{-i\theta_2 J_y}|jm\rangle e^{-i\theta_3 m} \\ &= e^{-i\theta_1 m'} d^{j}_{m'm}(\theta_2) e^{-i\theta_3 m} \end{aligned} \quad \text{(A.16)}$$

となる．関数 $d^{j}_{m'm}(\theta_2)$ は実関数であり，具体的には

$$\begin{aligned} d^{j}_{m'm}(\theta_2) = &\sqrt{(j+m)!\,(j-m)!\,(j+m')!\,(j-m')!} \\ &\times \sum_{\mu} \frac{(-1)^{\mu}}{(j-m'-\mu)!\,(j+m-\mu)!\,(\mu+m'-m)!\,\mu!} \\ &\times \left(\cos\frac{1}{2}\theta_2\right)^{2j+m-m'-2\mu} \left(-\sin\frac{1}{2}\theta_2\right)^{m'-m+2\mu} \end{aligned} \quad \text{(A.17)}$$

と書かれる．ただし μ は各階乗の引数が負にならない範囲の整数である．また
これは

$$d^j_{m'm}(\theta_2) = \sqrt{\frac{(j-m')!\,(j+m)!}{(j+m')!\,(j-m)!}} \frac{\left(\cos\frac{1}{2}\theta_2\right)^{2j+m-m'}\left(-\sin\frac{1}{2}\theta_2\right)^{m'-m}}{(m'-m)!}$$

$$\times F\left(-j-m, -j+m', m'-m+1; -\tan^2\frac{1}{2}\theta_2\right) \quad (m' \geq m) \tag{A.18}$$

と書くことができる．ここで $F(\alpha,\beta,\gamma;x)$ は Gauss の超幾何関数 (いまの場合多項式) である．

$d^j_{m'm}$ や $D^j_{m'm}$ の定義，ならびに Gauss の超幾何関数の性質から，それらのさまざまな性質を求めることができる．以下にいくつかをまとめておこう．$d^j_{m'm}$ の対称性は

$$d^j_{m'm}(\theta_2) = d^j_{mm'}(-\theta_2), \tag{A.19a}$$

$$d^j_{m'm}(-\theta_2) = (-1)^{m'-m} d^j_{m'm}(\theta_2), \tag{A.19b}$$

$$d^j_{m'm}(\theta_2) = d^j_{-m-m'}(\theta_2) = (-1)^{m'-m} d^j_{-m'-m}(\theta_2), \tag{A.19c}$$

$$d^j_{m'm}(\pi-\theta_2) = (-1)^{j-m} d^j_{-m'm}(\theta_2). \tag{A.19d}$$

$D^j_{m'm}$ の対称性などは

$$D^j_{m'm}(-\theta_3, -\theta_2, -\theta_1) = D^{j*}_{mm'}(\theta_1, \theta_2, \theta_3), \tag{A.20a}$$

$$D^{j*}_{m'm}(\theta_1, \theta_2, \theta_3) = (-1)^{m'-m} D^j_{-m'-m}(\theta_1, \theta_2, \theta_3), \tag{A.20b}$$

$$D^j_{m'm}(0,0,0) = \delta_{m'm}, \tag{A.20c}$$

$$D^j_{m'm}(0,0,\theta_3) = D^j_{m'm}(\theta_3,0,0) = \delta_{m'm} e^{-im\theta_3}. \tag{A.20d}$$

$j=$ 整数 $=l$ の場合，特殊な D 関数は球面調和関数と関係があり，

$$D^l_{m0}(\theta_1,\theta_2,\theta_3) = \sqrt{\frac{4\pi}{2l+1}}\, Y_{lm}(\theta_2,\theta_1) \tag{A.21}$$

となる．また D 関数の直交性として

$$\int_0^{2\pi} d\theta_1 \int_0^\pi \sin\theta_2 d\theta_2 \int_0^{2\pi} d\theta_3\, D^{j*}_{m_1 m_2}(\theta_1,\theta_2,\theta_3) D^{j'}_{m'_1 m'_2}(\theta_1,\theta_2,\theta_3)$$

$$= \frac{8\pi^2}{2j+1} \delta_{jj'}\, \delta_{m_1 m'_1}\, \delta_{m_2 m'_2} \tag{A.22}$$

が成り立つ．

A.3 角運動量

物体が時間とともに回転するということは，物体固定系の座標軸が時間とともに回転することであり，Euler 角 $(\theta_1, \theta_2, \theta_3)$ が時間変化することである．それでは物体回転の角運動量演算子は Euler 角でどのように表されるであろうか．

その定義から明らかなように，Euler 角は 3 つの単位ベクトル e_1, e_2, e_3 を回転軸としたときの，そのまわりの回転角である (図 **A.1** 参照)．いま回転軸 e_1, e_2, e_3 のまわりの微小な回転角 $d\theta_1, d\theta_2, d\theta_3$ からなる微小回転を考えよう．この微小回転の空間固定系 K における x, y, z 成分をそれぞれ $d\alpha_i\ (i=1,2,3)$ とする．すなわち

$$\sum_i e_i\, d\theta_i = \sum_j x_j\, d\alpha_j \tag{A.23}$$

である．e_i と x_i との関係は (A.1a) 式で与えられているので，これを (A.23) 式に代入すると

$$d\alpha_j = \sum_i U_{ji}\, d\theta_i \quad \text{または} \quad d\theta_i = \sum_j (U^{-1})_{ij}\, d\alpha_j \tag{A.24}$$

が得られる．空間固定系 K における 3 つの座標軸のまわりの角運動量演算子 (または無限小回転を生成する演算子) は

$$\widehat{L}_k = -i\frac{\partial}{\partial \alpha_k}, \quad (k=1,2,3) \tag{A.25}$$

で与えられる．通常の角運動量演算子と違って，$\hbar$ が省かれていることに注意されたい．関係式

$$\frac{\partial}{\partial \alpha_k} = \sum_i \frac{\partial \theta_i}{\partial \alpha_k}\frac{\partial}{\partial \theta_i} = \sum_i (U^{-1})_{ik}\frac{\partial}{\partial \theta_i}$$

を使えば，

$$\widehat{L}_k = -i\sum_i (U^{-1})_{ik}\frac{\partial}{\partial \theta_i}, \quad (k=1,2,3) \tag{A.26}$$

となる．行列 U の逆行列 U^{-1} は (A.2c) 式で与えられているので，上の角運動量演算子は具体的に

$$\widehat{L}_1 = -i\left(-\cos\theta_1 \cot\theta_2 \frac{\partial}{\partial \theta_1} - \sin\theta_1 \frac{\partial}{\partial \theta_2} + \frac{\cos\theta_1}{\sin\theta_2}\frac{\partial}{\partial \theta_3}\right),$$

$$\widehat{L}_2 = -i\left(-\sin\theta_1 \cot\theta_2 \frac{\partial}{\partial\theta_1} + \cos\theta_1 \frac{\partial}{\partial\theta_2} + \frac{\sin\theta_1}{\sin\theta_2}\frac{\partial}{\partial\theta_3}\right),$$
$$\widehat{L}_3 = -i\frac{\partial}{\partial\theta_1} \tag{A.27}$$

と表される.これらの角運動量演算子において,記号 "^" は "Euler 角に作用する演算子" という意味である.

これらの角運動量演算子が交換関係

$$[\widehat{L}_1, \widehat{L}_2] = i\widehat{L}_3, \quad [\widehat{L}_2, \widehat{L}_3] = i\widehat{L}_1, \quad [\widehat{L}_3, \widehat{L}_1] = i\widehat{L}_2 \tag{A.28}$$

をみたすことは,直接計算により容易に確かめられる.

次に物体固定系 K′ において角運動量演算子を Euler 角で表すことを考えよう.最も正統的には上述の空間固定系の角運動量 $\widehat{\boldsymbol{L}}$ を (A.4) 式の変換行列を使って

$$\widehat{L}'_i = \sum_j R_{ij} \widehat{L}_j \tag{A.29}$$

と変換すればよい.もっと簡単な方法は,上述の空間固定系における角運動量 $\widehat{\boldsymbol{L}}$ を求めたやり方をそのまま踏襲することである.そのときの微小回転の物体固定系 K′ における x', y', z' 成分を $d\beta_i$ ($i=1,2,3$) とする.すなわち

$$\sum_i \boldsymbol{e}_i \, d\theta_i = \sum_j \boldsymbol{x}'_j \, d\beta_j \tag{A.30}$$

である.$\boldsymbol{e}_i$ と $\boldsymbol{x}'_i$ との関係は (A.1b) 式で与えられているので,これを (A.30) 式に代入すると

$$d\beta_j = \sum_i V_{ji} \, d\theta_i \quad \text{または} \quad d\theta_i = \sum_j (V^{-1})_{ij} \, d\beta_j \tag{A.31}$$

が得られる.前と同様にして物体固定系 K′ における 3 つの座標軸のまわりの角運動量演算子は

$$\widehat{L}'_k = -i\frac{\partial}{\partial\beta_k} = \sum_i (V^{-1})_{ik} \frac{\partial}{\partial\theta_i}, \quad (k=1,2,3) \tag{A.32}$$

で与えられる.

行列 V の逆行列 V^{-1} は (A.2d) 式で与えられているので,上の角運動量演算子は具体的に

$$\widehat{L}'_1 = -i\left(-\frac{\cos\theta_3}{\sin\theta_2}\frac{\partial}{\partial\theta_1} + \sin\theta_3 \frac{\partial}{\partial\theta_2} + \cot\theta_2 \cos\theta_3 \frac{\partial}{\partial\theta_3}\right),$$

$$\widehat{L}'_2 = -i\left(\frac{\sin\theta_3}{\sin\theta_2}\frac{\partial}{\partial\theta_1} + \cos\theta_3\frac{\partial}{\partial\theta_2} - \cot\theta_2\sin\theta_3\frac{\partial}{\partial\theta_3}\right),$$

$$\widehat{L}'_3 = -i\frac{\partial}{\partial\theta_3} \tag{A.33}$$

と表される.これらの角運動量演算子において,記号 "^" は "Euler 角に作用する演算子" という意味であり,記号 "′" は "物体固定系 K′" における成分であるということを表している.

これらの角運動量演算子が交換関係

$$[\widehat{L}'_1, \widehat{L}'_2] = -i\widehat{L}'_3, \quad [\widehat{L}'_2, \widehat{L}'_3] = -i\widehat{L}'_1, \quad [\widehat{L}'_3, \widehat{L}'_1] = -i\widehat{L}'_2 \tag{A.34}$$

をみたすことは,直接計算により容易に確かめられる.注目すべきは,この交換関係が空間固定系における角運動量の交換関係の符号を逆転したものになっていることである.

両方の系における角運動量の 2 乗の演算子は等しく,

$$\widehat{\boldsymbol{L}}^2 = \widehat{L}_1^2 + \widehat{L}_2^2 + \widehat{L}_3^2 = \widehat{\boldsymbol{L}}'^2 = \widehat{L}_1'^2 + \widehat{L}_2'^2 + \widehat{L}_3'^2$$
$$= -\frac{\partial^2}{\partial\theta_2^2} - \cot\theta_2\frac{\partial}{\partial\theta_2} - \frac{1}{\sin^2\theta_2}\left(\frac{\partial^2}{\partial\theta_1^2} + \frac{\partial^2}{\partial\theta_3^2}\right) + \frac{2\cos\theta_2}{\sin^2\theta_2}\frac{\partial^2}{\partial\theta_1\partial\theta_3} \tag{A.35}$$

と表される.

演算子 $\widehat{\boldsymbol{L}}^2$ は演算子 $\widehat{L}_1, \widehat{L}_2, \widehat{L}_3, \widehat{L}'_1, \widehat{L}'_2, \widehat{L}'_3$ のすべてと交換可能である.すなわち,

$$[\widehat{\boldsymbol{L}}^2, \widehat{L}_1] = 0, \quad [\widehat{\boldsymbol{L}}^2, \widehat{L}_2] = 0, \quad [\widehat{\boldsymbol{L}}^2, \widehat{L}_3] = 0, \tag{A.36a}$$

$$[\widehat{\boldsymbol{L}}^2, \widehat{L}'_1] = 0, \quad [\widehat{\boldsymbol{L}}^2, \widehat{L}'_2] = 0, \quad [\widehat{\boldsymbol{L}}^2, \widehat{L}'_3] = 0 \tag{A.36b}$$

が成り立ち,また

$$[\widehat{L}_3, \widehat{L}'_3] = 0 \tag{A.37}$$

が成り立つ.したがって $\widehat{\boldsymbol{L}}^2, \widehat{L}_3, \widehat{L}'_3$ の規格化された同時固有ベクトルを作ることができる.これを $|j, m, m'\rangle$ とする.すなわち

$$\widehat{\boldsymbol{L}}^2 |j, m, m'\rangle = j(j+1)|j, m, m'\rangle, \tag{A.38a}$$

$$\widehat{L}_3 |j, m, m'\rangle = m|j, m, m'\rangle, \tag{A.38b}$$

$$\widehat{L}'_3 |j, m, m'\rangle = m'|j, m, m'\rangle \tag{A.38c}$$

である.ただし $j = 0, \frac{1}{2}, 1, \frac{3}{2}, 2, \ldots$ であり,$m, m' = -j, -j+1, \cdots, j-1, j$ である.これらの固有値は,角運動量の交換関係から固有値を求めるために通常行われる方法を用いて,交換関係 (A.28), (A.34) だけを使って導くことができる.

角運動量演算子の 0 でない行列要素は

$$\langle j, m \pm 1, m' | \widehat{L}_1 | j, m, m' \rangle = \frac{1}{2}\sqrt{(j \mp m)(j \pm m + 1)}, \quad \text{(A.39a)}$$

$$\langle j, m \pm 1, m' | \widehat{L}_2 | j, m, m' \rangle = \mp \frac{1}{2}i\sqrt{(j \mp m)(j \pm m + 1)}, \quad \text{(A.39b)}$$

$$\langle j, m, m' | \widehat{L}_3 | j, m, m' \rangle = m, \quad \text{(A.39c)}$$

$$\langle j, m, m' \pm 1 | \widehat{L}'_1 | j, m, m' \rangle = \frac{1}{2}\sqrt{(j \mp m')(j \pm m' + 1)}, \quad \text{(A.40a)}$$

$$\langle j, m, m' \pm 1 | \widehat{L}'_2 | j, m, m' \rangle = \pm \frac{1}{2}i\sqrt{(j \mp m')(j \pm m' + 1)}, \quad \text{(A.40b)}$$

$$\langle j, m, m' | \widehat{L}'_3 | j, m, m' \rangle = m' \quad \text{(A.40c)}$$

であり,その他はすべて 0 である.(A.39b) と (A.40b) 式の符号が逆転しているのは,交換関係 (A.28) と (A.34) の符号が逆転していることによる.

A.4　角運動量の固有関数としての D 関数

角運動量演算子 $\widehat{\boldsymbol{L}}^2$, $\widehat{L}_3$ および $\widehat{L}'_3$ の同時固有ベクトル $|j, m, m'\rangle$ については前節で述べた.しかし,そこではその具体的な表示は示さなかった.本節では $|j, m, m'\rangle$ を Euler 角で表示し,D 関数が角運動量演算子 $\widehat{\boldsymbol{L}}^2$, $\widehat{L}_3$ および $\widehat{L}'_3$ の同時固有関数であることを示す.まずそのための準備をする.

(A.9) 式で示したように,Euler 角 $(\theta_1, \theta_2, \theta_3)$ で表される座標軸の回転は演算子 $\widehat{R}(\theta_i) = e^{-i\theta_1 J_z} e^{-i\theta_2 J_y} e^{-i\theta_3 J_z}$ で与えられる.したがって,任意の波動関数 Ψ に対して

$$\frac{\partial}{\partial \theta_1} \widehat{R}(\theta_i) \Psi = -i J_z \widehat{R}(\theta_i) \Psi, \quad \text{(A.41a)}$$

$$\frac{\partial}{\partial \theta_2} \widehat{R}(\theta_i) \Psi = -i e^{-i\theta_1 J_z} J_y e^{-i\theta_2 J_y} e^{-i\theta_3 J_z} \Psi, \quad \text{(A.41b)}$$

$$\frac{\partial}{\partial \theta_3} \widehat{R}(\theta_i) \Psi = -i e^{-i\theta_1 J_z} e^{-i\theta_2 J_y} J_z e^{-i\theta_3 J_z} \Psi \quad \text{(A.41c)}$$

が得られる．ただし $\widehat{R}(\theta_i) = \widehat{R}(\theta_1, \theta_2, \theta_3)$ である．任意の 2 つの演算子 A, F に対するよく知られた公式

$$e^F A e^{-F} = A + [F, A] + \frac{1}{2!}[F, [F, A]] + \frac{1}{3!}[F, [F, [F, A]]] + \cdots \quad (A.42)$$

を用いれば，関係式

$$e^{-i\theta J_z} J_y e^{i\theta J_z} = -J_x \sin\theta + J_y \cos\theta,$$

$$e^{-i\theta J_y} J_z e^{i\theta J_y} = J_x \sin\theta + J_z \cos\theta,$$

$$e^{-i\theta J_z} J_x e^{i\theta J_z} = J_x \cos\theta + J_y \sin\theta$$

が得られるので，これらを使って (A.41b) と (A.41c) 式は

$$\frac{\partial}{\partial \theta_2}\widehat{R}(\theta_i)\Psi = -i\left(-J_x \sin\theta_1 + J_y \cos\theta_1\right)\widehat{R}(\theta_i)\Psi, \quad (A.43a)$$

$$\frac{\partial}{\partial \theta_3}\widehat{R}(\theta_i)\Psi = -i\left(J_x \cos\theta_1 \sin\theta_2 + J_y \sin\theta_1 \sin\theta_2 + J_z \cos\theta_2\right)\widehat{R}(\theta_i)\Psi \quad (A.43b)$$

と書くことができる．物体回転の角運動量演算子は，(A.26) 式によって Euler 角の微分演算子で表される．(A.26) 式における行列 U の逆行列は (A.2c) 式で与えられるので，(A.26) 式に上記の (A.41a), (A.43a), (A.43b) の各式を代入すると，

$$\widehat{L}_k \widehat{R}(\theta_i)\Psi = -J_k \widehat{R}(\theta_i)\Psi, \quad (k = 1, 2, 3)$$

が得られる．ただし $J_1 = J_x$, $J_2 = J_y$, $J_3 = J_z$ である．Ψ は任意であるから，一般に

$$\widehat{L}_k \widehat{R}(\theta_1, \theta_2, \theta_3) = -J_k \widehat{R}(\theta_1, \theta_2, \theta_3), \quad (k = 1, 2, 3) \quad (A.44)$$

が成り立つ．注意すべきは $\widehat{L}_k$ は Euler 角に作用する演算子であり，J_k は空間座標やスピン座標に作用する演算子であるという点である．つまり，(A.44) 式は Euler 角で表した角運動量と通常の全角運動量との間を関係づける重要な関係式である．

上の $\widehat{L}_k$ や J_k は空間固定系 K における成分であったが，これらを物体固定系 K′ における成分に変換することは (A.4) 式の座標変換行列 R を使って容易

に行われる．その結果は

$$\widehat{L}'_k \widehat{R}(\theta_1, \theta_2, \theta_3) = -J'_k \widehat{R}(\theta_1, \theta_2, \theta_3), \quad (k = 1, 2, 3) \tag{A.45}$$

である．ここでも注意すべきは，$\widehat{L}'_k$ が Euler 角に作用するのに対し，J'_k は通常の全角運動量の演算子の物体固定系における成分であるということである．

また

$$\widehat{\boldsymbol{L}}^2 \widehat{R}(\theta_1, \theta_2, \theta_3) = \boldsymbol{J}^2 \widehat{R}(\theta_1, \theta_2, \theta_3) \tag{A.46}$$

が成り立つことも容易にわかる．

以上で準備ができたので，D 関数が角運動量演算子 $\widehat{\boldsymbol{L}}^2$, $\widehat{L}_3$ および $\widehat{L}'_3$ の同時固有関数であることを示す．D 関数の定義式 (A.13) と (A.46) 式とを用いて

$$\begin{aligned}
\widehat{\boldsymbol{L}}^2 D^{j*}_{m'm}(\theta_1, \theta_2, \theta_3) &= \widehat{\boldsymbol{L}}^2 \langle jm'| \widehat{R}(\theta_i) | jm \rangle \\
&= \langle jm'| \widehat{\boldsymbol{L}}^2 \widehat{R}(\theta_i) | jm \rangle \\
&= \langle jm'| \boldsymbol{J}^2 \widehat{R}(\theta_i) | jm \rangle
\end{aligned} \tag{A.47}$$

となる．ここで，記号 "^" がついている演算子 $\widehat{\boldsymbol{L}}$ は Euler 角 $(\theta_1, \theta_2, \theta_3)$ に作用する演算子であり，ついていない演算子 $\boldsymbol{J}$ は通常の全角運動量の演算子であることに注意しなければならない．$|jm\rangle$ は $\boldsymbol{J}^2$ と $J_3(= J_z)$ の同時固有ベクトルである．ゆえに $\langle jm'| \boldsymbol{J}^2 \widehat{R}(\theta_i) | jm \rangle = j(j+1)\langle jm'| \widehat{R}(\theta_i) | jm \rangle$ となり，

$$\widehat{\boldsymbol{L}}^2 D^j_{m'm}(\theta_1, \theta_2, \theta_3) = j(j+1) D^j_{m'm}(\theta_1, \theta_2, \theta_3) \tag{A.48}$$

が得られる．

また，(A.44) 式を用いて

$$\begin{aligned}
\widehat{L}_3 D^{j*}_{m'm}(\theta_1, \theta_2, \theta_3) &= \widehat{L}_3 \langle jm'| \widehat{R}(\theta_i) | jm \rangle \\
&= \langle jm'| \widehat{L}_3 \widehat{R}(\theta_i) | jm \rangle \\
&= -\langle jm'| J_3 \widehat{R}(\theta_i) | jm \rangle
\end{aligned} \tag{A.49}$$

であるから，

$$\widehat{L}_3 D^j_{m'm}(\theta_1, \theta_2, \theta_3) = m' D^j_{m'm}(\theta_1, \theta_2, \theta_3) \tag{A.50}$$

が得られる．次に

$$\begin{aligned}
\widehat{L}'_3 D^{j*}_{m'm}(\theta_1, \theta_2, \theta_3) &= \widehat{L}'_3 \langle jm'| \widehat{R}(\theta_i) | jm \rangle \\
&= \langle jm'| \widehat{L}'_3 \widehat{R}(\theta_i) | jm \rangle \\
&= -\langle jm'| J'_3 \widehat{R}(\theta_i) | jm \rangle
\end{aligned} \tag{A.51}$$

となる．ここで $|jm'\rangle$ は J_3 の固有ベクトルであり，J_3' の固有ベクトルではないことに注意しなければならない．空間固定系での全角運動量演算子 J_k ($k = 1, 2, 3$) と物体固定系での全角運動量演算子 J_k' ($k = 1, 2, 3$) とはユニタリー変換 $\widehat{R}(\theta_i)$ によって関係づけられ，$J_k' = \widehat{R}(\theta_i) J_k \widehat{R}^{-1}(\theta_i)$ であるから

$$J_k' \widehat{R}(\theta_i) = \widehat{R}(\theta_i) J_k, \quad (k = 1, 2, 3) \tag{A.52}$$

となる．したがって $\langle jm'| J_3' \widehat{R}(\theta_i)| lm \rangle = m \langle jm'| \widehat{R}(\theta_i)| jm \rangle$ が得られ，結局

$$\widehat{L}_3' D^j_{m'm}(\theta_1, \theta_2, \theta_3) = m D^j_{m'm}(\theta_1, \theta_2, \theta_3) \tag{A.53}$$

が得られる．

(A.48), (A.50) および (A.53) 式から，関数 $D^j_{m'm}(\theta_1, \theta_2, \theta_3)$ が $\widehat{\boldsymbol{L}}^2, \widehat{L}_3$ および $\widehat{L}_3'$ の同時固有関数であり，それぞれの固有値が $j(j+1), m'$ および m であることがわかった．

A.5　D 関数の時間変化

物体の回転は Euler 角が時間とともに変化することを意味する．物体回転の運動エネルギーを求めるために，D 関数の時間的変化を求めなければならない．D 関数の時間微分は

$$\frac{d}{dt} D^{j*}_{m'm}(\theta_1, \theta_2, \theta_3) = \sum_i \left[\frac{\partial}{\partial \theta_i} D^{j*}_{m'm}(\theta_1, \theta_2, \theta_3) \right] \dot{\theta}_i \tag{A.54}$$

である．(A.32) 式から

$$\frac{\partial}{\partial \theta_i} = i \sum_k V_{ki} \widehat{L}_k', \quad (i = 1, 2, 3) \tag{A.55}$$

が得られる．Euler 角 $\theta_1, \theta_2, \theta_3$ は単位ベクトル $\boldsymbol{e}_1, \boldsymbol{e}_2, \boldsymbol{e}_3$ のまわりの回転角であるから，その時間微分 $\dot{\theta}_1, \dot{\theta}_2, \dot{\theta}_3$ はそれぞれ $\boldsymbol{e}_1, \boldsymbol{e}_2, \boldsymbol{e}_3$ のまわりの角速度の成分である．この角速度の成分を物体固定系の x', y', z' 軸成分，すなわち ω_k' ($k = 1, 2, 3$) に変換すると

$$\omega_k' = \sum_i V_{ki} \dot{\theta}_i \tag{A.56}$$

となる. (A.55) 式を (A.54) 式に代入し, (A.56) 式を使えば D 関数の時間微分は

$$\frac{d}{dt} D^{j*}_{m'm}(\theta_1, \theta_2, \theta_3) = i \sum_k \widehat{L}'_k D^{j*}_{m'm}(\theta_1, \theta_2, \theta_3) \omega'_k \tag{A.57}$$

となる. (A.45) と (A.52) 式を用いて

$$\begin{aligned}
\widehat{L}'_k D^{j*}_{m'm}(\theta_1, \theta_2, \theta_3) &= \langle jm' | \widehat{L}'_k \widehat{R}(\theta_1, \theta_2, \theta_3) | jm \rangle \\
&= -\langle jm' | J'_k \widehat{R}(\theta_1, \theta_2, \theta_3) | jm \rangle \\
&= -\langle jm' | \widehat{R}(\theta_1, \theta_2, \theta_3) J_k | jm \rangle \\
&= -\sum_{m''} D^{j*}_{m'm''}(\theta_1, \theta_2, \theta_3) \langle jm'' | J_k | jm \rangle
\end{aligned} \tag{A.58}$$

となり, これを (A.57) 式に入れて, 最終的に

$$\frac{d}{dt} D^{j*}_{m'm}(\theta_1, \theta_2, \theta_3) = -i \sum_{k,m''} D^{j*}_{m'm''}(\theta_1, \theta_2, \theta_3) \langle jm'' | J_k | jm \rangle \omega'_k \tag{A.59}$$

が得られる.

付録B　回転・振動模型のエネルギー固有値

4重極回転対称(回転楕円体)変形した原子核の回転・振動運動のハミルトニアンは (3.127) 式で与えられる．回転運動と振動運動の間の結合 $\widehat{H}_{\mathrm{rot-vib}}$ を無視したときのハミルトニアンの主要部分 $\widehat{H}_{\mathrm{coll}}^{(0)} = \widehat{H}_{\mathrm{rot}} + \widehat{H}_\beta + \widehat{H}_\gamma$ のエネルギー固有値を求めよう．

B.1　回　転　運　動

回転のハミルトニアン $\widehat{H}_{\mathrm{rot}}$ は (3.127b) 式で与えられ，

$$\widehat{H}_{\mathrm{rot}} = \frac{\hbar^2}{2\mathcal{J}}(\widehat{I}_1'^2 + \widehat{I}_2'^2) = \frac{\hbar^2}{2\mathcal{J}}(\widehat{\boldsymbol{I}}^2 - \widehat{I}_3'^2) \tag{B.1}$$

であるから，その固有値は

$$E_{\mathrm{rot}}(I, K) = \frac{\hbar^2}{2\mathcal{J}}[I(I+1) - K^2] \tag{B.2}$$

となることは明らかである．

B.2　β　振　動

β 振動のハミルトニアン $\widehat{H}_\beta$ は (3.127c) 式で与えられ，

$$\widehat{H}_\beta = -\frac{\hbar^2}{2B}\frac{\partial^2}{\partial \beta^2} + \frac{1}{2}C_\beta(\beta - \beta_0)^2 \tag{B.3}$$

である．このハミルトニアンは1次元調和振動子のそれと同等であるから，エネルギー固有値は

$$E_\beta(n_g b) = \left(n_\beta + \frac{1}{2}\right)\hbar\omega_\beta, \qquad (n_\beta = 0, 1, 2, \cdots) \tag{B.4a}$$

となる．ただし，

$$\omega_\beta = \sqrt{\frac{C_\beta}{B}} \qquad \text{(B.4b)}$$

である.

B.3 γ 振 動

γ振動のハミルトニアン $\widehat{H}_\gamma$ は (3.127d) 式で与えられ,

$$\widehat{H}_\gamma = -\frac{\hbar^2}{2B\beta_0^2}\left[\frac{1}{\gamma}\frac{\partial}{\partial\gamma}\left(\gamma\frac{\partial}{\partial\gamma}\right) - \frac{K^2}{4\gamma^2}\right] + \frac{1}{2}C_\gamma\gamma^2 \qquad \text{(B.5)}$$

である. このハミルトニアンは 2 次元調和振動子を極座標 (r,φ) で表したときの動径部分 (r の部分) のハミルトニアンと同型であるから, エネルギー固有値は

$$E_\gamma(n_\gamma) = (n_\gamma + 1)\hbar\omega_\gamma, \quad \omega_\gamma = \sqrt{\frac{C_\gamma}{B\beta_0^2}}, \quad (n_\gamma = 0, 1, 2, \cdots) \qquad \text{(B.6)}$$

となることが予想される. 確かにこの予想が正しいことは後で明らかになる.

しかし 2 次元調和振動子の場合と γ 振動の場合とでは大きく異なる点がある. 2 次元調和振動子の場合, 変数 r の領域は $[0,\infty]$ であり, 波動関数がこの領域において規格化可能であるという条件によってエネルギー固有値がきまる. ところが γ 振動の場合には, 波動関数は変数 γ の領域 $[0,\pi/3]$ で規格化されることが要求され, 波動関数の境界条件は $2\pi/3$ を周期とする滑らかな周期関数であればよいことになって, このことからエネルギー固有値 (B.6) を直ちに得ることは難しい. γ 振動のエネルギー固有値を得るためには, 少し異なるやり方が必要とされるようである. これを以下で説明しよう.

これまでは振動運動を集団座標 (β,γ) で表示してきたが, あらためて座標 (a_0, a_2) を用いることにする. (β,γ) と (a_0, a_2) との関係は (3.65) 式で与えられる. すなわち, これまでは集団座標として $(\theta_1,\theta_2,\theta_3,\beta,\gamma)$ をとったが, その代わりに $(\theta_1,\theta_2,\theta_3,a_0,a_2)$ を採用するわけである.

いま考えている平衡変形は $(\beta_0, \gamma_0 = 0)$ である. これを (a_0, a_2) の値に換算すると, 平衡変形点においては $a_0 = \beta_0, a_2 = 0$ である. この平衡変形点のまわりの集団座標 (a_0, a_2) の微小振動を考える. したがって微小振動の変数 (ξ, η) を

$$\xi = a_0 - \beta_0, \quad \eta = a_2 \qquad \text{(B.7)}$$

としよう．これらの変数 (ξ, η) を用いて振動運動に対するポテンシャル V の平衡点のまわりでの展開 (3.126) は

$$V(a_0, a_2) \approx \frac{1}{2}C_0\xi^2 + C_2\eta^2, \quad C_0 = C_\beta, \quad C_2 = C_\gamma/\beta_0^2 \tag{B.8}$$

と書かれる．

集団座標 $(\theta_1, \theta_2, \theta_3, a_0, a_2)$ をとると振動運動の運動エネルギーの演算子は

$$\widetilde{\widetilde{T}}_{\text{vib}} = -\frac{\hbar^2}{2B}\left(\frac{\partial^2}{\partial a_0^2} + \frac{1}{2}\frac{\partial^2}{\partial a_2^2} + \frac{6a_0}{3a_0^2 - 2a_2^2}\frac{\partial}{\partial a_0} \right. \\ \left. + \frac{3(a_0^4 - 4a_2^4)}{2a_2(a_0^2 + 2a_2^2)(3a_0^2 - 2a_2^2)}\frac{\partial}{\partial a_2}\right) \tag{B.9}$$

となる．いまの場合の体積要素

$$d\tau = d\Omega d\tau_1 \tag{B.10}$$

において，$d\Omega$ は (3.97) 式と同じく Euler 角に関する部分であるが，座標 (a_0, a_2) に関する部分 $d\tau_1$ は

$$d\tau_1 = D(a_0, a_2)da_0da_2, \quad D(a_0, a_2) = \sqrt{2}\,|a_2(3a_0^2 - 2a_2^2)| \tag{B.11}$$

である．いま，振動運動の波動関数を $\widetilde{\Psi}(a_0, a_2)$ とすれば，規格化は

$$\iint \widetilde{\Psi}^*(a_0, a_2)\widetilde{\Psi}(a_0, a_2)D(a_0, a_2)\,da_0da_2 = 1 \tag{B.12}$$

である．そこで変換

$$\Psi(a_0, a_2) = \sqrt{D(a_0, a_2)}\,\widetilde{\Psi}(a_0, a_2) \tag{B.13}$$

によって新しい波動関数 $\Psi(a_0, a_2)$ を定義する．その規格化は

$$\iint \Psi^*(a_0, a_2)\Psi(a_0, a_2)\,da_0da_2 = 1 \tag{B.14}$$

である．

この新しい波動関数 $\Psi(a_0, a_2)$ が変換前の波動関数 $\widetilde{\Psi}(a_0, a_2)$ とまったく同等な物理内容を記述するためには，集団運動のハミルトニアン $\widehat{H}_{\text{coll}}$ を

$$\widehat{H}_{\text{coll}} \rightarrow \sqrt{D(a_0, a_2)}\,\widehat{H}_{\text{coll}}\frac{1}{\sqrt{D(a_0, a_2)}} \tag{B.15}$$

と変換しなければならない．これは相似変換 (similarity transformation) に他ならない．回転・振動の結合ハミルトニアン $\widehat{H}_{\text{rot-vib}}$ を無視すれば，この変換によって作用を受けるのは振動運動の運動エネルギーの演算子 $\widetilde{\widehat{T}}_{\text{vib}}$ のみであり，回転運動のハミルトニアン $\widehat{H}_{\text{rot}}$ やポテンシャル $V(a_0, a_2)$ は何らの影響も受けない．$\widetilde{\widehat{T}}_{\text{vib}}$ はこの相似変換により，

$$\widetilde{\widehat{T}}_{\text{vib}} \to \widehat{T}_{\text{vib}} = -\frac{\hbar^2}{2B}\left(\frac{\partial^2}{\partial a_0^2} + \frac{1}{2}\frac{\partial^2}{\partial a_2^2} + \frac{(3a_0^2 + 6a_2^2)^2}{8a_2^2(3a_0^2 - 2a_2^2)^2}\right) \quad (\text{B.16})$$

となる．変数 (a_0, a_2) を (B.7) 式を使って (ξ, η) に置き換え，これらが β_0 に比べて微小量であると考えて展開し，最低次をとれば，回転・振動の結合 $\widehat{H}_{\text{rot-vib}}$ を無視した集団運動のハミルトニアンの主要部分 $\widehat{H}_{\text{coll}}^{(0)}$ は

$$\widehat{H}_{\text{coll}}^{(0)} = \widehat{H}_{\text{rot}} + \widehat{H}_\xi + \widehat{H}_\eta, \quad (\text{B.17a})$$

$$\widehat{H}_{\text{rot}} = \frac{1}{2\mathcal{J}}(\widehat{I}_1'^2 + \widehat{I}_2'^2) = \frac{1}{2\mathcal{J}}(\widehat{\mathbf{I}}^2 - \widehat{I}_3'^2), \quad (\text{B.17b})$$

$$\widehat{H}_\xi = -\frac{\hbar^2}{2B}\frac{\partial^2}{\partial \xi^2} + \frac{1}{2}C_0\xi^2, \quad (\text{B.17c})$$

$$\widehat{H}_\eta = -\frac{\hbar^2}{4B}\frac{\partial^2}{\partial \eta^2} + C_2\eta^2 + \frac{1}{16B\eta^2}(\widehat{I}_3'^2 - \hbar^2) \quad (\text{B.17d})$$

となる．回転のハミルトニアン $\widehat{H}_{\text{rot}}$ は (3.127b) または (B.1) 式とまったく同じであるから，そのエネルギー固有値は (B.2) 式の通りである．ξ 振動のハミルトニアン $\widehat{H}_\xi$ は β 振動のハミルトニアン (3.127c) または (B.3) 式と同等であるから，そのエネルギー固有値は (B.4) 式の通りである．すなわち，ξ 振動は β 振動そのものである．残りの η 振動が γ 振動に対応する運動である．ただし注意すべきは，振動を記述する変数が異なっていて，同一の振動運動を異なった表示で表したことになる．したがって γ 振動のエネルギー固有値は η 振動のハミルトニアン (B.17d) の固有値を求めることによって得られる．K が良い量子数であるから，微分方程式

$$\left[\frac{\partial^2}{\partial \eta^2} - \frac{(K^2-1)}{4}\frac{1}{\eta^2} - \frac{4BC_2}{\hbar^2}\eta^2 + \frac{4B}{\hbar^2}E_\eta\right]g_K(\eta) = 0 \quad (\text{B.18})$$

の固有値 E_η が η 振動のエネルギー固有値，すなわち γ 振動のエネルギー固有値となる．さらに $\nu = \sqrt{4BC_2/\hbar^2}$ とおくと，(B.18) 式は

$$\left[\frac{d^2}{d\eta^2} - \frac{K^2-1}{4\eta^2} - \nu^2\eta^2 + \frac{4B}{\hbar^2}E_\eta\right]g_K(\eta) = 0 \quad (\text{B.19})$$

と書かれる．したがって $g_K(\eta)$ の漸近形は $\exp(-\nu\eta^2/2)$ である．$g_K(\eta)$ を

$$g_K(\eta) = f(\eta)\, e^{-\nu\eta^2/2} \tag{B.20}$$

とおき，$\rho = \sqrt{\nu}\,\eta$，$\varepsilon = 4BE_\eta/(\hbar^2\nu)$ とすると，関数 f のみたすべき方程式は

$$\frac{d^2 f}{d\rho^2} - 2\rho \frac{df}{d\rho} - \frac{K^2 - 1}{4\rho^2} f + (\varepsilon - 1)f = 0 \tag{B.21}$$

となる．

さてここで関数 $f(\rho)$ を次のように ρ のべき級数に展開しよう：

$$f(\rho) = \rho^r L(\rho) = \rho^r \sum_{i=0}^{\infty} a_i \rho^i, \quad (a_0 \neq 0). \tag{B.22}$$

このべき級数を (B.21) 式に代入し，$\rho = 0$ とすると，関数 $f(\rho)$ が $\rho = 0$ において発散しないためには $r(r-1) - (K^2 - 1)/4 = 0$ および $a_1 = 0$ でなければならないことがわかる．ゆえに，(3.121) 式で示したように $|K| = 0, 2, 4, \cdots$ であることに注意すれば，$r = \frac{1}{2}(|K| + 1)$ が得られる．したがって，べき級数 $L(\rho)$ がみたすべき方程式は

$$\rho L'' - 2\rho^2 L' + 2r L' + (\varepsilon - 1 - 2r)\rho L = 0 \tag{B.23}$$

となる．ただし L', L'' はそれぞれ L の 1 階および 2 階の微分である．この方程式にべき級数 (B.22) を代入すると，

$$a_{i+2} = -\frac{\varepsilon - 1 - 2r - 2i}{(i+2)(i+1) + 2r} a_i \tag{B.24}$$

が得られる．これによって原理的にはべき級数 $L(\rho)$ のすべての項が決定できる．ただし $a_1 = 0$ であるから，$L(\rho)$ は "偶数べき" のみとなる．ところが

$$i \longrightarrow \infty \quad \text{のとき} \quad \frac{a_{i+2}}{a_i} \longrightarrow \frac{2}{i} \tag{B.25}$$

となるから，$L(\rho)$ が無限級数となれば $\rho = \infty$ で $L(\rho)$ が発散し，その結果 $\eta = \infty$ において波動関数 $g_K(\eta)$ が発散する．$L(\rho)$ が発散しないように有限級数となるためには，ある $i\,(=偶数=2n_2)$ に対して (B.24) 式の分子が 0 にならなければならない．すなわち，

$$\varepsilon = 4n_2 + 1 + 2r = 4n_2 + |K| + 2, \qquad (n_2 = 0, 1, 2, \cdots) \tag{B.26}$$

となる.したがって,エネルギー固有値 E_η は

$$E_\eta = \left(2n_2 + \frac{1}{2}|K| + 1\right)\hbar\omega_\gamma, \quad (n_2 = 0, 1, 2, \cdots) \tag{B.27a}$$

となる.ただし

$$\omega_\gamma = \sqrt{\frac{C_\gamma}{B\beta_0^2}} = \sqrt{\frac{C_2}{B}} \tag{B.27b}$$

である.この E_η が γ 振動のエネルギー固有値である.

B.4 ま と め

以上の結果をまとめると,回転・振動の結合ハミルトニアン $\widehat{H}_{\text{rot-vib}}$ を無視すれば,回転・振動模型のエネルギー固有値 $E_{\text{coll}}^{(0)}$ はハミルトニアン $\widehat{H}_{\text{coll}}^{(0)}$ の固有値であり,

$$E_{\text{coll}}^{(0)}(I, K, n_\beta, n_\gamma) = \frac{\hbar^2}{2\mathcal{J}}[I(I+1) - K^2] + \left(n_\beta + \frac{1}{2}\right)\hbar\omega_\beta + (n_\gamma + 1)\hbar\omega_\gamma$$

$$n_\beta = 0, 1, 2, \cdots, \quad n_\gamma = 2n_2 + \frac{1}{2}K, \quad (n_2 = 0, 1, 2, \cdots) \tag{B.28}$$

となる.ただし $\omega_\beta, \omega_\gamma$ はそれぞれ (B.4b), (B.27b) 式で与えられる.

付録C　ボソン写像法の一般論

偶数フェルミオン系の全ヒルベルト空間からイデアル・ボソン空間への一般化されたボソン写像法について，本文で必要とされる最小限の説明を行う．[*1]

C.1　フェルミオン空間とイデアル・ボソン空間

以下では粒子数が偶数のフェルミオン系を扱うものとする．$a_\alpha^\dagger, a_\alpha$ をそれぞれフェルミオンの生成，消滅演算子とすれば，系の状態ベクトルは，

$$|m\rangle = a_{\alpha_1}^\dagger a_{\beta_1}^\dagger a_{\alpha_2}^\dagger a_{\beta_2}^\dagger \cdots a_{\alpha_n}^\dagger a_{\beta_n}^\dagger |0\rangle \tag{C.1}$$

と表される．偶数粒子系の全ヒルベルト空間は，すべての可能な $|m\rangle$ によって張られるフェルミオン空間 $\{|m\rangle\}$ である．

一方，イデアル・ボソン空間 $\{|n)\}$ は

$$|n) = (b_{\alpha_1\beta_1}^\dagger)^{n_1}(b_{\alpha_2\beta_2}^\dagger)^{n_2}\cdots|0) \tag{C.2}$$

によって張られる．ここでボソン演算子 $b_{\alpha\beta}^\dagger = -b_{\beta\alpha}^\dagger$ は，交換関係

$$[b_{\alpha\beta}, b_{\gamma\delta}^\dagger] = \delta_{\alpha\gamma}\delta_{\beta\delta} - \delta_{\alpha\delta}\delta_{\beta\gamma}, \quad [b_{\alpha\beta}, b_{\gamma\delta}] = [b_{\alpha\beta}^\dagger, b_{\gamma\delta}^\dagger] = 0 \tag{C.3}$$

をみたすものとする．イデアル・ボソン空間 $\{|n)\}$ の中で，物理的に意味のある状態 $|m)$ は，フェルミオンの状態 $|m\rangle$ に対応していなければならないので，反対称化されたボソンの状態ベクトル

$$|m) = \mathcal{N}(n)\sum_P (-1)^P P\, b_{\alpha_1\beta_1}^\dagger b_{\alpha_2\beta_2}^\dagger \cdots b_{\alpha_n\beta_n}^\dagger |0) \tag{C.4}$$

[*1] この付録の C.1 – C.4 の内容の多くを，D. Janssen, F. Dönau, S. Frauendorf and R. V. Jolos, Nucl. Phys. **A172**(1971) 145 に負っている．また，C.5 の内容は K. Takada, Phys. Rev. **C38**(1988) 2450 による．

で与えられる．ただし，規格化定数は $\mathcal{N}(n) = \sqrt{(2n-1)!!/(2n)!}$ であり，[*2]
P は添え字 $(\alpha_1, \beta_1, \alpha_2, \beta_2, \ldots, \alpha_n, \beta_n)$ に関する順列を表す．記号 $(-1)^P$ は P が偶順列なら 1，奇順列なら -1 である．

反対称化されたボソン状態 (C.4) で張られる部分空間 $\{|m)\}$ とフェルミオン空間 $\{|m\rangle\}$ との間には完全に 1 対 1 対応があり，したがってイデアル・ボソン空間の中の部分空間 $\{|m)\}$ は**物理的部分空間** (physical subspace) と呼ばれ，それ以外は**非物理的部分空間** (unphysical subspace) と呼ばれる．

C.2 物理的部分空間への射影演算子

われわれがいま目標とするボソン写像法は，元になるフェルミオン空間 $\{|m\rangle\}$ からイデアル・ボソン空間内の物理的部分空間 $\{|m)\}$ への写像である．そのために以下の議論でしばしば現れる，物理的部分空間への射影演算子 (projection operator) $\widehat{P}$ について説明しておこう．

反対称化されたボソン状態ベクトル $|m)$ は次のように表すことができる：

$$|m) = \mathcal{N}'(n) \langle 0| \exp\left\{\frac{1}{2}\sum_{\alpha\beta} b^\dagger_{\alpha\beta} a_\beta a_\alpha\right\} a^\dagger_{\alpha_1} a^\dagger_{\beta_1} \cdots a^\dagger_{\alpha_n} a^\dagger_{\alpha_n} |0\rangle |0). \quad \text{(C.5)}$$

ただし $\mathcal{N}'(n) = 1/\sqrt{(2n-1)!!}$ である．容易に確かめられるように，

$$\langle 0| \exp\left\{\frac{1}{2}\sum_{\gamma\delta} b^\dagger_{\gamma\delta} a_\delta a_\gamma\right\} = \langle 0| \exp\left\{\frac{1}{2}\sum_{\gamma\delta} b^\dagger_{\gamma\delta} a_\delta a_\gamma\right\} \sum_\beta b^\dagger_{\alpha\beta} a_\beta,$$

$$b_{\alpha\beta} \exp\left\{\frac{1}{2}\sum_{\gamma\delta} b^\dagger_{\gamma\delta} a_\delta a_\gamma\right\} |0) = a_\beta a_\alpha \exp\left\{\frac{1}{2}\sum_{\gamma\delta} b^\dagger_{\gamma\delta} a_\delta a_\gamma\right\} |0)$$

が成り立つから，これらを (C.5) 式に適用すると

$$|m) = \mathcal{N}'(n) B^\dagger_{\alpha_1\beta_1} \langle 0| \exp\left\{\frac{1}{2}\sum_{\alpha\beta} b^\dagger_{\alpha\beta} a_\beta a_\alpha\right\} a^\dagger_{\alpha_2} a^\dagger_{\beta_2} \cdots a^\dagger_{\alpha_n} a^\dagger_{\alpha_n} |0\rangle |0) \quad \text{(C.6)}$$

が得られる．ただし

$$B^\dagger_{\alpha\beta} = b^\dagger_{\alpha\beta} - \sum_{\gamma\delta} b^\dagger_{\alpha\gamma} b^\dagger_{\beta\delta} b_{\gamma\delta} \quad \text{(C.7)}$$

[*2] $(2n-1)!! = (2n-1)(2n-3)\cdots 1 = (2n)!/(2^n n!)$, $(-1)!! = 1$.

である．この操作を n 回繰り返すと，結局

$$|m) = \mathcal{N}'(n) \, B^\dagger_{\alpha_1\beta_1} B^\dagger_{\alpha_2\beta_2} \cdots B^\dagger_{\alpha_n\beta_n}|0) \tag{C.8}$$

が得られる．これが反対称化されたボソン状態ベクトルの別の表現である．(C.8)式において，例えば 2 ボソン状態をとってみると，

$$|m) = \frac{1}{\sqrt{3}} B^\dagger_{\alpha_1\beta_1} B^\dagger_{\alpha_2\beta_2}|0) = \frac{1}{\sqrt{3}}(b^\dagger_{\alpha_1\beta_1} b^\dagger_{\alpha_2\beta_2} - b^\dagger_{\alpha_1\alpha_2} b^\dagger_{\beta_1\beta_2} + b^\dagger_{\beta_1\alpha_2} b^\dagger_{\alpha_1\beta_2})|0) \tag{C.9}$$

となり，確かに反対称化されたボソン状態となっている．

ボソン状態 (C.2) で作られるイデアル・ボソン空間 $\{|n)\}$ は，反対称化された物理的部分空間のみならず，反対称でない非物理的部分空間も含んでいる．イデアル・ボソン空間の中の物理的部分空間への射影演算子 $\widehat{P}$ は

$$\widehat{P} = \sum_m |m)(m| \tag{C.10}$$

で定義される．もちろん $|m)$ は (C.4) または (C.8) 式で与えられる反対称化されたボソン状態ベクトルである．いうまでもなく $\widehat{P}$ はエルミートであり，

$$\widehat{P}^2 = \widehat{P} \tag{C.11}$$

をみたす．また，容易にわかるように

$$\sum_{\alpha_1\cdots\alpha_n\beta_1\cdots\beta_n} B^\dagger_{\alpha_1\beta_1} \cdots B^\dagger_{\alpha_n\beta_n}|0)(0|B_{\alpha_n\beta_n} \cdots B_{\alpha_1\beta_1}$$
$$= (2n-1)!! \sum_{\alpha_1\cdots\alpha_n\beta_1\cdots\beta_n} b^\dagger_{\alpha_1\beta_1} \cdots b^\dagger_{\alpha_n\beta_n}|0)(0|B_{\alpha_n\beta_n} \cdots B_{\alpha_1\beta_1}$$
$$= (2n-1)!! \sum_{\alpha_1\cdots\alpha_n\beta_1\cdots\beta_n} B^\dagger_{\alpha_1\beta_1} \cdots B^\dagger_{\alpha_n\beta_n}|0)(0|b_{\alpha_n\beta_n} \cdots b_{\alpha_1\beta_1}, \tag{C.12}$$

および

$$(0|B_{\gamma_n\delta_n} \cdots B_{\gamma_1\delta_1} B^\dagger_{\alpha_1\beta_1} \cdots B^\dagger_{\alpha_n\beta_n}|0)$$
$$= (2n-1)!! \, (0|b_{\gamma_n\delta_n} \cdots b_{\gamma_1\delta_1} B^\dagger_{\alpha_1\beta_1} \cdots B^\dagger_{\alpha_n\beta_n}|0)$$
$$= (2n-1)!! \, (0|B_{\gamma_n\delta_n} \cdots B_{\gamma_1\delta_1} b^\dagger_{\alpha_1\beta_1} \cdots b^\dagger_{\alpha_n\beta_n}|0) \tag{C.13}$$

が成り立つので，

$$\begin{aligned}
\widehat{P} &= \sum_m |m)(m| \\
&= \sum_{n=0}^{\infty} \frac{1}{(2n)!(2n-1)!!} \sum_{\alpha_1\cdots\alpha_n\beta_1\cdots\beta_n} B^{\dagger}_{\alpha_1\beta_1}\cdots B^{\dagger}_{\alpha_n\beta_n}|0)(0|B_{\alpha_n\beta_n}\cdots B_{\alpha_1\beta_1} \\
&= \sum_{n=0}^{\infty} \frac{1}{(2n)!} \sum_{\alpha_1\cdots\alpha_n\beta_1\cdots\beta_n} B^{\dagger}_{\alpha_1\beta_1}\cdots B^{\dagger}_{\alpha_n\beta_n}|0)(0|b_{\alpha_n\beta_n}\cdots b_{\alpha_1\beta_1} \quad (C.14)
\end{aligned}$$

となる．これらの結果を用いると，重要な関係式

$$[\widehat{P}, B^{\dagger}_{\alpha\beta}] = 0, \qquad \widehat{P}b_{\alpha\beta}\widehat{P} = b_{\alpha\beta}\widehat{P}, \qquad [\widehat{P}, \sum_{\gamma}b^{\dagger}_{\alpha\gamma}b_{\beta\gamma}] = 0, \quad (C.15a)$$

$$B^{\dagger}_{\alpha\beta}\widehat{P} = \widehat{P}b^{\dagger}_{\alpha\beta}(1+\widehat{N}), \qquad \widehat{P}b^{\dagger}_{\alpha\beta}\widehat{N} = -\widehat{P}\sum_{\gamma}b^{\dagger}_{\alpha\gamma}\widehat{\rho}_{\gamma\beta} \quad (C.15b)$$

が成り立つ．ただし，

$$\widehat{N} = \sum_{\alpha\beta} b^{\dagger}_{\alpha\beta}b_{\alpha\beta}, \qquad \widehat{\rho}_{\alpha\beta} = \sum_{\gamma} b^{\dagger}_{\beta\gamma}b_{\alpha\gamma}. \quad (C.16)$$

である．

C.3　Dyson 型ボソン写像

Usui によって提唱された **Usui 演算子**[*3]

$$U_1 = |0\rangle\langle 0| \exp\left\{\frac{1}{2}\sum_{\alpha\beta} b^{\dagger}_{\alpha\beta}a_{\beta}a_{\alpha}\right\}|0)(0|, \quad (C.17a)$$

$$U_2^{\dagger} = |0)(0|\sum_{n=0}^{\infty}\frac{1}{(2n)!}\left(\sum_{\alpha\beta}a^{\dagger}_{\alpha}a^{\dagger}_{\beta}b_{\alpha\beta}\right)^n|0\rangle\langle 0| \quad (C.17b)$$

を導入する．これらが **Dyson 型ボソン写像** (Dyson-type boson mapping)[*4] の写像演算子である．また，イデアル・ボソン空間内の物理的部分空間 $\{|m)\}$ の双直交基底ベクトルを

$$_L(m| = \frac{1}{\sqrt{(2n-1)!!}}(m|, \qquad |m)_R = \sqrt{(2n-1)!!}\,|m) \quad (C.18)$$

[*3] T. Usui, Prog. Theor. Phys. **23**(1960) 787.
[*4] F. J. Dyson, Phys. Rev. **102**(1956) 1217, 1230.

とする．これらは双直交規格化されていて，${}_L(m|m')_R = \delta_{mm'}$ をみたす．これらのイデアル・ボソン空間のブラ基底ベクトル $\{{}_L(m|\}$ とケット基底ベクトル $\{|m)_R\}$ とをまとめて **Dyson 型基底ベクトル** (Dyson-type basis vectors) と呼ぶことにする．

(C.17) 式の Dyson 型ボソン写像演算子を使えば，フェルミオン空間の基底ベクトル $|m\rangle$ が Dyson 型ボソン基底ベクトル (C.18) へ次のように変換される：

$$U_1|m\rangle|0\rangle = |m)_R|0\rangle, \qquad \langle 0|\langle m|U_2^\dagger = \langle 0|{}_L(m|. \qquad \text{(C.19a)}$$

つまり，U_1 はフェルミオン空間の基底ベクトル $|m\rangle$ をイデアル・ボソン空間のケット基底ベクトル $|m)_R$ へ変換し，$U_2^\dagger$ はフェルミオン空間の基底ベクトル $\langle m|$ をイデアル・ボソン空間のブラ基底ベクトル ${}_L(m|$ へ変換する写像演算子である．これらの逆写像は

$$\langle 0|{}_L(m|U_1 = \langle 0|\langle m|,$$
$$U_2^\dagger|m)_R|0\rangle = |m\rangle|0\rangle \quad \text{(C.19b)}$$

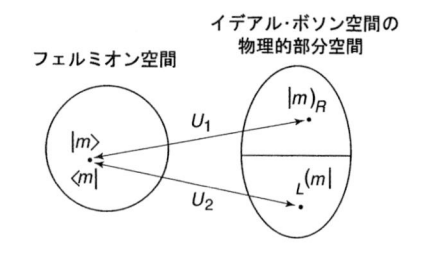

図 C.1 Dyson 型ボソン写像法におけるフェルミオン空間の基底ベクトルとイデアル・ボソン空間における Dyson 型基底ベクトルの対応関係

である．フェルミオン空間の基底ベクトルとイデアル・ボソン空間における Dyson 型基底ベクトルの間の対応関係が図 **C.1** に示されている．

(C.19a) 式から直ちにわかるように，

$$\langle m|U_2^\dagger U_1|m'\rangle = \delta_{mm'} \qquad \text{(C.20)}$$

となるので，フェルミオン空間において $U_2^\dagger U_1$ は単位演算子 ($=1$) である．

次に任意の演算子のボソン写像を考える．いま，あるフェルミオン演算子を O とする．(C.19) 式を用いれば，

$$\langle m|O|m'\rangle = \langle m|U_2^\dagger U_1 O U_2^\dagger U_1|m'\rangle = {}_L(m|U_1 O U_2^\dagger|m')_R$$

となるから，**Dyson 型ボソン演算子** (Dyson-type boson operator) O_D を

$$O_\mathrm{D} = U_1 O U_2^\dagger \qquad \text{(C.21)}$$

で定義すれば，フェルミオン空間における行列要素とイデアル・ボソン空間における行列要素が等しくなり，

$$\langle m|O|m'\rangle = {}_L(m|O_\mathrm{D}|m')_R \tag{C.22}$$

となる．したがって，フェルミオン空間内の"物理"のすべてが (C.17) 式のDyson型ボソン写像によってイデアル・ボソン空間に変換されたことになる．

容易に確認されるように，

$$U_1 U_2^\dagger = \widehat{P}, \quad \widehat{P} U_1 = U_1, \quad U_2^\dagger \widehat{P} = U_2^\dagger \tag{C.23}$$

が成り立ち，その結果

$$O_\mathrm{D} = \widehat{P} O_\mathrm{D} = O_\mathrm{D} \widehat{P} \tag{C.24}$$

が得られる．すなわち，Dyson型ボソン演算子を非物理的状態に作用させると0となる．

フェルミオン空間内の"物理"のすべてがDyson型ボソン写像によってイデアル・ボソン空間に変換されるといっても，この変換はユニタリー変換ではないので，フェルミオン空間内でのエルミート演算子でも，変換後のDyson型ボソン演算子がエルミートであるとは限らない．例えば，系のハミルトニアンは，フェルミオン空間内ではエルミートであるが，変換後のDyson型ボソン・ハミルトニアンは非エルミートである．

さて，最も基本的なフェルミオンの対演算子 $a_\alpha^\dagger a_\beta^\dagger$, $a_\alpha a_\beta$, $a_\alpha^\dagger a_\beta$ のDyson型ボソン写像の具体形を示すと，

$$(a_\alpha^\dagger a_\beta^\dagger)_\mathrm{D} = U_1 a_\alpha^\dagger a_\beta^\dagger U_2^\dagger = B_{\alpha\beta}^\dagger \widehat{P} = (b^\dagger(1-\widehat{\rho}))_{\alpha\beta} \widehat{P}, \tag{C.25a}$$

$$(a_\beta a_\alpha)_\mathrm{D} = U_1 a_\beta a_\alpha U_2^\dagger = b_{\alpha\beta} \widehat{P}, \tag{C.25b}$$

$$(a_\alpha^\dagger a_\beta)_\mathrm{D} = U_1 a_\alpha^\dagger a_\beta U_2^\dagger = \sum_\gamma b_{\alpha\gamma}^\dagger b_{\beta\gamma} \widehat{P} = \widehat{\rho}_{\beta\alpha} \widehat{P} \tag{C.25c}$$

と表される．$\widehat{\rho}$ の定義は (C.16) 式に与えられている．

相互作用ハミルトニアンのようにフェルミオンの演算子 $a^\dagger$ や a の4次形式で書かれているような演算子のDyson型ボソン写像は，2つのフェルミオンの対演算子の積と考え，それぞれを上記 (C.25) 式のボソン写像で置き換えればよい．例えば，4次の演算子 $a_\alpha^\dagger a_\beta^\dagger a_\delta a_\gamma$ のDyson型ボソン写像は

$$(a_\alpha^\dagger a_\beta^\dagger a_\delta a_\gamma)_\mathrm{D} = (a_\alpha^\dagger a_\beta^\dagger)_\mathrm{D} (a_\delta a_\gamma)_\mathrm{D} = B_{\alpha\beta}^\dagger \widehat{P} b_{\gamma\delta} \widehat{P} = B_{\alpha\beta}^\dagger b_{\gamma\delta} \widehat{P} \tag{C.26}$$

となる．最後の関係式は (C.15a) 式を使って得られる．

以上の結果から明らかなように，任意のフェルミオン演算子 O の Dyson 型ボソン写像 O_D は，

$$O_\mathrm{D} = \widetilde{O}_\mathrm{D}\widehat{P} \tag{C.27}$$

の形に表すことができる．ただし $\widetilde{O}_\mathrm{D}$ はボソン演算子の<u>有限級数</u> (多項式) である．このように $\widetilde{O}_\mathrm{D}$ がボソンの有限級数で表される点が Dyson 型の特徴である．

C.4　Holstein-Primakoff 型ボソン写像

もう 1 つの有用なボソン写像法は Marumori らによって提唱された．[*5] これが **Holstein-Primakoff** 型ボソン写像 (Holstein-Primakoff-type boson mapping)[*6] である．その写像演算子 U は

$$U = |0\rangle\langle 0| \sum_{n=0}^{\infty} \frac{1}{2^n n!} \frac{1}{\sqrt{(2n-1)!!}} \Big(\sum_{\alpha\beta} b^\dagger_{\alpha\beta} a_\beta a_\alpha\Big)^n |0)(0| \tag{C.28}$$

で定義され，**Marumori 演算子** [*5] と呼ばれる．

この変換 U によって，フェルミオン空間の基底ベクトル $|m\rangle$ は反対称化されたボソンの基底状態 $|m)$ へ，

$$U|m\rangle|0) = |m)|0\rangle, \qquad (0|\langle m|U^\dagger = \langle 0|(m| \tag{C.29}$$

と変換される．

容易にわかるように

$$\langle m|U^\dagger U|m'\rangle = \delta_{mm'} \tag{C.30}$$

となるから，フェルミオン空間において $U^\dagger U$ は単位演算子 $(=1)$ である．また

$$UU^\dagger = \widehat{P}, \quad \widehat{P}U = U, \quad U^\dagger \widehat{P} = U^\dagger \tag{C.31}$$

が成り立つ．

[*5] T. Marumori, M. Yamamura and A. Tokunaga, Prog. Theor. Phys. **31**(1964) 1009.
[*6] T. Holstein and H. Primakoff, Phys. Rev. **58**(1940) 1098.

任意のフェルミオン演算子 O を, 演算子 U でイデアル・ボソン空間に変換した **Holstein-Primakoff** 型ボソン演算子 (Holstein-Primakoff-type boson operator) O_{HP} を

$$O_{\mathrm{HP}} = UOU^\dagger \qquad (\mathrm{C}.32)$$

で定義すれば, フェルミオン空間における行列要素とイデアル・ボソン空間における行列要素が等しくなり,

$$\langle m|O|m'\rangle = (m|O_{\mathrm{HP}}|m') \qquad (\mathrm{C}.33)$$

となる. したがって, フェルミオン空間内の"物理"のすべてが (C.28) 式の Holstein-Primakoff 型ボソン写像によってイデアル・ボソン空間に変換されたことになる. この変換はユニタリー型の変換であるから, フェルミオン空間におけるエルミート性はボソン空間においても保存される. すなわち, Holstein-Primakoff 型ボソン・ハミルトニアンはエルミート演算子である. また,

$$O_{\mathrm{HP}} = \widehat{P}O_{\mathrm{HP}} = O_{\mathrm{HP}}\widehat{P} \qquad (\mathrm{C}.34)$$

が得られるから, Holstein-Primakoff 型ボソン演算子を非物理的状態に作用させると 0 となる.

最も基本的なフェルミオンの対演算子 $a_\alpha^\dagger a_\beta^\dagger, a_\alpha a_\beta, a_\alpha^\dagger a_\beta$ の Holstein-Primakoff 型ボソン写像の具体形を示すと,

$$(a_\alpha^\dagger a_\beta^\dagger)_{\mathrm{HP}} = U a_\alpha^\dagger a_\beta^\dagger U^\dagger = (b^\dagger \sqrt{1-\widehat{\rho}})_{\alpha\beta}\widehat{P}, \qquad (\mathrm{C}.35\mathrm{a})$$

$$(a_\beta a_\alpha)_{\mathrm{HP}} = U a_\beta a_\alpha U^\dagger = (\sqrt{1-\widehat{\rho}}\, b)_{\alpha\beta}\widehat{P}, \qquad (\mathrm{C}.35\mathrm{b})$$

$$(a_\alpha^\dagger a_\beta)_{\mathrm{HP}} = U_1 a_\alpha^\dagger a_\beta U_2^\dagger = \sum_\gamma b_{\alpha\gamma}^\dagger b_{\beta\gamma}\widehat{P} = \widehat{\rho}_{\beta\alpha}\widehat{P} \qquad (\mathrm{C}.35\mathrm{c})$$

と表される. $\widehat{\rho}$ の定義は (C.16) に与えられている.

相互作用ハミルトニアンのようにフェルミオンの演算子 $a^\dagger$ や a の 4 次形式で書かれているような演算子の Holstein-Primakoff 型ボソン写像は, 2 つのフェルミオンの対演算子の積と考え, それぞれを上記 (C.35) 式のボソン写像で置き換えればよい. たとえば, 4 次の演算子 $a_\alpha^\dagger a_\beta^\dagger a_\delta a_\gamma$ の Holstein-Primakoff 型ボソン写像は

$$(a_\alpha^\dagger a_\beta^\dagger a_\delta a_\gamma)_{\mathrm{HP}} = (a_\alpha^\dagger a_\beta^\dagger)_{\mathrm{HP}}(a_\delta a_\gamma)_{\mathrm{HP}}$$

$$= (b^\dagger \sqrt{1-\widehat{\rho}})_{\alpha\beta} \widehat{P} (\sqrt{1-\widehat{\rho}} b)_{\gamma\delta} \widehat{P}$$
$$= (b^\dagger \sqrt{1-\widehat{\rho}})_{\alpha\beta} (\sqrt{1-\widehat{\rho}} b)_{\gamma\delta} \widehat{P} \qquad (\text{C.36})$$

となる.

以上の結果から明らかなように，任意のフェルミオン演算子 O の Holstein-Primakoff 型ボソン写像 O_{HP} は

$$O_{\text{HP}} = \widetilde{O}_{\text{HP}} \widehat{P} \qquad (\text{C.37})$$

の形に書くことができる. $\widetilde{O}_{\text{HP}}$ は，(C.36) 式でわかるように平方根演算子を含むので，これを 2 項展開すると無限級数となる. この点が Dyson 型ボソン写像の場合と大きく異なる点であり，Holstein-Primakoff 型ボソン写像の不利な点である.

フェルミオンの対演算子 $a_\alpha^\dagger a_\beta^\dagger,\ a_\alpha a_\beta,\ a_\alpha^\dagger a_\beta$ の間の交換関係は閉じた代数を作る. これは $\mathcal{N}$ 次元特殊直交群 (SO($2\mathcal{N}$)) の Lie 代数である. $\mathcal{N}$ は 1 粒子状態 α の数である. Belyaev と Zelevinski は，フェルミオンの対演算子に対応するボソンの無限級数で表される演算子を考え，その各次数ごとにこの交換関係 (Lie 代数) をみたすように級数展開をきめれば，フェルミオン空間のすべての"物理"がイデアル・ボソン空間に変換できるはずである，というアイデアによるボソン展開法を提唱した.[*7] Holstein-Primakoff 型ボソン写像 (C.35) において，射影演算子 $\widehat{P}$ を除いて，平方根演算子 $\sqrt{1-\widehat{\rho}}$ を級数展開し，正規積の形にアレンジし直したものがまさに Belyaev-Zelevinski のボソン展開になっている.

C.5　ボソン空間における Schrödinger 方程式

フェルミオン空間のハミルトニアンを H とし，Schrödinger 方程式を

$$(H - E_\lambda)|\Psi_\lambda\rangle = 0 \qquad (\text{C.38})$$

と書く. Holstein-Primakoff 型ボソン写像 U および Dyson 型ボソン写像 U_1, $U_2^\dagger$ によって，この Schrödinger 方程式は，それぞれ

$$(H_{\text{HP}} - E_\lambda)|\Psi_\lambda\rangle = 0, \qquad (\text{C.39})$$

[*7] S. T. Belyaev and V. G. Zelevinski, Nucl. Phys. **39**(1962) 582.

および
$$(H_D - E_\lambda)|\psi_\lambda)_R = 0, \quad {}_L(\psi_\lambda|(H_D - E_\lambda) = 0 \tag{C.40}$$

と変換される．ただし，固有ベクトルの変換は

$$|\Psi_\lambda) = U|\Psi_\lambda\rangle, \quad |\psi_\lambda)_R = U_1|\Psi_\lambda\rangle, \quad {}_L(\psi_\lambda| = \langle\Psi_\lambda|U_2^\dagger \tag{C.41}$$

であり，Holstein-Primakoff 型および Dyson 型ボソン・ハミルトニアンは，それぞれ

$$H_{HP} = UHU^\dagger, \quad H_D = U_1HU_2^\dagger \tag{C.42}$$

である．

(C.39) 式は Holstein-Primakoff 型ボソン写像法における固有値方程式であり，固有ベクトルの規格直交条件は

$$(\Psi_\lambda|\Psi_{\lambda'}) = \delta_{\lambda\lambda'} \tag{C.43}$$

である．他方，(C.40) の 2 つの式は Dyson 型ボソン写像法における右固有値方程式および左固有値方程式である．Dyson 型ボソン写像法においては，ボソン・ハミルトニアン H_D は非エルミートで，したがって左右の固有値方程式が必要となる．この場合の規格直交条件は

$${}_L(\psi_\lambda|\psi_{\lambda'})_R = \delta_{\lambda\lambda'} \tag{C.44}$$

と書かれる．規格直交条件 (C.44) だけでは左右の固有ベクトル $|\psi_{\lambda'})_R$, ${}_L(\psi_\lambda|$ を決定することはできない．なぜならば，たとえば前者にある 0 でない任意の定数をかけ，後者をその定数で割って得られる 1 組の左右のベクトルもまた固有ベクトルになっているからである．

ボソン・ハミルトニアンの行列要素の計算は，Dyson 型ボソン写像法の H_D の方が Holstein-Primakoff 型ボソン写像法の H_{HP} よりはるかに容易である．しかし，Dyson 型ボソン写像法においては，上述のように固有関数の規格化が確定しないことが決定的に不利な点であると考えられてきた．したがって，Dyson 型ボソン写像法の有利な点を生かしながら計算した行列要素を，Holstein-Primakoff 型ボソン写像法の行列要素に "転換"(convert) することができれば理想的である．これを以下で説明しよう．

C.5 ボソン空間における Schrödinger 方程式

$\{|i)\}$ をイデアル・ボソン空間内の物理的部分空間の基底ベクトルとし,その規格直交性を $(i|i') = \delta_{ii'}$ とする.さらに,これらの基底ベクトルは (C.16) 式で定義されるボソンの個数演算子 $\widehat{N}$ の固有状態とする.すなわち,それぞれの基底ベクトルはきまったボソン数 N_i を持つものとする.一般的にはこれらの基底ベクトルは,ボソン数 N_i とともに,たとえば角運動量の大きさやその z 成分のような量子数で指定されるはずである.これらの量子数は $\widehat{N}$ と交換可能ないくつかのエルミート演算子 $C_{\mathrm{HP}}(k); (k = 1, 2, \cdots, K)$ の固有値である.ここで, K は基底ベクトル $\{|i)\}$ を指定するために必要な量子数の個数である.

ボソンの基底ベクトル $|i)$ は (C.28) 式の U によってフェルミオンの基底ベクトル $|i\rangle$ に逆変換され,さらに (C.27) 式の $U_1, U_2^\dagger$ を使って Dyson 型基底ベクトル $|i)_R, {}_L(i|$ に変換される.すなわち

$$|i\rangle = U^\dagger |i), \quad |i)_R = U_1 |i) = U_1 U^\dagger |i\rangle, \quad {}_L(i| = \langle i|U_2^\dagger = (i|UU_2^\dagger, \quad \text{(C.45)}$$

となる.また演算子 $C_{\mathrm{HP}}(k)$ に対応するフェルミオン演算子を $C_{\mathrm{F}}(k)$, Dyson 型ボソン演算子を $C_{\mathrm{D}}(k)$ とすれば,それらの間の関係は

$$C_{\mathrm{D}}(k) = U_1 C_{\mathrm{F}}(k) U_2^\dagger = U_1 U^\dagger C_{\mathrm{HP}}(k) U U_2^\dagger \quad \text{(C.46)}$$

である.フェルミオン演算子 $C_{\mathrm{F}}(k)$ はフェルミオン数を変化させない演算子であることは明らかである.このような演算子はフェルミオン対演算子 $a_\alpha^\dagger b_\beta$ またはそれらの積で構成される.ところが, (C.25c) と (C.35c) 式からわかるように $(a_\alpha^\dagger b_\beta)_{\mathrm{HP}} = (a_\alpha^\dagger b_\beta)_{\mathrm{D}}$ であり,したがって

$$C_{\mathrm{D}}(k) = C_{\mathrm{HP}}(k), \quad k = 1, 2, \cdots, K \quad \text{(C.47)}$$

である.

Dyson 型基底ベクトル $|i)_R$ および ${}_L(i|$ は,それぞれ $C_{\mathrm{D}}(k)$ の右および左固有ベクトルであり, (C.47) 式からそれらは $C_{\mathrm{HP}}(k)$ の固有ベクトルでもある.したがって,それらは $|i)$ または $(i|$ に比例しているはずである.すなわち,

$$|i)_R = k_i |i), \quad {}_L(i| = \frac{1}{k_i}(i| \quad \text{(C.48)}$$

である.ここで, k_i は 0 でない定数で,正の実数と考えてよい.

O を任意のフェルミオン演算子とし,その Dyson 型ボソン写像および Holstein-Primakoff 型ボソン写像をそれぞれ O_{D} および O_{HP} とすると

$${}_L(i|O_{\mathrm{D}}|i')_R = (i|O_{\mathrm{HP}}|i') = \langle i|O|i'\rangle \quad \text{(C.49)}$$

が成り立ち，したがってエルミート共役の性質から

$$_L(i|O_{\rm D}|i')_R = {}_L(i'|\overline{O}_{\rm D}|i)_R^*, \quad \overline{O}_{\rm D} = U_1 O^\dagger U_2^\dagger \tag{C.50}$$

となる．$\overline{O}_{\rm D} \neq (O_{\rm D})^\dagger$ に注意すべきである．(C.48) 式を用いると，

$$\left(\frac{k_{i'}}{k_i}\right)^2 = \frac{(i'|\overline{O}_{\rm D}|i)^*}{(i|O_{\rm D}|i')} \tag{C.51}$$

となるから，

$$\langle i|O|i'\rangle = (i|O_{\rm HP}|i') = {}_L(i|O_{\rm D}|i')_R = (i|O_{\rm D}|i')\left[\frac{(i'|\overline{O}_{\rm D}|i)^*}{(i|O_{\rm D}|i')}\right]^{1/2} \tag{C.52}$$

となる．この式により，Dyson 型ボソン写像の行列要素を Holstein-Primakoff 型へ転換することができる．

(C.52) 式において，フェルミオン演算子 O として系のハミルトニアン H をとると，$\overline{H}_{\rm D} = U_1 H^\dagger U_2^\dagger = U_1 H U_2^\dagger = H_{\rm D}$ であるから，

$$(i|H_{\rm HP}|i') = {}_L(i|H_{\rm D}|i')_R = (i|H_{\rm D}|i')\left[\frac{(i'|H_{\rm D}|i)^*}{(i|H_{\rm D}|i')}\right]^{1/2} \tag{C.53}$$

が得られる．この結果を用いると，Dyson 型ボソン写像の非エルミート固有値問題が Holstein-Primakoff 型のエルミート固有値問題に転換されたことになる．

参 考 図 書

本文中で参考にした文献はその都度脚注にあげたので，引用した原著論文をあらためてリストアップすることはしない．ここでは，本書の多くの章や節の広い範囲にわたって，執筆の際に特に参考にさせていただいた図書をあげて，読者の便宜に資するとともに，感謝の意を表したいと思う．

本書全体を通じて参考にした図書は，以下の (1) – (5) である．

(1) 高木修二，丸森寿夫，河合光路：原子核論 (第 2 版，岩波講座「現代物理学の基礎」第 9 巻)，岩波書店 (1978)．

(2) 野上茂吉郎：原子核，裳華房 (1973)．

(3) 市村宗武，坂田文彦，松柳研一：原子核の理論 (岩波講座「現代の物理学」第 9 巻)，岩波書店 (1993)．

(4) P. Ring and P. Schuck: *The Nuclear Many-Body Problem*, Springer-Verlag (1980).

(5) A Bohr and B. R. Mottelson: *Nuclear Structure*, Benjamin, Vol. I (1969); Vol. II (1975) [中村誠太郎監修，有馬朗人，市村宗武，久保寺国晴 訳：原子核構造 第 1 巻，講談社 (1979)；中村誠太郎監修，有馬朗人，寺沢徳雄，市村宗武，矢崎紘一，大西直毅 訳：原子核構造 第 2 巻，講談社 (1980)]．

また，本書のそれぞれの部分で特に参考にした図書は，以下の (6) – (14) である．

(6) A. de-Shalit and I. Talmi: *Nuclear Shell Theory*, Academic Press (1963).

(7) M. G. Mayer and J. H. D. Jensen: *Elementary Theory of Nuclear Shell Structure*, John Wiley & Sons (1955) [寺沢徳雄訳：原子核の殻模型入門，三省堂 (1973)]．

(8) J. M. Eisenberg and W. Greiner: *Nuclear Models (Nuclear Theory)* Vol. 1, North-Holland (1987).

(9) 大塚孝治：相互作用するボソン模型 (物理学最前線 20), 共立出版 (1988).

(10) F. Iachello and A. Arima: *The interacting boson model*, Cambridge University Press (1987).

(11) 鈴木敏男：原子核の巨大共鳴状態 (物理学最前線 19), 共立出版 (1988).

(12) K. Wildermuth and W. McClure: *Cluster Representation of Nuclei*, Springer Tracts in Modern Physics, Vol. 41 (1966).

(13) K. Wildermuth and Y. C. Tang: *A Unified Theory of the Nucleus*, Vieweg. Braunschweig (1977).

(14) Y. C. Tang: *Microscopic Description of the Nuclear Cluster Theory*, Lecture Notes in Physics Vol. 145, Springer Verlag (1981).

索引

α クラスター　297
α クラスター　287, 289, 291, 293, 294, 300, 306, 354
α 粒子模型　3
Alaga の規則　139, 143
Arima　45, 251

β 振動　134, 135, 158, 220, 377
β バンド　136, 138, 140
β 崩壊　284
Bardeen-Cooper-Schrieffer 理論　188
Bartlett
　——演算子　315
　——力　315
BCS
　——基底状態　188–190, 193–198, 205, 208, 209, 214, 215
　——近似　191, 196–199, 204, 205
　——理論　188
Belyaev　223, 230, 268, 391
Bethe　71
Bethe-Goldstone 方程式　83–85, 87
Bloch-Messiah の定理　200, 204
Bogoliubov-Valatin 変換　191
Bogoliubov 変換　188, 191, 193, 194, 198, 199, 201, 205, 206, 212
　一般化された ——　199, 200, 202
Bohr, A.　3, 100, 127, 143
Bohr, N.　2
Bohr-Mottelson
　——の強結合ハミルトニアン　148
　——の集団模型　148, 150, 153, 158, 164, 170, 173, 177, 184, 205, 209, 230, 251, 270
Breit-Wigner の共鳴公式　270
Brink-Margenau 波動関数　300
Brink 模型　300
Brueckner　71
　——理論　67, 71, 76, 81–83, 94–96
Brueckner-Bethe-Goldstone 理論　71

Brueckner-Hartree-Fock 法　81

Casimir 演算子　248–250
cfp　27, 28, 30–32, 34, 35, 109
Chadwick　1
Clebsch-Gordan 係数　9, 25, 109
Coriolis 力　149, 159, 162, 262, 267
Coulomb
　——エネルギー　68, 104, 105
　——力　63, 69
　——励起　139, 140, 157

δ 関数型のポテンシャル　22
D 型　234, 235, 238, 241, 244
D 関数　118–120, 122, 224, 367, 372, 375
　——の時間変化　375
d ボソン　246
Dyson
　——イメージ　243, 244
　——型写像　233, 237, 241, 244, 246, 386, 392

Euler 角　118–120, 125, 127, 129, 130, 132, 148, 190, 224, 363, 365, 366, 369, 370, 372, 373, 375
　——の時間微分　125

Fermi
　——運動量　70, 71, 73, 86
　——エネルギー　165, 177, 194, 253, 256
　——ガス模型　69–72
　——面　74
Feshbach 理論　90
Feynman 図　74

γ 振動　134, 135, 158, 159, 220, 378
γ バンド　136, 138–140, 143, 260
g 因子　52
　軌道 ——　51

索引

スピン —— 51
G 行列 78, 80, 94
Gauss 型 44, 46
Gauss の超幾何関数 368
GCM 332, 334, 338, 339, 344, 353
—— 方程式 332–334, 339, 340, 353
Goldstone 71, 76
Gram-Schmidt の直交化法 35
Green 関数 85, 86
GTR 283

Hamada-Johnston ポテンシャル 64, 65, 67
Hamilton 関数 123, 124
Hartree-Fock
—— 基底状態 165, 166, 168, 181, 183–186, 189, 193, 199, 205, 224, 226, 229, 274
—— 近似 165, 167–170
—— 場 186
—— 法 81, 164–166, 168, 185, 197, 199, 205
—— 方程式 166, 167, 170
—— ポテンシャル 157, 167, 186, 198, 228, 229
Hartree-Fock-Bogoliubov
—— 基底状態 201
—— 法 197, 198, 253
—— 方程式 201, 204
Heisenberg 1
—— 演算子 315
—— 力 315
HFB
—— 基底状態 201, 202, 204
—— 法 198
—— 方程式 201, 204
Holstein-Primakoff
—— イメージ 243
—— 型写像 233, 237, 245, 389, 392
HP 型 233–235, 238, 241, 244, 245

IAS 281
IBM 246, 247, 251
Ikeda ダイアグラム 288, 290
Inglis 221, 268
Iwanenko 1

Jacobi 座標 315
Janssen 252, 383
Jensen 2, 7, 8
jj 結合殻模型 7

K 射影 326, 327

L^2 力 65
Lagrange の未定乗数 191, 202, 215, 217, 267, 332
Laguerre 多項式 8
Laplace
—— の展開定理 317, 318
—— 方程式 102
Lipkin 模型 232
LS 力 65

Majorana
—— 演算子 315
—— 力 315
Marumori 177, 220, 230
—— 演算子 389
Mayer 2, 7, 8
Morinaga 297
Mottelson 3, 143

new Tamm-Dancoff 近似 181, 183, 184, 209
Nilsson
—— ダイアグラム 154–157, 222, 268
—— ポテンシャル 157
—— 模型 153–155, 157, 221, 222, 254, 256, 257

O(6) 250
OCM 350, 352, 353, 355
—— 方程式 350–352, 355, 356

p 殻 45, 291
P 空間 89, 92
$P+QQ$ 模型 212–214, 220
Pauli
—— 許容状態 349, 350
—— 禁止状態 341, 343, 345, 347, 349–352, 355, 356, 360
—— 原理 19, 74, 84, 86–88, 294, 350
—— スピン行列 64
—— の量子化 124
Peierls 225
pf 殻 42, 45, 46

Q 空間 89, 92
$\widehat{Q}$ ボックス 93, 94
QQ 力 211, 212

索　引

Racah　24
　　——係数　29
Rainwater　116
RGM　294, 334, 335, 338, 339, 341, 343, 351, 353, 355
　　——方程式　334, 336, 338, 339, 349–354
RPA　174, 176, 177, 181–184, 205, 207
　　——フォノン　230
　　——方程式　177–180, 183, 185, 186, 208
　　——モード　177, 181, 205, 207
　　——励起モード　176
Rutherford　1

s バンド　262
s ボソン　246
Schmidt
　　——線　53
　　——値　53
SDI　44
sd 殻　42, 45, 46, 295
Skyrme 力　253
Slater 行列式　18, 165, 166, 169–171, 173, 185, 274, 275, 301–303, 307, 308, 312, 314–316
Strutinsky 法　252, 253, 257, 269
SU(2) 模型　232
SU(3)　249
　　——殻模型　305, 323, 331, 347

Tamm-Dancoff 近似　181, 182, 184, 209
Tamura　245
TDHF 法　170
Thouless の定理　171, 173, 203, 215

U(5)　248
U(6)　248
Usui 演算子　386

Weisskopf 単位　111
Weizsäcker　2
Weizsäcker-Bethe の質量公式　16, 67, 99, 197, 253, 275, 277
Wick の定理　166
Wigner-Eckart の定理　59
Wigner 力　315
Woods-Saxon 型ポテンシャル　11

Yukawa　2
　　——型　44, 46, 63

ア 行

アイソスカラー型　278, 280, 281
アイソスピン　20, 43, 64
アイソバリック・アナログ状態　281
アイソベクトル型　273, 281
安定性条件　185, 186

位相のずれ　294
1 重状態　64
1 粒子 1 空孔モード　176, 205
1 粒子ポテンシャル　77, 80
一般化された準粒子　198, 199
イデアル・ボソン空間　232–237, 383
井戸型ポテンシャル　11
イラスト
　　——状態　139, 258, 259, 262, 263, 266
　　——線　258–260
　　——領域　259, 263, 268, 269
　　——・レベル　260, 262

渦なし　102, 114
運動エネルギー　121

液滴模型　2, 67, 69, 99, 252, 253, 255, 257, 260, 270
エネルギー
　　Coulomb ——　68
　　——・ギャップ　194, 197, 198, 205, 223
　　——・シフト　72, 81
　　対称 ——　68
　　体積 ——　68
　　——に依存しない有効相互作用　91
　　——に依存する有効相互作用　90
　　表面 ——　68
　　ペアリング・——　16
遠心力　136, 267

オープン殻　15
オブレート型　121
折れ線ダイアグラム　96

カ 行

回転
　　——スキーム　263, 264, 266
　　——整列　262, 264, 266, 268
　　——体　363

索 引

──対称　134, 149, 150, 154, 221, 224
──対称性　229, 263
──楕円体　116, 117, 120, 121, 134, 255, 266
──バンド　135
──領域　144
回転運動　123, 377
　高スピン──　252, 257, 263
　──の運動エネルギー　126
　──の波動関数　127
　──ハミルトニアン　133, 134, 149
回転座標系　148, 266, 267
回転・振動
　──相互作用　133
　──模型　133, 136, 137, 139–141, 143, 144, 377, 382
回復距離　86–88
化学ポテンシャル　194
角運動量　105
　──合成　22
　──射影　323–325, 327, 329, 330, 358
　──の交換関係　24, 231, 365, 371
殻効果　252–254, 269
核子　1
核磁子　51, 112, 162
核種　5
核図表　4, 5
核物質　69
核分裂　2, 99
殻補正　253, 255, 256
殻模型　2, 7, 99
　──計算　43
核力　15, 63
重なり積分　316, 317, 319–321, 333, 340, 344, 350
　──核　333, 340, 341, 343, 345, 356
固い芯　76, 86, 94
荷電交換　281
荷電・スピン飽和配位　318, 319, 321
荷電独立性　43
換算遷移確率　58, 59, 111
換算幅　354, 355, 359
　──振幅　354–358, 360
慣性モーメント　123, 127, 222, 224, 260–262, 269
完全対称関数　18
完全反対称関数　18

奇核　15, 148, 153, 159–161, 163, 204

基底状態相関　184, 209
基底バンド　136, 138, 139, 141, 143, 260, 262, 268, 269
既約球面テンソル　100
ギャップ方程式　191–193, 196
$9j$-記号　41
球 Bessel 関数　86
強結合　2, 69, 146
　──的描像　3, 99
　──模型　146, 150, 153, 158
共鳴
　アイソバリック・アナログ──　285
　──エネルギー　271
　──状態　292
　──幅　271
　分子──　297
共鳴群法　294, 334, 338
曲線座標　124
巨大共鳴　269–271, 277, 281, 285
　Gamow-Teller──　283
　4重極共鳴　280, 281
　双極共鳴　270, 273, 274, 277, 281
　単極共鳴　280

空間固定系　118, 363, 365–367
空間固定座標系　363
空間反転　324, 327
偶奇質量差　68, 196–198, 205
偶々核　15
空孔　165, 166, 173, 181
　──状態　74, 165–168, 208, 222
クラスター　287
　α──　297
　α──　287, 289, 291, 293, 294, 300, 306, 354
　──構造　287, 291
　──模型　62, 287, 293, 331, 353
クランキング
　──項　267
　──公式　218, 219, 221–223, 268
クランクした殻模型　266–269

結合エネルギー　67
　──の飽和性　6, 69
結合チャンネル方程式　336
原子核　1
　──の半径　5
原子的描像　287, 290

光学模型　2
交換関係　19
交換力　315, 320
高スピン
　——異性体　266
　——回転運動　252, 257, 263
　——状態　252, 259, 263, 269
構造的斥力芯　294, 361
高速回転状態　252, 259, 260
後方
　——振幅　181, 209
　——歪曲　262, 269
呼吸モード　100, 280
個数演算子　19
固有座標　151
　——系　151, 152, 154
固有4重極モーメント　117, 137, 139
固有励起　158, 159

サ 行

最高セニョリティ　32, 34
　——状態　25
作用半径　44, 63
3角形配置　326, 329, 330, 358
3重状態　64
残留相互作用　15

時間依存 Hartree-Fock 法　170, 173, 174
磁気
　——遷移　59
　——双極遷移　58
　——双極モーメント　50, 51, 163
　——2重極遷移　58
　——モーメント　51–53, 55, 60, 112
しきい値　289, 292, 294, 296, 297, 337
　——則　288–290
軸対称　134, 149, 150, 154, 221, 224
試行関数　165, 170, 224
自己共役 $4n$ 核　289, 297
自己無撞着
　——的　81, 167, 168, 204, 221, 269
　——法　81
4重極
　——演算子　211, 215–217, 247, 279
　——振動　100
　——相関力　211
　——フォノン　114
　——変形　116, 123, 124, 127, 215

　——変形核　116, 117, 133, 134, 144, 215, 220
　——モーメントの1粒子見積もり　56, 116
実験室系　118
質量パラメーター　101, 114, 214, 218
射影演算子　73, 89, 92, 224, 237, 238, 243, 324–326, 349, 356, 385, 391
弱結合　2, 69, 146
　——的描像　3
　——模型　145
重イオン反応　257, 259
重心座標　306, 307, 309–313, 333
集団運動　3, 62, 99, 116
　——的描像　99, 143
　——の波動関数　128, 133
　——のハミルトニアン　127, 128, 135
　——の微視的理論　164, 186, 210, 215
　——パラメーター　214, 220
　変形核の ——　117, 124
集団座標　100, 118, 120
集団性　114, 178, 185, 209, 239, 269
集団的回転スキーム　264, 268
集団ハミルトニアン　127
集団模型　3, 99, 143, 144
準位密度　254, 256, 257, 259
準スピン　23
　——演算子　24, 231, 235
　——・テンソル　189
準粒子　186–189, 191, 196, 198, 199, 201
　——RPA　177, 205, 207–210, 213
　——RPA 方程式　205, 207, 208, 213
　一般化された ——　198, 199
　——法　191
消滅演算子　18
芯　63
新型 CFP　36–40
真空　18, 166, 189, 196, 199, 201–203, 205, 208, 215, 219, 231, 233
振動運動　99–101, 105, 107, 123
　——の運動エネルギー　127
　——の波動関数　127, 132, 133, 153
　——のハミルトニアン　133, 149
振動領域　144
侵入者準位　14
芯半径　86

スピン軌道スプリッティング　9, 10
スピン軌道力　8, 13, 14, 16

正規積　166, 176, 203, 204, 207, 212
正準運動量　106
正常状態　193, 194, 205
生成演算子　18
生成座標　332, 333, 339
　——法　224, 300, 331, 332, 338
生成子　248
斥力芯　294
摂動展開　72, 75, 76, 93
セニョリティ　23-25, 31, 187, 188, 196, 197, 249
　最高——　25, 32, 34
　——・スキーム　31, 32
　低い——　35
遷移確率　50, 58
遷移領域　226, 229, 230, 244
選択則　111
前方振幅　181, 209
占有確率　193
線要素　124

相関振幅　176, 181, 207, 208
相互作用するボソン模型　246
相互作用半径　87, 88
双直交系　91
相転移　186, 227-230
速度ポテンシャル　102

タ 行

対称エネルギー　68
対称性　128
体積エネルギー　68
体積要素　124, 127
第2量子化　17, 18
楕円体　117
多重極遷移演算子　58, 110
多準位　36, 187
多中心模型　298-300, 314, 331
脱励起　258
多フォノン
　——空間　239, 243
　——状態　109, 110
単極相関力　214
弾性的過程　336
弾性パラメーター　101, 114, 214, 215
断熱
　——近似　215, 218, 221
　——摂動法　218

——的　144
チャンネル　334-336, 341, 345
　結合——方程式　336
　半径　354, 359
中間子
　——の Compton 波長　63
　——理論　63
中心力　65, 315, 320
超伝導状態　188, 195, 205, 267
超微細構造　51
超変形回転バンド　266, 269
調和振動子　8
　——パラメーター　11, 301, 303, 307, 309, 313
直接ポテンシャル　337, 351, 352
直角座標　124
直交条件模型　349, 350, 352

対演算子　21
対振動　214, 243-245
対相関　14, 186
　——ハミルトニアン　23, 26, 27
　——力　15, 22, 23, 186
強い相互作用　63

デカップリング・パラメーター　160, 161
電気
　——4重極遷移　58, 136-138
　——4重極モーメント　50, 56, 57, 163
　——遷移　59
電磁気
　——遷移　58, 110
　——的性質　50
　——モーメント　43
テンソル力　65
転置行列　199

統一模型　3, 99, 143, 144, 252
到達距離　44, 63
特異パリティ準位　14
独立粒子
　——運動　88, 144, 252, 263, 267, 268
　——的描像　143
　——描像　82, 99
　——モード　264
　——模型　69

索　引

ナ　行

内部座標　306, 307, 309, 310, 313
内部振動　350, 355, 361
滑らかさ　12

2重閉殻　14
2体散乱　79
2中心模型　300, 303-307, 312, 315, 319, 321, 322, 324, 330

ハ　行

配位　17, 308
　荷電・スピン飽和――　318, 319, 321
　――混合　16, 17, 43, 45, 309
はしご型ダイアグラム　78-80
8重極振動　100
バブル型ダイアグラム　79
ハミルトニアン積分核　333, 352
パリティ
　――射影　323-325, 327, 329, 330, 358
　――2重項　296, 331, 353
パリ・ポテンシャル　64
反交換関係　19
反対称化の演算子　294, 299, 300, 302, 306, 321, 333, 334, 340, 343, 347
反転2重項　296
バンド　135
　β――　135, 138, 140
　γ――　136, 138-140, 143, 260
　基底――　135, 138, 139, 141, 143, 260, 262, 268, 269
　――交差　260, 262, 269
　――・ヘッド　159
反応行列　78, 80

非圧縮性　100
非圧縮率　281
光吸収反応　270, 272, 273, 277
低いセニョリティ　35
　――状態　35
微視的クラスター模型　293, 331, 353
非集団的回転スキーム　264, 266, 269
非調和効果　226, 227, 229, 230
非調和性　227, 230
非物理的部分空間　237, 384
表面エネルギー　68, 104, 105

表面振動　100

フェルミオン　18
フォノン　107-109, 111, 144, 146, 210, 211, 213-215, 217-219, 226, 227, 230, 243, 245, 269
付加量子数　24, 27, 36, 39, 109
複合核模型　2
物体固定系　118, 120, 125, 129, 131, 148, 154, 221, 363, 365-367, 374
物体固定座標系　117, 363
物理的部分空間　237, 240, 243, 384
プロパゲータ　73, 77-80
プロレート型　121
分散式　178
分子軌道　304, 305
分子的構造　287
分子的描像　287, 288, 290, 297

ペアリング
　――・エネルギー　16
　――・テンソル　201, 202
　――・ポテンシャル　198, 203, 204
閉殻　14, 308
　2重――　14
　――領域　144
平均核子間距離　5
平均場近似　2
平均ポテンシャル　76, 80, 116, 144, 147, 167, 168, 170, 186, 198, 203-205, 221, 224, 228, 230, 263
平衡変形　117, 121, 133, 134, 139, 141, 143, 144, 147, 149, 220
並進不変性　82
偏極　275, 276
　――度　275
変形核の集団運動　117, 124
変形殻模型　147, 148, 150, 151, 153, 221-223, 256
変形球Bessel関数　334
変形整列　264
変形パラメーター　141, 154, 155, 157, 218, 224, 254, 255

飽和性　6, 67
　結合エネルギーの――　6, 69
　密度の――　5, 68
ボソン　18
　――写像法　230, 238, 241, 244, 245, 383

――展開 233, 391
ポテンシャル・エネルギー 103, 121, 131
ボン・ポテンシャル 64

マ 行

マジックナンバー 2, 7, 12

密度行列 168, 202
密度の飽和性 5, 68

模型空間 88–90, 95
模型ハミルトニアン 89

ヤ 行

柔らかい芯 65

有核原子模型 1
有効質量 84
有効相互作用 17, 21, 43, 88, 93, 95
　　エネルギーに依存しない―― 91
　　エネルギーに依存する―― 90
　　――の全角運動量展開 21
　　――の強さ 43
　　――理論 88
有効電荷 58, 59
有効ハミルトニアン 88–90

ラ 行

乱雑位相近似 174, 177, 205, 207, 213

粒子 165, 166, 173, 177, 181, 183
粒子運動 144–152, 158–161, 163, 164, 221, 266
粒子・空孔 166, 180, 181, 183, 205–207, 209
　　――対 181, 183
　　――励起 177
臨界値 178, 184
臨界点 180, 184–186, 207, 228
リング (環) 状のグラフ 77, 78

ルーシアン 268, 269
　　――・ダイアグラム 268

励起モード 174, 176, 182, 183, 263
連結クラスター
　　――図 75
　　――展開 71, 76
連鎖 248
連続の方程式 102

ワ 行

和則 271–275, 277, 280

著者略歴

高田健次郎 (たかだけんじろう)
1935年　山口県に生まれる
1958年　京都大学理学部卒業
1989年　九州大学教授
1999年　九州大学名誉教授
　　　　理学博士
2009年　逝去

池田清美 (いけだきよみ)
1934年　大阪府に生まれる
1957年　京都大学理学部卒業
1977年　新潟大学教授
現　在　新潟大学名誉教授
　　　　理学博士

朝倉物理学大系 18
原子核構造論
定価はカバーに表示

2002年4月20日　初版第1刷
2014年7月25日　第3刷

著　者　高田健次郎
　　　　池田清美
発行者　朝倉邦造
発行所　株式会社朝倉書店
　　　　東京都新宿区新小川町 6-29
　　　　郵便番号 162-8707
　　　　電話 03(3260)0141
　　　　FAX 03(3260)0180
　　　　http://www.asakura.co.jp

〈検印省略〉

©2002〈無断複写・転載を禁ず〉
三美印刷・渡辺製本

ISBN 978-4-254-13688-3 C 3342
Printed in Japan

JCOPY 〈(社)出版者著作権管理機構 委託出版物〉
本書の無断複写は著作権法上での例外を除き禁じられています．複写される場合は，そのつど事前に，(社)出版者著作権管理機構（電話 03-3513-6969, FAX 03-3513-6979, e-mail: info@jcopy.or.jp）の許諾を得てください．

朝倉物理学大系

荒船次郎・江沢　洋・中村孔一・米沢富美子編集

1	解析力学 I	山本義隆・中村孔一
2	解析力学 II	山本義隆・中村孔一
3	素粒子物理学の基礎 I	長島順清
4	素粒子物理学の基礎 II	長島順清
5	素粒子標準理論と実験的基礎	長島順清
6	高エネルギー物理学の発展	長島順清
7	量子力学の数学的構造 I	新井朝雄・江沢　洋
8	量子力学の数学的構造 II	新井朝雄・江沢　洋
9	多体問題	高田康民
10	統計物理学	西川恭治・森　弘之
11	原子分子物理学	高柳和夫
12	量子現象の数理	新井朝雄
13	量子力学特論	亀淵　迪・表　實
14	原子衝突	高柳和夫
15	多体問題特論	高田康民
16	高分子物理学	伊勢典夫・曽我見郁夫
17	表面物理学	村田好正
18	原子核構造論	高田健次郎・池田清美
19	原子核反応論	河合光路・吉田思郎
20	現代物理学の歴史 I	大系編集委員会編
21	現代物理学の歴史 II	大系編集委員会編
22	超伝導	高田康民